Lehrbuch
der
Physik

von

Dr. J. Götz,
Professor der Mathematik am Gymnasium zu Dessau und Mitgliede
mehrerer gelehrten Gesellschaften.

Zweiter Band.
Mit 6 Figurentafeln.

Berlin,
bei G. Reimer.

1841.

Ihrer

Durchlaucht

der

Prinzessin

Friederike Amalie Agnes

zu Anhalt-Dessau,

unterthänigst gewidmet

von

dem Verfasser.

Durchlauchtigste Prinzessin!

Da mir der ehrenvolle Auftrag geworden war, Ew. Durchlaucht in die verschiedenen Theile der mathematischen und physikalischen Wissenschaften einzuführen, sind mir die Stunden des zu ertheilenden Unterrichts durch die lebendige Theilnahme, die Hochdieselben diesen Gegenständen zuwandten, zu Stunden einer wahren und innigen Freude geworden.

Indem ich jetzt Ew. Durchlaucht in der festen Ueberzeugung, daß Hochdieselben an den

Bestrebungen in Kunst und Wissenschaft jeder Zeit einen freudigen und wahrhaft ächten Antheil nehmen werden, die Fortsetzung meines Werkes darbringe, verharre ich mit der aufrichtigsten Verehrung als

Ew. Durchlaucht

unterthänigster Diener
J. Götz.

Vorwort.

In meinem ursprünglichen Plane, die in der Physik vorkommenden Gegenstände in zwei Bände einzuschließen, habe ich die Abänderung getroffen, daß das Werk in drei Bände zerfällt, von denen dieser zweite die Lehre von der Wärme, dem Lichte, der Elektricität und dem Magnetismus darlegt; und der dritte das Weltgebäude und die irdischen Erscheinungen im Großen behandeln wird.

Die Erinnerungen und Bemerkungen, welche in mehreren öffentlichen Beurtheilungen in Bezug auf den ersten Theil gemacht worden sind, wurden von mir so viel als möglich bei dem zweiten Theile berücksichtigt und auch für den ersten insoweit beachtet, daß einige Blätter desselben umgedruckt worden sind, die nach einer Uebereinkunft mit meinem Herrn Verleger zugleich mit dem zweiten Bande in die Hände der Leser kommen werden.

Am Ende des nächsten Jahres wird der dritte Band bestimmt die Presse verlassen.

Dessau, den 25. Septbr. 1840.

Der Verfasser.

Inhalts-Verzeichniß.

Elftes Kapitel.

Von der Wärme.

Zwölftes Kapitel.

Von dem Lichte.

Dreizehntes Kapitel.

Von der Elektricität.

Vierzehntes Kapitel.

Von dem Magnetismus.

Elftes Kapitel.

Von der Wärme.

Erste Abtheilung.

Von der Wärme überhaupt, von ihrer ausdehnenden Kraft, vom Thermometer und Pyrometer.

§. 622.

Die Wärme W*) ist eine Naturthätigkeit, welche in uns jene eigenthümliche Empfindung erregt, die Jedermann kennt und die (wie jede andere Empfindung) nicht weiter beschrieben werden kann. Sie hat verschiedene Grade: sehr hohe und hohe Grade derselben heißen beziehlich Hitze und Wärme, und niedrige werden Kälte genannt. Auch pflegt man einen Körper heiß, warm, lau, kalt u. s. w. zu nennen, wenn er eine sehr starke, starke, schwache, sehr schwache Wärmeempfindung in uns erregt.

Anmerkung. Man bemerke, daß Hitze, Wärme und Kälte wiederum ihre Grade haben, und daß man dieserhalb von großer Hitze, ziemlicher Wärme, großer Kälte u. s. w. spricht.

§. 623.

Die Ursache der W wird (gewöhnlich) als eine eigenartige, äußerst feine, unwägbare Materie betrachtet und Wärmestoff genannt. Letzterer durchdringt (dieser Vorstellungsweise zufolge)

*) Man bemerke, daß in diesem Kapitel die Wärme ein- für allemal durch den deutschen Buchstaben W bezeichnet wird.

alle Körper bald mehr und bald weniger, und hat die Eigenschaft, nach einem beständigen Gleichgewichte zu streben. So ergießt er sich z. B. aus den wärmern, nämlich aus den mit mehr Wärmestoff gesättigten Körpern in die kältern, d. h. in diejenigen, welche mit weniger Wärmestoff versehen sind, u. s. w.

§. 624.

Da nach vorigem §. der Wärmestoff unwägbar ist, so gehört er zu den hypothetischen Materien, und wird hauptsächlich als ein bequemes Versinnlichungsmittel der Wärme-Phänomene gebraucht.

Anmerkung. Manche Physiker läugnen das Dasein des Wärmestoffs, halten gewisse innere Bewegungen der Körpertheilchen für die Ursache der W, und glauben, daß durch diese Bewegungen unsere Gefühlwerkzeuge einen ähnlichen Eindruck wie die Gehörwerkzeuge durch die schallenden Körper erleiden. Noch andere Naturforscher sehen W als Erfolg eines geänderten Verhältnisses der Attractiv- und Repulsivkräfte *) an.

§. 625.

W bringt verschiedene Wirkungen hervor:

1) Sie erregt den Gefühlsinn auf die in §. 622. angegebene Weise.

2) Sie dehnt jeden Körper in allen Richtungen aus.

3) Sie verändert den Aggregatszustand der Körper, indem sie dieselben entweder schmilzt **) oder verflüchtigt.

4) Sie trägt zu den Erfolgen bei, welche durch electrische und chemische Prozesse sich ergeben.

§. 626.

Um die in Nr. 2. vor. §. angegebene Wirkung der W etwas näher kennen zu lernen, bemerke man Folgendes:

Sämmtliche Körper werden durch steigende W in allen Dimensionen größer und durch abnehmende in allen Richtungen kleiner. Auch erhält jeder durch W

*) Man lese §. 10.

**) Vergl. §. 44. Anm. 3.

ausgedehnte und durch Kälte zusammengezogene Körper seine erste Größe wieder, sobald er seine anfängliche W wieder bekommt, oder sobald er wieder die erste Wärmeempfindung in uns erregt. (Vergl. §. 622.)

Die festen, tropfbar und ausdehnsam flüssigen Körper werden bei derselben W nicht mit gleicher Stärke ausgedehnt. Jede dieser Ausdehnungen wird aber in den nächsten §§. gegenwärtiger Abtheilung etwas näher und zwar auf folgende Weise erörtert.

§. 627.

Die Ausdehnungen, welche die festen Körper durch W erleiden, betragen so wenig, daß sie in der gewöhnlichen Erfahrung kaum bemerkbar sind. Sie werden aber durch folgende Vorrichtung auf eine höchst einfache Weise versinnlicht.

Man stelle (in Fig. 1.) auf das horizontale Brettchen bc die ungleichen Säulen ab und dc lothrecht, und lege auf bc verschiedene Stäbchen von Metall, Glas, gebranntem Thon u. s. w., welche genau zwischen ab und dc passen. Erwärmt man nun jedes dieser Stäbchen s, so wird man finden, daß es nicht mehr zwischen ab und dc geht, sondern die (in Fig. 1.) angedeutete schiefe Lage ef einnimmt.

Hieraus folgt aber: „daß das Volumen von s durch die Wirkung der W sich vergrößert hat." Auch ergiebt sich: „daß s genau seine erste Größe wieder erhält, sobald es bis zu seiner anfänglichen W erkaltet ist."

§. 628.

Aus den nach vor. §. angestellten Versuchen hat sich Folgendes ergeben: Die Ausdehnungen, welche verschiedenartige feste Körper durch W erleiden, sind von verschiedener Größe. So dehnt sich z. B., bei derselben Zunahme von W, Zink am meisten, und Fayence und Flintglas am wenigsten aus. Eben so vergrößert sich das Volumen des Kupfers mehr als dasjenige des Eisens; und überhaupt scheint bei der Mehrzahl der Metalle die Ausdehnungsfähigkeit desto größer zu

1*

sein, je größer ihre Schmelzbarkeit sich zeigt. *) Auch bei jedem festen Körper K scheint die Ausdehnung durch W der Zunahme der letztern verhältnißmäßig zu sein, so lange W sich nicht demjenigen Grade nähert, bei welchem die Aggregatsform des K sich verändert.

Anmerkung 1. Aus §. 627. und 628. werden folgende Erscheinungen erklärt:

a) Fügt man zwei verschiedenartige längliche Metallstreifen fest an einander und setzt den hierdurch entstandenen ganzen Streifen s der W aus, so krümmt sich s dergestalt, daß sein convexer Theil nach der Seite des stärker ausgedehnten Metalls zu liegen kommt.

b) Wenn eine metallene Kugel K genau in einen Ring paßt, so geht sie nicht mehr in denselben, sobald auf K eine große Hitze sich wirksam erweist. Wenn ferner ein Glasstöpsel unter gewöhnlichen Umständen sich nicht leicht in die Oeffnung einer Flasche F bringen läßt, so geht er in dieselbe, sobald man den Hals von F erwärmt, und bleibt nach der Abkühlung so fest darin stecken, daß es schwer hält, F wieder zu öffnen. Auch wird diese Schwierigkeit durch die Erwärmung des Halses nicht gehoben, weil der Stöpsel jetzt ebenfalls eine Erwärmung erfährt.

c) Ist ein Körper K aus Theilen zusammengesetzt, welche keine gleiche Ausdehnung durch W erfahren, so wird derselbe gebogen, und wenn er spröde ist, zerbrochen. Das Nämliche findet auch statt, wenn K eine geringe Erwärmungsfähigkeit besitzt. So krümmt sich z. B. ein Papierstreifen, wenn man ihn über eine Lichtflamme hält, und eben so zerspringt ein gläsernes oder porzellanenes Gefäß, sobald man schnell heißes Wasser in dasselbe gießt.

d) Bei tragbaren Uhren wird die Unruhe u durch das Ab- und Zudrehen der Spiralfeder in Bewegung gesetzt. Da aber nun die Elasticität der Feder bei zu- oder abnehmender W sich verändert, so wird bei verschiedener W die Bewegung der u und also auch der Gang der Uhr sich verändern. Um aber denselben bei allen Wärmegraden gleichförmig zu erhalten, bringt man an u zwei aus Eisen und Kupfer zusammengesetzte und etwas gebogene Streifen an. Letztere krümmen sich desto mehr, je größer die auf sie wirkende W ist, und bringen hierdurch einen gleichförmigen Gang bei u und der Uhr hervor.

e) Da W jedes zusammengesetzte Pendel p ausdehnt, so schwingt dasselbe (nach §. 158.) bei größerer W langsamer als bei kleinerer. Um aber nun zu bewirken, daß p bei jedweder W mit derselben Geschwindigkeit schwingt, hat man eine Vorrichtung erdacht, welche rostförmiges Pendel oder Rostpendel heißt. Es besteht aus dem eisernen Rahmen abcd (Fig. 2.), der mit dem kupfernen gefh in g und h verbunden ist. An ef befindet sich die eiserne Pendelstange kl, welche frei durch cd geht und den linsenförmigen Körper m trägt, und an ab ist die eiserne Stange no befestigt, woran der ganze Apparat P aufgehangen

*) In Nr. I. des Anhangs wird von den durch W bewirkten Ausdehnungen einiger festen Körper gesprochen.

wird. Setzt man jetzt P dem Einflusse einer steigenden W aus, so verlängern sich abcd, no und kl, und drücken m etwas abwärts. Zu gleicher Zeit erleidet auch gefh eine Ausdehnung, wodurch m etwas in die Höhe kommt. Weil aber gefh aus Kupfer besteht, welches sich nach gegenw. §. mehr als das Eisen ausdehnt, so rückt m durch die gemeinschaftliche Wirkung beider Ausdehnungen etwas höher. Da aber bei derselben W die Ausdehnung des Kupfers von derjenigen des Eisens nicht bedeutend verschieden ist, indem sich die erstere zur letztern nur (beinahe) wie 5 : 3 verhält, so reichen 2 Rahmen nicht hin, den Einfluß der W auf P gänzlich zu vernichten; und man hat dieserhalb die (in Fig. 3.) angegebene Vorrichtung P dergestalt construirt, daß die Summe aller in P vorkommenden Kupferstäbe das Dreifache der Entfernung des Schwerpunktes der Linse m vom Aufhangspunkte n beträgt.

f) Der Einfluß der W auf p wird auch noch auf folgende Weise vernichtet. Man befestige (in Fig. 4.) am Pendel no die Stange abcd, welche aus dem eisernen Streifen ab und dem kupfernen cd besteht, und verbinde ab und cd mit Schrauben, woran die metallenen Körper k und l geschraubt werden können. Setzt man aber nun die ganze Vorrichtung den Wirkungen einer steigenden W aus, so verlängert sich no, und es wird hierdurch der Schwingungspunkt m von dem Aufhangspunkte n entfernt. Zu gleicher Zeit krümmt sich aber auch abcd, nimmt etwa die Lage efgh an, und bringt hierdurch m etwas höher. Bei gehörig construirten Pendeln halten die durch W in no und abcd thätigen Kräfte einander das Gleichgewicht; und es wird hierdurch der Einfluß der W auf p zerstört.

Anmerkung 2. Unter den festen Körpern giebt es einige, welche eine scheinbare Ausnahme von dem in §. 626. angegebenen Gesetze machen, z. B. getrocknete aber nicht gehörig erhitzte Thonkörper, nasse Hölzer, frisches Obst u. s. w. Diese Körper werden nämlich durch W so lange zusammengezogen, bis das in ihnen enthaltene Wasser ausgetrieben ist. Von diesem Augenblicke an dehnen sie sich aber durch steigende W in allen Dimensionen aus, und befolgen dasjenige, was in §. 626. von den Ausdehnungen der festen Körper durch W gesagt worden ist. Dies wird z. B. durch ein Pfeifenrohr vermittelst der in Fig. 1. angegebenen Vorrichtung bestätigt, u. s. w.

§. 629.

Wird (in Fig. 5.) die mit der hohlen Kugel V versehene Röhre ab bis zum Punkte d mit dem tropfbar flüssigen Körper K gefüllt und V alsdann erwärmt, so steigt K in ab etwa bis g in die Höhe. Reinigt man aber nun ab, bringt alsdann eine andere tropfbare Flüssigkeit P und zwar dergestalt in diese Röhre, daß ihre flüssige Oberfläche in d steht, und setzt P jetzt ebenfalls den Wirkungen der W aus, so findet man, daß P in ab etwa bis f in die Höhe steigt. Hieraus und noch aus vielen andern auf diese Weise angestellten Versuchen folgt aber: daß W die tropfbar flüssigen Körper mehr als die festen ausdehnt, und daß die Ausdehnungen der erstern ebenfalls verschieden sind *). Auch ergiebt sich: daß W die tropfbaren Flüssigkeiten nicht gleichförmig ausdehnt, sondern daß jeder Zuwachs von W in den höhern Graden eine stärkere Ausdehnung als in den niedrigern bewirkt.

Anmerkung 1. Aus gegenw. §. und aus §. 358. Nr. 2. geht hervor, daß hohle Glaskugeln, welche im kalten Brandweine schwimmen, im erwärmten sinken müssen, und daß das Nämliche bei Wachskugeln stattfindet, welche das eine Mal im heißen und das andere Mal im kalten Wasser befindlich sind. Auch ergiebt sich, daß der Einfluß, welchen W auf das zusammengesetzte Pendel P ausübt, noch dadurch beseitigt werden kann, daß man am untern Ende des P ein mit Quecksilber gefülltes gläsernes Gefäß anbringt. P wird aber in diesem Falle ein Quecksilber-Pendel genannt.

Anmerkung 2. Unter den tropfbar flüssigen Körpern findet man einige, welche eine scheinbare Ausnahme von dem in diesem §. angegebenen Gesetze machen, z. B. Wasser, geschmolzener Schwefel, flüssiges Eisen u. s. w. Diese Körper erhalten nämlich bei ihrem Uebergange in den festen Zustand ein bestimmtes Gefüge **) und nehmen dieserhalb einen größern Raum als früher ein. Geht z. B. das Wasser A aus dem tropfbar flüssigen in den festen Zustand über, d. h. wird A in das Eis E verwandelt (oder gefriert dasselbe), so dehnt es sich nach allen Richtungen aus. Dies sieht man z. B. daran, daß E auf A schwimmt, daß fest verschlossene Gefäße zerspringen, wenn A darin gefriert, daß beim Froste das Erdreich locker wird, und daß Bäume und Felsen bersten, wenn in ihren Ritzen A enthalten ist, welches sich in E verwandelt, u. s. w.

Man hat Bomben mit A gefüllt und alsdann ihre Mündung durch einen eisernen Pfropfen p verschlossen. Beim Gefrieren des A wurde p mit Gewalt herausgeworfen und überdies ein Eiscylinder von einigen Zollen über die Oeffnung hinausgetrieben. Auch wurde eine Bombe, deren Durchmesser $12\frac{3}{4}$ und deren Dicke $1\frac{1}{2}$ englische Zolle betrug, auf diese Weise zersprengt.

§. 630.

Man fülle die (in Fig. 6.) dargestellte Flasche cdef bis gh mit Wasser oder Quecksilber, bringe in dieselbe die an beiden Enden offene gläserne Röhre ab dergestalt, daß ihre Oeffnung b nahe bis de reicht, und verschließe nun die Mündung ef um ab herum luftdicht mit Wachs oder Siegellack. Es ergiebt sich aber alsdann

*) In Nr. II. des Anhangs sind die durch W bewirkten Ausdehnungen einiger tropfbar-flüssigen Körper angegeben.

**) Vergl. §. 47.

(aus §. 327.), daß die in cdef und ab vorhandenen flüssigen Oberflächen gleich hoch stehen müssen, wenn die in der Flasche über gh stehende Luftportion L nicht erwärmt worden ist.

Erwärmt man aber 1) L, so steigt das Wasser oder Quecksilber in ab etwa bis km in die Höhe; und es folgt hieraus: daß L jetzt stärker als früher auf gh drückt, oder daß die Expansivkraft von L durch W vergrößert worden ist. Die Ausdehnung von L hat jedoch nur wenig und zwar so viel zugenommen, als das Volumen der über gh in der Röhre ab vorhandenen Wasser- oder Quecksilbersäule beträgt.

Nimmt man 2) ab aus der Flasche, verschließt ihre Oeffnung b luftdicht, läßt cdef gehörig erkalten und befestigt darin ab auf die bereits angegebene Weise, so wird W eine eben so starke Expansivkraft in L, aber keine merkliche Raumerweiterung bewirken, weil die Wände der Flasche nirgends nachgeben und die geringe Ausdehnung, welche dieselben (nach §. 627.) durch W erleiden, hier gegen den ganzen Raum von cdef außer Acht gelassen werden kann.

Anmerkung. Die zum Theil mit Luft gefüllte und zugebundene Blase B dehnt sich aus, wenn B. über ein Kohlenfeuer frei gehalten wird, u. s. w.

§. 631. Zusatz.

Aus vor. §. ergiebt sich, daß W bei einem luftförmigen Körper K unmittelbar eine Verstärkung seiner Expansivkraft bewirkt, und daß die Raumerweiterung des K nur als eine Folge dieser verstärkten Expansivkraft, d. h. als eine mittelbare Wirkung der W betrachtet werden muß.

Eben so ergiebt sich aus §. 627 — 629.: daß das hier von den ausdehnsamen Flüssigkeiten Gesagte auch auf tropfbar-flüssige und feste Körper anwendbar ist, weil bei letztern die Ausdehnung durch W ebenfalls vermittelst einer verstärkten Expansivkraft erfolgt.

§. 632. Zusatz.

Aus den nach §. 630. angestellten Versuchen hat sich ergeben: daß W, bei hinreichender Nachgiebigkeit der sperrenden Wände, bei ausdehnsamen Flüssigkeiten eine stärkere Ausdehnung als bei tropfbarflüssigen Körpern bewirkt.

Eben so haben Dalton und Gay-Lussac *) durch sehr genaue Versuche ermittelt:

1) daß alle bleibende Gasarten (d. h. alle ausdehnsame Flüssigkeiten, welche bei den uns bekannten Wärmegraden ihre expansive Form nicht verlieren) eine gleichförmige Ausdehnung durch W erleiden;

2) daß diese Gasarten durch denselben Zuwachs von W eine gleiche Vergrößerung an ihrem Volumen erfahren, und

3) daß das hier Gesagte auch für solche ausdehnsame Flüssigkeiten gilt, welche durch Verflüchtigung tropfbar-flüssiger Körper entstehen, so lange erstere noch nicht in den tropfbar-flüssigen Zustand zurückgekehrt sind.

§. 633.

W heißt frei, wenn sie auf unser Gefühl und ausdehnend auf die Körper wirkt; sie heißt gebunden (latent oder figirt), wenn sie auf die in §. 625. Nr. 3 u. 4. angegebenen Wirkungen verwendet wird und also weder auf unser Gefühl noch ausdehnend auf die Körper wirken kann. Die einem Körper K zukommende freie W heißt die Temperatur oder der Wärmegrad des K, und man unterscheidet wärmere und kältere oder höhere und niedrigere Temperatur. Die Temperatur des K ist relativ, indem dieselbe hoch oder niedrig genannt wird, je nachdem man K mit einem kältern oder wärmern Körper vergleicht.

Anmerkung. Um den Unterschied zwischen der freien und gebundenen W (im Sinne des §. 624.) recht anschaulich zu machen, bemerke man Folgendes:

---

*) Ausgesprochen Dahl't'n und Ghäh-Lüssac.

begründet. So überwiegt z. B. in den festen Körpern die anziehende, in den tropfbar-flüssigen weder die anziehende, noch die abstoßende, und in den ausdehnsam-flüssigen Körpern die abstoßende Kraft.

§. 11. Erklärung.

Da alle Körper sich im Raume befinden und (nach §. 7) auch darin wirksam sind, so müssen: „1) Ausdehnung, 2) Undurchdringlichkeit und 3) Beweglichkeit" allgemeine Eigenschaften der Körper seyn. Unter Ausdehnung wird aber das Seyn im Raume, unter Undurchdringlichkeit die Erfüllung des Raumes durch Wirksamkeit darin, und unter Beweglichkeit die Fähigkeit äußerer Veränderungen verstanden.

Die Größe des Raumes, welchen ein Körper einnimmt, heißt das Volumen dieses Körpers. Daß aber jeder Körper einen größern oder kleinern Raum einnehmen, also ein größeres oder kleineres Volumen haben muß, geht aus der ersten allgemeinen Eigenschaft der Körper *) hervor. Die wirklich vorhandenen Körper werden physische genannt. Alle Körper werden mit der körperlichen Einheit (Kubikfuß) gemessen, und es läßt sich deshalb die Größe eines jeden Körpers K durch die benannte Zahl V Kubikfuß darstellen. Die in V Kubikfuß vorkommende unbenannte Zahl V kann aber jede positive ganze oder gebrochene Zahl bezeichnen.

Anmerkung. Daß es außer den so eben erwähnten physischen Körpern auch noch andere**), d. h. mathematische giebt, ist bekannt. Der physische Körper ist aber von dem mathematischen dadurch unterschieden, daß der erstere im Raume wirksam ist, und der letztere nicht. Wenn nämlich ein physischer Körper K in den Raum eines andern k eindringen will, so folgt aus Nr. 2 dieses §: „daß k dem K einen Widerstand entgegensetzt, und daß derselbe desto größer ist, je größer die Wirksamkeit in K sich zeigt."

*) d. h. der Ausdehnung.

**) nur in der Idee existirende.

§. 12. Erklärung.

Wenn ein Körper K in den Raum eines andern k eindringen will, so weicht k entweder ganz von seiner Stelle, oder das Volumen des k wird durch das Eindringen des K verkleinert. Diese Verkleinerung des Volumen heißt Zusammendrückung. Der Zusammendrückung des k ist aber eine bestimmte Gränze und zwar deshalb gesetzt, weil mit der Zusammendrückung eines Körpers auch sein Widerstand wächst *). Eine gänzliche Zusammendrückung des k kann niemals erfolgen, weil in einem solchen Falle der Widerstand des unendlich kleinen Körpers unendlich groß sein müßte, und also von einer endlichen Körperkraft nicht überwunden werden könnte.

§. 13.

Wenn man die in einem Körper K enthaltenen undurchdringlich kleinsten Theilchen **) zusammennimmt, so ergiebt sich die Masse dieses Körpers. Sind die kleinsten Theilchen des K gleichmäßig, d. h. so vertheilt, daß in gleichen Volumen dieses Körpers ***) auch gleich viel kleinste Theilchen enthalten sind, so wird die Zahl der in einem Kubikfuße vorkommenden kleinsten Theilchen die Dichtigkeit dieses Körpers genannt. Enthält z. B. ein Kubikfuß des K 900 kleinste Theilchen, so ist die Dichtigkeit dieses Körpers = 900; und wird ferner bei einem Körper k die Masse eines Kubikfußes = 700 Theilchen

*) Da nämlich jeder Körper seinen Raum durch darin stattfindende Wirksamkeit erfüllt, diese Wirksamkeit aber bei dem zusammengedrückten Körper in einem kleineren Volumen und also stärker sich äußert, so wird nach der in §. 11. gegebenen Anmerkung dem K ein größerer Widerstand von dem zusammengedrückten, als von dem unverändert gelassenen Körper entgegengesetzt. Auch geht aus dem so eben Gesagten noch hervor, daß k dem K einen desto größern Widerstand entgegensetzt, je mehr der Körper k zusammengedrückt worden ist.

**) Bei den Atomisten, die Atome.

***) Z. B. in Kubikfußen oder in Kubikzollen u. s. w.

hung durch zu- oder abnehmende W die Zu- oder Abnahme der Temperatur des K angiebt, heißt die thermometrische oder thermoscopische Substanz. Letztere kann entweder ein fester Körper (z. B. ein Metall), oder eine tropfbare Flüssigkeit (nämlich Quecksilber, Weingeist, Wasser, Leinöl u. s. w.), oder ein ausdehnsam-flüssiger Körper (etwa eine eingeschlossene Luftportion u. s. w.) sein. Auch muß die Masse der thermometrischen Substanz in Bezug auf diejenige des K nur unbedeutend sein, weil T sonst selbst entweder erwärmend oder abkühlend auf K wirken, und also die Temperatur dieses Körpers nicht genau angeben würde.

Anmerkung. Das Gefühl ist kein sicherer Maßstab für die Temperatur des K. Denn treten z. B. zwei Personen in ein mäßig warmes Zimmer Z, wovon die eine aus einem stark geheitzten Raume und die andere aus der kalten freien Luft kommt, so ergiebt sich, daß Z für die erste kalt und für die zweite angenehm erwärmt sich zeigt, u. s. w.

§. 637.

Diejenigen Thermometer, deren thermometrische Substanzen Metalle, Weingeist, Luft u. s. w. sind, heißen beziehlich Metall-, Weingeist-, Luftthermometer u. s. w. Die gebräuchlichsten Metallthermometer sind aber diejenigen, deren thermometrische Substanzen aus Quecksilber bestehen, und die man dieserhalb insbesondere Quecksilberthermometer nennt.

Um ein Quecksilberthermometer anzufertigen, nimmt man eine enge und trockene gläserne Röhre R, läßt dieselbe in eine Kugel K ausgehen, füllt R zum Theile mit dem reinen Quecksilber Q, treibt alle in R und Q vorhandene Luft aus und schmilzt R alsdann zu. Nun bringt man diese Röhre in aufthauendes Eis oder in schmelzenden Schnee **), und merkt sich den Punkt, an welchem das hinabsinkende Q stehen bleibt. Dieser Punkt wird durch 0 bezeichnet und der Null- oder Aufthauungspunkt, auch der natürliche Gefrier- oder Frostpunkt genannt. Bringt man hierauf R in siedendes oder kochendes Was-

*) D. h. in Eis oder Schnee, welches durch die Wirkung der W aus dem festen in den tropfbar-flüssigen Zustand übergeht.

ser *), so steigt Q in R empor und bleibt endlich an einem bestimmten Punkte dieser Röhre stehen. Dieser Punkt wird ebenfalls genau angegeben und der Siedepunkt des Wassers oder kürzer der Siedepunkt genannt. Beide Punkte nennt man fixe und ihren Abstand den Fundamentalabstand. Letzterer wird in eine beliebige Anzahl gleicher Theile getheilt, welche man Grade nennt; auch werden solche Grade über dem Siedepunkte und unter 0 angebracht.

Anmerkung. Man bemerke, daß die in diesem §. angegebenen zwei fixen Punkte zur Bestimmung der Größe eines Grades dienen, und daß letzterer desto größer ist, je weiter K in Bezug auf R sich zeigt.

§. 638.

Die Weingeistthermometer werden ebenfalls auf die im vor. §. angegebene Weise gefüllt. Man bedient sich indeß (dem eben genannten §. zufolge) am häufigsten der Quecksilberthermometer und zwar aus folgenden Gründen:

1) Weil nach den Versuchen von Delüc**) die Ausdehnung und Zusammenziehung des Quecksilbers Q, wenigstens zwischen dem Aufthauungs- und Siedepunkte, der Zu- oder Abnahme der W ziemlich proportional zu sein scheint;

2) weil Q eine große Hitze erträgt, ehe es siedet, und eine bedeutende Kälte aushält, bevor es gefriert;

3) weil Q leichter als jede andere tropfbare Flüssigkeit von der Luft gereinigt werden kann;

4) weil Q sehr empfindlich ist, und also die Temperaturveränderungen der Körper schnell angeben kann;

5) weil das wohlgereinigte Q als ein Körper von einerlei Beschaffenheit erscheint, und also

*) D. h. in Wasser, welches durch die Wirkung der W in eine ausdehnsame Flüssigkeit oder in Dampf sich verwandelt.

**) Delüc wurde 1726 in Genf geboren, und starb 1817 zu Windsor.

ein gleichförmiger Gang für alle genau construirte Quecksilberthermometer möglich ist.

Anmerkung. Die Akademie del Cimento zu Florenz erfand 1650 das Weingeistthermometer, wozu Renaldini 1694 die Scale verfertigte. Die Ausdehnung oder Zusammenziehung des Weingeistes X ist zwischen dem Aufthauungs- und Siedepunkte der Zu- oder Abnahme der W nicht verhältnißmäßig. Da aber der Aufthauungspunkt von X sehr tief unter demjenigen des Wassers sich befindet, und die Ausdehnung des X unter dem Nullpunkte *) dem wirklichen Gange der W ziemlich verhältnißmäßig zu sein scheint, so kann man durch ein Weingeistthermometer diejenigen Kältegrade bestimmen, welche unter dem Gefrierpunkte des Q sich befinden **).

§. 639.

Man hat die Quecksilberthermometer mit verschiedenen Scalen construirt. Die gebräuchlichsten darunter sind:

1) die Scale von Reaumür oder die 80theilige;

2) die von Celsius oder die 100theilige oder schwedische;

3) die von Fahrenheit, und

4) die von De l'Isle.

Reaumür ***) bestimmte (1730) den Nullpunkt seines Weingeistthermometers T im aufthauenden Eise †), und theilte das Volumen des Weingeistes X in dieser Temperatur in 1000 gleiche Theile. Nun brachte er T in siedendes Wasser und fand, daß X in dieser Temperatur um 80 solcher Theile ausgedehnt wurde. Er theilte dieserhalb den Fundamentalabstand in 80 Grade, brachte über und unter demselben ebenfalls solche Grade an, nannte die Grade über 0 positive, unter 0 negative, und setzte erstern entweder das Zeichen (+) oder gar kein Zeichen, und letztern das Zeichen (—) vor. So drückte er z. B. 10 Grade über 0 entweder durch $+10^{\circ}$ oder durch 10°, und 5 Grade unter 0 durch -5° aus, u. s. w.

---

*) Vergl. §. 637.

**) Man bemerke, daß der Gefrierpunkt einer tropfbaren Flüssigkeit F derjenige Punkt der Thermometerröhre ist, an welchem die herabsinkende Oberfläche von F sich befindet, sobald diese Flüssigkeit zu gefrieren anfängt.

***) Geb. 1683 zu Rochel, gest. 1757.

†) Bei den ersten Thermometern aber im gefrierenden Wasser.

Die meisten Quecksilberthermometer sind mit der Reaumür'schen oder 80theiligen Scale versehen, obgleich die obige Eintheilung für sie nicht paßt, weil dieselbe sich auf die Ausdehnung des X bezieht. Sie können also auch nicht ganz richtig Reaumür'sche Thermometer genannt werden, indem das Quecksilber Q vom Aufthauungs- bis zum Siedepunkte sich nicht um 80 Tausendtheile seines Volumens wie X ausdehnt. Man darf daher das Reaumür'sche Weingeistthermometer mit dem Quecksilberthermometer von 80° durchaus nicht verwechseln, und könnte letzteres das Delüc'sche nennen, weil sich Delüc besonders mit seiner Prüfung und Verbesserung beschäftigt hat.

Celsius zu Upsala theilte um 1742 den Fundamentalabstand in 100°, brachte über und unter demselben ebenfalls solche Grade an, nannte die Grade über 0 positive, unter 0 negative, und setzte erstern entweder (+) oder gar kein Zeichen, und letztern (—) vor. Diese Eintheilung ist aber ganz willkührlich, indem sie sich nicht einmal auf das Ausdehnungsverhältniß des Q bezieht.

Fahrenheit (welcher um 1715 zuerst die Weingeistthermometer mit den Quecksilberthermometern vertauschte) bezeichnete den Aufthauungspunkt durch 32, den Siedepunkt durch 212, und theilte den Fundamentalabstand in 180 Grade. Den 32sten Grad unter 32 bezeichnete er durch 0, brachte über demselben die positiven, unter ihm die negativen Grade an, und nannte den Nullpunkt seines Thermometers den künstlichen Frostpunkt, weil er ihn anfangs dadurch bestimmte, daß er seine Thermometerröhre in eine Mischung tauchte, welche aus gleichen Theilen Schnee und Salmiak bestand. — Die so eben genannte Eintheilung beruht aber darauf, weil Fahrenheit wahrgenommen hatte, daß, wenn er sich Q beim künstlichen Gefrierpunkte in 11124 gleiche Theile getheilt vorstellte, dasselbe bis zum Siedepunkte um 212 solcher Theile sich ausdehnte und also zusammen 11336 Theile ausmachte.

De l'Isle setzte (1733) an den Siedepunkt 0, an den Aufthauungspunkt 150 und unter letztern 151, 152 u. s. w. Diese Eintheilung, welche unter dem Siedepunkte lauter positive und über demselben nur negative Grade enthält, ist aus dem Ausdehnungsverhältnisse des Q entnommen. Denn füllt man die im siedenden Wasser befindliche Röhre R ganz mit Q, theilt alsdann das Volumen des letztern in 10000 gleiche Theile und bringt nun R in aufthauendes Eis, so findet man, daß Q darin um 150,375, und also ohngefähr um 150 dieser Theile sich zusammenzieht.

Anmerkung 1. Außer den angegebenen vier Thermometerscalen kommen noch andere mehr oder weniger gebräuchliche vor. So betrachtete z. B. De Lalande *) die mittlere Temperatur von 9,5 Grad der Reaumür'schen Scale als Anfangspunkt, setzte dahin 0, und brachte die De l'Isle'schen 150 Grade zwischen dem Aufthauungs- und Siedepunkte an. Von der mittlern Temperatur bis zum Siedepunkte wurden positive, und bis zum Aufthauungspunkte negative Grade gesetzt. Dies stimmt mit unserer Empfindung in so ferne überein, als wir in der mittlern Temperatur weder Kälte noch Wärme, in der höhern aber Wärme und in der tiefern Kälte empfinden.

Newton füllte (um 1701) sein Thermometer mit Leinöl, weil dies weit mehr Hitze als der Weingeist, ohne zu kochen, verträgt, bestimmte den Aufthauungs- und Siedepunkt wie in §. 637., und theilte den Fundamentalabstand in 34 Grade, u. s. w. —

Anmerkung 2. Die zu Anfang dieses §. angegebenen vier Thermometerscalen lassen sich (wie in Fig. 7.) auch an einem und demselben Quecksilberthermometer anbringen. Die negativen Grade reichen bis — 32° Reaumür **), weil Q bei diesem Grade gefriert, und die positiven gehen bis 80° Reaumür, obgleich Q erst bei 282° Reaumür zu sieden beginnt.

§. 640.

Bezeichnet man einen Grad der Reaumür'schen, Celsius'schen, Fahrenheit'schen und Delisle'schen Scale beziehlich durch 1° R, 1° C, 1° F und 1° D, so ergiebt sich aus Fig. 7.:

$$\text{I.}\quad 1^\circ R = 1\tfrac{1}{4}{}^\circ C = 2\tfrac{1}{4}{}^\circ F = 1\tfrac{7}{8}{}^\circ D \text{ ***)}.$$

$$\text{II.}\quad 1^\circ C = \tfrac{4}{5}{}^\circ R = 1\tfrac{4}{5}{}^\circ F = 1\tfrac{1}{2}{}^\circ D.$$

$$\text{III.}\quad 1^\circ F = \tfrac{4}{9}{}^\circ R = \tfrac{5}{9}{}^\circ C = \tfrac{5}{6}{}^\circ D.$$

$$\text{IV.}\quad 1^\circ D = \tfrac{8}{15}{}^\circ R = \tfrac{2}{3}{}^\circ C = 1\tfrac{1}{5}{}^\circ F.$$

---

*) Geb. 1732, gest. 1807.

**) D. h. bis 32° der Reaumür'schen Scale.

***) Weil aus $80^\circ R = 100^\circ C = 180^\circ F = 150^\circ D$, genau $1^\circ R = \left(\frac{100}{80}\right)^\circ C = \left(\frac{180}{80}\right)^\circ F = \left(\frac{150}{80}\right)^\circ D$ u. s. w. sich ergiebt.

§. 641.

Man soll $\pm x^0$ R in Grade der Celsius'schen, Fahrenheit'schen und Delisle'schen Scale verwandeln?

Auflösung.

Es ist 1) nach Nr. I. vor. §. $\left\{\begin{array}{l} +x^0 R = +\left(\frac{5x}{4}\right)^0 C \\ -x^0 R = -\left(\frac{5x}{4}\right)^0 C \end{array}\right\}$ *).

Ebenso ist 2) $\left\{\begin{array}{l} +x^0 R = \left(\frac{9x}{4}\right)^0 F + 32^0 F = \left(\frac{9x}{4}+32\right)^0 F = \left(\frac{9x+128}{4}\right)^0 F \\ -x^0 R = \left(\frac{-9x}{4}+32\right)^0 F = -\left(\frac{9x-128}{4}\right)^0 F \end{array}\right\}$,

weil bei Fahrenheit noch 32° unter dem Aufthauungspunkte stehen.

Und endlich ist

$$3) \left\{\begin{array}{l} +x^0 R = \left[(80-x)\cdot\frac{15}{8}\right]^0 D = \left[\frac{(80-x).15}{8}\right]^0 D \\ -x^0 R = \left[(80-[-x])\cdot\frac{15}{8}\right]^0 D = +\left[\frac{(80+x).15}{8}\right]^0 D \end{array}\right\},$$

weil bei der Delisle'schen Scale der Siedepunkt durch 0 bezeichnet ist und die positiven Grade abwärts gezählt werden.

Anmerkung. Um 1) $+24^0$ R und -8^0 R in Grade der Celsius'schen, Fahrenheit'schen und Delisle'schen Scale zu verwandeln, erhält man beziehlich aus 1—3 dieses §.:

$$a) \left\{\begin{array}{l} 24^0 R = 30^0 C = 86^0 F = 105^0 D \\ -8^0 R = -10^0 C = +14^0 F = +165^0 D \end{array}\right\}.$$

Eben so findet man:

$$b) \left\{\begin{array}{l} 7^0 R = 8\tfrac{3}{4}{}^0 C = 47\tfrac{3}{4}{}^0 F = 136\tfrac{7}{8}{}^0 D \\ -12^0 R = -15^0 C = +5^0 F = 172\tfrac{1}{2}{}^0 D \end{array}\right\} \text{ u. s. w.}$$

§. 642.

Es sollen $\pm x^0$ C in Grade der Reaumür'schen, Fahrenheit'schen und Delisle'schen Scale verwandelt werden?

Auflösung. Es ist nach §. 640. Nr. II.:

$$1) \left\{\begin{array}{l} +x^0 C = +\left(\frac{4x}{5}\right)^0 R \\ -x^0 C = -\left(\frac{4x}{5}\right)^0 R \end{array}\right\},$$

*) Weil $1^0 R = \frac{5}{4}{}^0 C$ ist, und also auch $x^0 R = \left(\frac{5}{4}x\right)^0 R = \left(\frac{5x}{4}\right)^0 R$ sein müssen.

$$2)\left\{\begin{array}{l} +x^0\,C=\left(\frac{9x}{5}\right)^0 F+32^0 F=\left(\frac{9x}{5}+32\right)^0 F=\left(\frac{9x+160}{5}\right)^0 F \\ -x^0\,C=\left[\frac{-9x}{5}+32\right]^0 F=-\left[\frac{9x-160}{5}\right]^0 F \end{array}\right\},$$

$$3)\left\{\begin{array}{l} +x^0\,C=\left[(100-x)\cdot\frac{3}{2}\right]^0 D=\left[\frac{(100-x)\,.\,3}{2}\right]^0 D \\ -x^0\,C=\left[(100-[-x])\cdot\frac{3}{2}\right]^0 D=\left[\frac{100+x)\,.\,3}{2}\right]^0 D \end{array}\right\}.$$

Anmerkung. Sollen $+20^0$ C und -10^0 C in Grade der Reaumür'schen, Fahrenheit'schen und Delisle'schen Scale verwandelt werden, so erhält man aus Nr. 1 — 3. dieses §.:

$$a)\left\{\begin{array}{l} +20^0\,C=+16^0\,R=+68^0\,F=+120^0\,D \\ -10^0\,C=-8^0\,R=+14^0\,F=165^0\,D \end{array}\right\}.$$

Eben so ergiebt sich:

$$b)\left\{\begin{array}{l} +110^0\,C=+88^0\,R=+230^0\,F=-15^0\,D \\ -25^0\,C=-20^0\,R=-13^0\,F=+187\tfrac{1}{2}{}^0\,D \end{array}\right\}\text{ u. s. w.}$$

§. 643.

Man soll $\pm$ x° F in Grade der Reaumür'schen, Celsius'schen und Delisle'schen Scale verwandeln?

Auflösung. Es ergiebt sich aus §. 640. Nr. III.:

$$1)\left\{\begin{array}{l} +x^0\,F=\left[(x-32)\cdot\frac{4}{9}\right]^0 R=\left[\frac{(x-32)\,.\,4}{9}\right]^0 R \\ -x^0\,F=\left[\frac{(-x-32).4}{9}\right]^0 R=\left[\frac{-(x+32).4}{9}\right]^0 R=-\left[\frac{(x+32).4}{9}\right]^0 R \end{array}\right\},$$

$$2)\left\{\begin{array}{l} +x^0\,F=\left[(x-32)\cdot\frac{5}{9}\right]^0 C=\left[\frac{(x-32)\,.\,5}{9}\right]^0 C \\ -x^0\,F=-\left[\frac{(x+32)\,.\,5}{9}\right]^0 C \end{array}\right\},$$

$$3)\left\{\begin{array}{l} +x^0\,F=\left[(212-x)\cdot\frac{5}{6}\right]^0 D=\left[\frac{(212-x)\,.\,5}{6}\right]^0 D \\ -x^0\,F=\left[\frac{(212+x)\,.\,5}{6}\right]^0 D \end{array}\right\}.$$

Anmerkung. Aus gegenw. §. erhält man:

$$a)\left\{\begin{array}{l} +14^0\,F=-8^0\,R=-10^0\,C=+165^0\,D \\ -22^0\,F=-24^0\,R=-30^0\,C=+195^0\,D \end{array}\right\},$$

$$\text{und b)}\left\{\begin{array}{l} +252^0\,F=+97\tfrac{7}{9}{}^0\,R=+122\tfrac{2}{9}{}^0\,C=-33\tfrac{1}{3}{}^0\,D \\ -30^0\,F=-27\tfrac{5}{9}{}^0\,R=-34\tfrac{4}{9}{}^0\,C=+201\tfrac{2}{3}{}^0\,D \end{array}\right\}\text{u. s. w.}$$

§. 644.

Es sollen $\pm$ x° D in Grade der Reaumür'schen, Celsius'schen und Fahrenheit'schen Scale verwandelt werden?

Auflösung. Aus §. 640. Nr. IV. ergiebt sich:

$$1)\left\{\begin{array}{l} + x^{\circ} D = \left[\frac{(150 - x) \cdot 8}{15}\right]^{\circ} R \\ - x^{\circ} D = \left[\frac{(150 + x) \cdot 8}{15}\right]^{\circ} R \end{array}\right\},$$

$$2)\left\{\begin{array}{l} + x^{\circ} D = \left[\frac{(150 - x) \cdot 2}{3}\right]^{\circ} C \\ - x^{\circ} D = \left[\frac{(150 + x) \cdot 2}{3}\right]^{\circ} C \end{array}\right\},$$

$$3)\left\{\begin{array}{l} + x^{\circ} D = \left[\frac{(150 - x) \cdot 6}{5} + 32\right]^{\circ} F = \left[\frac{(150 - x) . 6 + 160}{5}\right]^{\circ} F \\ - x^{\circ} D \quad \left[\frac{(150 + x) \cdot 6}{5} + 32\right]^{\circ} F = \left[\frac{(150 + x) . 6 + 160}{5}\right]^{\circ} F \end{array}\right\}.$$

Anmerkung. Soll man $+ 75^{\circ}$ D und $- 15^{\circ}$ D in Grade der Reaumür'schen, Celsius'schen und Fahrenheit'schen Scale verwandeln, so ergiebt sich aus Nr. 1—3 dieses §.:

$$a)\left\{\begin{array}{l} + 75^{\circ} D = + 40^{\circ} R = + 50^{\circ} C = + 122^{\circ} F \\ - 15^{\circ} D = + 88^{\circ} R = + 110^{\circ} C = + 230^{\circ} F \end{array}\right\},$$

$$b)\left\{\begin{array}{l} + 115^{\circ} D = + 18\tfrac{2}{3}^{\circ} R = + 23\tfrac{1}{3}^{\circ} C = + 74^{\circ} F \\ - 30^{\circ} D = + 96^{\circ} R = + 120^{\circ} C = + 248^{\circ} F \end{array}\right\}, \text{ u. s. w.}$$

§. 645.

Bei jedem Quecksilberthermometer ist noch Folgendes zu berücksichtigen:

1) Die Röhre R *) muß überall von gleicher Weite und dabei rein und trocken sein.

2) Das in R befindliche Quecksilber Q muß rein und frei von fremdartigen Bestandtheilen sein.

3) R muß so geschlossen sein, daß Q aus derselben nicht entweichen kann; auch wird der in R über Q befindliche Raum so luftleer als möglich gemacht.

---

*) Bis zur Kugel K.

Wirkungen einen neuen aber gleichen Zuwachs an Geschwindigkeit, so nennt man die Bewegung des K eine gleichförmig beschleunigte. Wenn aber durch jede stetige Einwirkung der Kraft der Körper K einen neuen, aber gleichen Verlust an Geschwindigkeit erleidet, so wird die Bewegung dieses Körpers eine gleichförmig verzögerte genannt. Jede andere beschleunigte oder verzögerte Bewegung heißt zum Unterschiede eine ungleichförmig beschleunigte oder eine ungleichförmig verzögerte Bewegung. Bei der beschleunigten Bewegung wird die auf den Körper wirkende Kraft eine beschleunigende, bei der verzögerten Bewegung aber eine verzögernde Kraft genannt.

Anmerkung. Aus gegenw. §. geht hervor: „daß jede gleichförmig verzögerte Bewegung gerade das Entgegengesetzte der gleichförmig beschleunigten ist," u. s. w.

§. 24. Erklärung.

Bei der gleichförmig beschleunigten Bewegung versteht man unter der Endgeschwindigkeit irgend einer z. B. der a^{ten} Secunde diejenige Geschwindigkeit, welche ein Körper K am Ende dieser a^{ten} Secunde besitzt, und welche er die ganze $(a+1)^{ste}$ Secunde hindurch behalten würde, wenn während dieses Zeitraums *) keine neue Kraft mehr auf ihn wirkte, und also die Bewegung des K eine gleichförmige wäre.

So wird z. B. bei einem Körper die Endgeschwindigkeit der 5ten Secunde = 35 gesetzt, wenn dieser Körper am Ende der 5ten Secunde die Geschwindigkeit 35 hat, und dieselbe auch in der 6ten Secunde behalten würde **), wenn keine neue Kraft mehr auf ihn wirkte. Eben so wird bei der gleichförmig verzögerten Bewegung unter Anfangsgeschwindigkeit irgend einer z. B.

*) d. h. während der $(a+1)^{ten}$ Secunde.

**) oder, was dasselbe ist: „in der 6ten Secunde einen Weg von 35 Fuß mit gleichförmiger Bewegung zurücklegen würde."

der a^{ten} Secunde **diejenige Geschwindigkeit verstanden**, welche ein Körper K zu Anfang der a^{ten} Secunde hat, und welche er die ganze a^{te} Secunde behalten würde, wenn während dieser Zeit *) keine neue Kraft auf ihn wirkte, und also die Bewegung des K eine gleichförmige wäre. **So setzt man z. B. bei einem Körper K die Anfangsgeschwindigkeit der 3ten Secunde** = 60, wenn K zu Anfang der 3ten Secunde die Geschwindigkeit 60 hat, und dieselbe während der 3ten Secunde behalten würde, wenn keine neue Kraft mehr auf ihn wirkte, u. s. w.

§. 25. Erklärung.

Wenn eine Kraft K den in a befindlichen Körper in der Richtung ab (Fig. 1.) zu bewegen strebt, so sagt man: „**die Kraft K wirkt in der Richtung ab auf diesen Körper.**"

Jede von einer einzigen Kraft bewirkte Bewegung heißt eine **einfache**, jede von zwei oder mehreren Kräften hervorgebrachte wird aber eine **zusammengesetzte Bewegung** genannt.

Die Kräfte, welche eine zusammengesetzte Bewegung erzeugen, können aber 1) **in derselben Richtung**, 2) **in entgegengesetzten Richtungen**, und 3) **in Richtungen wirksam sein, welche einen größern oder kleinern Winkel mit einander bilden.**

So wirken z. B. (in Fig. 1.) die Kräfte alle in der nämlichen Richtung, wenn jede derselben den in a befindlichen Körper in der Richtung ab zu bewegen strebt; sie wirken in entgegengesetzten Richtungen, wenn die eine in der Richtung ab, die andere in der entgegengesetzten Richtung ba auf den Körper bewegend wirkt; und endlich schließen die Richtungen der Kräfte **) den Winkel bac ein, wenn die eine Kraft den in a stehenden Körper in der Richtung ab und die andere diesen Körper in der Richtung ac zu bewegen sucht, u. s. w.

---

*) also während der a^{ten} Secunde.

**) welche nämlich einen größern oder kleinern Winkel mit einander bilden.

die Temperatur von A an der Oberfläche zu geben, P im Dampfe des A bestimmt, weil derselbe (den genauesten Beobachtungen zufolge) die Temperatur des siedenden A an der Oberfläche besitzt.

§. 650. Zusatz.

Bei der Bestimmung des P kommt der jedesmal stattfindende Barometerstand B ebenfalls in Betracht, weil P — wie in der Folge erhellt — nach der Verschiedenheit des Luftdruckes — sich ebenfalls etwas ändert. Delüc ermittelte P bei dem Barometerstande von 27 Pariser Zollen; Andere dagegen bestimmten denselben bei einem Barometerstande von 29,5 englischen Zollen oder 332,15 Pariser Linien dadurch, daß sie T 2 bis 3 Zoll tief ins Wasser tauchten, u. s. w. Wird der Barometerstand von 28 Pariser Zollen zum Normalmaße genommen, und entfernt sich derselbe nicht weit von diesem Maße, so bringt jede einen Zoll große Veränderung von B eine Aenderung von 1° C hervor. Wäre z. B. B = 27 Zoll, so müßte der beobachtete Fundamentalabstand in 99 gleiche Theile getheilt und alsdann noch um einen dieser Theile vergrößert werden. Dieser 100ste Theil oder Grad wäre aber nun der wahre P. Betrüge dagegen B gerade 29 Zoll, so würde der Fundamentalabstand in 101 gleiche Theile getheilt und P auf den 100sten dieser Theile gesetzt, u. s. w.

Anmerkung. Es verdient bemerkt zu werden, daß bei der sorgfältigsten Bestimmung des P dennoch ein Fehler von $\frac{1}{100}$ Grad begangen werden kann.

§. 651. Zusatz.

Um den Aufthauungspunkt p zu bestimmen, wird T, so weit die Quecksilbersäule reicht, in aufthauendes Eis oder Schnee getaucht. Denn die Temperatur, bei welcher A gefriert, ist nicht unter allen Umständen dieselbe; doch ist es (innerhalb gewisser Gränzen) diejenige, bei welcher Eis oder Schnee schmelzen, wenn nur A, woraus letztere sich bildeten, eine hinreichende Reinheit besaß. Ist aber A mit Salzen versetzt, so gefriert es bei viel niedrigern Temperaturen und thaut also auch bei andern Wärmegraden auf. Das gefrorene Regenwasser und der von Unreinigkeiten freie Schnee geben beim Schmelzen oder Aufthauen den untern Gränzpunkt der Thermometerscale mit hinreichender Genauigkeit an.

Anmerkung 1. Aus den Versuchen von Egen geht hervor: daß die Temperatur des schmelzenden Schnees (oder Eises) S nur von dem Punkte an, wo die Schmelzung in S sichtbar zu werden anfängt (d. h. wo er in Körnern durchscheinend ist), bis dahin, wo er mit A durchzogen wird, genau dieselbe bleibt; daß sie aber von jenem Zeitpunkte an, und nachdem S schon mit A durchzogen ist, von mancherlei äußern Umständen abhängt.

Erfolgt die Schmelzung des S bei einer Temperatur, welche nur wenige Grade über 0 steht, so beginnt die unveränderliche Temperatur schon da, wo S sich leicht ballen läßt, und besteht noch fort, wenn auch S schon in einem ziemlich hohen Grade naß erscheint. Das Gefäß, worin S enthalten ist, die Masse des S, der Barometerstand, die Temperatur des Beobachtungsortes und die Beschaffenheit des S sind (nach Egen) bei der Bestimmung des p ohne Einfluß.

Anmerkung 2. Egen fand: daß bei jedweder Erwärmung des T bis zum Siedepunkte der Aufthauungspunkt p sich niedersenkte, und daß nach einer solchen Erniedrigung p allmählig und zwar von selbst wieder in die Höhe ging.

Die Erniedrigung des p betrug manchmal 0,315° C, und rührte (nach Egens Angabe) von einer Veränderung im Aggregatszustande und also auch im Volumen her, welche das Glas durch W erleidet.*)

§. 652. Zusatz.

Um die Temperatur des Körpers K jederzeit mit gleicher Genauigkeit durch T zu bestimmen, muß letzteres, nachdem es ganz vollendet ist, 1 bis 2 Jahre liegen bleiben, bevor man die Grade auf der Scale anbringt (d. h. T graduirt); oder man muß nach dieser Zeit die Grade von Neuem angeben (d. h. T wiederum graduiren), sobald man eine Veränderung des p bemerkt. Denn die genauesten Untersuchungen von Bellani und Andern haben gelehrt, daß p in 1 bis 2 Jahren manchmal um $\frac{1}{2}$° bis 1° C sich erhöht, und daß eine allmählige Verkleinerung der Thermometerkugel

*) Man bemerke: daß das Glas nach Dülong und Petit bei + 100° C sich um $\frac{1}{38700}$ desjenigen Raumes ausdehnt, welchen es bei 0° einnimmt, und daß diese Ausdehnung bei + 200° $\frac{1}{36300}$ und bei + 300° $\frac{1}{32000}$ beträgt. Diese Ausdehnung des Glases veranlaßt bei + 100° C und 200° eine scheinbare Ausdehnung des Quecksilbers, welche von der Verengerung der innern Höhlung der Glasröhre herrührt, und (nach Laplace und Lavoisier) auf 1° C $\frac{1}{6459}$ vom Volumen des Quecksilbers bei 0° betragen soll, jedoch nicht immer gleich groß ist und im Durchschnitte zu $\frac{1}{6000}$ angenommen wird.

durch den äußern Luftdruck die Ursache dieser Erhöhung ist. Bei dünnern und weitern Thermometerkugeln hat man eine stärkere Erhöhung des y als bei dickern und engern bemerkt.

§. 653. Zusatz.

Sind zwei Thermometer T und t mit der nämlichen tropfbaren Flüssigkeit gefüllt, haben sie einerlei Abtheilungen zwischen dem Aufthauungs- und Siedepunkte, ist letzterer bei demselben Barometerstande bestimmt und sind überhaupt T und t (nach v. §§.) mit der größten Sorgfalt angefertigt, so werden sie in derselben W auch gleich viel Grade angeben, wenn letztere auch an Größe etwas von einander verschieden sind. Man muß aber T und t Zeit lassen, die bei der Beobachtung stattfindende Temperatur wirklich anzunehmen, indem dies bei verschiedenen Thermometern mit verschiedenen Geschwindigkeiten geschieht und von der Größe der Kugeln und ihrem Verhältnisse zu den Röhren abhängt. Auch trägt die größere oder geringere Dicke des Glases zur Empfindlichkeit des T etwas bei; und eben so macht die durch W bewirkte und von der Ausdehnung des Glases etwas verschiedene Raumeserweiterung des Quecksilbers den Gang des T, wenigstens im Anfange der Erwärmung, etwas ungleichförmig.

§. 654.

Der (in Fig. 11) angegebene Apparat wird das Differenzial-Thermometer von Rumford*) genannt. Es besteht aus der gläsernen Röhre abcd, welche bei b und c unter rechten Winkeln gebogen ist und die Kugeln a und d enthält. An dem gewöhnlich 16 Zoll langen horizontalen Theile bc von abcd ist eine willkührlich entworfene Scale ef, und in abcd selbst eine kleine Quantität rothgefärbter Schwefelsäure Y befindlich. Der ganze Apparat steht endlich auf einem Stative, welches in gegenwärtiger Figur durch M bezeichnet ist.

---

*) Geb. 1752; gest. 1814

§. 655.

Sind die in abg und dch (Fig. 11.) befindlichen Luftportionen gleich stark erwärmt, so ruht Y; wird aber a stärker als d, und also auch die in abg vorhandene Luft mehr als die in dch befindliche erwärmt, so bewegt sich Y nach dem Punkte c. Eben so geht Y nach b, wenn d eine stärkere Erwärmung als a erfährt.

Anmerkung. Bei dem Rumford'schen Thermometer ist die Scale ganz willkührlich, indem hier nicht bestimmte Grade der W, sondern nur die kleinsten Veränderungen derselben ermittelt werden sollen.

§. 656.

Die (in Figur 12.) angegebene Vorrichtung wird das Differenzial=Thermometer von Leslie *) genannt. Der horizontale Theil bc der gläsernen Röhre abcd ist kleiner als der des Rumford'schen Thermometers; auch ist hier die Scale ef an dem vertikalen Schenkel dc angebracht. Im innern Raume von abcd befindet sich etwas rothgefärbte Schwefelsäure, welche ruhig bleibt, so lange a und d gleich stark erwärmt werden, und die sich nach einer Kugel hin bewegt, sobald die andere eine stärkere Wirkung durch W erfährt.

Anmerkung. Die in den §§. 654—656 beschriebenen Thermometer werden Differenzial=Thermometer genannt, weil bei denselben die Differenz der Temperaturen beider Kugeln a und d auf die eingeschlossene tropfbare Flüssigkeit sich thätig erweist.

§. 657.

Die Metallthermometer **) (mit Ausnahme der bereits in v. §§. beschriebenen Quecksilberthermometer) sind bis jetzt die einzigen, deren thermometrische Substanzen feste Körper sind. Das einfachste Metallthermometer wäre eine Metallstange S, woran die durch W bewirkten Ausdehnungen und Zusammenziehungen gemessen werden könnten. Da aber die Längenveränderungen, welche S durch W erleidet, (nach §. 627.) sehr unbedeutend siud, so befestigt man S an dem einen Ende so, daß sie mit dem andern auf einen

---

*) Ausgesprochen: Leß'li (geb. 1766, gest. 1814). Er hat schon vor 1800 sein Differenzial=Thermometer erfunden.

**) Lese §. 637.

Hebel oder Rad wirken kann, weil hierdurch, vermöge der ursprünglich in S stattfindenden kleinen Bewegung, eine merklich große im Hebel oder Rade entsteht.

Die auf diese Weise eingerichteten Apparate zeigen indeß die Zu- oder Abnahme der W nicht genau, weil nicht allein die thermometrischen Substanzen, sondern alle ihre Theile von der Wärme und Kälte ergriffen werden. Aus diesem Grunde wurden in der neuern Zeit sehr dünne, aus verschiedenen Metallen bestehende, Streifen als thermometrische Substanzen gebraucht. Diese Streifen biegen sich *) nämlich bei veränderter Temperatur, wenn sie vorher gerade, oder verändern ihre Krümmung, wenn sie früher schon gebogen waren. Besteht z. B. bei einem gekrümmten Doppelstreifen D der innere aus Silber und der äußere aus Platina, so strebt D bei größerer W sich gerader zu machen, weil W das Silber mehr als das Platina ausdehnt, u. s. w.

Anmerkung. Das Metallthermometer wurde zuerst von Mortimer 1746 angegeben, und in der neuesten Zeit von Brequet zu Paris und Holzmann zu Wien in großer Vollkommenheit construirt.

§. 658.

Diejenigen Hitzgrade, welche durch Quecksilberthermometer nicht mehr bestimmbar sind, werden durch Vorrichtungen ermittelt, welche man Pyrometer nennt. Die meisten Pyrometer waren früher wie die im vor. §. angegebenen Metallthermometer construirt, und gaben dieserhalb die Hitzgrade nur unvollkommen an. Auch hat man sie hauptsächlich dazu gebraucht, die Ausdehnungsfähigkeit zu bestimmen, welche bei verschiedenen festen Körpern durch denselben Grad der Erhitzung sich ergab. Man nahm nämlich verschiedenartige und gleich große Stangen, verband jede einzelne, z. B. die Stange cd (Fig. 13.) in c mit dem feststehenden Körper ab, und in d mit dem kleinern Arm de des Winkelhebels deg, setzte cd den Wirkungen der Hitze aus, und fand alsdann, daß durch die Ausdehnung dieser Stange der Arm eg einen Weg beschrieb, welcher größer als der des gedrückten Punktes m war und sich zum letztern wie eg : em verhielt.

*) Man lese die in §. 628. gegebene Anmerkung 1.

Um möglichst richtige Resultate zu erhalten, muß die Entfernung des Drehungspunktes e von ab unverändert bleiben, und man hat dieserhalb ab aus einer starken Glasplatte und ef aus einer starken Glasstange construirt.

§. 659.

Die Wedgwood'schen *) Pyrometer enthalten als pyrometrische Substanzen würfelförmige Körper, welche aus einem Teiche von Kiesel- und Thonerde bereitet sind. Diese Körper werden bei anfangender Rothglühhitze **) auf einem erhitzten Eisenbleche getrocknet und so groß genommen, daß sie nach der Austrocknung noch mehr als 0,5 Zoll Seitenlänge behalten. Wird nun ein solcher Thonkörper K in eine noch höhere Hitze gebracht, so verkleinert sich ***) sein Volumen noch mehr und der Grad der Verkleinerung giebt (nach Wedgwood) den Hitzgrad an. Um aber die Verkleinerung des K genau messen zu können, gebrauchte Wedgwood eine Geräthschaft, welche in Fig. 14. dargestellt ist.

Es bezeichnet nämlich darin abcd eine Metallplatte, deren Länge 1 bis $1\frac{1}{2}$ Fuß, und deren Breite wenige Zolle beträgt, und worauf die vierkantigen Stäbe eg und fh so angelöthet sind, daß ef = 0,5 Zoll und gh = 0,3 Zoll ausmacht. Die an eg und fh befindlichen Zahlen oder Grade reichen von 0 bis 240, und zeigen an, um wie viel 240stel der Differenz ef — gh (oder der Zahl 0,2 Zoll) die Stäbe an jeder Stelle von einander abstehen. Auch ist jeder Thonkörper so abgeschliffen, daß er bei m genau zwischen eg und fh paßt.

Anmerkung. Das hier angegebene Pyrometer ist nicht genau das ursprünglich Wedgwood'sche, indem bei letzterem die zwischen eg und fh vorhandene Vertiefung nicht vierkantig, sondern rund und also in der Gestalt eines abgekürzten Kegels sich zeigte. Auch wurden die Thonkörper in der nämlichen Gestalt dargestellt.

§. 660.

Wedgwood suchte die Grade seines Pyrometers mit der Fahrenheit'schen Scale zu vergleichen, nahm demgemäß einen

*) Wedgwood ausgesprochen Uedsch'wudd (geb. 1731, gest. 1795).

**) Vergleiche §. 634.

***) Nach §. 628. Anmerk. 2

silbernen Stab S, und bestimmte zuerst, um wie viel sich derselbe vom Aufthauungs- zum Siedepunkte, und eben so, um wie viel sich S von da bis zur Rothglühhitze ausdehnte. Nun nahm Wedgwood an *), daß S sich gleichförmig mit W ausdehne, berechnete alsdann, auf welchen Grad der Fahrenheit'schen Scale der Anfang der Rothglühhitze falle, fand, daß dieser Grad = 1077,5° F betrug; brachte hierauf S in eine Glühhitze, welche größer als die vorige war und einige Pyrometergrade ausmachte, untersuchte die Verlängerungen von S auf's Neue und kam hierdurch zum Resultate: daß 1° seines Pyrometers 130° F ausmachte.

§. 661.

Man soll den Grad der Erhitzung des Körpers K durch das Wedgwood'sche Pyrometer bestimmen?

Auflösung. Man bringe einige Thonstücke mit K in Berührung und entferne sie von diesem Körper, sobald sie den Hitzgrad angenommen haben, welchen er besitzt. Nun lasse man die Thonstücke plötzlich erkalten, und da dieselben — der Erfahrung zufolge — das durch die Glühhitze erlangte kleinere Volumen dabei nicht verlieren, so werden sie jetzt so weit zwischen eg und fh geschoben, als sich dies, ohne Gewalt zu gebrauchen, bewerkstelligen läßt. Der Punkt, bis zu welchem die scharfen Kanten reichen, ist mit einer Zahl bezeichnet, die den verlangten Grad des Pyrometers angiebt.

Anmerkung. Wedgwood fand, daß die in §. 659. beschriebenen Thonkörper nach längerer Zeit, durch denselben Grad der Erhitzung, nicht mehr eine gleiche Verminderung des Volumens wie früher erlitten, und daß dies wohl von einer Veränderung herrühre, welche diese Thonkörper allmählig in ihren natürlichen Beschaffenheiten erführen.

§. 662.

Newton suchte die höheren Hitzgrade auf folgende indirecte Weise zu bestimmen.

Er nahm ein großes Stück Eisen E, erhitzte es bis zum Weißglühen, und legte alsdann kleine Stückchen von Gold, Silber und andern Metallen darauf. Nun wartete er, bis alle Stückchen geschmolzen waren, brachte hierauf E an einen Ort, woselbst ein

*) Was freilich nicht ganz genau ist

gleichförmiger Luftzug und eine möglichst gleichmäßige Temperatur herrschte, beobachtete genau die Zeit, welche jedes Metallstückchen zum Festwerden nöthig hatte, und berechnete hieraus den Grad der Erhitzung. Newton nahm nämlich an, daß — unter übrigens gleichen Umständen — die W, welche jeder erhitzte Körper über die der umgebenden Luft überschüssig hat, beim Erkalten nach einer geometrischen Reihe abnehme. Diese Annahme ist aber — nach den darüber angestellten Untersuchungen — nur für den Fall, auf welchen Newton sie anwandte, als annähernd richtig zu betrachten, indem die Erkältung der Körper außer der W, welche sie über die der umgebenden Luft überschüssig haben, noch von andern Umständen, z. B. von ihrer Größe und Beschaffenheit, von der Farbe ihrer Oberfläche u. s. w. abhängig ist.

Biot*) brachte das eine Ende eines metallenen Stabes S in einen Raum, worin eine gleichbleibend hohe Temperatur herrschte, und stellte alsdann Untersuchungen über die Verbreitung der W in S an. Er fand nämlich, daß, wenn man S in gleiche Theile theilt, die W, welche in jedem Theilchen überschüssig über die der umgebenden Luft vorhanden ist, in einer geometrischen Progression abnimmt, sobald der Beharrungszustand eingetreten ist, und daß durch Beobachtung der W an den Theilpunkten von S die Hitze des äußersten Punktes berechnet werden kann.

§. 663.

Aus den in dieser Abtheilung gegebenen Lehren ergiebt sich aber noch Folgendes:

1) Nach den Untersuchungen von Delüc dehnt sich eine 27 Zoll lange Quecksilbersäule X genau um $\frac{1}{2}$ Zoll aus, wenn man sie von 0° bis 80° R erhitzt. Wird aber nun jeder Zoll in 160 gleiche Theile getheilt, so enthält X 4320 solcher Theile, und dehnt sich vom Aufthauungs- zum Siedepunkte um 80 dieser Theile, d. h. für jeden einzelnen Thermometergrad, um $\frac{1}{4320}$ derjenigen

*) Geb. 1774 zu Paris.

Länge aus, welche X bei 0° besitzt *). Um also die Barometerhöhe auf die Temperatur 0° mit ziemlicher Genauigkeit zu reduciren **), muß man für jeden Grad über 0 $\frac{1}{4320}$ der ganzen Länge subtrahiren, und für jeden Grad unter 0 eben so viel addiren; und um die Temperatur des Quecksilbers so genau als möglich zu erhalten, wird ein genau gearbeitetes Barometer mit einem empfindlichen Thermometer ***) dergestalt in Verbindung gebracht, daß man beide Instrumente auf einem und demselben Brette befestigt.

2) Wenn die Länge des festen Körpers K von 0° bis 80° um α Fuß wächst, so begeht man (nach §. 627.) nur einen geringen Fehler, wenn man annimmt, daß K bei jedem einzelnen Grad Raum um $\frac{\alpha}{80}$ Fuß zunimmt. Dehnt sich also K von 0° bis 80° R in Bezug auf seine Länge im Verhältnisse $1 : (1 + \alpha)$ aus, so kann man ohne großen Fehler annehmen, daß er in dieser Beziehung von 0° bis t° R im Verhältnisse $1 : \left(1 + \frac{t\alpha}{80}\right)$, und in Bezug auf sein Volumen im Verhältnisse $1 : \left(1 + \frac{3t\alpha}{80}\right)$ †) sich vergrößert. Das specifische Gewicht S, welches K bei 0° besitzt, verhält sich aber dieserhalb (nach §. 113.) zu demjenigen S', welches diesem Körper bei t° zukommt, wie $\left(1 + \frac{3t\alpha}{80}\right) : 1$, oder es ist:

$$S : S' = \left(1 + \frac{3t\alpha}{80}\right) : 1.$$

Aus letzterer Gleichung ergiebt sich aber:

$$S' = \frac{S}{1 + \frac{3t\alpha}{80}},$$

*) Nach Dülong und Petit beträgt diese Ausdehnung für 1° C = $\frac{1}{5550}$, für 1° R = $\frac{1}{4440}$ und für 1° F = $\frac{1}{9990}$.

**) Vergl. §. 453. Anmerk. 2. Nr. (f).

***) D. h. mit einem Thermometer, welches jeden durch W bewirkten Eindruck mit Leichtigkeit annimmt.

†) Dehnt sich nämlich K in allen Richtungen mit gleicher Stärke aus, und geht dabei seine Länge über in $1 + \alpha$, so geht seine Oberfläche in $(1 + \alpha)^2$ und sein Volumen in $(1 + \alpha)^3$ über. Ist aber nun α eine durch W bewirkte Ausdehnung, so ist dieselbe (nach §. 627) sehr klein, und es wird dieserhalb ohne erheblichen Fehler $(1 + \alpha)^2 = 1 + 2\alpha$ und $(1 + \alpha)^3 = 1 + 3\alpha$ gesetzt.

$$\text{oder beinahe } S^1 = S\left(1 - \frac{3t\alpha}{80}\right) \text{ *)},$$

$$\text{oder beinahe } S^1 : S = \left(1 - \frac{3t\alpha}{80}\right) : 1.$$

So dehnt sich z. B. das Messing von 0° bis 80° R um 0,00193 seiner Länge aus; und es verhält sich dieserhalb das specifische Gewicht des Messings bei 20° zu demjenigen bei 0° wie $\left(1 - \frac{3\alpha}{4}\right) : 1$, oder wie $(1 - 0{,}00145) : 1$, oder wie $0{,}99855 : 1$ u. s. w.

Zweite Abtheilung.

Von dem Einflusse der Wärme auf die Luft und von dem Luftthermometer.

§. 664.

Die Verstärkung der Expansivkraft, welche W bei einer absolut gesperrten Luftportion bewirkt, ist (nach §. 631.) als eine reine Wirkung der W zu betrachten. Da aber (nach §. 7.) die Größe einer Kraft nur aus der Größe ihrer Wirkung zu erkennen, und letztere der ersteren verhältnißmäßig ist, so folgt: daß die Verstärkung der Expansivkraft, welche W bei einer absolut gesperrten Luftportion hervorbringt, als das wahre Maß von W betrachtet werden muß.

§. 665.

Hat eine absolut gesperrte Luftportion, bei dem Wärmegrad t°, die durch die Quecksilbersäule **) oder Barometerhöhe meßbare

---

*) Denn es ist

$$S^1 = \frac{S\left(1 - \frac{3t\alpha}{80}\right)}{\left(1 + \frac{3t\alpha}{80}\right)\left(1 - \frac{3t\alpha}{80}\right)} = \frac{S\left(1 - \frac{3t\alpha}{80}\right)}{1^2 - \frac{9t^2\alpha^2}{6400}} = S\left(1 - \frac{3t\alpha}{80}\right),$$

indem hier α sehr klein ist, und also der mit der zweiten Potenz von α versehene Ausdruck $\frac{9t^2\alpha^2}{6400}$ ohne erheblichen Fehler weggelassen werden kann.

**) Vergleiche §. 630.

Expansivkraft h, und bei dem höhern Wärmegrade T° die Expansivkraft H, so ergiebt sich aus vor. §.:

$$t^0 : T^0 = h : H,$$

$$\text{oder } t : T = h : H.$$

Anmerkung. Man wird leicht einsehen, daß eine Luftportion nicht absolut gesperrt werden kann, und daß nur in denjenigen Fällen, welche nicht die höchste Genauigkeit verlangen, eine Sperrung durch die festen Wände als eine absolute betrachtet werden kann. (Vergl. §. 627.)

§. 666.

Wenn eine Luftportion L, welche bei dem Wärmegrade t° das Volumen v Kubikfuß besitzt, bei dem höhern Wärmegrade T° das größere Volumen V Kubikfuß annimmt und ihre anfängliche Expansivkraft nicht verliert, so ist:

$$t^0 : T^0 = v \text{ Kubikfuß} : V \text{ Kubikfuß}.$$

Beweis. Denkt man sich, bei dem ungeänderten Wärmegrade t°, das Volumen v Kubikfuß von L in das größere V Kubikfuß dadurch gebracht, daß der auf L wirkende Luftdruck in dem Verhältnisse H : h sich vermindert, so ist nach §. 456.:

1) v Kubikfuß : V Kubikfuß = h : H.

Wird aber nun L in dem Raume V Kubikfuß vollkommen gesperrt und ihr Wärmegrad t° auf T° erhöht, so folgt aus vor. §.:

2) t° : T° = h : H.

Aus 1 und 2 ergiebt sich aber:

3) t° : T° = v Kubikfuß : V Kubikfuß.

§. 667.

Der im vor. §. angegebene Lehrsatz gilt für jeden erwärmten Theil der freien atmosphärischen Luft, weil dieser Theil durch die erhöhte Kraft der W sich so lange ausdehnt, bis sein Druck dem Gegendrucke der übrigen Luft gleich geworden ist, und seine Expansivkraft eben so groß wie im Anfange sich zeigt. Auch wird dieser Lehrsatz noch folgendermaßen angewandt. — Man stelle (in Fig. 15.) die Röhre ef in das bis hk mit Wasser oder Quecksilber gefüllte Gefäß abcd, und sehe zu, ob die in abcd und ef befindlichen flüssigen Oberflächen in derselben horizontalen Ebene sich befinden. In diesem Falle kommt aber der in eg vorhandenen Luft L eine eben so große Expansivkraft wie der äußern zu. Wird nun L erwärmt, so drückt sie durch ihre erhöhte Kraft die tropfbare Flüssigkeit in ef nieder; und zieht man jetzt ef so lange in die Höhe, bis die in ihr befindliche flüssige Oberfläche mit der in abcd vorhandenen in derselben horizontalen Ebene sich befindet, so hat die eingeschlossene L dieselbe Expansivkraft wie die äußere. Es verhält sich aber in diesem Falle der erste Wärmegrad t° zu demjenigen T°, welchen L nachher besitzt, wie das anfängliche Volumen v Kubikfuß von L zu demjenigen V Kubikfuß, welches sie nach dem Versuche einnimmt.

§. 668.

Wenn eine unvollständig gesperrte Luftportion L*) das eine Mal den Wärmegrad t°, das Volumen v Kubikfuß und die Expansivkraft h, und das andere Mal den Wärmegrad T°, das Volumen V Kubikfuß und die Expansivkraft H besitzt, so ist:

$$t : T = (v . h) : (V . H).$$

Beweis. Nimmt man zuerst an, daß L während ihrer Erwärmung sich frei ausdehnen könne, und bezeichnet durch $\mathfrak{T}$° denjenigen Wärmegrad, welcher zwischen t° und T° liegt und so beschaffen ist, daß L bei demselben und bei ihrer frühern Expansivkraft h das Volumen V Kubikfuß annimmt, so ist nach vor. §.:

$$1)\ t : \mathfrak{T} = v : V.$$

Denkt man sich aber nun L vollkommen gesperrt und von $\mathfrak{T}$° bis T° erhitzt, so geht nach gegenwärtiger Voraussetzung die Expansivkraft h in H über, und es ergiebt sich aus §. 665.:

$$2)\ \mathfrak{T} : T = h : H.$$

Aus 1 und 2 folgt aber:

$$3)\ t : T = (v . h) : (V . H).$$

§. 669.

Aus vorigen §§. geht hervor, daß das Verhältniß der Wärmegrade oder der wahren Wärmen jederzeit durch den Einfluß, welchen letztere auf eine Luftportion L ausüben, bestimmbar ist, weil sowohl das Volumen als auch die Expansivkraft von L als meßbare Größen sich zeigen. Aus diesem Grunde werden aber in den nun folgenden §§. dieser Abtheilung Instrumente angegeben, welche (nach §. 637.) Luftthermometer heißen und wodurch die durch W hervorgebrachten Veränderungen im Volumen und in der Expansivkraft von L möglichst genau bestimmt werden können.

---

*) D. h. eine Luftportion, welche sich zwar ausdehnen kann, wobei aber mit jeder Ausdehnung auch der Gegendruck der Sperrung wächst.

§. 670.

Der Landmann Cornelius Drebbel aus Alkmar in Nordholland erfand 1638 das Luftthermometer *), welchem der Franzose Amontons im Jahre 1700 zuerst eine wissenschaftliche Einrichtung gab. Das (in Fig. 16.) angegebene Luftthermometer T von Amontons ist von einem Gefäßbarometer **) nur dadurch unterschieden, daß bei dem erstern das Gefäß V verschlossen und die Röhre ab offen ist. Füllt man aber nun T durch die Oeffnung a bis cd und f mit dem Quecksilber Q, bezeichnet die zeitige Barometerhöhe durch H, und die Höhe fe des über cd stehenden Quecksilbers durch h, so ist die Expansivkraft der in V eingeschlossenen Luft L der Summe H + h gleich. Und ist noch der Durchmesser von V 20, 30 oder mehrere Mal größer als derjenige von ab, so kann man das Volumen von L ohne merklichen Fehler als beständig ansehen, und es ist alsdann (nach §. 665) H + h der wahren W proportional.

§. 671.

Aus §. 453. Anmerk. 1. geht hervor, daß H veränderlich ist, und daß also bei gleicher Temperatur das in ab befindliche Quecksilber nicht immer gleich hoch stehen kann. — Dies verhindert jedoch die Messung der W nicht, weil H + h bei derselben Temperatur immer von gleicher Größe sich zeigt. Nur kann in diesem Falle ab keine thermometrische Scale erhalten, sondern ihre Scale muß mit derjenigen des Barometers übereinstimmen, welches gleichzeitig mit T beobachtet wird.

Senkt man aber nun T zuerst in aufthauendes Eis und alsdann in siedendes Wasser (und zwar — wo möglich — jedesmal bis zur Quecksilberoberfläche), und ermittelt alsdann für diese Temperaturen die Werthe von H + h, so erhält man die wahren Verhältnisse der Wärmen bei der Temperatur des Aufthauungs- oder natürlichen Frostpunktes zu derjenigen des Siedepunktes

Amontons hat, ohne die nöthigen Verbesserungen ***) an-

*) Er ist also der eigentliche Erfinder des Thermometers.

**) Vergl. §. 453.

***) Wegen der Ausdehnung des Quecksilbers und Glases, der Ungleichförmigkeit der Röhre und der kleinen Veränderungen im Volumen der L.

zubringen, dies Verhältniß = 1 : 1,417 ermittelt. Lambert fand dasselbe genauer = 1 : 1,370 *); er nahm dieserhalb 370 Grade an, und setzte neben den natürlichen Frostpunkt die Zahl 1000 und neben den Siedepunkt 1370. Uebrigens ist sein Thermometer nicht wesentlich von dem Amontons'schen verschieden.

Gay-Lüssac hat endlich dies Verhältniß noch näher bestimmt und gefunden, daß sich die W des natürlichen Frostpunktes zu der des Siedepunktes wie 1 : 1,375, oder wie 8 : 11 verhält. Auch hat derselbe gezeigt, daß nicht allein die atmosphärische Luft, sondern alle bleibende Gasarten (bei gleichbleibendem Drucke) vom Frostpunkte zum Siedepunkte im Verhältnisse wie 8 : 11 sich ausdehnen **), und daß also die Ausdehnung dieser Luftarten bei gleichbleibendem Drucke, oder die Veränderung ihrer Expansivkraft bei gleichbleibendem Volumen als eine reine Wirkung der W sich zeigt.

§. 672.

Wollte man auf die im vor. §. angegebene Weise ein Luftthermometer T construiren, welches vom Frostpunkte bis zum Siedepunkte des Quecksilbers reichte, so müßte dasselbe eine Länge von wenigstens 4 Fuß erhalten und würde also für den gewöhnlichen Gebrauch äußerst unbequem sein.

Bringt man aber die Luft aus af und schmilzt a alsdann zu, so kann ab eine Thermometerscale erhalten, und es ist alsdann cf das Maß der Expansivkraft oder der Wärme von L. Auch wird in diesem Falle sowohl der durch g bezeichnete Aufthauungspunkt als der durch s dargestellte Siedepunkt wie bei einem Quecksilberthermometer bestimmt, weil bei gleichbleibender Temperatur die in ab befindliche Quecksilbersäule immer die nämliche Höhe besitzt.

---

*) Geb. 1728 zu Mühlhausen im Sundgau; gest. zu Berlin 1777.

**) Man lese §. 632; und bemerke: daß — dem eben Gesagten zufolge — die Ausdehnung der atmosphärischen Luft, für 1° C, um 0,00375 von ihrem, beim Gefrierpunkte des Wassers gemessenen, Volumen vermehrt oder vermindert wird, je nachdem die Temperatur steigt oder fällt, daß aber nach Rudberg's Versuchen dies Steigen oder Fallen für 1° C = 0,0036445 beträgt.

Wäre überdies noch die Weite von V in Bezug auf diejenige von ab so groß, daß das Volumen von L als unveränderlich betrachtet werden könnte, so ließe sich s aus der Proportion eg : es = 8 : 11 durch blose Berechnung ermitteln. Bei dieser Einrichtung wäre jedoch T noch unbequemer wie früher, indem dasselbe, um bis zum Siedepunkte des Wassers zu reichen, 4 Fuß, und bis zum Siedepunkte des Quecksilbers zu gehen, 6 Fuß lang sein müßte.

Will man aber T nur bei niedrigen Temperaturen gebrauchen, so wird es ein Paar Zoll länger als ein gewöhnliches Barometer gemacht, mit einer großen Kugel V versehen, hierauf mit Quecksilber gefüllt, und V *) alsdann zugeschmolzen. Bestimmt man jetzt den Aufthauungspunkt g auf die gewöhnliche Weise, so wird (nach Lambert's Angabe) der Punkt f, welcher dem 28sten Grade der Reaumür'schen Scale entspricht, dadurch ermittelt, daß man eg : ef = 1 : 1,130 setzt. Die Länge der über e befindlichen Röhre würde alsdann nur 33 — 34 Zoll betragen; und eben so wäre gf in 13 gleiche Theile oder 10 Lambert'sche Grade zu theilen, wenn man T mit der Lambert'schen Scale versehen wollte. An g käme die Zahl 1000, an f 1130 zu stehen, und unter g könnte man die Theilung bis zum 800sten Grade, d. h. bis zu einem Grade fortsetzen, welcher eine größere Kälte anzeigte, als der Frostpunkt des Quecksilbers beträgt.

Anmerkung. Die Luftthermometer werden gewöhnlich auf die in diesem §. angegebene Weise eingerichtet, weil sie am leichtesten in dieser Art zu construiren sind. Könnte man jedoch (ohne große Schwierigkeit) die in V befindliche Luft in einem hohen Grade verdünnen, so ließe sich T bei einer mäßigen Größe mit einer Scale versehen, welche vom Frostpunkte bis zum Siedepunkte des Quecksilbers reichte.

§. 673.

Die Vergleichungen zwischen dem Luft- und Quecksilberthermometer haben einen übereinstimmenden Gang beider Instrumente gezeigt, und also gelehrt, daß das Luftthermometer T für den gewöhnlichen Gebrauch entbehrlich ist. Auch ist die Anzahl

*) Am Besten bei niedrigem Barometerstande und niedriger Temperatur.

der gleichen Theile, welche der Fundamentalabstand von T enthält, willkührlich; und er kann dieserhalb jede übliche Einrichtung des Quecksilberthermometers erhalten. Beim Frostpunkte g und Siedepunkte s müssen zwei Zahlen stehen, welche sich wie 8 : 11 verhalten; oder, was dasselbe ist, es muß

$$eg : es = 8 : 11,$$
oder $$es : eg = 11 : 8,$$
oder $$(es - eg) : eg = (11 - 8) : 8,$$
oder $$gs : eg = 3 : 8$$

sein. Theilt man aber jetzt gs in n gleiche Theile und bezeichnet die bei g stehende Zahl durch x, so ist

$$3 : 8 = n : x,$$
oder $$x = \frac{8n}{3}.$$

Und beobachtet man endlich an einem Quecksilberthermometer T, dessen Fundamentalabstand n gleiche Theile enthält, die Temperatur, so wird letztere in Grade eines eben so eingetheilten Luftthermometers, d. h. in wahre Wärmegrade, dadurch verwandelt, daß man zu jeder Anzeige von T den Quotienten $\frac{8n}{3}$ addirt.

Bei der 80theiligen Scale ist $n = 80$, bei der 100theiligen $= 100$ und bei der Fahrenheit'schen $= 180$; und man erhält dieserhalb,

für die 80theilige Scale, $x = \frac{640}{3} = 213\frac{1}{3}$,

für die 100theilige, $x = \frac{800}{3} = 266\frac{2}{3}$,

und für die Fahrenheit'sche, $x = 480$ u. s. w.

Dritte Abtheilung.

Von der Verbreitung der freien Wärme durch Strahlung.

§. 674.

Ist ein Körper kälter als die ihn umgebenden Materien, so wird er von ihnen erwärmt; ist er aber wärmer als letztere, so theilt er ihnen von seiner W etwas mit. Die Verbreitung der freien W geschieht also von einem Körper auf den andern, und auch durch die Theile desselben Körpers. Sie erfolgt, der Erfahrung gemäß, auf zwei Arten:

1) durch Strahlung (indem nämlich W mit einer sehr großen Geschwindigkeit von der Oberfläche des erwärmten Körpers auf andere Körper übergeht), und

2) durch Fortleitung (wo dieser Uebergang mit einer kleinern Geschwindigkeit vor sich geht).

§. 675.

Die strahlende W wurde zuerst von Scheele bei einer geöffneten Ofenthüre bemerkt. Er sah nämlich in das Feuer F und empfand eine starke Erhitzung im Gesichte, welche sich plötzlich verlor, sobald er F nicht mehr betrachtete. Auch verschwand dieselbe augenblicklich, sobald er die Thüre zumachte oder einen passenden Körper (etwa eine Metall- oder Glasplatte, eine hölzerne Tafel u. s. w.) vor das Gesicht hielt. Hieraus *) ergiebt sich aber:

1) **Die strahlende W verbreitet sich rings um den erhitzten Körper in geraden Linien, welche man Strahlen nennt.**

2) **Die Verbreitung der W geschieht mit so großer Geschwindigkeit, daß sie uns als augenblicklich erscheint.**

3) **W theilt sich der Luft, durch welche sie geht, wenig oder gar nicht mit, weil ihre Wahrnehmung augenblicklich verschwindet, sobald zwischen die Wärmequelle und ihren Beobachter ein fester Körper eingeschoben wird.**

Anmerkung. Man bemerke, daß eine Glasplatte wohl die strahlende W eines Feuers, aber nicht die der Sonne abzuhalten vermag; und daß die Temperatur eines wärmestrahlenden Körpers sich erniedrigt, wenn nicht auf irgend eine Weise die verlorene W sich wieder erzeugt.

§. 676.

Wenn man ein Behältniß B, welches durch mehrere von einander abstehende Glasscheiben verschlossen ist, den Wirkungen des Sonnenlichtes oder einer andern strahlenden W aussetzt, so wird

*) Und aus den Versuchen von Pictet, Leslie, Nobili, Melloni u. s. w.

letztere immer langsamer fortgepflanzt, dabei dem innern Raume von $\mathfrak{B}$ mitgetheilt, und da sie nicht so leicht aus demselben wieder entweichen kann, darin angehäuft.

Auf diese Weise unterhält man in Treibhäusern und Mistbeeten die $\mathfrak{W}$ durch Bedeckung mit Glasfenstern, zumal wenn sie doppelt sind. Auch nahm Saussüre *) zu diesem Zwecke einen Kasten, welcher durch drei parallele Glasscheiben verschlossen war, setzte denselben einige Zeit lang den Wirkungen der Sonnenstrahlen aus, und fand, daß die Hitze darin bis auf + 229° F stieg, und also das Wasser zu kochen anfing.

Der Feuersammler von Ducarla beruht ebenfalls auf den in diesem §. angegebenen Gründen. Er besteht nämlich aus dünnen gläsernen Glocken, welche verschiedene Größen besitzen und wovon die eine die andere immer so umschließt, daß zwischen jeder ein schmaler Luftraum befindlich ist. Sämmtliche Glocken werden auf ein kegelförmiges Gestelle und zwar so gesetzt, daß die zu erhitzenden Körper in den Raum $\mathfrak{R}$ der innersten Glocke gebracht werden können. Es entsteht aber alsdann (nach Ducarla's Angabe) in $\mathfrak{R}$ eine Hitze, wodurch selbst das Eisen in Fluß geräth.

§. 677.

Man stelle 1) (in Fig. 17.) die beiden sphärischen Spiegel S und $\mathfrak{S}$ so, daß ihre Hauptaxen **) in eine gerade Linie fallen, bringe in den Brennpunkt von $\mathfrak{S}$, nämlich in f, einen beträchtlich erwärmten Körper $\mathfrak{K}$, und in den Brennpunkt von S, d. h. in F, ein empfindliches Thermometer $\mathfrak{T}$. Es steigt aber alsdann das in $\mathfrak{T}$ befindliche Quecksilber augenblicklich und zwar aus folgenden Gründen in die Höhe.

*) Geb. 1740 zu Genf; gest. 1799.

**) Es ist nöthig, (vorläufig) Folgendes zu bemerken. Bei einem sphärischen oder Kugel-Spiegel S versteht man unter dem Mittelpunkte $\mathfrak{M}$ der Krümmung den Mittelpunkt derjenigen Kugel, wovon S (mit größerer oder kleinerer Genauigkeit) als ein Theil betrachtet werden kann. Auch nennt man diejenige gerade Linie, welche $\mathfrak{M}$ mit dem Mittelpunkte von S verbindet, die Hauptaxe dieses Spiegels. Und endlich wird in der Lehre vom Lichte gezeigt, daß alle parallele Lichtstrahlen, welche sehr nahe an der Hauptaxe auf S fallen, so zurückgeworfen werden, daß sie sich in einem und demselben Punkte vereinigen. Letzterer wird aber der Brennpunkt des S genannt.

Wenn aus f die divergirenden Wärmestrahlen fb, fd, fg, fl, fp u. s. w. in den Punkten b, d, g, l, p u. s. w. auf S kämen, von letzterm in den parallelen Richtungen ba, dc, ge, lh, po u. s. w. zurückgeworfen würden, und nun in dem Brennpunkte F oder in der Thermometerkugel u sich vereinigten, so müßte hier eine augenblickliche Erwärmung erfolgen. Da aber letztere wirklich stattfindet, so wird die hier erwähnte strahlenartige Verbreitung der W als Erklärung der oben angegebenen Erscheinung gebraucht.

Nimmt man 2) K aus f weg und bringt eine mit Eis gefüllte Glaskugel k an seine Stelle, so zeigt T sogleich auf Kälte. Denn jeder Körper strahlt W aus, so wie er von allen übrigen Materien W wieder empfängt. Strahlt aber dieser Körper mehr W aus als er erhält, so wird er erkältet, und im entgegengesetzten Falle erwärmt. Bei gegenwärtigem Versuche ist nun T der Wärme ausstrahlende und k der Wärme empfangende Körper. Letzterer erhält von S mehr Wärmestrahlen als er ihm zusendet, und S bekommt von S mehr als er diesem zurückschicken kann. Der Spiegel S ersetzt aber durch die Strahlung von T seinen Verlust und erniedrigt hierdurch die Temperatur des T.

§. 678.

Man hat gefunden, daß sowohl die Oberflächen als auch die innern Beschaffenheiten und Temperaturen der Körper einen wichtigen Einfluß auf das Ausstrahlen der W ausüben. So strahlt z. B. ein Körper desto weniger W aus *), je glatter und glänzender, und desto mehr, je rauher seine Oberfläche ist. Die Metalle mit glänzenden Oberflächen strahlen W am wenigsten aus; auch wird ihr ausstrahlendes Vermögen vermehrt, wenn ihre Oberflächen den Glanz und die Politur verlieren, oder wenn man sie zerkratzt.

Das Glas und die Stoffe, welche von organischen Körpern herkommen (z. B. Harz, Papier u. s. w.), strahlen W besser als die Metalle aus; das größte Vermögen W auszustrahlen hat man aber am Lampenschwarz und am Wasser bemerkt **).

---

*) Und erkältet sich auch desto weniger.

**) In Nr. III. des Anhanges kommt das strahlende Vermögen einiger festen und tropfbarflüssigen Körper vor.

Anmerkung 1. Das in diesem §. Gesagte wird durch folgende Versuche bestätigt.

a) Man nehme (in Fig. 18) den ausgehöhlten zinnernen Würfel Z, dessen Kante gh einige Zoll beträgt und dessen obere Fläche abef in ihrer Mitte den Hals m enthält; überklebe die eine Seitenfläche aegc mit Papier oder Goldschlägerhäutchen, schwärze die andere bdhf durch die Flamme einer Oellampe, zerkratze die dritte efhg und lasse die vierte abdc blank und glänzend. Bringt man nun ein Differenzial-Thermometer T in die Nähe von Z und stellt zwischen seine beiden Kugeln k und n den Schirm l, so wird die in kopn befindliche Flüssigkeit eine Erhöhung der Temperatur anzeigen; und zwar die größte, wenn bdhf; eine kleinere, wenn aegc und efgh; und die kleinste, wenn abdc gegen k gerichtet ist.

b) Man fülle ein enghalsiges, zinnernes, kugel- oder cylinderförmiges Gefäß G mit heißem Wasser, stelle in letzteres ein Thermometer T, bringe G in ein mäßig warmes Zimmer, und bemerke die Zeit, welche die in Z befindliche Quecksilbersäule gebraucht, bis sie etwa um die Hälfte des Unterschiedes der Temperaturen des Wassers und der Luft im Zimmer fällt. Schwärzt man aber nun G und stellt den Versuch aufs Neue wieder an, so ergiebt sich, daß die Abkühlung des Wassers bis zu demselben Wärmegrade in einer viel kürzern Zeit als früher geschieht.

Anmerkung 2. Aus gegenw. §. werden folgende Erscheinungen erklärt:

α) Eine Flüssigkeit erkaltet in einem porcellanen Gefäße langsamer, als wenn man dasselbe mit einer dunkeln Hülle umgiebt.

β) Um Speisen und Getränke lange warm zu erhalten, gebraucht man Gefäße, deren Oberflächen polirt und glänzend sind.

γ) Soll W möglichst schnell den umgebenden Körpern mitgetheilt werden, so muß die Oberfläche dunkel und wo möglich nicht glänzend sein.

§. 679.

Wenn ein den Wärmestrahlen ausgesetzter Körper K eben so viele W aussendet, als er empfängt, so bleibt seine Temperatur unverändert. Das Nämliche findet auch statt, wenn zwei oder mehrere Körper W strahlend aussenden, indem diese Körper (in Rücksicht auf die Wärmestrahlung) nur dann gleiche Temperaturen besitzen, wenn ihre wechselseitigen Strahlungen einander aufheben. Dieser Zustand wird aber das **mobile Gleichgewicht** der W genannt.

§. 680.

Wenn ein den Wärmestrahlen ausgesetzter Körper K mehr W erhält als er aussendet, so erhöht sich (nach §. 677. Nr. 2.) seine Temperatur; und man pflegt dies ein **Aufnehmen**, **Einsaugen**, **Verschlucken**, oder **Absorbiren** der W (oder des Wärmestoffs) zu nennen. Die Beschaffenheit oder Oberfläche des K übt auch hierbei einen großen Einfluß aus, indem (nach den Versuchen von Leslie) diejenigen Flächen, welche W am meisten ausstrahlen, dieselbe auch in größter Menge verschlucken. So absorbiren z. B. die rauhen Oberflächen die W leichter als die glatten und glänzenden; die dunkeln mehr als die hellen; und die polirten metallenen Flächen saugen W — unter denselben Umständen — am wenigsten ein. Auch geht aus den Versuchen von Nobili und Melloni hervor: daß ein Körper K, bei Gleichheit der Farbe und gleichem Zustande seiner Oberfläche, die W desto stärker absorbirt, je weniger er sie fortleitet, u. s. w.

Anmerkung. Aus diesem §. werden folgende Erscheinungen erklärt:

1) Ein polirter Metallspiegel wird durch die Strahlen der Sonne oder des Feuers fast gar nicht, ein schwarz gefärbtes Metall aber sehr bedeutend erwärmt.

2) Die Mauern werden schwarz angestrichen, wenn Pflanzen, welche viel W erfordern, daran stehen.

3) Im Winter thauet der Schnee am Ersten in der Nähe dunkler Körper weg.

4) Die dunkel gefärbten Kleider erwärmen den Körper im Sommer mehr als die hellen; die letztern halten aber im Winter die W des Körpers besser zusammen als die erstern.

5) Das schwarze Papier wird im Brennpunkte eines Brennspiegels viel eher als das weiße entzündet, u. s. w.

§. 681.

Man hat gefunden *), daß die strahlende W von manchen Oberflächen sehr leicht reflectirt oder zurückgeworfen wird, und daß diese Reflexion nach den Gesetzen geschieht, welche im siebenten Kapitel für vollkommen elastische Körper entwickelt worden sind. Diejenigen Körper, welche W am Beßten ausstrahlen und einsaugen, werfen sie (nach genauen Versuchen) am Schlechtesten zurück, und umgekehrt; und es werden dieserhalb zur Reflexion der W hauptsächlich metallene Spiegel gebraucht **).

---

*) Vergl. §. 677.

**) In Nr. III. des Anhangs ist das zurückwerfende Vermögen einiger festen und tropfbarflüssigen Körper bemerkt.

§. 682.

Die Wärmestrahlung geschieht gewöhnlich in der atmosphärischen Luft, doch findet dieselbe (nach den Versuchen von Leslie) auch in den übrigen ausdehnsamen Flüssigkeiten statt. Die festen Körper halten die Wärmestrahlung mehr oder weniger auf, und werden dieserhalb als abhaltende Schirme gebraucht. Ein solcher Schirm S ist desto abhaltender, je weniger seine beiden Oberflächen die W zu absorbiren und sie fortzustrahlen fähig sind, und je dicker er ist. Die Temperatur der Wärmequelle und die Substanz des S üben hierbei ebenfalls einen Einfluß aus; und die Wirkung des S besteht darin, daß, sobald seine vorderste Fläche die Wärmestrahlen mehr oder weniger absorbirt hat, W mit dem Innern von S sich verbindet, und ein Theil derselben von der hintern Fläche des S wieder ausstrahlt.

Anmerkung 1. Leslie bekleidete zwei Glastafeln N und n auf einer Seite mit Zinnfolie, gebrauchte beide als einen zusammengesetzten S, indem er sie mit ihren unbekleideten Seiten an einander drückte, setzte S den Wirkungen der Wärmestrahlen aus und fand, daß S dieselben vollkommen aufzufangen schien. Brachte er aber N und n mit ihren unbekleideten Flächen zusammen und verfuhr übrigens auf die eben angegebene Weise, so wurde die Wärmestrahlung zwar bedeutend geschwächt, aber nicht gänzlich aufgehoben.

Anmerkung 2. Man hat gefunden, daß die Wärmestrahlen eine Brechung erleiden, wenn sie in Gemeinschaft mit dem Lichte durchsichtige Körper durchgehen, und daß diese Brechung eine Aehnlichkeit mit der im folgenden Kapitel zu erwähnenden Brechung des Lichtes besitzt.

Auch hat sich ergeben, daß die von einer erhitzten Metallkugel kommenden Wärmestrahlen durch Reflexion an einem Glasspiegel eine Eigenschaft erhalten, welche beim Lichte Polarisirung heißt, und daß die Wärmestrahlen (nach den Versuchen von Melloni) auch durch Turmaline polarisirt werden können.

§. 683.

Wenn W durchsichtige Körper *) durchstrahlt, so ist (nach de la Roche) der Verlust desto kleiner, je höher die Temperatur des Wärme ausstrahlenden Körpers ist. So werden z. B. die von einem Körper K ausgehenden (dunkeln) Wärmestrahlen von einer dünnen Glastafel fast gänzlich aufgehalten, so lange die Temperatur des K niedriger als die des kochenden Wassers ist; und sie

---

*) D. h. Körper, welche das Licht durch sich hindurch lassen.

gehen in desto größerer Menge hindurch, je höher jene Temperatur sich zeigt. Auch wird bei ungleicher Temperatur der Wärmequelle das Verhältniß der durchgehenden Strahlen desto kleiner, je unbedeutender die Dicke ist, welche der durchstrahlte Körper besitzt.

Anmerkung. Nach den Versuchen von Nobili und Melloni ist die Durchsichtigkeit nicht die einzige Eigenschaft, welche K haben muß, um Wärmestrahlen durchzulassen; und es ist hierzu noch ein stärkeres Element, nämlich die Brechkraft, erforderlich, wie dies die beiden Physiker für die tropfbaren Flüssigkeiten gefunden zu haben glauben.

§. 684.

Aus den in dieser Abtheilung gegebenen Lehren ergiebt sich noch:

1) Bringt man das Thermometer T in ein mäßig erwärmtes Zimmer Z, stellt den Schirm S, welcher die Temperatur des Z besitzt, vor T, so bleibt die Temperatur des letztern ungeändert. Die so eben genannte Erscheinung wird aber folgendermaßen erklärt. Vor Annäherung des S empfing T in jedem Augenblicke von den Wänden und der Luft des Z eine gewisse Quantität theils direct kommender und theils reflectirender Wärmestrahlen, und sendet auf diese zweifache Art eine gleiche Quantität wieder zurück, weil Z (nach der Voraussetzung) eine gleichmäßige Temperatur besitzt. Stellt man aber nun S vor T, so schneidet ersterer jedem Punkte p des letztern alle Wärmestrahlen ab, welche in dem Raume enthalten sind, dessen Spitze p und dessen Grundfläche S ist. Zum Ersatze dafür erhält aber p eine gewisse Anzahl Wärmestrahlen von S, die letzterer ihm innerhalb des eben erwähnten Raumes zusendet; und da nun in Z dieselbe Temperatur sich zeigt, so ist diese Anzahl gleich derjenigen, welche von dem Theile der Wände herkommen, auf dem S sich projicirt.

Es empfängt also p, nach der Dazwischenkunft von S, in derselben Zeit eben so viel Wärmestrahlen wie früher; und da die Quantität, welche er ausströmt, dieselbe geblieben ist, so kann seine Temperatur und auch diejenige des T durch die Dazwischenkunft von S sich nicht ändern.

2) Schwärzt man (in Fig. 17.) die Kugel u des T, stellt den ganzen Apparat in ein gleichmäßig erwärmtes Zimmer, wartet so

lange, bis alle Gegenstände die nämliche Temperatur angenommen haben, und bringt den undurchsichtigen Körper K, welcher ebenfalls die Temperatur von Z besitzt, in f, so behält T seinen Stand unverändert bei. Als nämlich K noch nicht vorhanden war, kam zum Punkte f eine gewisse Anzahl Wärmestrahlen, die, nachdem sie sich darin gekreuzt hatten, auf S fielen, von letzterm auf S kamen, und hierauf in u concentrirt wurden. Diesen Strahlen versperrt K zwar den Weg; da er aber die Temperatur von Z besitzt, so sendet er theils durch Strahlung und theils durch Zurückwerfung eine ganz gleiche Anzahl Strahlen aus, die ebenfalls auf S fallen und von da auf S und u gelangen. Diese Strahlen bewirken es aber, daß der Stand des T sich nicht ändert.

3) Wenn man einen Körper K des Nachts dem Anblicke des freien Himmels aussetzt, und ihn dabei so gut als möglich von jeder Erwärmung ausschließt, welche von der Erde aus stattfinden kann, so wird alle W, welche K nach dem Himmelsraume ausstrahlt, für ihn verloren sein; und wenn dasjenige, was K durch Berührung der Luft und der umgebenden Körper an W erhält, nicht ausreicht diesen Verlust zu ersetzen, so sinkt seine Temperatur mehr oder weniger hinab. Ist dagegen der Himmel mit Wolken bedeckt, so halten dieselben (nach de Laroche's Versuchen) die W auf, welche den mäßig erwärmten Körpern entströmt.

Vierte Abtheilung.

Von der Verbreitung der freien Wärme durch Fortleitung.

§. 685. Erklärung.

In §. 674. wurde erwähnt, daß ein großer Theil der freien W von einem Körper auf den andern durch bloße Fortleitung übergeht. Stehen nämlich zwei Körper, welche nach dem Thermometer ungleiche Wärmen besitzen, mit einander in Berührung, so geht W aus dem wärmern in den káltern so lange über, bis das Thermometer in beiden denselben Grad anzeigt. So haben z. B. alle auf längere Zeit in einem Zimmer befindlichen Gegenstände dieselbe Temperatur, wenn sich unter ihnen keine Körper befinden, welche (wie die thierischen) eine eigene Wärmequelle besitzen. Von diesen Gegenständen sagt man aber: sie seien im Zustande des Gleichgewichts der Wärme oder im thermometrischen Gleichgewichte.

Letzteres kann jedoch nicht bleibend sein, weil es immer Ursachen giebt, welche die Erwärmung oder Erkältung des einen oder des andern Körpers bewirken.

§. 686. Erklärung.

Die Fortleitung der freien W ist die Ursache, daß sich die Temperatur der Körper dem Gefühle offenbart, indem die W unseres Körpers durch einen andern Körper K entweder vermehrt, vermindert, oder nicht verändert wird. Im erstern Falle heißt K ein warmer, im zweiten ein kalter, und im dritten ein lauer, d. h. weder ein warmer noch ein kalter, Körper. — Die Temperatur der äußern Theile unseres Körpers ist nicht immer dieselbe; und es kann dieserhalb K, bei der nämlichen Temperatur, zu der einen Zeit warm und zu der andern kalt zu sein scheinen. Auch sind die Hände gegen den Eindruck der Wärme und Kälte weniger empfindlich, als die bedeckten Theile des Körpers, und es folgt hieraus, daß die Temperatur des K sich zu ändern scheint, je nachdem wir ihn mit den Händen oder andern Theilen unseres Körpers berühren.

§. 687. Erklärung.

Die Fortleitung der freien W erfolgt desto schneller, je mehr die Temperaturen der sich berührenden Körper von einander verschieden sind. Nimmt man z. B. die in Fig. 10. angegebene Kugel K des Thermometers ab in die Hand, so wird in ab anfangs ein stärkeres Steigen des Quecksilbers als später bemerkt.

Die freie W geht ferner durch alle Körper, jedoch mit ungleichen Geschwindigkeiten, fort. Hält man z. B. ein Metallstänglein S mit dem einen Ende in's Feuer, so wird das andere sehr bald erhitzt; nimmt man aber statt S ein hölzernes

Stäbchen von derselben Länge und stellt den nämlichen Versuch wieder an, so wird das in der Hand befindliche Ende nur langsam erwärmt.

§. 688. Erklärung.

Diejenigen Körper, welche die W leichter und schneller, oder schwerer und langsamer fortzuleiten fähig sind, werden gute, oder mittelmäßige, oder schlechte Wärmeleiter genannt. Die Fähigkeit eines Körpers K, durch einen andern entweder erwärmt oder erkältet zu werden, pflegt man die Erwärmungs- oder die Erkältungsfähigkeit des K, und beide die Leitungsfähigkeiten dieses Körpers zu nennen. Man hat gefunden, daß die Erwärmungsfähigkeit des K, unter einerlei Umständen, dieselben Gesetze wie die Erkältungsfähigkeit dieses Körpers befolge, und daß die Geschwindigkeit, womit K den ihn umgebenden Materien entweder W mittheilt oder entzieht, nicht blos von seiner Leitungsfähigkeit, sondern auch von der Beschaffenheit und Größe seiner Oberfläche und von seiner Masse abhängt. Je größer nämlich die Oberfläche bei einer bestimmten Masse sich zeigt, desto kleiner wird die zur Abkühlung oder Erwärmung nöthige Zeit; und je größer die Masse bei einer bestimmten Oberfläche ist, desto größer wird jene Zeit befunden.

§. 689. Erklärung.

Unter den festen Körpern sind die Metalle die besten Wärmeleiter. Ihre Leitungsfähigkeit ist indeß ebenfalls sehr verschieden, und wird (nach den Versuchen von Ingenhouß) *) bei Gold und Silber am Größten, bei Kupfer und Platina beinahe eben so groß, und bei Eisen, Stahl und Blei weit kleiner befunden **). Glas, Porzellan und Steingut leiten W besser als Kohle, Asche, Stroh und verschiedene trockene Holzarten, z. B. Kork- und Ebenholz, u. s. w. Nach Rumford's Versuchen sind die schlechtesten Wärmeleiter diejenigen Substanzen, welche aus

*) Geb. 1730 zu Breda; gest. 1799 bei London.

**) Nach Despretz's genauen Versuchen ist das relative Wärmeleitungs-Vermögen einiger Körper durch folgende Zahlen ausgedrückt: Gold 1000,0; Silber 973,0; Kupfer 898,0; Platina 381,0; Eisen 374,3; Zink 363,0; Zinn 303,9; Blei 179,6; Marmor 23,6; Porzellan 12,2; Mauerstein, Thon 11,4.

sehr feinen Fäden, oder aus kleinen, sich an sehr wenig Punkten berührenden Stückchen bestehen, wie das Leder, die Wolle in Flocken, die Seide in Fäden, die Flaumfedern, die Kleyen, die Haare u. s. w. Dies rührt entweder daher, daß die Theilchen, woraus diese Substanzen bestehen, sehr klein und getrennt sind und also viele Zurückwerfungen gestatten, oder, daß sie die Luft in ihren Umgebungen gleichsam gefangen zurückhalten, und hierdurch die Fortleitung der W verhindern. So behauptet z. B. Rumford, daß die Pelze am Wärmsten halten, wenn ihre Haare nach Außen gekehrt sind, u. s. w.

Die tropfbar- und ausdehnsam-flüssigen Körper sind schlechte Wärmeleiter, wenn sie sich im Zustande der Ruhe befinden. So geschieht z. B. beim Wasser die Fortleitung der W von oben herab sehr langsam, und eben so verhindert die in den Doppelfenstern eingeschlossene Luft die Fortleitung der W. Die Winde erwärmen oder erkälten einen Körper K sehr bedeutend, je nachdem die strömende Luft warm oder kalt ist, weil hier K beständig mit neuen Luftportionen in Berührung kommt. Der Schnee ist endlich einer der schlechtesten Wärmeleiter und wird in einer Tiefe von einigen Fußen nie unter 0 Grad erkältet gefunden *).

§. 690.

Wenn man einen festen Körper K an irgend einer Stelle erwärmt, so verbreitet sich von dieser Stelle an die W dergestalt durch K, daß jede Schichte dieses Körpers jeder zunächstliegenden ihren Ueberfluß an freier W mittheilt.

Erwärmt man aber eine beliebige tropfbare Flüssigkeit F, so finden zwei Arten von Wärmeleitung, durch **Fortleitung** und **Bewegung**, statt, und man bemerkt beide z. B. bei dem Wasser A, wenn man dasselbe auf die gewöhnliche Weise, d. h. von unten, erhitzt. Denn die zuerst erwärmten Wassertheilchen werden mehr als die darüber liegenden ausgedehnt und ihres geringen specifischen Gewichtes wegen in die Höhe gehoben, während letztere sich abwärts bewegen. Hierdurch entsteht aber eine Strömung, wodurch die heißen Wassertheilchen mit den kältern fortwährend in Berührung

*) In Nr. IV. des Anhangs ist das wärmeleitende Vermögen einiger Körper bemerkt.

kommen und letztern den Ueberfluß ihrer W mittheilen können. Auch geschieht die auf diese Weise stattfindende Erwärmung des A mit ziemlicher Geschwindigkeit, während (nach vor. §.) die durch bloße Fortleitung sich ergebende äußerst langsam vor sich geht.

Die Eigenschaft der F, die W durch die hier angegebenen Strömungen zu vertheilen, wird das fortführende Vermögen derselben genannt.

Anmerkung 1. Da F ein sehr schlechter Wärmeleiter ist, so thut man wohl, recht viele Theile gleichzeitig zu erwärmen und also jedes Kochgeschirr G, worin F sich befindet, mit einem möglichst weiten Boden zu versehen. Auch kann man zu diesem Zwecke G mit Drähten durchziehen, welche aus guten Wärmeleitern bestehen.

Anmerkung 2. Die von Feuchtigkeit durchdrungenen Körper, worin die festen Theile die Strömung der Flüssigkeit verhindern, erhalten sich sehr lange heiß. Dies sieht man z. B. an breiartigen Speisen, an gebratenen Aepfeln u. s. w.

§. 691.

Bei der atmosphärischen Luft L findet eine dreifache Art von Wärmeleitung, nämlich durch Strahlung, durch Fortleitung und durch Bewegung statt. Die erstere Art ist bereits im vorigen Abschnitte beschrieben, und in Bezug auf die zweite ist L ein schlechter Wärmeleiter, wie dies ebenfalls in §. 689. angegeben worden ist. Erwärmt man aber die untern Theile von L, so verbreitet sich W sehr schnell auf die dritte Art in einem Raume, worin L sich frei bewegen kann. Denn es steigen in diesem Falle die zuerst erwärmten (untersten) Lufttheilchen, ihrer beträchtlichen Ausdehnung und großen Beweglichkeit wegen, schnell in die Höhe, und erwärmen hierdurch die kältern, welche mit ihnen in Berührung kommen, u. s. w. In Bezug auf die eben erwähnte Fortpflanzung der W ist L einer der besten Wärmeleiter; auch findet diese Fortpflanzung im freien Raume dadurch statt, daß die Sonnenstrahlen nicht sowohl L als den Boden B erwärmen, und daß letzterer den ihn berührenden Lufttheilchen wieder W mittheilt. Da aber die Erwärmung des B nur sehr langsam zunimmt, so ist auch das Aufsteigen der erwärmten Luft kaum bemerkbar, und weil (nach §. 463.) die Dichtigkeit der L von unten nach oben zu sich vermindert, so kommt die aufsteigende wärmere Luft l bald mit einer Luftportion in Berührung, die bei einer kleinern W die Dichtigkeit der l besitzt. Das weitere Aufsteigen von l findet aber hierdurch eine Grenze G, welche es in dem verschlossenen Raume eines Zimmers auf dieselbe Art nicht bekommt; und ist nun l bis zu G gekommen, so findet zwischen ihr und der berührenden kühlern Luft nur noch eine unmittelbare Mittheilung statt, welche aber sehr gering sein muß, da l beim Aufsteigen sich selbst abkühlt, indem sie so viel von ihrer eigenen freien W, als für die Zunahme ihrer Ausdehnung erforderlich ist, zur gebundenen macht. Hieraus, und aus §. 684. Nr. 3. ergiebt sich aber: 1) daß die in der atmosphärischen Luft stattfindende W von unten nach oben zu abnehmen muß; 2) daß man in einer gewissen Höhe, welche die Schneegrenze heißt, selbst bei dem heißesten Wetter eine Frostkälte bemerkt; und 3) daß die Heiterkeit des Himmels zur Erkältung der obern Schichten von L ebenfalls etwas beiträgt. In einem umschlossenen Raume (wie in einem Zimmer), wo sich die Dichtigkeit der obersten Luftschichte von der der untersten äußerst wenig unterscheidet, wird dagegen im obern Theile eine größere W als im untern bemerkt.

§. 692.

Aus vor. §. geht Folgendes hervor:

1) Ein niedriges Zimmer heizt sich besser als ein hohes von demselben Volumen.

2) Oeffnet man die zwischen dem heißen Zimmer Z und dem kalten z befindliche Thüre P, und stellt an ihr unteres Ende die brennende Kerze K, so wird die Flamme F der letztern nach Z bewegt. Befindet sich K am obern Ende von P, so bewegt sich F nach z. Auch giebt es ohngefähr in der Mitte von P einen Ort, an welchem F ganz ruhig brennt.

3) Scheint die Sonne in ein Zimmer, so nimmt man manchmal über dunkeln, von ihr erwärmten, Körpern Strömungen von feinem Sande wahr.

4) Eine Stange, z. B. ein Metalldraht, wird leichter erhitzt, wenn man sein unteres Ende in eine Lichtflamme hält, als wenn man umgekehrt verfährt, u. s. w.

§. 693.

Aus der verschiedenen Leitungsfähigkeit der Körper werden folgende Erscheinungen erklärt.

1) Wenn Jemand das Metallstück M und das Holzstück H von der nämlichen Temperatur mit seinem Körper in Berührung bringt, so ist M scheinbar kälter als H, weil es ihm schneller als letzteres einen Theil der W entzieht. Wird bei sehr großer Kälte M mit nassen Händen angefaßt, so frieren diese an, während H — unter denselben Umständen — kein Gefrieren bewirkt.

2) Taucht man einen Finger in das Quecksilber Q, so hat man ein Gefühl von Kälte, wenn Q auch nicht kälter als jeder Körper seiner Umgebung ist.

3) Wenn man ein angezündetes Räucherkerzchen R auf ein hölzernes Brettchen stellt, so brennt es ganz aus; wenn man dagegen R auf eine Metallplatte P bringt, so bleibt von R etwas übrig, weil P dem untern Theile desselben zu viele W entzieht. — Streut man Asche in die Hand, so kann man glühende Kohlen darauf legen, ohne sich zu verbrennen. Auch läßt sich ein Kochgeschirr, welches außerhalb einen Ueberzug von Ruß hat, ungestraft auf der Hand tragen, so wie es vom Feuer kommt.

4) In einem metallenen Gefäße kommt das Wasser eher als in einem irdenen zum Sieden. Auch springt ein auf Stein oder Metall gebrachtes heißes Glas, während es, auf Holz, Stroh oder Tuch gesetzt, unbeschädigt bleibt.

5) Wird ein Metalldraht D sehr dicht mit dem Zwirne Z bewickelt, so kann man D sehr lange in eine Lichtflamme halten, bevor Z zu brennen anfängt.

6) Die Handhaben der metallenen Theekannen, Kessel u. s. w. werden mit Holz umgeben oder mit Papier umwickelt.

7) Nach Parrots Versuchen heizen glasirte thönerne Oefen schlechter als unglasirte, weil W durch die Glasur verhindert wird in das Zimmer überzugehen. Auch heizen die Thonöfen längere Zeit als die gewöhnlichen Kachelöfen, und diese länger als die eisernen.

8) Da die hölzernen Wände eines Zimmers die W besser als die steinernen zusammenhalten, so werden letztere mit hölzernen Bekleidungen oder mit Tapeten versehen.

9) Die Brunnen, Bäume u. s. w. werden durch Bedeckung mit Stroh vor dem Froste geschützt.

10) Der Schnee erhält das Erdreich warm.

11) Wir tragen im Winter Wolle und Pelz, um die W des Körpers zusammenzuhalten.

12) Um die äußere W abzuhalten, pflegt man die Eisgruben mit hölzernen Bekleidungen zu versehen.

13) Die feuchte Luft leitet W besser als die trockene; und es ist dieserhalb die nasse Herbstkälte empfindlicher als die trockene Winterkälte, obgleich die letztere nach dem Thermometer größer als die erstere sich zeigt.

Fünfte Abtheilung.

Von der Wärmecapacität, der specifischen und relativen Wärme.

§. 694.

Haben die beiden gleichartigen Körper K und k *), bei denselben Temperaturen, die gleichen Massen M Theilchen und m Theilchen, so ist in K eben so viel Wärmethätigkeit (oder Wärmestoff) wie in k vorhanden. Ist aber M Theilchen = α (m Theilchen), so kommt in K αmal so viel Wärmethätigkeit (oder Wärmestoff) als in k vor. Bringt man K und k mit einander in Berührung, oder mischt beide Körper, wenn sie flüssig sind, so wird ihre frühere Temperatur nicht geändert. Ist aber die Temperatur des K höher als die des k, so theilt K dem k von dem Ueberschusse seiner freien W so viel mit, daß derselbe unter beide Körper sich gleichförmig vertheilt, weil für eine ungleichförmige Vertheilung desselben kein Grund vorhanden ist.

Ist nun 1) K wärmer als k und dabei M Theilchen = m Theilchen, so theilt K dem k von seinem Ueberschusse die Hälfte mit. Wird z. B. ein Maß Wasser von 24° mit einem von

*) Man lese die in §. 44. vorkommende erste Note (*).

40° vermischt, so theilt letzteres dem ersteren von seinem Ueberschusse, nämlich von 16°, die Hälfte, d. h. 8°, mit, und die gemeinschaftliche Temperatur der Mischung ist alsdann (24 + 8)° oder 32°. Man findet also die gemeinschaftliche Temperatur x° der beiden mit einander in Berührung gebrachten gleichartigen Körper K und k, welche bei gleichen Massen die ungleichen Temperaturen T° und t° besitzen, dadurch, daß man letztere zu einander addirt und ihre Summe durch 2 dividirt; oder, was dasselbe ist, es ergiebt sich $x^\circ = \left(\frac{T + t}{2}\right)^\circ$.

Und eben so erhält man die gemeinschaftliche Temperatur dreier oder mehrerer gleichartigen Körper, welche, bei gleichen Massen, ungleiche Temperaturen besitzen, dadurch, daß man letztere zu einander addirt und ihre Summe durch die Anzahl aller Körper dividirt. Sind z. B. die Temperaturen dreier Körper beziehlich T°, $\mathfrak{T}$° und t°, so ist ihre gemeinschaftliche Temperatur nach der Berührung, nämlich $x^\circ = \left(\frac{T + \mathfrak{T} + t}{3}\right)^\circ$.

Ist 2) die Masse M Theilchen des K größer als m Theilchen des gleichartigen k, und bringt man K und k mit einander in Berührung, so ist ihre gemeinschaftliche Temperatur, nämlich $x^\circ = \left(\frac{T.M + t.m}{M + m}\right)^\circ$ *).

Anmerkung. Die in diesem §. zuletzt aufgestellte Gleichung wird die Richmann'sche Regel genannt. Sie bestätigt sich auch in der Erfahrung, wenn man auch diejenige W berücksichtigt, welche während des Versuches an die Luft und an das Gefäß, worin die Mischung stattfindet, verloren geht.

§. 695.

Der schwedische Naturforscher **Wilke** zeigte 1772 zuerst, daß ungleichartige Körper, welche nach dem Thermometer gleiche Temperaturen besitzen, den=

*) Denn die gemeinschaftliche Temperatur x° wird dadurch erhalten, daß man (M + m) gleichartige Körper von denselben Massen, wovon die M ersten die gemeinschaftliche Temperatur T° und die m letzten die t° besitzen, mit einander in Berührung bringt. In diesem Falle ist aber, nach dem in Nr. I. dieses §. Gesagten,

$$x^\circ = \left(\frac{[T + T + T \ldots M\,\text{mal}] + [t + t + t \ldots m\,\text{mal}]}{M + m}\right)^\circ = \left(\frac{T.M + t.m}{M + m}\right)^\circ.$$

noch sehr verschiedene Quantitäten von wirklicher W enthalten.

Taucht man z. B. 1 ℔ Metall von 36° in 1 ℔ Wasser von 0°, so entsteht, nachdem das Gleichgewicht der Temperaturen sich hergestellt hat, nicht die Temperatur 18°, sondern eine weit niedrigere. Ist z. B. der eingetauchte Körper Eisen, so haben das Wasser A und das Eisen E, nach hergestelltem Gleichgewichte, die gemeinschaftliche Temperatur 4°. Und geht bei diesem Versuche so wenig W als möglich verloren, so ergiebt sich, daß A so viel W empfängt als E verliert, und daß dieselbe Quantität W, welche die Temperatur des E um 32° erniedrigt, die des A nur um 4° erhöht; oder, was dasselbe ist, daß 8mal so viel W dazu gehört, die Temperatur des A um 1° zu vermehren oder zu vermindern, als die eines aus E bestehenden Körpers von demselben Gewichte um 1° zu verändern.

Anmerkung. Die zu dem eben erwähnten Versuche in Anwendung kommenden festen Körper müssen zuvor möglichst verkleinert oder gepulvert sein, weil sonst der Gleichgewichtszustand der W zu langsam erfolgt.

§. 696.

Die Fähigkeit verschiedenartiger Körper von gleichen Massen, durch dieselbe Menge von W nicht gleich stark erwärmt zu werden, wird die Capacität derselben für W oder ihre Wärmecapacität genannt.

Wenn 1 ℔ des Körpers K s Wärmetheilchen gebraucht, um seine Temperatur um 1° zu verändern, so heißt s die specifische Wärme des K. Letztere wird aber durch Versuche ermittelt, welche man nach vor. §§. anzustellen pflegt und wobei die specifische W des Wassers = 1 gesetzt wird.

§. 697.

Wenn man K in das Wasser A, dessen specifische W = 1 ist, taucht, und sich hierdurch die Temperatur des K um T° und die des A um t° verändert, so ist die specifische W des K, nämlich $s = \frac{t}{T}$, wenn sowohl das Gewicht des K als auch das des A gerade 1 ℔ beträgt.

Beweis. Ist die specifische W des A = 1, d. h. hat A 1 Wärmetheilchen nöthig, um seine Temperatur um 1° zu verändern, so sind darin zu einer Temperaturveränderung von t° genau t Wärmetheilchen erforderlich, wenn nämlich zu gleichen Graden des Thermometers auch gleiche Grade der W gehören. Nun ist aber die specifische W des K = s, d. h. es sind s oder T.s Wärmetheilchen erforderlich, um die Temperatur des K beziehlich um 1° oder T° zu verändern; und da die W, welche A im Versuche empfängt, so groß ist als die, welche K verliert, so sind

(T.s) Wärmetheilchen = t Wärmetheilchen,

wenn man nämlich annimmt, daß sich die Temperatur des A um t° erhöht und die des K um T° erniedrigt hat.

Aus dieser Gleichung folgt aber:

$$s = \frac{t}{T}.$$

Anmerkung 1. Ist das Gewicht des A = P ℔ und das des K = p ℔, so erhält man aus gegenw. §.:

$$s = \frac{P.t}{p.T}.$$

Anmerkung 2. Die nach gegenw. §. stattfindende Bestimmung der specifischen W des K ist sehr unsicher, weil die wärmeleitenden Kräfte der Gefäße und der Luft genaue Beobachtungen erschweren.

§. 698.

Lavoisier *) und Laplace **) erfanden ein Instrument, welches das Calorimeter oder die Eisgeräthschaft heißt, und darauf beruht, daß zur Schmelzung eines bestimmten Gewichtes von Eis eine gewisse Quantität W erforderlich ist. Die W, welche ein Körper über 0° besitzt, oder die sich bei einem chemischen Processe entwickelt, kann man also aus dem Gewichte des Wassers A ermitteln, welches durch K flüssig geworden ist. Man umgiebt demgemäß K von allen Seiten mit zerstoßenem Eise von 0°, läßt ihn so lange erkalten, bis seine Temperatur ebenfalls 0° beträgt, und wiegt nun das A, welches durch K flüssig geworden ist. Das Gewicht des A ist aber alsdann das Maß derjenigen W, welche auf das Schmelzen des E verwendet worden ist.

§. 699.

Das Calorimeter (Fig. 19.) ist ein blechernes Behältniß, welches die drei abgesonderten hohlen Räume R, VZ und SU ent-

*) Geboren 1743 zu Paris, und hingerichtet 1794.

**) Geboren 1749 in der Normandie, gestorben 1827 zu Paris; ein ausgezeichneter Mathematiker und Astronom.

hält. Der innerste Raum R ist mit einem eisernen Gitter umgeben, welches zur Aufnahme des Körpers K dient, dessen specifische W zu ermitteln ist. Der zweite Raum VZ enthält das Eis E, welches durch die W des K geschmolzen werden soll; er ist von festen blechernen Wänden begrenzt und endigt sich in die mit dem Hahne H versehene Röhre M, woraus das aus E erhaltne Wasser abfließen kann. Der dritte und äußerste Raum SU ist ebenfalls mit Eis gefüllt, welches die Luftwärme u. s. w. zurückhält, und also nur bewirkt, daß dieselbe auf E sich nicht thätig erweisen kann. Auch ist SU mit dem Hahne L versehen, damit das in diesem Raume entstandene Wasser sich nicht mit demjenigen vermischt, welches in VZ flüssig geworden ist.

Anmerkung. Soll die specifische W einer Flüssigkeit ermittelt werden, so wird letztere in ein Behältniß B gebracht, dessen specifische W bekannt sein muß. Von dem bei diesem Versuche erhaltenen Wasser muß jedoch dasjenige subtrahirt werden, welches durch die bloße Wirkung von B flüssig geworden ist.

§. 700.

Der Erfahrung zufolge schmilzt 1 ℔ Wasser von 60° R ein Pfund Eis. Wenn aber nun 1 ℔ eines andern Körpers von 60° R in das Calorimeter kommt und das Gewicht des hierdurch geschmolzenen Eises s ℔ beträgt, so ist s die specifische W des K. Denn entsteht z. B. bei Erkältung des Eisens F $\frac{1}{8}$ ℔ Wasser, so betragen 60° W in 1 ℔ Eisen nur $\frac{1}{8}$ derjenigen W, welche in 1 ℔ Wasser enthalten ist; und es ist dieserhalb die specifische W des F $= \frac{1}{8} = 0{,}125$, weil die des Wassers $= 1$ beträgt. Nimmt man statt 1 ℔ Eisen 2 ℔ dieses Metalls von 60° R, so ergiebt sich bei seinem Erkalten 2mal so viel Wasser als früher, und man muß dieserhalb das Gewicht des letztern noch durch 2 dividiren, um die specifische W des F zu erhalten. Beträgt also das Gewicht des in das Calorimeter gebrachten Körpers K $=$ P ℔ und das des flüssig gewordenen Wassers $=$ a ℔, so ist die specifische W des K $= \frac{a}{P}$.

Hat aber K nicht 60° R, sondern 20° R, und also nur den 3ten Theil der vorhin angegebenen W, so erhält man auch nur den 3ten Theil des früher gefundenen Wassers, nämlich $\left(\frac{a}{3}\right)$ ℔; und es giebt dieserhalb der Quotient $\frac{a}{P}$ nur den 3ten Theil der gesuchten specifischen W an, oder, was dasselbe ist, es muß $\frac{a}{P}$ noch mit 3 oder $\frac{60}{20}$ multiplicirt werden, um die wahre specifische W des K zu erhalten.

Setzt man endlich für 20° R den allgemeinen Ausdruck T° R, so ist (dem eben Gesagten zufolge) die specifische W des K, nämlich

$$s = \frac{a}{P} \cdot \frac{60}{T},$$

$$\text{oder } s = \frac{60 \cdot a}{P \cdot T}.$$

Anmerkung 1. Die in diesem §. zuletzt aufgestellte Gleichung beruht auf zwei beinahe wahren Voraussetzungen:

1) daß die Grade des Thermometers T innerhalb des Fundamentalabstandes sich genau wie die Wärmen verhalten, und

2) daß die in 1 ℔ Wasser enthaltene W 1 ℔ Eis flüssig macht, wenn W genau 60° R beträgt.

Auch ist der Werth von a sehr schwer zu bestimmen. Denn ist das Eis E, welches K umgiebt, vor dem Versuche trocken, so bleibt am Ende desselben eine beträchtliche Quantität des entstandenen Wassers an E hängen, und man erhält alsdann a bedeutend zu klein. Diese Unsicherheit wird aber einigermaßen dadurch verhütet, daß man E, vor dem Versuche, mit eiskaltem Wasser befeuchtet, und davon so viel ablaufen läßt, als freiwillig ablaufen will. Fließt nichts mehr ab, so bleibt zu Anfang des Versuches ohngefähr dasselbe Wasser an E als am Ende desselben hängen. Das Calorimeter C muß aber in diesem Falle eine beträchtliche Größe besitzen, und man kann mit demselben die specifischen Wärmen der festen und tropfbar-flüssigen Körper mit möglichster Genauigkeit ermitteln; für ausdehnsame Flüssigkeiten gehen jedoch durch dasselbe (wie durch jede andere Methode) nur unvollkommene Resultate hervor.

Anmerkung 2. Man bemerke, daß das T den Wärmegrad eines Körpers und C seine Wärmemenge bei einem gegebenen Wärmegrade angiebt; und daß in Nr. V des Anhangs die specifische W einiger Körper vorkommt.

Anmerkung 3. Dülong und Petit wandten zur Bestimmung der specifischen W der Körper ein eigenthümliches Verfahren an, welches auf dem Umstande beruht: daß die Körper desto langsamer in einem gegebenen Mittel und unter übrigens gleichen Bedingungen erkalten, je größer ihre specifische W sich zeigt. Ihre Methode beruht also darauf: den Zeitraum zu bestimmen, in welchem verschiedene Körper von einer gewissen Temperatur und unter übrigens gleichen Umständen erkalten, u. s. w.

§. 701.

Hat 1 Kubikfuß des Körpers K v Wärmetheilchen nöthig, um seine Temperatur um 1° zu verändern, so heißt v die relative W der K. Setzt man aber nun die relative W des Wassers A = 1, so ist die des K = x, wenn K bei seiner Temperaturveränderung um 1° xmal so viel Wärmetheilchen als A entweder giebt oder empfängt. Bezeichnet man jetzt die relative W des K durch r, die specifische durch s und das specifische Gewicht durch P, so giebt s an, daß die W, wodurch 1 ℔ des K um 1° verändert wird, smal so groß als diejenige sei, wodurch eine gleiche Veränderung in 1 ℔ Wasser entsteht. Nun füllt aber 1 ℔ des K nur den Pten Theil des Raumes, den 1 ℔ des A einnimmt, und es muß dieserhalb s noch mit P multiplicirt werden, damit die relative W von K, nämlich r, sich ergiebt *).

Es ist also $$r = P . s,$$

und hieraus $$s = \frac{r}{P}.$$

§. 702.

Wenn die Wärmecapacität C des K sich vergrößert, so fällt die Temperatur T des K, ohne daß seine Wärmemenge sich verändert; verkleinert sich aber C, so wächst T, ohne daß diese Menge eine Veränderung erfährt. Bei einer und derselben Materie hängt C von dem Volumen V ab, welches K besitzt, und sie wird dieserhalb größer oder kleiner, je nachdem V zu- oder abnimmt.

Aus diesem Grunde wird bei Vergrößerung des Raumes eine Abkühlung und bei Verkleinerung desselben eine Erwärmung bemerkt, welche besonders bei der atmosphärischen Luft so auffallend ist. So zeigt z. B. ein unter dem Recipienten der Luftpumpe befindliches Thermometer bei schneller Verdünnung der Luft eine merkliche Abkühlung **) und bei schneller Verdichtung derselben eine merkliche Erhitzung. (Vergl. §. 635.)

Auch läßt sich hieraus die Erwärmung erklären, welche ein Metall durch das Hämmern und Strecken erfährt.

---

*) Denn da 1 Cf. des K nur den Pten Theil des Raumes füllt, welchen 1 Cf. des A einnimmt, so gehört smal so viel W dazu, die Temperatur eines Theiles von K, der gleiches Volumen mit 1 Cf. Wasser besitzt, um 1° zu verändern, als dieselbe Veränderung in 1 Cf. Wasser hervorzubringen.

**) Nach der in §. 624. ausgesprochenen Ansicht wird in diesem Falle der in der Luft enthaltene Wärmestoff in einen größern Raum gebracht und dieserhalb in seinen Wirkungen geschwächt.

Anmerkung 1. Im folgenden Abschnitte wird gezeigt, daß C von dem Aggregatszustande des K abhängt. Auch hängt C von der Qualität des K ab, weil sonst die specifischen Wärmen der Körper, welche dieselbe Aggregatsform besitzen, sich wie ihre Volumen oder umgekehrt wie ihre specifischen Gewichte verhalten müßten, was jedoch den in §. 695. gefundenen Resultaten widerspricht.

Aendert sich also die Qualität des K, so erleidet auch seine Temperatur eine Veränderung, und es bringen dieserhalb die chemischen Wirkungen der Körper auf einander manchmal Erwärmungen und manchmal Erkältungen hervor *). Hieraus folgt aber: **daß bei den Versuchen über die specifischen Wärmen der Körper, die in Berührung gebrachten Materien nicht chemisch auf einander wirken dürfen.**

Anmerkung 2. Man bemerke, daß (nach Dülong's Bestimmungen) die Gase der einfachen Körper dieselbe, und die der zusammengesetzten eine verschiedene C besitzen.

Anmerkung 3. Gay-Lüssac hat gezeigt: daß im leeren Raume keine specifische, sondern nur strahlende W existirt.

Anmerkung 4. Reibt man zwei Körper K und k stark aneinander, so ändern sich die Formen der Poren an den sich reibenden Flächen, und es entsteht zugleich eine solche Erschütterung in K und k, daß ein großer Theil ihrer gebundenen Wärme in Freiheit gesetzt (oder ein großer Theil ihres gebundenen Wärmestoffs ausgepreßt), und hierdurch eine Temperaturerhöhung in jedem dieser Körper hervorgebracht wird. Auch kann es geschehen, daß K und k beim genauern Zusammentreffen chemisch und zwar so auf einander wirken, daß ihre Fähigkeit, W (oder Wärmestoff) zu enthalten, vermindert und ihre Temperatur erhöht wird.

Anmerkung 5. Die Erfahrung hat gelehrt, daß, bei übrigens gleichen Umständen und gleichen Körpern, die durch die Reibung R entstehende W desto größer sei, je heftiger R geschieht oder je schneller und stärker die Zusammendrückungen und Schwingungen der Theile in K und k erfolgen. Auch hat man gefunden, daß die Leitungsfähigkeit von K und k für W auf die Erregung derselben einen großen Einfluß ausübt, und daß diese bei gleicher Stärke von R desto größer sei, je schlechter W durch K und k geleitet wird. Die Luft, welche K und k berührt, kann aber dieserhalb so viel Wärmetheilchen ableiten, daß die Wirkung der W, besonders bei schwacher R, nicht bemerkbar ist; auch hat Pictet durch Versuche ermittelt, daß die Wirkung der R im luftleeren Raume größer als im lufterfüllten sich zeigt.

Anmerkung 6. Da die tropfbaren Flüssigkeiten, der großen Verschiebbarkeit ihrer Theile wegen sich nicht unter einander reiben können, so folgt: **daß bei diesen Körpern eine Wärmeerregung durch R nicht stattfinden kann.**

---

*) Vergl. §. 44. Anm. 4.

Sechste Abtheilung.

Von der Veränderung des Aggregats-Zustandes der Körper durch die Wärme.

§. 703.

Wenn ein Körper K durch die Wirkung der W aus dem festen in den tropfbar-flüssigen Zustand überzugehen fähig ist, so heißt K ein schmelzbarer Körper. Findet dieser Uebergang wirklich statt, so wird derselbe die Schmelzung oder das Schmelzen*) des K, und K selbst ein schmelzender**) Körper genannt. Der Wärmegrad, bis zu welchem K erhitzt werden muß, damit eine Schmelzung dieses Körpers stattfinden kann, heißt der Schmelzpunkt***) des K. Letzterer ist bei verschiedenen Körpern ebenfalls verschieden. So werden z. B. manche Körper, nämlich Wasser, Talg, Zinn u. s. w., schon bei mäßigen Wärmegraden, andere dagegen erst durch die Glühhitze und noch andere nur durch die größten künstlichen Hitzgrade in den tropfbar-flüssigen Zustand gebracht. (Vergl. Nr. VI. des Anhangs.)

§. 704.

Bei mehreren Körpern wird die Schmelzung durch Hinzufügung von Materien erleichtert, welche man die Schmelzungsmittel nennt. So ist z. B. Schwefel ein Schmelzungsmittel für Eisen, und Zinn und Blei für Silber und Kupfer. Manche Körper, welche an und für sich ziemlich leicht schmelzen, geben zusammengeschmolzen ein Gemisch †), welches leichter als jeder einzelne Bestandtheil in den tropfbar-flüssigen Zustand übergeht. So wird z. B. das sogenannte Rose'sche Gemisch, welches aus 1 Theile Zinn, 2 Theilen Wismuth und 1 Theile Blei besteht, schon bei 80° R tropfbar-flüssig. Nach Landriani ist aber dasjenige Gemisch, welches aus 3 Theilen Zinn, 8 Theilen Wismuth und 5 Theilen Blei zusammengesetzt ist, noch schmelzbarer.

---

*) Und beim Eise E das Aufthauen.

**) Und bei E ein aufthauender.

***) Und bei E der Aufthauungspunkt.

†) Lese §. 44.

§. 705.

Mehrere Körper (wie das Wachs und die Fettigkeiten) werden weich, ehe sie schmelzen, und gehen durch alle Grade der Weichheit bis zum tropfbar-flüssigen Zustande. Andere dagegen (wie das Eis u. s. w.) schmelzen, ohne früher weich zu werden; und noch andere (wie die Metallgemische) werden sogar spröder, ehe sie in tropfbare Flüssigkeiten sich verwandeln. Gute Wärmeleiter (wie das Blei u. s. w.), deren Massen nicht bedeutend sind, schmelzen bei der zu ihrem Flüssigwerden nöthigen W meist durch alle ihre Theile; schlechte Wärmeleiter dagegen (wie das Eis) nach und nach und von Theil zu Theil. Wenn ein Körper K mehrere Grade der Weichheit annimmt, um tropfbar-flüssig zu werden, so läßt sich sein Schmelzpunkt nicht mit Sicherheit angeben, obgleich K bei derselben Temperatur stets den nämlichen Grad der Flüssigkeit besitzt. Auch bei ganz flüssigen Materien scheint der Grad der Flüssigkeit mit der Erhöhung der Temperatur zu wachsen. So giebt z. B. (nach Lichtenberg's Beobachtungen) heißes Wasser mehr Tropfen als eine gleiche Quantität kaltes, und es ist dieserhalb flüssiger als das letztere, u. s. w.

§. 706.

Wenn man den geschmolzenen Körper K einer Temperatur aussetzt, welche niedriger als sein Schmelzpunkt ist, so geht K in den Zustand der Festigkeit über.

Erkältet man z. B. das Wasser A unter 0° R, so wird es fest, d. h. es verwandelt sich in Eis. Während des Erkaltens nimmt seine Ausdehnung ab, bis es ohngefähr bei $3\frac{1}{5}$° R seine größte Dichtigkeit erreicht hat. Von diesem Grade an dehnt A sich wieder aus, und nimmt bei 0° ohngefähr den nämlichen Raum ein, welchen es bei 6° oder 7° R besaß. In dem Augenblicke, wo A sich in das Eis E verwandelt, erleidet es eine viel größere Ausdehnung, welche auch noch nach dem Gefrieren und zwar so lange wächst, bis E ohngefähr $\frac{1}{8}$ leichter als A geworden ist. Von diesem Augenblicke an zieht sich aber E durch zunehmende Kälte wieder zusammen und befolgt genau das in §. 626. aufgestellte Gesetz. Die ganze Ausdehnung, welche A von 0° bis 80° R erleidet,

§. 57. Lehrsatz.

Wenn zwei gleichförmig bewegte Körper K und k die gleichen Wege S Fuß und s Fuß in den Zeiten T Sek. und t Sek. zurücklegen, so verhalten sich die Zeiten oder die Maße dieser Zeiten wie umgekehrt die Geschwindigkeit C und c der beiden Körper.

Es ist also $\left\{ \begin{array}{l} \text{T Sek.} : \text{t Sek.} = c : C \\ \text{oder } T : t = c : C \end{array} \right\}$ $\begin{array}{l} \text{wenn S Fuß} = \text{s Fuß} \\ \text{oder } S = s \text{ ist.} \end{array}$

Beweis. Es ist $\left\{ \begin{array}{l} \text{S Fuß} = \text{(CT) Fuß} \\ \text{s Fuß} = \text{(ct) Fuß} \end{array} \right\}$,

also (CT) Fuß = (ct) Fuß *),

oder $CT = ct$;

und hieraus $T : t = c : C$,

oder T Sek. : = t Sek. = c : C.

§. 58. Lehrsatz.

Wenn zwei gleichförmig bewegte Körper K und k mit den Geschwindigkeiten C und c in den Zeiten T Sekunden und s Sekunden die Wege S Fuß und s Fuß zurücklegen, so muß $C : c = \frac{S}{T} : \frac{s}{t}$ sein.

Erster Beweis. Er ergiebt sich unmittelbar aus §. 52.

Zweiter Beweis.

Es ist (nach §. 56.) 1) $C : c = S : s$, wenn $T = t$ ist.

Eben so ist (nach vor. §.) 2) $C : c = t : T$, wenn $S = s$ ist **).

Nach einem Satze der allgemeinen Größenlehre ***) folgt aber nun aus 1 und 2:

$$C : c = (St) : (sT),$$

$$\text{oder } C : c = \frac{St}{Tt} : \frac{sT}{Tt},$$

$$\text{oder } C : c = \frac{S}{T} : \frac{s}{t}.$$

§. 59. Lehrsatz.

Wenn (in Fig. 20.) auf den in a befindlichen Körper K zwei Kräfte gleichzeitig und in derselben Richtung ab wirken, wenn die eine dieser Kräfte den Körper K in T Sekunden mit der Geschwindigkeit C gleichförmig von a bis b, und die andere den Körper K

*) weil nach der Voraussetzung S Fuß = s Fuß ist.

**) indem nach einem arithmetischen Satze aus $T : t = c : C$ die Proportion $C : c = t : T$ durch bloße Verwechselung der Glieder sich ergiebt.

***) Man lese in meinem Lehrbuche der Arithmetik, Algebr. u. s. w. den auf der 131sten Seite vorkommenden 14ten §.

in der nämlichen Zeit mit der Geschwindigkeit c gleichförmig von a bis f bewegt, so **geht**, wenn nämlich bd = af ist, **der Körper K in T Sekunden in der Richtung ab von a bis d gleichförmig und zwar mit der Summe der Geschwindigkeiten, d. h. mit der Geschwindigkeit C + c fort.**

Beweis. Denkt man sich die nicht schwere*), gerade Linie ab durch die eine Kraft af in der Richtung ab bewegt, so geht der in a befindliche Körper K in T Sekunden gleichförmig von a bis f und in derselben Zeit der Endpunkt b ebenfalls gleichförmig von b bis d fort, wenn nämlich bd = af ist. Da aber während der Bewegung der geraden Linie ab der Körper K vermöge der Kraft ab auf der Linie ab gleichförmig und zwar in T Sekunden von a bis b sich bewegt, der Punkt b aber nach Verlauf dieser Zeit in d steht, so **muß K in T Sekunden von a bis d in der Richtung ab fortgehen und also am Ende dieser Zeit im Punkte d sich befinden.**

Auch muß, wie aus dem bereits Gesagten zur Genüge erhellt, durch Wirkung der Kraft ab der Körper K mit der gleichförmig fortgehenden, geraden Linie ab in dem 3ten Theile der Zeit, d. h. in $\frac{T}{3}$ Sekunden, den Weg $\frac{af}{3}$, aber zugleich vermöge der Kraft ab auf der geraden Linie ab in $\frac{T}{3}$ Sekunden den Weg $\frac{ab}{3}$ und also durch das Zusammenwirken der beiden Kräfte in $\frac{T}{3}$ Sekunden den Weg $\frac{af}{3} + \frac{ab}{3} = \frac{af + ab}{3} = \frac{ad}{3}$ zurücklegen. Weil aber nun der durch die beiden Kräfte af und ab zugleich getriebene Körper K in dem 3ten Theile der Zeit auch den 3ten Theil des Weges und also in gleichen Zeiten gleiche Wege zurücklegt, so **muß** **) **die Bewegung des K eine gleichförmige sein.**

Nun erhält man aber nach §. 53. $\begin{cases} ab = (CT) \text{ Fuß}^{***)} \\ bd = (cT) \text{ Fuß}^{1)} \end{cases}$

und also $ab + bd = (CT)$ Fuß $+ (cT)$ Fuß,
oder $ad = (CT + cT)$ Fuß,
oder $ad = (C + c)\,T$ Fuß.

Aus der zuletzt sich ergebenen Gleichung wird aber endlich [2]) **für die Geschwindigkeit des geradli-**

*) eigentlich die mathematische.

**) nach der in §. 19. gegebenen Erklärung.

***) eigentlich Weg ab = (CT) Fuß.

[1]) weil af = (cT) Fuß und bd = af ist.

[2]) nach dem in §. 52. stehenden Lehrsatze.

Anmerkung. Es giebt mehrere Kälte erregende Mischungen: 1) Schnee und Kochsalz; 2) Schnee, Kochsalz und Salmiak; 3) zwei Theile Schnee und drei Theile salzsaurer Kalk, oder ein Theil Schnee und zwei Theile geschmolzener salzsaurer Kalk; 4) Salmiak, Salpeter und Wasser; 5) Salmiak, Salpeter, Glaubersalz und Wasser; 6) Glaubersalz und verdünnte Salpetersäure; 7) Glaubersalz und Salzsäure, u. s. w. Auch wird bei der Bereitung des Gefrornen eine Mischung aus Salz und zerstoßenem Eise gebraucht. — (Vergl. Nr. VII. des Anhangs.)

§. 710.

Wenn man den Schnee S in rauchende Salpetersäure bringt, so entsteht eine bedeutende Kälte, weil S, um sich mit Säuren zu verbinden, schnell flüssig wird und die W deshalb bindet. Nimmt man diese Mischung in einem Trinkglase G vor und stellt letzteres in das kalte Wasser A, so wird an den äußern Wänden des G Eis hervorgebracht. Auf diese Weise kommt A zum Gefrieren, wenn man es in ein mit dünnen Wänden versehenes Glas schüttet und letzteres in irgend eine Kälte erzeugende Mischung taucht. Eben so gefriert A über dem Kohlenfeuer F, wenn man unmittelbar über F einen Teller T mit Schnee oder geschabtem Eise und auf diesen einen andern t stellt, worin A befindlich ist. Durch die in T stattfindende Schmelzung des Schnees oder Eises wird nämlich viel W gebunden, welche A verliert, und wodurch letzteres zuerst am Boden von t gefriert. Das Gefrieren geht besser von Statten, wenn man die Schmelzung des S oder des Eises durch das Anblasen der Kohlen beschleunigt.

Anmerkung. Da die in einer Mischung M stattfindende Kälte desto bedeutender ist, je größer die der einzelnen Bestandtheile sich zeigt, so werden letztere noch vor M in dünnen Gläsern auf die im vor. §. angegebene Weise abgekühlt. Auch muß man zu M frisch krystallisirte Salze nehmen, letztere kurz vor ihrer Anwendung pulverisiren und die Mengung so schnell als möglich vollziehen.

§. 711.

Die gebundene W *) wird frei, wenn der Körper K aus dem tropfbar-flüssigen in den festen Zustand übergeht. Denn die W, welche K gebunden hat, um geschmolzen zu sein, muß er beim Festwerden wieder entlassen und so eine größere oder kleinere Temperaturerhöhung erleiden. Wenn also das Wasser

*) Oder der gebundene Wärmestoff.

A gefriert, so setzt es seine Schmelzungswärme wieder ab, welche aber beim allmähligen Gefrieren, wegen der in jedem Augenblicke stattfindenden unmerklichen Wärmeentwickelung, durch unser Gefühl nicht wahrnehmbar ist. Doch gefriert, wegen dieser frei werdenden W, A beim Gefrierpunkte der Luft nicht plötzlich und durchaus; und das bei einer stärkern Kälte gefrierende A zeigt so lange auf 0° R, bis es durchaus gefroren ist.

§. 712.

Aus vor. §. geht Folgendes hervor:

Wenn die tropfbare Flüssigkeit F sich mit einem festen Körper durch die Wirkung einer Verwandtschaft so verbindet, daß F gezwungen wird den Zustand der Festigkeit schnell anzunehmen, so wird ein großer Theil der in F gebundenen W in Freiheit gesetzt. So entsteht z. B. eine bedeutende Erhitzung, wenn man auf den gebrannten Kalk K Wasser gießt, weil ein Theil des letztern sich schnell mit K verbindet und im Zustande der Festigkeit erscheint. Wird ferner das ruhige und mit Oel bedeckte Wasser A unter 0° R erkältet *) und nachher etwas geschüttelt, so gefriert A schnell und ein darin befindliches Thermometer steigt bis zu 0° R empor; und wird endlich eine Flasche des unter 0° R erkälteten und gefrorenen Weines V in das kalte A gebracht, so thaut V auf und A gefriert.

Anmerkung 1. Die Temperaturerhöhung der mit einander in Berührung gebrachten Körper ist desto merklicher, je schneller einer oder mehrere derselben aus dem tropfbar-flüssigen in den festen Zustand übergehen.

Anmerkung 2. Löst man diejenigen Salze, welche ihr volles Krystallisationswasser haben **), in A auf, so geht das feste Salz in den tropfbar-flüssigen Zustand über, und es wird hierdurch (nach §. 708.) meistens eine geringe Abkühlung erzeugt. Hat aber ein Salz S seine Krystallisationswasser verloren, und wird S in A gethan, so zeigt ein in A befindliches Thermometer eine Temperaturerhöhung an, weil S in diesem Falle A anzieht und in den festen Zustand bringt, ehe die Auflösung noch vor sich geht.

---

*) Durch die Oelbedeckung wird nämlich höchst wahrscheinlich die in A gebundene W länger als in der freien Luft vor ihrem Entweichen bewahrt.

**) Lese die in §. 47. vorkommende Anmerkung.

b aber nach Verlauf dieser Zeit in a steht, so muß sich K am Ende der Tten Sekunde in seinem anfänglichen Orte befinden.

Anmerkung. Der in diesem §. gegebene Lehrsatz läßt sich auch noch folgendermaßen ausdrücken:

Wenn auf den in a befindlichen Körper K zwei gleich große Kräfte ab und af gleichzeitig, aber in den entgegengesetzten Richtungen ab und af wirken, so wird K in seinem anfänglichen Orte, d. h. im Punkte a, verbleiben.

§. 62. Lehrsatz.

Wenn (in Fig. 23.) auf den in a befindlichen Körper K zwei Kräfte gleichzeitig und zwar so wirken, daß ihre Richtungen ab und af einen beliebigen Winkel x mit einander bilden, wenn die eine Kraft den Körper K in T Sekunden mit der Geschwindigkeit C in der Richtung ab gleichförmig von a bis b und die andere den Körper K in der nämlichen Zeit mit der Geschwindigkeit c in der Richtung af gleichförmig von a bis f bewegt, so geht K in der Diagonale ad des Parallelogramm's abcd — worin die gegebenen Wege ab und af den Winkel x einschließen — in T Sekunden von a bis d und zwar gleichförmig fort.

Beweis. Denkt man sich die gerade Linie ab durch die Kraft af und zwar so bewegt, daß der Punkt a beständig in der Linie af verbleibt und jede neue Lage der Linie ab parallel der ursprünglichen Lage dieser Linie ist, so geht der in a befindliche Körper K in T Sekunden in der Linie af gleichförmig von a bis f und in derselben Zeit der Endpunkt b ebenfalls gleichförmig von b bis d fort, wenn nämlich fd || ab ist. Da aber während der Bewegung der geraden Linie ab der Körper K vermöge der Kraft ab auf der geraden Linie ab gleichförmig und zwar in T Sekunden von a bis b sich bewegt, der Punkt b aber nach Verlauf dieser Zeit in d steht, so muß K am Ende der Tten Sekunde in d sich befinden. Daß aber K während der ganzen Bewegungsdauer auf der Diagonale ad und zwar gleichförmig fortgeht, wird durch folgende Betrachtung klar:

Man theile die geraden Linien ab, af und ad beziehlich in n gleiche Theile *) und verbinde k und g und h und g durch gerade Linien.

Es ist aber alsdann $\left.\begin{matrix} ak : af = 1 : n \\ ag : ad = 1 : n \end{matrix}\right\}$,

also ak : af = ag : ad,

und deshalb **) hg || fd,

oder 1) kg || ah, weil ah || fd ist.

Eben so ist 2) ak || hg,

und deshalb Viereck akgh ein Parallelogramm.

---

*) z. B. in 3, 4 gleiche Theile, u. s. w.

**) einem geometrischen Satze zufolge.

Da aber K nach dem in §. 55. gegebenen Lehrsatze die Wege ak und ah beziehlich in $\frac{T}{n}$ Sekunden zurücklegt, so muß dieser Körper durch das Zusammenwirken der beiden Kräfte nach $\frac{T}{n}$ Sekunden im Punkte g der Diagonale ad sich befinden. Und weil endlich ag = $\frac{1}{n}$ ad ist, so legt K auf der Diagonale ad in gleichen Zeiten gleiche Wege zurück und geht also auf dieser Linie gleichförmig fort.

Anmerkung 1. Der hier gegebene Lehrsatz wird auch noch folgendermaßen ausgedrückt:

Wenn (in Fig. 23.) auf den in a befindlichen Körper K zwei Kräfte ab und af gleichzeitig und zwar so wirken, daß ihre Richtungen einen beliebigen Winkel x mit einander bilden, so bewegt sich K gleichförmig in der Diagonale ad des Prallelogramms abdf, worin ab und af zwei an einander liegende Seiten sind und x der von diesen Seiten eingeschlossene Winkel ist.

Anmerkung 2. Die (in Fig. 23.) in den Richtungen ab und af wirkenden Kräfte heißen die Seitenkräfte, und die in diesen Richtungen stattfindenden Bewegungen die Seitenbewegungen. Die in der Richtung der Diagonale ad thätige Kraft wird Mittelkraft oder Diagonalkraft, die in ad stattfindende Bewegung Diagonalbewegung, und das Parallelogramm abdf das Parallelogramm der Kräfte genannt.

Anmerkung 3. Es verdient bemerkt zu werden, daß man den in gegenw. §. erwiesenen Lehrsatz durch die Diagonalmaschine zu verdeutlichen pflegt. Die Diagonalmaschine (Fig. 24.) besteht aber aus einer vertical gestellten Tafel mnop, welche auf dem Gestelle qrst ruht. Auf dem oberen Ende der Tafel, d. h. auf der horizontalen Ebene mnkl, befindet sich eine Walze *) W, um welche ein mit einem Gewichte a versehener Faden gewickelt ist. Wenn nun die Walze auf mnkl in der Richtung mn sich hinwälzt und dabei der um die Walze gewickelte Faden allmählich sich abwickelt, wenn ferner das Gewicht a bloß durch die Bewegung der Walze in einer gewissen Zeit Z von a bis f und durch bloße Abwickelung des Fadens in der nämlichen Z von a bis b sich bewegt, so ersieht man mit großer Leichtigkeit: „daß in Z, durch die gemeinschaftliche Wirkung der beiden Kräfte, das Gewicht a in der Diagonale ad des Parallelogramms afdb von a bis d sich bewegt.

§. 63. Zusatz.

Aus vor. §. ergiebt sich, daß der in Fig. 23. durch die gleichzeitige Wirkung der beiden Kräfte ab und

*) d. h. ein Cylinder.

§. 715.

Jeder tropfbar=flüssige Körper hat seinen eigenen Siedepunkt, d. h. er verlangt eine bestimmte Temperatur, ehe er sich in einen Dampf verwandelt, welcher eine gleiche Spannung mit L besitzt. Diese Temperatur muß bei zunehmendem Luftdrucke erhöht und kann bei niedrigerm Barometerstande verringert werden, weil im erstern Falle mehr dazu gehört, dem Dampfe die zum Emporsteigen nöthige Expansivkraft zu geben als im letztern. So sieden z. B. die tropfbaren Flüssigkeiten unter dem mit verdünnter L versehenen Recipienten bei sehr geringen Temperaturen *); auch wird A auf hohen Bergen bei niedrigern Hitzgraden als auf dem flachen Lande zum Sieden gebracht **). Hierauf beruht aber eine Methode, die Höhe eines Berges B vermittelst des Thermometers zu ermitteln. Man bringt nämlich das letztere an verschiedene Orte des B, taucht es in siedendes A und berechnet aus der Abnahme des Thermometerstandes die Zunahme der Ortshöhe, u. s. w. Wollaston ***) hat zu diesem Zwecke ein sehr empfindliches Thermometer construirt.

Anmerkung. Das Quecksilber siedet (wie bereits in §. 639. Anmerk. 2. angegeben wurde) bei 282° R, d. h. es fängt bei dieser Temperatur an in Luft= oder Dampfgestalt zu erscheinen. Der Aether siedet schon bei 30° R, und der reinste Weingeist bei 60° R; ist aber letzterer mit A vermischt, so verträgt er eine größere Hitze, ehe er in den ausdehnsam=flüssigen Zustand übergeht. In Nr. VIII. des Anhangs ist der Siedepunkt einiger tropfbaren Flüssigkeiten, und in Nr. IX. die Temperatur angegeben, bei welcher das reine A in's Sieden geräth. Auch sind in Nr. X. einige bemerkenswerthe Temperaturen befindlich.

§. 716.

Es giebt Körper (z. B. die reinen Erden, die Kohle, verschiedene Metalle u. s. w.), welche (wenigstens bei den Hitzgraden unserer Oefen) nicht in Dampfgestalt erscheinen. Sie heißen feuerbeständige, zum Unterschiede von den übrigen, welche man flüchtige nennt. Manche Körper, welche an und für sich sehr hohe Hitzgrade ertragen, ehe sie in Dampfgestalt sich zeigen, werden in Verbindung mit andern Materien sehr schnell in den dampfförmigen Zustand versetzt.

---

*) Vergl. §. 433. Nr. 14.

**) So fand z. B. Saussüre, daß die Temperatur des kochenden A auf dem Montblanc 187° F oder $68\frac{8}{9}$° R betrug.

***) Ausgesprochen: Ual'läst'n.

§. 717.

In einem verschlossenen Gefäße üben die über dem tropfbar-flüssigen Körper K vorhandenen Dämpfe auf den Siedepunkt des K einen Einfluß aus, welcher demjenigen ähnlich ist, den die atmosphärische Luft L auf den in einem offenen Gefäße kochenden tropfbar-flüssigen Körper äußert. Wird nämlich der Druck der Dämpfe vermehrt, so ist mehr W und also auch eine höhere Temperatur erforderlich, um K zum Sieden S zu bringen, als früher. Dies wird durch folgenden Versuch auf eine höchst einfache Weise bestätigt. Man fülle eine Florentiner Flasche F oder einen Kolben zur Hälfte mit dem Wasser A, lasse dieses einige Zeit lang über einer Lampe recht lebhaft kochen, und verschließe hierauf den Hals der F luftdicht und so schnell als möglich dadurch, daß man die Mündung der F mit einem Korkpfropfen zustopft und über letztern eine nasse Blase bindet. Es befindet sich aber alsdann über A blos Wasserdampf, weil L durch die Dämpfe völlig ausgetrieben worden ist. Entfernt man nun F von der Lampe, so hört A zu sieden auf; und kühlt man hierauf den obern Theil von F dadurch ab, daß man ein in kaltes Wasser getauchtes Tuch darum schlägt, so fängt A auf's Neue zu sieden an, weil durch die Abkühlung des obern Theiles der F auch die Dämpfe sich abkühlen, also in tropfbar-flüssiges Wasser übergehen, und deshalb der Druck wegfällt, welcher auf die Wasseroberfläche sich thätig erweist. Da aber nun das noch immer beträchtlich heiße A einen ungleich schwächern Druck als früher erleidet, so fängt es auf's Neue zu sieden an und kocht so lange fort, bis sich wieder Dämpfe gebildet haben, die durch ihren Druck bei dem schon weniger erwärmten A einen Stillstand von S bewirken. Wird dagegen der obere Theil von F auf irgend eine Weise erhitzt, so hört A schnell zu sieden auf, weil die Erhitzung die Elasticität der Dämpfe *) und also auch ihren Druck auf die Wasseroberfläche vermehrt.

Anmerkung. Erhitzt man A in einem metallenen Gefäße, das oben mit einer engen Röhre und einem Hahne versehen ist, welcher während des Erhitzens zugeschlossen werden kann, so dringt der heiße Wasserdampf, wenn nämlich der Hahn geöffnet wird, mit großer Gewalt aus der Röhre. Dieses Instrument wird aber eine Windkugel genannt.

*) Vergleiche §. 434.

§. 718.

Der von Papin erfundene *) Papinianische Topf P beruht ebenfalls auf dem Drucke, welchen die in einem verschlossenen Gefäße vorhandenen Dämpfe auf die darin befindlichen tropfbar-flüssigen Körper ausüben. P besteht aber aus Eisen oder Kupfer, läßt sich luftdicht verschließen, hat die Form eines Cylinders, ist oben mit einem breiten Rande versehen, worauf ein Deckel mit einer eisernen Schraube befestigt werden kann, und erweicht Körper, die bei der gewöhnlichen Siedhitze von A nicht angegriffen werden. So durchdringen z. B. in P die stark erhitzten Dämpfe die Knochen und bewirken es, daß die Gallerte erweicht und herausgetrieben wird und die Knochen ihren Zusammenhang verlieren. Die Hitze, welche in P entsteht, ist so groß, daß darin A, ohne zu sieden, auf mehr als + 163° R erhitzt werden kann. Doch ist diese Art, die Körper einer großen Hitze auszusetzen, sehr gefährlich, weil die Kraft der eingeschlossenen Dämpfe (vermöge ihrer Elasticität) so groß werden kann, daß sie die stärksten Gefäße zersprengt. Der wohlconstruirte P ist aber dieserhalb stets mit einem Sicherheitsventile versehen, u. s. w.

§. 719.

Da (nach §. 714. Anm.) das in einem offenen Gefäße befindliche A nicht über seinen Siedepunkt erhitzt werden kann, so folgt: daß alle ihm zugeführte W auf die Bildung der Dämpfe verwendet werden muß. Weil aber letztere nur die Hitze des kochenden A an der Oberfläche besitzen, so wird in ihnen die W (oder der Wärmestoff) gebunden. Dasselbe findet auch bei den Dämpfen statt, die sich bei niedriger Temperatur aus dem nicht kochenden A erheben; und es ist dieserhalb die Verdampfung ein Mittel, freie W unwirksam zu machen und also unter gewissen Umständen Kälte zu erregen.

Anmerkung. Man bemerke, daß (nach §. 713.) der Dampf D ebenfalls aus zwei Bestandtheilen, nämlich aus einer nicht ausdehnsamen Materie M (z. B. aus Wasser, Alkohol, Schwefel u. s. w.) und aus dem Wärmestoffe besteht. Letzterer verbindet sich mit M, macht sie ausdehnsam flüssig, und heißt die fortleitende Flüssigkeit, während M die wägbare Grundlage des D genannt zu werden pflegt.

*) Und um 1685 beschriebene.

§. 720.

Aus vor. §. geht hervor:

1) daß A in einem zinnernen Gefäße zum Kochen kommt, ohne daß letzteres schmilzt;

2) daß A sogar in Papier zum Kochen gebracht werden kann, und

3) daß das in P bis über den Siedepunkt erhitzte A sogleich zu demselben zurückkehrt, sobald D seinen Ausgang durch eine Oeffnung nehmen kann.

Auch findet das von A Gesagte bei jedem andern tropfbar-flüssigen Körper K mehr oder weniger statt, und es wird dieserhalb die freie W (oder der freie Wärmestoff) des K zur gebundenen, wenn K aus dem tropfbar-flüssigen in den ausdehnsam-flüssigen oder dampfförmigen Zustand übergeht.

§. 721.

Delüc hat gefunden: daß die Quantität W, welche erforderlich ist, A in Dampf zu verwandeln, $4\frac{37}{45}$mal so groß als diejenige sei, welche dazu gehört, A vom Aufthauungs- zum Siedepunkte zu erhitzen. Denn stellt man das in einem dünnen metallenen Gefäße befindliche A, dessen Temperatur 10° R beträgt, auf glühendes Eisen, so fängt A in 4 Minuten zu sieden an, und verdampft in beinahe 20 Minuten. Da aber nun dieses A in 4 Minuten auf 80° R erhitzt wurde, so hätte in 20 Minuten seine Temperatur um 5mal so viel Grade erhöht werden müssen, wenn es sich nicht in D verwandelt und also letzterer eine beinahe 5mal größere Quantität W gebunden hätte, u. s. w.

Anmerkung. Aus gegenw. §. geht hervor, daß viel weniger W dazu gehört, A kochend heiß als im wirklichen Kochen zu erhalten. Auch ergiebt sich, daß der bei niedriger Temperatur im luftverdünnten Raume kochende Weingeist sehr abgekühlt wird, und also bei seinem Uebergange in den dampfförmigen Zustand sich und den Umgebungen viel W entzieht. Wird also ein mit A gefülltes dünnes Gefäß in Weingeist getaucht, so verliert A so viele W, daß es sogar zu gefrieren anfängt.

§. 722. Zusatz.

Werden die Dämpfe, welche bei ihrer Entstehung die Temperatur des Siedepunktes der kochenden Flüssigkeit besitzen, gehörig abgekühlt, so verliert ein Theil derselben seine Ausdehnsamkeit und geht in den tropfbar-flüssigen (und manchmal auch in den festen) Zustand über. Dieser Uebergang wird die Zersetzung der Dämpfe genannt. Hält man z. B. eine kalte Glas- oder Metallplatte G über kochendes A, so setzen sich kleine Wassertröpfchen daran (oder die Dämpfe zersetzen sich), und zugleich erleidet G eine Erwärmung, weil (nach vor. §.) die im Dampfe des kochenden A gebundene W 900° F oder 385⅞° R beträgt, und dieselbe bei der Zersetzung der Dämpfe wieder in Freiheit kommt. Das so eben Gesagte findet (mit den nöthigen Abänderungen) auch bei den übrigen tropfbaren Flüssigkeiten statt, und es folgt hieraus: daß die im Körper gebundene W befreit wird, sobald derselbe aus dem ausdehnsamen oder dampfförmigen Zustande in den tropfbar-flüssigen oder festen übergeht. — Hieraus ergiebt sich aber: daß die Zersetzung der Dämpfe zur Erwärmung anderer Körper, z. B. zum Kochen des A, zum Garmachen des Fleisches, des Gemüses u. s. w., dienen kann. Auch beruhen darauf zwei Operationen, welche die Chemiker zu mancherlei Zwecken anwenden. Sie verwandeln nämlich den in einem verschlossenen Gefäße befindlichen Körper durch Anwendung der Hitze in Dämpfe, zwingen letztere, an einen kältern Ort sich zu begeben, daselbst ihre W abzusetzen und hierdurch in den tropfbar-flüssigen oder festen Zustand überzugehen. Im erstern Falle wird die Operation eine Destillation und im letztern eine Sublimation genannt. (Vergl. §. 44. Anm. 3.)

Anmerkung 1. Die Eigenschaft der Dämpfe, durch vermehrte Hitze eine immer größere Kraft zu gewinnen und durch Abkühlung sich wieder in A zu verwandeln, hat zur Erfindung der Dampfmaschine M geführt. Der eigentliche Erfinder von M ist nicht mit Gewißheit bekannt; doch wurde sie zuerst in England und nach einigen Angaben von Samuel Moreland, Ingenieur Carl des II. *), zu Stande gebracht. Die erste M findet man in einer kleinen Schrift des Marquis von Worcester **) 1677 beschrieben. Savary machte die Entdeckung von M der Gesellschaft zu London 1699 bekannt und beschrieb diese Maschine. Newcomman ***) ließ 1705 den Dampf in einem Cylinder wirken; James Watt aus Glasgow †) in Schottland ver-

*) Carl II. regierte von 1660 bis 1685.

**) Ausgesprochen: Wuß'ter.

***) Ausgesprochen: Nuköm-men.

†) Ausgesprochen: Dschehms Uätt aus Ghläß-ko.

besserte M 1764; auch brachte Boulton *) mehrere Verbesserungen dabei an; und in der neuern Zeit wurde M besonders von dem Nordamerikaner Jakob Perkins vervollkommnet.

Anmerkung 2. Die Haupttheile der M sind: 1) der Dampfkessel, worin das Wasser in Dämpfe verwandelt wird; 2) der Stiefel, worin der Dampf als bewegende Kraft sich thätig erweist; 3) der Kolben, d. h. der unmittelbar vom Dampfe in Bewegung gesetzte Körper; und 4) der Condensator, oder das Behältniß, worin die Dämpfe condensirt, d. h. in tropfbar-flüssiges Wasser verwandelt werden. — Auch gehören zu M: a) verschiedene Communicationsröhren, die zur Verbindung der in 1—4 angegebenen Theile dienen; b) Ventile, welche nach Umständen die Gemeinschaft dieser Theile bald aufheben und bald herstellen, und c) Vorrichtungen, um das Auf- und Abdrehen der Hähne (oder das Spiel derselben) von selbst zu verrichten, sobald M im Gange, d. h. in Steuerung ist.

M selbst ist in Fig. 20. dargestellt. Es bezeichnet nämlich darin D den Dampfkessel, AB den Stiefel, K den Kolben und C den Condensator. Mit D steht das Nachfüllungsbehältniß n durch die Röhre hk in Verbindung; an dem einen Arme des Hebels de ist der Schwimmer s, an dem andern das leichtere Gegengewicht g und an der Stange f ein Stöpselventil befindlich, welches die obere Mündung von hk verschließt. Sinkt aber nun das Wasser in D, so bewegt sich s abwärts, während f in die Höhe steigt, das mit ihr verbundene Stöpselventil öffnet und es also bewirkt, daß das Wasser durch hk aus n nach D fließen kann. v ist ein Sicherheitsventil, welches der Dampf durch seine Expansivkraft zu heben sich bestrebt und auch wirklich in die Höhe bringt, sobald seine Kraft größer als das ihr entgegenwirkende Gewicht des Ventils wird.

Aus D gehen nun die Dämpfe durch die Röhre op in die Communicationsröhren $\delta\delta^1$ und $\gamma\gamma^1$, woraus sie entweder nach A oder nach B kommen können. Ob das Erstere geschieht oder nicht, hängt von der Stellung des Ventils T, und ob das Letztere stattfindet oder nicht, von der des Ventils t ab. Durch das Ventil T^1 wird den Dämpfen aus A, und durch dasjenige t^1 aus B der Weg nach C geöffnet. Die durch die Stange i verbundenen Ventile T und t^1 öffnen sich gleichzeitig, und während der Dampf durch T nach A geht, strömt er aus B in den Condensator. Auch schließen sich T und t^1 gleichzeitig, während die durch die Stange w verbundenen Ventile T^1 und t sich öffnen und das Erstere die Dämpfe aus A nach C leitet und das Letztere den Raum B aus dem Kessel füllt. In C condensirt ein Strahl kalten Wassers die Dämpfe und bringt hierdurch einen luftleeren Raum hervor. Auf diese Weise geht K auf und ab, und setzt die Stange Ll, welche der Balancier heißt, ebenfalls in Bewegung. Ll bewegt aber nun die daran befindliche Stange ℨℨ und hierdurch den Kolben ε, die Hebel i und w und also auch die beziehlich mit ihnen in Verbindung stehenden Ventile T und t^1, T^1 und t auf und ab. Durch ε wird das in C sich mehrende Wasser weg- und in das Seitenbehältniß S gebracht; aus letzterm pumpt man es durch das Rohr $\mu\mu$, dessen Kolbenstange der Balancier ebenfalls bewegt, nach U, und von hier fließt es durch die Röhre RR in das Nachfüllungsgefäß n. Aus dem äußern Wasserbehälter W wird

*) Ausgesprochen: Bohlt'n.

das Wasser mittelst der Pumpe QQ, deren Kolbenstange mit dem Balancier ebenfalls in Verbindung steht, nach φ gepumpt und alsdann durch die Röhre β nach dem mit C in Gemeinschaft stehenden Behältnisse σ geleitet, u. s. w. Man sieht hieraus: daß der Balancier Alles bewegt, während er seine eigene Bewegung durch die Kolbenstange X bekommt.

Die noch nicht erwähnten Stangen $\alpha\alpha\alpha$ dienen dazu, die Kolbenstange X während ihrer Bewegung in vertikaler Lage zu erhalten; auch wird, um in M eine gleichförmige Bewegung zu erzeugen und sie auf eine andere Maschine anzuwenden, der Balancier Ll mit einem Schwungrade in schickliche Verbindung gebracht.

Anmerkung 3. Die Stärke der M wird gewöhnlich nach Pferdekraft bestimmt, und unter einer Pferdekraft die Kraft verstanden, welche ein Gewicht von 3300 englischen Pfunden 10 englische Fuß in der Minute hebt. Die Pferdekraft bei M ist also etwas größer als die eines lebenden Pferdes; und eine M von 20 Pferdekraft leistet meist so viel als eine doppelte, und öfters so viel als eine dreifache Anzahl Pferde, weil sie nicht wie diese höchstens 8 Stunden, sondern 24 Stunden täglich arbeiten kann. Man construirt M gewöhnlich von 20, 40, 80 Pferdekraft, und wendet sie jetzt zu den verschiedensten Zwecken, zu Dampfschiffen, Dampfwagen u. s. w. an.

Obgleich schon vor etwa 100 Jahren in England der Vorschlag geschah, Schiffe mit Ruderrädern zu versehen und diese durch M in Bewegung zu setzen, so wurde dennoch erst kurz vor 1800 ein Boot durch die Dampfkraft (nach den Angaben der Schotten Symington *) und Miller) in Bewegung gesetzt, und das erste vollständige Dampfschiff 1807 durch den Amerikaner Foulton **) zu Stande gebracht. Da 1 Pferd auf einem Canale gegen 1200 englische Centner oder 60 Tonnen fortzieht, so wäre es leicht, ein Schiff mit der nöthigen Dampfkraft zu versehen, wenn nicht eine fixe, vom Ufer her wirkende, Kraft zwei- bis dreimal mehr als eine im Schiffe unmittelbar gegen das zurückweichende Wasser thätige leistete, und ein Dampfschiff mit einer größern Geschwindigkeit als ein gewöhnliches fortgehen müßte. Aus diesem Grunde ist ein kleineres Dampfschiff gewöhnlich mit einer Maschine von ohngefähr 40 Pferdekraft, und ein größeres mit zwei Maschinen von 80 bis 100 und mehr Pferdekraft versehen.

Die durch M auf eisernen Schienenwegen (Eisenbahnen) fortgetriebenen Dampfwagen sind erst seit 1814 in Gebrauch gekommen, obgleich die Eisenbahnen (worauf 1 Pferd so viel als 8 starke Pferde auf gewöhnlichen Chausseen fortbringt) schon seit 1770 in England in Anwendung gebracht worden sind.

§. 723. Erklärung.

Wenn man das Wasser oder einen andern tropfbar-flüssigen Körper K in einem offenen Gefäße der freien Luft aussetzt, so wird — der Erfahrung zufolge — K nicht bei einer bestimmten, sondern bei jedweder Temperatur in den dampfförmigen Zustand versetzt.

*) Ausgesprochen: Simmingt'n.

**) Ausgesprochen: Fault'n.

Zu diesem Uebergange gehört also nicht nothwendig, daß K siede, indem sogar das Volumen des Schnees oder Eises durch die Verdampfung sich verkleinert. Jede auf diese Weise stattfindende allmählige Verdampfung des K wird aber insbesondere die **Verdunstung** und der dabei entstandene Dampf der **Dunst** dieses **Körpers** genannt.

§. 724. Zusatz.

Aus vor. §. geht hervor: daß der **Dunst** D **sich nicht wesentlich von dem Dampfe unterscheidet.**

So ist z. B. 1) der Druck der Atmosphäre auch der Bildung des D ein Hinderniß, indem er sie verzögert *). Eben so bindet 2) D bei seiner Bildung die W **). 3) Wird D durch Berührung mit kältern Körpern zersetzt, und hierdurch von der gebundenen W befreit ***); und 4) wird D, wie der Dampf, nicht blos durch Abkühlung, sondern auch durch Zusammendrückung in den tropfbar-flüssigen Zustand versetzt †).

Anmerkung. Man bemerke: daß nach §. 713. auch D aus einer wägbaren Grundlage und dem Wärmestoffe besteht.

---

*) Man hat nämlich durch Versuche mit der Luftpumpe ermittelt, daß Wasser, Weingeist u. s. w. unter dem mit verdünnter Luft gefüllten Recipienten schneller als in der freien Luft verdunstet.

**) Denn befeuchtet man z. B. die Kugel des Thermometers T mit dem Weingeiste w und bewegt dieselbe in der Luft (welches die Verdunstung des w vermehrt), so sinkt das in T befindliche Quecksilber herab.

***) So werden z. B. die in einem heißen Zimmer vorhandenen Dünste durch die kalten Fensterscheiben in Tropfen verwandelt.

†) Drückt man nämlich die Dämpfe auf die gewöhnliche Weise zusammen, so gehen sie — der Erfahrung gemäß — in tropfbare Flüssigkeiten über. Daß aber dieser Uebergang auch bei den Dünsten stattfinde, wird durch folgenden Versuch außer Zweifel gesetzt. Man nehme (in Fig. 21.) die in gleiche Theile getheilte Barometerröhre ab, fülle sie beinahe ganz mit dem Quecksilber q, schütte auf dasselbe so viel Wasser, daß es genau bis b reicht, verschließe hierauf ab mit dem Finger, bringe b unter die im Gefäße ghik befindliche Quecksilberoberfläche ef, und öffne alsdann b. Durch die Benetzung des Wassers entstehen aber nun in ab Dünste, welche in die Höhe steigen, den Raum ad ausfüllen, und durch ihren Druck es bewirken, daß q tiefer als in einer trockenen Röhre hinabsinkt. Taucht man nun ab immer tiefer in efkl, so wird ad kleiner, ohne daß die Höhe der in ab befindlichen Quecksilbersäule sich vermindert; und fährt man auf diese Weise mit dem Eintauchen von ab immer weiter fort, so reicht endlich q bis a; und es folgt hieraus: **daß der in ad vorhandene D in den tropfbar-flüssigen Zustand sich verwandelt hat.**

§. 725.

Aus vor. §. werden mehrere Erscheinungen erklärt:

1) Man hat ein Gefühl von Kälte, wenn man die Hand h mit Weingeist oder Aether benetzt, weil diese Flüssigkeiten verdunsten und hierdurch der h mehr oder weniger W entziehen.

2) Beim Aussteigen aus dem Bade oder beim Bedecken mit nassen Kleidungsstücken nimmt man die nämliche Erscheinung wahr.

3) Das in einer Flasche F befindliche Wasser A (oder eine andere darin enthaltene Flüssigkeit) wird bedeutend abgekühlt, wenn man F entweder mit Wasser (oder Weingeist) besprengt, oder ein nasses Tuch darum schlägt.

4) In Spanien hat man Gefäße, welche zur Abkühlung des A dienen. Sie heißen Alcarazza, sind aus porösem Thon verfertigt und lassen A etwas durchsickern. Hierdurch wird aber auf der Oberfläche dieser Gefäße eine beständige Feuchtigkeit unterhalten, welche sich in Dunst verwandelt und dadurch A bedeutend abkühlt.

5) Die Zimmer werden im Sommer durch das Besprengen mit A sehr merklich erfrischt.

6) Stellt man unter den Recipienten R der Luftpumpe ein mit A gefülltes Gefäß und daneben ein anderes, welches eine wasseranziehende Substanz S enthält, so kann man durch eine schnelle Luftverdünnung A zum Gefrieren erkälten. Denn im luftverdünnten Raume dünstet A schnell aus, und die hierdurch entstandenen Dünste werden von S zersetzt, sobald sie in Berührung mit ihr kommen. Es können aber dieserhalb wieder neue Dünste entstehen, welche eine abermalige Abkühlung des A bewirken. Die hierbei in Gebrauch genommenen Gefäße müssen jedoch flach und etwas weit sein, damit die darin befindlichen Flüssigkeiten hinlänglich große Oberflächen besitzen. Man verfertigt sie gewöhnlich aus Metall, und nimmt zu S entweder Schwefelsäure, oder stark getrocknetes Hafermehl, u. s. w.

7) Nimmt man eine gegen 30 Zoll lange Glasröhre, deren beide Enden rechtwinklig umgebogen und mit hohlen Glaskugeln versehen sind, wovon die eine zur Hälfte mit A gefüllt ist, während der übrige Apparat luftleer sich zeigt, und erkältet man nun die andere Kugel (entweder durch eine Kältemischung, oder durch Aufträufeln von Aether, wenn nur die Luft um die Kugel etwas ver-

dünnt wird), so gefriert A. Dieser Apparat wurde von Wollaston mit dem Namen Kryophor belegt.

8) Durch die Ausdünstung wird der menschliche Körper K abgekühlt, und so lange dieselbe gehörig von Statten geht, kann K ohne Nachtheil sich sehr beträchtlichen Hitzgraden aussetzen, u. s. w.

§. 726.

Ist der tropfbar-flüssige Körper K gänzlich abgeschlossen und der über ihm befindliche Raum vollkommen luftleer, so verdünstet K bei einer bestimmten Temperatur T nur so lange, bis der Dunst ein gewisses Maximum der Expansivkraft erhält, welches er bei T nicht überschreitet. Ist dasselbe erreicht und bleibt die über K und in den sperrenden Wänden stattfindende Temperatur ungeändert, so steht die Verdunstung ganz stille. Sind aber die Wände kälter als der innere Raum, so schlagen sich Tropfen an ihnen nieder und das hierdurch verminderte Maximum stellt sich durch fortgesetzte Verdunstung auf's Neue wieder her.

§. 727.

Bringt man auf die in §. 724. angegebene Weise einen oder mehrere Wassertropfen über d (Fig. 21.), so sinkt die in ab vorhandene Quecksilbersäule Q desto tiefer, je höher die Temperatur in ad sich zeigt. Das Niedersinken von Q (welches von der Expansivkraft der in ad sich bildenden Wasserdünste herrührt) dauert aber nicht etwa so lange fort, als Wasser A zum Verdunsten da ist, sondern Q sinkt bei jedweder Temperatur nur bis zu einem gewissen Punkte in ab; und sollte alsdann alles eingeschlossene A verdunstet sein, so muß man neue Tropfen in ab bringen, weil das Maximum der Expansivkraft noch nicht vorhanden ist. Steht aber jetzt die Oberfläche von Q im Punkte m stille und befindet sich noch etwas A über derselben, so hat der Dunst das Maximum der Expansivkraft erreicht, welches er bei der vorhandenen Temperatur erlangen kann, und das Maß dieser größten Expansivkraft ist gleich einer Quecksilbersäule, deren Höhe dm beträgt. Ist die in ad stattfindende Temperatur $= 40^{\circ}$ R, so fand Dalton dm $= 3{,}5$ englischen Zollen, so daß also bei dieser Temperatur die größte Expansivkraft, welche der Wasserdunst erlangen kann, dem Drucke einer Quecksilbersäule von 3,5 englischen Zollen entspricht.

§. 728. Zusatz.

Dalton und Gay-Lussac haben sehr gelungene Versuche über die Verdunstung angestellt. So wurde z. B. ein kleiner Theil von ad nicht blos mit A, sondern auch mit Weingeist und andern tropfbaren Flüssigkeiten auf die im vor. §. angegebene Weise gefüllt, und die Expansivkraft der im luftleeren und lufterfüllten Raume ad sich bildenden Dünste bestimmt. Brachte man zuerst die atmosphärische Luft und alsdann einige Tropfen Wasser, Weingeist u. s. w. in ad, so wurde Q durch die Luft anfänglich etwas niedergedrückt, aber die sich bildenden Dünste übten, bei dem Maximum der Expansivkraft, auf Q denselben Druck wie im luftleeren Raume ad aus. Hieraus folgt aber: daß das Maximum der Expansivkraft sich nicht verändert, mag der gesperrte Raum, worin die Verdunstung stattfindet, luftleer oder mit einer Luftart von beliebiger Dichtigkeit angefüllt sein. Wird z. B. in dem mit atmosphärischer Luft angefüllten, aber vollkommen gesperrten Raume das A in den dunstförmigen Zustand versetzt, so hört die Verdunstung nicht eher auf, bis die Expansivkraft der eingeschlossenen Luft um 3,5 englische Zolle gewachsen ist.

Anmerkung. Dalton hat aus seinen Versuchen eine Tabelle über das Maximum der Expansivkräfte des Wasserdunstes berechnet. Ein kleiner Theil dieser Tabelle ist in folgenden 5 Spalten dargestellt.

Temperatur nach dem 80theiligen Quecksilberthermometer. I.	Temperatur nach dem 30theiligen Luftthermometer. II.	Maximum der Expansivkraft des Wasserdunstes in engl. Zollen. III.	Verhältniß der Dichtigkeit des Dunstes. IV.	Größte Menge des Wassers in einem Preuß. Kubikfuß Luft, in Pr. Lothen. V.
0	80	0,200	0,0092	0,0115
8	83	0,375	0,0166	0,0193
16	86	0,676	0,0288	0,0346
24	89	1,21	0,050	0,0624
32	92	2,11	0,084	0,1049
40	95	3,50	0,135	0,1686
48	98	5,74	0,215	0,2684
56	101	9,02	0,327	0,4083
64	104	13,92	0,491	0,6130
72	107	20,77	0,712	0,8886
80	110	30,00	1,000	1,2485

Die in der Spalte II. stehenden Zahlen sind Grade eines beliebig angenommenen Luftthermometers, welches zwischen dem Aufthauungs- und Siedepunkte nur 30° enthält. Diese Zahlen haben die Bequemlichkeit, daß sie unmittelbar und in wenigen Ziffern die Expansivkraft K einer Luftportion ausdrücken, wenn K bei 0° = 80 gesetzt worden ist. Auch werden die in III. enthaltenen Expansivkräfte des Dunstes aus englischen Zollen in französische durch die Gleichung „12 engl. Zoll = 135,13 Par. Linien" verwandelt, u. s. w.

§. 729.

Aus vor. §. geht hervor: daß die **Verdunstung lediglich als eine Wirkung der W sich zeigt, und daß der Druck, welchen die aus Dünsten und Gasarten gebildeten Mischungen auf die Quecksilbersäule Q äußern, der Summe aller einzelnen Drucke entspricht.** Ist z. B. irgend eine Gasart G mit dem Dunste D vermischt, und sind die Drucke, welche G und D auf Q äußern, beziehlich α und β, so ist der Druck der Mischung $= \alpha + \beta$, u. s. w.

Eben so hat sich aus Dalton's und Gay-Lussac's Versuchen ergeben: **daß der Luftdruck zwar nicht das Maximum der Verdunstung V, wohl aber die Dauer derselben verändert, indem bei stärkerm Luftdrucke V langsamer als bei schwächerm erfolgt.**

Anmerkung. Dalton folgerte aus seinen Versuchen, daß zwischen Luft und Dunst, ja zwischen allen ausdehnsamen Flüssigkeiten, gar keine Verwandtschaft stattfände, und daß die eine für die andere so gut wie ein luftleerer Raum sich zeigte *). Dies ist jedoch nicht in aller Strenge richtig, weil (wie in diesem §. bereits angegeben wurde) das Maximum M der Verdunstung im lufterfüllten Raume sich langsamer als im luftleeren herstellt, und überdies M nur bei solchen Luftarten von gleicher Größe ist, welche eine schwache Verwandtschaft zum Wasser besitzen. Hieraus folgt aber: **daß die Entstehung des Dunstes eine reine Wirkung der W ist, daß aber seine Vermischung mit der Luft zu einer gleichförmigen Flüssigkeit als eine Wirkung der Verwandtschaft betrachtet werden muß.**

§. 730.

Eine Dunstportion P wird bei einer bestimmten Temperatur T durch Verminderung des auf sie wirkenden Luftdruckes L zu jedem Grade der Verdünnung, aber durch Vermehrung von L nur bis zum Maximum der Verdichtung gebracht, welches bei T stattfinden

*) Vergl. die in §. 468. vorkommende Note *).

kann. Befindet sich nun P weit unter dem Maximum, welches bei T möglich ist, so verhält sie sich sowohl bei Verminderung als auch bei nicht zu starker Vermehrung von L eben so, wie die Gasarten. Ist aber L so groß geworden, daß P die größte Dichtigkeit besitzt, welche bei T möglich ist, so wird ein Theil von P, durch die kleinste Vermehrung von L, in den tropfbar-flüssigen Zustand versetzt.

Ist z. B. T = 40° R, und befindet sich P in einem Raume, für welchen seine Expansivkraft nur **einen Zoll** beträgt, so läßt sich P durch Verminderung des Druckes oder Vergrößerung des Raumes in allen Verhältnissen wie eine Gasart verdünnen. Auch kann man P durch vermehrten Druck in einen kleinern Raum und zwar so lange zusammenpressen, bis sie durch vermehrte Dichtigkeit eine Expansivkraft von 3,5 englischen Zollen erlangt hat, welche als Maximum bei 40° R sich zeigt. Drückt man P noch mehr, etwa um die Hälfte ihres Volumens, zusammen, so wird die eine Hälfte von P in tropfbar-flüssiges Wasser übergehen, und die andere das Maximum 3,5 behalten. Hieraus folgt aber: daß **ein stetig fortwirkender und vermehrter Druck zuletzt allen Dunst in Wasser verwandelt.**

§. 731. Erklärung.

Wenn eine gesperrte Dunstportion P die größte Expansivkraft besitzt, welche der Temperatur T zukommt, so kann P durch Erhöhung von T jeden höhern Grad von Expansivkraft, und durch Erniedrigung von T jeden niedrigern annehmen, wenn man nur bedenkt, daß bei jeder Verminderung der Temperatur ein bestimmter Theil von P in den tropfbar-flüssigen Zustand übergeht. Ist z. B. der Raum R, bei 40° R, mit P im Maximum seiner Expansivkraft 3,5 gefüllt, und erkältet man R bis 24°, wo (nach Dalton's Versuchen) das Maximum der Expansivkraft 1,21 beträgt, so wird ein solcher Theil von P in den tropfbar-flüssigen Zustand versetzt, daß der noch übrige Dunst, durch seine Ausbreitung in R, die Expansivkraft 1,21 behält. Erkältet man also P stetig, so schreitet auch ihre Verwandlung in tropfbar-flüssiges Wasser stetig fort. Doch kann P niemals ganz in Wasser sich verwandeln, sondern es muß immer so viel davon übrig bleiben, als das Maximum bei jedweder Temperatur erfordert.

§. 732.

Obgleich die in §. 730 und 731. angegebenen Verdunstungen nur in luftleeren Räumen stattfinden, so geht dennoch aus der Anmerkung des §. 729. hervor, daß auch im lufterfüllten Raume dasselbe Maximum der Verdunstung, aber langsamer, sich ergiebt, und daß es also beinahe gleichgültig ist, ob über der verdunstenden Flüssigkeit leerer Raum oder atmosphärische Luft von beliebiger Dichtigkeit sich befindet.

§. 733.

Die in einem offenen Gefäße und in der freien Luft stattfindende Verdunstung V findet beinahe auf die in vor. §§. angegebene Weise und nur mit dem Unterschiede statt, daß der in jedem Augenblicke entstehende Dunst D sich sogleich in den offenen Luftkreis verbreitet und also V gewöhnlich so lange fortdauert, bis alle tropfbare Flüssigkeit verdunstet ist. In der Kälte erfolgt jedoch V mit einer kleinen Expansivkraft und also langsamer; auch kommt V im Freien nur dann zum Stillstande, wenn sich weit umher im Luftkreise schon so viel D befindet, als bei der vorhandenen Temperatur möglich ist*).

§. 734.

Da im Freien das Maximum der V ebenfalls von der Temperatur abhängt, letztere aber nicht überall und auch nicht über demselben Orte der Erdoberfläche von gleicher Größe ist, so folgt: daß die Atmosphäre nicht überall und auch über demselben Orte der Erdoberfläche nicht immer gleich viel mit Dünsten beladen sein kann.

Eben so ergiebt sich: daß die Größe der Oberfläche O der verdunstenden Flüssigkeit und die Bewegung der Luft L einen wichtigen Einfluß auf V ausüben. Je größer nämlich O ist, an desto mehr Theilen bilden sich Dünste, wie man dies sehr deutlich beim Wasser bemerkt, das aus einem porösen

*) Dies findet z. B. während eines Regens und kurz vor oder nach demselben statt.

und sandigen Boden verdunstet. Die Bewegung der L befördert V ebenfalls, weil hierdurch die über O liegenden Dunstschichten beständig weggeführt werden und also immer neue Dünste entstehen können.

§. 735.

Die Menge der in freier Luft stattfindenden V wird durch einen Apparat ermittelt, welchen man den Verdunstungsmesser nennt. Er besteht aus dem Gefäße G, das einen tropfbar-flüssigen Körper, z. B. das Wasser A, enthält, und ist mit einer Scale versehen, welche die Verminderung des A, durch stattfindende V, entweder dem Raume oder dem Gewichte nach angiebt. Um genaue Resultate zu erhalten, wird G in eine größere Sammlung ruhigen Wassers und zwar so tief getaucht, daß die innern und äußern Wasseroberflächen in derselben horizontalen Ebene sich befinden. Auch darf in G weder Regen- noch Schneewasser u. s. w. kommen; und es wird deshalb in einiger Entfernung über letzterm ein kleines Dach angebracht, welches, um den Luftwechsel nicht zu hindern, auf etlichen messingenen Stänglein ruht, und aus Glas verfertigt ist, damit die Wirkung des Sonnenlichtes nicht verhindert wird.

§. 736.

Wenn der Dunst im Freien, entweder durch Druck oder Abkühlung, tropfbar-flüssig zu werden anfängt, so erscheint er zuerst in der Gestalt kleiner Bläschen B, oder unbestimmbar kleiner Wasserkügelchen, die in der bewegten Luft L theils ihrer Leichtigkeit wegen und theils dadurch, daß sie Trennungen in L bewirken, schwebend erhalten werden. Vermehren sich dagegen diese B, so verhindern sie die Durchsichtigkeit der L und erscheinen in den untern Gegenden der Atmosphäre als Nebel und in den höhern als Wolken, u. s. w. Und ist endlich L mit diesen B so überladen, daß sie zusammenfließen, so ergießen sie sich als Regen.

§. 737.

Aus vor. §§. ergiebt sich zur Genüge, daß die im siebenten Kapitel für ausdehnsame Flüssigkeiten entwickelten Gesetze auch für die Dünste *) gelten, wenn man nur bedenkt, daß der Dunst D bei jedweder Temperatur T eine bestimmte Grenze der Verdichtung hat, welche zugleich die zwischen dem ausdehnsam- und tropfbar-flüssigen Zustande ist. Je niedriger also T sich zeigt, durch einen desto geringern Druck wird D in die für diese Temperatur größte Dichtigkeit gebracht.

§. 738.

Aus vorigen Abtheilungen geht hervor: daß W ein abstoßendes Princip besitzt, welches zwischen allen materiellen Theilen seine Wirkungen äußert und die Volumen der Körper vergrößert. Diese abstoßende Eigenschaft der W wird noch durch folgende Versuche bestätigt:

1) Bringt man einen Wassertropfen X auf eine metallene Platte oder Schale P, und erhitzt diese bis zum Siedepunkte des Wassers A oder etwas darüber, so geht X, an P adhärirend, schnell in den dampfförmigen Zustand über.

Erhitzt man 2) P bis zum Rothglühen, so verliert X alle Adhäsion zum Metalle, und bildet eine Kugel, die gewöhnlich eine drehende Bewegung annimmt und mit P gar nicht in Berührung zu sein scheint. Auch erfolgt die Verdampfung des X viel langsamer, als wenn man P blos bis zur Siedhitze des A erhitzt.

3) Läßt man auf P, während dieselbe im Glühen sich befindet, allmählig und unter beständiger Erhitzung Wassertropfen fallen, so kann man es dahin bringen, daß eine Wasserkugel K von der Größe einer Wallnuß entsteht, welche die in Nr. 2 angegebenen Erscheinungen zeigt. — Senkt man ein Thermometer in K, so giebt dasselbe an, daß die Temperatur dieser Kugel die Siedhitze nicht übersteigt, obgleich unmittelbar über K 105° bis 118° R vorhanden ist. Bringt man, während diese Erscheinung stattfindet, die erwärmende Ursache weg, so tritt, wenn P nur noch 85° bis 83° W besitzt, wieder Adhäsion zwischen dem Metalle und dem A ein, und X geht auseinander.

Anmerkung 1. Man wird leicht einsehen, daß aus den hier aufgestellten Versuchen die zu Anfang dieses §. gegebene Behauptung zur Genüge sich ergiebt.

*) Oder für die Dämpfe (vergl. §. 723.).

Daß aber in (Nr. 2) X langsamer als in (1) verdampft, hat wahrscheinlich darin seinen Grund, daß die aus den rothglühenden Metallen hervorgehenden Wärmestrahlen X zu schnell durchgehen und also äußerst wenig zu seiner Erwärmung beitragen. Die drehende Bewegung des X rührt wohl daher, daß die Dämpfe aus X nicht von allen Seiten mit gleicher Stärke strömen, indem wegen zufälliger Rauhigkeit des Metalls (wodurch es an einer Stelle mehr W als an der andern ausstrahlt) X nicht an allen Stellen dieselbe W erhält.

Anmerkung 2. Aus der abstoßenden Eigenschaft der W werden nachfolgende Erscheinungen erklärt:

a) Wenn man das eine Ende des Metallfadens f erhitzt und auf das andere den X schwebend anbringt, so entfernt sich letzterer stets von der Wärmequelle, wenn auch f eine merkliche Neigung erhält.

b) Wirft man den aus einem flüchtigen oder fetten Oele bestehenden Tropfen auf das in einem ganz reinen Gefäße befindliche A, so breitet er sich zu einem dünnen, und in der Regel farbespielenden, Häutchen aus, u. s. w.

Achte Abtheilung.

Von dem Hygrometer.

§. 739.

Die Wassermenge, welche in der atmosphärischen Luft L oder in einer andern ausdehnsamen Flüssigkeit F im dunst- oder dampfförmigen Zustande sich befindet, oder, was dasselbe ist, der Wassergehalt der L oder F, wird durch Instrumente ermittelt, welche man Hygrometer oder Feuchtigkeitsmesser (auch Hygroscope oder Feuchtigkeitszeiger) nennt.

Es giebt keinen Körper, welcher nicht einige Verwandtschaft zum Wasser A besitzt. Diejenigen Materien, welche aber A besonders stark anziehen, werden hygrometrische Substanzen oder Körper (auch hygroscopische Substanzen oder Körper) genannt. Hierzu rechnet man hauptsächlich die aus der organischen Natur herrührenden trockenen Stoffe, z. B. trockenes Holz, trockene Pflanzenfasern, Granen der Gräser, Papier, getrocknete Haut, Leder, Pergament, Seide, Darmsaiten, Knochen, Fischbein u. s. w. Man findet auch viele unorganische Stoffe, welche als hygrometrische Körper erscheinen. Hierzu gehören hauptsächlich: Thonschiefer, viele geglühte Salze (besonders Pottasche), salzsaure Kalkerde, mehrere tropfbare Flüssigkeiten, z. B. Weingeist, concentrirte Schwefelsäure u. s. w. Selbst das Glas und die meisten Metalle gehören hierher, obgleich A am erstern nur äußerlich adhärirt und nicht in sein Inneres dringt.

§. 740.

L heißt feucht, wenn für die jedesmal stattfindende Temperatur das Maximum der Verdunstung vorhanden ist, und die Dünste aus irgend einer Ursache sich zu zersetzen anfangen. Hat aber in diesem Falle die hygrometrische Substanz S das A an ihrer Oberfläche und in ihren Poren aufgenommen, so hält sie dasselbe, vermöge ihrer Anziehung, mit größerer oder kleinerer Stärke fest. Die W (und das Bestreben des A, im ausdehnsam-flüssigen Zustande zu erscheinen) sucht aber jetzt A in Dunst zu verwandeln, und es entweicht dieserhalb, bei erhöhter Temperatur T, ein Theil von A aus S. Dasselbe findet auch statt, wenn bei Luftströmungen eine Luftschichte mit S in Berührung kommt, welche entweder dieselbe oder eine tiefere T als die früher mit ihr in Berührung stehende besitzt, aber für ihre T weniger Dünste als letztere enthält. Das Wasser, welches aus S verdunsten oder aus dem Dunste sich an S ansetzen soll, wird also immer von zwei entgegengesetzten Kräften getrieben Sind beide einander gleich, so ist der Feuchtigkeitszustand von S ein bleibender, d. h. es ist ein Punkt eingetreten, wo S weder A giebt noch empfängt. In diesem Falle sagt man aber: „Der Körper S ist im Zustande des hygrometrischen (oder hygroscopischen) Gleichgewichts befindlich."

§. 741.

Viele hygrometrische Körper erleiden sicht- und meßbare Veränderungen durch das A, welches sie in sich aufnehmen. So dehnt z. B. A das Fischbein und die Knochen nur wenig in die Länge (d. h. in die Richtung ihrer Fasern), aber sehr merklich in die Breite aus. Getrocknete Haut, Pergament, Haare u. s. w. vergrößern sich durch A in allen Richtungen, und die gedrehten Darmsaiten werden hierdurch etwas länger, indem sie aufschwellen und sich aufdrehen. Eben so verlängern sich die Haare, und die Granen winden sich auf; auch nehmen mehrere hygrometrische Körper (z. B. die hygroscopischen Salze und Flüssigkeiten) an Gewicht zu oder ab, je nachdem sie A annehmen oder absetzen.

Anmerkung. Aus den in diesem §. angegebenen Eigenschaften mehrerer hygrometrischer Substanzen (z. B. der Granen u. s. w.), durch die Feuchtigkeit sich mehr oder weniger auszudehnen, wird man in den Stand gesetzt, kleine Figuren zu construiren, welche durch ihre Bewegungen Trockenheit und Regen anzeigen; auch werden auf diese Weise mehrere Spielzeuge construirt.

§. 742.

Das erste Hygrometer mit wissenschaftlicher Einrichtung wurde (um 1769) von Lambert construirt. Saussûre*) und Delûc gaben (um 1784 und 1775) ihren Instrumenten zuerst bestimmte Scalen, und Daniell verfertigte ein sehr genaues Hygrometer, welches auf der neuern Theorie der Verdunstung beruht. Das Lambert'sche Hygrometer ist jetzt völlig unbrauchbar und wird dieserhalb nicht weiter erwähnt. Von dem Saussûr'schen, Delûc'schen und Daniell'schen Hygrometer wird aber in den folgenden §§. dieser Abtheilung gesprochen.

§. 743.

Das Saussûr'sche Hygrometer S ist in Fig. 22. dargestellt. Es bezeichnet nämlich darin abcd einen eisernen Rahmen, woran die Zange ef befestigt ist; und qh ein 6 bis 8 Zoll langes, blondes, nicht krauses und fettes Menschenhaar, das durch ef festgehalten wird und an seinem untern Ende h mit der Rolle R in Verbindung steht. An letzterer befindet sich der Zeiger kl und ein Faden, der das einige Gran schwere Gewichtchen P trägt; und an cd ist die kreisförmige Scale mn angebracht.

Anmerkung. Man wird leicht einsehen, daß qh sich ein wenig verlängert und P etwas herabsinkt, wenn S aus trockener Luft in feuchte kommt, und daß das Gegentheil geschieht, sobald man S aus feuchter in trockene Luft versetzt.

§. 744.

Es sollen die Punkte der größten Feuchtigkeit und Trockniß für das Saussûr'sche Hygrometer S ermittelt werden?

Auflösung. Man stelle eine Glasglocke G, deren Wände mit Wasser gehörig befeuchtet sind, über einen mit derselben Flüssigkeit

*) Geb. 1740; gest. 1799.

gefüllten Teller, und warte so lange, bis kl (Fig. 22.) an irgend einem Punkte m der Scale mn stehen bleibt. Dieser Punkt wird durch 0 *) bezeichnet und der Punkt der größten Feuchtigkeit genannt. Nun bringe man S unter eine trockene G, welche über einem stark erhitzten Bleche steht, auf dem sich wohldurchglühte Pottasche oder ein anderes stark austrocknendes Salz befindet, und warte so lange, bis der in Bewegung gesetzte Zeiger kl an irgend einem Punkte, etwa an n, stehen bleibt. Letzteren bezeichnet man durch 100 und nennt ihn den Punkt der größten Trockniß. Auch wird mn in 100 gleiche Theile getheilt und jeder dieser Theile ein Hygrometergrad oder kurzweg ein Grad genannt.

Anmerkung 1. Um n zu ermitteln, kann man auch S unter eine G bringen, worin seit einigen Tagen austrocknende Substanzen eingeschlossen waren. Auch kann S noch einige Zeit hindurch über diesen Substanzen in G stehen bleiben, u. s. w.

Anmerkung 2. Das Haar qh wird entweder in einer siedenden schwachen Kali-Lauge oder in siedendem Wasser, worin Glaubersalz aufgelöst worden ist, von Fettigkeiten gereinigt.

Anmerkung 3. Die in diesem §. ermittelten Punkte m und n bleiben stets dieselben, mögen sie bei hoher oder niedriger Temperatur bestimmt worden sein. Denn in dem von G umschlossenen Raume ist bei jedweder Temperatur das Maximum der Verdunstung vorhanden, weil es an verdunstbarem Wasser nicht fehlt; und eben so wird bei jedem Wärmegrade der in G befindliche Dunst durch die darin enthaltenen wasseranziehenden Salze auf denselben Grad von dem Maximum der Verdunstung herabgebracht. Auch ist die Masse von qh äußerst unbedeutend, und es bringt deshalb S keine Aenderung in dem hygrometrischen Zustande der eingeschlossenen Luft hervor.

§. 745.

Das Deluc'sche Fischbeinhygrometer D ist auf ähnliche Weise wie das Saussure'sche S construirt. Die hygrometrische Substanz bei D ist nämlich ein sehr dünnes Streifchen von Fischbein, welches nach der Breite ausgeschnitten ist und eine Länge von 3—4 Zollen besitzt. Das eine Ende desselben ist in ein Zänglein festgeklemmt, und das andere mit einem feinen Drahte und dieser mit dem Umfange einer kleinen Rolle in Verbindung gesetzt. Das eben erwähnte Streifchen ist entweder durch eine elastische Feder oder durch ein Gegengewichtchen angespannt, und der Punkt der größten Feuchtigkeit wird dadurch ermittelt, daß man D in destillirtes Wasser bringt. Auch ergiebt sich der Punkt der größten Trockniß dadurch, daß man D einige Zeit lang in einen mit etwas gebranntem Kalke versehenen Behälter stellt.

*) Null.

Anmerkung 1. Die Anzeigen des S und D sind bestimmter als die der frühern Hygrometer, und beide Instrumente (wenn sie nämlich sorgfältig gearbeitet sind) stimmen in ihrem Gange im Allgemeinen ziemlich mit einander überein, weichen jedoch in den mittlern Graden sehr merklich von einander ab. — D scheint aber einen Vorzug vor S zu haben, weil es 1) eine bequeme äußere Einrichtung besitzt, 2) eine genauere Bestimmung des Punktes der größten Feuchtigkeit zuläßt, und 3) einen gleichförmigen Gang mit letzterer zu haben scheint. In beiden Instrumenten zeigt jedoch die Verlängerung des Fadens F nur an, daß er das Wasser A aus der Luft L in sich aufnehme; die Verkürzung desselben, daß er A an L abtrete, und der Stillstand des F, daß er im hygrometrischen Gleichgewichte sich befinde. Die Stellung des Zeigers auf dem Gradbogen hängt also nur von der Quantität des A ab, welches F enthält; diese ist aber keineswegs der Quantität des A verhältnißmäßig, welche die umgebende Luft besitzt, weil sonst in S und D ein völlig übereinstimmender Gang stattfinden müßte. Und da noch außerdem die Länge der hygrometrischen Substanz nicht blos durch die Feuchtigkeit, sondern auch durch W eine Veränderung erfährt, so folgt: daß der Wassergehalt der L durch S und D nicht mit Sicherheit ermittelt werden kann, und daß man (in Ermangelung besserer Instrumente) bei dieser Bestimmung den Barometer- und Thermometerstand zugleich berücksichtigen muß.

Anmerkung 2. Da die in S und D vorkommenden hygrometrischen Substanzen organischen Ursprungs sind, und also (wie alle von lebenden organischen Körpern getrennte Theile) nach und nach durch L, W und Feuchtigkeit in ihren Mischungen, Beschaffenheiten und also auch in ihren hygroscopischen Eigenschaften sich verändern, so folgt, daß jedes noch so sorgfältig gearbeitete Instrument nach einiger Zeit einen andern Gang bekommt und also unbrauchbar wird.

§. 746.

Die austrocknenden Salze liefern ein chemisches Mittel, den Wassergehalt irgend einer Luftportion zu bestimmen. Bringt man nämlich eine bekannte Quantität Q derselben mit einer hinlänglichen Menge M scharf geglühter Pottasche, salzsaurer Kalkerde oder concentrirter Schwefelsäure in Verbindung, so zieht M nach und nach, wo nicht alles, doch den größten Theil des A an sich. Bestimmt man nun die Gewichtszunahme von M und die Abnahme des Volumens von Q, so ergiebt sich der Wassergehalt der Q.

§. 747.

Dalton bestimmte den Wassergehalt der Luft L auf folgende Weise. Er nahm ein etwas langes und dünnes Cylinderglas G, worin ein Thermometer T befindlich war, und füllte G mit Wasser A oder einer andern tropfbaren Flüssigkeit, welche nur viel kälter als die zu untersuchende L sein mußte und wozu manchmal eine erkältende Mischung nothwendig war. Brachte er jetzt G in die zu untersuchende L, so beschlug dasselbe, wenn nämlich sein Inhalt eine hinreichende Kälte besaß. In diesem Falle ließ Dalton G so lange stehen und sich erwärmen, bis der Beschlag wieder verschwand, und beobachtete alsdann den Grad, welchen T anzeigte. — Wurde nun derselbe mit der in §. 728. angegebenen Verdunstungstabelle verglichen, so gaben die daselbst befindlichen Spalten den Zustand des Dunstes D in der zu untersuchenden L mit hinreichender Genauigkeit an. Verschwand z. B. der Beschlag bei 8° R, so hatte D eine Expansivkraft von 0,375 englischen Zollen; auch betrug seine Dichtigkeit in Vergleich mit dem D des kochenden A 0,0166; und in einem Kubikfuß L waren ohngefähr 0,0193 Pr. Loth A befindlich, u. s. w.

Anmerkung. Das in diesem §. angegebene Verfahren beruht auf folgender Betrachtung:

Enthält z. B. die zu untersuchende L eine Temperatur von 16° R, so finden in Bezug auf den D, welchen sie besitzt, drei Fälle statt: indem er sich nämlich im Zustande der größten Dichtigkeit oder unter oder über demselben befindet.

Im erstern Falle wird jeder in L gebrachte kältere hygrometrische Körper beschlagen, weil die ihn umgebende L sich abkühlt und darin nicht aller vorhandene D ausdehnsam-flüssig bleiben kann. Es kehrt also ein Theil des D in den tropfbar-flüssigen Zustand zurück und legt sich als sichtbare Feuchtigkeit an G. Dieser Beschlag fängt nicht eher zu verschwinden an, bis der Inhalt des G dieselbe W wie die umgebende L besitzt; und es liefert deshalb die in §. 728. erwähnte Verdunstungstabelle den Dunstgehalt der L unmittelbar.

Im zweiten Falle, wo nämlich L übersättigt ist und also außer D noch tropfbar-flüssiges A enthält, verschwindet der Beschlag nicht, wenn auch das Gleichgewicht der Temperatur schon eingetreten ist.

Im dritten Falle, wo bei der Temperatur 16° R D nur so viel A enthält, als das Maximum bei 8° beträgt, wird eine in G befindliche hygrometrische Substanz, die kälter als 16° und wärmer als 8° ist, gar nicht beschlagen. Erkältet man aber den Inhalt des G dergestalt, daß er unter 8° sich befindet, so kann die das Glas umgebende L, sobald sie unter 8° erkältet ist, nicht mehr allen D aufgelöst enthalten. Ein Theil desselben setzt sich also an G ab, und verschwindet nicht eher, bis der Inhalt des G und die umgebende L sich wieder bis 8° erwärmt haben. Die in §. 728. erwähnte Verdunstungstabelle giebt also auch hier den Zustand des D mit hinreichender Genauigkeit an.

§. 748.

Das Daniell'sche Hygrometer (Fig. 23.) besteht aus der zweimal rechtwinklich gebogenen Röhre abcm, woran die beiden

Kugeln a und m befindlich sind, und aus dem Gestelle ikn, worauf abcm befestigt ist. In ab befindet sich das Thermometer gh dergestalt, daß seine Kugel h ziemlich genau in der Mitte von a steht; und an dem Gestelle ikn ist ein zweites Thermometer ef angebracht. Die äußere Oberfläche von a wird in der Mitte mit einem Gürtel von ächtem Schaumgolde ohngefähr in horizontaler Lage umzogen. Dieser Gürtel ist 0,3 bis 0,4 Zoll breit, wenn der Durchmesser von a ohngefähr 1 Zoll beträgt. Auch muß das Gold genau und bis zur Spiegelung polirt sein, damit auch der zarteste Dunstbeschlag darauf bemerkbar ist. Die Kugel m ist anfänglich unten in eine feine und offene Spitze ausgezogen, wodurch man a beinahe ganz mit dem Schwefeläther S füllt. Erhitzt man aber nun a dergestalt, daß durch die beschleunigte Verdunstung nur noch die Hälfte von S in a übrig bleibt und h sich ohngefähr zur Hälfte in S taucht, so treibt der Dunst des S, während der Verdunstung, alle Luft durch die an d befindliche Spitze aus abcm, und wird jetzt m augenblicklich zugeschmolzen, so ist abcm als ein völlig luftleerer Raum zu betrachten. Auch ist m mit einem Stücke Mousselin überzogen, welches über dieser Kugel befestigt ist.

Anmerkung. Da die an gh und ef befindlichen Grade nicht zu klein sein dürfen, so brauchen die ihnen zugehörigen Scalen nicht bis zum Siedepunkte des Wassers zu reichen. Sie werden gewöhnlich nach Fahrenheit von 0° bis 100° und nach Reaumür von — 15° bis + 30° construirt.

§. 749.

Der Gebrauch des Daniell'schen Hygrometers wird am Beßten durch folgendes Beispiel erläutert.

Soll man den Wassergehalt der Luft L in einem Zimmer untersuchen, wo das Thermometer ef gerade 16° R zeigt, so sieht man zuerst, ob sich in m etwas Aether befindet. Eine kleine Quantität desselben schadet nichts; eine größere wird aber aus m durch zweckmäßige Umkehrung des Instrumentes gebracht. Nun gieße man auf den an m befindlichen Mousselin etwas Aether, und suche dessen Verdunstung durch Anfachung u. s. w. zu vermehren. Hierdurch entsteht aber im Innern von abcm Kälte, das in gh befindliche Quecksilber Q sinkt etwas herab und kommt durch fortgesetztes Aufgießen des Aethers immer tiefer zu stehen. Während Q sinkt, muß man aber den a umgebenden Gürtel betrachten, und in dem Augenblicke, wo sich die ersten Spuren des Wasserbeschlages Z daran zeigen, genau bemerken, welchen Grad gh zeigt. Jetzt hört man mit der Abkühlung von m auf, und fährt fort den Gürtel und gh zu beobachten. Das Quecksilber Q sinkt gewöhnlich noch etwas, und Z nimmt noch ein wenig zu. Nun steigt aber Q wieder, und Z verschwindet nach einiger Zeit und in einem genau zu ermittelnden Augenblicke gänzlich von a. Ist die Untersuchung mit Genauigkeit und Vorsicht geschehen, so verschwindet Z bei derselben Temperatur, wobei er entstanden war. Ist dies aber nicht der Fall, so wiederhole man den Versuch, und nehme aus den beiden gefundenen Temperaturen das Mittel. Hat man nun auf die eine oder auf die andere Weise 8° R gefunden, so ist so viel Dunst D in L, als darin bei 8° R im Maximum bestehen kann, welches die in §. 728. erwähnte Tabelle angiebt.

Anmerkung 1. Da die ersten und letzten Spuren des Z sich jederzeit da zeigen, wo im Innern von a die Oberfläche der tropfbaren Flüssigkeit befindlich ist, so muß man diese Stelle während des Versuches hauptsächlich im Auge behalten. Auch darf man a keinem merklichen Luftzuge aussetzen, weil derselbe den leichten Beschlag an dieser Kugel verweht, und eben so wenig durch die Temperatur des eigenen Körpers die der L und der Kugel erhöhen. Beide Uebelstände werden aber dadurch vermieden, daß man a mit dem Schenkel ab in den innern Raum eines geräumigen Glases bringt, durch welches die feinen Thermometergrade mit hinreichender Deutlichkeit noch erkennbar sein müssen.

Anmerkung 2. Vergleicht man die in diesem §. angegebene Beobachtung mit der in §. 728. erwähnten Verdunstungstabelle, so zeigt letztere die Größe der Expansivkraft des in L vorhandenen D, oder die Größe des Druckes an, welchen D auf das im Barometer befindliche Quecksilber äußert. Und vergleicht man diesen Druck mit dem dermaligen Barometerstande, so ergiebt sich, welcher Theil desselben auf Rechnung der L und welcher auf Rechnung des Wasserdunstes gesetzt werden muß. Denn zeigt z. B. das Daniell'sche Hygrometer an, es sei so viel D in L, als bei einer Temperatur von 8° R im Maximum bestehen kann, so findet man, durch die Verdunstungstabelle, die Expansivkraft desselben = 0,375 engl. Zollen = 0,351 Pariser Zollen = 4,212 Pariser Linien; und ist nun der zeitige Barometerstand = 338,6 Pariser Linien, so werden 4,2 Linien auf Rechnung des D und 334,4 Linien auf Rechnung der L gesetzt, u. s. w.

§. 750.

Bringt man ein Hygrometer allmählig in die verschiedenen Schichten der Atmosphäre A, so zeigt es in den höhern Regionen eine größere Trockniß der L als in den niedrigern an; und erreicht man eine sehr große Höhe in A, so wird diese Trockniß so bedeutend, daß sie Holz, Pergament und alle Körper, welche die geringste Spur von Feuchtigkeit enthalten, verdreht und verunstaltet. Da aber nach §. 691. die Temperatur in den höhern Schichten der A niedriger als in den tiefern ist, so folgt: daß die Dunstportion, welche ein Raum in einer sehr hohen Region zu fassen vermag, äußerst gering sein muß.

Neunte Abtheilung.

Von der Verbrennung, und von der Bildung der Gasarten.

§. 751.

Die Gasarten sind nach §. 713. aus der wägbaren Grundlage oder Basis und dem Wärmestoffe zusammengesetzt. So besteht z. B. (dieser Ansicht zufolge) das Sauerstoffgas aus Sauerstoff und Wärmestoff, und das Wasserstoffgas aus Wasserstoff und Wärmestoff, u. s. w. Auch die Verbrennung der Körper wurde in der 3ten Anmerkung des §. 44. erklärt.

§. 752.

Die Erfahrung hat gezeigt, daß zur Verbrennung V eines Körpers K die atmosphärische Luft L und eine erhöhte Temperatur gehöre, und daß V desto lebhafter vor sich gehe, je besser L den brennenden K berührt und je höher die Temperatur des letztern sich zeigt. Genauere Versuche haben jedoch Folgendes gelehrt:

1) Bei der V des K wird ein Theil der L verzehrt; auch erleidet L einen Verlust an ihrem Gewichte, sobald V in einem abgeschlossenen Raume erfolgt.

2) Der verbrannte K hat so viel an Gewicht zugenommen, als der in Nr. 1 angegebene Verlust beträgt.

3) Mehrere Körper werden durch V in Säuren *) verwandelt. So geht z. B. auf diese Weise aus Schwefel die Schwefelsäure, und aus Phosphor **) die Phosphorsäure hervor.

4) Findet V in einem abgeschlossenen Raume statt und ist darin genug verbrennlichen Stoffes vorhanden, so verbrennt letzterer nicht ganz, sondern er verlischt, d. h. er hört zu brennen auf. Dies ist aber ein Zeichen, daß der übrig gebliebene Antheil der L nicht hinreicht, die V des in Rede stehenden K zu unterhalten.

Anmerkung 1. Man bemerke, daß die Wärmegrade, wobei verschiedene Körper sich entzünden, ebenfalls sehr verschieden sind. So ist z. B. bei manchen Materien, wie beim P, schon die durch Reibung entstehende Temperaturerhöhung zur Entzündung hinreichend, und bei andern, z. B. beim Diamanten, Quarz u. s. w., eine ausnehmend hohe Temperatur hierzu erforderlich. Auch bedient man sich des Schwefels zum Feueranzünden, weil dieser Körper sich schon bei niedriger Temperatur entzündet.

Anmerkung 2. In Bezug auf Nr. 1 und 2 dieses §. ist noch Folgendes zu bemerken:

Wenn man in einem abgeschlossenen Raume 1 Gran P in 12 Kubikzollen Luft verbrennt, so vermindert sich das Volumen der letztern um 3 Kubikzolle und ihr Gewicht um 3 halbe Grane. Dagegen verwandelt sich 1 Gran P durch's Verbrennen im abgeschlossenen Raume zu einem Produkte, welches sich wie ein weißes Salz darstellt, und, sorgfältig gesammelt, 2½ Gran, oder 3 halbe Grane mehr als der verbrannte P wiegt.

---

*) Die Säuren sind nämlich verbrannte Materien von meist saurem Geschmacke, welche die blaue Farbe gewisser Pflanzenpigmente oder Pflanzenfärbestoffe in rothe verwandeln, u. s. w.

**) Der Phosphor P ist gelblich weiß, durchscheinend, in der Kälte spröde und bei der mittlern Temperatur der Luft biegsam wie Wachs. Er verdampft in allen Gasen und diese leuchten in Berührung mit Sauerstoffgas. An der Luft bilden sich weiße, nach Knoblauch riechende Dämpfe von phosphoriger Säure, welche im Dunkeln leuchten, u. s. w. Früher bereitete man P allein aus dem Harnsalze, vermischte dasselbe mit salzsaurem Blei und Kohlenpulver, und destillirte das Gemisch. Jetzt gebraucht man aber zur Bildung des P die aus den Knochen bereitete, unreine, Kalk enthaltende Phosphorsäure. Man vermischt nämlich 3 Theile geschmolzene Phosphorsäure mit 1 Theil Holzkohle, und destillirt das Gemisch in einer irdenen Retorte, u. s. w. Der so gewonnene P wird nachher unter heißem Wasser geschmolzen, durch Sämischleder gepreßt, um ihn vom anhängenden Kohlenstoffe zu reinigen, und vermittelst Glasröhren in Stängelform gebracht.

§. 753.

Aus vor. §. ergiebt sich:

1) L hat einen Bestandtheil, welcher die V der Körper bewirkt. Dieser Bestandtheil ist das Sauerstoffgas S, von dessen Bereitung in §. 761. die Rede sein wird. Auch enthält L noch einen andern Bestandtheil, welcher nicht zur Unterhaltung der V dient. Dieser andere Bestandtheil ist das Stickgas, dessen Bereitung in §. 762. angegeben werden soll. Durch ein genaues Verfahren beim Verbrennen des Phosphors in L und durch andere Mittel hat man aber gefunden, daß L aus 21 Raumtheilen Sauerstoffgas und 78,999 Raumtheilen Stickgas u. s. w. besteht. (Vergl. §. 412.)

2) Die V des K ist nichts Anderes als die Verbindung des S mit der verbrennlichen Substanz, d. h. mit einer Substanz, welche bei hinreichend hoher Temperatur eine stärkere Verwandtschaft zu S als letzterer zum Wärmestoffe besitzt. Aus diesem Grunde vergrößert sich das Gewicht des verbrannten Körpers, während das der L sich vermindert.

3) Sobald der eine Bestandtheil des S mit dem brennbaren Stoffe sich verbindet, wird der andere Bestandtheil, d. h. der Wärmestoff, frei und wirkt als Wärme und Licht.

Anmerkung 1. Aus Nr. 1 und 2 dieses §. geht hervor: daß die Lebhaftigkeit des Feuers durch's Anblasen sich vergrößert, weil hierdurch ein Strom frischer L dem brennenden K zugeführt und die ihn früher umgebende L mit Schnelligkeit davon entfernt werden kann. Eben so ergiebt sich: daß, sobald eine hinreichende Menge des verbrennlichen K in einem mit S gefüllten, aber völlig abgeschlossenen Raume sich befindet, diese Luftart gänzlich verschwinden oder verzehrt werden muß, u. s. w.

Anmerkung 2. Man bemerke, daß es beim Oxydiren (oder Verkalken) O irgend eines Metalles M *) auf eine ähnliche Weise wie bei V zugeht, daß aber bei ersterem Licht und Wärme weder sicht- noch fühlbar sich entbinden.

So geschieht z. B. 1) O nur beim Zutritte der L, und zwar desto schneller, je mehr S darin vorhanden ist.

---

*) Vergl. §. 44. Anm. 5.

Eben so kann 2) in einem abgeschlossenen Luftraume nur eine gewisse Quantität von M oxydiren, und L wird dadurch ihres S beraubt. 3) Verliert L, worin M verkalkt, an Gewicht und an Volumen. Und 4) gewinnt das oxydirte M eben so viel, als L verliert, u. s. w.

§. 754.

In Bezug auf die V des K bemerke man noch Folgendes:

1) V geschieht gewöhnlich in L oder im S; doch giebt es auch Fälle, wo sie ohne L vor sich geht, wenn man nämlich den brennbaren K mit Materien vermengt, welche S enthalten und ihn fahren lassen. So entzündet sich z. B. das Schießpulver in einem abgeschlossenen Raume durch und durch, indem hier S aus dem Salpeter sich entwickelt. Auch giebt es noch andere Stoffe, welche auf ähnliche Weise wie S wirken. Hierher gehören z. B. die Chlorine, die Jodine *) u. s. w.

2) Die Körper brennen entweder mit oder ohne Flamme. Das Erstere findet bei denjenigen Materien statt, welche flüchtige Bestandtheile enthalten, indem die Flamme F entweder als brennender Dampf oder als brennendes Gas sich zeigt. Sie bildet einen Kegel, weil die flüchtigen Materien von Außen nach Innen theils verbrannt und theils abgekühlt werden, und daher die aufsteigende Dampf- oder Gassäule immer dünner werden und endlich in eine Spitze auslaufen muß.

3) Manche Körper verflüchtigen sich gänzlich durch V; andere dagegen lassen Theile zurück, welche man die Asche nennt. Die Ueberbleibsel sind entweder ungebrannte Theile, oder wirkliche Produkte der V.

4) Diejenige tropfbare Flüssigkeit, welche zu V eine bedeutende Hitze gebraucht, verbrennt gewöhnlich nur mittelst eines Dochtes, indem letzterer jedesmal eine kleine Quantität der F zuführt, welche den nöthigen Hitzgrad leichter als eine größere annehmen kann.

5) Bei V entwickeln sich aus mehreren Körpern eine Menge ausdehnsamer Flüssigkeiten, welche durch die dabei frei werdende W öfters eine bedeutende Ausdehnung erleiden. Geschieht diese Entwickelung mit hinreichender Schnelligkeit

---

*) Von diesen beiden Stoffen wird in §. 770. und 771. ausführlich gesprochen.

und ist ein Hinderniß der Raumeserweiterung vorhanden, so entsteht eine Explosion, welche bei der Entzündung des eingeschlossenen Schießpulvers besonders bemerkbar ist.

Anmerkung. Es giebt Körper, welche in geringer Hitze blos verglimmen, während sie in größerer mit einer Flamme verbrennen, weil die erstere zur Verflüchtigung der verbrennlichen Substanz nicht hinreichend ist. Auch kann V, wegen zu niedriger Temperatur, so schwach sein und so langsam erfolgen, daß sich dabei manchmal im Dunkeln nur ein bloßes Leuchten, und auch manchmal das letztere nicht einmal zeigt. So ist z. B. (nach der im vor. §. gegebenen 2ten Anmerkung) das Oxydiren der Metalle in mäßiger V eine solche Verbrennung, indem dabei auch nicht einmal im Dunkeln etwas Licht wahrgenommen wird, obgleich es bei größerer Hitze in eine bemerkbare V übergeht.

§. 755.

Die Flamme F der zusammengesetzten Körper aus den organischen Reichen, welche wir gewöhnlich zur Beleuchtung und Erhitzung gebrauchen, ist größtentheils kohlenstoffhaltiges Wasserstoffgas. Ihr erhitzendes Vermögen verhält sich nicht wie ihr leuchtendes, indem das erstere blos von der Schnelligkeit und Vollständigkeit der V, und das letztere noch von andern Umständen abhängt. Bei unsern Kerzen und Lampen wird das im Dochte befindliche Fett durch Erwärmung entzündet; die durch das Verbrennen dieses Theiles erzeugte Hitze schmilzt, bei Kerzen von Wachs oder Talg, eine neue Portion, welche, durch Capillarität, im Dochte in die Höhe steigt, bis zum Entzünden erhitzt und endlich, wenn sie verbrannt ist, durch andere Theile wieder ersetzt wird, u. s. w.

Anmerkung 1. Die einer Wachskerze K zukommende F ist in Fig. 24. dargestellt. Es bezeichnet nämlich darin awbg einen blauen Rand, welcher sich in einen wenig leuchtenden und kaum sichtbaren Saum wmg von F verliert. Ueber dem Dochte D ist der durchsichtige, rauchige und kegelförmige Raum ihl, und zwischen diesem und dem äußern Saume der leuchtendste Theil cek von F befindlich. Das erste kleine Flämmchen, welches beim Anzünden der K entsteht, so wie die flackernde Flamme, die beim Ausblasen dieser Kerze sich zeigt, hat beinahe dieselbe Farbe wie der Rand awbg von F. Steckt man einen Platinadraht P quer durch F, so wird er in seinen Berührungspunkten mit wmg sogleich glühend, in seinen Berührungspunkten mit cek mit Ruß überzogen, und in seinen Berührungspunkten mit ihl weder glühend noch geschwärzt. Das in D aufgesaugte und der Hitze von F ausgesetzte Wachs wird in brennende Dämpfe und Gasarten zerlegt, die mit Kohlenstoff so überladen sind, daß sie ihn bei einer noch größern Erhitzung ausscheiden müssen. Das aus der Zerlegung des Wachses entstandene Gas- und Dampfgemenge erhebt sich (wie man dies an jeder frisch ausgeblasenen Kerze bemerkt) als eine heiße Rauchsäule über D. Nur die äußersten Theile dieser Säule kommen mit dem Sauerstoffe S der atmosphärischen Luft in Berührung, entzünden sich bei ihrer hohen Temperatur, verbrennen vollständig, und bilden den zwar wenig leuchtenden, aber sehr heißen Flammensaum. Dem innern Theile der Rauchsäule fehlt es zur Verbrennung an S; doch werden die dem heißen Saume von F zunächst liegenden Schichten von diesem so sehr erhitzt, daß sie ihren Kohlenstoff im weißglühenden Zustande ausscheiden und den leuchtendsten Theil der Flamme bilden. Die innersten Theile der Dampfsäule können weder aus Mangel an S verbrennen, noch aus Mangel an hinlänglicher Erhitzung *) zerlegt werden, und sie bilden dieserhalb als unveränderter Wachsdampf den kegelförmigen Raum ihl. Während nun der äußerste untere Theil der Dampfsäule verbrennt, steigen die innern Theile in die Höhe, kommen dadurch als immer kleiner werdende Ringe mit der atmosphärischen Luft in Berührung, verbrennen ebenfalls und bilden so die kegelförmige Flamme, u. s. w.

Anmerkung 2. Wird F von einem Metallnetze N aufgefangen, so ist sie wie abgeschnitten. Bringt man aber N in die Mitte von F, so verschwindet der obere Theil T des Flammenkegels; und hält man jetzt eine andere Flamme über N, so entzündet dieselbe das durchgeströmte Gas G, und T erscheint wieder dergestalt, daß er von dem untern Theile von F nur durch einen kleinen Zwischenraum geschieden ist. Der Grund gegenwärtiger Erscheinung ist aber die Abkühlung des G durch N; auch beruht darauf Humphry Davy's **) Oel- oder Grubenlampe, deren F innerhalb eines cylinderförmigen metallenen Gewebes brennt. Bringt man eine solche Lampe in die Atmosphäre eines entzündlichen G (wie dies in manchen Bergwerken sich vorfindet), so kommt dasselbe nicht zur Entzündung, indem die Fäden des Gewebes bald das Maximum der Erwärmung, welches sie unter den angegebenen Umständen annehmen können, erlangen, aber die Temperatur des Rothglühens nicht erreichen, weil sie daran ihr eigenes wärmestrahlendes Vermögen und die erkaltende Wirkung der Atmosphäre verhindert. Je kleiner die Oeffnung des Gewebes, je größer die Masse des Drahtes und je größer die Ausdehnung der strahlenden Oberfläche ist, desto größer ist auch die Abkühlung; und es kann dieserhalb den jedesmaligen Umständen gemäß auf das Zweckmäßigste eingerichtet werden.

Anmerkung 3. In der sogenannten Argand'schen Lampe geht V viel vollkommener als in der gewöhnlichen vor sich, weil bei ersterer ein senkrechter Luftzug (vermittelst einer über F befindlichen gläsernen Röhre) mitten durch F geleitet ist, und also V nicht allein von Außen nach Innen, sondern auch in entgegengesetzter Richtung geschieht. Auch beim Löthrohre findet V mehr von Innen nach Außen als umgekehrt statt, weil bei demselben ein Strom zusammengepreßter Luft mitten durch F gedrängt wird, u. s. w. — Wenn F raucht oder Ruß ansetzt, so findet V nur unvollständig, entweder aus Mangel an S oder wirklicher Erhitzung, statt. Die bandförmigen Dochte werden den walzenförmigen, wegen der größern Berührungsfläche mit der Luft, vorgezogen. Noch besser sind aber die hohlen cylindrischen, wie man sie bei den Argand'schen Lampen gebraucht.

---

*) Weil ihre Entfernung von dem heißen äußersten Saume zu bedeutend ist.

**) Ausgesprochen: Deh'wi's. Geb. 1779; gest. 1829.

Anmerkung 4. Die Flammen verschiedener Körper sind auf verschiedene Arten gefärbt. So ist z. B. die Flamme F des Weingeistes (des darin enthaltenen Kohlenstoffes wegen) bläulich; sie wird aber grün, sobald Boraxsäure *) darin aufgelöst worden ist. Auch ist jede F desto glänzender, je mehr feuerbeständige Körper **) in ihrem Innern in's Glühen gebracht werden. So leuchtet z. B. die F des Gaslichtes des vielen in ihrem Innern erglühenden Kohlenstoffes, und die des Phosphors der Phosphorsäure wegen. Auf diese Weise erklärt sich auch das helle Leuchten einer mit Sauerstoffgas angeblasenen Weingeistflamme, in welche feiner Platinadraht gehalten wird, u. s. w.

Anmerkung 5. Nähert man einem brennenden Holzspane oder einem eben angezündeten Lichte u. s. w. einen kalten Körper (zumal wenn er ein guter Wärmeleiter ist), so erlischt das Feuer, weil die zum Fortbrennen erforderliche Temperatur nicht mehr vorhanden ist. Ein nur schwach brennender Körper wird durch einen kalten Luftzug ausgelöscht, indem er den brennenden Körper zu sehr abkühlt; ein mäßiger Luftzug facht dagegen die F an, und ein lebhaft brennendes Feuer wird durch einen starken Luftzug verstärkt. — Das beßte Feuerlöschungsmittel bei brennenden Lampen u. s. w. besteht aber darin, daß man den Zutritt der Luft durch Lichtputzen und andere Vorrichtungen verhindert.

§. 756.

Die Thermolampe ist ein Apparat, wodurch man vermittelst der Hitze die flüchtigen Stoffe aus dem Holze, den Steinkohlen u. s. w. (ohne diese Körper selbst in Brand zu stecken) **treibt**, alsdann die brennbare Luft von den übrigen verflüchtigten Stoffen absondert, sie durch Röhren in die freie Luft läßt und hier beim Eintritte in dieselbe entzündet. Das auf diese Weise aus den Steinkohlen entwickelte Wasserstoffgas hat man zur Erleuchtung im Großen angewandt; auch hat David Gordon ***) eine tragbare Gaslampe erfunden, wodurch das in einem kleinen Behälter befindliche zusammengedrückte Gas überall hingebracht und mit einem dazu passenden Leuchter, Kronleuchter u. s. w. in Verbindung gesetzt werden kann

Die Gasbeleuchtung erfordert jedoch sehr große Vorsicht, damit durch Vermischung der atmosphärischen Luft mit dem Wasserstoffgas nicht Knallluft entsteht, deren Entzündung gefährlich werden kann.

*) Die Boraxsäure oder das Sedativsalz ist ein eigenes saures Salz, welches als ein Bestandtheil des Boraxes zu betrachten ist, und aus demselben durch die stärksten mineralischen Säuren geschieden werden kann.

**) Man bemerke, daß in gegenwärtigem Falle ein feuerbeständiger Körper derjenige ist, welcher durch F nicht in Dämpfe verwandelt werden kann, und daß der Begriff „feuerbeständig" nur relativ ist, indem wahrscheinlich alle Körper bei verhältnißmäßig hohen Hitzgraden in Dämpfe verwandelt werden können.

***) Ausgesprochen: Ghahr-d'n.

§. 757.

Zur Erhitzung der Körper im Kleinen gebraucht man die Weingeist-, Oel- und Argand'schen Lampen, oder die Lampenöfen, welche mit einer beliebigen Anzahl von Dochten versehen und auf eine ähnliche Weise wie die gewöhnlichen Oefen eingerichtet sind. Zu Operationen im Großen bedient man sich dagegen der Heerde und Oefen, woselbst verschiedene Brennmaterialien, z. B. Holz- und Steinkohlen, Holz, Torf u. s. w., durch zweckmäßig angebrachte Roste gewöhnlich so liegen, daß sie von der Luft L gehörig bestrichen werden können. Die Oefen, welche ihren verschiedenen Zwecken gemäß sehr verschiedenartige Einrichtungen erhalten, sind entweder Stubenöfen oder chemische (worunter auch technische), und haben entweder einen natürlichen Luftzug, oder es wird vermittelst der Gebläse eine Luftströmung darin bewirkt. Die erstern werden Windöfen und die letztern Gebläseöfen genannt. Die Materialien, welche man zu den Oefen gebraucht, sind Eisen, Eisenblech, Gußeisen, Thon, gebrannte Backsteine u. s. w. Die Stoffe, woraus die Stubenöfen bestehen, dürfen nicht allzuschlechte Wärmeleiter sein, weil sie die erhaltene Hitze an L wieder abgeben sollen; dagegen müssen die chemischen oder technischen Oefen, weil die in ihnen erzeugte Hitze beisammen bleiben soll, aus den schlechtesten Wärmeleitern bestehen.

Anmerkung. Aus der Bewegung der erwärmten L erklärt sich der Zug in den Kaminen, die schnelle Erwärmung der L in einer geheizten Stube, und die große Hitze, welche über der Flamme in Vergleich mit der an ihrer Seite sich zeigt.

§. 758.

Die schädlichen Wirkungen des Feuers F werden dadurch verhütet, daß man Alles entfernt, was zur Verbrennung nothwendig ist oder dieselbe befördert, und daß man die Hitze des brennenden Körpers K schwächt und den Beitritt der L so viel als möglich verhindert. So wird z. B. das in einem Schornsteine ausgebrochene F durch das Abschließen des erstern gedämpft, und eben so verlischt ein brennender K, wenn man ihn mit nicht brennbaren Materien, und am Beßten mit Wasser, nassen Tüchern, Erde u. s. w. umgiebt. Das Wasser A ist zum Löschen vorzüglich geeignet, weil es sich dicht um K legt, in alle seine Poren dringt und L von der Berührung mit K zurückhält; auch kühlt es (nach §. 719.), bei seinem Uebergange in den dampfförmigen Zustand, den K ab, und seine Dämpfe bilden eine Art feuchter Atmosphäre um diesen Körper und halten L noch mehr von ihm zurück. Beim Löschen des F durch A kommt es aber viel darauf an, auf welche Art A dabei angewandt und wohin es geleitet wird. So hilft es z. B. Nichts, wenn man A mitten in F spritzt; man muß es vielmehr auf K selber leiten und wo möglich an der untersten Grenze von F, wo es am Leichtesten gedämpft werden kann, anfangen und dann mit dem Wasserstrahl immer höher hinaufrücken. Eben so ist es durchaus nöthig, eine hinlängliche Menge von A auf F zu bringen, weil sonst A verdampft, bevor die brennenden Substanzen gehörig abgekühlt sind. Auch wird eine kleine Quantität von A, wenn man sie nämlich in heftiges F gießt, zersetzt und hierdurch noch die Glut vermehrt, indem der Wasserstoff des A einen Brenn- und der Sauerstoff einen Zündkörper liefert, u. s. w. Substanzen, welche auf A schwimmen, z. B. die Oele, lassen sich schwer damit löschen, weil sie immer mit L in Berührung bleiben; und man bedeckt sie dieserhalb mit Asche, Erde u. s. w. — Die Salzlaugen, sowie das (mechanisch) fein zertheilte Stoffe (z. B. Thon u. s. w.) enthaltende A, sind bessere Löschungsmittel als das reine A, weil sie, selbst nach dem Verdampfen des A, die noch heißen Brennmaterialien mit einer Kruste überziehen und sie hierdurch von L abgeschnitten zurücklassen. Auch läßt sich F vermittelst derjenigen Gasarten, welche zum Verbrennungsprozesse untauglich sind, ersticken. So wird z. B. ein brennender Rauchfang oft dadurch gelöscht, daß man unter demselben etwas Schwefel schnell verbrennt.

§. 759.

Werden Körper, welche brennbare Stoffe enthalten und chemisch auf einander wirken, zusammengemischt, so kann die Capacität der Mischung und folglich ihre Temperatur sich so sehr erhöhen, daß der brennbare Stoff hinlänglich erhitzt wird, das Sauerstoffgas zu zersetzen oder sich zu entzünden. Diese Art von Selbstentzündung, wie man sie gewöhnlich zu nennen pflegt, findet bei manchen Mischungen plötzlich und bei andern nur allmählig statt. Wird z. B. rauchende Salpetersäure mit etwas Schwefelsäure und Terpentinöl vermischt, so entzünden sich diese Flüssigkeiten beim Zusammengießen so plötzlich und mit so heftiger Flamme, daß der Versuch viele Vorsicht erfordert. Nasses Heu auf einen Haufen gepackt, geröstete Kleyen in leinenes Tuch gewickelt, Wolle, Hanf oder Flachs mit Oel benetzt und zusammengeballt, gemahlener Kaffee in Leinewand geschlagen u. s. w. können sich nach und nach entzünden, besonders wenn sie vorher, auch nur durch die Sonnenstrahlen, erwärmt worden sind.

§. 760.

Das Athmen der Thiere hat mit dem Verbrennen der Körper eine große Aehnlichkeit *), indem hierdurch ebenfalls das Sauerstoffgas zersetzt und der Wärmestoff entbunden wird. Alle mit Lungen versehene Thiere haben ein warmes Blut, welches in den Lungen mit der eingeathmeten Luft in Berührung kommt und die eben erwähnte Zersetzung bewirkt. Die frei gewordene W wird theils vom Blute aufgenommen und theils zur Bildung des Wasserdampfes und der Luftsäure, die wieder ausgeathmet werden, verwandt. Brodie hat gezeigt, daß die Verrichtungen des Gehirns und Nervensystems einen entschiedenen Einfluß auf die Erzeugung der thierischen W ausüben; auch wird nach Dulong's Beobachtungen nur $\frac{3}{4}$ der thierischen W durch das Athmen erzeugt. Die aus dem Pflanzen- und Thierreiche herstammenden Wesen sind dem Gesetze der Temperaturausgleichung nicht unterworfen, sondern behaupten (bis auf einen gewissen Grad) ihre Temperatur selbstständig, d. h. unabhängig von der ihrer Umgebungen. Bohrt man z. B. im Winter ein Loch in einen Baum und steckt die Kugel eines Thermometers in dasselbe, so zeigt letzteres stets über 0, obgleich die äußere Temperatur mehrere Grade unter 0 ist. Noch auffallender ist die Selbstständigkeit, welche bei der Temperatur der warmblütigen Thiere stattfindet. So behält z. B. der Mensch in allen Temperaturen, worin er nur leben kann, (wegen der in §. 725. Nr. 8. erwähnten Ausdünstung) eine Temperatur von nahe an 30° R.

---

*) Vergl. die Anmerkung zu §. 764.

§. 761.

Füllt man die kleine irdene Retorte R *) beinahe ganz **) mit gepülvertem Braunsteine, kittet an die Mündung ihres Halses eine blecherne Röhre luftdicht, legt R in einen Windofen, bringt die Mündung der Röhre unter den Trichter der mit Wasser gefüllten Wanne des pneumatischen Apparats und erhitzt R allmählig und stufenweise bis zum Glühen, so geht darin das Sauerstoff- oder das Oxygengas S hervor.

Letzteres ist farbenlos, geschmack- und geruchlos, und sein specifisches Gewicht beträgt 1,10359. Es ist athmenbar und zum Athmungsprozesse durchaus erforderlich; doch nimmt das Leben der Thiere, welche es blos einathmen, an Länge ab und an Intensität zu.

S besteht (nach §. 751.) aus dem Wärmestoffe und einer wägbaren Grundlage, welche durch ihre Vereinigung mit andern Stoffen diese in Säuren umzuwandeln fähig ist, und daher Sauerstoff oder Oxygenium ***) heißt. Es wird vom Wasser wenig oder gar nicht absorbirt †), und ist (nach §. 753.) zur Unterhaltung der Verbrennung V fähiger als die atmosphärische Luft L. Die Intensität der V oder die Entwickelung des Feuers dabei ist weit stärker als in L. So brennt z. B. in S eine Wachskerze mit einer hellern und größern Flamme als in L; auch hört man dabei ein knisterndes Geräusch. Der glimmende Docht der Kerze wird in S zur Flamme erweckt; ein Stück Zunderschwamm brennt darin mit einer Flamme; der brennende Phosphor mit einem außerordentlichen Glanze, und der an dem einen Ende glühend gemachte Stahldraht mit Funkensprühen, u. s. w.

Auch kann man bei dem (in §. 755. Anm. 3.) angegebenen Löthrohre eine so große Hitze hervorbringen, daß der Diamant sogar verbrennt, wenn statt der zusammengepreßten Luft zusammengepreßtes S genommen wird.

---

*) Man lese §. 450. Nr. 15.

**) Ohngefähr $\frac{4}{5}$ derselben.

***) Man bemerke, daß der Sauerstoff selbst nichts Saures ist, und daß es von der Beschaffenheit der mit ihm in Verbindung tretenden Materien abhängt, ob eine Säure daraus entstehen soll oder nicht.

†) Vergl. §. 680.

§. 762.

Das Stick- oder Azotgas G ist aus dem Wärmestoffe und einer wägbaren Grundlage, nämlich dem Stickstoffe, zusammengesetzt. Es entwickelt sich aus Braunstein, so lange er noch nicht bis zum Glühen erhitzt worden ist, und aus dem Dampfe des kochenden Wassers A, wenn er durch ein glühendes, thönernes, unglasirtes Rohr geleitet wird. Auch befindet es sich in den Schwimmblasen der Fische, macht (nach §. 412.) den größten Theil der atmosphärischen L aus, entwickelt sich (nach Priestley) *) im Sonnenscheine aus den Früchten und im Schatten aus den Blättern, und hat ein specifisches Gewicht von 0,96913. Da S durch's Athmen, Verbrennen, Oxydiren u. s. w. verzehrt wird, so bleibt G allein übrig; und man kann dasselbe deshalb sehr leicht dadurch erhalten, daß man Phosphor oder Alcohol unter einer Glocke verbrennen läßt. G dient weder zum Athmen der Thiere, noch zur Unterhaltung des Verbrennens; doch wachsen und grünen die Pflanzen darin. Es ist nicht entzündlich, dabei geruch- und geschmacklos, wird von A nicht eingesogen, und bildet in unserer Atmosphäre mit S eine Mischung, welche dem thierischen Leben im Ganzen genommen am Zuträglichsten ist, indem letzteres durch beständiges Einathmen des S zu sehr übereilt und durch das Einathmen einer größern Quantität des G ebenfalls leiden würde, wie dies aus der unangenehmen Wirkung sich ergiebt, welche wir in einem Zimmer empfinden, worin viele Menschen athmen und viele Lichter brennen. Wenn der Stickstoff bis zur Sättigung sich mit dem Sauerstoffe verbindet, so entsteht die Salpetersäure, welche einen Bestandtheil des Salpeters **) ausmacht und aus demselben durch die Schwefel- oder Vitriolsäure ***) vertrieben werden kann.

---

*) Ausgesprochen: Prihstli. Geb. 1733; gest. 1804.

**) Der Salpeter erscheint in ansehnlich großen und prismatischen Krystallen, und hat einen scharfen, bitterlichen und kühlenden Geschmack. Im A sind die Krystalle ziemlich auflösbar, an L aber beständig und ohne zu verwittern oder zu zerfließen, u. s. w.

***) Der Schwefel, ein leicht entzündbarer Körper, hat eine schöne hellgelbe Farbe, krystallisirt sowohl in rhombischen Oktaëdern als in schiefen rhombischen Säulen, ist wenig hart, leicht zerreiblich, besitzt einen schwachen Geschmack und erhält nach dem Reiben einen schwachen Geruch. Die Schwefel- oder Vitriolsäure ist eine eigene mineralische Säure, welche man theils aus dem Schwefel und theils aus dem Vitriol gewinnt. Man bereitet sie öfters in großen bleiernen Gefäßen, in deren verschlossenen Räumen der Schwefel verbrennt.

Die Salpetersäure erzeugt sich in der Natur bei der Verwesung organischer, besonders thierischer, Substanzen aus dem Stickstoffe derselben und dem Sauerstoffe. Wird Vitriolöl auf Salpeter gegossen, so entbindet sich sogleich ein rothgelber und scharfer Rauch, der durch Destillation zu einer tropfbaren Flüssigkeit sich verdichten läßt, welche man den rauchenden **Salpetergeist** zu nennen pflegt. Wenn man den letztern in einer, im heißen Sandbade befindlichen, gläsernen Retorte bei ganz gelindem Feuer nochmals destillirt, so erhebt sich der rauchende Theil zuerst, und der Rückstand verliert seine Farbe und rauchende Beschaffenheit. Eben so wird diese flüchtigere rauchende Säure bei der Vermischung mit A von der übrigen Säure geschieden, und die farbenlose zurückbleibende verdünnte Säure stellt nun die reine vollkommene Salpetersäure dar.

§. 763.

Man fülle eine kleine Entbindungsflasche F mit Kupfer- oder Messingdraht, gieße eine gewisse Quantität verdünnter Salpetersäure so in F, daß keine atmosphärische L darin zurückbleibt, und verbinde F mit dem pneumatischen Apparate. Das Metall löst sich aber alsdann unter Aufbrausen in der Säure auf, und es kommt aus der an F befindlichen Seitenröhre eine Menge von Luft, welche man auffängt (sobald nämlich die erste Portion davon entwichen ist) und die **das Salpetergas** genannt zu werden pflegt. Letzteres ist farbenlos, besitzt keine Spur von einer Säure, löst sich wenig oder gar nicht im Wasser auf, ist unathmenbar und verlöscht ein hineingebrachtes Licht. Es verhindert die Fäulniß, hat das specifische Gewicht 1,0388, und verwandelt sich mit Sauerstoffgas in unvollkommene Salpetersäure. Wird daher eine Quantität atmosphärischer L mit Salpetergas vermischt, so vermindert sich ihr Volumen desto mehr, je mehr Sauerstoff darin befindlich war. Hierauf beruht aber ein Apparat, welcher das **Eudiometer** heißt und wobei **Priestley** (der Erfinder dieses Instrumentes) das Salpetergas als Zersetzungsmittel gebrauchte. **Fontana** und **Ingenhouß** haben die eben erwähnte Geräthschaft verbessert, und **Volta** *) erfand eine noch vollkommenere Vorrichtung, wobei er das Verbrennen des Wasserstoffgases in Anwendung brachte.

---

*) Geb. 1745 zu Como; gest. 1827 ebendaselbst.

Anmerkung 1. Nach Lavoisier wird 1 Theil Sauerstoffgas durch 1,725 Theile Salpetergas absorbirt. — Bezeichnet man nun 1,725 durch a, und wendet im Fonta'schen Eudiometer b Theile atmosphärischer L und c Theile Salpetergas an, so befinden sich (b + c — d) Theile Sauerstoff- und Salpetergas im Apparate, wenn das beim Versuche zurückgebliebene Gas d Theile beträgt. Nun gehören (a + 1) Theile von diesen beiden Gasarten dazu, um 1 Theil Sauerstoffgas zu absorbiren, und es ist dieserhalb die Quantität des zersetzten Sauerstoffgases $= \left(\frac{b + c - d}{a + 1}\right)$ Theile, und die des zersetzten Salpetergases $= \left(\frac{b + c - d}{a + 1} \cdot a\right)$ Theile. Die eudiometrischen Prüfungen werden aber dadurch etwas unzuverlässig, daß man das Salpetergas nicht immer in gehöriger Reinheit erhält.

Anmerkung 2. Gay-Lussac bestimmte den Sauerstoffgehalt einer atmosphärischen Luftportion P dadurch, daß er eine, mit ein wenig Schwefelsäure befeuchtete, Kupferscheibe K in dieselbe brachte. Er fand aber alsdann in wenigen Stunden den ganzen Sauerstoffgehalt der P absorbirt, wenn das Volumen der K nicht allzuklein gegen das der P sich zeigte.

Eine andere Methode, den Sauerstoffgehalt zu bestimmen, besteht darin, daß man Bleischrot, wovon 100 Körner auf 1 Gramm gehen, mit $\frac{1}{17}$ seines Gewichtes Wasser befeuchtet, 3 Stunden lang schüttelt. Man findet aber auf diese Weise 21,01 Procent Sauerstoffgas vom Volumen der P *), und 0,04 Procent Kohlensäuregas, welches gleichzeitig von dem Bleioxyde absorbirt worden ist.

§. 764.

Klebt man etwas Zunderschwamm und Phosphor an eine wohlausgeglühte Holzkohle **), bringt letztere unter eine Glasglocke G, welche mit Sauerstoffgas gefüllt und mit Quecksilber gesperrt worden ist, und entzündet den Zunderschwamm und Phosphor, durch ein Brennglas von Außen, vermittelst der Sonnenstrahlen, so entsteht unter G eine Gasart K, welche weder zum Athemholen noch zur Unterhaltung des Verbrennens dient, dabei vom Wasser verschluckt werden kann, und demselben einen angenehmen, erquickenden und säuerlichen Geschmack verleiht. Sie heißt **kohlensaures Gas**, hat das specifische Gewicht 1,51961, und enthält als wägbare Grundlage die Verbindung des, seines Brenn-

*) Vergl. §. 412.

**) Die reine Kohle oder der Kohlenstoff ist nämlich eine einfache entzündliche Substanz, welche aus Lampenschwarz und Kienruß durch heftiges Ausglühen in bedeckten Gefäßen bereitet wird. Die gemeine Holzkohle ist aber kein reiner Kohlenstoff, sondern enthält, außer etwas Wasserstoff, noch erdige und salzige Theile, welche beim Verbrennen ihre Asche bilden, u. s. w.

stoffs beraubten, Kohlenstoffs mit dem Sauerstoff, oder die Kohlensäure. Letztere ist bei dem Drucke der Temperatur, worin wir leben, gasförmig, nimmt also bei seiner Erzeugung und Freiwerdung die Gasgestalt augenblicklich an, und stellt sich als Bestandtheil sehr vieler Körper dar. So macht sie z. B. nicht nur in den Sauerbrunnen und in den moussirenden Weinen das Schäumende, sondern erzeugt sich auch beim Athemholen, wo die ausgehauchte Luft immer etwas kohlensaures Gas enthält. Ist letzteres einem Getränke beigemischt, welches in einem offenen Gefäße sich befindet, so entweicht K aus demselben und das Getränke wird alsdann schaal. K ist ferner bei der Weingährung *) im sogenannten Gäsch enthalten, erzeugt sich beim Verbrennen und bei der trockenen Destillation aller vegetabilischen und thierischen Substanzen, befindet sich in der Kreide, im gemeinen Kalksteine, im Marmor u. s. w., woraus es durch jede Säure oder durch Glühen im Feuer vertrieben werden kann, u. s. w.

Anmerkung 1. Da beim Verbrennen der Kohle in der atmosphärischen Luft L nicht blos das Stickgas, sondern auch gleichzeitig das neu erzeugte K übrig bleibt, so ergiebt sich die Schädlichkeit, welche der Kohlendampf in einem verschlossenen Zimmer auf die Gesundheit äußert. Auch ist K, wenn es sich nämlich in den Gruben der Bergwerke befindet, sehr gefährlich, weil es öfters die Grubenlichter gänzlich auslöscht. — In vielen Gegenden, besonders in den vulkanischen, steigt K in Menge aus der Erde, und da es ein größeres specifisches Gewicht als die atmosphärische Luft besitzt und sich nur langsam mit derselben vermischt, so bildet es an einigen Orten (z. B. in der Hundsgrotte von Neapel) eine etliche Fuß hohe Luftschichte, worin kein Mensch zu leben vermag.

Anmerkung 2. Beim Athmen der Thiere findet Folgendes statt: Das Blut B macht vom Herzen aus (nach Harvey's **) Entdeckung) durch den ganzen Körper einen Kreislauf, indem es

1) aus der linken Herzkammer durch die große Pulsader (Aorta) in die kleinern Pulsadern (Arterien) des Körpers getrieben wird;

2) aus den feinen Verzweigungen derselben in die zurückführenden Blutadern (Venen) übergeht, und, mit Kohlenstoff beladen, durch die Hohlader in die rechte Herzkammer zurückkehrt;

3) aus der rechten Herzkammer durch die Lungenpulsader in die Lungen getrieben wird und hier mit der durch Ausdehnung der Brusthöhle eingedrungenen L in Berührung kommt; und

4) in die auch hier befindlichen Blutadern übergeht und durch die Lungenblutader in die linke Herzkammer zurückkehrt, um denselben Kreislauf von Neuem zu beginnen.

---

*) Lese §. 44. Anm. 3.

**) Harvey (ausgesprochen: Har'wi), geb. 1578; gest. 1657; ein berühmter engl. Arzt.

Wenn aber B mit der frisch eingeathmeten L in Berührung kommt, geht wahrscheinlich folgender chemischer Proceß damit vor:

a) Der Sauerstoff der eingeathmeten L verbindet sich eines Theils mit B, wodurch dessen Farbe, die durch Kohlenstoff schwärzlich geworden war, wieder heller wird;

b) der Sauerstoff der eingeathmeten L verbindet sich auch andern Theils mit dem Kohlenstoffe, den B nach seinem Umlaufe durch den Körper mit sich führt, und befreit dieses davon, so daß die ausgeathmete L als kohlensaures Gas sich zeigt;

c) der Sauerstoff der eingeathmeten L verbindet sich dritten Theils mit dem Wasserstoffe, der ebenfalls dem B beigemischt war, so daß beim Ausathmen auch Wasserdampf entsteht.

Anmerkung 3. Die in voriger Anmerkung vorkommende Vorstellungsweise bestätigt sich dadurch:

1) daß nur in sauerstoffhaltiger L das Athmen geschieht;

2) daß die ausgeathmete L kein Sauerstoffgas mehr enthält;

3) daß immer weniger L ausgeathmet wird, als man eingeathmet hatte, nämlich von 100 Kubikzoll etwa 98; und

4) daß wirklich das durch die Lungen gegangene B röther ist, u. s. w.

§. 765.

Man schütte in eine kleine irdene Retorte R etwas Wasser, lege R in ein Sandbad, kitte ihren Hals in einen eisernen Flintenlauf, dessen Mitte mit spiralförmig gewundenem Eisendrahte und eisernen Nägeln versehen worden ist, bringe das untere ebenfalls offene Ende desselben unter den Trichter der mit Wasser gefüllten pneumatischen Wanne, mache seinen mittlern Theil durch Kohlen glühend und erhitze das in R befindliche Wasser A bis zum Kochen. Die Dämpfe von A streichen aber alsdann durch den Lauf und verwandeln sich hierdurch in ein Gas, welches man das Wasserstoff- oder das Hydrogengas nennt.

Das Wasserstoffgas G ist die leichteste Gasart, und es steigt dieserhalb ein mit ihr gefüllter Luftballon in die Höhe *), u. s. w. Das specifische Gewicht des G beträgt 0,07321; auch hat G einen unangenehmen Geruch, ist nicht athmenbar und löscht ein hineingebrachtes Licht aus, ist aber entzünd- und brennbar, sobald es mit Sauerstoffgas oder mit atmosphärischer Luft L in Berührung kommt. G besteht aus einer wägbaren Grundlage, nämlich dem Wasserstoffe, und dem Wärmestoffe, wird in der Natur in großer Menge gefunden, und macht einen Bestandtheil der meisten (wo

*) Vergl. §. 468.

nicht aller) brennbaren Körper aus. Wenn man 1 Theil Sauerstoffgas *) mit 2 Theilen von G oder, statt des letztern, mit 5 Theilen atmosphärischer L in Berührung bringt, so entsteht eine Luftart, welche sich plötzlich mit einem starken Knalle entzündet und aus diesem Grunde Knallgas oder Knallluft heißt.

§. 766.

Bei der im vor. §. angegebenen Erzeugung des G hat das Eisen E an Gewicht gewonnen, und ist dabei wie verbrannt, auch brüchig und spröde geworden. Addirt man aber die Gewichtszunahme des rückständigen E zum Gewichte des erhaltenen G, so erhält man das Gewicht des dabei verschwundenen A. Hieraus folgt aber, daß letzteres theils zur Veränderung des E und theils zur Bildung des G verwendet worden ist. Die Veränderungen, welche E durch die Wasserdämpfe beim Glühen erlitten hat, sind ganz dieselben, als wenn es im Sauerstoffgase verbrannt wäre, und es muß daher letzteres an E getreten sein und also der Sauerstoff einen Bestandtheil des A ausmachen. Da ferner die Gewichtszunahme des E, zu dem Gewichte des erhaltenen G addirt, dem Gewichte des verschwundenen A gleich ist, so muß die wägbare Grundlage dieses Gases den andern Bestandtheil von A abgeben. Auch ist (nach §. 314.) A aus 88,904 Gewichtstheilen Sauerstoff und 11,096 Gewichtstheilen Wasserstoff zusammengesetzt.

Anmerkung 1. Aus Sauerstoff und Wasserstoff wird A wieder erzeugt, wenn man 88,904 Theile Sauerstoff und 11,096 Theile Wasserstoff in einem abgeschlossenen Raume verbrennen läßt. Beide Stoffe werden nämlich dadurch zerstört, und es bildet sich A, welches, dem Gewichte nach, 100 Theile beträgt. Um die Verbrennung mit gehöriger Bequemlichkeit und genauer Schätzung der dabei verzehrten Gasarten vorzunehmen, haben Lavoisier und Meusnier eine Vorrichtung erdacht, welche das Gasometer heißt, und die von van Marum in Harlem **), von Haug, Voigt und Pearson ***) sehr vereinfacht worden ist.

Anmerkung 2. G wird mit großer Leichtigkeit auch noch dadurch erhalten, daß man die mit A verdünnte Schwefel- oder Salzsäure †) auf gekörnten oder in Stücke gebrochenen Zink Z oder Eisentheile gießt. — Diese Metalle zersetzen nämlich A deshalb, weil die Schwefel- oder Salz-

*) Dem Volumen nach.

**) Geb. zu Delft 1750.

***) Ausgesprochen: Pihr'ſ'n.

†) Etwa 1 Theil Schwefelsäure und 5 Theile Wasser.

säure eine große Verwandtschaft zum Zinkoxyde besitzt *). Aus diesem Grunde zersetzt Z das A, tritt mit dem Sauerstoffe desselben in Verbindung, setzt hierdurch den andern Bestandtheil des A, nämlich den Wasserstoff (oder das Hydrogen), in Freiheit, und bewirkt es also, daß derselbe, mit der W des A verbunden, als Wasserstoff- oder Hydrogengas entweicht.

Anmerkung 3. Wird G durch ein enges Rohr geleitet und alsdann bei seinem Ausströmen angezündet, so brennt es wie eine Kerze. Hierauf beruhen aber die Gaserleuchtungen, wobei die Knallluft durchaus vermieden werden muß.

§. 767.

Die Pflanzen zersetzen beim Sonnenscheine das Wasser A dadurch, daß sie seinen Wasserstoff in sich aufnehmen und als Bestandtheil sich zueignen, und den Sauerstoff frei machen, der durch seine Verbindung mit W (oder dem Wärmestoffe) als Oxygengas aus den Blättern sich entwickelt. Denn bringt man z. B. in einen geräumigen Glascylinder oder Glaskolben K die eine hinlängliche Zeit ausdauernde, gesunde und saftreiche Pflanze P, füllt hierauf K ganz mit reinem A, deckt ihn mit einer Tasse oder Schüssel zu, kehrt K in einer mit A angefüllten Wanne so um, daß keine Luft von Außen hineinkommt, und stellt den ganzen Apparat an die Sonne, so entwickeln sich aus den Flächen der Blätter Luftbläschen, welche in K aufsteigen, sich sammeln und so A heraustreiben. So lange P frisch und gesund bleibt, dauert die Entwickelung dieser Bläschen, d. h. des Oxygengases, fort.

§. 768.

Aus der Verbindung des Wasserstoffgases G mit andern Stoffen gehen die entzündlichen Gasarten hervor. So entwickelt sich z. B. das Kohlenwasserstoffgas oder die schwere brennbare (auch die Sumpf-) Luft aus dem Schlamme in Sümpfen und bei der Verdauung im Darmkanale der Thiere. Sie ist schwerer als G, und bringt in den Gruben der Bergwerke die sogenannten Feuerschwaden hervor. Das oxygenirte Kohlenwasserstoffgas entsteht dadurch, daß man dem Kohlenwasserstoff noch einen Antheil Sauer-

*) Wird nämlich der zusammengesetzte Körper a + b durch einen andern c nur unter der Vermittelung eines dritten d zersetzt, indem sich c mit b nur deshalb vereinigt, weil d zu dem sich bilden sollenden Körper c + b Verwandtschaft besitzt, so wird der hier stattfindende Proceß der Proceß der prädisponirenden Verwandtschaft genannt.

Beweis. Es ist $\left\{\begin{array}{l} D = \frac{M}{V} \\ d = \frac{m}{v} \end{array}\right\}$ nach §. 106;

und deshalb $D : d = \frac{M}{V} : \frac{m}{v}$,

oder $D : d = M : m$ *),

oder $D : d = M$ Theilchen : m Theilchen.

§. 110. Lehrsatz.

Die Dichtigkeiten D und d zweier gleichmäßigen Körper K und k, welche die gleichen Massen M Theilchen und m Theilchen, und die Größen V Kubikfuß und v Kubikfuß haben, verhalten sich zu einander, entweder wie umgekehrt die Maße der Größen, oder wie umgekehrt die Größen.

Es ist also

$\left\{\begin{array}{l} D : d = v : V \\ \text{oder } D : d = v \text{ Kubikfuß} : V \text{ Kubikfuß}, \end{array}\right\}$ wenn M Theilchen = m Theilchen, oder M = m ist.

Beweis. Aus $\left\{\begin{array}{l} D = \frac{M}{V} \\ d = \frac{m}{v} \end{array}\right\}$

folgt $D : d = \frac{M}{V} : \frac{m}{v}$,

oder $D : d = (M \cdot v) : (m \cdot V)$,

oder $D : d = v : V$ **),

oder $D : d = v$ Kubikfuß : V Kubikfuß.

§. 111. Lehrsatz.

Wenn zwei gleichmäßige Körper K und k beziehlich die Dichtigkeiten D und d, die Massen M Theilchen und m Theilchen und die Größen V Kubikfuß und v Kubikfuß haben, so ist:

$$D : d = \frac{M}{V} : \frac{m}{v}.$$

Erster Beweis. Er ergiebt sich unmittelbar aus §. 106.

*) weil nach der Voraussetzung V = v ist, u. s. w.

**) weil M = m vorausgesetzt ist, u. s. w.

Zweiter Beweis. Es ist *) $\left\{\begin{matrix} D : d = M : m, \text{ wenn } V = v \\ D : d = v : V, \text{ wenn } M = m \end{matrix}\right\}$;

und deshalb $D : d = (M.v) : (m.V)$,

oder $D : d = \frac{M.v}{V.v} : \frac{m.V}{v.V}$,

oder $D : d = \frac{M}{V} : \frac{m}{v}$.

§. 112. Lehrsatz.

Wenn zwei Körper K und k die gleichen Größen V Kubikfuß und v Kubikfuß haben, wenn die absoluten Gewichte dieser Körper beziehlich A ℔ **) und a ℔ sind, so müssen sich die specifischen Gewichte P und p der Körper K und k in Bezug auf einen dritten gleichmäßigen Körper W ***) entweder wie ihre absoluten Gewichte, oder wie die Maße dieser Gewichte verhalten.

Es muß also in Bezug auf den Körper W $\left\{\begin{matrix} P : p = A℔ : a℔ \\ \text{oder } P : p = A : a \end{matrix}\right\}$ sein, wenn V Kubikfuß = v Kubikfuß, oder V = v ist.

Beweis. Ist das absolute Gewicht von V Kubikfuß des Körpers W gleich B ℔, so erhält man nach §. 39.:

$$\left\{\begin{matrix} P = \frac{A℔}{B℔}, \\ p = \frac{a℔}{B℔} \dagger) \end{matrix}\right\}$$

und deshalb in Bezug auf W $\left\{\begin{matrix} P : p = \frac{A℔}{B℔} : \frac{a℔}{B℔} \\ \text{oder } P : p = A℔ : a℔ \\ \text{oder } P : p = A : a \end{matrix}\right\}$

§. 113. Lehrsatz.

Sind bei zwei ungleich großen Körpern K und k die absoluten Gewichte A ℔ und a ℔ einander gleich, so müssen sich die specifischen Gewichte P und p dieser Körper, in Bezug auf einen

---

*) nach §. 109 und 110.

**) Man vergleiche §. 38.

***) Man sehe §. 39.

†) weil V Kubikfuß = v Kubikfuß ist, und also das absolute Gewicht von v Kubikfuß des Körpers W ebenfalls B ℔ sein muß.

§. 772.

Wenn man auf feingeriebenen Flußspath *) concentrirte Schwefelsäure gießt, und die Retorte, worin beide Materien sich befinden, in heißem Sande stark erhitzt, so entsteht eine Gasart F, welche man flußspathsaures oder flußsaures Gas zu nennen pflegt. Bei der Berührung mit der atmosphärischen Luft verwandelt sich F in weißliche Nebel, weil es vom Wasser sogleich verschluckt wird, und bringt auf diese Weise die flüssige Flußspath- oder Flußsäure hervor. Es ist unathmenbar, verlöscht ein hineingebrachtes Licht, ist sehr sauer, trübt das Kalkwasser, wird davon zersetzt und hat das specifische Gewicht 2,3709. Auch löst F die Kieselerde auf, und wird deshalb, um in Glas zu ätzen, gebraucht.

§. 773.

Das Ammoniakgas A entsteht dadurch, daß man einen Theil gebrannten Kalkes und halb so viel trockenen Salmiaks **) in einer Retorte in heißem Sande erhitzt. Es vermischt sich leicht mit Wasser und wird deshalb über Quecksilber aufgefangen. Sein specifisches Gewicht beträgt 0,59669. Auch bringt A durch seine Vermischung mit der atmosphärischen Luft das in §. 765. angegebene Knallgas hervor.

§. 774.

Aus dem in diesem Kapitel Gesagten geht hervor, daß W (oder der Wärmestoff) als ein Mittel erscheint, die Körper chemisch zu verbinden und zu zerlegen, und daß dieselbe aus folgenden Gründen sich dazu eignet.

1) Weil W durch ihre Verbindung mit andern Körpern die Verwandtschaftskräfte derselben abzuändern vermag.

2) Weil sie auf die Kräfte wirkt, welche der chemischen Verwandtschaft widerstreben, d. h. die Cohäsionskraft vermindert und die Expansivkraft vermehrt.

---

*) Der Flußspath wird im Mineralreiche theils in Würfeln und Octaëdern krystallisirt und theils derb angetroffen. Sein specifisches Gewicht beträgt 3,14 bis 3,29. Auch hat er die Eigenschaft, bei mäßiger W zu phosphoresciren, u. s. w.

**) Der reine Salmiak ist ein weißes, halbdurchsichtiges Salz von einem starken, stechenden und urinösen Geschmack. Es schießt zu doppelt gefiederten Krystallen an, welche eigentlich aus kleinen, sechsseitigen Pyramiden bestehen.

3) Weil sie die Ursache des zu jeder Verbindung nothwendigen tropfbar-flüssigen Zustandes ist, u. s. w.

Anmerkung. Da das Leben organischer Wesen in einem durch höhern Einfluß modificirten Spiele chemischer Verwandtschaften besteht, dieses ohne den flüssigen Zustand nicht stattfinden kann und letzterer von W abhängt, so würde ohne dieselbe die ganze Natur als eine erstarrte und todte sich zeigen. Auch ist (nach der Ansicht mancher Physiker) W diejenige Kraft, welche, in Verbindung mit dem Luftdrucke, jedem tropfbar-flüssigen Körper K seine bestimmte Aggregatsform ertheilt, indem ohne W K in den festen, und ohne den Luftdruck in den ausdehnsam-flüssigen Zustand sich verwandeln würde.

Zwölftes Kapitel.

Von dem Lichte.

Erste Abtheilung.

Von dem Lichte im Allgemeinen, und von der geradlinigen Verbreitung desselben.

§. 775.

Ein Körper heißt leuchtend, wenn er ohne Hülfe eines andern, und dunkel, wenn er nur vermittelst der leuchtenden Körper gesehen werden kann. Ist ein dunkler Körper vermöge eines oder mehrerer leuchtenden sichtbar, so wird er ein beleuchter Körper genannt.

Die Körper, welche das Licht L *) durch sich hindurchlassen, heißen durchsichtige, die andern aber undurchsichtige Körper. In Bezug auf die Durchsichtigkeit der Körper giebt es mehrere Grade. So werden z. B. diejenigen, welche alles auffallende L durchlassen, vollkommen durchsichtige, und die, welche nur wenig L durchlassen, durchscheinende Körper genannt.

Anmerkung. Man bemerke, daß schon in §. 634. die Erklärung des L gegeben worden ist.

§. 776.

Zu den leuchtenden Körpern gehören:

1) die Sonne und die Fixsterne

---

*) Man bemerke ein= für allemal: daß in diesem Kapitel das Licht durch den deutschen Buchstaben L bezeichnet wird.

2) die brennenden Körper, und hauptsächlich diejenigen, welche mit einer Flamme verbrennen;

3) die glühenden Körper;

4) die Phosphore, Lichtträger, oder die phosphorescirenden Körper, d. h. die Materien, welche unter gewissen Bedingungen L aus sich entwickeln, ohne zu brennen;

5) die electrisirten Körper, u. s. w.

§. 777.

Ueber das Wesen des L giebt es zwei Hauptansichten, wovon die eine die Emanations- oder Emissions-, und die andere die Vibrations- oder Undulations-Hypothese heißt.

Nach der erstern besteht L aus äußerst kleinen materiellen Theilchen, welche von der Oberfläche des leuchtenden Körpers sich losreißen, mit großer Geschwindigkeit nach allen Richtungen fortgehen und worauf die in den Körpern vorhandenen anziehenden und abstoßenden Kräfte sich thätig erweisen. Der leuchtende Körper strahlt L aus, und der beleuchtete wirft die auf ihn fallenden Lichttheilchen mehr oder weniger zurück, u. s. w.

Nach der Vibrations-Hypothese besteht L in Wellenschlägen oder Undulationen einer im ganzen Weltenraume verbreiteten Flüssigkeit, welche man den Aether nennt. Letzterer besitzt eine bedeutende Elasticität und eine so außerordentliche Feinheit, daß er sogar den Bewegungen der Himmelskörper kein merkliches Hinderniß entgegensetzt; auch durchdringt derselbe alle Körper, worin er in verschiedenen Zuständen der Elasticität und Dichtigkeit sich befindet. Der leuchtende Körper ist derjenige, dessen Oberfläche in einer Schwingungsbewegung begriffen ist, welche sich dem Aether mittheilt; der beleuchtete besitzt eine Aehnlichkeit mit dem Hindernisse, wovon der Schall als Echo zurückkehrt; und der durchsichtige Körper ist ein solcher, welcher die Schwingungsbewegung selbst anzunehmen und durch sein Inneres fortzupflanzen vermag.

Anmerkung. Die Emanationshypothese ist uralt, so daß Newton nicht als Urheber derselben betrachtet werden kann. Der Urheber der Vibrationshypothese ist Des Cartes *); doch wurde dieselbe von

*) Ausgesprochen: Däkärt. Geb. 1596; gest. 1650.

Huygens *), Euler **), Young ***) und Andern verbessert. — Nach der Emanationshypothese ist das Sehen dem Geruche, und nach der Vibrationshypothese dem Gehöre ähnlich. — Obgleich aber nun beide Ansichten nicht alle ihnen entgegenstehende Schwierigkeiten zu überwinden vermögen, so scheint dennoch die erstere den meisten Erscheinungen angemessener als die letztere zu sein, und sie wird dieserhalb den in gegenwärtigem Kapitel vorkommenden Erläuterungen hauptsächlich zum Grunde gelegt.

§. 778.

L leuchtet nicht blos, d. h. wirkt nicht allein auf den Sinn des Gesichtes, sondern bringt auch noch viele andere Wirkungen hervor.

Aus diesem Grunde kommen in gegenwärtigem Kapitel hauptsächlich vor:

a) die geradlinige Verbreitung und Geschwindigkeit des L;

b) die durch die Einwirkungen der Körper auf L hervorgebrachten Erscheinungen, wie die Zurückwerfung, Brechung, Beugung u. s. w.; und

c) diejenigen Wirkungen des L auf die Körper, wobei es mehr oder weniger als L zu erscheinen aufhört.

§. 779.

Das Organ des Gesichtes, wodurch L erst ein Gegenstand unserer Wahrnehmung wird, ist vorzüglich beachtenswerth. Da aber die Verrichtungen des Sehens erst nach den Erscheinungen der Brechung vollständig erklärt werden können, so ist nur die vorläufige Bemerkung zulässig: daß der Eindruck des L auf die im Hintergrunde des Auges ausgespannte Netzhaut geschieht, und daß L durch eine schwarze Kreisfläche geht, welche man die Pupille (oder Sehe) nennt. Letztere, so wie das ganze Auge, wird einstweilen als bloßer Punkt angesehen, und späterhin das hierher Gehörige auf's Vollständigste ergänzt.

§. 780.

In demselben gleichartigen Mittel, oder in demselben Mittel von unveränderter Dichtigkeit, geht L (der Erfahrung zufolge) geradlinig fort.

---

*) Vergl. §. 152.

**) Euler, geb. 1707; gest. 1783.

***) Ausgesprochen: Jöng. Geb. 1773 zu Milverton; gest. 1829.

So sieht man z. B. den leuchtenden Punkt p nur dann, wenn aus p nach unserm Auge eine gerade Linie möglich ist, welche durch keinen undurchsichtigen Körper unterbrochen wird. Eine solche gerade Linie, in deren Richtung also der Eindruck von L geschieht, oder, was dasselbe ist, eine solche Reihe hinter einander fortgehender Lichttheilchen wird ein Lichtstrahl genannt.

Anmerkung. Man bemerke, daß — nach der Vibrationshypothese — der Lichtstrahl in kleinen nach einander folgenden Schwingungen besteht, oder als eine Reihe von Aetherschwingungen betrachtet werden muß.

§. 781.

Die Lichtstrahlen breiten sich von jedem leuchtenden Punkte p nach allen Seiten aus, wohin nur in dem durchsichtigen Mittel gerade Linien gezogen werden können; und jeder Lichtstrahl setzt seinen anfänglichen Weg so lange fort, bis er zu einem Raume von veränderter materieller Beschaffenheit gelangt. So wird z. B. p ringsherum gesehen, wenn zwischen ihm und dem Auge kein undurchsichtiger Körper sich befindet. L bildet also gleichsam eine Strahlenkugel um p; auch stellt sich p als Spitze eines Lichtkegels (oder einer Lichtpyramide) dar, wenn man in schicklicher Entfernung von diesem Punkte eine Ebene anbringt. Ein solcher Lichtkegel heißt zuweilen ebenfalls ein Lichtstrahl, obgleich er eigentlich aus unzählig vielen einzelnen Strahlen besteht. Man denkt sich aber in diesem Falle unter Lichtstrahl immer die Axe des Lichtkegels, und hat dieselbe auch den Hauptstrahl genannt.

§. 782.

Jeder strahlende Punkt p sendet auf unser Auge A einen Lichtkegel, dessen Spitze p und dessen Grundfläche die Pupille ist. Wir beziehen aber den Eindruck, welchen wir fühlen, auf einen Punkt hin, der in der Axe jenes Lichtkegels sich befindet und in seiner Spitze zu liegen scheint. So bezieht z. B. (in Fig. 25.) das Auge A, auf dessen Pupille dce der Lichtkegel pdec fällt, den Eindruck des strahlenden Punktes auf die Spitze p von pdec, worin pc als Axe sich zeigt. Man fühlt einigermaßen die Lage des p, kann sie jedoch nicht mit hinreichender Genauigkeit bestimmen; und es entstehen hieraus die häufigen Täuschungen, welche in Bezug auf die Entfernungen des p von A stattfinden.

Anmerkung. Die in diesem §. erwähnte Linie pc wird auch die Augenaxe genannt.

§. 783.

Die dunkle Kammer, welche blos durch die kleine Oeffnung o eines Fensterladens Lichtstrahlen empfängt, heißt die Camera obscura C, und die darin stattfindenden Erscheinungen erklären sich aus der geradlinigen Verbreitung des L. Denn ist der leuchtende oder beleuchtete Gegenstand G vor dem Laden der C, so erscheint auf jeder in C vorhandenen und o gegenüberstehenden Fläche F das umgekehrte Bild des G, und zwar so, daß dasjenige eines ruhenden Objektes ruht und das eines bewegten sich ebenfalls bewegt. Denn von den aus den einzelnen Punkten des G kommenden Lichtstrahlen gehen nur wenige durch o nach C und beleuchten kleine Stellen von F. So beleuchtet z. B. (in Fig. 26.) das aus a kommende L die Stelle α, das aus b strahlende die Stelle β von F, und alle zwischen a und b vorhandenen leuchtenden oder beleuchteten Punkte diejenigen Stellen von F, welche zwischen α und β sich befinden.

Das Bild des Objektes ab ist dieserhalb auf F durch $\alpha\beta$ bezeichnet und gegen ab in umgekehrter Lage befindlich. Auch ist $ab = \alpha\beta$, wenn F und ab gleichweit von gh abstehen, und $ab < \alpha\beta$, wenn ab näher als F an gh liegt, u. s. w. Macht man ferner mit der Spitze einer Stecknadel n in das Blatt Papier B die o, hält n dicht vor das Auge und B vor n, und sieht alsdann (gegen das Helle) durch o auf n, so stellt letztere hinter B umgekehrt und vergrößert sich dar. Die Ursache dieser Erscheinung ist aber, dem bereits Gesagten zufolge, ohne weitere Auseinandersetzung klar.

Anmerkung 1. Man wird leicht einsehen, daß auch das Sonnenbild durch o auf F gebracht werden kann. — Eben so ergiebt sich, daß bei einer sehr kleinen o jedes auf F kommende Bild mit hinreichender Deutlichkeit sich zeigt, weil alle Punkte von G sehr kleine Stellen auf F beleuchten, in deren Mittelpunkten L nur eine unmerkliche Vermischung erfährt. — Ist dagegen o sehr groß, so beleuchten alle Punkte von G beziehlich so große Flächen auf F, daß die benachbarten auf's Vollständigste einander decken. Es wird aber hierdurch kein Bild, sondern nur eine Helligkeit auf F hervorgebracht.

Anmerkung 2. Wird o mit einem convexen Glase versehen, so verschwindet die Undeutlichkeit des Bildes vollständig, weil (wie in der Folge erhellt) die von jedem Punkte auf o gelangenden divergirenden Strahlen durch die Wirkung des Glases convergirend werden und an irgend einer Stelle in C zusammentreffen. Stellt man aber nun F in dieselbe, so ergiebt sich mit hinreichender Genauigkeit das Bild des G auf F. Die auf diese Weise eingerichtete Camera obscura heißt die dioptrische, während man die in diesem §. erwähnte die optische nennt. Von der mit einem Spiegel versehenen Camera obscura, d. h. von der katoptrischen, wird in §. 965. gehandelt.

Anmerkung 3. Die dunkle Kammer wurde im 16ten Jahrhundert von dem Neapolitaner Johann Baptista Porta erfunden.

§. 784.

Der hinter jedem beleuchteten undurchsichtigen Körper vorhandene unbeleuchtete Raum wird Schatten genannt. Die Größe, Gestalt und Lage des Schattens S hängt von der Größe, Gestalt und Lage des leuchtenden Körpers K und des beleuchteten k, und von der zwischen diesen Körpern stattfindenden Entfernung ab. Bei einem einzigen leuchtenden Punkte erscheint S hinter k als ein vollkommen lichtloser Raum; bei zwei oder mehreren leuchtenden Punkten, oder bei K, entsteht in S ebenfalls ein lichtloser Raum, welchen man den Kernschatten nennt. Die an dem letztern zunächst liegenden Stellen sind zum Theile erleuchtet, weil sie von manchen Punkten des K Licht und von andern keins erhalten; sie heißen aus diesem Grunde Halbschatten, und gehen, durch allmählige Abstufungen, in die vollständigste Beleuchtung über.

Bezeichnet nämlich (in Fig. 27.) p einen leuchtenden Punkt und ab einen undurchsichtigen Körper, z. B. einen Stab u. s. w., so ist der Raum abdc vollkommen finster. Kommen aber (Fig. 28.) in ef zwei oder mehrere leuchtende Punkte vor, so ist der hinter dem undurchsichtigen Körper ab vorhandene Raum abd lichtlos und wird also ein Kernschatten genannt. Die Räume cah und dah erhalten aber von den Strahlen einiger leuchtenden Punkte Licht und von andern nicht; sie sind also Halbschatten, welche allmählig in die volle Beleuchtung übergehen.

§. 785.

Ist $K > k$, so endigt sich der Kernschatten S in einer Spitze; ist dagegen $K \leqq k$, so geht S ohne Ende fort, und sein Durchmesser wird im erstern Falle immer größer, während er im zweiten völlig unverändert bleibt.

Stellen z. B. (in Fig. 29 bis 31.) die beiden Körper K und k Kugeln dar, so hat der erste Schatten cdbh die Gestalt eines Kegels, der zweite lfgh die eines abgekürzten Kegels, und der dritte mnop die Gestalt eines Cylinders. Auch wird in Fig. 29. weniger, in Fig. 30. mehr, und in Fig. 31. gerade die Hälfte von k beleuchtet.

Anmerkung. Ist (in Fig. 29.) ab = ε Fuß, cb = x Fuß, af = R Fuß und bd = r Fuß, so ist Δ cbd $\sim$ Δ caf; und also

$$(x + \varepsilon) : x = R : r,$$

oder $$(x + \varepsilon - x) : x = (R - r) : r,$$

oder $$x = \frac{\varepsilon \cdot r}{R - r}.$$

Die Spitze des Schattens cdbh ist also um $\left(\frac{\varepsilon \cdot r}{R - r}\right)$ Fuß von k entfernt.

§. 786.

Wenn ein Körper in den Schatten eines andern kommt, so wird er entweder ganz oder zum Theile verdunkelt, und der verdunkelte Theil seiner Oberfläche der Schlagschatten genannt. So wirft z. B. ein senkrecht stehender Stift einen Schlagschatten auf das Papier, wenn er von dem Sonnen= oder einem andern Lichte beschienen wird.

Der Schlagschatten, welchen ein lothrecht stehender Stift auf einer horizontalen Fläche erzeugt, wird ein gerader, und der, welchen ein horizontaler Körper auf einer vertikalen Fläche macht, ein verkehrter genannt. — Die Ruhe und Bewegung des Schattens hängt von der Ruhe und Bewegung des leuchtenden und beleuchteten Körpers (d. h. von der Ruhe und Bewegung des einen oder des andern oder beider) ab. So rückt z. B. bei den Sonnenuhren der vom Stabe gebildete Schlagschatten von Westen nach Osten fort, u. s. w. — Der Schlagschatten erscheint schwarz, wenn kein fremdes L auf ihn fällt; trifft aber farbiges L auf denselben, so zeigt er sich ebenfalls gefärbt. Es giebt indeß auch gefärbte Schatten, deren Farben durch einen Contrast bewirkt zu sein scheinen.

Graf Rumford hat hierüber viele Beobachtungen angestellt, von denen in §. 950. Nr. 2. die Rede sein wird.

Zweite Abtheilung.

Von der Stärke der Erleuchtung und von der Geschwindigkeit des Lichtes.

§. 787.

Die Erleuchtungen, welche die Ebene E von dem leuchtenden Punkte p in verschiedenen Entfernungen erfährt, verhalten sich, bei gleicher Lage gegen die Strahlen, wie umgekehrt die Quadrate dieser Entfernungen.

Beweis. Bezeichnet (in Fig. 32.) acdg die E, so ist das aus p kommende L in einem pyramidalförmigen Raume enthalten, worin p als Spitze und acdg als Grundebene sich zeigt. Construirt man aber nun, in einer größern Entfernung von p, die Ebene hkno parallel mit acdg und zwar so, daß sie die in gegenwärtiger Figur angedeutete Form und Lage erhält, so ist hkno ∾ acdg; und wird jetzt acdg hinweggedacht, so sind die aus p kommenden Lichtstrahlen in einem pyramidalförmigen Raume befindlich, worin p als Spitze und hkno als Grundebene erscheint.

Da aber nun — einem stereometrischen Satze zufolge —

$$acdg : hkno = pf^2 : pq^2,$$

oder $acdg : hkno = 1 : \alpha^2$

ist, wenn man nämlich $pq = \alpha . pf$ setzt, so so folgt: daß diejenige Lichtmenge, welche in der Entfernung pf auf acdg fällt, in der Entfernung α.pf auf eine Ebene hkno trifft, welche α^2mal so groß als abcd sich zeigt. Wenn also acdg in der Entfernung pf die Lichtmenge M bekommt, so kann sie in der Entfernung α . pf oder pq nur die $\frac{M}{\alpha^2}$ erhalten.

Die Lichtmengen, welche E beziehlich in den Entfernungen pf und pq bekommt, erhalten sich also wie $M : \frac{M}{\alpha^2}$ oder wie $\alpha^2 : 1$. Nun ist aber auch $\alpha^2 : 1 = pq^2 : pf^2$, und es verhalten sich dieserhalb die Lichtmengen und also auch die Erleuchtungen, welche E beziehlich in den Entfernungen pf und pq bekommt, wie $pq^2 : pf^2$, d. h. wie umgekehrt die Quadrate der Entfernungen, in welchen E von p sich befindet.

Anmerkung 1. Man bemerke, daß in diesem §. das Mittel, worin die Lichttheilchen sich bewegen, den letztern kein Hinderniß entgegensetzen darf, und daß die Richtigkeit gegenwärtigen Lehrsatzes auch noch durch folgenden Versuch außer Zweifel gesetzt werden kann.

Man mache eine kleine Oeffnung o in das Kartenblatt B, stelle stelle B senkrecht, bringe dicht vor o die Flamme einer Lichtkerze, und in einer beliebigen Entfernung s hinter o die weiße Tafel T in lothrechter Stellung an. Nun betrachte man die erleuchtete Stelle auf T, bestimme ihren Durchmesser δ, stelle alsdann T in der Entfernung 2s von o auf, und messe wiederum den Durchmesser der erleuchteten Stelle.

Man wird aber alsdann finden, daß derselbe 2δ beträgt. Da aber nun die erleuchtete Fläche im erstern Falle δ^2 und im zweiten $4\delta^2$ ausmacht, so verhalten sich die Flächenräume der auf T in den Entfernungen s und 2s entstandenen Erleuchtungen wie $\delta^2 : 4\delta^2$, und also die Erleuchtungen selber wie $4\delta^2 : \delta^2$, oder wie 4 : 1, so daß auf T in der einfachen Entfernung von o eine 4mal stärkere Beleuchtung als in der doppelten Entfernung entsteht.

Anmerkung 2. Es verdient bemerkt zu werden, daß eine Lichtflamme in beträchtlicher Entfernung von E als ein leuchtender Punkt betrachtet werden kann.

§. 788.

Wenn (in Fig. 33.) parallele Lichtstrahlen senkrecht auf die Ebene ab und schief auf die ihr congruente cd fallen, so verhält sich die auf ab stattfindende Erleuchtung zu der auf cd sich ergebenden, wie 1 zu $\sin \alpha$, oder wie 1 zum Sinus des Neigungswinkels, welchen die Ebene cd gegen die Strahlen macht.

Beweis. Ist der leuchtende Punkt p so weit von ab und cd entfernt, oder ist ab gegen ihre Entfernung von p so klein, daß alle Strahlen als parallele betrachtet werden können, so erhält ce so viel Licht wie ge, und de so viel wie eh. Nun ist aber $ge = ce . \sin \alpha$, $eh = de . \sin edh = de . \sin \alpha$; und dieserhalb $ge + eh = (ce + de) . \sin \alpha$, oder $gh = cd . \sin \alpha = ab . \sin \alpha$. Die auf ab fallende Lichtmenge verhält sich also zu der auf cd kommenden wie $ab : ab . \sin \alpha$, oder wie $1 : \sin \alpha$; und es muß also auch die auf ab stattfindende Erleuchtung zu der auf cd sich ergebenden wie $1 : \sin \alpha$ sich verhalten.

§. 789.

Um die von einem nahen leuchtenden Punkte p herrührende Erleuchtung einer Ebene mit der von diesem Punkte herkommenden senkrechten zu vergleichen, verfahre man folgendermaßen.

Es stelle (in Fig. 34.) c den Mittelpunkt eines Kreises dar, welcher in senkrechter Stellung durch ad und in schiefer durch ef bezeichnet ist. Aus e und f construire man auf ph die Senkrechten eh und fg, und bezeichne die Entfernung des p von ad, nämlich pc, durch s, den Neigungswinkel der Ebene ef gegen den Mittelstrahl, d. h. $\angle fcp = \angle ech$ durch α, und den Radius $ac = cd = ce = cf$ durch r.

Es ergiebt sich aber alsdann, daß ef dieselbe Lichtmenge wie nk erhält, und daß $eh = gf = r . \sin \alpha$, $ch = cg = r . \cos \alpha$,

$$\text{und} \quad eh : nc = ph : pc,$$

$$\text{oder} \quad (r . \sin a) : nc = (s + r . \cos \alpha) : s,$$

$$\text{oder} \quad nc = \frac{rs . \sin \alpha}{s + r . \cos \alpha} \text{ ist.}$$

Eben so folgt $ck = \frac{rs . \sin\alpha}{s - r . \cos\alpha}$;

und dieserhalb $nk = \frac{rs . \sin\alpha}{s + r . \cos\alpha} + \frac{rs . \sin\alpha}{s - r . \cos\alpha}$,

oder $nk = 2r \sin\alpha \cdot \frac{s^2}{s^2 - r^2 \cos\alpha^2}$.

Bezeichnet man nun die Lichtmenge, welche bei senkrechter Beleuchtung auf ad fällt, durch M, und die, welche bei schiefer Beleuchtung ef (oder ad) bekommt, durch m, so ist

$$M : m = ad : nk = 2r : \left(2r \sin\alpha \cdot \frac{s^2}{s^2 - r^2 \cos\alpha^2}\right) = (s^2 - r^2 \cos\alpha^2) : s^2 \sin\alpha;$$

und also

$$\text{I.} \quad m = M \frac{s^2 \sin\alpha}{s^2 - r^2 \cos\alpha^2}.$$

Ist s gegen r bedeutend groß, so verschwindet (ohne merklichen Fehler) r gegen s, und man erhält aus I.:

$$m = M \cdot \frac{s^2 \sin\alpha}{s^2} = M \sin\alpha, \text{ oder}$$

$$\text{II.} \quad M : m = 1 : \sin\alpha.$$

Anmerkung. Aus gegenwärtigem §. geht hervor: daß — unter denselben Umständen — die senkrechte Erleuchtung einer Ebene am Größten sich zeigt.

§. 790.

Die Erleuchtungen, welche der leuchtende Punkt p auf verschiedenen Stellen einer Ebene bewirkt, die in gegebener endlicher Entfernung von p sich befindet, verhalten sich zu einander wie umgekehrt die Kubikzahlen ihrer Entfernungen von p.

Beweis. Bezeichnet (in Fig. 35.) af eine Ebene, deren Theil de senkrecht und deren gleicher Theil ac schief und zwar unter dem Winkel pcd = α erleuchtet wird; ist ferner pe = s, pc = u, die auf de kommende Lichtmenge = M und die auf ac fallende = m, so schließe man folgendermaßen:

Stünde ac ⊥ gegen den Strahl, und bezeichnete man die Lichtmenge, welche er in dieser Stellung erhielte, durch μ, so wäre (nach §. 787.):

$$1) \quad M : \mu = u^2 : s^2.$$

Da ac aber schief erleuchtet wird, so ist (nach §. 789. Nr. II.):

$$\mu : m = 1 : \sin\alpha,$$

oder $2) \quad \mu : m = u : s$ (weil $\sin\alpha = \frac{s}{u}$ ist).

Aus (1) und (2) ergiebt sich nun:

$$3) \quad M : m = u^3 : s^3;$$

und es verhalten sich dieserhalb die Erleuchtungen von de und ac, wie umgekehrt die Kubikzahlen ihrer Entfernungen von p.

§. 791.

Die von einer leuchtenden Ebene e hervorgebrachte Beleuchtung verhält sich (unter übrigens gleichen Umständen) wie die Flächengröße der e.

Beweis. Ist die leuchtende Ebene E 2=, 3= oder nmal so groß als e, so sind in ersterer 2=, 3= oder nmal so viel leuchtende Punkte als in letzterer enthalten, und es bringt dieserhalb E eine 2=, 3= oder nmal so große Erleuchtung als e hervor.

Anmerkung. Aus gegenwärtigem §. folgt, daß bei leuchtenden Kreisebenen die in gleichen Entfernungen stattfindenden Erleuchtungen sich wie die Quadrate der Durchmesser verhalten. Auch ergiebt sich, daß bei mehreren leuchtenden Flächen von gleicher Größe die Erleuchtungen sich wie die Anzahl dieser Flächen verhalten.

§. 792.

Die von einer leuchtenden Ebene nach verschiedenen Richtungen hervorgebrachten Erleuchtungen verhalten sich zu einander wie die Sinus der Ausstrahlungswinkel.

Beweis. Die Begründung gegenwärtigen Satzes ergiebt sich auf die in §. 788. angegebene Weise. Denn ist (Fig. 33.) cd eine leuchtende Ebene, so folgt, daß sie nach den Richtungen ck und dl nicht mehr S als die leuchtende Ebene gh aussenden kann, u. s. w.

§. 793.

Um die Stärken der Erleuchtungen zu vergleichen, welche zwei ungleiche Lichtflammen auf einer weißen Wand W u. s. w., in gleichen Entfernungen davon, bewirken, verfahre man auf folgende Weise.

Man bringe die beiden *) Lichtflammen F und f in einiger Entfernung von W u. s. w. an, befestige zwischen ihnen und W in senkrechter Stellung ein Lineal. Nun rücke man die stärkere F so weit zurück, bis die vom Lineal auf W hervorgebrachten zwei Schatten von gleicher Schwärze erscheinen; und ermittle alsdann die Entfernungen der F und f von W. Ist aber die erstere mmal so groß als die zweite, so folgt, daß — in gleicher Entfernung — die W durch F eine m^2mal stärkere Erleuchtung als durch f erfährt. Bewirkt z. B. F in einer Entfernung von zwei Fuß einen eben so schwarzen Schatten, d. h. eine eben so starke Beleuchtung, als f in der Entfernung von einem Fuß, so muß F in der Entfernung von einem Fuß eine 4mal stärkere Erleuchtung als f in dieser Entfernung hervorbringen, u. s. w.

Anmerkung 1. Bouquer**) verglich die von dem Vollmonde M und der Sonne S bewirkte Erleuchtung auf folgende Weise:

*) Etwa von einer Argand'schen Lampe und einem Wachslichte herrührenden.

**) Ausgesprochen: Bughe.

Er ließ in ein finsteres Zimmer durch die eine Linie im Durchmesser haltende Oeffnung das L der S einfallen, verbreitete dasselbe (vermittelst einer Concavlinse) auf einen Kreis von 108 Linien im Durchmesser, und fand, daß es die nämliche Erleuchtung wie eine Lichtflamme F in der Entfernung von $1\frac{1}{3}$ Fuß hervorbrachte. Das in einen Kreis von 8 Linien verbreitete L des M erleuchtete nur so stark wie F in der Entfernung von 50 Fuß, so daß (nach §. 787.) die von F in beiden Fällen hervorgebrachten Erleuchtungen sich wie $50^2 : (\frac{4}{3})^2$ oder wie $1406\frac{1}{4} : 1$ verhielten; und daß also S in einem Kreise von 108 Linien im Durchmesser eine $1406\frac{1}{4}$mal stärkere Erleuchtung als M auf einem Kreise von 8 Linien im Durchmesser hervorbrachte. Wurde aber das L der S auf einen Kreis von 8 Linien im Durchmesser concentrirt, so mußte es in dem Verhältnisse $108^2 : 8^2$ oder in demjenigen $182\frac{1}{2} : 1$ stärker sein (weil sich die Kreise wie die Quadrate ihrer Durchmesser verhalten); und es verhielte sich dieserhalb die Erleuchtung durch S zu derjenigen durch M, wie $(1406\frac{1}{4} . 182\frac{1}{2}) : (1 . 1)$, oder wie $256640\frac{5}{8} : 1$, so daß die Erleuchtung durch S $256640\frac{5}{8}$mal stärker als die durch M sich zeigte.

Nahm man ferner S und M von gleicher Größe an, so ergab sich das Verhältniß der beiden Erleuchtungen auf folgende Weise:

Da der Durchmesser von S ohngefähr 111,45mal und der von M 0,273mal so groß als der Durchmesser der Erde T sich zeigt, so verhält sich die sichtbare Halbkugelfläche von S zu der von M wie $(111{,}45)^2 : (0{,}273)^2$, oder beinahe wie 166661 : 1.

Die Erleuchtung einer S von der Größe des M würde also 166661mal weniger L als die wahre S verbreiten; und es verhielte sich in diesem Falle die Erleuchtung von S zu der von M beinahe wie 256641 : 166661, oder wie 1,54 : 1.

Wären endlich S und M, bei gleichen Größen, gleich weit von T entfernt, so würde das Verhältniß der beiden Erleuchtungen auf folgende Weise sich ergeben:

Da S ohngefähr 20000000 und M 50000 Meilen von T absteht, so ist die erste 400mal weiter als der zweite von uns entfernt. Ständen aber nun S und M gleich weit von T ab, so wäre die Erleuchtung durch S 400^2 = oder 160000mal stärker als früher, und sie würde sich dieserhalb zu der durch M wie (1,54 . 160000) : 1, oder wie 246400 : 1 verhalten.

Hieraus folgt aber: daß ein Stück der Sonnenoberfläche, in der Entfernung von 50000 Meilen, eine 246400mal stärkere Erleuchtung als letzterer geben würde, und daß das Verhältniß 246400 : 1 dasjenige der eigenthümlichen Lichtstärken dieser Körper ist.

Anmerkung 2. Man bemerke, daß L — der Erfahrung zufolge — bei seinem Durchgange durch ein durchsichtiges Mittel eine größere oder kleinere Schwächung erleidet, und daß hierauf die von Lampadius angegebene Vorrichtung: „die Lichtstärken mit einander zu vergleichen," beruht. Diese Vorrichtung besteht aber aus einer Röhre R, in welche man dünne durchscheinende Scheiben von Beinglas, Horn u. s. w. bringt, um hierdurch L in einer bestimmten Entfernung (etwa von 2 Fußen) zu beobachten. Man legt demgemäß so viele Scheiben in R, bis das zu prüfende L ganz unsichtbar wird, und bestimmt alsdann aus der Menge der Scheiben die Stärke des L.

§. 794.

L pflanzt sich — der Erfahrung zufolge — allmählig fort und legt in einer Sekunde einen Weg von ohngefähr 41666 Meilen zurück. Es geht von allen Sternen mit derselben Geschwindigkeit, und seine Bewegung stellt sich, so viel wir darüber urtheilen können, als eine völlig gleichförmige dar.

Anmerkung 1. Olof. Römer*), ein dänischer Astronom, entdeckte 1675, durch seine Beobachtungen an dem Austritte der Jupiterstrabanten aus dem Schatten des Jupiters J in verschiedenen Stellungen der Erde T, die allmählige Fortpflanzung des L. War nämlich T am Weitesten von J entfernt, so erschien der aus dem Schatten tretende Trabant um 16 Minuten später, als er nach der Berechnung hätte erscheinen müssen, wenn T dem J um den ganzen Durchmesser ihrer Bahn näher gestanden hätte. Diese Verspätung rührt aber daher, daß L, um den ohngefähr 40000000 Meilen enthaltenden Durchmesser der Erdbahn zu durchlaufen, 16 Minuten, und also, um den Halbmesser dieser Bahn oder den Weg von der Sonne zur Erde zurückzulegen, 8 Minuten gebraucht.

Anmerkung 2. Da (nach §. 117.) die Wirkung, welche ein Körper durch seine Bewegung hervorbringt, dem aus seiner Masse und Geschwindigkeit gebildeten Produkte entspricht, so müßte das mit einer so außerordentlichen Geschwindigkeit begabte L auch bei einer äußerst kleinen Masse einen bedeutenden Eindruck bewirken. Da aber nun L auch nicht den mindesten bemerkbaren Eindruck eines Stoßes auf das sehr empfindliche Organ, nämlich das Auge, erzeugt, so muß seine Masse unendlich gering und seine Feinheit ganz außerordentlich sein.

Anmerkung 3. Die große Geschwindigkeit des L hat zur Erfindung der Telegraphen geführt.

§. 795.

Man beobachtet an den Fixsternen **) eine jährlich wiederkehrende scheinbare Bewegung, welche die Abirrung des L heißt. Bradley ***) erklärt diese Erscheinung aus der bestimmten Geschwindigkeit des L und der Bewegung der Erde T auf folgende Weise:

Befindet sich (in Fig. 36.) ein Fixstern S in b, und T in h, und beschreibt T in ihrer Bahn den Weg hg, während das von S

*) Geb. 1644; gest. 1710.

**) Vorläufig wird bemerkt, daß die meisten scheinbar kleinen Sterne ihre scheinbaren Entfernungen von einander entweder gar nicht oder äußerst unmerklich verändern, und daß man ihnen aus diesem Grunde den Namen der Fixsterne gegeben hat.

***) Ausgesprochen: Brädd'li. Geb. 1692 zu Schirnborn in England; gest. 1762.

kommende L den hg macht, so begegnen sich L und T und also auch L und das Auge A des Zuschauers in g. Hätte L allein sich bewegt, und T anfänglich in g sich befunden, so wäre dem A der Eindruck von L in der Richtung bg geworden. Da aber nun A in der Richtung hg auf das ankommende L gleichsam stößt, so bekommt A zugleich einen Eindruck, dessen Richtung fg der frühern Richtung entgegengesetzt und dessen Größe fg = hg ist. Der Eindruck, welchen A erleidet, ist also aus zwei Eindrücken zusammengesetzt, d. h. er ist ein solcher, wie er statthaben müßte, wenn A in g geruht hätte und das von den beiden Kräften cf und cb zugleich getriebene L in der Diagonale cg angekommen wäre. Hieraus folgt aber: daß A den S nach der Richtung cg und also in c statt in b erblickt.

Dritte Abtheilung.

Von der scheinbaren Größe und Gestalt der Körper.

§. 796.

Wenn man von den beiden äußersten Endpunkten eines Gegenstandes G nach der Mitte der Pupille gerade Linien zieht, so bilden dieselben einen Winkel, welcher der Sehewinkel, die scheinbare Größe, oder der scheinbare Durchmesser des G heißt. Ist z. B. (in Fig. 37.) die Mitte der Pupille durch c, und G durch bd ausgedrückt, so wird ∠ bcd der Sehewinkel, die scheinbare Größe oder der scheinbare Durchmesser von bd genannt.

§. 797.

Die Tangenten der scheinbaren Größen zweier Gegenstände verhalten sich zu einander, wie die wirklichen Größen derselben, durch ihre Entfernungen vom Auge A beziehlich dividirt.

Beweis. Bezeichnen (in Fig. 37.) bd und ef die wirklichen Größen zweier Gegenstände, und stellt c den Mittelpunkt der Pupille dar, so sind (nach vor. §.) die scheinbaren Größen dieser Gegenstände beziehlich durch ∠ bcd und ∠ ecf ausgedrückt, und bd ist von c (oder von A) um cd, und ef von diesem Punkte um cf entfernt. Nun ergiebt sich aber (einem trigonometrischen Satze zufolge):

$$\mathrm{tg\ bcd} = \frac{\mathrm{bd}}{\mathrm{cd}},\quad \mathrm{tg\ ecf} = \frac{\mathrm{ef}}{\mathrm{cf}},$$

und also $$\mathrm{tg\ bcd} : \mathrm{tg\ ecf} = \frac{\mathrm{bd}}{\mathrm{cd}} : \frac{\mathrm{ef}}{\mathrm{cf}}.$$

Anmerkung. Man bemerke, daß bei kleinen scheinbaren Größen die Sehewinkel (ohne merklichen Fehler) statt ihrer Tangenten gesetzt werden können. So ist z. B.

der Durchmesser der Sonne S ohngefähr =	112	Erddurchmesser;
der Durchmesser des Mondes M ohngefähr =	$\frac{2}{7}$	
die wirkl. Entfernung von S bis A ohngefähr =	12000	
die wirkl. Entfernung von M bis A ohngefähr =	30	

und es verhalten sich dieserhalb dir scheinbaren Durchmesser von S und M wie $\frac{112}{12000} : \frac{2}{210}$, oder ohngefähr wie $\frac{1}{107} : \frac{1}{105}$, oder ohngefähr wie 105 : 107; so daß S und M, ungeachtet ihrer verschiedenen wirklichen Größen und Entfernungen, ohngefähr dieselbe scheinbare Größe besitzen.

§. 798.

Aus vor. §. ergiebt sich:

1) Bei gleichen Entfernungen von A verhalten sich die Tangenten der scheinbaren Größen wie die wirklichen Größen; oder man erhält (in Fig. 37.) tg bcd : tg ecf = bd : ef, wenn cd = cf ist.

2) Bei gleichen wirklichen Größen verhalten sich die Tangenten der scheinbaren Größen wie umgekehrt die Entfernungen von A; oder es ergiebt sich tg bcd : tg ecf = cf : cd, wenn bd = ef ist.

3) Bei gleichen scheinbaren Größen verhalten sich die wirklichen Größen wie die Entfernungen von A; oder man erhält bd : ef = cd : cf, wenn $\angle$ bcd = $\angle$ ecf ist.

Anmerkung 1. Aus Nr. 1 geht hervor, daß der größere Gegenstand G, in der nämlichen Entfernung von A, eine größere scheinbare Größe als der kleinere besitzt. Eben so erfolgt aus Nr. 2, daß demselben G in verschiedenen Entfernungen von A ungleiche scheinbare Größen zukommen, und daß dieselben desto kleiner werden, je weiter G von A sich entfernt. Und endlich ergiebt sich aus Nr. 3, daß zwei ungleiche Gegenstände in solche Entfernungen von A gebracht werden können, daß sie die nämlichen scheinbaren Größen besitzen.

Anmerkung 2. Man bemerke, daß auch in Nr. 1 und 2 dieses §. bei kleinen scheinbaren Größen die Sehewinkel statt ihrer Tangenten gesetzt werden können. (Vergl. die in §. 797. gegebene Anmerkung.)

§. 799.

Ist (in Fig. 38.) die scheinbare Größe bcd des Gegenstandes bd sehr klein, so kann man (ohne merklichen Fehler) Δ bcd als ein gleichschenkliches betrachten. Es steht aber alsdann die aus c auf die Mitte e von bd gezogene gerade Linie ce ⊥ bd, und man erhält:

$$\text{Sin} \tfrac{1}{2} \text{bcd} = \frac{\frac{1}{2} \text{bd}}{\text{bc}} = \frac{\text{bd}}{2\text{bc}}.$$

§. 800.

Ein Gegenstand G hört auf sichtbar zu sein, wenn seine scheinbare Größe zu klein, oder seine Entfernung, in Vergleich mit seiner wirklichen Größe, zu groß befunden wird.

Man nimmt gewöhnlich an: G höre auf sichtbar zu sein, wenn seine scheinbare Größe ohngefähr ½ Minute beträgt. Dies ist jedoch nur als eine ungefähre Durchschnittsbestimmung für alle nicht zu stark strahlende Körper zu betrachten, indem z. B. ein Fixstern, seines sehr lebhaften Lichtes wegen, unter einem Sehewinkel, welcher noch keine Secunde ausmacht, wahrgenommen werden kann.

Ist also der wahre Durchmesser von dem (nicht zu stark strahlenden) G etwa 5000mal kleiner als die Entfernung dieses Gegenstandes von A, so hört G auf sichtbar zu sein, weil hier der Sehewinkel ohngefähr ½ Minute beträgt. So wird z. B. bei einer Allee, welche 5000mal so viel Länge als Breite besitzt, am äußersten Ende keine Breite mehr bemerkt. Doch ist dies nicht für alle Augen einerlei, indem einige G unter einem kleinern Sehewinkel als andere bemerken. Ein Auge, welches die zuerst erwähnte Eigenschaft besitzt, wird aber ein scharfsichtiges genannt.

Anmerkung. Wird der Sehewinkel zu klein, entweder wegen der wirklichen Kleinheit des G, oder wegen der zu großen Entfernung des letztern von A, so verschwinden die kleinen Theile des G, und wir nehmen nur noch die Umrisse des letztern wahr. So werden z. B. ein fernes Kornfeld, ein ferner Wald u. s. w. als zusammenhängende Ganze erblickt.

§. 801.

Unser Urtheil über die wahre Größe eines beträchtlich entfernten sichtbaren Gegenstandes G wird hauptsächlich durch den Sehewinkel, öfters aber auch durch die Klarheit und Deutlichkeit bestimmt, mit der man G erkennt. So hält z. B. Jeder den Mond M für größer, wenn er untergeht, als wenn er hoch am Himmel sich befindet, obgleich M in beiden Fällen fast unter demselben Sehewinkel erscheint. Die

Ursache dieser Täuschung besteht aber darin, daß M im erstern Falle mit matterm Glanze und also undeutlicher als im zweiten sich zeigt, und daß wir dieserhalb im letztern M für entfernter als im erstern zu halten pflegen. Da aber nun der untergehende M in der von uns für größer erachteten Entfernung, dieselbe scheinbare Größe wie der hoch am Himmel stehende besitzt, so folgt: **daß M im erstern Falle für größer als im letztern gehalten werden muß** *).

Bei geringen Entfernungen des G (etwa eines Baumes u. s. w.) hat uns die Gewohnheit, Dinge seiner Art öfters zu sehen, eine solche Kenntniß von der wahren Größe des G verschafft, daß wir die Täuschungen vermeiden, welche aus der scheinbaren Größe dieses Gegenstandes sich ergeben. In einem ungewöhnlichen Falle sind wir aber auch hier vor Täuschungen nicht sicher. So erscheint uns z. B. ein Mensch in einer Entfernung von 50 bis 200 Fuß nicht beträchtlich kleiner als in einem Abstande von 10 Fuß. Ist er aber auf der Spitze eines 100 Fuß hohen Gebäudes befindlich, so sieht man ihn kleiner, weil wir im letztern Falle unser falsches Urtheil nicht durch Vergleiche zu verbessern vermögen.

§. 802.

Die Gestalt einer Fläche hängt von der erscheinenden Entfernung der Punkte ihres Umfanges unter einander, d. h. von den Sehewinkeln ab, unter denen man die Grenzen dieser Fläche erblickt.

Die körperliche Gestalt eines Gegenstandes wird aber aus den größern oder geringern Entfernungen bestimmt, worin die einzelnen Punkte der gesehenen Oberfläche von uns sich befinden.

So halten wir z. B. eine Kugel nicht für eine Scheibe, weil der Mittelpunkt der gesehenen Oberfläche unserm Auge näher als

*) Da wir M von der Erdoberfläche aus beobachten, so ist die zum auf- oder untergehenden M gehende gerade Linie um 700 bis 800 Meilen länger als die, welche von uns nach dem im Zenith oder sehr hoch am Himmel stehenden M gezogen wird. Auch hat man durch Mikrometer den Durchmesser des M am Horizonte um einige Sekunden geringer als im Zenith gefunden. Doch stellt sich das Bild des M dem bloßen Auge in beiden Fällen von gleicher Größe dar.

jeder andere Punkt des Umkreises liegt. Die Kunst, sowohl einzelne Theile desselben Gegenstandes als auch verschiedene sichtbare Gegenstände auf einer Fläche so abzubilden, wie sie dem Auge aus einem gegebenen Standpunkte nach Verschiedenheit ihrer Lagen und Entfernungen erscheinen, wird Perspective genannt. Man pflegt darin diejenigen Gegenstände, welche entfernter als andere sein sollen, außer ihrer kleinern scheinbaren Größe, noch durch schwächere Farben und Schattirungen, durch weniger bestimmte Umrisse, durch geringere Deutlichkeit in den einzelnen Theilen u. s. w. darzustellen.

Auch beruhen die Wirkungen eines Rundgemäldes oder Panorama's auf der Anwendung der Regeln der Perspective und einer gehörigen Berücksichtigung alles dessen, was den Zuseher an ein Bild erinnern könnte. Man pflegt demgemäß an den Wänden eines von der Decke herab erleuchteten kreisförmigen Gebäudes das Gemälde einer Gegend, Stadt u. s. w. so auszuspannen, wie es die abgebildeten Gegenstände in der Wirklichkeit thun. Auch müssen Dach und Geländer so weit dabei vorragen, daß der Zuschauer weder den obern noch untern Rand des Gemäldes erblickt.

Die optischen Zerrbilder oder Anamorphosen sind Zeichnungen, welche, wenn man sie auf eine bestimmte nicht gewöhnliche Art betrachtet, dem Auge dasjenige zeigen, was gezeigt werden soll. Man pflegt demgemäß diejenigen Dimensionen, welche in sehr schiefen Stellungen gegen die Augenaxen *) sich befinden, größer als die übrigen zu zeichnen, weil sie stärkere oder schwächere Abkürzungen durch die Schiefe erleiden, u. s. w.

§. 803. Zusatz.

1) Da (in Fig. 39.) die aus den beiden Endpunkten h und b der Sehne hb gezogenen geraden Linien he und be, hc und bc, hd und bd u. s. w. die gleichen Peripheriewinkel α, β, γ u. s. w. mit einander bilden, so folgt: daß allen Augen, die in der Peripherie des Kreises an einerlei Seite von hb sich befinden, diese Sehne unter gleichen Winkeln erscheint.

2) Stellt (in Fig. 40.) bc die Höhe des Auges A über dem

---

*) Vergleiche §. 782.

horizontalen Boden ce dar, und sind f, g, h, k u. s. w. Punkte, welche immer weiter von A abstehen, so müssen die beziehlich von fb, gb, hb, kb u. s. w. und der durch A mit ce parallel gezogenen Linie bd gebildeten Winkel fbd, gbd, hbd, kbd u. s. w. immer kleiner werden. Stellt aber nun be eine Linie dar, die nach einem so weit entlegenen Punkte e geht, daß ∠ ebd ohngefähr $\frac{1}{2}$ Minute beträgt, oder daß die der Höhe bc gleiche Linie de ohngefähr 5000mal kleiner als bd sich zeigt, so ist (nach §. 800.) die Höhe von de nicht mehr zu unterscheiden.

Wenn also Jemand auf einer vollkommenen Ebene E sich befindet, so übersieht er von E rings um sich her einen kreisförmigen Raum, dessen Halbmesser ce etwa 5000mal so groß als die Höhe seines Auges über e ist; und beträgt seine Höhe 5 Fuß, so ist ce ohngefähr 25000 Fuß.

Da aber — wie im 15ten Kapitel sich ergiebt — die Erdoberfläche nicht als eine Ebene, sondern als eine krumme Fläche sich zeigt, so folgt, daß darauf nur ein Kreis, dessen Halbmesser ohngefähr $\frac{7}{10} \cdot 25000$ Fuß oder 17500 Fuß beträgt, übersehen werden kann.

Vierte Abtheilung.

Von der scheinbaren Lage und Bewegung der Körper.

§. 804.

Denkt man sich (in Fig. 41.) die Mitte m der Pupille mit den beiden Punkten p und q durch gerade Linien verbunden, so entsteht der Winkel pmq, welcher die scheinbare Entfernung dieser Punkte heißt.

Ueber die wahre Entfernung pm des p von m kann (wie bereits in §. 782. angegeben worden ist) der bloße Anblick mit einem Auge A keine Gewißheit verschaffen, obgleich A nicht auf einerlei Art gerührt wird, wenn es Strahlen von ungleich entfernten Punkten erhält. Sieht man aber mit beiden Augen nach p, so richten sich beide

Augenaxen nach diesem Punkte hin. So sind z. B. (in Fig. 42.) die beiden Augenaxen das eine Mal nach p und das andere Mal nach q gerichtet, und der im ersten Falle entstandene Winkel cpd ist größer als der cqd, welcher im zweiten gebildet worden ist. — Hieraus folgt aber: daß die Augen gehörig gestellt (oder gewendet) werden müssen, um p in verschiedenen Entfernungen zu betrachten, und daß diese Stellung mit einem gewissen dunkeln Gefühle begleitet ist, welches uns auf die Entfernung des p einigermaßen aufmerksam macht. — Bei einem entfernten ausgedehnten Objekte G pflegt man auf die eben angegebene Weise die Entfernungen der einzelnen Punkte und somit diejenige des G von A zu bestimmen und dabei auf mehrere Nebenumstände Rücksicht zu nehmen. So hält man z. B. G für desto entfernter, je kleiner er erscheint (wenn man seine scheinbare Größe für gewisse Entfernungen schon kennt), je schwächer beleuchtet man ihn sieht, je weniger man seine einzelnen Theile unterscheidet, je mehr Gegenstände man zwischen ihm und sich erblickt, u. s. w. Und da auf diese Weise auf die Entfernung des G immer geschlossen zu werden pflegt, so wird man diese Schlüsse so gewohnt, daß man sie kaum von der sinnlichen Wahrnehmung zu trennen vermag.

§. 805.

Befindet sich (Fig. 42.) p in einer sehr großen Entfernung von c und d, so ist der Unterschied der Richtungen der Augenaxen nicht mehr bemerkbar und auch die übrigen im vor. §. erwähnten Mittel verlassen uns. Wir nehmen aber dieserhalb die Unterschiede der Entfernungen gar nicht mehr wahr, wie dies die tägliche Erfahrung an den Himmelskörpern zur Genüge beweist.

§. 806.

Der scheinbare Ort eines Gegenstandes G wird durch seine scheinbare Entfernung von andern Gegenständen und von dem Auge des Zusehers bestimmt. Der optische Ort von G bezieht sich dagegen stets auf eine Fläche, welche als Hintergrund sich zeigt. Befindet sich z. B. (in Fig. 43.) die Fläche de hinter G (oder wird wenigstens eine Fläche hinter G gedacht), so muß letzterer für das in c befindliche Auge eine Stelle f in de verdecken, welche, — der eben stattgefundenen Erklärung zufolge — als optischer Ort von G erscheint, u. s. w.

§. 807.

Wenn (in Fig. 44.) unser Auge A das eine Mal in k und das andere Mal in l sich befindet, so ist der optische Ort des G zuerst in h und alsdann in m. Der Winkel kGl wird aber die Parallaxe genannt.

§. 808.

Die Stelle, worin ein Himmelskörper K erscheinen würde, wenn man ihn aus dem Mittelpunkte der Erde betrachtete, heißt der wahre optische Ort des K. Bezeichnet z. B. (in Fig. 45.) o den Mittelpunkt und blc den Durchschnitt der Erde, stellt ferner mhed den Durchschnitt der Himmelskugel und r den wahren oder absoluten Ort des K dar, so folgt, daß h als wahrer optischer Ort des K, und orl als Parallaxe sich zeigt.

§. 809.

Durch die Parallaxe P wird man in den Stand gesetzt, die Entfernungen der Himmelskörper von der Erde zu ermitteln, und aus den gefundenen Entfernungen und den scheinbaren Größen die wirklichen Größen dieser Körper zu berechnen *).

Auch ergiebt sich, daß, wegen der P, ein naher Weltkörper (wie der Mond u. s. w.) für zwei Zuseher, welche ihn in dem nämlichen Augenblicke betrachten, nicht denselben optischen Ort an der innern Fläche der scheinbaren Himmelskugel einnimmt, daß aber bei den Fixsternen (ihrer ungeheuern Entfernung wegen) an den verschiedensten Punkten der Erde und (bei den Meisten) sogar an den verschiedensten Orten der Erdbahn **) keine merkliche Ortsverrückung wahrnehmbar ist. Die Ortsverrückung, welche ein aus zwei verschiedenen Punkten der

*) Man vergleiche das funfzehnte Kapitel.

**) Man bemerke, daß in diesem letztern Sinne bei dem Fixsterne 61 im Schwan und bei Wega in der Leyer eine sehr kleine P existirt.

Erde gesehener Weltkörper K erleidet, wird die tägliche genannt, während diejenige, welche K beim Betrachten aus zwei entgegengesetzten Punkten der Erdbahn erfährt, die jährliche heißt.

§. 810.

Die zwischen den Körpern K und k stattfindende Entfernung wird verändert, wenn entweder K und k einzeln oder beide zugleich sich bewegen. Hieraus folgt aber: „daß K sich zu bewegen scheint, wenn seine scheinbare Entfernung entweder von k oder von uns selber sich verändert. Das Erstere wird aus der Veränderung des Sehewinkels und das Letztere aus den in §. 804. erwähnten Umständen beurtheilt.

§. 811.

Bei der Wahrnehmung der Bewegung finden viele Täuschungen statt, besonders wenn der Zuseher unbewußter Weise sich selber bewegt. Befindet man sich z. B. auf einem fortsegelnden Schiffe, so scheinen die am Ufer befindlichen Bäume, Gebäude u. s. w. in entgegengesetzter Richtung fortzugehen; und dreht sich das Schiff, so scheinen die Häuser, Thürme u. s. w. an der entfernten Küste gleichsam herumzufliegen. Auf diese Weise scheint die Sonne sich täglich um die Erde zu bewegen, obgleich es — wie späterhin erhellt — die letztere ist, welche um ihre Axe sich dreht. Befinden wir uns auf einem schnell fahrenden Wagen, so scheinen die am Wege stehenden Bäume uns entgegen zu kommen, und zwar die näher liegenden schneller als die entferntern.

Ein vorwärts gehender Körper K kann zurückzugehen scheinen, wenn das Auge mit größerer Geschwindigkeit als K sich vorwärts bewegt; und K scheint zu ruhen, wenn der Zuseher unbewußter Weise in derselben Richtung und mit der nämlichen Geschwindigkeit fortgeht. — So scheint z. B. der Mond M einem Fortlaufenden F ebenfalls zu laufen, und zwar in derselben Richtung, worin F sich bewegt, weil M so weit von F absteht, daß durch die Bewegung des Letztern seine Lage in Bezug auf M nicht merklich geändert wird. Legt z. B. F (in Fig. 46.) den Weg ad zurück, so sieht er aus a den M in der Richtung aM, aus b in der Richtung bM, aus c in der Richtung cM u. s. w.; und aM, bM, cM u. s. w. sind wegen des bedeutenden Abstandes des F von M beinahe als parallel zu betrachten. Da aber F seine eigene Bewegung kennt, so schreibt er M (welcher in Bezug auf F die nämliche Lage behält) eine gleiche zu. — Demjenigen, welcher seine Bewegung nicht merkt (z. B. dem, welcher auf einem Schiffe fährt und keine Gegenstände am Ufer erblickt) scheint dagegen M ebenfalls stille zu stehen.

Ist die Bewegung eines Körpers sehr langsam, so merkt man sie nicht, und zwar aus dem nämlichen Grunde, warum der unter einem sehr kleinen Sehewinkel erscheinende Gegenstand nicht mehr wahrgenommen werden kann. So scheint z. B. der Stundenzeiger einer Taschenuhr zu ruhen, obgleich er wirklich in circulirender Bewegung fortgeht.

Anmerkung 1. Die in gegenw. §. erwähnten Fälle, wo es uns scheint, als ob ein ruhender Körper in Bewegung und ein bewegter in Ruhe sei, oder ob ein bewegter Körper sich nach einer andern Richtung bewege als er es wirklich thut, oder sich mit gleicher oder größerer Geschwindigkeit bewege als ein anderer, während er wirklich langsamer fortgeht, werden Gesichtsbetrüge genannt. Bei der scheinbaren Bewegung gilt übrigens das Nämliche, was früher schon von der scheinbaren Entfernung erwähnt worden ist: daß wir nämlich mit der sinnlichen Vorstellung sogleich Urtheile verbinden, die uns so geläufig werden, daß wir uns derselben oft nicht einmal deutlich bewußt sind. Doch trügen die auf diese Weise gemachten Schlüsse sehr oft, und man gelangt immer mehr zur Ueberzeugung, daß unter allen Sinnen das Gesicht am öftersten täuscht.

Anmerkung 2. Die Fertigkeit, über wahre Größe, Gestalt, Lage, Entfernung und Bewegung der Körper aus der scheinbaren richtig zu urtheilen, heißt das Augenmaß. Ein gutes Augenmaß ist sehr nützlich und wird mehr oder weniger durch Uebung erlangt. So bekommt z. B. ein Kind das Augenmaß nur allmählig, indem es anfänglich nach Dingen greift, welche es nicht zu erreichen vermag.

Fünfte Abtheilung.

Von der Zurückwerfung des Lichtes von ebenen Spiegeln.

§. 812.

Eine Fläche F heißt glatt, wenn alle ihre kleinsten Theile dem Gesetze gemäß liegen, welches die Gestalt der F im Ganzen bestimmt, oder wenn F dem mathematischen Begriffe einer Fläche so viel als möglich entspricht. So heißt z. B. eine ebene Fläche glatt, wenn alle ihre Elemente in einer Ebene sich befinden; und eine Kugelfläche glatt, wenn alle ihre Elemente in derselben Kugelfläche liegen.

F heißt rauh, wenn nicht alle ihre kleinsten Theile dem Gesetze gemäß liegen, welches die Gestalt dieser Fläche im Ganzen bestimmt, d. h. wenn in ihr kleine Hervorragungen oder Vertiefungen sich befinden, welche die Ebene oder die Krümmung der F unterbrechen.

§. 813.

Wenn L auf die Fläche eines festen oder flüssigen Körpers fällt, so geht es von derselben (der Erfahrung zufolge) mehr oder weniger in das durchsichtige Mittel zurück, woraus es gekommen war.

Dieser Zurückgang wird Zurückwerfung, Zurückstrahlung oder Reflexion, und die Lehre vom zurückgeworfenen L die Katoptrik genannt. Die bei verschiedenen Körpern stattfindenden Zurückwerfungen sind ebenfalls verschieden. So wird z. B. L stärker von weißen als von gefärbten Körpern, und besser von glatten als von rauhen Oberflächen, welche letztere L mehr oder weniger unwirksam machen, zurückgestrahlt. Die dunkeln Körper sind nur vermöge der Zurückstrahlung sichtbar; und ein vollkommen durchsichtiger Körper müßte aus diesem Grunde ganz unsichtbar sein. Obgleich aber nun ein solcher Körper nicht existirt, so findet man doch durchsichtige Materien, welche L in so schwachem Grade reflectiren, daß sie für uns ganz unsichtbar sind.

Wenn ein undurchsichtiger Körper äußerst wenig L zurückwirft, so heißt er schwarz; strahlt er aber gar kein L zurück, so wird er ein vollkommen schwarzer Körper genannt. Letzterer ist nur dadurch sichtbar, daß man ihn mit einem oder mehreren reflectirenden Körpern umgiebt.

§. 814.

Jede glatte Fläche F eines zurückstrahlenden Körpers heißt ein Spiegel S. Ist F eben, so nennt man S einen ebenen oder Planspiegel; ist F aber concav (hohl) oder convex (erhaben), so wird S im erstern Falle ein Concav- und im letztern ein Convexspiegel genannt.

Die Krümmungen des S sind sehr verschieden, z. B. sphärisch (d. h. kugelförmig), elliptisch, parabolisch *), u. s. w.

Auch giebt es Spiegel — wie die cylindrischen und kegelförmigen — welche nach der einen Dimension gerade und nach der andern gekrümmt sind.

Anmerkung. Von den in gegenwärtigem §. genannten Spiegeln werden nur die ebenen und sphärischen erörtert, weil die parabolischen und elliptischen außerordentlich schwer zu arbeiten und in Ansehung der Wirkung in manchen Fällen schlechter als die sphärischen sind. Die kegelförmigen und cylindrischen Spiegel werden endlich blos zu optischen Spielwerken gebraucht.

§. 815.

Es giebt viele Körper, welche als natürliche Spiegel erscheinen. Hierher gehören z. B. die Oberfläche eines ruhigen Wassers, die des Quecksilbers, und die Oberflächen vieler Krystalle u. s. w. Alle hinlänglich polirte Körper spiegeln; die gebräuchlichsten Spiegel sind aber die Glas- und die Metallspiegel, von welchen die erstern an ihren ebenfalls sehr genau polirten hintern Flächen mit einem Quecksilber-Amalgam belegt sind, welches die Spiegelung hauptsächlich bewirkt. Obgleich aber nun die Glasspiegel für den gewöhnlichen Gebrauch die Metallspiegel entbehrlich machen, so sind sie doch zu genauen optischen Versuchen unbrauchbar, theils weil sie eine doppelte Spiegelung an der Vorder- und Hinterfläche bewirken, und theils weil das zur Hinterfläche gelangende L (wie dies in der siebenten Abtheilung erhellt) im Glase selbst eine zweimalige Brechung erleidet, und also die Erscheinungen keine reinen Wirkungen der Zurückstrahlung sind **).

Aus diesem Grunde sind die Metallspiegel zu manchen optischen Versuchen, zu optischen Instrumenten u. s. w. ganz unentbehrlich; auch sind sie desto besser, je härter und dichter das Metall oder die Metallmischung ist, woraus sie bestehen, je mehr das erstere oder

*) Vergl. §. 87. Nr. a—h, und § 179. Nr. a—e.

**) Wird die eine Seite einer Glasscheibe eben und matt geschliffen und alsdann mit einer scharfen Farbe so überzogen, daß sie gar nicht mehr spiegelt, so erhält man einen Spiegel, welcher Tuschspiegel heißt, und der eine beinahe eben so genaue aber schwächere Wirkung als ein Metallspiegel erzeugt.

die letztere der Weiße sich nähert, je weniger es an der Luft seine Politur und seinen Glanz verliert, u. s. w. Unter den Metallspiegeln sind die Platinaspiegel am Vorzüglichsten. Doch hat man, ihres hohen Preises wegen, verschiedene andere Mischungen erdacht, z. B. die, welche aus 3 Theilen Kupfer, 1 Theile Zinn und einem Wenig Arsenik, oder die, welche aus 32 Theilen Kupfer, 16 Theilen Zinn, 1 Theile Arsenik und 1 Theile Messing besteht, u. s. w.

Anmerkung. Da kein Spiegel eine vollkommene Glätte besitzt und auch seiner verschiedenen Natur gemäß das L mehr oder weniger unwirksam macht (oder verschluckt), so geht immer ein Theil des auffallenden L verloren, und zwar ist der Verlust desto größer, je senkrechter die Strahlen den Spiegel treffen. Nach Rumford's Beobachtungen beträgt dieser Verlust bei einem guten gläsernen Planspiegel im Durchschnitte 0,3494, u. s. w.

§. 816.

Fällt (in Fig. 47.) der Lichtstrahl cd auf die Spiegelfläche adb oder gdh oder idk, und errichtet man im Einfallspunkte d die Senkrechte df auf den Spiegel und legt durch sie und den einfallenden Strahl cd in Gedanken eine Ebene, so liegt auch der zurückgeworfene Strahl de in derselben und zwar so, daß er $\angle$ fde $=$ $\angle$ fdc macht. Die Linie df heißt aber das Einfallsloth, der Winkel cdf der Einfallswinkel, der Winkel edf der Zurückwerfungs- oder Reflexionswinkel, die durch cd und fd gehende Ebene die Einfallsebene, und die de und df enthaltende die Reflexionsebene.

Anmerkung. Fällt in einem besonderen Falle cd senkrecht auf die Spiegelfläche, so ist $\angle$ fdc $=$ $\angle$ fde $= 0$, d. h. cd kehrt in sich selbst zurück.

§. 817.

Das im vorigen §. Gesagte wird am Leichtesten durch folgende Versuche bestätigt:

1) Man stelle (in Fig. 48.) das hölzerne Quadrat abcd, durch dessen Mitte die gerade Linie ef dergestalt geht, daß bf $=$ cf ist, auf den horizontalen Spiegel kl, befestige an der einen Seite ab des Quadrats, d. h. an g, eine feine Spitze oder ein glänzendes Kügelchen, mache auf der andern Seite dc die Linie ch $=$ bg, und bringe das Auge an die Stelle h. Man sieht aber alsdann das Bild der Spitze oder des Kügelchens in kl und bemerkt, daß dasselbe

wieder verschwindet, sobald man f mit irgend einem Gegenstande bedeckt. Hieraus folgt aber: daß das von g auf kl und durch Zurückstrahlung in das Auge gelangende L den Weg gfh machen muß, und daß ∠ gfb = ∠ hfc und also auch ∠ efg = ∠ efh ist. Auch ergiebt sich, daß gf, ef und hf in der nämlichen Ebene, d. h. in abcd sich befinden.

2) Läßt man in einem wohlverfinsterten Zimmer einen Lichtkegel l durch eine im Fensterladen befindliche kleine Oeffnung auf den ebenen Spiegel S fallen, so wird l von S dergestalt reflectirt, daß er an einer Stelle der Wand ein kleines Lichtbild macht. Stellt man aber nun einen in Grade getheilten Halbkreis dergestalt auf S, daß sein Mittelpunkt mit dem Einfallspunkte zusammentrifft, so wird der Einfallswinkel eben so groß wie der Reflexionswinkel gefunden. Da aber hier l kein einfacher Lichtstrahl ist, so folgt: daß das Ebengesagte blos von der Axe dieses Lichtkegels gilt.

§. 818.

Die Ursache der Zurückwerfung wird (nach Newton) aus einer Zurückstoßung erklärt, die jeder undurchsichtige Körper gegen die ankommenden Lichttheilchen bis auf eine gewisse Entfernung äußert und sie zwingt, vor der wirklichen Berührung der Zurückwerfungsfläche, in das erste Mittel zurückzugehen. — Diese Zurückstoßung braucht nicht nothwendig eine reine Repulsion zu sein, sondern kann ganz oder zum Theil von der überwiegenden Anziehung des Mittels herrühren, aus dem L auf die spiegelnde Fläche zu treten sich bestrebt.

Die in §. 816. erwähnte Erscheinung wird aber nun folgendermaßen erklärt:

Es bezeichne (in Fig. 49.) pq die Zurückwerfungsfläche, und die Sphäre der Repulsionswirkung reiche von pq bis gh. Bewegt sich aber nun 1) ein Lichttheilchen T in der senkrechten Richtung ab gegen pq, so verliert dasselbe, sobald es in b angekommen ist, immer mehr von seiner Geschwindigkeit, bis die letztere in einer gewissen Entfernung von pq gänzlich verschwindet.

Nun dauert aber die Repulsion von pq und die Attraction des über gh befindlichen Mittels immer fort; und es muß dieserhalb eine Bewegung des T. in entgegengesetzter Richtung erfolgen, und die Geschwindigkeit, durch stets erneuerte Wirkung der eben erwähnten Kräfte, eben so wachsen wie sie früher abgenommen hat. Verläßt aber nun T. die Grenze gh, so geht es mit seiner anfänglichen Geschwindigkeit in der Richtung ba zurück.

Bewegt sich 2) T. in der schiefen Richtung cd gegen pq, so zerlege man cd in cf und ce, und schließe alsdann folgendermaßen. Die in der Richtung cf stattfindende Bewegung wird durch die Repulsion immer langsamer und endlich Null, während die in der parallelen Richtung ce vor sich gehende unverändert bleibt. Hieraus folgt aber, daß T. die krumme Linie dm beschreibt, und von o aus (nach dem Beharrungsgesetze) in der Tangente mn fortgehen müßte, wenn es nicht durch die beständige Wirkung der Repulsion von pq mit immer größerer Geschwindigkeit fortgetrieben, die krumme Linie mi beschriebe. Da aber die Geschwindigkeit in der Richtung mi eben so zunimmt, wie sie in der Richtung dm abgenommen hat, so muß auch die Krümmung der Linie beim Zurückgange die nämliche wie beim Hergange, d. h. es muß dm = mi sein.

Und verlängert man noch dm und im, so schneiden sich diese Linien im Punkte o der Fläche pq und bringen mit derselben gleiche Neigungswinkel und also auch gleiche Winkel mit dem Einfallslothe so hervor. —

§. 819.

Da (nach §. 816—818) der Reflexionswinkel dieselbe Größe wie der Einfallswinkel besitzt, so folgt: daß alle auf einen ebenen Spiegel S fallende parallele Lichtstrahlen auch nach der Zurückwerfung ihre Parallelität behalten. Auch ergiebt sich aus demselben Grunde: „daß die Convergenz und Divergenz der Strahlen durch S nicht verändert wird."

§. 820.

Die aus einem strahlenden Punkte p auf den ebenen Spiegel S fallenden divergirenden Strahlen werden von demselben so zurückgeworfen, daß sie aus einem Punkte zu kommen scheinen, welcher eben so weit hinter S als p vor demselben liegt.

Beweis. Ist (in Fig. 50) gh der senkrechte Durchschnitt des S und p der strahlende Punkt, woraus unzählig viele divergirende Strahlen auf gh fallen, so denke man sich zuerst den Strahl pd, welcher (nach §. 816) von gh in der Richtung do dergestalt reflectiret wird, daß $\beta = \alpha$ ist; fälle aus p auf gh (oder nöthigenfalls auf seine Verlängerung) die senkrechte pm, erweitere od und pm bis zu ihrem Durchschnittspunkte π und bilde so die beiden Dreiecke pmd und πmd, welche congruent sind und worin pm $= \pi$m ist. Da aber nun von den unzählig vielen reflectirten Strahlen mehrere auf das Auge A fallen und einen Lichtkegel bilden, dessen Spitze in π und dessen Grundfläche in A ist, so folgt, daß A den strahlenden Punkt p in π, und also so weit hinter gh erblickt als p vor demselben sich befindet.

§. 821.

Da das im vorigen §. von p Gesagte für jeden andern strahlenden Punkt giltig ist, so folgt: „daß das Bild B eines Gegenstandes G eben so weit hinter S erscheint, als G vor demselben liegt."

In Bezug auf die Stellung des B merke man aber, daß eine Person, welche ihr eigenes Bild in S erblickt, ihre linke Seite in Bezug auf sich selbst links, und ihre rechte rechts sieht, und dieserhalb in Bezug auf B (dieses als Person betrachtet) die Seiten verwechselt sehen muß. —

Anmerkung 1. Da bei S keine wirkliche Vereinigung der Strahlen (d. h. kein physisches Bild, welches sich etwa auf einem Blatte Papier auffangen ließe), sondern nur eine Vereinigung der verlängerten zurückgeworfenen Strahlen entsteht, so wird B ein geometrisches genannt. Daß aber B nicht die Deutlichkeit des G besitzt, folgt aus der in §. 815 gegebenen Anmerkung, und daß S manchmal ein 2, 3 oder mehrfaches Bild von G bewirkt, hängt von der Unvollkommenheit seiner Glätte ab.

Anmerkung 2. Man bemerke

a) daß bei einer rauhen Fläche F von jeder Stelle Strahlen zurückgeworfen werden, welche nicht von einem, sondern von verschiedenen strahlenden Punkten herkommen, daß sich also die Bilder dieser Punkte vermischen, und man durch dieses vermischte zurückgeworfene L nur die Form und Farbe des F erblickt;

b) daß bei gut gearbeiteten Spiegelflächen nach dem Orte des Auges nur Strahlen zurückgeworfen werden, die von einem einzigen Punkte herkommen; und daß man dieserhalb die Bilder der Punkte sieht, von denen die Strahlen ausgegangen sind.

§. 822.

Um die durch S bewirkten Erscheinungen noch näher kennen zu lernen, bemerke man folgendes:

Ist (in Figur 51) de der senkrechte Durchschnitt des S, und ac ein vor demselben befindlicher strahlender Gegenstand, so ergiebt sich das geometrische Bild irgend eines Punktes p, wenn man aus p auf em die senkrechte pm fällt, und diese Linie über m hinaus um sich selbst bis π verlängert. Wird aber auf diese Weise das geometrische Bild eines jeden Punktes von ac ermittelt, so erhält man hinter de ein Bild fh, welches eben so gegen die Hinterfläche wie ac gegen die Vorderfläche liegt.

Betrachtet man nun noch einmal den einzelnen strahlenden Punkt p, so hat das von ihm auf de fallende L die pyramidalische Gestalt pde, worin p als Spitze und de als Grundfläche sich zeigt; auch bildet das zurückgeworfene Licht kdel ebenfalls eine Pyramide, deren Spitze in π sich befindet, und wovon das Stück deπ abgeschnitten ist.

Der Hauptunterschied zwischen p und π besteht aber nun darin, daß der erstere seine Strahlen nach allen Seiten hin und der andere nur innerhalb eines pyramidalischen Raumes wirft; und daß wir aus diesem Grunde p von allen Seiten wohin es L sendet, und π nur dann sehen können, wenn sich unser Auge innerhalb des Raumes kdel befindet. Aus dieser Betrachtung folgt aber nun, wie viel ein Auge, welches in einer bestimmten Stellung o vor de steht, von den hinter de vorhandenen geometrischen Bildern sehen wird. Denn zieht man von o nach den äußersten Grenzen von de die Geraden od und oe u. s. w., und verlängert diese Linien hinter de bis g und h u. s. w., so folgt, daß das in o befindliche Auge von dem ganzen Bilde fh nur das Stück gh sehen kann, weil von allen außerhalb gh ausgehenden Strahlen keiner nach o gelangt.

§. 823.

Bei S werden noch folgende Erscheinungen bemerkt:

1) Wenn S in horizontaler Lage sich befindet, so erscheinen alle Gegenstände gestürzt oder umgekehrt.

So ist z. B. (in Fig. 52) das Bild des Baumes cde = gfe, weil man in S den Punkt f so weit unter e als d über e erblickt, u. s. w. Auch werden auf diese Weise die Bilder der Menschen, Häuser u. s. w. welche man im ruhigen Wasser wahrnimmt, erklärt.

2) Wenn S mit der horizontalen Ebene einen Winkel von 45° macht, so stellt er das Bild eines aufrecht stehenden Gegenstandes liegend und das eines liegenden Objectes stehend dar. Denn ist (in Fig. 53) cd der aufrecht stehende Gegenstand und ab der Durchschnitt des S, so construire man aus c und d auf ab die senkrechten ch und dk, verlängere sie um sich selbst, und ziehe fe, welche das Bild des cd ist. Da aber nun Viereck cdkh ≅ Viereck efkh ist, so muß $\alpha = \beta$, also Δ gfd ein gleichschenkliches sein, und dieserhalb die verlängerte Linie bh die Spitze g dieses Dreiecks treffen. Nun ist aber $\gamma = 45°$, $\delta = \gamma$, also $\delta + \gamma = 90°$, so daß das Bild ef von cd in liegender Stellung sich befindet.

3) Will Jemand sein Bild in S erblicken, so muß S wenigstens $\frac{1}{2}$mal so lang als die Länge und $\frac{1}{2}$mal so breit als die Breite des ersteren sein, wenn die Stellung des Menschen mit der des S in paralleler Lage sich befindet. Dann ist (in Fig. 54) or der Durchschnitt eines vertikal stehenden S und cd die lothrechte Höhe einer Person, deren Auge A in e sich befindet, so hat man nur nöthig die Lage der Bilder des obersten und untersten Punktes von cd zu bestimmen. Nun kommt aber — wie aus gegenwärtiger Zeichnung erhellt — der Strahl cf durch Reflexion nach A; und verlängert man cf über f hinaus so lange, bis sie die verlängerte ch in g schneidet, so ist in diesem Punkte das geometrische Bild des c. Auf diese Weise geht vom untersten Punkte d der Strahl dk auf or, gelangt durch Reflexion nach A; und der reflectirte Strahl ek schneidet gehörig verlängert das Einfallsloth dl in l, wo also A das Bild von d erblickt.

Da aber nun das für c und d Ermittelte auch für alle dazwischen liegende Punkte gilt, so folgt, daß A das ganze Object cd im Bilde gl wahrnimmt, und daß nur der zwischen f und k liegende Theil von or zur Reflexion der von cd auf or und von da nach A gelangenden Strahlen dient. Nun ist aber gh : gc = hf : ce, also hf = ½ ce; eben so km = ½ ed, also hf + km = ½ cd; und dieserhalb fk ebenfalls = ½ cd u. s. w.

§. 824.

Fängt man die von S zurückgeworfenen Sonnenstrahlen in der Nähe desselben auf, so bilden sie eine Figur, welche der des S ähnlich ist. Je weiter man aber die Sonnenstrahlen von S auffängt, desto mehr rundet sich das Bild derselben ab, bis es zuletzt kreisförmig wird, obgleich S eckig oder rund gestaltet sein kann. Die so eben genannte Erscheinung entspricht aber derjenigen, welche stattfindet, wenn das Sonnenlicht durch eine kleine Oeffnung o in ein wohl verfinstertes Zimmer tritt.

Denn wäre die Sonne nur ein leuchtender Punkt, so würde (nach §. 781) die beleuchtete Fläche immer größer werden, allein stets die Gestalt des o erhalten. Da aber aus unzählig vielen Punkten der Sonne Strahlenpyramiden oder Strahlenkegel auf o fallen, welche dieses Loch als gemeinschaftliche Grundfläche besitzen und hinter demselben wieder auseinander gehen, so lagern sie sich kreisförmig um die Grundfläche einer Pyramide (oder eines Kegels) welche bis zur Sonne hinführt. Und weil S für die zurückgeworfenen Strahlen dasjenige ist, was o für die gerade fortgehenden war, so ist das durch S sich ergebende runde Sonnenbild ebenfalls erklärt.

§. 825.

Befindet sich zwischen den beiden parallelen Planspiegeln S und s ein Gegenstand G, so erscheinen in S und s unzählig viele Bilder von G, weil S sammt dem darin befindlichen Bilde als ein Object für s, und s für S sich zeigt. In s erscheinen aber nun schon 2 Bilder von G, welche sammt diesem Gegenstande als Objecte von S erscheinen u. s. w. Sind S und s nicht mit einander parallel, so ist die Zahl der Bilder von G desto kleiner, je weiter S und s von ihrer parallelen Lage sich entfernen; und liegen S und s in derselben horizontalen Ebene, so sieht dasselbe Auge in S oder s nur ein Bild von G.

Anmerkung. Die unendlich große Anzahl sichtbarer Bilder wird durch die mit der öftern Zurückwerfung abnehmende Deutlichkeit beschränkt.

§. 826.

Wenn man zwei ebene Spiegel unter einem gewissen Winkel zusammenstellt, so erscheinen mehrere Bilder des im Winkel befindlichen Objektes, und zwar desto mehr, je kleiner dieser Winkel ist. — Es erfolgen nämlich wiederholte Zurückwerfungen, welche man durch Zeichnung leicht darstellen kann, wenn man (wie im v. §.) jedes Bild wieder als leuchtendes Objekt ansieht. Stellt man z. B. eine Lichtflamme F in den von beiden Spiegelflächen gebildeten Winkel, so erscheinen, F mit gerechnet,

bei 120°, 90°, 72°, 60°, u. s. w.,
beziehlich . 3, 4, 5, 6 u. s. w. Bilder,

und also überhaupt, mit F, so viel Bilder als der in Rede stehende Winkel in 360° enthalten ist.

Anmerkung. Die in gegenwärtigem §. angegebene Vorrichtung wird ein Winkelspiegel genannt.

§. 827.

Auf den im v. §. angegebenen Gründen beruhen die Erscheinungen eines Apparates, welchen man das Kaleidoskop oder das Prachtseherohr nennt. Die Hauptbestandtheile des Kaleidoskopes sind zwei längliche, unter einem gewissen Winkel geneigte und auf irgend eine Weise verbundene spiegelnde Flächen F und f, welche entweder in einer cylindrischen oder in einer andern Röhre befestigt und oben mit einem Streifen Pappe oder mit Leder, Papier u. s. w. bedecket sind.

F und f bilden aber nun mit der dritten nicht spiegelnden Fläche ein 3seitiges hohles Prisma, in welches der Gegenstand G dicht an die eine Mündung gelegt wird, während man bei der andern in die Höhlung des Prisma sieht. G erscheint aber alsdann vervielfältigt und bringt mit seinen Bildern symmetrische Gestalten hervor. Nimmt man, statt des einen G, verschiedene kleine Objekte, z. B. Stückchen von farbigen Steinen, Glas u. s. w., theils in regelmäßigen und theils in unregelmäßigen Gestalten, bringt dieselben in eine Kapsel, welche aus 2 runden, mittels eines nicht sehr breiten Ringes zusammengehaltenen, Glasscheiben besteht, setzt dieselbe, wie G, mit dem Kaleidoskop in Verbindung und bringt letzteres in eine drehende Bewegung, so bewegen sich die Objekte ebenfalls, vermischen sich unter einander, kommen auf diese Weise in verschiedene Lagen und bilden mannichfaltige verschieden gefärbte Figuren, deren Gestalten stets symmetrisch sind, wenn nur der von den Reflectoren gebildete Winkel in 360° ohne Rest enthalten ist. Die gefälligsten Gestalten entstehen dadurch, daß der eben erwähnte Winkel beziehlich 45°, 36°, 30° u. s. w. beträgt; auch pflegt man 2 belegte oder unbelegte Glasspiegelplatten, oder 2 Metallspiegel, zu Reflectoren zu gebrauchen.

Sechste Abtheilung.

Von der Zurückwerfung des Lichtes von krummflächigen Spiegeln.

§. 828.

Ist (in Fig. 55) c der Mittelpunkt einer Kugel, agb der Durchschnitt einer ihr zugehörigen Calotte; und denkt man sich agb entweder auf ihrer innern oder äußern Fläche polirt, so entsteht ein sphärischer Spiegel *), welchen man im erstern Falle einen concaven (oder Hohlspiegel), und im letztern einen convexen nennt. Der Punkt c heißt der Mittelpunkt und die Linie cg der Halbmesser der Krümmung. Auch wird eine durch c und g gehende gerade Linie die Hauptaxe oder kurzweg die Axe, und eine bloß c enthaltende Richtung die Nebenaxe des Spiegels genannt.

Anmerkung 1. Die von dem strahlenden Punkte p auf agb fallende Lichtmenge hat die Gestalt eines Kegels, dessen Spitze p, dessen Grundfläche agb und dessen Axe der Hauptstrahl **) ist, welcher von p auf agb kommt. Auch besitzt das reflectirte L gleichfalls die Gestalt eines Kegels, dessen Grundfläche = agb, dessen Spitze das Bild von p und dessen Axe der reflectirte Hauptstrahl ist. In den folgenden Betrachtungen dieser Abtheilung wird überhaupt unter Lichtstrahl immer der Hauptstrahl verstanden und also die gerade Linie zu seiner Bezeichnung gebraucht.

Anmerkung 2. Es ist leicht einzusehen, daß das durch agb bewirkte Bild von p nicht (wie p selber) von allen Seiten, sondern nur innerhalb des von ihm ausgehenden Lichtkegels erblickt werden kann. (Vergl. §. 822.)

---

*) Lese §. 814.

**) Vergl. §. 781.

§. 829.

Da jede aus dem Mittelpunkte der Krümmung auf den Einfallspunkt gezogene gerade Linie ein Halbmesser der Kugel ist, und also senkrecht auf ihrer Oberfläche steht, so ist diese Linie das Einfallsloth, mit welchem (nach §. 816) der reflectirte Strahl denselben Winkel wie der einfallende macht. Ist also (in Fig. 56 u. 57) agb der Durchschnitt eines sphärischen Spiegels, p der strahlende Punkt, c der Mittelpunkt der Krümmung und pg der einfallende Strahl, so verbinde man c und g durch eine gerade Linie, (verlängere dieselbe in der 2ten Figur über g hinaus), und mache $\beta = \alpha$. Es ergiebt sich aber alsdann gn, welche die Richtung des zurückgeworfenen Strahles ist.

Anmerkung. Man bemerke, daß ein durch den Mittelpunkt der Krümmung gehender Strahl in sich selbst zurückgeworfen wird; und daß also (in Fig. 56 u. 57) cg in der Richtung gc zurück geht.

§. 830.

Alle Strahlen, welche parallel mit der Axe auf einen Hohlspiegel S fallen, werden so zurückgeworfen, daß jeder derselben die Axe ~~in einem~~ Punkte durchschneidet. Sind die Strahlen Letzterer sehr nahe, (oder was dasselbe ist, hat S nur wenige Grade), so kommen sie nach der Reflexion in einem und demselben Punkte zusammen.

Ist (in Fig. 58) agb der Durchschnitt des S, c der Mittelpunkt der Krümmung, gk die Axe, und de ein mit ihr in paralleler Richtung einfallender Strahl, so ist (nach §. 816) em der ihm entsprechende reflectirte, welcher gk im Punkte f durchschneidet. Eben so trifft jeder auf agb fallende und mit gk parallele Strahl, wie nh u. s. w., nach der Zurückwerfung die gk in einem Punkte, und sind noch de, nh u. s. w. letzterer sehr nahe, so kommen sie alle nach der Reflexion in f zusammen, weil sie sämmtlich in den nämlichen Umständen sich befinden.

Anmerkung 1. Man wird leicht einsehen, daß dieser Satz (wie alle Sätze der Elementar-Optik) nicht eine absolute sondern nur eine bedingte Genauigkeit besitzt, und daß letztre desto größer ist, je näher die auffallenden Strahlen an gk sich befinden.

Anmerkung 2. Da die parallelen Strahlen de, nh u. s. w. sich durchkreuzen oder sammeln, so wird der concave Spiegel agb auch ein Sammelspiegel genannt.

§. 831.

Der im v. §. gefundene Punkt f heißt der Brennpunkt der parallelen Strahlen, oder der Brennpunkt, und die gerade Linie fg die Brennweite des S; auch betrachtet man beide als positiv.

Die Stelle des f wird durch folgende Versuche ermittelt:

1) Man richte zuerst agb gegen die Sonne, setze eine Ebene E, welche, um möglichst wenige Strahlen von agb abzuhalten, sehr klein sein muß, den zurückgeworfenen Strahlen entgegen, und verrücke E so lange bis der darauf erscheinende Lichtkreis am kleinsten sich zeigt. Die Stelle des Letztern ist aber nun der Brennpunkt und seine Entfernung von agb die Brennweite des S.

2) Man bedecke agb mit einer papiernen Scheibe, construire darauf einen Durchmesser und in der Mitte eines jeden Halbmessers ein kleines Loch, und halte nun agb gegen die Sonne. Es werden aber alsdann durch die beiden Löcher 2 dünne Lichtcylinder oder Lichtkegel gegen die Axe reflectirt, deren Schneidungspunkt den zu ermittelnden Punkt f mit hinreichender Genauigkeit angiebt.

Anmerkung. Man bemerke, daß die auf E entstandene beleuchtete Kreisfläche, d. h. das Sonnenbild, bei größern Spiegeln größer als bei kleinern sich zeigt; und daß — wegen der großen Entfernung der Sonne von der Erde — alle ankommende Sonnenstrahlen als parallel betrachtet werden können. Wäre also die Sonne ein leuchtender Punkt, so würde sich im Brennpunkte f ebenfalls ein solcher zeigen; da sie aber, trotz ihrer bedeutenden Entfernung von uns, immer noch eine Scheibe ist, so folgt: daß ihr in f entstandenes Bild ebenfalls noch eine gewisse Größe besitzt.

§. 832.

Der Brennpunkt der parallelen Strahlen ist in der Mitte des Krümmungs-Halbmessers cg (Fig. 58) befindlich.

Beweis. Es ist $\alpha = \beta$, $\alpha = \gamma$, also auch $\beta = \gamma$; und dieserhalb in Δ fce, fc = fe. Nun ist aber der zwischen fg und fe stattfindende Unterschied für nahe an gk auffallende parallele Strahlen äußerst klein, und verschwindet immer mehr je kleiner $\angle$ efg oder seine Hälfte (nämlich γ) sich zeigt, oder (was dasselbe ist) je näher der Einfallspunkt e an g sich befindet. Man kann also (nach der in §. 830 gegebenen Anmerkung 1) für alle sehr nahe an gh auffallende Strahlen (ohne merklichen Fehler) fg = fe, und also auch fg = fc setzen.

Anmerkung. Aus v. §§. ergiebt sich, daß die parallelen Strahlen durch agb convergirend werden, und daß also die convergirenden noch mehr convergiren müssen. Da indeß die divergirenden Strahlen wichtiger als die eben genannten sind, so werden sie in den nächsten §§. etwas näher und zwar auf folgende Weise betrachtet.

§. 833.

Wenn der strahlende Punkt p divergirende Strahlen auf den Hohlspiegel S sendet, so ergiebt sich Folgendes:

I. Ist p im Brennpunkte f, so sind die zurückgeworfenen Strahlen mit einander parallel, oder was dasselbe ist, ihr Vereinigungspunkt π ist in einer unendlich großen Entfernung, d. h. nirgends.

II. Steht p noch näher an S, so werden die reflectirten Strahlen divergirend und scheinen aus einem hinter S liegenden Punkte zu kommen, welcher dem S desto näher liegt, je näher p an denselben rückt. Kommt p mit S in Berührung, so scheint auch π ihn zu berühren.

III. Befindet sich p im Mittelpunkte c der Krümmung, so liegt π ebenfalls in c.

IV. Steht p zwischen f und c, so kommen die auf S fallenden Strahlen nach ihrer Zurückwerfung in einem Punkte π zusammen, welcher weiter als c von S sich befindet. Auch entfernt sich π von S desto mehr, je näher p an f zu stehen kommt.

V. Ist p in einer so großen Entfernung von S, daß die von ihm ausgehenden Strahlen als parallel betrachtet werden können, so steht π in f.

VI. Rückt p dem c näher, so befindet sich π zwischen f und c.

Erster Beweis (durch Zeichnung).

I. Steht (in Fig. 59) p in f, so ist (nach §. 830) de || kg u. s. w.

II. Befindet sich p zwischen f und g (Fig. 60), und fallen die von ihm auf agb kommenden Strahlen auf den Theil mg, welcher dieselbe Größe wie der Theil eg (in Fig. 59) besitzt, so müssen pm und pg mehr als fe und fg divergiren. Sie bleiben also auch nach der Zurückstrahlung noch divergirend und scheinen aus dem Punkte π zu kommen, weil der Axenstrahl cg in sich selbst und pm in der Richtung ma zurückgeworfen wird.

III. Ist p in c, so werden (nach der in §. 829 gegebenen Anmerkung) die Strahlen in sich selbst zurückgeworfen, und schneiden sich also ebenfalls in c.

IV. Steht p zwischen f und c (Fig. 61) und sind die auf agb fallenden äußersten Strahlen durch pg und pe ausgedrückt, so wird der erstere in sich selbst und der andere in der Richtung eo zurückgeworfen. Sie schneiden sich also in π, welcher weiter als c von agb absteht.

V. Steht p in einer sehr großen Entfernung von agb, so kann man die von ihm ausgehenden Strahlen als parallel betrachten, und sie schneiden sich dieserhalb nach der Reflexion in f.

VI. Befindet sich endlich (Fig. 61) der strahlende Punkt in π, so ist der Vereinigungspunkt der reflectirten Strahlen in p.

Zweiter Beweis, (durch Rechnung).

Es ist (in Fig. 61) $\alpha = \varepsilon - \varphi$, $\beta = \varphi - \gamma$; und also $\varepsilon - \varphi = \varphi - \gamma$, oder 1) $2\varphi = \varepsilon + \gamma$. Da aber (nach der in §. 830 gegebenen 1sten Anmerkung) die Winkel ε, φ und γ sehr klein sein müssen, so kann man ohne merklichen Fehler eg als eine gerade Linie ansehen; und weil die Tangenten kleiner Winkel sehr genau ihren Bogen proportionirt sind, so darf man setzen:

$$\text{Tg}\,\varphi = \frac{eg}{cg} = \varphi,\ \text{Tg}\,\varepsilon = \frac{eg}{pg} = \varepsilon, \text{ und } \text{Tg}\,\gamma = \frac{eg}{\pi g} = \gamma.$$

Schreibt man aber nun in (1) für φ, ε und γ die ihnen entsprechenden Quotienten, so folgt

$$\frac{2\,eg}{cg} = \frac{eg}{pg} + \frac{eg}{\pi g},$$

oder $\frac{2}{cg} = \frac{1}{pg} + \frac{1}{\pi g}$,

oder 2) $\frac{2}{r} = \frac{1}{d} + \frac{1}{\delta}$ wenn man den Halbmesser cg der Krümmung durch r, die Entfernung pg des p von agb durch d und den Abstand πg des π von agb durch δ bezeichnet;

oder 3) $\frac{1}{w} = \frac{1}{d} + \frac{1}{\delta}$ wenn man die Brennweite fg durch w ausdrückt und §. 832 in Anwendung bringt.

Aus (2) erhält man aber:

$$4)\ \delta = \frac{dr}{2d - r},$$

und aus (3) ergiebt sich:

$$5)\ \delta = \frac{dw}{d - w}.$$

Befindet sich aber nun p in f, so ist $d = \frac{r}{2}$; und es ergiebt sich aus Nr. 4 des zweiten Beweises:

$$\delta = \frac{r^2}{0} = \infty.$$

Ist $d < \frac{r}{2}$, so erhält man δ negativ, und also den Vereinigungspunkt π hinter S.

Ist $d = r$, so ergiebt sich auch $\delta = r$.

Ist $d > \frac{r}{2}$, so wird δ positiv. Wenn aber noch $d < r$ ist, so muß $2d - r < 2d - d$, od. $2d - r < d$, also $\frac{d}{2d - r} > 1$; und dieserhalb $\frac{dr}{2d - r} > r$, oder $\delta > r$ sein.

Ist $d = \infty$, so folgt $\delta = \frac{r}{2}$; und ist $d > r$, so muß $2d - r > r$, also $\frac{d}{2d - r} < 1$; und dieserhalb $\delta < r$ sein.

Anmerkung 1. Das in diesem §. zuletzt Gesagte wird durch folgende Beispiele noch deutlicher gemacht.
Ist 1) $r = 12$*), und $d = 6$, so ergiebt sich $\delta = \infty$.
Ist 2) $d = 4$, so erhält man $\delta = -12$, so daß π in der Entfernung 12 hinter S zu liegen kommt.
Ist 3) $d = 12$, so folgt auch $\delta = 12$.
Ist 4) $d = 8$, so ergiebt sich $\delta = 24$.
Ist 5) $d = \infty$, so findet man $\delta = 6$;
und ist 6) $d = 16$, so folgt $\delta = 9\frac{3}{5}$ u. s. w.

Anmerkung 2. Man bemerke, daß die in dem 2ten Beweise gefundenen Formeln 2 — 5 nicht allein für den in der Figur zum Grunde gelegten Fall, sondern (mit den nöthigen Abänderungen) für alle Fälle gelten, wo der einfallende Strahl auf einen concaven Spiegel trifft, seine Richtung die Axe unter einem kleinen Winkel in einem gegebenen Punkte durchschneidet, und der Punkt ermittelt werden soll, wo der reflectirte Strahl die Axe ebenfalls treffen muß.

§. 834.

Liegt p nicht in der Axe, sondern über, unter oder seitwärts derselben, so muß auch π entweder über, unter oder seitwärts der Axe, aber immer auf der entgegengesetzten Seite sich befinden. Liegt z. B. (in Fig. 62) p über der Axe go, so construire man die beiden Strahlen pa und pg, welche (nach §. 829) so zurück gehen, daß sie sich im Punkte π durchschneiden u. s. w. —

§. 835.

Wenn (in Fig. 62) p außerhalb go und zwar so liegt, daß alle von ihm auf agb fallende Strahlen sehr kleine Winkel mit go

*) Etwa = 12 Zoll.

machen, wenn ferner das Bild von p in π sich befindet, dabei ph $\perp$ go und πk ebenfalls $\perp$ go ist, und gh durch d, ph durch e, gk durch δ, πk durch ε und die Brennweite durch w bezeichnet wird so muß

$$\text{I.}\left\{\begin{array}{l}\frac{1}{w}=\frac{1}{d}+\frac{1}{\delta}\\ \text{oder }\delta=\frac{dw}{d-w}\\ \text{oder }\delta=\frac{dr}{2d-r}\end{array}\right\},$$

und II. $d:\delta = e:\varepsilon$ sein.

Beweis. Man verlängere den Strahl pa dergestalt, daß er go entweder vor oder hinter agb schneidet, und nehme (um die in §. 833 gefundene Gleichung ohne Aenderung der Zeichen anwenden zu können) in gegenwärtigem Beweise an, daß dies vor agb und zwar im Punkte o geschehn.

Schneidet aber nun aπ die Axe in s, so ist (nach §. 833 Nr. 3 des zweiten Beweises):

$$\frac{1}{w}=\frac{1}{og}+\frac{1}{sg};$$

und betrachtet man jetzt ag (weil agb nur wenig gekrümmt sein darf) als eine gerade und senkrechte Linie, so ist $\Delta oga \sim \Delta ohp$, also ag : ph = og : oh, oder (ag — ph) : ag = (og — oh) : og,

oder (ag — ph) : ag = gh : og, oder ag . gh = (ag — ph) . og,

$$\text{oder}\quad 2)\quad \frac{1}{og}=\frac{ag-ph}{ag\,.\,gh}=\frac{1}{gh}-\frac{ph}{ag\,.\,gh}.$$

Auch ist Δ sag $\sim$ Δ sπk, also ag : πk = sg : sk,

oder (ag + πk) : ag = (sg + sk) : sg, oder (ag + πk) : ag = gk : sg,

$$\text{oder}\quad 3)\quad \frac{1}{sg}=\frac{ag+\pi k}{ag\,.\,gk}=\frac{1}{gk}+\frac{\pi k}{ag\,.\,gk}.$$

Setzt man jetzt die in (2) und (3) für $\frac{1}{og}$ und $\frac{1}{sg}$ gefundenen Werthe in (1), so ergiebt sich:

$$4)\quad \frac{1}{w}=\frac{1}{gh}+\frac{1}{gk}+\frac{1}{ag}\left(\frac{\pi k}{gk}-\frac{ph}{gh}\right).$$

Nun ist aber noch:

$$\Delta gk\pi \sim \Delta ghp,$$

$$\text{oder 5)}\quad \pi k : ph = gk : gh,$$

$$\text{oder}\quad \frac{\pi k}{gk}=\frac{ph}{gh},\quad \text{oder}\quad \frac{\pi k}{gk}-\frac{ph}{gh}=0;$$

$$\text{und dieserhalb I.}\left\{\begin{array}{l}\frac{1}{w}=\frac{1}{gh}+\frac{1}{gk}=\frac{1}{d}+\frac{1}{\delta},\\ \text{oder }\delta=\frac{dw}{d-w},\text{ od. }\delta=\frac{dr}{2d-r}\end{array}\right\}.$$

Schreibt man endlich in (5) für πk, ph, gk und gh die ihnen entsprechenden Werthe, so ergiebt sich:

$$\text{II.} \left\{ \begin{matrix} \varepsilon : e = \delta : d \\ \text{oder } d : \delta = e : \varepsilon \end{matrix} \right\}.$$

Anmerkung 1. Die hohlen Spiegel erzeugen nur deutliche Bilder, wenn die Strahlen überall keine großen Winkel mit og machen, oder wenn die Spiegel nur wenige Grade enthalten. Auch weichen die in gegenwärtigem §. entwickelten Gleichungen in ihrer Anwendung auf strahlende Punkte noch mehr von der Genauigkeit als die im §. 833 ermittelten ab, weil im Beweise die beinah richtige Annahme, daß ag als eine gerade Linie zu betrachten sei, nochmals wiederholt werden mußte. Hieraus folgt aber: 1) daß das durch agb hervorgebrachte Bild nicht überall gleiche Deutlichkeit besitzt, 2) daß letztere in und nahe bei der Axe am Größten sich zeigt, und 3) daß bei sehr schrägem L (wobei die einfallenden Strahlen große Winkel mit der Axe machen) agb nur undeutliche und verzogene Bilder erzeugt.

Anmerkung 2. Da d und δ auch die auf og gemessenen Entfernungen der Punkte p und π von agb sind, so ergiebt sich eine sehr einfache und ziemlich genaue Methode, die Brennweite w zu ermitteln. Richtet man nämlich agb gegen eine Lichtflamme oder gegen irgend einen Gegenstand, dessen Entfernung vom Spiegel gemessen werden kann, so ergiebt sich d. Bestimmt man ferner die Stelle des Bildes so genau als möglich, so findet sich δ. Aus d und δ wird aber nun w vermöge der Gleichung $\frac{1}{w} = \frac{1}{d} + \frac{1}{\delta}$ ermittelt u. s. w.

§. 836.

Wenn (in Fig. 63) die aus p auf den Hohlspiegel geb fallenden divergirenden Strahlen sich im Punkte π vereinigen, so fahren sie hinter demselben wieder auseinander; und treffen sie irgendwo das Auge A so sieht dasselbe das physische Bild des p in π. Bleiben dagegen (in Fig. 64) die Strahlen auch nach der Reflexion noch divergirend, so scheinen sie aus einem hinter geb liegenden Punkte π zu kommen; und wird A von ihnen getroffen, so sieht dasselbe das geometrische Bild des p in π, u. s. w. —

§. 837.

Man soll den Ort angeben, welchen das Bild π des strahlenden Punktes p einnimmt, wenn die Stelle von p und der Mittelpunkt c der Krümmung gegeben ist.

Erste Auflösung. Man lege (in Fig. 63 u. 64) durch p und c eine gerade Linie, ziehe aus p nach irgend einem Punkte von geb den Strahl pe, und suche sein Einfallsloth und die Richtung eh wonach er zurückgeworfen wird. Da aber nun der durch c gehende Strahl in sich selbst zurückkehrt, so ist der Schneidungspunkt beider Strahlen der Ort des π.

Zweite Auflösung. Man ziehe (in Fig. 65) pd || og, verlängere pc über c hinaus, verbinde d und den Brennpunkt f durch eine gerade Linie, und verlängere dieselbe bis zu ihren Schneidungspunkte mit pe. Es ist aber alsdann (nach §. 830 u. §. 829 Anmerk.) π in diesem Punkte befindlich.

§. 838.

Da das im v. §. von p Gesagte auch von allen übrigen Punkten eines Gegenstandes gilt, so ergiebt sich der Ort, die Größe und Stellung des einem ganzen Objekte entsprechenden Bildes, wenn man die Lage der Bilder aller einzelnen Punkte bestimmt. So gehört z. B. (in Fig. 66 u. 67) zum Gegenstande ad das Bild $\alpha\delta$ u. s. w.

§. 839.

Aus den nach v. §. stattfindenden Construktionen ergiebt sich Folgendes:

1) Steht der Gegenstand G in einer sehr großen Entfernung vom Concavspiegel S, so erscheint in der Gegend des Brennpunktes f ein physisches Bild B von G, welches umgekehrt und verkleinert sich zeigt.

2) Rückt G näher an S, so kommt B zwischen f und c, ist umgekehrt und verkleinert, und wird desto größer je mehr G dem c sich nähert.

3) Ist G in der Gegend von c, so befindet sich B ebenfalls daselbst, ist umgekehrt und hat die Größe von G.

4) Befindet sich G zwischen f und c, so steht B weiter als c von S ab, und ist umgekehrt und vergrößert. Je näher G aber an f rückt, desto mehr entfernt sich B von S.

5) Steht G in f, so sind die zurückgeworfenen Strahlen parallel und erzeugen gar kein Bild.

6) Ist G zwischen S und f, so erscheint ein geometrisches Bild b hinter S, welches aufrecht und vergrößert sich zeigt. Je näher G an S rückt, desto kleiner wird b; und kommt G mit S in Berührung, so ist b = G.

Anmerkung 1. Das in diesem §. Gesagte wird durch eine Lichtflamme versinnlicht, wenn man sie in verschiedenen Entfernungen von

S anbringt, die zurückgeworfenen Strahlen mit einem Blatte Papier auffängt, und dieses in jedem einzelnen Falle dem S so lange nähert oder von ihm entfernt, bis ein deutliches Bild der Flamme darauf erscheint. Kommt letztere zwischen f und S, so hat man das Papier nicht mehr nöthig.

Anmerkung 2. Der Abstand des B von S pflegt demjenigen, welcher B ansieht, nicht in die Augen zu fallen; allein an der Richtung der Augen kann ein zweiter Zuschauer ganz deutlich merken, daß der erste nicht auf S sondern auf einen vor S befindlichen Punkt hinsieht.

§. 840.

Da nur diejenigen parallelen Strahlen, welche sehr nahe an der Axe des concaven S auffallen, nach der Zurückwerfung im Brennpunkte f zusammen kommen, so ist klar, daß für alle Strahlen, welche näher und entfernter von der Axe sich befinden, eigentlich kein Brennpunkt sondern ein Brennraum von einiger Länge existirt. So schneidet z. B. (in Fig. 68) eh die Axe kg nach der Zurückwerfung in f, ml in t, no in u, und eben so treffen lr und ls in v, ls und op in w zusammen, u. s. w.

Das hier Gesagte findet auch bei den Strahlen statt, welche aus einem Punkte, d. h. divergirend auf S treffen; und es entsteht hieraus die Undeutlichkeit der Bilder, wovon schon in §. 835. Anm. 1 gesprochen worden ist, und welche man die Abweichung der Strahlen wegen der Kugelgestalt nennt.

Anmerkung. Da (nach §. 179 Nr. e) sämmtliche auf einen parabolisch geschliffenen Hohlspiegel s fallende parallele Strahlen nach der Zurückwerfung sich genau in einem und demselben Punkte vereinigen, und das Nämliche auch von allen aus einem Punkte kommenden divergirenden Strahlen gilt, so folgt, daß s keine Abweichung der Strahlen wegen der Kugelgestalt zuläßt. Doch ist die Construktion des s äußerst schwierig. —

§. 841.

Wenn man an die verschiedenen Durchschnittspunkte der reflectirten Strahlen eine krumme Linie dergestalt legt, daß jene Strahlen als die Tangenten der letztern erscheinen, so heißt dieselbe die Brennlinie oder die katakaustische Linie B. Sie wird (in Fig. 69) durch mnopq.... dargestellt, und durch einen Versuch auf folgende Weise ermittelt:

Man nehme einen Cylinderspiegel Z (d. h. einen hohlen Halbcylinder, welcher aus wohlpolirtem Weisbleche u. s. w. besteht), stelle ihn vertikal auf einen Bogen weißen Papieres, und bringe die Flamme einer kleinen Wachskerze K ihm gegenüber. Es entsteht aber alsdann auf dem Papiere durch Reflexion ein beleuchteter Raum, welcher die Figur der B besitzt, und dessen Spitze sich desto weiter von Z entfernt, je mehr man K demselben nähert. Setzt man nun K in den Mittelpunkt der Krümmung des Z, so verliert die Beleuchtung ihre Krümmung; und nähert man K noch mehr den Flächen des Z, so entfernt sich die Spitze der B über den Mittelpunkt hinaus, und zwar desto mehr, je näher K. der spiegelnden Fläche rückt. —

§. 842.

Die Hohlspiegel werden bei Zusammensetzungen optischer Instrumente, zu Versuchen über Wärmestrahlung*), und auch zu Brennspiegeln, d. h. zur Erregung hoher Hitzgrade gebraucht. Eben so dienen sie zur Beleuchtung eines Ortes oder Gegenstandes, indem man eine Flamme entweder in ihren Brennpunkt oder zwischen letztern und ihre polirte Oberfläche setzt, je nachdem die Strahlen parallel oder divergirend zurückgeworfen werden sollen. Da die Hohlspiegel Luftbilder erzeugen, so verursachen sie manche Täuschungen, welche vollkommen heißen, wenn man sowohl das Objekt dem Auge entzieht als auch durch umgebende Körper (z. B. durch geschickt angebrachte Vorhänge u. s. w.) die Wahrnehmung der Spiegel verhindert.

§. 843.

Alle Strahlen, welche parallel mit der Axe A auf einen convexen Spiegel S fallen, werden so zurückgeworfen, daß jeder derselben die A in einem Punkte durchschneidet. Sind die Strahlen letzterer sehr nahe (oder was einerlei ist, hat S nur wenige Grade) so werden dieselben so zurückgeworfen, daß sie von einem hinter S liegenden Punkte auszugehen scheinen.

Beweis. Fällt (in Fig. 70) der Axenstrahl kg auf ngh, so geht er nach der Reflexion in der Richtung gk zurück. Da aber der parallele

---

*) Vergl. §. 677.

**) In der 19ten Abtheilung wird hiervon mit gehöriger Ausführlichkeit gehandelt.

Strahl de in der Richtung el zurückkehrt, so scheinen beide aus ihrem Durchschnittspunkte f zu kommen. Und da das eben Gesagte auch von allen sehr nahe an kg liegenden parallelen Strahlen gilt, so müssen dieselben sämmtlich in f zusammentreffen, und also aus diesem Punkte zu kommen scheinen.

§. 844.

Der im v. §. gefundene Punkt f heißt der **Zerstreuungspunkt** oder der **negative Brennpunkt** der **parallelen Strahlen** oder des S, und die Linie fg die **negative Brennweite**. In den Berechnungen wird beiden, so wie dem Krümmungshalbmesser cg das Zeichen — vorgesetzt. Auch ergiebt sich daß cf = fg sein muß, weil Δcfe gleichschencklich, und für alle sehr nahe an kg auffallende Strahlen, fe = fg ist.

Die negative Brennweite fg von ngb läßt sich nicht unmittelbar messen, aber durch folgendes Verfahren mit ziemlicher Genauigkeit ermitteln. Man bedeckt ngb mit einer Scheibe von Pappe, zieht darauf einen Durchmesser, und macht in der Mitte jedes Halbmessers ein kleines Loch. Nimmt man nun einen schmalen geraden Stab, trägt die Entfernungen der Mittelpunkte beider Löcher 2mal darauf, bezeichnet genau die Endpunkte dieser verdoppelten Entfernungen, und hält hierauf ngb gegen die Sonne, so kommen aus beiden Löchern 2 dünne Cylinder oder Kegel von reflectirten Strahlen, die ihre Richtungen von f her haben, und also aus einander laufen. — Dies reflectirte Licht sucht man nun mit dem Stabe aufzufangen; und wenn die beiden dann sichtbar werdenden Lichtkreise sich auf den Endpunkten der abgemessenen Linie befinden, also 2mal so weit als die Löcher entfernt sind, so stellt der Abstand des Stabes von ngb die Brennweite des letztern dar.

§. 845.

Die in §. 833 und 835 für concave Spiegel ermittelten Gleichungen gelten auch für convexe, wenn man in dieselben für δ, r und w beziehlich $-\delta$, $-$r, und $-$w, und also für convexe Spiegel:

1) $-\frac{2}{r} = \frac{1}{d} - \frac{1}{\delta}$, 2) $-\frac{1}{w} = \frac{1}{d} - \frac{1}{\delta}$, 3) $\delta = \frac{dr}{2d+r}$

4) $\delta = -\frac{dw}{d+w}$, u. s. w. schreibt.

§. 846.

Hat der convexe Spiegel S mehrere Grade, oder fallen die parallelen Strahlen nicht sehr nahe an der Axe auf denselben, so kommen sie auch nicht alle im Brennpunkte zusammen. So treffen z. B. (in Fig. 71) die reflectirten Strahlen die Axe in f und o, und ihr Durchschnittspunkt befindet sich in v. Die Punkte, worin solche Strahlen sich unter einander schneiden, bilden aber eine Linie, welche die **negative Brennlinie** heißt.

§. 847.

Die aus einem strahlenden Punkte auf den Convexspiegel agb (Fig. 72) fallenden divergirenden Strahlen werden nach der Reflexion noch divergirender, und scheinen bei einem sehr weit entfernten Punkte nach der Zurückwerfung von f auszugehen. Nähert sich aber p dem agb, so ist die Divergenz der auf denselben Theil von agb fallenden Strahlen größer; sie divergiren also auch nach der Zurückwerfung stärker und ihr Zerstreuungspunkt steht agb näher und zwar **desto mehr, je näher p an agb liegt.**

§. 848.

Man soll den Ort angeben, welchen das Bild π des strahlenden Punktes p einnimmt, wenn man die Stelle von p und den Mittelpunkt c der Krümmung des Convexspiegels kennt.

Auflösung. Ist (in Fig. 72) p der strahlende Punkt, so befindet sich sein Bild π (wie in §. 837) hinter ab, u. s. w.

§. 849.

Da das im vorig. §. von einem Punkte Gefundene auch von allen übrigen Punkten eines Objektes O gültig ist, so ergiebt sich der Ort und die Stellung des dem O zukommenden Bildes, wenn man die Lage der Bilder aller einzelnen Punkte bestimmt. So gehört z. B. (in Fig. 73) zum Gegenstande de das Bild $\delta\varepsilon$ u. s. w. Beim Convexspiegel sieht man also hinter agb ein aufrecht stehendes verkleinertes geometrisches Bild von O, welches desto kleiner ist, je unbedeutender der Krümmungshalbmesser von agb sich zeigt. Auch erscheint dieses Bild bei demselben Spiegel desto kleiner, je weiter O von agb sich entfernt.

Anmerkung. Das hier Gesagte wird auch durch eine Lichtflamme, auf die in §. 839 Anm. 1 angegebene Weise, versinnlicht.

§. 850.

Die Bilder derjenigen Objekte, welche nicht eine dem sphärischen Spiegel ähnliche Krümmung besitzen, sind mehr oder weniger verzogen. So ist z. B. die Verzerrung an dem Gesichte eines Menschen, welcher sich in einem convexen Spiegel betrachtet, sehr bedeutend, weil die Convexität des Gesichtes derjenigen des Spiegels S entgegensteht. Bei einem Hohlspiegel ist diese Verzerrung weit geringer, weil die Convexität der Oberfläche des Gesichtes mit der Concavität des Spiegels dem Parallelismus sich etwas nähert.

§. 851.

Da bei einem cylindrischen oder kegelförmigen Spiegel s die eine Dimension gerade und die andere (entweder concav oder convex) gekrümmt sich zeigt, so folgt, daß er nach der einen Richtung wie ein ebener und nach der andern wie ein concaver oder convexer Spiegel wirkt, und daß also nach der einen Richtung die Bilder den Objekten an Größe gleich und nach der andern entweder größer oder kleiner sein werden.

Da s in diesem Falle verzerrte Bilder erzeugt, so lassen sich verzerrte Figuren so zeichnen, daß sie für unser Auge in ihrer gehörigen Form erscheinen. Diese Zeichnungen werden (zum Unterschiede von den in §. 802 erwähnten) Katoptrische Zerrbilder oder Anamorphosen genannt.

Der pyramidalische Spiegel, welcher einige Aehnlichkeit mit dem kegelförmigen besitzt, giebt ein regelmäßiges Bild, wenn man ihn auf eine Zeichnung stellt und von oben in der Richtung der Pyramidenaxe, auf die das Bild berührende Spiegelfläche sieht.

Ein hohler, inwendig wohlpolirter abgekürzter Kegel K dient auch noch darzu, die in die weite Oeffnung fallenden parallelen Strahlen durch Zurückwerfung zu vereinigen, so daß er als eine Art Brennspiegel wirkt. Und da ferner die meisten Strahlen einer an der engern Oeffnung angebrachten Lichtflamme durch Zurückwerfung in parallelen Richtungen fortgehen, so folgt, daß K auch als Leuchtrohr gebraucht werden kann, und also im erstern

Falle eine Aehnlichkeit mit dem conischen Hörrohre und im zweiten mit dem kegelförmigen Sprachrohre besitzt.

§. 852.

Die (in §. 812 — 851) durch die Spiegel bewirkten Haupterscheinungen werden folgendermaßen zusammengefaßt:

1) In jedem ebenen Spiegel erscheint das Bild des Gegenstandes G hinter dem Spiegel in aufrechter Stellung, und besitzt die Größe des G.

2) In jedem concaven Spiegel S erscheint B (je nachdem es näher an S oder entfernter von ihm ist,) bald vor und bald hinter S, bald umgekehrt, und bald aufrecht, bald vergrößert, verkleinert oder eben so groß wie G.

3) In jedem convexen Spiegel erscheint B hinter demselben aufrecht und verkleinert.

4) Die Spiegel von gemischter Gestalt, d. h. die cylindrischen, kegelförmigen, u. s. w. bringen endlich verzerrte Bilder hervor.

Siebente Abtheilung.

Von der Brechung (oder Refraction) des Lichtes in ebenen Flächen.

§. 853.

Jeder Lichtstrahl S geht (nach §. 781) in demselben Mittel geradlinig fort; auch ergiebt sich das Nämliche, wenn S aus einem Mittel in ein anderes (z. B. aus Luft in Wasser) übergeht und auf der Schneidungsfläche beider Mittel senkrecht steht. Fällt S aber schief auf die Schneidungsfläche beider Mittel, so wird seine anfängliche Richtung verändert, diese Aenderung die Brechung (oder Refraction), und die Lehre vom gebrochenen L die Dioptrik genannt.

Anmerkung. Wenn (in Fig. 74) S in ein leeres, aus einer undurchsichtigen Materie verfertigtes Glas etwas schief, etwa in der Richtung ab fällt, so wirft die dem S entgegengesetzte Wand einen

Schatten ef auf den Boden ed. Füllt man aber nun bcde, ohne es zu bewegen, mit Wasser, so erscheint ef verkürzt und reicht etwa bis g, weil S früher in der Richtung bf und jetzt, vermöge der Brechung, in der Richtung bg sich bewegt.

§. 854.

Fällt (in Fig. 75) der Lichtstrahl S in der Richtung ab auf die Schneidungsfläche (hbk, fbg oder mbn) beider durchsichtigen Mittel, und denkt man sich durch letztere eine gerade Linie ed gezogen, welche den Einfallspunkt b trifft und auf der Schneidungsfläche senkrecht steht, so nennt man ed (wie in §. 278.) das Einfallsloth und $\angle$ abe oder α den Einfallswinkel. Geht aber nun S in dem untern Mittel in der veränderten Richtung bc fort, so heißt $\angle$ cbd oder β der Brechungswinkel. Auch wird S zum oder vom Einfallslothe gebrochen, wenn $\beta \lessgtr \alpha$, oder wenn der neue Weg bc näher an ed oder entfernter von dieser Linie, als der alte ab ist. Der dem Einfallswinkel entsprechende sinus wird der Einfalls sinus, und der dem Brechungswinkel zugehörige der Brechungs sinus genannt.

§. 855.

Bei der Brechung des S findet — der Erfahrung gemäß — Folgendes statt:

1) Wenn S aus einem dünnern Mittel in ein dichteres oder umgekehrt in schiefer Richtung übergeht, so wird er im erstern Falle (meist) zum, und im zweiten vom Einfallslothe gebrochen. Tritt z. B. S schief aus Luft in Wasser oder Glas, so wird er zum Einfallslothe gebrochen; geht er aber schief aus Wasser oder Glas in die Luft, so findet das Entgegengesetzte statt. Dasjenige Mittel, worin S zum Einfallslothe sich bricht, wird das stärker brechende genannt. —

2) Der einfallende S, das Einfallsloth und der gebrochene S liegen in einer Ebene, welche auf der Schneidungsfläche beider durchsichtigen Mittel senkrecht steht und die Brechungsebene heißt.

3) Bei zwei bestimmten durchsichtigen Materien findet, für einen beliebigen Einfallswinkel, zwischen

dem Einfalls- und Brechungs-sinus ein gewisses Verhältniß statt, welches man das Brechungs-Verhältniß nennt.

Geht z. B. S aus der Luft in gemeines Glas über, so verhält sich der Einfalls-sinus zum Brechungs-sinus ziemlich genau wie 17:11; tritt aber S aus der Luft entweder in englisches Krown- oder englisches Flintglas oder in Wasser, so verhält sich der Einfalls-sinus zum Brechungs-sinus im erstern Falle wie 1, 55:1, im zweiten wie 1,58:1 und im dritten wie 4:3.*)

4) Wenn S aus einem stärker brechenden Mittel in ein schwächer brechendes (z. B. aus Glas oder Wasser in die Luft) übergeht, und die Schneidungsfläche in sehr schiefer Richtung trifft, so bringt er in das schwächer brechende Mittel gar nicht ein, sondern wird nach dem in §. 816 angegebenen Gesetze reflectirt.

Anmerkung 1. In Bezug auf Nr. 1 bemerke man Folgendes:

S wird nicht in jedem Falle vom dichtern Mittel stärker als vom dünnern gebrochen. So hat z. B. das Terpentinöl ein kleineres specifisches Gewicht als das Wasser, und bricht dessen ungeachtet S eben so stark als Glas. Die brennbaren Materien (oder diejenigen zu deren Bestandtheilen das Wasserstoffgas gehört) brechen S besonders stark. So hat z. B. schon Newton aus der großen brechenden Kraft des Diamanten auf die Brennbarkeit desselben geschlossen, und also eine Vermuthung ausgesprochen, welche in der Folge aufs Vollkommenste sich bestätigt hat. Hieraus ergiebt sich aber: „daß bei der Brechung des S auch die chemische Beschaffenheit der Materien berücksichtigt werden muß.“

In Rücksicht auf Nr. 3 ergiebt sich Folgendes:

Construirt man (in Fig. 76) im Kreise acbd, den Durchmesser ab ⊥ cd, stellt die senkrechten eg und hk dergestalt auf ab, daß eg : hk = 4 : 3, zieht alsdann ef und hf, befestigt in jedem der Punkte e, f und h einen glänzenden Körper (z. B. eine Stecknadel), und taucht acbd bis cd ins Wasser, so nimmt man (vermittelst der Brechung) die drei Stecknadeln in der nämlichen geraden Linie wahr. —

In Bezug auf Nr. 4 bemerke man, daß in dem Falle, wo S aus einem stärker brechenden Mittel in ein schwächer brechendes treten will, und der Einfallswinkel so groß wird, daß der Brechungswinkel mindestens 90° beträgt, (oder daß der Brechungs-sinus gleich oder größer 1 sich zeigt) die Brechung in eine Zurückstrahlung übergeht, weil der reflectirte Strahl schon bei einem Winkel von 90° parallel mit der Schneidungsfläche beider Mittel sein muß. Tritt z. B. L aus Glas in

*) Man bemerke, daß bei sehr kleinen Winkeln für die Verhältnisse der Brechungssinus die der Winkel gesetzt werden können.

Luft unter einem Einfallswinkel, welcher $> 41^\circ\ 48'$ ist, so wird er nicht mehr in die Luft gebrochen, sondern in das Glas zurückgeworfen. —

Anmerkung 2. Man hat gefunden, daß L bei seinem Uebergange aus einem durchsichtigen Mittel in ein anderes nie ganz in das letztere dringt, sondern in größerer oder kleinerer Menge zurückgeworfen wird, und daß die Quantität des reflectirten L desto größer ist, je schiefer die Lichtstrahlen auf die Schneidungsfläche beider Mittel fallen. Die eben genannte Erscheinung wird aber entweder aus der Beschaffenheit der Oberfläche des brechenden Mittels oder aus der Natur des L erklärt.

§. 856.

Das in Nr. 1 vorig. §. Gesagte wird (nach Newton) auf folgende Weise erklärt.

Geht das Lichttheilchen T aus dem schwächer brechenden Mittel m in das stärker brechende M über, übt M *) auf T eine stärkere Anziehung (oder ein stärkeres Streben es in sich aufzunehmen) als m aus, und wirkt diese Anziehung schon auf eine kleine, jedoch unbestimmbare Entfernung hin, so wird die Richtung des T der vertikalen Linie genähert, oder was dasselbe ist, T wird zum Einfallslothe gebrochen. Ist aber T aus der Wirkungssphäre des m getreten, so erleidet es von allen Seiten gleich große Anziehungen und geht dieserhalb nach dem Beharrungsgesetze in der Richtung fort, worin es sich im letzten Momente (wo nämlich die in beiden Mitteln vorhandenen Kräfte noch gemeinschaftlich wirkten) bewegte.

Geht umgekehrt T von M nach m über, so ergiebt sich — der eben ausgesprochenen Ansicht zufolge, — daß T vom Einfallslothe gebrochen werden muß.

Anmerkung 1. Die in diesem §. stattgefundene Betrachtung wird durch die in Fig. 77 u. 78 angegebenen Zeichnungen folgendermaßen versinnlicht. Bezeichnet ab die Schneidungsfläche beider Mittel, von denen die Wirkungssphäre des obern O bis ef und die des untern U bis cd reicht, und kommt nun T in der Richtung gh in h an, so würde es, in völlig gleichen Mitteln, mit seiner anfänglichen Geschwindigkeit in dieser Richtung fortgehen und in irgend einer Zeit den Weg hk zurücklegen.

Bricht aber nun 1) (in Fig. 77) U das Licht stärker als O, so wird T, beim Eintritte in die gemeinschaftliche Wirkungssphäre stärker gegen U gezogen als von O zurückgehalten, also (nach dem Beharrungsgesetze) in der Richtung hk fortgehen wollen, aber zugleich durch den Unterschied der Anziehungen beider Mittel in der Richtung hl fortgetrieben und also vom Wege hk etwas abgelenkt. Da diese Ablenkung

*) Vorausgesetzt, daß die chemischen Beschaffenheiten beider Mittel dieselben sind.

in jedem Augenblicke sich wiederholt, so wird auch die Abweichung vom Wege hk immer größer; und es muß dieserhalb T in einer krummen Linie (etwa in der Curve hnr) sich bewegen.

Hat aber nun T in r die Schneidungsfläche der gemeinschaftlichen Wirkungssphäre überschritten, so geht es von dieser Stelle an geradlinig fort.

Bricht 2) (in Fig. 78) U das L schwächer als D; und ist die Richtung und Geschwindigkeit des T durch gh ausgedrückt, so müßte T mit dieser Geschwindigkeit in der Richtung hk fortgehen, wenn es nicht, durch den Unterschied der Anziehungen beider Mittel in der Richtung hl getrieben, von seinem Wege immer etwas abgelenkt würde. Es beschreibt aber dieserhalb eine krumme Linie (hnr); und geht, sobald es die gemeinschaftliche Wirkungssphare ef überschritten hat, in der Tangente dieser Curve fort.

Anmerkung 2. Da nach gegenw. §. die Ablenkung des T zum oder vom Einfallslothe darauf beruht, daß T vom zweiten Mittel eine stärkere oder schwächere Anziehung als vom ersten erleidet, so wird die perpendiculäre Geschwindigkeit des auf die Schneidungsfläche beider Mittel schief ankommenden T vergrößert, wenn das zweite ein stärker anziehendes oder ein stärker brechendes Mittel als das erste ist. Ist aber nun die perpendiculäre Geschwindigkeit im ersten Mittel = 1, im zweiten = c, so erhält man $1 : c = \sin\beta : \sin\varepsilon$, wenn ε den Einfalls- und β den Brechungswinkel bezeichnet; und also

$$c = \frac{\sin\varepsilon}{\sin\beta}.$$

Da aber nun die Anziehungen, als beschleunigende Kräfte, sich wie die zweiten Potenzen der bewirkten Geschwindigkeiten verhalten; und die Geschwindigkeit c des ersten Mittels als eine durch beide Mittel hervorgebrachte angesehen werden kann, indem T in das zweite Mittel schon mit der Geschwindigkeit 1 eintritt, und diese hier = c wird, so ergiebt sich:

$$1 : (1 + k) = 1^2 : c^2 \quad \left\{\begin{array}{l}\text{wenn die brechende Kraft des 1sten Mittels}\\ = 1 \text{ und die des 2ten} = k \text{ ist,}\end{array}\right.$$

$$\text{oder } k = c^2 - 1 = \frac{\sin^2\varepsilon}{\sin^2\beta} - 1.$$

Da aber dasselbe Mittel T desto stärker bricht, je dichter es ist, so muß man den für das Brechungsvermögen erhaltenen Ausdruck $\frac{\sin^2\varepsilon}{\sin^2\beta} - 1$ noch durch die Dichtigkeit dividiren, um das Brechungsvermögen eines Mittels, in so fern es nicht von seiner Dichtigkeit, sondern von seiner specifischen Wirkungsweise auf L bestimmt wird, zu erhalten. Dies wird aber das specifische Brechungsvermögen genannt.

In diesem Sinne sind Nr. XI. u. XII. des Anhanges angefertigt; und die Zahlenausdrücke für das specifische Brechungsvermögen wurden mit 10000 multiplicirt, um dieselben ohne Decimalbrüche zu erhalten. Auch ist in Nr. XI. ein Barometerstand von 28 Pariser Zollen und eine Temperatur von 0° vorausgesetzt.

Anmerkung 3. Nach den Beobachtungen von Biot *) und

*) Jean Baptista Biot, geb. 1774 zu Paris.

Arago*) erhält man das Brechungsvermögen einer Mischung, wenn man die Summe der brechenden Kräfte ihrer Bestandtheile mit den Maßen ihrer respectiven Massen (vorausgesetzt, daß die Dichtigkeit der Bestandtheile durch die Mischung nicht allzu sehr verändert worden ist) multiplicirt.

§. 857.

Bei jeder Brechung findet — der Erfahrung zufolge — auch eine Farbenzerstreuung statt, oder jeder Lichtstrahl S erhält durch dieselbe eine Breite, welche im Fortgange immer größer wird, und wodurch auf jeder der S entgegengesetzten Fläche eine längliche Beleuchtung entsteht, die an dem einen Rande eine rothe und an dem ihm entgegengesetzten eine violette Färbung besitzt. So wird z. B. (in Fig. 79) der aus dem schwächer brechenden Mittel D in das stärker brechende U gehende Strahl ab zum Einfallslothe gebrochen, und dabei in das △ bef ausgebreitet, welches am Rande e roth und am Rande f violett gefärbt sich zeigt. Hat S nur einen kurzen Weg zurückgelegt, so ist die eben erwähnte Ausbreitung und Färbung äußerst unbeträchtlich und manchmal Null; sie wird aber desto stärker je größer der Weg ist, welchen T in U beschreibt.

§. 858.

Die mit der Brechung verbundene Farbenzerstreuung wird beobachtet, wenn B selber beobachtbar ist, d. h. wenn das durch ein brechendes Mittel gehende L eine Begränzung erhält. Kommt z. B. (in Fig. 80) L aus dem obern Mittel D in das untere U, und wirft irgend ein Körper kc oder ei einen Schatten auf mn, so hat derselbe bei r und v einen gefärbten Rand, und zwar bei r einen rothen durch Gelb in Weiß übergehenden, und bei v einen violetten, welcher durch Blau in's Weiße sich verliert. — Sind die Stellen c und e sehr nahe, d. h. ist der Lichtstreifen acde sehr schmal, oder fällt L durch die kleine Oeffnung einer an oder über ki sich befindenden undurchsichtigen Platte ein, so berühren sich unten die gefärbten Ränder, und in der Mitte erscheint alsdann Grün statt Weiß. Das durch eine so kleine Oeffnung kommende L wird zum Behufe mathematischer Betrachtungen als eine gerade Linie ac (Fig. 81)

*) Geb. zu Estagel bei Perpignan 1786.

gezeichnet, wenn man nur bedenkt, daß ac (wie in §. 781) die Axe des Lichtkegels oder des Lichtcylinders acde darstellt.

Indem aber nun der eben erwähnte Lichtkegel oder Lichtcylinder durch die Brechung sich erweitert, wird er an den Rändern **roth** und violett und in der Mitte grün; und denkt man sich jetzt den Mittelpunkt g der grünen (oder vielmehr der grünlich gelben) Stelle mit dem Einfallspunkte c durch eine gerade Linie verbunden, so wird cg **der Strahl der mittlern Brechbarkeit**, und der sinus des von cg und dem Einfallslothe gebildeten Winkels, **der sinus der mittlern Brechung oder der mittlere Brechungs sinus** genannt.

Anmerkung 1. Es giebt viele durchsichtige Körper, bei welchen S gleichsam in zwei Strahlen sich spaltet, von denen der eine nicht die in vorig. §§. erwähnte sondern eine eigenthümliche (ungewöhnliche) Brechung erleidet, von der in der 9ten Abtheilung dieses Kapitels die Rede sein wird.

Anmerkung 2. Würde L von durchsichtigen Körpern weder gebrochen noch reflectirt, so müßten alle vollkommen durchsichtige und farbenlose Materien auch unsichtbar für uns sein. Sie sind blos sichtbar durch das Spiegeln ihrer Oberflächen und die veränderte Richtung, welche L bei B erfährt. Auf diese Weise kann man selbst zwei in einem Gefäße befindliche und sich nicht mischende farbenlose Flüssigkeiten von einander unterscheiden, wie z. B. farbenloses fettes Oel und Wasser, oder Aether und Wasser, u. s. w. Auch ist die Luft unsichtbar, weil Zurückstrahlung und Brechung unmerklich bei ihr sind.

§. 859.

Die auf eine brechende Fläche F in parallelen Richtungen kommenden Strahlen, sind nach der Brechung ebenfalls parallel, weil jeder durch dieselbe eine gleiche Ablenkung von seiner anfänglichen Richtung erfährt.

Diejenigen Strahlen, welche aus einem Punkte divergirend auf F fallen, divergiren weniger, wenn sie aus einem schwächer brechenden in ein stärker brechendes Mittel übergehen; denn ihre Einfallslothe sind mit einander parallel; und da alle Strahlen zu denselben gebrochen werden, so kommen sie sämmtlich dem Parallelismus etwas näher. Das Umgekehrte findet statt, wenn das zweite Mittel das schwächer brechende ist, weil hier jeder Strahl eine Brechung von seinem Einfallslothe erfährt.

§. 860.

Wenn das Auge in dem einen, und der sichtbare Körper K in dem andern durchsichtigen Mittel sich befindet, so erleidet die scheinbare Lage des K in den meisten Fällen eine Veränderung durch die Brechung des L.

Steht z. B. (in Fig. 82) 1) der sichtbare Punkt c auf dem Boden des mit dem Wasser W gefüllten Gefäßes ecf, so geht (nach §. 853) der lothrecht auf die Wasseroberfläche ef kommende Strahl ac ungebrochen durch W; auch ist derselbe die einzige Linie, in deren Verlängerung ein Auge den Punkt c in der Richtung sieht, worin er sich wirklich befindet. Der Strahl ck, welcher ef unter einem schiefen Winkel trifft, wird aber in der Luft abwärts von dem durch k gedachten Einfallslothe gebrochen, und geht also darin so fort, als ob er aus dem höher liegenden Punkte d käme, woselbst auch das in der Verlängerung des Strahles km befindliche Auge den c erblickt. Da aber nun das von c Gesagte auch von allen übrigen im Boden des ecf vorhandenen Punkten gilt, so muß derselbe in die Lage edf erhöht erscheinen; und eben so wird jeder in W befindliche Körper der Oberfläche näher zu sein scheinen als er es wirklich ist.

Wird 2) der gerade Stab ghc schief in W gesteckt, so muß derselbe, so weit er im letztern steht, aufwärts gebrochen und in der Form ghd erscheinen, weil jeder seiner Punkte in W höher erscheint, als er es wirklich ist.

§. 861.

Geht ein Lichtstrahl durch mehrere brechende Mittel, welche verschiedene brechende Kräfte besitzen, so folgt aus vorig. §§., daß er auch mehrere Brechungen erfährt. Liegen z. B. die brechenden Mittel (wie in Fig. 83) übereinander, sind ihre Schneidungsflächen beziehlich durch ab, cd, fg, hk u. s. w. dargestellt, und bricht jedes obere Mittel das L stärker als jedes unmittelbar darunter liegende, so muß der schief auffallende Lichtstrahl mn von jedem derselben (auf die in Fig. 83 angegebene Weise) eine Brechung zum Einfallslothe erleiden.

Befinden sich nun äußerst viele ungleich brechende Schichten übereinander, so wird der Gang des mn einer krummen Linie sich nähern und endlich krumm werden, wenn die brechende Kraft der auf einander folgenden Mittel stetig wächst oder abnimmt. Dies gilt (nach §. 463) von der atmosphärischen Luft, deren Dichtigkeit gegen die Erde E zu stetig wächst, und worin also ein Lichtstrahl (z. B. ein Sonnenstrahl u. s. w.) eine desto stärkere Brechung erfährt, je größer sein gegen E gerichteter Weg sich zeigt. Kommt mn von einer sehr kleinen Höhe nach E, so ist seine Brechung unmerklich; hat er aber einen großen Theil der Atmosphäre zu durchlaufen, so ist die Ablenkung des mn von seinem geraden Wege nicht mehr unbedeutend und um so weniger, wenn er, wie die aus den Wolken zu uns gelangenden Strahlen, die ganze Atmosphäre zu durchlaufen hat. Und wird endlich noch die Dichtigkeit einiger Luftschichten durch erhöhte Erwärmung bedeutend verdünnt, so ist dies ein neuer Umstand, welcher bei der Brechung des mn in Betrachtung kommt.

§. 862.

Aus vorig. §. werden folgende Erscheinungen erklärt:

1) Stellt (in Fig. 84) der Bogen hck einen Theil der Erdoberfläche, und der zwischen mdg und lck befindliche Streifen einen Theil T der Erd-Atmosphäre dar, so wird (nach §. 853) der in v stehende Stern von dem in c befindlichen Beobachter in der Richtung ca erblickt, wenn der aus a kommende Lichtstrahl ac auf T senkrecht steht. Befindet sich aber ein anderer Stern S in w, so kommt der Strahl fc, welcher ohne T von f bis c gelangen würde, nicht nach diesem Orte, weil er, als ein schief auffallender, in T eine Brechung B erfährt. Ein anderer Strahl od welcher wegen der großen Entfernung von S parallel fc ist, kommt durch B nach c; und der in diesem Orte befindliche Beobachter bezieht den Eindruck nach der Tangente de der Krummen cd, und sieht deshalb S in dieser Richtung und also höher über dem Horizonte als er wirklich ist.

Die scheinbare Höhe des S wird also durch B vergrößert, und zwar desto mehr, je näher S am Horizonte steht, weil in diesem Falle die von S ausgehenden Strahlen sehr schief auf T treffen,

So ist z. B. ein unter dem Horizonte befindlicher Stern öfters noch sichtbar; und eben so wird — wegen der am Horizonte stattfindenden Refraction — der beständige Tag in den kalten Zonen bedeutend verlängert, indem dort — der großen in der Luft stattfindenden Dichtigkeit wegen — B sehr bedeutend ist. Auch ergiebt sich daß die Beschaffenheit des Luftkreises auf B einen Einfluß ausübt, und daß also in der Astronomie der Thermometer- und Barometerstand zu berücksichtigen ist. Die astronomische Strahlenbrechung beträgt am Horizonte ohngefähr 33 Minuten, in einer Höhe von 45° kaum eine Minute, und in einer Höhe von 75° etwa 16 Secunden; doch ist sie bis auf eine Höhe von 12° sehr unsicher und veränderlich. Die scheinbaren Oerter irdischer Höhen (z. B. hoher Berge) werden durch B ebenfalls verändert; letztere wird aber zum Unterschiede von der früher erwähnten **die irdische Strahlenbrechung** genannt.*)

2) Die in der Luft stattfindende B der Lichtstrahlen kann (nach §. 855 Anmerkung 1) in eine Zurückwerfung übergehen, wenn die Strahlen aus einem dichtern in einen dünnern Theil der Atmosphäre sehr schief übertreten.

Hieraus ergiebt sich aber eine Erscheinung, welche die Luftspiegelung heißt, und die hauptsächlich darin besteht, daß außer einem entfernten Gegenstande G auch das Bild desselben in der Luft und gewöhnlich über oder unter G erscheint.

Die Luftspiegelung mit unterwärts gekehrtem Bilde ist häufiger als die andere; und die ganze Erscheinung sieht fast so aus, als ob vor G eine Wasserfläche befindlich wäre, worin G sich abspiegelte, während er selber in der Luft zu schweben scheint.

Ist (in Fig. 85) fh ein Theil der Erdoberfläche, of ein sichtbarer Gegenstand, e der Ort des Auges A, über fh eine dichtere und unter fh eine dünnere (etwa durch die Hitze des von der Sonne

*) Da bei Sonne und Mond der Unterrand um ohngefähr 33 Minuten und der Oberrand um 28 Minnten gehoben wird, so beträgt der senkrechte Durchmesser jedes dieser Körper ohngefähr 5 Minuten weniger als der horizontale, welcher unverändert bleibt. Hieraus folgt aber: daß Sonne und Mond beim Auf- und Untergange nicht rund sondern elliptisch erscheinen.

beschienenen Sandbodens ausgedehnte) Luftschichte befindlich, so sieht A mittelst der Strahlen oe und fe den of; und weil aus jedem Punkte von of auch noch andere Strahlen sich verbreiten, so giebt es unter diesen gewiß solche, welche sehr schief auf fh fallen, und daher in die Luft über fh zurückgehen. Wäre fh eine scharfe Schneidungsfläche, so würde ok so zurückgeworfen, daß $\alpha = \beta$ sein müßte. Obgleich aber nun in der Luft eine solche Schneidungsfläche nicht existirt, so findet doch im Ganzen dieselbe Wirkung darin statt; und A sieht also auch o in der Richtung ek, d. h. in m. Eben so erblickt es f in f, und alle zwischen o und f befindlichen Punkte zwischen m und f. Hieraus folgt aber, daß A außer of auch das umgestürzte Bild mf dieses Gegenstandes sieht.

Bei der Luftspiegelung mit aufwärts gekehrtem Bilde erscheint letzteres über G ebenfalls verkehrt, und ist dabei bald in Berührung mit G und bald mehr oder weniger von ihm entfernt. Bezeichnet nämlich (in Fig. 86) cd einen Theil der Erdoberfläche, oc den sichtbaren Gegenstand, e die Stelle des A, und befindet sich dabei über fh eine dünnere und unter fh eine dichtere Luftschichte, so sieht A den oc zuerst auf die gewöhnliche Art durch die Strahlen oe und ce. Diejenigen Strahlen, welche aber wie ok und cn sehr schief auf fh fallen, werden nach e zurückgeworfen, und machen das Bild lm.

Anmerkung 1. In gegenwärtigem §. ist es nöthig, daß cd weit genug reiche, damit die Strahlen schief genug aus der einen Luftschichte in die andere übertreten können.

Anmerkung 2. In manchen Sandwüsten ereignet sich die Luftspiegelung fast täglich, und die wenigen Dörfer scheinen gleich Inseln über einer See zu schweben und sich im Wasser zu spiegeln. Befindet sich aber (in Fig. 86) oc auf dem Wasser, oder steht zwischen oc und e an einer schicklichen Stelle ein Wasserspiegel, so kann über oc noch ein zweites, aufrecht stehendes Bild erscheinen, welches das Luftbild von dem im Wasser befindlichen Bilde ist. Biot zeigte indeß, daß bei der Luftspiegelung mehrere theils aufrechte und theils verkehrte Bilder — auch ohne eine Spiegelung im Wasser anzunehmen — zugleich entstehen können.

Anmerkung 3. Wenn eine dünne Luftschichte längs einer vertikalen Fläche sich befindet, so kann das Bild des G auch seitwärts von diesem Gegenstande erscheinen. Ein solche Erscheinung hat Wrede an den Ringmauern von Berlin bemerkt.

Anmerkung 4. Sind sowohl die Luftschichten, worin die Brechung und Zurückstrahlung der Lichtstrahlen geschieht (als auch die in

Anmerkung 1 erwähnte Wasserfläche) in einiger Bewegung, so bewegen sich auch die Bilder, fallen bald mehr und bald weniger zusammen und ändern ihre Gestalt und ihren Anschein so häufig, daß die ganze Erscheinung ein wunderbares Ansehen bekommt.

Anmerkung 5. Eine der Luftspiegelung ähnliche Erscheinung im Kleinen wird auf folgende Weise bewirkt: Man gieße (in Fig. 87) in das aus dünn geschliffenem Glase bestehende Gefäß bcde, dessen Wände einander parallel sind, concentrirte Schwefelsäure bis op; lege schief an dieselbe eine Bleiplatte, und lasse über sie behutsam aufgegossenes Wasser hinabfließen, und zwar so, daß sich dies über die Schwefelsäure ohne Erschütterung derselben und ohne Mengung der beiden Flüssigkeiten verbreitet.

Wegen ihrer chemischen Verwandtschaft verbinden sich letztere sehr langsam, und es entsteht also eine Flüssigkeit, deren Dichtigkeit von unten nach oben zu immer kleiner wird, und wobei also etwas Aehnliches, wie bei der Luftspiegelung stattfindet. Klebt man demgemäß in f ein Papierstreifchen P, so wird das Auge A, welches auf der entgegengesetzten Seite in gleicher Höhe mit P, etwa in n sich befindet, P mittelst des ungebrochenen Strahles fn sehen. Da aber von P auch noch Strahlen in der Richtung fh fortgehen, so werden dieselben vom Einfallslothe immer mehr gebrochen, kommen also sehr schief in k an, werden reflectirt, erleiden nun eine immer stärkere Brechung zum Einfallslothe, und beschreiben deshalb die krumme Linie fkln. Auf diese Weise sieht, bei der erforderlichen Lage des A, letzteres ein zweites Bild von P in der Richtung mn; und hat man auf P etwas geschrieben, so nimmt man im schwebenden Bilde die Schrift in umgekehrter Ordnung wahr.

§. 863.

1) **Wenn ein Lichtstrahl durch ein mit parallelen Oberflächen versehenes Mittel (etwa durch eine Glastafel) sich bewegt, und letzteres auf beiden Seiten von dem nämlichen dünnern Mittel umgeben ist, so ist der einfallende Strahl mit dem ausfahrenden parallel.** — Denn bezeichnet (in Fig. 88) acde den Durchschnitt eines ebenen Glases, und fr einen Lichtstrahl, welcher auf die Vorderfläche von acde trifft; und errichtet man jetzt in r das Einfallsloth hk, so wird fr im Glase näher zu demselben gebrochen und seine Richtung durch rn ausgedrückt. Errichtet man nun das Einfallsloth om, und stellt den ausfahrenden Strahl durch np dar, so ist hk || om, also $\alpha = \beta$, und dieserhalb auch $\gamma = \delta$. In jedem ebenen Glase bleiben also die ausfahrenden Strahlen den einfahrenden parallel, und man sieht also durch dasselbe alle Gegenstände gerade so, **als ob** dieses Glas nicht vorhanden wäre *).

*) Sieht man sehr schräge durch das Glas, so werden die Gegenstände ein wenig, aber ohne weitere Veränderung ihrer Größe und gegenseitigen Lage, aus ihrer Stelle ge-

2) Sind die begrenzenden Flächen unter irgend einem Winkel gegen einander geneigt, oder geht ein Lichtstrahl durch ein 3seitiges gläsernes Prisma, so ist der ausfahrende Strahl mit dem einfahrenden nicht parallel. Denn stellt (in Fig. 89) abc den Durchschnitt eines solchen Prisma dar, und fällt der Strahl de auf die Seite ac, so wird er in e zum und in h vom Einfallslothe gebrochen, und geht in der Luft in der Richtung hf fort. Das in irgend einem Punkte der Linie hf befindliche Auge sieht aber nun den strahlenden Punkt d in δ. Auch ist diese Ortsveränderung des Bildes zugleich mit einer beträchtlichen Färbung verbunden, weil hier die bei der ersten Brechung hervorgehende Farbenzerstreuung *) durch die in h stattfindende zweite Brechung noch eine Vergrößerung erfährt. Doch wird von diesen Farbenzerstreuungen einstweilen noch abstrahirt.

Anmerkung. Man bemerke, daß der von den Flächen ac und bc gebildete Winkel der brechende Winkel heißt, und daß fh von der Gegend dieses Winkels gebrochen wird.

§. 864.

Bei einem Prisma hängt die Größe der Ablenkung des auf der einen Seite auffallenden und an der andern ausfahrenden Strahles von der Größe des Einfallswinkels, von der brechenden Kraft der Substanz des Prisma, und von dem brechenden Winkel ab. Ist (in Fig. 90) abc der Durchschnitt eines Prisma, de der einfallende Strahl, on sein Einfallsloth, eg der im Prisma gebrochene Strahl, pf sein Einfallsloth, und gf der ausfahrende Strahl, so ist $\angle x = \angle c$. Bezeichnet man aber nun den ersten Einfallswinkel durch α, den ersten Brechungswinkel durch β, den zweiten Einfallswinkel durch γ und den zweiten Brechungswinkel durch δ, und ist das Verhältniß zwischen Luft und der Substanz des Prisma $= n : 1$**), so erhält man $\sin\alpha : \sin\beta = n : 1$, und also 1) $\sin\beta = \frac{\sin\alpha}{n}$; und eben so $\sin\gamma : \sin\delta = 1 : n$, und also 2) $\sin\delta = n \,.\, \sin\gamma$. Auch ist 3) $\gamma = x - \beta = C - \beta$; und 4) $\nu = \varphi + \varepsilon = \alpha - \beta + \delta - \gamma = (\alpha + \delta) - (\beta + \gamma) = (\alpha + \delta) - C$, u. s. w.

---

rückt. In jedem andern Falle wird indeß die Lage des Strahles so wenig verändert, daß er als ungebrochen betrachtet werden kann.

*) Lese §. 857.

**) Oder $= 3 : 2 = 1 : \frac{2}{3}$, wenn diese Substanz als Glas sich zeigt.

Anmerkung. Die prismatische Form, oder eigentlich der brechende Winkel zweier geneigten Flächen dient dazu die Brechungskräfte verschiedener Materien zu bestimmen. Man verfährt dabei auf folgende Weise:

Soll man 1) das Brechungsverhältniß eines festen Körpers ermitteln, so läßt man sich ein 3seitiges Prisma P daraus anfertigen und sucht die Ablenkung des durch P gehenden Lichtstrahls von seinem geradlinigen Wege zu ermitteln. Aus dieser Ablenkung und dem brechenden Winkel des P wird das in Rede stehende Brechungsverhältniß bestimmt.

Um 2) einen tropfbar-flüssigen Körper in Bezug auf sein brechendes Vermögen zu untersuchen, muß man einer Quantität desselben die prismatische Form verleihen, d. h. sie in ein Gefäß von prismatischer Gestalt einschließen. Bei dem Versuche wird in der Hauptsache auf die nämliche Weise wie bei einem festen Körper verfahren.

Soll man endlich 3) das Brechungsverhältniß für ausdehnsame Flüssigkeiten ermitteln, so müssen letztere ebenfalls in ein Gefäß kommen, welches von zwei entgegengesetzten durchsichtigen und gegen einander geneigten Flächen begränzt ist. Da aber diese Flüssigkeiten den Lichtstrahl nur unmerklich brechen, so muß der Neigungswinkel beider Flächen eine bedeutende Größe besitzen.

§. 865.

Wenn man einen Gegenstand durch ein vielflächiges Glas betrachtet, so vervielfältigt sich derselbe ebenfalls. Bezeichnet z. B. (in Figur 91) defg den Durchschnitt eines solchen Glases, de, ef, fg die Durchschnitte dreier seiner Flächen und p den strahlenden Punkt, so findet derselbe auf de, ef und fg eine Menge Strahlen, von welchen nur die auf die Mitte kommenden pk, pl und pm angegeben sind. Der senkrechte Strahl pl geht ungebrochen durch defg; die Strahlen pk und pm werden dagegen sowohl an de und fg als auch an der Hinterfläche dg, und zwar im erstern Falle zum und im letztern vom Einfallslothe gebrochen, so daß sie endlich in c zusammentreffen. Befindet sich daselbst ein Auge, so erhält es den Eindruck nach dreien Richtungen und zwar so, als ob die drei Punkte p, h und i ihm L zusendeten. Legt man ein 3seitiges Prisma auf irgend eine Schrift, so nimmt man die darin enthaltenen Zeilen an jeder der zwei obern Flächen einmal wahr.

Anmerkung. Man hat Gemälde, worin die Theile der vorgestellten Gegenstände so zerrissen sind, daß dasjenige, was rechts erscheinen soll, links gezeichnet, und dasjenige, was oben erscheinen soll, unten abgebildet ist. Durch ein mehrflächiges Glas stellen sich aber diese Gegenstände welche (zum Unterschiede von den in §. 802 und §. 851 erwähnten) die dioptrischen Anamorphosen heißen, in ihren wahren Gestalten dar.

Achte Abtheilung.

Von der Brechung des Lichtes in gekrümmten Flächen.

§. 866.

Bei den gekrümmten brechenden Flächen findet (nach §. 854) das nämliche Brechungsgesetz wie bei den ebenen Flächen statt, und es ergiebt sich also der Weg des gebrochenen L wenn man zuerst das Einfallsloth, hierauf den Einfallswinkel und alsdann (nach dem Brechungsverhältniß des Mittels), den Brechungswinkel bestimmt.

Anmerkung. Da in den meisten hier vorkommenden Fällen sowohl die Einfalls- als auch die Brechungswinkel sehr kleine Größen sind, so folgt, daß statt der sinus die ihnen entsprechenden Winkel gesetzt werden können.

§. 867.

Gläser mit gekrümmten Flächen heißen im Allgemeinen Linsengläser oder Linsen, obgleich nur eine Art derselben die eigentliche linsenförmige Gestalt besitzt. Unter den vielen Krümmungen, welche die Oberfläche eines Glases erhalten könnte, kommt hier nur die sphärische in Betrachtung, weil sie ihrem Zwecke hinlänglich entspricht und am leichtesten und sichersten ausgeführt werden kann. Aus diesem Grunde sind die hier vorkommenden Linsengläser entweder 1) erhobene oder Convexlinsen, und 2) hohle oder Concavlinsen.

Die Convexlinse, welche in der Mitte dicker als am Rande sich zeigt, ist entweder convex-convex (biconvex), d. h. auf beiden Seiten erhoben, oder plan-convex, nämlich auf der einen Seite erhoben und auf der andern eben, und concav-convex (Meniscus*), d. h. auf der einen Seite erhoben und auf der andern hohl, und zwar so, daß die convexe Fläche in allen drei Fällen eine stärkere Krümmung als die concave besitzt.

Die Concavlinse, welche in der Mitte dünner als am Rande sich zeigt, ist entweder concav-concav (biconcav), d. h. auf beiden

*) Wegen der Figur ihres Durchschnittes so genannt.

Seiten hohl, oder planconcav, nämlich auf der einen Seite hohl und auf der andern eben, und convex-concav, d. h. auf der einen Seite hohl und auf der andern erhaben und zwar so, daß die erstere, in allen drei Fällen, eine stärkere Krümmung als die letztere besitzt.

Bei den drei Convexlinsen ist die Convexität, bei den drei Concavlinsen die Concavität vorherrschend; und sämmtliche 6 Linsen sind (in Fig. 92 — Fig. 97) dargestellt.

Der Halbmesser der Kugelfläche, wovon die Krümmung der Linse als Calotte erscheint, heißt der Krümmungshalbmesser, und der ihm entsprechende Mittelpunkt der Krümmungsmittelpunkt der Glasfläche. So ist z. B. (in Fig. 92) eh der Krümmungshalbmesser und e der Krümmungsmittelpunkt der Fläche ahb; und fg der Krümmungshalbmesser und f der Krümmungsmittelpunkt der Fläche agb, u. s. w.

Diejenige gerade Linie, welche durch die Mitten beider Flächen und durch die Mittelpunkte ihrer Krümmungen geht, und also auf beiden Flächen senkrecht steht, heißt die Hauptaxe oder schlechthin die Axe des Glases. So ist z. B. (in Fig. 92 — 97) die Axe aller 6 Linsen = cd; auch wird in diesen Figuren der in der Mitte von gh befindliche Punkt der Mittelpunkt oder die Mitte des Linsenglases genannt. Liegen in einem Linsenglase die durch die Krümmungsmittelpunkte beider Flächen und den Mittelpunkt m des Glases gehenden geraden Linien nicht in einer und derselben Richtung (wie in Fig. 98) so wird das Glas ein unrichtig centrirtes genannt, und ist zu optischen Zwecken untauglich. Diejenige Fläche eines Glases, auf welche das L fällt, wird die Vorder- und die andere die Hinterfläche genannt.

Anmerkung. Bei einer planconcav- oder planconvexen Linse wird die ebene Fläche als eine gekrümmte angesehen, deren Krümmungshalbmesser unendlich groß ist; und eben so kann man — der leichtern Rechnung wegen — eine concave Fläche als eine convexe mit negativem, (d. h. in entgegengesetzter Gegend liegendem) Halbmesser betrachten. Diejenigen Gläser, welche (wie die Uhrgläser) concentrische Flächen besitzen, wirken weder als convexe noch als concave Gläser und werden dieserhalb nicht weiter erwähnt.

§. 868.

Alle Strahlen, welche parallel mit der Axe auf eine Convexlinse fallen, werden so zurückgeworfen, daß jede derselben die Axe in einem Punkte durchschneidet. Sind die Strahlen letzterer sehr nahe, so kommen sie in einem und demselben Punkte zusammen.

Beweis. Ist (in Fig. 99) agbh der Durchschnitt einer convex-convexen Linse, u der Mittelpunkt der Krümmung ahb, t der der Krümmung agb, cv die Axe; und fällt der Strahl mn || cv auf das Glas, so wird er beim Eintritte in n zum Einfallslothe tp gebrochen, muß also mit cv convergiren, und dieselbe in irgend einem Punkte, hier in r durchschneiden. Wenn aber nun der Strahl no auf ahb trifft, so wird er im Punkte o vom Einfallslothe uq gebrochen, muß also mit cv noch mehr convergiren, und dieselbe in einem Punkte f durchschneiden, welcher näher als r an agbh liegt. Eben so wird jeder auf agbh fallende parallele Strahl die Axe in einem Punkte durchschneiden, und sind alle Strahlen der cv sehr nahe, so treffen sie sämmtlich in f zusammen, weil sie alle in den nämlichen Umständen sich befinden.

Anmerkung. Man übersehe ja nicht, daß auch hier das in §. 830 Anmerk. 1 Gesagte berücksichtigt werden muß.

§. 869.

Der im v. §. gefundene Punkt f wird der **Brennpunkt** und seine Entfernung von der Vorderfläche der Linse Z die **Brennweite der letztern** genannt. Die Lage des f pflegt man auf folgende Weise zu ermitteln. Man richte zuerst Z gegen die Sonne S und zwar so, daß alle Strahlen möglichst senkrecht darauf fallen, halte hierauf eine weiße Tafel T (oder ein Blatt Papier) hinter Z, und nähere sie dem letztern oder entferne sie von ihm so lange, bis die auf T erscheinende beleuchtete Kreisfläche, d. h. das Bild der S am Kleinsten sich zeigt. — Die zwischen T und der Vorderfläche der Z stattfindende Entfernung ist aber alsdann die Brennweite des Z.

Anmerkung. Man betrachtet in gegenw. §. sowohl f wie die Brennweite als positiv; und bemerkt, daß alle parallele Strahlen durch die in Z stattfindende Brechung convergirend werden, daß also Z die Convergenz begünstigt, und dieserhalb auch ein **Sammlungsglas** genannt zu werden pflegt. Die convergirenden Strahlen werden aus diesem Grunde durch Z noch convergirender, und die divergirenden weniger divergirend. — Letztere sind besonders wichtig, und werden dieserhalb in den nächsten §§. etwas näher und zwar auf folgende Weise betrachtet.

§. 870.

Wenn der strahlende Punkt p divergirende Strahlen auf die Convexlinse Z sendet, so ergiebt sich Folgendes:

I. Ist p im Brennpunkte f, so laufen die gebrochenen Strahlen mit einander parallel, oder was dasselbe ist, ihr Vereinigungspunkt π ist in einer unendlich großen Entfernung, d. h. **nirgends**.

II. Steht p näher an Z, so bleiben die darauf fallenden divergirenden Strahlen immer noch divergirend, doch wird ihre Divergenz durch die Brechung vermindert. Auch scheinen sie aus einem hinter Z liegenden Punkte zu kommen, welcher dem Z desto näher liegt, je näher p an dasselbe rückt. Kommt p mit Z in Berührung, so scheint auch dieser Punkt es zu berühren.

III. Ist p weiter als f von Z entfernt, so kommen die gebrochenen Strahlen in einem Punkte π zusammen, welcher desto näher an Z liegt, je weiter p von Z absteht.

IV. Ist p in einer so großen Entfernung von Z, daß die von ihm ausgehenden Strahlen als parallel betrachtet werden können, so befindet sich π in f.

Erster Beweis, (durch Zeichnung).

I. Steht (in Fig. 100) p in f, so ist (nach §. 868) ed || gc.

II. Befindet sich p zwischen f und h (Fig. 101), und fallen die von ihm auf agbh kommenden Strahlen auf den Theil mh, welcher die nämliche Größe wie mh (in Fig. 100) besitzt, so müssen pm und ph mehr als fm und fh divergiren. — Sie bleiben also auch nach der Brechung noch divergirend (jedoch weniger als früher) und scheinen aus dem Punkte n zu kommen, weil der auf agb und ahb senkrecht stehende Axenstrahl ph (nach §. 853) ungebrochen durch Z, und der Strahl pm nach der Brechung in der Richtung ed fortgeht.

III. Steht (in Fig. 102) p weiter als f von agbh ab, so divergiren die Strahlen ph und pm weniger als in I, und müssen dieserhalb auch nach der Brechung weniger als in I divergiren. Da aber nun im letztern Falle die gebrochenen Strahlen mit einander parallel laufen, so müssen sie hier convergiren und im Punkte π zusammentreffen.

IV. Steht p in einer so großen Entfernung von agbh, daß die auf letzteres fallende Strahlen einander parallel sind, so kommen (nach §. 868) die gebrochenen Strahlen in f zusammen.

Zweiter Beweis, (durch Rechnung).

Ist (in Fig. 103) v der Krümmungsmittelpunkt der Vorderfläche ahb, c der der Hinterfläche agb, pπ die Axe der Linse, und fällt aus p der Strahl pm auf ahb, so ist vmw das Einfallsloth; und da nun pm im Glase zu vmw gebrochen wird, so geht es darin in der Richtung mo fort, erleidet in o eine nochmalige Brechung vom Einfallslothe cq und schneidet dieserhalb die Axe oder den ungebrochen durch agbh gehenden Strahl ph in π.

Da aber (nach der in §. 866 gegebenen Anmerkung) die hier vorkommenden Einfalls- und Brechungswinkel γ, χ, β und α sehr klein sind, so ergiebt sich:

$\alpha : \beta = \gamma : \chi = n : 1$, {wenn n : 1 das Brechungsverhältniß aus Luft in Glas allgemein ausdrückt,

und hieraus 1) $(\alpha + \gamma) : (\beta + \chi) = n : 1$.

Nun ist aber $\alpha = \eta + \mu$, $\gamma = \varphi + \psi$, $\beta + \chi = \varphi + \mu$, und also aus (1), $(\eta + \mu + \varphi + \psi) : (\varphi + \mu) = n : 1$, oder $(\eta + \psi) : (\varphi + \mu) = (n - 1) : 1$,

oder 2) $\eta + \psi = (n - 1)\,\varphi + (n - 1)\,\mu$.

Weil aber, wegen der bedeutenden Kleinheit des φ, sin $\varphi = \frac{mh}{vm} = \frac{mh}{vh}$ ist, und für die sinus sehr kleiner Winkel die letztern ohne merklichen Fehler gesetzt werden können, so erhält man:

$$\left\{\begin{aligned} \varphi &= \frac{mh}{vh} = \frac{mh}{\zeta} \\ \mu &= \frac{og}{cg} = \frac{og}{r} \\ \psi &= \frac{mh}{ph} = \frac{mh}{d} \\ \eta &= \frac{og}{\pi g} = \frac{og}{\delta} \end{aligned}\right\}$$

wenn man die Krümmungshalbmesser cg und vh durch r und ζ, und die Entfernungen der Punkte p und π von ahbg durch d und δ bezeichnet *).

Setzt man jetzt in (2) für η, ψ, φ und μ ihre so eben erhaltenen Werthe, so ergiebt sich:

$$3)\ \frac{og}{\delta} + \frac{mh}{d} = (n - 1)\,.\,\frac{mh}{\zeta} + (n - 1)\,.\,\frac{og}{r};$$

und weil φ und μ sehr kleine Winkel sind, so erscheinen og und mh als gleich große Linien, und man kann also die Gleichung (3) noch durch og oder mh dividiren, und dieserhalb setzen:

$$\frac{1}{\delta} + \frac{1}{d} = \frac{n-1}{\zeta} + \frac{n-1}{r},$$

$$\text{oder 4)}\ \frac{1}{d} + \frac{1}{\delta} = \frac{n-1}{r} + \frac{n-1}{\zeta}.$$

Schreibt man in (4) $d = \infty$, so ergiebt sich:

$$\frac{1}{\delta} = \frac{n-1}{r} + \frac{n-1}{\zeta}\ ^{**)}$$

oder $\frac{1}{w} = \frac{n-1}{r} + \frac{n-1}{\zeta}$ wenn man die Brennweite, welche hier $= \delta$ ist, durch w bezeichnet

$$\text{oder 5)}\ w = \frac{r\zeta}{(n-1)(r+\zeta)};$$

und ist das Brechungsverhältniß aus Luft in Glas $= n : 1 = 3 : 2 = \frac{3}{2} : 1$, so erhält man:

$$6)\ w = \frac{2r\zeta}{r+\zeta};$$

Eben so ergiebt sich aus: $\left\{\begin{aligned} &\frac{1}{w} = \frac{n-1}{r} + \frac{n-1}{\zeta} \\ \text{und}\ &\frac{1}{d} + \frac{1}{\delta} = \frac{n-1}{r} + \frac{n-1}{\zeta} \end{aligned}\right\}$,

$$7)\ \frac{1}{w} = \frac{1}{d} + \frac{1}{\delta};$$

---

*) Denn wegen der unbedeutenden Dicke des Glases ist $\pi g = \pi h$ u. s. w.

**) Weil $\frac{1}{\infty} = 0$ ist.

und hieraus 8) $w = \frac{d\delta}{d+\delta}$,

und 9) $\delta = \frac{dw}{d-w}$.

Anmerkung 1. Ist Z biconvex und dabei $r = \zeta$, so erhält man aus 6: $w = r$.

Ist ferner Z planconvex, so setze man (nach der in §. 867 gegebenen Anmerkung) $\zeta = \infty$, und es ergiebt sich alsdann:

$$w = \frac{2r\,\infty}{\infty + \zeta} = \frac{2r\,\infty}{\infty} = 2r.$$

Und ist endlich Z ein Meniscus, so ist die weniger gekrümmte, d. h. die mit dem größern Krümmungshalbmesser versehene Fläche hohl, und also letztere negativ. Ist derselbe $= -\zeta$, so erhält man:

$$w = \frac{-2r\,\zeta}{r-\zeta}.$$

Anmerkung 2. Man berücksichtige (mit den nöthigen Abänderungen) dasjenige, was in §. 830 Anmerk. 1 gesagt worden ist.

§. 871.

Bezeichnet (in Fig. 104) ab ein sphärisches Glas, c seine Mitte, und nk seine Axe, außerhalb welcher der strahlende Punkt p dergestalt liegt, daß alle von ihm auf ab fallende Strahlen nur sehr kleine Winkel mit nk machen, so geht der Strahl $p\pi$ so gut als ungebrochen durch ab *). Ein anderer Strahl pa, welcher nk in n schneidet, kann aber so betrachtet werden als ob er aus n auf ab träfe. Hier wird er in der Richtung $a\pi$ gebrochen, und schneidet nk in m.

Setzt man jetzt die Brennweite des Glases $= w$, so ist (nach Nr. 7) v. §.

$$\frac{1}{w} = \frac{1}{cn} + \frac{1}{cm};$$

und construirt man hierauf ph und $\pi k \perp nk$, bezeichnet ch durch d, ph durch e, ck durch δ, πk durch ε; und vergleicht alsdann die hier gemachten Annahmen mit §. 835, so ergiebt sich, daß die dort gemachten Schlüsse auch hier giltig sind, und daß also:

*) Ein durch c gehender Strahl, welcher auch Nebenaxe oder Hauptstrahl heißt, kann, wenn er mit nk nur einen kleinen Winkel macht und das Glas nicht zu dick ist, so betrachtet werden als wenn er ungebrochen durch ab ginge. Er wird zwar bei seinem Eintritte in ab etwas gebrochen, trifft aber bei seinem Austritte in die Luft an der Hinterfläche der Linse eine Stelle, welche mit derjenigen an der er eingetreten ist, beinah parallel läuft, und weshalb also die Ablenkung von seinem Wege für Nichts gerechnet werden kann.

$$\frac{1}{w} = \frac{1}{d} + \frac{1}{\delta},$$

und $d : \delta = e : \varepsilon$ sein muß.

Anmerkung. Die in diesem §. entwickelten Gleichungen besitzen nur eine annähernde Richtigkeit, und eine desto größere Genauigkeit, je spitzer die Winkel α, β und γ sind. Auch ist in der Anwendung auf die außerhalb nk befindlichen Punkte die Annäherung noch etwas geringer als wenn letztere in nk sich befinden, weil die Annahme, daß ac gerade sei, nochmals wiederholt werden mußte. Aus diesem Grunde sind die durch sphärische Gläser hervorgebrachten Bilder nahe bei der Axe am deutlichsten, und sie nehmen immer mehr an Schärfe ab, je weiter die strahlenden Punkte von nk abstehen.

§. 872.

1) Wenn der strahlende Punkt p über=, oder unter= oder seitwärts der Axe liegt, so muß (nach v. §.) auch π entweder über oder unter oder seitwärts der Axe aber immer auf der entgegengesetzten Seite sich befinden.

2) Wenn (in Fig. 105) die aus p auf die Linse Z fallenden divergirenden Strahlen nach der Brechung sich in einem Punkte π vereinigen, so fahren sie hinter demselben wieder auseinander; und treffen sie nun irgendwo das Auge A, so sieht dasselbe in π das Bild von p, welches (wie in §. 836) ein physisches oder Luftbild heißt.

3) Bleiben (in Fig. 106) die Strahlen auch nach der Brechung noch divergirend, so scheinen sie aus dem hinter Z liegenden Punkte π zu kommen; und wird A von ihnen getroffen, so sieht dasselbe das Bild des p in π. Letzteres wird aber (wie in §. 836) ein geometrisches genannt.

§. 873.

Man soll den Ort angeben, welchen das Bild des strahlenden Punktes p einnimmt, wenn die Stelle von p und die Mitte c der Converlinse bekannt sind.

Auflösung. Bezeichnet (in Fig. 107) ab den Durchschnitt eines Linsenglases, und zieht man den Strahl ph mit der Hauptaxe mn parallel, so schneidet ph nach dem Austritte aus ab die Axe in k, und geht also — vermöge der Brechung — in der Richtung $a\pi$ fort. Zieht man ferner den Strahl pc und verlängert denselben, weil er ungebrochen durch ab geht, bis π, so befindet sich in diesem Punkte das Bild des p.

§. 874.

Da das im vorig. §. von einem Punkte Gesagte auch von allen übrigen Punkten eines Gegenstandes G gilt, so erhält man den Ort, die Größe und die Stellung des Bildes von G, wenn man (wie vorher) die Lage der Bilder aller einzelnen Punkte ermittelt. So ist z. B. (in Fig. 108) das Bild von ab = de u. s. w.

§. 875.

Aus den (nach vorig. §.) stattfindenden Construktionen ergiebt sich Folgendes:

1) Ist der Gegenstand G in einer sehr großen Entfernung von der Converlinse Z, so erscheint das wirkliche Bild hinter der Rückseite von Z in der Nähe des Brennpunktes f, und ist umgekehrt und verkleinert.

2) Kommt G näher an die Vorderfläche von Z, so rückt das Bild von der Hinterfläche desselben aus der Gegend des f immer weiter weg, ist umgekehrt und wird desto größer je mehr G dem Z sich nähert.

3) Ist G in f, so erscheint gar kein Bild.

4) Steht G zwischen Z und f, so kann um so weniger ein auffangbares Bild entstehen. Doch nimmt das auf der Hinterfläche von Z befindliche Auge durch die darauf kommenden divergirenden Strahlen das Bild des G aufrecht und vergrößert wahr.

Anmerkung. Das in diesem §. Gesagte wird durch eine Lichtflamme versinnlicht, wenn man sie in verschiedenen Entfernungen von Z anbringt, die gebrochenen Strahlen mit einem Blatte Papiere auffängt und letzteres dem Z so lange nähert oder von ihm entfernt, bis ein Bild der Flamme darauf erscheint. Letzteres ist so lange umgekehrt, bis die Flamme im Brennpunkte von Z sich befindet, wo alsdann kein wirkliches Bild mehr entsteht.

§. 876.

Da nur diejenigen Strahlen, welche sehr nahe an der Axe der Converlinse Z auffallen, nach der Brechung im Brennpunkte f zusammen kommen, so folgt, daß für alle Strahlen, welche näher und entfernter von der Axe sich befinden, eigentlich kein Brennpunkt sondern ein Brennraum von einiger Länge existirt. So schneidet z. B. (in Fig. 109) cd die Axe af im Brennpunkte f, und eh im Punkte k, u. s. w.

Das so eben Gesagte gilt auch von denjenigen Strahlen, welche aus einem Punkte divergirend auf Z fallen; und es entsteht hieraus die Undeutlichkeit der Bilder, welche die Abweichung der Strahlen wegen der Gestalt des Glases oder wegen seiner Kugelgestalt genannt zu werden pflegt. Diese Abweichung ist aber desto unbedeutender, je weniger die Endpunkte der Bilder vom Einfallspunkte des Axenstrahles abstehen.

Anmerkung. Da Z, um deutliche Bilder hervorzubringen, nur wenige Grade enthalten und also jede seiner Flächen nur ein kleiner Kugelabschnitt sein darf, so wird die Undeutlichkeit vermindert, wenn man den Rand der Z mit einem breiten geschwärzten Ringe bedeckt und auf diese Weise nur diejenigen Strahlen benutzt, welche sehr nahe bei der Axe einfallen. Eine solche aus Pappe, Holz, Horn, Blech u. s. w. bestehende Bedeckung wird die Blendung, und der Durchmesser der kreisrunden Oeffnung die Apertur genannt.

§. 877.

Wenn man durch die Schneidungspunkte mehrerer aus Z fahrenden Strahlen eine Linie zieht, so entsteht eine Curve, welche die Brennlinie, oder (zum Unterschiede von der in §. 841 erwähnten) die diacaustische Linie heißt. Stellt man aber ein mit Wasser gefülltes cylindrisches Glas auf einen Bogen weißen Papieres, und hält die Flamme einer kleinen Kerze hinter dasselbe; so erscheint auf dem Papiere, vermöge der Brechung, ein beleuchteter Raum, welcher die Figur der Brennlinie besitzt. Je näher man aber die Kerze dem Glase bringt, desto mehr rückt die Spitze des beleuchteten Raumes vom Glase hinweg.

§. 878.

Die Convexlinse wird zu Brillen für Weitsichtige, bei der Zusammensetzung verschiedener optischer Instrumente und bei Brenngläsern zur Erregung hoher Hitzgrade gebraucht. Die gewöhnlichsten Brenngläser sind biconvex; doch werden auch öfters planconvexe Gläser zu diesem Zwecke construirt.

§. 879.

Alle Strahlen, welche parallel mit der Axe auf die concave Linse Z fallen, werden so gebrochen, daß sie mit derselben divergiren und sie also rückwärts verlängert an der Vorderfläche von Z durchschneiden. Sind die Strahlen der Axe sehr nahe (oder was dasselbe ist, hat Z nur wenige Grade) so werden dieselben so gebrochen, daß sie aus einem in der Axe befindlichen Punkte auszugehen scheinen.

Beweis. Bezeichnet (in Fig. 110) mnop eine bi-concave Linse, ds die Axe, und bc ein mit ds parallel laufender Strahl, so geht de, als Axenstrahl, ungebrochen durch mnop; und bc wird an der Vorderfläche mo zum Einfallslothe gh gebrochen, geht im Glase in der Richtung cr fort, divergirt schon mit ds, wird in der Hinterfläche np bei seinem Austritte aus Glas in Luft vom Einfallslothe kh gebrochen, geht hierauf in der Richtung rn fort, und trifft ds rückwärts verlängert in f. — Da aber das so eben von ab Gesagte auch von allen sehr nahe an ds liegenden parallelen Strahlen gilt, so müssen sie sämmtlich in f zusammentreffen und also aus diesem Punkte auszugehen scheinen.

§. 880.

Der im v. §. ermittelte Punkt heißt der **Zerstreuungspunkt** oder der **negative Brennpunkt** und seine Entfernung von der Vorderfläche der Linse die **negative Brennweite** der letztern. Die für convexe Gläser entwickelten Formeln sind auch für concave giltig, wenn man nur das in der Anmerkung des §. 867 Gesagte gehörig berücksichtigt. So geht z. B. die in §. 870 für convexe Gläser entwickelte Gleichung,

$$\frac{1}{w} = \frac{n-1}{r} + \frac{n-1}{\zeta},$$

für **bi-concave Linsen** über in:

$\frac{1}{w} = -\frac{n-1}{r} - \frac{n-1}{\zeta}$, weil r und ζ negativ gesetzt werden müssen; und ergiebt sich hieraus

$$w = \frac{-r\zeta}{(n-1)(r+\zeta)},$$

$$\text{oder } w = \frac{-r\zeta}{\frac{1}{2}(r+\zeta)}, \text{ wenn } n = \tfrac{3}{2} \text{ ist},$$

oder $w = -r$, wenn r und ζ die nämliche Größe besitzen.

Eben so erhält man aus $\frac{1}{w} = \frac{n-1}{r} + \frac{n-1}{\zeta}$,

für **planconcave Linsen**:

$\frac{1}{w} = -\frac{n-1}{r}$, weil hier r negativ und $\zeta = \infty$ gesetzt werden muß,

$$\text{also } w = -\frac{r}{n-1};$$

und hieraus $w = -2r$, wenn $n = \frac{3}{2}$ ist.

Für convex=concave Linsen wird ζ negativ und kleiner als r gesetzt; und es ergiebt sich in diesem Falle

$$\frac{1}{w} = \frac{n-1}{r} + \frac{n-1}{\zeta},$$

$$\text{oder } w = \frac{r\zeta}{(n-1)(\zeta - r)},$$

$$\text{oder } w = \frac{r\zeta}{\frac{1}{2}(\zeta - r)} = -\frac{r\zeta}{\frac{1}{2}(r-\zeta)}.$$

Anmerkung 1. Da w in den vorgenannten 3 Fällen negativ ist, so muß man in $\frac{1}{w} = \frac{n-1}{r} + \frac{n-1}{\zeta}$, w negativ, und also in der Anwendung auf Zerstreuungsgläser allezeit $-\frac{1}{w} = \frac{1}{d} + \frac{1}{\delta}$ setzen*). Auch wird aus diesem Grunde, wie bereits bemerkt worden ist, w die negative Brennweite genannt.

Anmerkung 2. Hält man die Hohllinse Z gegen die Sonne oder (um die Blendung des Auges zu vermeiden) gegen einen andern sehr entfernten minder glänzenden Gegenstand, so erblickt ein durchsehendes Auge sehr nahe vor Z ein kleines Bild des Gegenstandes, dessen Stelle der negative Brennpunkt und dessen Abstand von der Vorderfläche die negative Brennweite des Z angiebt.

Bei nicht allzu großer Genauigkeit werden übrigens die Brennweiten der Gläser auf eine ähnliche Weise wie die der Spiegel bestimmt.

§. 881.

Je weiter ein Strahl von der Axe der Hohllinse Z auffällt, desto näher am Glase schneidet er rückwärts verlängert die Axe. Treffen nun mehrere parallele Strahlen auf Z, so schneiden sie sich (nach ihrer Brechung) rückwärts verlängert nicht in demselben Punkte, und die Lagen ihrer Durchschnittspunkte bringen die negative Brennlinie hervor.

Anmerkung. Man bemerke daß auch hier (mit den nöthigen Abänderungen) das in §. 876 Gesagte wiederholt werden muß.

§. 882.

Da nach v. §§. die Hohllinse Z die Divergenz befördert, so müssen die aus einem Punkte p auf Z fallenden divergirenden Strahlen nach der Brechung noch mehr divergiren. Ist p sehr weit von Z entfernt, so scheinen sie nach der Brechung aus dem Zerstreuungspunkte f zu kommen. Nähert sich aber p der Z, so ist

*) Vergl. §. 870 Nr. 7.

die Divergenz der auf denselben Theil von Z kommenden Strahlen noch größer; sie divergiren also auch nach der Brechung noch stärker und ihr Zerstreuungspunkt ist näher an Z, und zwar desto näher, je kleiner der zwischen p und Z stattfindende Abstand sich zeigt.

§. 883.

Man soll den Ort ermitteln, welchen das Bild des strahlenden Punktes p einnimmt, wenn die Stelle von p und die Mitte der Hohllinse gegeben sind.

Auflösung. Man ziehe (in Fig. 111) aus p den Strahl pc, welcher, als ein durch die Mitte c gehender, ungebrochen in der Richtung cr fortgeht. Ist ferner der Strahl ph parallel mit der Axe mn, so scheint dieser nach der Brechung aus der Gegend des Zerstreuungspunktes f zu kommen, und also in der Richtung hk fortzugehen. Im Schneidungspunkte von hk und cr, d. h. im Punkte π, befindet sich aber nun das Bild des p.

§. 884.

Da das im vorig. §. vom Punkte p Gesagte auch von allen übrigen Punkten eines Gegenstandes G gilt, so erhält man den Ort, die Größe und die Stellung des Bildes von G, wenn man, wie vorher, die Lage der Bilder aller einzelnen Punkte ermittelt. So ist z. B. (in Fig. 112) das Bild von ab = de; und eben so zeigt gegenwärtige Figur, wie die durch das Hohlglas gegangenen Strahlen das Auge treffen, und von diesem auf das Bild de bezogen werden, u. s. w.

Anmerkung. Die Hohllinse wird zu Brillen für Kurzsichtige und auch bei der Zusammensetzung optischer Instrumente gebraucht.

§. 885.

Aus dem bereits Gesagten geht hervor, daß die Hohllinsen in ihren Wirkungen den Convexspiegeln ähnlich, und also Zerstreuungsgläser sind, wie die genannten Spiegel als Zerstreuungsspiegel erschienen. Auch stellen sich die durch diese Linsen hervorgebrachten Bilder aufrecht und verkleinert dar.

Die Convexlinsen sind den Concavspiegeln ähnlich, indem beide die Convergenz der Strahlen begünstigen. Ein durch eine Convexlinse bewirktes Bild erscheint, je nachdem der Gegenstand G mehr oder weniger von ihr entfernt ist, bald an der Vorder- und bald an der Hinterfläche der Linse, und ist dabei bald umgekehrt und bald aufrecht, bald größer, kleiner, oder eben so groß als G.

Anmerkung. Obgleich (in Fig. 113) das Bild des durch die Hohllinse Z gesehenen G näher an Z steht als G selber, so erscheint letzterer dennoch, durch Z betrachtet, entfernter als früher zu sein, weil er jetzt kleiner erscheint, und wir ihn in eine größere Entfernung, worin er ebenfalls kleiner erscheinen würde, versetzen.

Eben so ist (in Fig. 105) das Bild von p in π, und also zwischen Z und A, und dennoch sehen wir p hinter Z, weil wir es wissen, daß p hinter dieser Linse sich befindet.

Und so mischt sich immer das Urtheil in die Empfindung und letztere in das Urtheil, oder das eine Urtheil in das andere, weil die Wahrnehmung der scheinbaren Entfernung der Gegenstände von uns selber schon ein Urtheil ist.

Neunte Abtheilung.

Von der doppelten Strahlenbrechung.

§. 886.

Es giebt viele durchsichtige Körper, durch welche die gesehenen Gegenstände doppelt erscheinen. Die durch diese Körper bewirkte Brechung des L heißt die doppelte Strahlenbrechung, weil ein durch dergleichen Körper gehender Lichtstrahl in zwei Strahlen sich theilt, wovon der eine die gewöhnliche und der andere die sogenannte ungewöhnliche (nach eigenem Gesetze stattfindende) Brechung erleidet. — Unter den doppelt brechenden Körpern ist der krystallisirte Kalkspath (auch Doppeltspath oder Isländischer Kalkspath) am bekanntesten; und zu den Versuchen nimmt man gewöhnlich Stücke von ihm, welche (wie in Fig. 114) Rhomboeder mit rautenförmigen Begränzungen sind. Der durch den Krystall K gedachte Schnitt abdc, welcher den stumpfen Winkel b der Seitenflächen halbirt, heißt der Hauptschnitt und seine kürzern Diagonale bc die Krystallisationsaxe oder die Axe des K. Auch ist abdc ein Parallelogram; und jeder stumpfe Winkel der 6 Rauten beträgt 101° 32′ 13″, während jeder spitze Winkel 78° 27′ 47″ enthält. — Sind die Seitenflächen des K ungleichseitige Rauten (wie in Fig. 115), so wird abdc der Hauptschnitt und bc die Axe des K genannt.

Anmerkung. Die doppelte Strahlenbrechung hat Erasmus Bartholinus zuerst 1669 am Isländischen Kalkspathe durch die Verdoppelung der durchgesehenen Gegenstände bemerkt, und ihn aus diesem Grunde auch Doppelspath genannt. Brewster *) und Seebeck **) bemerkten fast zu derselben Zeit und unabhängig von einander, daß wenn man das Glas G, welches im gewöhnlichen Zustande nicht die Eigenschaft der doppelt brechenden Mittel besitzt, ungleichförmig erhitzt und abkühlt, dasselbe seinen Indifferenz-Zustand verliert, und Erscheinungen zeigt, die in vieler Hinsicht denjenigen der doppelt brechenden Krystalle ähnlich sind. Ist die Hitze kleiner als diejenige, bei welcher G weich wird, so sind die Erscheinungen vorübergehend, und verschwinden, wenn G eine gleichmäßige Temperatur erhält, indem entweder dem ganzen Körper eine gleichförmige Wärme mitgetheilt oder ihm Wärme durch Abkühlung entzogen wird. Ist aber die dem G mitgetheilte Temperatur so hoch, daß seine Theilchen den durch Abkühlung hervorgebrachten Wirkungen nachgeben können um eine neue Stellung gegen einander einzunehmen, so ist die Wirkung fortdauernd, und die auf diese Weise zubereiteten Glasplatten haben viel Aehnlichkeit mit den krystallisirten Körpern. Brewster fand auch noch, daß eine mechanische Zusammendrückung und Ausdehnung dem Glase, der Gallerte, dem Gummi, u. s. w. die doppelt brechende Eigenschaft verlieh.

§. 887.

Die Erscheinungen der doppelten Strahlenbrechung in Bezug auf die Krystallisationsaxe A (welche auch die Brechungsaxe heißt) sind:

1) Wenn die brechenden Flächen des Krystalls K auf A senkrecht stehen, (in welchem Falle der Lichtstrahl S parallel mit A läuft), so erscheint der dadurch gesehene Gegenstande infach.

2) Wenn die brechenden Flächen mit A parallel sind (in welchem Falle S einen rechten Winkel mit A bildet) so erscheint der Gegenstand ebenfalls einfach.

3) Wenn die brechenden Flächen einen schiefen Winkel mit A machen (wenn also auch der ins Auge kommende Lichtstrahl einen solchen Winkel mit A bildet) so erscheint der Gegenstand verdoppelt.

Anmerkung 1. In Bezug auf Nr. 1 bemerke man Folgendes:

Schleift man jede der 2 Ecken, an denen sich die stumpfen Winkel des K befinden, dergestalt ab, daß zwei entgegengesetzte Flächen entstehen, welche A unter einem rechten Winkel durchschneiden, legt diese Flächen über einen auf weißes Papier gezeichneten schwarzen Punkt P, und betrachtet ihn durch K so, daß das Auge senkrecht über P sich befindet, so wird letzterer nur einfach gesehen.

---

*) Ausgesprochen Bruh'ster, geb. um 1785, Sekretair der königl. Societät in Edinburg.

**) Seebeck, geb. 1770 zu Reval, gest. 1831.

Legt man in Nr. 3 K mit einer seiner natürlichen Theilungsflächen über P, so wird er immer doppelt gesehen. Auch erscheint derselbe in Nr. 1 und 2 verdoppelt, wenn A nicht senkrecht über ihm sich befindet*); und zwar wird das 2te Bild von dem ersten desto weiter abstehen, je schiefer die Richtung ist, nach welcher man P betrachtet.

Anmerkung 2. Da bei den meisten Krystallen die A entweder auf den Flächen senkrecht steht, oder parallel mit ihnen läuft, so folgt, daß der durch sie betrachtete Gegenstand auch nur einfach erscheint. Wenn aber diese Krystalle durch künstliche Schnitte neue Flächen erhalten, so bringen sie verdoppelte Bilder hervor.

§. 888.

Das in Nr. 1—3 vorig. §. Gesagte wird auf folgende Weise erläutert:

Bezeichnet (in Fig. 116) abcd die Ebene des Hauptschnittes eines Krystalles K, und ef einen senkrecht auffallenden Strahl, so wird letzterer in die beiden Strahlen fg und fu gespalten, von welchen der erstere der gewöhnlich- (also hier der ungebrochene) und der zweite der ungewöhnlich gebrochene ist.

Fallen ferner die Strahlen e′f und e″f schief auf abcd, so sind fg′ und fg″ die gewöhnlich, und fu′ und fu″ die ungewöhnlich gebrochenen Strahlen; auch sind die Abweichungen der beiden auseinander gehenden Strahlen, d. h. die Winkel α, β und γ einander gleich, und betragen beim Kalkspathe 6° 40′.

Zieht man nun fh ∥ ac, so folgt: „daß die ungewöhnlich gebrochenen Strahlen hier näher gegen d hin, und also weg von fh und zwar so gelenkt werden, als ob ein Theil des eindringenden L von gewissen in fh wirksamen Kräften abgestoßen würde.“

Fällt aber jetzt 1) der Strahl S senkrecht auf eine Fläche des K, welche die Brechungsaxe senkrecht durchschneidet, so erleidet er keine gewöhnlich-Brechung und auch keine ungewöhnliche, weil er parallel mit der Brechungsaxe ist und also keine Ablenkung von der mit ihr parallelen Linie (worin er ja selber liegt) erleidet. Aus diesem Grunde ist das gesehene Bild nur einfach.

Auch ergiebt sich das Nämliche, wenn 2) S senkrecht auf eine Fläche fällt, welche parallel mit dem Hauptschnitte und

*) Weil in diesem Falle der durch K gehende und in's Auge gelangende Strahl weder eine auf der Axe senkrechte Stellung noch eine mit derselben parallele Lage besitzt.

also auch parallel mit der Axe ist, weil er auf letzterer senkrecht steht und dieserhalb von ihr keine Ablenkung erfahren kann.

Fällt aber 3) der nicht in der Ebene des Hauptschnitts liegende S auf K, so erleidet er eine Spaltung, und der Theil des L, welcher zum gewöhnlichen Strahle sich bricht, wird auch hier von der mit der Axe parallelen Linie weggebrochen. Uebrigens erfährt der durch K gegangene ungewöhnlich gebrochene Strahl bei seinem Austritte in die Luft eine eben so große, aber in entgegengesetzter Richtung stattfindende, Ablenkung von seinem Wege als diejenige war, welche er bei seinem Eintritt in K erlitten hat; und es ist dieserhalb der ausfahrende Strahl mit dem einfallenden und also auch mit dem gewöhnlich gebrochenen parallel. Ist z. B. (in Fig. 117) ef der einfallende, fg der gewöhnlich-, und fu der ungewöhnlich gebrochene Strahl, so ist uk der ausfahrende ungewöhnliche Strahl, gl der ausfahrende gewöhnliche, und dabei uk || ef, gl || ef, und also auch uk || gl.

Anmerkung 1. Biot fand, daß in manchen Krystallen die Ablenkung des ungewöhnlich gebrochenen Strahles in einer Annäherung desselben gegen fh (Fig. 116) bestehe, so daß diese Brechung als eine durch Attraction bewirkte angesehen werden könne. Zu den Krystallen der letztern Art, d. h. zu den mit attractiver Brechungsaxe, gehören z. B. der Bergkrystall, Schwerspath und Topas; und zu denjenigen der ersten Art, d. h. zu den mit repulsiver Brechungsaxe, rechnet man außer dem Doppelspathe auch noch den Turmalin. Der Glimmer liefert Erscheinungen, welche auf eine doppelte repulsive Brechungsaxe schließen lassen, wovon die eine in der Ebene der Blätter sich befindet, und die andere senkrecht auf dieser Ebene steht.

Anmerkung 2. Rochon hat von der doppelten Brechung der Krystalle eine Anwendung auf die Messung kleiner Winkel gemacht. Auch läßt sich aus seiner Vorrichtung mit Leichtigkeit erkennen, ob die von einem gegebenen Krystalle hervorgebrachte ungewöhnliche Brechung durch Anziehung oder Abstoßung entsteht.

Zehnte Abtheilung.

Von den Erscheinungen der Farben.

§. 889.

Die strahlenden Körper bewirken außer der Helligkeit noch Erscheinungen, welche man die Farben nennt, und die hauptsächlich bemerkbar sind:

1) Bei allen leuchtenden Körpern.

2) Bei der Brechung des L in durchsichtigen obgleich farblosen Mitteln.

3) Bei der sogenannten Beugung des L, von der in der 15ten Abtheilung die Rede sein wird; und

4) bei denjenigen Körpern, welche mehr oder weniger bleibende Farben besitzen.

Anmerkung. Der Ausdruck farbiges Licht, bedeutet ein L, welches in uns die Empfindung einer gewissen Farbe erregt. So heißt z. B. L roth, blau u. s. w., wenn es in jedem Punkte seines Weges in dem Auge die Empfindung der rothen, blauen u. s. w. Farbe erzeugt. Die Wahrnehmung der Farbe ist die Folge einer bestimmten Reizung der Nervenhaut; doch giebt es außer den in 1—4 genannten Farbenerscheinungen noch andere, wobei das Auge besonders wirksam ist, und welche dieserhalb die physiologischen, und wenn sie Folgen eines abnormen Zustandes des Gesichtsorganes sind, die pathologischen Farben heißen.

§. 890.

Newtons Meinung über die Verschiedenheit des farbigen L (welche auch wir mit einigen Modifikationen beibehalten) ist Folgende:

1) Es giebt mehrere Lichtgattungen, wovon eine jede in dem Organ des Gesichtes eine andere Empfindung erregt. So giebt uns z. B. die eine die Empfindung von Roth, die andere von Grün; mehrere zusammen verursachen eine gemischte Empfindung; und alle bringen die des Weißen hervor.

2) Da das weiße L aus allen farbigen Lichtgattungen zusammengesetzt ist, so muß es in letztere auch zerlegbar sein.

3) Man findet, daß jede einzelne Lichtgattung eine verschiedene Brechbarkeit besitzt.

§. 891.

Newton begründet seine Meinung vom farbigen L vorzüglich durch folgende Versuche:

1) Er ließ durch eine im Fensterladen befindliche kleine Oeffnung in ein wohlverfinstertes Zimmer einen Lichtkegel K fallen, und

setzte demselben in einer Entfernung von etwa 10 — 14 Fuß eine weiße Tafel T entgegen, worauf ein rundes, weißes Sonnenbild entstand. Nun wurde K mit einem dreiseitigen gläsernen Prisma P dergestalt aufgefangen, daß sein Hauptstrahl schief auf die vordere Fläche des P fiel; und zugleich erschien das Sonnenbild auf T von seiner Stelle gerückt, in die Länge gezogen und gefärbt. Die Farben, welche es zeigte, waren roth, orange, gelb, grün, blau, indigo, violett, und zwar stand roth dem frühern Sonnenbilde am Nächsten, und die übrigen Farben folgten in der eben beschriebenen Ordnung auf einander. Auch war das Farbenbild F, welches das prismatische heißt, an den Seiten durch gerade, und oben und unten durch krumme Linien begränzt.

Befand sich der brechende Winkel des P, (d. h. derjenige Winkel, welchen die beiden Flächen von P machen, durch welche L geht) unten, so wurde F aufwärts gerückt, wie (in Fig. 118), worin no den einfallenden K, acd den Durchschnitt des P, ∠acd den brechenden Winkel, vr das prismatische Bild, und g das weiße Sonnenbild andeutet, welches ohne acd auf hi erschienen wäre. Wurde ∠acd aufwärts gehalten, so erschien F unter der Stelle des Sonnenbildes und die Farben waren in umgekehrter Ordnung zu sehen.

2) Newton fing F mit einem Sammlungsglase S auf, machte die Strahlen hierdurch convergirend, bewirkte es, daß dieselben im Brennpunkte B des Glases sich schnitten, hinter demselben wieder auseinander fuhren und auf einer hinter B gestellten weißen Tafel t ein Farbenbild hervorbrachten, worin die Ordnung der Farben umgekehrt war. Wurde t in B selber gestellt, so ging (bei Newton) in der Mitte ein vollkommen weißes kreisförmiges Sonnenbild hervor. Ist z. B. (in Fig. 119) no ein Lichtkegel, P das Prisma, S das Sammlungsglas und t eine weiße Tafel, so bezeichnet m das auf t hervorgebrachte kreisförmige Sonnenbild und rv das umgekehrte Farbenbild, welches auf T entsteht, sobald t weggenommen wird.

3) Newton fing F mittelst einer schwarzen Tafel auf, welche kleine Löcher enthielt, die willkührlich geöffnet oder verschlossen werden konnten; ließ durch ein solches Loch eine der in (1) erwähnten

farbigen Lichtgattungen so rein als möglich gehen, fing dieselbe nachmals mit einem Prisma auf, und erzeugte hierdurch auf einer weißen Tafel ein gefärbtes kreisförmiges Bild, welches seine Farbe behielt und auch nicht in die Länge gezogen wurde.

Newton bemerkte an dem (in Fig. 120) angegebenen Farbenbilde F, daß dasselbe nirgends scharf begränzt war, jedoch (wie bereits in Nr. 1 bemerkt worden ist) die geraden Seitenlinien mg und ni und oben und unten die halbkreisförmigen Begränzungen mvn und gri enthielt. Wurde F in einer Entfernung von 10—14 Fuß aufgefangen, so war es ohngefähr 5mal länger als breit und zeigte in jedem Punkte seiner Höhe eine andere sehr lebhafte Farbe. Die Bestimmung der einzelnen Farbenräume war jedoch sehr unsicher, weil sie nur durch unendliche Abstufungen in einander übergingen, so daß eigentlich von v bis r eine unendliche Stufenfolge von Farben lag, aus denen sich nur die angedeuteten 7 am deutlichsten herausheben ließen, und die man aus diesem Grunde auch die Hauptfarben nannte. Da F dicht hinter P in der Mitte weiß und oben und unten bunt gefärbt sich zeigte, so mußte F in einer Entfernung von 10—14 Fuß von P aufgefangen werden. In diesem Abstande und für gemeines Spiegelglas fand Newton, die Länge von F = 1 gesetzt, die Höhe des rothen Streifens $= \frac{1}{8}$, des orangefarbenen $= \frac{3}{40}$, des gelben $= \frac{2}{15}$, des grünen $= \frac{1}{6}$, des hellblauen $= \frac{1}{6}$, des indigoblauen $= \frac{1}{9}$, des violetten $= \frac{2}{9}$; und theilte er nun die Peripherie eines Kreises nach dem Verhältnisse dieser Räume ein, so ergaben sich für den rothen Streifen 45, den orangegelben 27, den hellgelben 48, den grünen 60, den hellblauen 60, den indigoblauen 40 und den violetten 80 Grade dieser Peripherie. Doch waren diese Verhältnisse nur ohngefähre Schätzungen, die in der Entfernung von 10 — 14 Fußen beim gewöhnlichen Spiegelglase ziemlich zutrafen, beim Flintglase und andern durchsichtigen Körpern aber stärker abwichen.

Anmerkung 1. Das in diesem §. erwähnte Prisma P ist gewöhnlich gleichseitig geschliffen; doch wendet man zu besondern Zwecken auch gleichschenkliche und ungleichseitige Prisma an. Um die in Nr. 1 angegebene Zerlegung des weißen L, welche auch die Farbenzerstreuung heißt, möglichst vollständig zu machen, ist hauptsächlich Folgendes erforderlich:

1) Der zu zerlegende Lichtstrahl muß sehr dünn sein, damit er sich einem mathematischen Strahle möglichst nähere.

2) Der scheinbare Durchmesser der Sonne oder eines andern leuchtenden Körpers muß so viel als möglich verkleinert werden. Diese Verkleinerung wird am bequemsten dadurch bewirkt, daß man für die Sonne u. s. w. ihr durch ein Linsenglas von geringer Brennweite hervorgebrachtes Bild substituirt. Letzteres hat nur geringe Dimensionen und ist zu den Zerlegungen des L höchst brauchbar.

3) Die bei den Versuchen in Anwendung kommenden Prismen dürfen so wenig Streifen und Adern als möglich enthalten, weil sie sonst das L unregelmäßig zerstreuen und daher im Farbenbilde Strahlen mit einander vermischen, die eigentlich zu verschiedenen Theilen desselben gehören. Diejenigen, welche keine fehlerfreie Glasprismen besitzen, thun wohl, hohle mit Wasser oder noch besser mit stark zerstreuenden Oelen angefüllte Prismen zu gebrauchen.

Anmerkung 2. Beim Versuche, wo der Lichtstrahl durch eine im Fensterladen angebrachte Oeffnung in ein dunkles Zimmer Z kommt, hat man mit der Schiefe desselben gegen den Horizont und mit der beständigen Bewegung der Sonne zu kämpfen. Die Schiefe bedingt, daß der Strahl nach seinem Eintritte in Z sich gegen den Fußboden richten und dieserhalb nur auf eine sehr kleine Strecke beobachtbar sein wird. Auch kann der Strahl nur eine kurze Zeit hindurch in Z treten, und dieserhalb der Versuch nur von geringer Dauer sein. Durch die beständige Bewegung der Sonne ändert sich außerdem die Richtung unaufhörlich, so daß man die Stellen der ihm darzubietenden Körper beständig verändern muß. Dieser Uebelstand wird durch eine von S'Gravesande erfundene Maschine, welche Heliostat heißt, beseitigt, indem man durch dieselbe dem Sonnenstrahle eine zweckmäßige Richtung zu geben und ihn darin zu erhalten vermag. Die hauptsächlichsten Theile dieser Maschine sind: ein ebener Metallspiegel und ein Uhrwerk, welches diesem Spiegel eine solche Bewegung ertheilt, daß der reflectirte Sonnenstrahl (ungeachtet der beständigen Bewegung der Sonne) vollkommen unverrückt bleibt und immer die nämliche Richtung behält.

§. 892.

Newton schloß aus dem im v. §. aufgestellten (und mehreren ähnlichen Versuchen) Folgendes:

1) Das weiße L besteht aus vielen Gattungen farbigen Lichtes, von denen roth, orange, gelb, grün, blau, indigo und violett als Hauptgattungen erscheinen. Auch wird das weiße L in diese farbigen Gattungen durch das Prisma P zerlegt und aus ihnen mittelst des Sammlungsglases wieder zusammengesetzt.

2) Jede dieser Lichtgattungen wird durch ein und dasselbe brechende Mittel verschieden gebrochen. So bricht z. B. das Glas am wenigsten die rothen Strahlen, stärker die orangefarbenen, noch stärker die gelben, dann die grünen, blauen, indigofarbenen, und am stärksten die violetten.

3) Das verlängerte Bild vr ist eigentlich aus einer unendlichen Menge über einander geschobener runder Sonnenbilder zusammengesetzt, von denen jedes folgende nur etwas tiefer als jedes vorhergehende liegt. So folgt z. B. aus den zu den 7 Hauptfarben gehörigen Sonnenbildern (Fig. 121), daß das (in Fig. 120) angegebene Farbenbild nicht aus 7 solcher Kreise, sondern aus unzählig vielen bestehen müsse, weil sonst die Seitenlinien mg und ni nicht gerade sein könnten. Rückt man alle Farbenkreise, woraus vr besteht, in Gedanken so weit zusammen, bis der oberste Kreis noch einen Theil des untersten deckt, so vermischen sich in der Mitte alle prismatischen Farben und erscheinen als weißes L, das nur oben eine violette und unten eine gelbrothe Begränzung besitzt. Dies findet statt, wenn man das durch P gehende L dicht hinter demselben auffängt; rückt man aber die auffangende Ebene allmählig weiter ab, so gehen die Kreise, wegen ihrer ungleichen Brechbarkeit, allmählig weiter auseinander, bewirken in der Mitte — wo sich alle Farben decken — einen immer kleiner werdenden weißen Raum, und an den Rändern oben und unten immer vollständigere Farbenentwickelungen, bis in einer gewissen Entfernung das Weiße gänzlich verschwindet, und das ganze Bild gefärbt erscheint.

Anmerkung. Ist der Einfalls-sinus = 1, so ist (nach Newton) der Brechungs-sinus

für das rothe Licht	1,55	bis	1,5425,
= = orangenfarbene Licht	1,5425	bis	1,544,
= = gelbe	= 1,544	=	1,5466,
= = grüne	= 1,5466	=	1,55,
= = blaue	= 1,55	=	1,5533,
= = indigofarbene	= 1,5533	=	1,5555,
= = violette	= 1,5555	=	1,56,

so daß die größte Brechbarkeit der violetten Strahlen zu der kleinsten der rothen, sich ohngefähr wie 1,56 : 1,54, oder wie 78 : 77 verhält.

§. 893.

Newton bestätigte das im v. §. über die verschiedene Brechbarkeit Gesagte durch viele Versuche, wovon die beiden folgenden hauptsächlich bemerkt zu werden verdienen.

1) Er fing die einzelnen Lichtgattungen, welche sich durch die in §. 891 Nr. 3 erwähnte schwarze Tafel ergaben, mit einer convexen Glaslinse auf, ermittelte die Brennweite einer jeden, und fand, daß bei einer und derselben Glaslinse die rothen Strahlen die größte,

die orangefarbenen u. s. w. eine kleinere, und die violetten die kleinste Brennweite besaßen. Dies stimmt aber mit der hier angegebenen verschiedenen Brechbarkeit zusammen, indem die am stärksten gebrochenen Strahlen am meisten convergiren und also die kleinste Brennweite besitzen.

2) Newton fing das ganze Farbenbild vr (Fig. 122) mittelst eines Prisma p auf, welches eine lothrechte Lage hatte, während die des P horizontal war. vr wurde aber hierdurch etwas seitwärts aus seiner Stelle gerückt, zeigte sich jedoch nicht breiter sondern bekam die etwas geneigte Lage VR.

Hieraus folgt aber, daß das rothe L am wenigsten und das violette am meisten von seiner vorigen Stelle entfernt worden ist.

Anmerkung. Bei der in verschiedenen Mitteln stattfindenden Brechung des farbigen L kommt es immer darauf an, aus welchen Mitteln es kommt, und in welche es geht. So läßt sich z. B. die Möglichkeit denken, daß bei gewissen Mitteln die Brechbarkeit der farbigen Strahlen in einem andern Verhältniß steht, als Newton sie für Glas ermittelt hat. Daß dieses nicht bloß möglich sei, sondern daß die verschiedenen Mittel einen bedeutenden Einfluß auf die Brechbarkeit der verschiedenfarbigen Strahlen ausüben, hat sich aus mehreren Erscheinungen ergeben, von welchen im folgenden Abschnitte die Rede sein wird.

§. 894.

Diejenigen farbigen Strahlen, welche die größte Brechbarkeit besitzen, werden (nach Newton) auch am leichtesten reflectirt. Denn bezeichnet (in Fig. 123) abc den Durchschnitt eines gleichschencklichen Prisma's, welches bei a einen rechten Winkel besitzt und wobei der Lichtkegel nd senkrecht auf ac fällt, so geht nd bis zur untern Fläche bc ungebrochen durch abc, theilt sich aber hier in 2 Theile, wovon der eine in der Richtung oe zurückgeht, und der andere in o eine Brechung und Farbenzerstreuung erfährt und auf der weißen Tafel t das Farbenbild vr erzeugt. Dreht man nun abc langsam in der Richtung abc, so wird von dem auf bc kommenden L (des schiefern Auffallens wegen) ein größerer Theil reflectirt; und es verschwindet nach und nach das Farbenbild vr und zwar so, daß zuerst der violette Theil, alsdann der blaue u. s. w., und endlich der rothe weggeht. Indessen zeigen sich die hier verschwindenden Theile noch nicht auf T indem auf letztere außer dem farbigen L auch noch unzersetztes von derselben Fläche be fällt, und ersteres damit in Verbindung tritt. Wird aber dem reflectirten L ein 2tes Prisma P entgegengehalten, so erscheint schon vor der Drehung des abc ein schwaches Farbenbild auf T. — Bei der Drehung des abc entsteht aber auf T sogleich der violette Theil deutlicher, sobald derselbe auf t verschwunden ist, alsdann der blaue, grüne u. s. w. und endlich der rothe.

§. 895.

Da nach v. §. das violette L am leichtesten und das gelbe und rothe am schwersten zurückgeworfen wird, so folgt: daß in vielen Fällen das durch ein trübes Mittel gesehene weiße L (mit zunehmender Dichte des Trüben) gelblich, gelb und endlich roth erscheint, und daß das beleuchtete Trübe, hinter welchem sich ein finsterer Hintergrund befindet, bläulich, blau und violett gesehen wird. Ist z. B. hinter dem Trüben T (etwa hinter der Atmosphäre) das weiße L (z. B. das der Sonne), so gehen die Strahlen durch T um in das Auge des Zusehers zu gelangen, werden hier in jeder Stelle des T theilweise reflectirt; und da nun das weiße L aus verschiedenen farbigen Strahlen von verschiedener Brechbarkeit besteht, so müssen die am leichtesten zurückwerfbaren (d. h. die violetten und blauen) größtentheils reflectirt werden, und die am schwersten zurückwerfbaren (nämlich die rothen und gelben) größtentheils durchgehen. So erscheint uns z. B. die auf= und untergehende Sonne gelbroth, der Morgen= und Abendhimmel aber roth; auch ist die durch die Sonne bewirkte Erleuchtung für die unter der Taucherglocke befindlichen Personen purpurfarben u. s. w. Sieht der Beobachter in der Finsterniß hinaus, und stellt sich zwischen ihn und den finstern Raum ein beleuchtetes Trübes, so empfängt dieses die Beleuchtung von der Gegend des Zusehers; und geht nun alles auf T (also auf das nicht vollkommen durchsichtige und mithin reflectirende Mittel) kommende L zurück, so erscheint das Mittel weiß. Ist aber letzteres nicht dicht genug, so werden nicht alle Strahlen, woraus das weiße L besteht, zurückkehren, sondern zuerst die am leichtesten zurückwerfbaren, d. h. die violetten, und alsdann die blauen. Hieraus folgt aber, daß in diesem Falle das Mittel violett und blau gesehen werden muß.

§. 896.

Wollaston bemerkte zuerst im prismatischen Farbenbilde F des Sonnenlichtes zwei ganz schwarze gerade Linien, die (in Fig. 120) senkrecht auf mg und ni standen, und wovon die eine in der grünen und die andere in der blauen Farbe sich zeigte. Einige Jahre später (1814) fand Frauenhofer, dem Wollastons Beobachtung unbekannt war, beinahe 600 solcher schwarzen Streifen in F, indem er durch die im Fensterladen eines verfinsterten Zimmers Z befindliche sehr schmale Spalte das Sonnenlicht horizontal und vermittelst eines Metallspiegels in Z leitete, dasselbe auf ein vertikales 20 oder mehr Fuß entferntes, sehr reines Prisma fallen ließ, und dicht hinter demselben ein gutes achromatisches Fernrohr in der Richtung des ausfahrenden L aufstellte. — Bei dem auf diese Weise im Fernrohre entstandenen sehr vollständigen prismatischen F waren die Farben besser als im gewöhnlichen abgesondert; auch ergab sich, daß jeder der entstandenen 600 Streifen (bei den verschiedensten Versuchen) eine unveränderliche Lage besaß und genau in derselben Farbe verblieb. Die Farbenbilder des Mondes, der Planeten, der Fixsterne, des Lampen- und Küchenfeuers, der elektrischen Funken zeigten zwar auch jene schwarzen parallelen Linien aber in ganz andern Ordnungen und Vertheilungen, so daß jedes L sein eigenes Linien-System zu haben schien. So hatte z. B. das Farbenbild des Sirius in der orangen und gelben Farbe keine schwarze Streifen, dafür aber mehrere in der grünen und blauen, welche dasjenige des Sonnenlichtes gar nicht besaß. Auch waren die im Farbenbilde der Zwillinge befindlichen Streifen von denen des Sirius verschieden u. s. w.

Anmerkung 1. Da die in diesem §. erwähnten dunkeln Querlinien eine unveränderliche Stellung im F einnehmen, so war Frauenhofer im Stande die Breite der den 7 Hauptfarben entsprechenden Streifen mit großer Genauigkeit zu bestimmen. — Neuere Untersuchungen haben auch gelehrt, daß bei der in §. 891 Nr. 4 gemachten Voraussetzung der rothe Streifen 0, 12, der orangenfarbene 0, 07, der gelbe 0, 13, der grüne 0, 17, der blaue 0, 17, der indigofarbene 0, 11, und der violette 0, 23 Theile beträgt.

Anmerkung 2. Die hier erwähnten dunkeln Linien scheinen (wenn man sie mit Newton's Theorie des farbigen L in Beziehung setzt) vielleicht dahin zu deuten, daß die Brechbarkeit der Farbenstrahlen in F nicht nach stetiger Folge sich ändert, sondern hier und da sprungweise fortschreitet, woher denn allerdings, wenn die auffallenden

Strahlenbündel sehr schmal sind, Lücken entstehen müssen. Auch überzeugte sich Frauenhofer, daß diese Linien nicht auf der im 15ten Abschnitte zu erwähnenden Beugung beruhen.

§. 897.

Hält man das Prisma P horizontal vor beide Augen und zwar so, daß einer der Winkel (etwa ∠ acd in Fig. 118) mit dem Scheitel gerade aufwärts gekehrt ist; und betrachtet alsdann durch eine der brechenden Flächen (z. B. durch cd) die gerade gegenüberliegenden Gegenstände, so sieht man alles viel tiefer als es wirklich ist, und zwar werden alle seitwärts liegenden Objekte noch stärker als die gerade gegenüberliegenden aus ihren Stellen gerückt, so daß eine horizontale Linie wie ein aufwärts gekrümmter Bogen sich zeigt. Dabei erscheinen die Ränder aller Gegenstände mit Regenbogenfarben umgeben und also sehr undeutlich. Sieht man z. B. durch P auf eine weiße begränzte Fläche, und ist der brechende Winkel nach unten gekehrt, so ist die Ordnung der Farben, nicht wie in §. 891 Nr. 1, sondern umgekehrt, so daß dieselbe sich folgendermaßen darstellt: violett, indigo, blau, grün, gelb, orange, roth. Ist die Fläche bedeutend groß, so hat sie oben einen gefärbten Rand aus roth, rothgelb und gelb, und unten einen aus violett, blau und bläulichgrün, ihre Mitte aber ist weiß. Auf dieselbe Weise sieht man jeden durch P betrachteten Körper K mit lebhaften Farbensäumen umgeben; und die einander entgegengesetzten Farben enthalten immer die einander entgegengesetzten Farben des prismatischen Bildes, so daß der eine Rand gelb und roth und der andere blau und violett sich zeigt.

Ist K lichter als seine Umgebung, so strahlt an dem einen Rande das Gelbe und am andern das Blaue nach seiner Mitte. Ist K dunkler als seine Umgebung, so ist an dem einen Rande der rothe und an dem andern der violette Theil gegen die Mitte gekehrt. Besitzt K eine kleine Ausdehnung, so bringt im ersten Falle die Mischung des gelben und blauen ein schönes Grün; und im zweiten die Mischung des rothen und violetten ein schönes Purpur hervor. Diese Farbenerscheinung zeigt sich immer, wo L und Dunkel sich berühren, und ist dieserhalb nach der Verschiedenheit, Größe und Gestalt des Lichten und Dunkeln sehr mannichfaltig.

§. 898.

Die im v. §. erwähnten Erscheinungen werden auf folgende Weise erklärt:

1) Ist (in Fig. 124) qr der Durchschnitt einer durch das Prisma cde betrachteten schwarzen Ebene, und o ein kleiner weißer Kreis, der zuerst als bloßer weißer Punkt p gesehen werden kann; und betrachtet man jetzt unter den weißen Strahlen, welche er auf cde sendet, zuerst den Strahl ok, so wird derselbe bei k und g aufwärts gebrochen, bleibt aber wegen der ungleichen Brechbarkeit seiner Bestandtheile weder in cde selbst noch außer demselben eine einfache gerade Linie, sondern breitet sich innerhalb eines kleinen Winkels fächerförmig und zwar dergestalt aus, daß der am stärksten gebrochene Theil desselben durch die Linie kgi und der am schwächsten gebrochene durch die Linie khl ausgedrückt ist. Empfinge nun das in i befindliche Auge A bloß den Strahl gi, so würde es p in m bloß in violetter Farbe sehen, weil letztere die größte Brechbarkeit besitzt. Stände A in l, und empfinge es bloß den Strahl hl, so würde es statt p einen rothen Punkt in n erblicken. Empfinge A nur einen zwischen i und l befindlichen Strahl, so würde es p zwischen m und n in einer der prismatischen Mittelfarben sehen. Bekäme aber A auf einmal alle zwischen i und l liegende Strahlen (welches der Fall ist, wenn A sich nahe an cde befindet, wo die Ausbreitung des Strahles noch unbedeutend ist) so wird es statt p eine kleine Linie nm sehen, welche oben roth unten violet erscheinen, und zwischen beiden Enden die prismatischen Mittelfarben zeigen würde.

Denkt man sich nun statt p einen kleinen weißen Kreis K auf schwarzem Grunde, so läßt sich leicht zeigen, wie er dem A, welches die gebrochenen Strahlen bei il empfinge, erscheinen müßte. Wäre K nicht weiß, sondern strahlte derselbe bloß violettes L von der größten Brechbarkeit aus, so würde dem A bei m ein violetter Kreis erscheinen. Käme aus K bloß L von der schwächsten Brechbarkeit so würde A bei n einen rothen Kreis sehen; und gäbe K blos L von einer mittlern Brechbarkeit her, so würde A zwischen n und m bloß einen Kreis von mittlerer Farbe erblicken. Da aber K weißes L, d. h. L von jedem Grade der Brechbarkeit auf cde sendet, so sieht A diese ganze Reihe von farbigen Kreisen auf einmal, d. h. es wird eine ganz ähnliche Erscheinung wie die in §. 891 Nr. 1 erwähnte und nur mit dem Unterschiede sehen, daß jetzt die verschiedenen Farben in umgekehrter Ordnung unter einander liegen.

2) In Nr. 1 dieses §. wurde A in eine solche Entfernung von cde gebracht, daß es alle aus dem Strahle ok entspringende Farben aufnehmen konnte. Dies findet aber nicht mehr statt, wenn A so weit von cde entfernt ist, daß die Pupille nicht alle zwischen i und l liegende Farben fassen kann, oder wenn p nicht mehr als bloßer Punkt, sondern als kleiner Kreis sich zeigt. Indessen bringt auch dieses keinen Unterschied in der Erscheinung hervor. Denn ist (in Fig. 125) qr eine schwarze Ebene, worauf in o der weiße Punkt p sich befindet; und fällt nun auf cde der Strahl ok, so wird der am schwächsten gebrochene und also rothe Theil desselben nach g und i gebrochen. Fällt ferner der Strahl os unterhalb k auf cde; und wird sein brechbarster (d. h. sein violetter Theil) zuerst nach h und alsdann wieder aufwärts gebrochen, so folgt, daß wenn k und s nahe genug beisammen liegen, der hi den gi irgendwo, etwa in i treffen, und daß i desto entfernter von cde sein muß, je weiter s von k absteht. Wäre nun A in i, so müßte (wie vorher) in n ein rothes, in m ein violettes Bild von p und zwischen n und m Bilder von den prismatischen Mittelfarben, d. h. statt p eine Linie nm mit allen prismatischen Farben entstehen. Ist aber nun in o statt p ein kleiner weißer Kreis K befindlich, so wird man wie in Nr. 1 ein kleines aber vollständiges Farbenbild gewahr.

3) Wird durch den auf schwarzem Grunde befindlichen Punkt o eine weiße Linie w in horizontaler Richtung gezogen, so muß jeder Punkt von w, wie p, als eine kleine bunte Linie, wie nm erscheinen. Da aber die Lichtstrahlen, welche aus den von p rechts und links liegenden Theilen der Linie kommen, in schiefer Richtung durch cde gehen müssen, wenn sie das bei i befindliche Auge A erreichen sollen, so folgt, daß jeder solcher Strahl einen brechenden Winkel zu durchlaufen habe, welcher größer als ∠ ced ist. Hieraus ergiebt sich aber „**daß das aus einem dem A gerade gegenüberliegenden Punkte p kommende L weniger als das aus den seitwärts liegenden Punkten strömende gebrochen wird; daß also die Bilder von seitwärts liegenden Punkten**

tiefer als nm liegen werden, und daß diese Vertiefung desto stärker sein muß, je weiter der abgebildete Punkt von p absteht."

Das Bild der durch p gehenden Linie kann also weder gerade noch eine bloße Linie sein, sondern muß gleichsam als flacher Regenbogen mit allen prismatischen Farben und zwar dergestalt erscheinen, daß es oben roth und unten violett sich zeigt.

4) Nimmt man jetzt an, die Ebene qr sei über p schwarz unter p aber weiß, so folgt, daß jeder unter p befindliche Punkt π, wenn er allein auf schwarzem Grunde wäre, dem A als eine bunte Linie wie nm, erscheinen würde, und zwar so tief unter nm als π unter p läge. So besteht, was A abwärts von n erblickt, aus einer stetigen Folge solcher Farbenlinien, welche sich decken; und nur der höchste Theil der Linie bei n wird gar nicht oder von ähnlichen Farben gedeckt und erscheint daher violet und blau. In allen Punkten unter m, liegen aber alle prismatische Farben auf einander, so daß die Fläche unter m in ihrer natürlichen Beschaffenheit, d. h. weiß, und nur undeutlich erscheint, weil jeder Punkt als eine kleine Linie sich abbildet. Wäre umgekehrt der über p liegende Theil weiß und der darunter liegende schwarz, so würde man blos von m bis n rothes und gelbes L sehen, über n müßte aber alles Weiß erscheinen.

5) Sind die durch cde betrachteten Körper nicht weiß sondern gefärbt, so werden die hierdurch hervorgebrachten Farben ebenfalls modificirt. Es müssen also überall farbige Ränder entstehen, selbst da, wo zwei verschiedene Farben ja selbst zwei Abstufungen derselben Farbe an einander stoßen. Dagegen müssen die gleichförmig gefärbten Flächen innerhalb der farbigen Ränder in unveränderter Farbe erscheinen.

§. 899.

1) Bezeichnet (in Fig. 126) bc ein Sammlungsglas (z. B. das Objektivglas eines Fernrohrs), und de den in einer großen Entfernung von bc befindlichen Gegenstand, welcher weißes L auf bc wirft, so entsteht im hintern Brennpunkte g von bc eine verkehrte Abbildung no desselben. Da aber nun die Brennweite eines Glases von dem Brechungsverhältnisse abhängt (also desto kleiner ist,

je stärker die Brechungskraft des Glases sich zeigt), und die violetten Strahlen eine stärkere Brechung als die übrigen erleiden, so folgt: „daß die verschiedenen prismatischen Farben, woraus das weiße L besteht, nicht einen und denselben Brennpunkt besitzen können.“ Ist v der Brennpunkt der violetten, g der der gelben und r der Brennpunkt der rothen Strahlen, so folgt, daß das weiße L des Gegenstandes de in v eine violette, in g eine gelbe, in r eine rothe Abbildung, und zwischen r und v Abbildungen von jeder mittlern prismatischen Farbe macht, so daß zwischen lm und pq eine unzählige Menge von farbigen Bildern des Gegenstandes hinter einander stehen werden. Betrachtet nun das hinter pq befindliche Auge diese Bilder, so folgt, daß es in keinem Punkte eine scharfe Abbildung von de sehen kann, daß die Undeutlichkeiten von der Axe aus gegen den Rand hin wachsen, und daß am letztern selbst die größern Bilder über die kleinern hervorragen, und also der Rand des Gegenstandes mit bunten Farben umgeben erscheint.

2) Da bei einem Sammlungsglase jede Farbe ihren eigenen Brennpunkt besitzt, so folgt, daß bei dem durch ein solches Glas erzeugten Bilde ähnliche Betrachtungen wie in Nr. 1 angestellt werden können. So wird man z. B. finden, daß das Bild eines weißen Gegenstandes auf schwarzem Grunde bald mit einem rothen und bald mit einem blauen Rande erscheinen muß, je nachdem entweder die Bilder, welche auf der rothen, oder die, welche auf der blauen Seite liegen, über die mittlern hervorragen. Ist aber der Gegenstand nicht weiß auf schwarzem Grunde, sondern gefärbt auf anders gefärbtem Grunde, so können die farbigen Räume schwächer werden, aber nie ganz verschwinden. Verbindet man z. B., um eine starke Vergrößerung zu haben, mit einem Objektivglase ein Ocular von zu kleiner Brennweite, so können die farbigen Bilder so weit auseinander treten und so ungleich an Größe werden, daß alle Deutlichkeit verloren geht. Hieraus folgt aber, daß bei einem einfachen Objectivglase die Vergrößerung nur bis zu einem gewissen Punkte getrieben werden kann.

3) Aus §. 876 und aus Nr. 2 dieses §. gehen zwei Quellen der Undeutlichkeit bei den optischen Gläsern hervor. Die erste haben die Spiegel mit den Gläsern gemein; und sie wurde bereits die

Abweichung der Strahlen wegen der Kugelgestalt genannt. Die andere, nur bei den Gläsern stattfindende, ist bei weitem größer als die erste, und wird die Abweichung wegen der Farbenzerstreuung genannt.

Anmerkung 1. Zu den Physikern, welche mit Newton die verschiedene Brechbarkeit verschieden farbiger Lichtgattungen als Grund der Farbenerscheinungen annehmen, gehört Wünsch, nach dem die drei Grundfarben des L als violett, grün und prismatisches Roth (also scharlach und gelbroth) sich zeigen. Daß aber diese Farben zusammengesetzt sind ist ohne weitere Auseinandersetzung klar.

Anmerkung 2. Euler erklärte die Farbenerscheinungen nach der von ihm vertheidigten Vibrations-Hypothese auf folgende Weise. Wie die Verschiedenheit der Tonhöhen von der verschiedenen Geschwindigkeit der Schwingungen abhängt, so ist die verschiedene Geschwindigkeit, mit welcher die Aetherschwingungen auf einander folgen, die Ursache der verschiedenen Farbenerscheinungen. Die größte Geschwindigkeit erzeugt das rothe L, die kleinste das violette, und dasjenige was bei Newton einfaches Licht heißt, wird bei Euler durch Schwingungen oder Vibrationen von gleichen Geschwindigkeiten bewirkt. Vibrationen von verschiedenen Geschwindigkeiten machen auf das Auge einen zusammengesetzten Eindruck, und geben das von Newton sogenannte zusammengesetzte L. Auch stellt sich das weiße L als Folge eines solchen zusammengesetzten Eindruckes dar.

Anmerkung 3. Göthe, ein Hauptgegner von Newtons Ansicht, erklärt alle Farbenerscheinungen daraus, daß entweder das L durch ein trübes Mittel gesehen werde, oder hinter einem beleuchteten trüben Mittel die Finsterniß als Hintergrund sich befinde. Geschieht das erste, so erscheint L bei geringer Trübe des Mittels gelb, und geht mit zunehmender Trübe in Gelbroth und Roth über. So sieht man z. B. die Sonne bei ihrem höchsten Stande ziemlich weiß, obgleich auch hier in's Gelbe spielend; und sie erscheint immer gelber, je tiefer sie sich senkt, (oder je größer der Theil der Atmosphäre ist, den ihre Strahlen zu durchlaufen haben), bis sie endlich roth untergeht. Sieht man durch ein weißes erleuchtetes Trübe in die Finsterniß des unendlichen Raumes, so erscheint dieser bei hinreichender Dichte des Trüben bläulich, und bei geringer Dichtigkeit dunkelblau und violett. Die prismatischen Versuche sucht Göthe durch eine Verrückung des Hellen (z. B. des Sonnenlichtes in der dunkeln Kammer) über das Dunkle, und aus einer Bedeckung des Hellen durch das Dunkle zu erklären. — Die bereits erwähnte Erscheinung der farbigen Ränder eines durch das Prisma betrachteten Körpers, suchte Göthe ebenfalls durch eine Verrückung des Bildes B, wobei seine helle Grenze über die dunkle, seine dunkle über die helle, B über seine Begrenzung und letztere über B scheinbar hingeführt wird, zu erklären. Es werde (sagt Göthe) B durch Refraction nur unvollkommen (d. h. nicht rein und scharf) verrückt, es entstehe dieserhalb an dem Hauptbilde ein Nebenbild, und zwar scheine es, daß das rothe Bild einigermaßen zurückbleibe und sich dem Vorrücken gleichsam widersetze. Wenn man z. B. eine helle Scheibe durch das Prisma betrachtet, so erscheint sie im Ganzen von ihrer Stelle gerückt und in der Richtung gefärbt, worin sie sich scheinbar bewegt, u. s. w.

Aus dem eben Gesagten folgt aber schon: daß Göthe blos von zusammengesetzten Thatsachen ausgeht und nicht bestimmt, welche Grundvorstellung er eigentlich für Licht und Finsteres, Helles und Dunkles zum Grunde legt. Auch läßt Göthes Farbenlehre den Mathematiker bei den Untersuchungen über die Verbesserung der Fernröhre durch Achromatismus im Stiche.

Elfte Abtheilung.

Von dem Achromatismus.

§. 900.

Wenn ein aus der Materie M bestehendes Prisma den ganzen hindurchfallenden Lichtkegel von seiner Richtung nicht bedeutend mehr ablenkt und also das Farbenbild von der ursprünglich weißen Stelle nicht bedeutend mehr verrückt als ein Prisma aus der Materie N; wenn aber das durch's erstere bewirkte Farbenbild bedeutend mehr als das durch's letztere hervorgebrachte in die Länge gezogen wird, so sagt man: „die durchsichtige Materie M bringt keine bedeutend stärkere Brechung überhaupt, wohl aber eine größere Farbenzerstreuung als N hervor." Daß diese im Allgemeinen angegebene Erscheinung auch im Besondern stattfindet, lehren die beiden Glasarten Kronglas und Flintglas*) indem ein aus dem erstern verfertigtes Prisma eine bedeutend stärkere Farbenzerstreuung als ein aus dem letztern construirtes

*) Das Glas G wurde in Aegypten von phönizischen Kaufleuten durch Zufall entdeckt; und erscheint, nach der verschiedenen Reinheit der hierzu nothwendigen Materialien, nämlich des Kieselsandes, Quarzes, der Pottasche und Asche bald weiß und bald grün. Das weiße G wird, nach den verschiedenen Compositionen aus Kieselsand, Pottasche, Kreide, Salpeter (weißem Arsenik, Bleioxyd) und Braunstein zusammengesetzt; während das Grüne aus Asche, Aescher, Chlorkalium, schwefelsaurem Natron, Basalt und Sand besteht. Das Flintglas enthält 100 Theile weißen Sand, 35—40 Theile Pottasche, 80—85 Mennige, 3 Theile Salpeter, 0, 6 Braunstein; und das Kronglas 300 Theile feinen Sand, 200 Theile gute Soda, 33 Theile Kalk und 250 bis 300 Theile Glasbrocken. Auch ist das (nach der verschiedenen Bereitungsweise) aus kieselsaurem Kali, Natron, Kalk- und Thonerde und selbst aus kieselsaurem Bleioxyde bestehende G vollkommen durchsichtig, durch Luft und Licht unveränderlich, elastisch, klingend, und in der Hitze in sehr feine Fäden ziehbar. Enthält G einen kleinen Ueberschuß von Alkali, so wird es nach und nach trübe, undurchsichtig und verwittert.

bewirkt, ohne jedoch das Sonnenbild oder das Bild eines gesehenen Objektes bedeutend mehr zu verrücken.

Anmerkung. Man bemerke, daß die mittlere Brechkraft des Flintglases zu der des Kronglases sich wie 158 : 153, die Farbenzerstreuende Kraft des erstern zu der des letztern sich wie 3 : 2 verhält, und daß hierauf die Verfertigung solcher Prismen beruht, welche das Bild eines hierdurch gesehenen Gegenstandes von seinem Orte verrücken ohne farbige Ränder dabei zu erzeugen. Diese Prismen heißen achromatisch oder farblos und ihre Wirkungsweise wird im nächsten §. folgendermaßen auseinandergesetzt.

§. 901.

Die durch das gläserne Prisma P bewirkte Farbenzerstreuung wird aufgehoben, wenn die Farbenstrahlen, welche durch die Brechung in P auseinander gehen, durch die Brechung in einem zweiten Prisma wieder parallele Richtungen erhalten. Denn fällt (in Fig. 127) auf das Prisma abc der Strahl ef, so wird derselbe in seine farbigen Strahlen so zerlegt, daß die violetten nach h, die grünen nach k und die rothen nach l fortgehen. Werden aber diese Strahlen durch Brechung in dem Prisma bcd wieder parallel, und kommen alsdann nach W, so muß hier weißes L entstehen, weil alle Strahlen, welche über und unter f auf abc treffen eine gleiche Ablenkung wie ef durch bcd erleiden und also ihre einzelnen Farbenstrahlen in parallelen Richtungen fortsenden. Hierdurch fallen aber die untern Farben eines obern Strahlenkegels mit den obern eines untern zusammen, bringen weißes L hervor, und das Glas ist alsdann farblos oder achromatisch. Wie dies durch zwei Prismen bewirkt werde, von denen das eine den brechenden Winkel oben und das andere unten besitzt, geht auf folgende Weise hervor.

Der grüne Strahl fg, welcher die mittlere Brechbarkeit haben mag, wird in g beim Austritte aus dem Glase vom Einfallslothe gn abgelenkt und geht in der Richtung gW fort.

Der violette Strahl fv, welcher die größte Brechbarkeit besitzt, wird in v vom Einfallslothe vm stärker nach unten abgelenkt als der grüne fg, und es kann deßhalb ersterer mit letzterm parallel, d. h. vW || gW werden.

Der rothe Strahl fr wird in r vom Einfallslothe ro ebenfalls nach unten abgelenkt, aber weniger als der grüne, und kann dieserhalb mit letzterm parallel, d. h. rW || gW werden.

Sind die beiden Prismen von gleicher Glasart und gleichen brechenden Winkeln, so daß die Seiten ac und bd parallel laufen, so bilden sie zusammen ein einziges Glas parallelepipedum, worin keine Farbenzerstreuung stattfindet. Sind aber beide Prismen von ungleicher Glasart, besteht z. B. abc aus Kronglas und bcd aus Flintglas, so daß letzteres ein stärkeres Zerstreuungsvermögen als ersteres besitzt, so werden die ausfahrenden Strahlen schon parallel, wenn auch der brechende Winkel des bcd kleiner als der des abc ist.

§. 902.

Das im v. §. Gesagte wird auf ein Sammlungsglas auf folgende Weise angewandt.

Es ist (in Fig. 128) ab der Durchschnitt eines Sammlungsglases, dessen Rand wie ein Prisma wirkt, und ef ein auffallender Strahl, welcher durch ab in Farbenstrahlen gespalten wird, von denen hier nur die beiden äußersten, d. h. der rothe fr und der violette fv in Betrachtung kommen. Um aber beide parallel nach W in die Axe hk zu bringen, stelle man in schicklicher Entfernung von ab die biconcave Linse cd auf, welche aus Flintglas besteht, während ab aus Kronglas gefertigt ist. Beide Glasarten brechen den grünen Strahl beinah gleich stark, (haben also ohngefähr gleiches mittleres Brechungsvermögen); allein das Flintglas hat ein größeres Zerstreuungsvermögen, es bricht den violetten Strahl stärker, den rothen schwächer als Kronglas, und bringt also für sich die Farbenstrahlen weiter auseinander. Wie dies zur Farbenaufhebung diene geht aus folgendem Beispiele hervor:

Ist ein convexes Kronglas so beschaffen, daß wenn

{der rothe Strahl um 60 Minuten} nach der Axe zu gebrochen
{der violette = = 62 = } wird;

hat ferner ein concaves Flintglas die Eigenschaft, daß wenn

{der rothe Strahl um 60 Minuten} von der Axe weggebrochen
{der violette = = 63 = } wird;

und ist die Convexlinse ab so gekrümmt, daß von dem einfallenden

Strahle ef, der rothe fr um 6° nach der Axe zu gebrochen wird, so findet man die Brechung des violetten Strahles fv in Bezug auf hk, aus der Proportion:

$$60 : 62 = 6 : x,$$

also $x = 6\frac{1}{5}$, so daß fv ein Brechung von 6° 12′ nach hk erfährt.

Ist ferner die Concavlinse cd so gekrümmt, daß der rothe Strahl nW um 4° von hk weggebrochen wird, so erhält man die Brechung des violetten mW in Bezug auf hk, aus der Proportion

$$60 : 63 = 4 : x,$$

$$\text{also} \quad x = 4,2,$$

so daß mW eine Brechung von 4° 12′ von hk weg erfährt.

Nun ist aber für den rothen Strahl:

$$\left\{\begin{array}{l} \angle\, rfo = \angle\, rnp = 6^\circ \\ \qquad\quad\ \angle\, rnW = 4^\circ \end{array}\right\},$$

$$\text{und also } \angle\, Wnp = 2^\circ;$$

und eben so ergiebt sich für den violetten Strahl:

$$\left\{\begin{array}{l} \angle\, vfo = \angle\, vmq = 6^\circ\, 12' \\ \angle\, vmW \qquad\quad = 4^\circ\, 12' \end{array}\right\},$$

$$\text{und dieserhalb } \angle\, Wnq = 2^\circ.$$

Beide Strahlen, d. h. der rothe und violette, gehen also unter einem Winkel von 2° gegen die Axe mit einander parallel u. s. w.

Anmerkung 1. Die Farbenzerstreuung wird vollständig aufgehoben, wenn man eine biconcave Linse von Flintglas zwischen zwei convexe Linsen von Kronglas stellt.

Anmerkung 2. Newton hielt die Achromasie für unmöglich, weil er bei seinen darüber angestellten Versuchen einen Lichtcylinder durch Wasser und Glas gehen ließ und zu bemerken glaubte, daß das L nur dann farblos austrete, wenn die in der Luft ausfahrenden Strahlen mit den auffallenden parallel wären. Er dehnte dieses Resultat auf alle Mittel aus und schloß demgemäß auf die Unmöglichkeit der Ablenkung des Bildes von einem gesehenen Gegenstande ohne alle Farbenerscheinungen.

Euler, indem er über den Bau des Auges A nachdachte, kam auf den Gedanken, man könne durch Zusammensetzung mehrerer Mittel von verschiedener Dichtigkeit achromatische Linsen erhalten. Er glaubte nämlich die Natur habe im Baue des A durch Zusammensetzung verschiedener durchsichtiger Mittel diesen Zweck gehabt. Obgleich aber nun die Farbenzerstreuung in A nicht gänzlich aufgehoben ist, indem späterhin Frauenhofer sogar dieselbe zu messen unternahm, so wurde dennoch John Dollond *) veranlaßt, Versuche anzustellen, und hierdurch in

*) Ausgesprochen Dal'lönnd.

den Stand gesetzt zuerst 1757 ein farbenloses oder achromatisches Fernrohr anzufertigen. Letzteres wurde nachher theils von ihm und theils von seinem Sohne Peter D, ansehnlich verbessert, so daß es mit Recht den Namen des Dollond'schen führt.

Zwölfte Abtheilung.

Von den Farbenerscheinungen an dünnen Körperschichten.

§. 903.

Wenn das weiße Tageslicht auf eine sehr dünne Schichte eines durchsichtigen Körpers fällt, so kommen sowohl im zurückgeworfenen als auch im durchgehenden L Farben zum Vorschein. Letztere entstehen in allen durchsichtigen oder durchscheinenden Mitteln, mögen dieselben fest, tropfbar oder luftförmig sein, wenn sie nur dem L in hinlänglich dünnen Blättchen oder Lamellen dargeboten werden. So bemerkt man z. B. schöne farbige Ringe, wenn der auf die Oberfläche des Wassers gelegte Tropfen Oel zu einer dünnen Schichte sich ausbreitet; auch nimmt man ähnliche Erscheinungen bei Seifenblasen und kleinen Bläschen (z. B. bei denjenigen der Chokolade u. s. w.) wahr. Legt man zwei Stücke Spiegelglas auf einander und drückt sie an einer Stelle mit zwei Fingern zusammen, so entsteht an dem Orte, wo sich die Platten am Genauesten berühren im reflectirten L ein dunklerer Fleck, um welchen sich unregelmäßige Farben ausbreiten, die nach der Verschiedenheit des Winkels, worunter man sie ansieht, eine Veränderung erleiden, und ihre Entstehung der zwischen beiden Punkten befindlichen Luftschichte verdanken. — Um diese Farben genauer zu untersuchen legte Newton ein sehr flaches Objektivglas (von mehr als 50 Fuß Brennweite) auf ein sehr ebenes Spiegelglas, und fand an der Berührungsstelle beider Flächen einen dunklen Fleck, und um diesen herum farbige kreisförmige Ringe, die sich mehrmals (obgleich nicht genau in denselben Farbenabstufungen) wiederholten. In diesem ganzen Farbenbilde wechselten die dunklern und hellern Ringe mit einander ab, welche nicht genau immer auf dieselben Farben trafen, deren Zwischenräume aber vom Mittelpunkte aus auf eine regelmäßige Art beständig kleiner wurden. Newton bestimmte mit großer Genauigkeit die Dicke der Luftschichte an jeder Stelle eines solchen Ringes, und fand, daß die Dicken wie die natürlichen Zahlen 0, 1, 2, 3 u. s. w. wuchsen, und daß die dunkleren Ringe auf die Entfernungen 0, 2, 4, 6 u. s. w. und die hellern auf die Abstände 1, 3, 5, 7 u. s. w. fielen. Auch zeigten sich im durchgehenden L farbige, desgleichen hellere und dunklere Ringe, jedoch so schwach, daß sie gegen einen hellen Hintergrund schwer bemerkbar waren. Newton fand, daß die Erscheinung im Gegensatze gegen die vorige stand, indem im durchgehenden L helle Ringe an den Orten erschienen, wo im reflectirten dunkle sich zeigten, und daß die im 1sten Falle erschienenen Farben gerade die entgegengesetzten der im 2ten hervorgebrachten waren.

Zeigte sich z. B. beim reflectirten L die Berührungsstelle schwarz, so waren die immer größer werdenden Ringe beziehlich blau, weiß, gelb, roth, violett, grün u. s. w., während im durchgehenden L der Mittelpunkt weiß erschien, und die immer größer werdenden Ringe als roth, schwarz, violett, blau, weiß, gelb, roth u. s. w. sich zeigten.

Anmerkung. Bei den Erscheinungen der Ringe ist das stärkere oder schwächere Zusammendrücken der Gläser sehr einflußreich. So erzeugt z. B. ein gelinder Druck abwechselnd purpurne und grüne Ringe mit einer grünen und purpurnen Mitte. Ein etwas größerer Druck macht die Mitte gelb mit darauf folgenden rothen, dann blauen und hierauf abwechselnd grünen und rothen Ringen. Erst bei ziemlich starkem Drucke erscheint in der Mitte ein schwarzer Punkt mit weißen Umgebungen, worauf die farbigen Ringe folgen. Von der Stärke der Krümmung der zusammengedrückten Gläser hängen endlich die Breiten der Ringe und ihre Entfernungen von einander ab.

§. 904.

Die im v. §. erwähnten Erscheinungen werden (nach Newton) auf folgende Weise erklärt:

Jedes eine brechende Fläche durchlaufene Lichttheilchen T hat dadurch eine gewisse Eigenschaft oder Disposition erhalten, welche wandelbar ist, also während des ganzen Ganges des T in demselben Mittel periodisch verloren und, in gleichen Zwischenzeiten, wieder erhalten wird. Es ist dies die Disposition durch eine zweite Fläche desselben Mittels leicht durchzugehen und in den Zwischenzeiten die Eigenschaft zu besitzen leichter zurückgeworfen zu werden. Erstere hat Newton die Anwandlung zum leichtern Durchgehen und letztere die Auwandlung zum leichtern Zurückgehen genannt. — Hat aber nun T, welches eine dünne mit nicht parallelen Flächen F und f begränzte Schichte durchgangen, bei seinem Ankommen an die zweite f die Anwandlung zum leichtern Durchgehen, so wird es (wenn sonst keine Nebenumstände einwirken) durchgehen. Wäre aber T an einem andern Punkte von F aufgefallen, und hätte es alsdann eine dickere Schichte durchlaufen müssen, so würde es bei seiner Ankunft auf f vielleicht gerade die Anwandlung zum leichtern Zurückgehen gehabt haben, und also reflectirt worden sein. Das zu einer andern Gattung gehörige T könnte unter diesen Umständen die Anwandlung zum leichtern Durchgehen erhalten und würde demnach durchgehen. Hieraus folgt aber, daß **an diesen und allen ähnlichen Stellen Lichttheilchen von gewissen farbigen Gattungen durchgehen, an andern dagegen andere, und daß die nicht durchgehenden Lichttheilchen durch Reflexion zurückkehren, u. s. w.**

Anmerkung. Göthe unterscheidet folgende Fälle, worin an der Oberfläche eines farblosen Körpers ohne eigentliche Färbung desselben, Farbenerscheinungen entstehen.

1) Wenn zwei glatte Flächen harter durchsichtiger Körper sich berühren; wenn in einem soliden Glaskrystalle oder in einem Eiskörper Sprünge entstehen, und wenn sich die Lamellen durchsichtiger Steine von einander trennen.

2) Wenn eine Glasfläche oder ein geschliffener Stein angehaucht wird.

3) Wenn beide eben angegebene Bedingungen verbunden werden, wenn man also eine Glastafel anhaucht, eine andere darauf legt, und alsdann das Glas abschiebt, wodurch sich die Farben nachziehen und mit dem Hauche verfliegen.

4) Wenn bei Flüssigkeiten Blasen entstehen, z. B. beim Bier, bei der Chocolade, bei der im Wasser aufgelösten Seife, beim Weine, Glase u. s. w.

5) Wenn bei mineralischen und metallischen Auflösungen feine Häutchen und Lamellen sich zeigen, wie die Häutchen an den Oberflächen stehender besonders eisenschüssiger Wässer, die Häutchen des auf dem Wasser befindlichen Oeles, u. s. w.

6) Wenn man die Metalle erhitzt (hierher gehört das Anlaufen des Stahls und anderer Metalle).

7) Wenn die Oberfläche des Glases angegriffen wird, indem z. B. das Blindwerden und Trüben desselben allmählig in Farbenerscheinungen übergeht.

Dreizehnte Abtheilung.

Von den dauernden Farben der Körper.

§. 905.

Das Wort Farbe wird noch in einem andern Sinne (wie in §. 889) gebraucht, indem es nämlich nicht die Eigenschaft des L ausdrückt eine gewisse Empfindung im Auge A zu erregen, sondern das Material bedeutet, womit die Oberflächen der Körper überzogen werden müssen, um diese oder jene Empfindung in A hervorzubringen. Aus diesem Grunde ist es nöthig die eben erwähnten Farben, welche man auch Farbenmateriale, Färbestoffe oder pigmenta nennt, von den im vorigen Abschnitte beschriebenen eigentlichen Farben (colores) zu unterscheiden.

§. 906.

Sendet ein Körper das erhaltene L unverändert zurück, so empfängt A einen ähnlichen Ring, als ob L von dem leuchtenden Körper selbst darauf gewirkt hätte. Dieß findet namentlich bei allen Körpern*) statt, welche im weißen L weiß, im rothen roth, im grünen grün u. s. w. erscheinen. Verändert ferner ein dunkler Körper (durch irgend eine Ursache) das darauf fallende L, indem er es zurücksendet, so bringt dieß, wie bei allen farbigen Körpern, in A eine andere Wirkung hervor. — Wirft endlich ein undurchsichtiger Körper gar kein L zurück, so erscheint er lichtlos und heißt schwarz. Das so eben von der Zurückstrahlung Gesagte findet auch bei dem durch die Körper gehenden L statt. Denn würde letzteres bei seinem Durchgange gar nicht geändert und auch nicht geschwächt, so wäre der Körper farblos und vollkommen durch-

*) Vergl. vorigen §.

sichtig. Die unvollkommen durchsichtigen Körper können L entweder blos schwächen oder zugleich verändern, und stellen sich alsdann als farbige Materien dar.

§. 907.

Ein Körper K zeigt (nach Newton) diese oder jene Farbe, wenn er von dem auf ihn fallenden L diesen oder jenen Strahl entweder ausschließlich oder größtentheils zurückwirft, und die andern ganz oder größtentheils unwirksam macht (d. h. verschluckt oder absorbirt). So wirft z. B. ein weißer Körper das auf ihn fallende L unzerlegt zurück; ein rother dagegen zersetzt das weiße L, absorbirt alle Strahlen außer den rothen und sendet nur die letztern zurück. Ein schwarzer Körper absorbirt (fast) alles weiße L, und eine Materie von gemischter Farbe wirft manche farbige Strahlen zurück.

Anmerkung. Man bemerke, daß — der hier ausgesprochenen Ansicht zufolge — nur eine Farbe existirte, wenn L gar nicht zersetzt werden könnte. Auch ist der genügendste und unmittelbarste Beweis von dem in diesem §. Angegebenen darin zu suchen, daß jeder Körper ohne Unterschied, wie auch seine Farbe im weißen L beschaffen sein mag, sobald er den prismatischen Farben ausgesetzt wird, mit einer Farbe erscheint, welche demjenigen Theile des Farbenbildes, worin er sich gerade befindet, eigenthümlich ist, daß aber seine Farbe ohne Vergleich lebhafter und voller ausfällt, wenn er in einen Strahl gebracht wird, dessen Farbe derjenigen entspricht, welche er im weißen L besaß.

§. 908.

Der Grund, warum ein Körper K diese oder jene farbige Lichtgattung zurückwirft ist (nach Newton) in der Eigenschaft des K gegründet. Man hat letztere auf 2 Arten zu erklären versucht.

1) Die verschiedene Lage der Theilchen verschiedener Körper bringt mannichfaltige Brechungen und Zurückwerfungen des L und daher verschiedene durch die Brechungen entstehenden Farbenerscheinungen hervor.

2) Wird L als etwas Materielles gedacht und besitzen die Lichttheilchen die Eigenschaft aufzufallen, durchzustrahlen und zurückzugehen, so ließe sich zwischen der Materie des K und dieser oder jener Gattung von Lichttheilchen eine Art chemischer Anziehung

denken, vermöge welcher gewisse farbige Strahlen sich mit K verbänden und also ihrer Bewegung beraubt würden, während andere eine Reflexion erführen, u. s. w.

§. 909.

Aus §. 907 und 908 geht hervor, daß die Farbe K sich ändert, wenn entweder seine Structur, oder seine Qualität oder Beide sich verändern. Hieraus folgt aber, daß der chemische Proceß bei den Farbenänderungen von besonderer Wirksamkeit sein muß. — So verändern z. B. viele Körper ihre Farbe durch Bestrahlung von Sonnenlicht, und viele durch Erhitzung. Auch wird die mit der Kobalttinctur geschriebene früher unsichtbare Schrift durch Erhitzung grün, und die Krebsschale durch das Kochen roth, u. s. w.

§. 910.

Die Farben (Färbestoffe) werden als fein zertheilte Materien über die Oberflächen der Körper gebracht und die letztern hierdurch ebenfalls gefärbt. Auch lehrt die Färbekunst nicht nur durch dergleichen Bedeckungen den Körpern eine gewisse Farbe geben (indem man ihr Inneres von den Pigmenten durchdringen läßt), sondern auch durch chemische Mittel die Farben derselben verändern. Werden verschiedene Färbestoffe unter einander gemischt, so geht oft eine sogenannte Mittelfarbe hervor, d. h. man nimmt nur eine Farbe wahr, obgleich mehrere vorhanden sind. So entsteht z. B. aus der Verbindung des gelben und blauen Färbestoffs (wenn sie nicht chemisch auf einander wirken) ein grünes färbendes Pigment, d. h. das aus der gelben Farbe hervorgehende L macht mit dem aus der blauen Farbe entstandenen im Auge A einen Eindruck, welcher dem aus dem grünen Pigmente entwickelten L entspricht. Eine ähnliche Mischung verschiedenartiger Eindrücke erhält A, wenn zwei gefärbte Kreise so rasch unter einander bewegt werden, daß die Eindrücke mit großer Geschwindigkeit auf einander folgen und dieserhalb einen Gesammteindruck bewirken. Dies findet z. B. statt, wenn man eine aus verschieden gefärbten Kreisausschnitten bestehende Scheibe S sehr schnell um ihre Axe bewegt. Ist z. B. die eine Hälfte roth und die andere gelb, so erscheint S rothgelb. Theilt man aber S in 7 Abschnitte, welche sich in Hinsicht der Grade wie 45:27:48:60:60:40:80 verhalten *), bemalt man diese Abschnitte beziehlich mit roth, orangegelb, hellgelb, grün, hellblau, indigoblau und violett, und bewegt S durch irgend eine Vorrichtung, schnell um ihre Axe, so erscheint sie weißgrau. Denn da der Eindruck des L in A nicht augenblicklich verschwindet, so ist es leicht S so schnell umzudrehen, daß der erste Eindruck einer Farbe noch nicht verschwunden ist, während sie zum zweiten Male an dieselbe Stelle kommt.

Anmerkung. Die schnelle Umdrehung der S wird entweder durch ein Schwungrad bewirkt oder S wird mit einem durch ihren Mittelpunkt gesteckten Stifte versehen und auf die Art eines Kreisels in drehende Bewegung versetzt.

§. 911.

Es giebt eigentlich nur drei Grundfarben (oder Grundfärbestoffe), nämlich roth, gelb und blau. Aus diesen und aus weiß und schwarz, (welche man ebenfalls zu den Färbestoffen rechnet) werden alle Farben und Abstufungen und Schattirungen derselben gegen Hell und Dunkel zusammengesetzt. So ist z. B. grau eine Vermischung von weiß und schwarz; und ein schneeweißes Pigment wird durch allmählig vermehrte Hinzusetzung von schwarz durch alle Stufen des Grauen bis in's völlig Schwarze gesteigert.

Aus diesem Grunde erscheint von zwei gleich weißen Flächen die eine gegen die andere grau, sobald sie weniger als die letztere erleuchtet wird, weil schwarz als Abwesenheit des L sich zeigt. Hat man also auf eine Fläche eine Mischung von gleichen Theilen weiß und schwarz getragen, so giebt sie nur die Hälfte des weißen L zurück, welches sie empfängt, weil die andere von dem schwarzen Pigmente absorbirt wird. Auch würde dieselbe Abstufung des Grau sich ergeben, wenn man von zwei gleich weißen Flächen die eine nur mit halb so viel weißem L als die andere erleuchtete.

§. 912.

Jede einfache oder zusammengesetzte Farbe kann durch einen Zusatz von weiß bis in's völlig weiße und durch einen Zusatz von

*) Vergl. §. 891 Nr. 4.

schwarz durch alle Töne oder Abstufungen bis zum völlig schwarzen gesteigert werden. — Eine gesättigte Farbe (oder Färbestoff) giebt alles L zurück, woraus sie besteht. Sendet sie weniger zurück (es sei, weil sie weniger als eine andere Fläche derselben Farbe empfängt oder weil ihr schwarz beigemischt ist), so ist sie in's Dunkle gesteigert. Giebt sie aber außer dem farbigen L auch noch weißes beigemischt zurück, so ist sie in's Helle gesteigert, u. s. w.

§. 913.

Man kennt keinen Färbestoff, welcher irgend eine Farbe völlig unvermischt mit fremdem L darstellte. Doch nähern sich dieser Beschaffenheit carmin, welcher ein sehr reines roth, indigo (auch Berliner Blau) der ein ziemlich reines blau, und Gummi guttae, welcher ein ziemlich reines gelb darstellt. Vermischt man roth und gelb, gelb und blau, blau und roth mit einander, so erhält man beziehlich die Hauptfarben orange, grün und violett. Bei dieser Mischung sollten eigentlich gleiche Theile jeder zwei der genannten Pigmente die mittlere Hauptfarbe geben; doch besitzen sie nicht gleiche färbende Kraft und es muß dieserhalb der Künstler die Farben in solchen Verhältnissen mischen, daß genau das Mittel zwischen ihren Bestandtheilen herauskommt. Werden (wie in Fig. 129) die drei Grundfarben und die zusammengesetzten drei Hauptfarben in einen Ring gestellt, so ergiebt sich eine Figur, welche man den Farbenkreis zu nennen pflegt.

§. 914.

Man lege drei mit den 3 Grundfarben versehenen Halbkreise auf eine Scheibe S und schiebe sie so, daß gleiche Ausschnitte (von 120°) von jeder sichtbar bleiben. Dreht man nun S, so verschwinden die Farben und S erscheint grau. Sind die Farben gesättigt, so ist das grau ziemlich dunkel, und es ist daher sehr gut den erstern einen etwas hellen (und bei gleichen Ausschnitten denselben) Farbenton zu verleihen. Hieraus folgt aber, daß jede der 3 Grundfarben im gesättigten Zustande nur $\frac{1}{3}$ des weißen L zurückgiebt, welches sie empfängt, und daß also die mit gesättigtem roth, gelb und blau belegte Scheibe beim Umdrehen auch nur $\frac{1}{3}$ des empfangenden L zurückgeben kann, d. h. daß sie im Vergleich gegen eine weiße Scheibe als ein ziemlich tiefes grau (wie man es aus einem Theile weiß und zwei Theilen schwarz erhalten würde) erscheint. Hat man einen hellern Ton, d. h. einen solchen gewählt, der nicht bloß farbiges L, sondern auch eine Beimischung von weißem besitzt, so erhält das grau einen hellern Ton, weil mit dem farbigen L zugleich auch weißes von S herkommt.

2) Wenn man im Farbenkreise F (Fig. 129) die zusammengesetzten 3 Hauptfarben betrachtet, so folgt, daß sie die 3 Grundfarben ebenfalls und zwar in gleicher Menge enthalten. Belegt man daher S in gleichen Ausschnitten mit diesen Farben, so bringen sie ebenfalls grau hervor.

3) In F liegt jeder Grundfarbe eine aus den beiden andern Grundfarben zusammengesetzte gegenüber. So liegt z. B. dem rothen das grüne gegenüber, welches aus blau und gelb besteht. Hieraus folgt aber, daß in zwei gegenüber liegenden Farben alle drei Grundfarben vorkommen, und daß bei gleichem Tone und Flächenraume die zusammengesetzte von jeder ihrer beiden Grundfarben nur halb so viel als die gegenüber liegende Grundfarbe enthält. Belegt man also $\frac{2}{3}$ von S mit der zusammengesetzten und $\frac{1}{3}$ mit der einfachen Farbe, so geben diese beim Umdrehen ebenfalls grau.

4) In F ist jedes 3tel in 2 Theile getheilt. Theilte man dasselbe in 3, 4, 5 oder mehrere Theile, belegte dann drei gleich weit von einander entfernte Flächen mit den 3 Grundfarben und ließe in den Zwischenfächern die eine Grundfarbe durch gleiche Stufen in die andern übergehen, so folgte, daß auch jetzt noch zwei gegenüberliegende Farben alle 3 Grundfarben enthalten würden. — Zwei solche Farben heißen ergänzende (complementaire oder entgegengesetzte); und sie bringen (nach Göthe) neben einander einen gefälligern Eindruck auf das Auge als zwei näher zusammenliegende hervor. —

5) Bringt man die 3 Grundfarben in sehr ungleichem Maße auf S, so geht nicht grau, sondern die Farbe (oder eine Mischung derjenigen Farben), welche im Ueberflusse vorhanden ist, aber im hellern Tone hervor. Verbindet man z. B. einen Halbkreis roth mit zwei Viertelkreisen blau und gelb, so entsteht ein helles aber reines roth, weil 90° blau, 90° gelb und 90° roth zusammen

weißes (eigentlich weiß=graues) L geben, und hier noch 90° roth übrig bleiben. Verbindet man ferner 135° blau, 135° gelb und 90° roth mit einander, so geben sie ein helles grün, weil 90° blau, 90° gelb und 90° roth weißes L erzeugen, und also noch 45° blau und 45° gelb übrig bleiben, welche sich zu grün verbinden, das aber durch das beigemischte weiße L in's Helle gesteigert sein muß u. s. w.

Vierzehnte Abtheilung.

Von der Durchsichtigkeit und Undurchsichtigkeit der Körper.

§. 915.

Alle Luftarten, die meisten tropfbaren= und sehr viele feste Körper sind durchsichtig*); und (nach Newtons Meinung) existirt kein Körper, welcher nicht einen gewissen Grad von Durchsichtigkeit besäße, wenn er in hinreichender Dünne dargestellt würde. So sind z. B. Gold und Kupfer durchscheinend, wenn sie der Goldarbeiter in äußerst feine Blättchen schlägt, u. s. w. — Die meisten durchsichtigen Körper lassen L ungeändert, d. h. in seiner ursprünglichen Farbe, hindurch; andere dagegen verstatten nur gewissen farbigen Strahlen von L den Durchgang und erscheinen daher selbst als gefärbt; und noch andere, wie die Lacmustinctur, die Goldblättchen u. s. w. lassen eine Farbe von L hindurch und werfen eine andere zurück.

§. 916.

Die Durchsichtigkeit D eines Körpers K hängt nicht allein davon ab, daß er L in gehöriger Menge, sondern daß er dasselbe auch in gerader Linie durchlasse. Hierzu gehört aber hauptsächlich, daß die Dichtigkeit des K als eine gleichförmige erscheine, weil die durchsichtigen Materien undurchsichtig werden, sobald man ihnen diese Gleichförmigkeit benimmt. So ist z. B. der Wasserschaum (eine

*) Vergl. §. 775.

Mengung von Wasser und Luft) undurchsichtig, obgleich Wasser und Luft einen hohen Grad von D besitzen. Auch wird das zu einem Pulver zerstoßene Glas undurchsichtig und das mit Oel getränkte Papier etwas durchsichtig, u. s. w.

Das Gefüge und die ungleichförmige Dichtigkeit des K schaden D, und zwar deßhalb, weil L in den ungleichförmig dichten Materien, unzählige Zurückwerfungen und Brechungen erfährt, welche seinen geradlinigen Fortgang unmöglich machen. Indeß ist die ungleichförmige Dichtigkeit nicht die einzige Bedingung von D, weil Metalle (sowohl im festen als auch flüssigen Zustande) undurchsichtig sind, obgleich sie Materien zu sein scheinen, deren ungleichartige Dichtigkeit in der Erfahrung nicht nachgewiesen werden kann.

Funfzehnte Abtheilung.

Von der Beugung des Lichtes, und von der Interferenz.

§. 917.

Wenn (in Fig. 130) die von a kommende Linie ac einen Lichtbündel*) bezeichnet, dessen Strahlen eine parallele oder fast parallele Lage besitzen und die im Fortgange dicht vor dem in c befindlichen Körper K vorbeigehen, so werden die an dem letztern zunächst liegenden Strahlen ziemlich stark aus ihrer Richtung gegen K, etwa nach g hin, und die etwas entfernteren etwas weniger, etwa nach e hin, gelenkt, bis in einer gewissen Entfernung von K, welche jedoch so klein ist, daß kein genaues Maß derselben angegeben werden kann, ein Strahl acd ohne Richtungsänderung an K vorbeigeht. Diese Erscheinung heißt die Beugung (inflexio) des L im engern Sinne; und der ganze winkelförmige Raum dcg ist mit gebeugtem L angefüllt. Auch scheinen bei dieser einfachen Beugung nie Farben zu entstehen.

---

*) Oder Lichtstrahl im Sinne des §. 781.

Anmerkung. Es giebt viele Erscheinungen, welche das Dasein einer Beugung bestätigen. Bedeckt z. B. der am Himmel fortrückende Mond M einen Fixstern F, oder verläßt er einen bedeckten, so erscheint F in beiden Fällen einige Sekunden lang unbeweglich an dem Rande des M zu hängen, weil man ihn noch durch gebeugtes L sehen kann, wenn er selbst schon ein wenig hinter M sich befindet.

§. 918.

Die im v. §. erwähnte Beugung B ist in den meisten Fällen noch mit einer andern Erscheinung verbunden, indem nämlich ein Theil der im Lichtbündel ac enthaltenen Strahlen von K abgewendet wird. Dies scheint jedoch nicht unmittelbar und nothwendig mit B zusammenzuhängen, sondern eine Folge der gewöhnlichen Ausbreitung des L zu sein. Auch wird diese Ablenkung nach der Beschaffenheit des K bald größer und bald kleiner befunden. Die im v. §. erwähnte B und die so eben beschriebene Ablenkung nennt man zusammen die Diffraction (Verstreuung) oder die Beugung des L im weitern Sinne. Auch zeigen sich die abgelenkten Strahlen gewöhnlich ungefärbt, wenn nämlich die einfallenden weiß waren, so daß aus einer einfachen Diffraction ebenfalls keine Farben zu entstehen scheinen. Bezeichnet demgemäß (in Fig. 131) ac einen sehr dünnen Lichtbündel, der in c dicht an K vorbeigeht, so verstreut sich derselbe innerhalb eines gewissen Winkels hcg so, daß der ganze Raum des letztern aus Strahlen besteht, deren Farbe durchgehends mit der des einfallenden L übereinstimmt. Die äußerste Gränze ch dieses Winkels ist jedoch unsicher und veränderlich.

Anmerkung. Die im folgenden §. vorkommenden Hauptversuche über B haben im 17ten Jahrhundert Grimaldi in Rom*) und Newton angestellt. Sie fanden ausschließlich in einem Kegel von schwachem und divergirendem L statt, indem das Sonnenlicht mittelst eines kleinen Spiegels durch eine ganz feine mit der Nadel gestochene Oeffnung geleitet wurde. Weil dieses L aber zu schwach und der Kegel zu eng war um alles deutlich wahrnehmen zu können, so pflegte man dasselbe auf eine kleine Glaslinse zu leiten, von deren Brennpunkt aus es in hinlänglicher Stärke und Umfang divergirte.

§. 919.

Die Hauptversuche über die Beugung des L sind:

1) Fängt man einen Lichtkegel einige Fuß von seiner Spitze mit einer hinlänglich großen schwarzen Fläche F auf, in deren Mitte

*) Nämlich 1665.

eine sehr feine Oeffnung o sich befindet, und setzt dem durch o gehenden L in der Entfernung von einigen Fußen eine recht ebene weiße Fläche W entgegen, so entstehen auf letzterer um den Mittelpunkt des durch F gegangenen L farbige Kreise, welche eine große Aehnlichkeit mit den von Newton zwischen zusammengedrückten Gläsern bemerkten Farbenringen besitzen. Es wechseln nämlich dunkle Ringe mit farbigen in regelmäßiger Folge ab, und letztere sind sämmtlich an der innern Seite roth und an der äußern blau.

2) Macht man in F eine etwas größere Oeffnung, befestigt vor derselben zwei recht gerade und scharfe Messerklingen so, daß das L zwischen ihnen hindurch gehen kann, und construirt alsdann eine Vorrichtung um durch eine feine Schraube eine der Klingen der andern in paralleler Lage nähern zu können, so ergiebt sich Folgendes: Stehen die Schneiden noch etwas von einander ab, so zeigt sich auf W nichts als ein weißer ziemlich scharf begränzter viereckiger Lichtschein. Bringt man aber die Schneiden einander sehr nahe, so wird der Lichtschein breiter als er vermöge gerader Strahlen sein könnte, und es kommen in demselben parallele Lichtlinien zum Vorschein, welche sich bei noch stärkerer Annäherung der Schneiden stetig und zwar bis zur Berührung der letztern vermehren, alsdann farbig werden und über die Grenze des Lichtscheins hinaus in's Dunkle treten. Die farbigen geraden dem Lichtscheine parallelen Säume stehen unter ähnlichen Gesetzen wie die im ersten Versuche erwähnten Lichtringe, indem auch hier dunkle Linien regelmäßig mit farbigen abwechseln, und letztere auf der innern Seite blau und auf der äußern roth sich zeigen.

3) Man nehme F weg, bringe dafür einen dünnen Körper K (z. B. ein Haar, einen Draht, ein feines Stäbchen von beliebigem Stoffe u. s. w.) in den Lichtkegel, und beobachte seinen Schatten S auf W. Steht letztere dicht hinter K, so ist S scharf begränzt und überall von gleicher Schwärze. Entfernt man aber W, so erscheint in einer gewissen Entfernung in der Mitte des S eine Lichtlinie, woraus beim weiterm Fortrücken von W mehrere ähnliche entstehen, die sich zu beiden Seiten symmetrisch ordnen und farbig werden. Auch kommen bald außer S dergleichen farbige Säume zum Vorschein, bis das L zu schwach wird etwas deutlich zu unterschei-

den. Doch gehen außerhalb S nicht leicht mehr als drei Farbensäume auf jeder Seite hervor. Die Farbensäume innerhalb und außerhalb S scheinen nicht unter den nämlichen Gesetzen zu stehen; und Thomas Young in London sieht sie als zwei verschiedene Systeme an, welche indeß mit den in vorigen Versuchen enthaltenen Farbensäumen das gemein haben, daß sie durch dunkle Linien in regelmäßiger Folge getrennt sind und auf der innern Seite blau und auf der äußern roth gefärbt sich zeigen.

Anmerkung. Um die hier erwähnten Erscheinungen von hinten zu betrachten und die Abstände der farbigen Säume zu messen, pflegt man statt W eine mattgeschliffene Tafel von weißem Spiegelglase zu gebrauchen. Auch kann man die Glastafel gänzlich weglassen und die Farben unmittelbar durch eine an einem Gestelle horizontal bewegliche Lampe ansehen.

§. 920.

Thomas Young hat einige sehr merkwürdige Gesetze dieser Farbenerscheinungen entdeckt, darauf eine sehr wichtige Theorie, nämlich das Princip der Interferenz gebaut, und durch letzteres nicht nur die durch Beugung entstehenden Farben sondern auch die Farben dünner Scheiben und mehrere andere Farbenerscheinungen erklärt. Da aber Youngs Untersuchungen hauptsächlich auf dem im v. §. gegebenen dritten Versuche beruhen, so wird letzterer etwas genauer folgendermaßen erörtert.

Es bezeichne (in Fig. 132) a die Spitze eines Lichtkegels, welcher in einem verfinsterten Zimmer innerhalb des Winkels bac sich ausbreitet und in einer Entfernung von mehreren Fußen durch die weiße Fläche gh aufgefangen wird, und de einen dünnen Körper (etwa einen schmalen Streifen von Kartenpappe) welcher nur wenige Fuße von de sich befindet und dessen Schatten auf gh beobachtbar ist. Zieht man nun durch die Mitte von de die Gerade am, und eben so durch d und e die Linien al und an, so ist ln der Durchmesser des Schattens in sofern er blos von ungebrochenen Strahlen (hier von al und an) begrenzt ist. In der Mitte m desselben erscheint (nach v. §.) stets eine Lichtlinie parallel den Seitenlinien des Schattens; und neben dieser ordnen sich symmetrisch nach l und n hin abwechselnd dunkle und farbige Linien. Dergleichen ordnen sich auch außerhalb ln nach g und h zu, welche aber nichts anderes als bloße Fortsetzungen der zwischen l und n entstehenden zu sein scheinen. Alle diese Farbensäume entstehen durch das bei d und e inflectirte L (vielleicht auch durch nach gh reflectirtes welches jedoch in dieser Zeichnung der größern Einfachheit wegen weggelassen worden ist). Aus diesem Grunde nimmt man aber an, daß dp als der äußerste bei d, und ek als der äußerste bei e inflectirte Strahl sich zeigt. Nun ergeben sich aber (nach Young) zwei Gesetze, welche als zweifelhafte Thatsachen anerkannt werden müssen, auf folgende Weise:

I. Wenn man dicht hinter de das Kartenblatt qr (oder in einer größern Entfernung das Kartenblatt xy) so in den Schattenraum schiebt, daß dadurch alles bei e inflectirte Licht nek aufgefangen wird, so verschwinden sämmtliche Farben und Säume, und das bei d gebeugte Licht ldp bringt auf gh eine gleichmäßige farbenlose Erleuchtung hervor. Auch findet dasselbe statt, wenn das bei d gebeugte L durch qr oder xy aufgefangen wird.

Hieraus folgt aber: daß das gebeugte L an sich ohne Farbe ist, und daß die Farben auf gh nur dadurch entstehen, daß in jedem Punkte des Schattenraumes ln zwei gebeugte Strahlen zusammenstoßen.

Dies Zusammenstoßen zweier fast parallelen Strahlen hat Young mit dem Namen Interferenz belegt, und noch ein bestimmteres Gesetz in Betreff der regelmäßigen Folge der farbigen und dunklen Säume entdeckt. Um aber dasselbe mit Leichtigkeit zu ermitteln stelle man den Theil dehg voriger Figur auf die in Fig. 133 angegebene Weise dar; und bemerke, daß im Punkte m zwei gleich große gebeugte Strahlen dm und em zusammentreffen, und daß h (nach gegenwärtigem Versuche) nur L von der Farbe der einfallenden Strahlen und also hier nur weißes L umhersendet. Betrachtet man aber irgend einen andern, noch innerhalb des Schattens befindlichen Punkt, z. B. r, so sind die daselbst zusammentreffenden Strahlen dr und er von ungleicher Größe, und die Beobachtung zeigt, daß ein solcher Punkt entweder dunkel oder farbig erscheint, und daß also die farbigen Strahlen ihren Grund in der ungleichen Länge der interferirenden Strahlen besitzen. Man findet aber für jeden Punkt, wie r u. s. w., die Länge der beiden Strahlen dr und er u. s. w., und also auch ihre Differenzen, wenn außer den beständigen Größen de und fm noch die Veränderliche mr gegeben ist.

II. Sind (in Fig. 133) q, r, s, n diejenigen Punkte, woselbst entweder dunkle oder gleichfarbige Säume sich zeigen; und hat man die Abstände mq, mr, ms, mn genau gemessen und daraus die Differenzen der in jedem Punkte interferirenden Strahlen berechnet, so folgt, daß diese Differenzen allezeit das Gesetz einer arithmetischen Reihe entweder von der Form:

$$\delta,\ 3\delta,\ 5\delta,\ 7\delta,\ \text{u. s. w.}$$

oder von der andern:

$$2\delta,\ 4\delta,\ 6\delta,\ 8\delta\ \text{u. s. w.}$$

befolgen, und daß in diesen Reihen das erste Glied immer die Differenz der Lichtstrahlen dq und eq des nächsten bei m liegenden Punktes ist, welcher in einer gewissen Farbe sich zeigt.

Dies Gesetz ist als Thatsache anzusehen; denn obgleich die genauen Messungen so kleiner Größen wie, mq, mr, ms, mn äußerst schwierig und daher die daraus berechneten Differenzen nicht für sicher zu halten sind, so stimmen doch Young's Versuche mit den aus Newtons Messungen abgeleiteten Resultaten so genau überein, daß man die Größen der Differenzen unbedenklich als vollkommen richtig ansehen kann.

Die (in Fig. 132) außerhalb des Schattenraumes ln entstehenden Farbenstreifen erklärt Young aus der Interferenz eines ungebeugten und eines gebeugten Strahles. Entsteht z. B. in k eine Farbe, so hat man die Differenz der Strahlen (ae + ek) — ak zu berechnen; und wenn mehrere Punkte über l dieselbe Farbe zeigen, so entsteht bei ihnen wieder das Wachsen nach demselben Gesetz.

Anmerkung 1. Man bemerke, daß in Fig. 132—133 (der Deutlichkeit wegen) alle Dimensionen in der Richtung de viel zu groß gegen die in der Richtung fm gezeichnet worden sind. Auch müssen alle Winkel, wie a, d, e, k, m, q, r, s, n äußerst klein gedacht werden; weil die Wirkungen der Interferenz sich nur zeigen, wenn die zusammenstoßenden Strahlen (wie dq und eq Fig. 133) beinah in parallelen Richtungen fortgehen.

Anmerkung 2. Daß so kleine Differenzen in den Wogen der Strahlen eine so große Veränderung in dem zurückgeworfenen L hervorvorbringen, hat Young durch die in §. 777 erwähnte Vibrationshypothese beantwortet. Nach derselben besteht ein Lichtstrahl aus abwechselnden Verdichtungen und Verdünnungen des Lichtäthers von gleicher Länge; und die Länge einer Verdichtung und Verdünnung zusammen wird die Breite einer Lichtwelle genannt. Diese Wellenbreiten sind bei jedem farbigen und auch beim weißen L anders, weil (nach §. 899 Anmerkung 2) die Farben durch die Menge der Oscillation entstehen, welche die Punkte eines Strahles in einer Sekunde machen, und die Wellenbreiten mit dieser Menge in umgekehrten Verhältnisse stehen. Nennt man nun die Länge einer Verdichtung oder Verdünnung für irgend eine Lichtart = δ, also eine Wellenbreite = 2δ, so folgt, daß jede zwei Punkte eines Strahles, welche um 2δ, 4δ, 6δ u. s. w. von einander abstehen, sich in völlig gleicher Oscillationsbewegung sowohl in Ansehung der Richtung als auch der Geschwindigkeit befinden.

Wenn aber nun mehrere Sonnenstrahlen in irgend einem Punkte ankommen, so befinden sich die in jedem Augenblicke auffallenden Lichtpunkte in völlig gleichem Oscillationszustande; und es müssen dieserhalb (in Fig. 132) auch alle die Spitze des Kegels bac bildenden Lichtpunkte, desgleichen die Punkte d und e der Strahlen ad und ae in jedem Augenblicke in gleichem Oscillationszustande sich befinden. Auch ergiebt sich (in Fig. 133) daß m in jedem Augenblicke die Lichtpunkte in völlig gleichem Oscillationszustande erhält, und daß also das von m zurückgeworfene L von derselben Beschaffenheit wie das einfallende sein muß. Auch ergiebt, daß die in q zusammentreffenden Lichtpunkte sich nicht in gleichem Oscillationszustande befinden, und daß also das zurückgeworfene L von einer andern Art, wie das einfallende sein muß, wenn q nahe an m sich befindet und dq — eq kleiner als eine Wellenbreite ist. Ist aber in r die Differenz der Strahlen gerade um 2δ größer als in q, eben so in s im Vergleich mit r, und in n in Rücksicht auf s, so folgt, daß das von den Punkten q, r, s, n zurückgeworfene L von völlig gleicher Beschaffenheit sein muß.

Träfen in q völlig gleiche aber entgegengesetzte Oscillationen zusammen, (welches stattfindet, wenn dq = eq = δ ist), so zerstören sie einander und der Punkt q erscheint dunkel; und eben so r, s, n, wenn die Differenz der Strahlen in diesen Punkten 2δ beträgt. Und sind überhaupt in den Punkten q, r, s, n die Differenzen der Strahlen = 2δ, so finden immer gleiche Farben in denselben statt.

Der Grund, warum bei den farbigen Ringen durch Zurückwerfung ein heller Ring entsteht, liegt darin, daß eine von der zweiten Oberfläche reflectirte Lichtwelle mit der von der erstern zurückgeworfenen so zusammentrifft, daß sie einander verstärkten. Auch entsteht der dunkle Mittelpunkt der reflectirten Ringe aus dem Verluste einer halben Undulation, wo die Wege der von der ersten und zweiten Oberfläche reflectirten Strahlen gleich sind und diese vereinigt wirkenden Strahlen sich zerstören, u. s. w.

Anmerkung 3. Da Young (nach v. Anm.) die Vibrationshypothese zur Erklärung der Interferenz gebraucht, so ist es wohl nicht unnöthig das in §. 777 Gesagte noch durch Folgendes zu ergänzen.

1) Der Lichtäther A (welcher nach Eulers Berechnung 38736100 Mal dünner als die Luft sein soll) befindet sich im Innern der brechenden Mittel in einem Zustande von geringerer Elasticität im Vergleich mit der Dichtigkeit als im leeren Raume; und je stärker ein Mittel bricht, desto geringer ist relativ genommen die Elasticität des A.

2) Die dem A im leeren Raume mitgetheilten Schwingungen werden durch die brechenden Mittel vermittelst des in ihnen enthaltenen Aethers mit einer Geschwindigkeit fortgepflanzt, welche diesem geringern Grade der Elasticität entspricht.

3) Werden schwingende Bewegungen von einer besondern Art durch A fortgepflanzt, und erreichen dieselben nach ihrem Durchgange durch das Auge die Netzhaut, so bringen sie durch einen Reiz die Empfindung des L auf eine Weise hervor, welche derjenigen mehr oder weniger entspricht, wodurch der Gehörnerve vermittelst der Luftschwingungen die Empfindung des Schalles erhält.

4) Die Ausdehnung der Schwingungen der Aethertheilchen, vom Ruhepunkte derselben ausgerechnet, bestimmt die Helligkeit oder die Intensität des L; und die Eigenschaften der Körper die Vibrationen regelmäßig durchzulassen ihre Durchsichtigkeit.

5) Werden die Theilchen der Körper durch die Schwingungen des A nicht in Bewegung gesetzt, sondern diese Schwingungen unter den Reflexionswinkel zurückgeworfen, so heißen diese Körper spiegelnd.

6) Bei den doppelt brechenden Körpern (z. B. beim Doppelspathe) wird angenommen, daß die Elasticität des A nicht nach allen Richtungen gleich, sondern durch die Attraction der Körpertheilchen so modificirt ist, daß sie einen andern Werth für die mit der Axe parallele Richtung, und einen andern Werth für die darauf senkrechte besitzt.

7) Um die Abirrung des L zu erklären nimmt Fresnel an, daß A durch den ganzen Erdkörper ströme, und daß die diesem seinen Fluidum mitgetheilte Geschwindigkeit nur ein geringer Theil der Geschwindigkeit unsrer Erde sei, u. s. w.

Anmerkung 4. Das Princip der Interferenz findet auch nach der Emanationshypothese statt, sobald man das dadurch ausgedrückte Resultat zu einer Bedingung der Sichtbarkeit macht. — Denn aus der Erscheinung der Streifen folgt, daß das Auge die Empfindung des L hat oder nicht hat, wenn es sich an dem Punkte befindet, wo die Strahlen mit diesen Umständen zusammentreffen; so wie sich daraus ergiebt, daß eine matte Oberfläche von ferne betrachtet glänzend oder dunkel erscheint. In Bezug auf den 1sten Fall ist es möglich, daß das Sehen aufhört, wenn die Netzhaut gleichzeitig Strahlen empfängt, die sich in entgegengesetzten Umständen ihrer Anwandlungen befinden; und in Rücksicht auf den 2ten folgt, daß wenn solche Strahlen eine matte Oberfläche treffen und dann durch Strahlung nach allen Seiten zerstreut werden, dieselben — eben weil sie von jedem Punkte dieser Oberfläche bis zum Auge die nämlichen Wege zu durchlaufen haben — beim Anlangen an die Netzhaut noch das nämliche Anwandlungsverhältniß behalten werden, welches sie beim Anlangen an die zurückwerfende Oberfläche hatten, so daß, wenn sie hier in einem entgegengesetzten Zustande der Anwandlungen sich befanden, ihre Entgegensetzung auch beim Anlangen an die Netzhaut noch die Nämliche sein, und also kein Sehen stattfinden wird.

§. 921.

Außer der in v. §§. erwähnten Beugung und den Newtonschen Farbenringen u. s. w. hat man auch noch die Farben, welche fein gestreifte Flächen sowohl im durchgehenden als auch zurückgeworfenen L zeigen, aus dem Principe der Interferenz erklärt.

Brewster fand nämlich, daß man die schillernden Farben der Perlenmutter in schwarzes Siegellack abdrücken könne, und daß diese Farben von äußerst feinen Streifen oder Rissern auf der Oberfläche herrührten. So hat man den metallischen Oberflächen dadurch schillernde Farben gegeben, daß man äußerst feine, dem bloßen Auge unsichtbare Risse in gleichen Abständen von einander und in solcher Menge zeichnete, daß mehrere Hunderte auf einen Zoll gingen. — Auch zeigte eine Spiegelplatte, in welche man auf die eine Fläche solche unsichtbare parallele Linien einriß, unter den gehörigen Vorrichtungen, im durchgehenden und reflectirten L sehr vollständige prismatische Farbenbilder, und zwar desto vollständiger, je enger die Parallelen sich zeigten. Betrachtete man ferner durch ein fein gewebtes seidenes Tuch, worin 80—100 Fäden auf einen Zoll gingen, eine nahe Lichtflamme F, so ergaben sich zwei Lichtschweife, wovon der eine die F in senkrechter und der andere in horizontaler*) Richtung durchschnitt; und worin Farbensäume entstanden, die gegen F blau, nach Außen hin roth, und gewöhnlich unregelmäßig waren, was unstreitig von den Unregelmäßigkeiten des Gewebes herkam. Betrachtete man auf diese Weise F in einer beträchtlich großen Entfernung, so zeigten sich auch da die Lichtschweife, aber die Farbensäume waren minder kenntlich und F schien in der Mitte vervielfältigt zu sein. Um diese Erscheinung deutlicher zu sehen spannte man das Tuch vor dem Objektivglase eines achromatischen Fernrohres aus; und fand alsdann 9 Bilder von F in Gestalt eines Quadrates geordnet, wovon die mittlere Hauptflamme nur wenig, alle übrigen dagegen auf der Seite gegen die Hauptflamme blau und nach Außen roth gefärbt, sich zeigten.

Bisweilen erschienen außer diesen neun noch mehr Bilder aber nur in den beiden Lichtschweifen und nicht außer denselben. Auch waren alle Nebenbilder im vertikalen Schweife beträchtlich länger, und im horizontalen beträchtlich breiter als die Hauptflamme.

Sämmtliche Lichtschweife und Bilder entstanden aber — wie leicht einzusehen war — durch die Diffraction des L zwischen den Fäden des Gewebes, und zwar rührten die senkrechten Schweife von

*) Oder vielmehr parallel mit den Fäden.

den horizontalen und die horizontalen von den senkrechten Fäden derselben her. Denn zog man die Fäden der einen Richtung aus, so daß nur noch parallele der andern Richtung übrig blieben, so bemerkte man blos einen Schweif, welcher jedesmal in senkrechter Richtung auf den Fäden stand.

Anmerkung 1. Man bemerke, daß Fresnel die Lehre der Interferenz sehr erweiterte, und die fruchtbarsten Anwendungen davon gab; daß Poisson, Biot, Arrago u. s. w. sich ebenfalls um dieselbe sehr verdient gemacht, und daß G. S. Ohm einige einfache und leicht zu behandelnde Vorrichtungen zur Anstellung der Licht-Interferenz-Versuche angegeben hat *).

Anmerkung 2. Matteuci will gefunden haben, daß eine gewisse Menge Wärmestoff zu einer andern gefügt nicht immer eine Verstärkung der Wärme hervorbringt. Er hat diese Erscheinung die Interferenz des Wärmestoffs genannt. Doch ist nach den Untersuchungen von Nobili u. s. w. ihre Existenz noch lange nicht außer Zweifel gesetzt.

Anmerkung 3. Herschel suchte zu beweisen: daß, wenn beim Zusammentreffen von Schallwellen, die Erhöhungen der einen mit den Senkungen der andern zusammen fallen, dieselben sich einander aufheben oder das Phänomen der Interferenz erzeugen. Auch haben die von Robert Kane angestellten Versuche Herschel's Ideen bestätigt.

Sechszehnte Abtheilung.

Von der Polarisirung des Lichtes.

§. 922.

Wenn ein Lichtstrahl (d. h. ein Strahlenkegel oder Strahlencylinder im Sinne des §. 781) auf die Glastafel T fällt, so wird er gleichsam gespalten, d. h. der eine Theil desselben zurückgeworfen und der andere durch T gesendet. Sowohl das reflectirte als auch das durchgehende L hat aber dadurch eine gewisse Eigenschaft angenommen, welche es früherhin nicht besaß; und ob ihm diese in einem hohen oder niedrigen Grade zukommt hängt von dem Winkel ab, unter welchem es auf T gefallen ist. Auch besteht die neu erhaltene Eigenschaft darin, daß L auf eine zweite Glastafel fallend,

*) Vergl. Poggendorfs Annalen 1840 Nr 1.

nicht von dieser wie das unmittelbar vom leuchtenden Körper kommende zurückgeworfen wird. Die eben angegebene Veränderung des L heißt Polarisation sowie L selber polarisirt genannt zu werden pflegt. Auch giebt es noch andere zurückwerfende Körper, welche L polarisiren; und unter ihnen sind die Metalle diejenigen, welche diese Eigenschaft im schwächsten Grade besitzen.

Anmerkung. L erhält ähnliche Modificationen wie die hier angegebenen, wenn es besonders diejenigen Körper durchströmt, welche eine doppelte Strahlenbrechung bewirken.

§. 923.

Der Name Polarisation rührt daher, weil die Physiker, welche sich mit der Beobachtung und Untersuchung der im v. §. erwähnten Erscheinungen beschäftigten, letztere aus einer Drehung der Lichttheilchen um ihren Schwerpunkt zu erklären versuchten. Die Wirkung der polarisirenden Kräfte kann dieser Ansicht zufolge darin bestehen, daß die homologen Seiten aller Theilchen desselben Lichtstrahls gegen eine und dieselbe Gegend gewendet werden (wie eine Reihe von Magneten, welche durch magnetische Einwirkung ihre Pole derselben Gegend zukehren), und diese Lage eine gewisse Zeit hindurch behalten. Die in diesem Falle stattfindende Polarisation wird die fixe genannt. Man kann sich indeß auch denken, daß die Lichttheilchen diese Lage nicht behalten, sondern (z. B. während der Zeit des Durchgangs durch einen Krystall) um ihren Schwerpunkt oscilliren; auch könnten sie sich, während ihrer progressiven Bewegung, zugleich um ihren Schwerpunkt drehen.

Anmerkung. Malus in Paris hat zuerst 1808 die Polarisirung des L beobachtet und auch die zur kurzen Bezeichnung bequeme Benennung Polarisation eingeführt.

§. 924.

Wenn L unter einem Einfallswinkel von 54° 35′ auf eine unbelegte Glastafel T trifft, so wird ein Theil desselben auf die gewöhnliche Weise reflectirt.

Dieser Theil ist aber (wie man sich auszudrücken pflegt) durch Reflexion oder Zurückstrahlung polarisirt. Denn fällt derselbe auf eine zweite unbelegte Glastafel t, welche parallel T ist, so trifft jeder auffallende Strahl die t ebenfalls unter einem Einfallswinkel von

54° 35′ und wird dabei nach dem bekannten Gesetze reflectirt, (hier fallen aber, wie augenblicklich erhellt, die Zurückstrahlungsebenen von T und t zusammen). Dreht man nun t (ohne ihre Neigung gegen die Richtung des Strahles zu ändern) so, daß die Zurückstrahlungsebenen von T und t einen rechten Winkel mit einander bilden, so wirft t kein L mehr zurück. Nähert sich aber t dieser letztern gegenseitigen Lage, so hat zwar die Reflexion R noch immer statt, wird aber schwächer bis sie bei der angezeigten Lage gänzlich verschwindet.

Fährt t sich weiter zu drehen fort, so wirft sie neuerdings immer mehr und mehr L zurück, bis das Maximum der R erreicht ist, d. h. bis die Zurückwerfungsebenen wieder zusammen fallen. Nun wird R, bei fortgesetzter Drehung von t, immer schwächer, bis die Zurückwerfungsebenen sich neuerdings unter einem rechten Winkel schneiden, wo R zum zweiten Male verschwindet. Bei fernerer fortgesetzter Drehung der t nimmt R allmählich zu und erreicht ihr Maximum, sobald t ihre erste Lage wieder eingenommen hat. Auf diese Weise hat R zweimal ihr Maximum und zweimal ihr Minimum erreicht.

Anmerkung 1. Das so eben Gesagte wird durch folgende Betrachtung verdeutlicht. Bezeichnet (in Fig. 134) ab einen Lichtstrahl, welcher etwa von Süden nach Norden die T unter einem Neigungswinkel von 54° 35′ trifft, so wird er (wie gewöhnlich in der Richtung bc reflectirt); fällt alsdann auf t, welche parallel T ist, und strahlt von dieser unter dem nämlichen Neigungswinkel in der Richtung cd zurück. Dreht man nun die nach Norden gekehrte Tafel t um die Linie bc, und kommt sie hierdurch (wie in Fig. 135) gegen Westen zu stehen, so ist R = 0. Wird aber ferner t (wie in Fig. 136) nach Süden gekehrt, so erreicht R ihr zweites Maximum; auch ist R zum zweitenmale = 0, wenn t nach Osten sich wendet, u. s. w.

Anmerkung 2. Statt der unbelegten Glastafeln werden auch schwarz gefärbte oder geschwärzte angewandt.

§. 925.

Legt man ein Kalkspathrhomboeder K über den auf einem Blatte Papier befindlichen schwarzen Punkt p, so wird derselbe durch K doppelt gesehen. Legt man ferner über K ein zweites Kalkspathrhomboeder k, und zwar so, daß ihre Hauptschnitte parallel mit einander laufen, so sieht man zwei Bilder von p, aber etwas mehr von einander entfernt. Dreht man nun k so, daß die Hauptschnitte ihre parallelen Lagen verlieren, so wird man alsbald statt zweier Bilder deren vier erblicken, die anfangs ganz undeutlich sind, aber immer deutlicher werden und das Maximum ihrer Deutlichkeit erreichen, wenn k den 8ten Theil einer ganzen Umdrehung vollendet hat. Dreht man ferner k immer mehr, so werden die ursprünglichen zwei Bilder immer schwächer und verschwinden ganz, wenn wieder ⅛ der ganzen Umdrehung vollendet ist, d. h. wenn die beiden Hauptschnitte einen rechten Winkel mit einander bilden; und setzt man diese Drehung immer weiter fort, so erscheinen wieder vier Bilder, welche aber verschwinden, sobald die Hauptschnitte parallel mit einander sind, u. s. w.

Hieraus folgt aber: „daß bei jedem vollendeten achten Theile der ganzen Drehung vier und bei jedem erfolgten vierten Theile derselben zwei Bilder entstehen."

Malus hat das eben Gesagte nicht allein beim Kalkspathrhomboeder sondern bei allen doppelt brechenden Körpern bemerkt, und die hier stattfindende Veränderung des L die Polarisirung durch Brechung genannt.

§. 926.

Wenn das durch Reflexion von einer unbelegten Glastafel entstehende polarisirte L ein Kalkspathrhomboeder K durchstrahlt, so fällt der Durchgang verschieden aus, je nachdem die Zurückwerfungsebene parallel mit dem Hauptschnitte des K ist oder einen rechten Winkel mit ihm bildet. Im erstern Falle werden alle Strahlen auf die gewöhnliche Art gebrochen (weshalb nur ein Bild entsteht); im letztern erleiden alle die ungewöhnliche Brechung (weshalb ebenfalls nur ein Bild erscheint), und in den Zwischenfällen erleidet ein Theil der Strahlen die gewöhnliche und ein anderer die ungewöhnliche Brechung, so daß hier immer zwei Bilder entstehen.

§. 927.

Wenn ein aus der Luft kommender Strahl das Kalkspathrhomboeder K trifft, so wird der eine Theil desselben nach dem bekannten Gesetze reflectirt. Der andere in K eingedrungene Theil verhält sich aber anders, wenn er auf die zweite Hälfte des Rhomboeder, wovon er ebenfalls zum Theile zurückgeworfen wird, gelangt. Der hier ankommende, (sowohl gewöhnlich als ungewöhnlich gebrochene Strahl) theilt sich nämlich durch Reflexion wieder in zwei Strahlen, wenn man denjenigen Fall, wo der einfallende Strahl in der Ebene des Hauptschnittes liegt, dabei nicht in Betrachtung zieht.

Fällt z. B. (in Fig. 137) der Strahl ab auf die obere Fläche des K; und befindet sich ab nicht in der Ebene des Hauptschnittes, so wird der eine Theil des L in der Richtung bc reflectirt, und der andere durch K gehende daselbst in zwei Strahlen gespalten, wovon bd der gewöhnlich- und bf der ungewöhnlich gebrochene ist. Jeder dieser Strahlen theilt sich aber nun durch Reflexion wieder in zwei, und es stellen dh, di, fl und fm diese vier zurückgeworfenen Strahlen vor.

Liegt dagegen ab nicht in der Ebene des Hauptschnittes, so verschwinden zwei von diesen Strahlen, weil das in d und f auffallende L polarisiret ist, und sich eben so verhält, als wenn es von einem untern zweiten Krystalle in den Richtungen ed und gf aufgefallen wäre. Was aber in diesem Falle geschieht wurde schon in §. 924 aus einander gesetzt.

§. 928.

Das durch eine Glasplatte gehende L erhält beim Hindurchgehen ebenfalls eine neue Eigenschaft, welche das unmittelbar vom leuchtenden Körper kommende nicht besitzt. So ließ z. B. Malus das Sonnenlicht auf eine unbelegte Spiegelplatte (wie in §. 924) fallen, und untersuchte die hindurchgegangenen Strahlen, indem er dieselben mittelst eines belegten Spiegels auffing und auf eine unbelegte Spiegelplatte P so auffallen ließ, daß sie mit derselben einen Neigungswinkel von 54° 35′ bildeten. Er fand, daß auch dieses L nicht in allen Lagen von P zurückgeworfen wurde, und daß folgender Unterschied sich dabei ergab. Hatte der durch die erste Glasplatte gegangene Strahl die Richtung von Süden nach Norden, so mußte P nach Ost oder West stehen, um alles L zurückzustrahlen. Stand aber P gegen Norden oder Süden, so warf sie zwar immer noch L aber merklich weniger zurück. Auch das auf eine

Glastafel unter dem Neigungswinkel von 55° auffallende und durch sie strahlende L wird dem eben Gesagten gemäß zum Theile polarisirt; doch ist die Polarisation desto vollständiger, je mehr Glasplatten dasselbe durchstrahlt. Hieraus folgt aber: daß derjenige Theil des L, welcher der Polarisation in der ersten Platte entging, dieselbe in der zweiten, dritten u. s. w. erfährt, und daß also das durch sehr viele Platten gegangene L auf's Vollständigste polarisirt sein muß.

§. 929.

Wenn das durch Zurückwerfung von einer Glasplatte polarisirte L ein Kalkspathrhomboeder so durchstrahlt, daß der Hauptschnitt des letztern in der Reflexionsebene sich befindet, so theilt sich L nicht in zweierlei Strahlen, und es entsteht dieserhalb auch nur ein einziges Bild. Hält man aber ein Glimmerblättchen B*) dergestalt vor K, daß L durch B gehen muß, so erscheint das Bild doppelt. Dabei sind die Bilder dergestalt gefärbt, daß die Farbe des einen die des andern zu Weiß ergänzt**). Die Farben und ihre Lebhaftigkeit, sowie die ganze Wirkung gegenwärtiger Erscheinung ist von der Dicke des B abhängig, indem dieselbe bei allzu großer Dünne des B gänzlich verschwindet.

Anmerkung. Biot hat diese und mehrere andere Phänomene aus den in §. 923 erwähnten Oscillationen und Drehungen um ihren Schwerpunkt erklärt und sogar die Größen und Geschwindigkeiten dieser Oscillationen, sowie das Gesetz der dabei wirksamen Kräfte, angegeben. Auch hat derselbe seine Theorie mit den Anwandlungen zum leichtern Durchgehen und Zurückgehen in Verbindung gesetzt.

§. 930.

Aus v. §. werden folgende Erscheinungen erklärt:

1) Man stelle (in Fig. 138) die an der Rückseite geschwärzten Glastafeln S und s so gegen einander, daß sie einen Winkel von

*) Der Glimmer ist ein Mineral, welches selten in 6seitigen Tafeln krystallisirt, und sehr leicht in große Blätter, Tafeln, Schuppen und Blättchen getheilt werden kann. Er ist silberweiß, braun, schwarz, goldgelb, grün, roth, metallisch glänzend, in dünnen Blättchen durchsichtig, dabei weich und sehr allgemein als ein Gemengtheil vieler Felsarten verbreitet, u. s. w.

**) Die beiden Bilder greifen nämlich über einander und wo sie sich decken erscheinen sie weiß. —

30° mit der Horizontalen ab bilden, bringe ein sehr dünnes Blatt F von Fraueneis*) zwischen S und s, und betrachte in s das Bild von F. Letzteres wird aber alsdann, nach der verschiedenen Lage des F, entweder ungefärbt oder mit schönen Farben erscheinen.

Dreht man nämlich F nach und nach um seinen Mittelpunkt, so sieht man es nach jedem 8ten Theile der ganzen Drehung anders, also abwechselnd vier Mal ungefärbt und vier Mal farbig. Eben so erscheint ein Glimmerblättchen nach jedem 8ten Theile der Drehung bald farbig und bald ungefärbt.

2) Man nehme einen schnell abgekühlten gläsernen Würfel W und stelle ihn (Fig. 139) statt des Fraueneises zwischen S u. s. Es erscheint aber alsdann in s das Bild des W an 4 Ecken mit schönen farbigen, vorherrschend blauen, Tupfen verziert, welche (wie in Fig. 140) durch ein weißes Kreuz geschieden sind**). Stellt man dagegen s senkrecht seitwärts und zwar so, daß die von S durch W gehenden Strahlen unter einem Neigungswinkel von 25 bis 30° darauf fallen, so erscheint das Bild von W in s mit einem schwarzen Kreuze und mit Ecken mit gelben in's blaue strahlenden Tupfen verziert. Bringt man in diesem Falle ein Glimmerblättchen B zwischen S und W, so wird nach der verschiedenen Stellung des B die Erscheinung in s theils nicht geändert und theils in die mit dem weißen Kreuze verwandelt, so daß durch abwechselnde Drehung des B viermal das schwarze und viermal das weiße Kreuz entsteht. Auch ergiebt sich die achtmalige Veränderung noch dadurch, daß man bei der (in Fig. 138) angegebenen Stellung B vor W anbringt.

3) Ist ein Kalkspathrhomboeder K so geschliffen, daß zwei einander entgegengesetzte künstliche Flächen senkrecht auf der Brechungsaxe stehen, und läßt man nun polarisirtes L durch K, so sieht man (wie in Fig. 141) in einem zweiten unbelegten Spiegel das

---

*) Der schwefelsaure Kalk findet sich in der Natur sehr häufig meist mit Wasser krystallisirt und wird in diesem Falle auch Fraueneis genannt.

**) Man bemerke, daß die vom Glas und den übrigen geschmolzenen und schnell abgekühlten Körpern, vermöge der beweglichen Polarisation hervorgebrachten Erscheinungen von Seebeck entdeckt, die antoptischen Figuren genannt, und nachmals von Brewster entwickelt und an's Licht gebracht worden.

Bild des K mit einem schwarzen Kreuze und concentrischen Farbenringen versehen.

Anmerkung 1. Um L bei den verschiedenen hier angegebenen Versuchen, in einer bestimmten Richtung auf den Spiegel fallen zu lassen, kann man sich entweder eines Heliostats oder eines Schirmes mit einer kleinen Oeffnung bedienen. Biot hat ein an beiden Enden mit Ansätzen versehenes Rohr, woran noch mehrere andere Vorrichtungen befindlich waren, zu Versuchen dieser Art angewandt.

Anmerkung 2. Nach der Vibrationshypothese wird die Polarisation durch die geradlinige, kreisförmige oder elliptische Gestalt der Aetherschwingungen bedingt.

Anmerkung 3. J. F. Goddard*) in London wurde durch Brewsters Beobachtungen über das sogenannte Depolarisationsvermögen der Fischaugen und anderer thierischer Substanzen veranlaßt, das Verhalten verschiedener Stoffe gegen das polarisirte L zu erforschen; und fand dabei: daß nicht nur die Oberhaut des Menschen, Schnitte von Menschenzähnen, Fingernägel, Fischgräten, sondern auch lebende Thiere, nämlich die Larve und Puppe einer Mückengattung (Corethra plumicornis) eine Depolarisation ausüben. Um diese Eigenschaft zu beobachten, wird das Thier im Wasser dem polarisirten L ausgesetzt. Liegt es mit Kopf und Schwanz in der ursprünglichen Polarisationsebene, so ist nichts zu bemerken; macht es aber mit jener Ebene einen Winkel von 45°, so wird es auf die glänzendste Weise erleuchtet und gefärbt, so daß man die innere Structur zu erkennen vermag. Beim Rogen einiger größerer Fische und einiger durchsichtiger Seefische findet das nämliche Verhältniß statt.

Siebenzehnte Abtheilung.

Von dem Sehen mittelst des unbewaffneten Auges.

§. 931.

Das Auge A ist ein beinah kugelförmiges**) und aus mehreren Häuten bestehendes Behältniß, welches in seiner innern Höhlung verschiedene Feuchtigkeiten enthält und bei erwachsenen Menschen ohngefähr einen Zoll im Durchmesser besitzt. Ein großer Theil des A wird von der sogenannten weißen oder harten Haut gebildet, welche, außer dem vordersten Theile, das ganze A bekleidet, eine ziemliche Stärke besitzt, dabei zähe und undurchsichtig und (in Fig. 142) durch bcd bezeichnet ist.

*) Ausgesprochen: Ghadd'örrd.

**) Eigentlich aus zwei Kugelabschnitten von ungleichen Halbmessern.

Die durchsichtige Hornhaut bed, jene scheinbare Fortsetzung der weißen Haut, bedeckt den vordersten Theil des A, und ist durchsichtig und converer als bcd.

Die innere Seite der letztern ist mit einer dünnen schwärzlichen Haut fgh bekleidet, welche die Aderhaut heißt; und da wo die Hornhaut an die harte Haut grenzt ist eine dünne Haut kl ausgespannt, welche man die Regenbogenhaut oder die Iris nennt.

Letztere theilt A in zwei Kammern von ungleicher Größe, wovon die vordere kleine Kammer von der Hornhaut und die hintere größere von der harten Haut begrenzet ist. Auch hängt die Regenbogenhaut mit der harten Haut zusammen, befindet sich in einer geringen Entfernung unter der Hornhaut, ist bei verschiedenen Menschen auf verschiedene Weise gefärbt, und enthält in ihrer Mitte eine kreisrunde Oeffnung, welche die Pupille P oder die Sehe heißt und wodurch die beiden Kammern des A mit einander in Verbindung stehen.

P dient dazu die Lichtstrahlen in die hintere Kammer des A gelangen zu lassen, und hat die Eigenschaft, bei stärkerm L sich zu verengern und bei schwächerm sich zu erweitern, weil die von der Mitte nach dem Umfange gehenden Fasern der Regenbogenhaut, bei stärkerm L eine Ausdehnung und bei schwächerm eine Zusammenziehung erleiden, u. s. w.

Auch erscheint P von Außen immer schwarz, weil der innere Raum des hintern A dunkel und mit der schwärzlichen Aderhaut bekleidet ist.

In der hintern Wand des A, etwas schräg der Mitte der Hornhaut gegenüber, tritt der Sehnerve in A und verbreitet seine Substanz wie ein feines schleimiges Häutchen an der innern Seite der Aderhaut. Dieses Häutchen mno wird aber die Netzhaut oder die Markhaut genannt.

Die vordere Kammer des A (d. h. der zwischen kl und bed befindliche Raum) ist mit der wäßerigen Feuchtigkeit angefüllt, welche zugleich der Hornhaut ihre Krümmung erhält, durch bed ausdünstet und sich wieder ersetzt sobald sie durch eine Verletzung herausgeflossen ist.

Gleich hinter der Regenbogenhaut liegt die Krystalllinse, ein gallertartiger und wie ein kleines biconvexes Glas gebildeter Körper, welcher in einer durchsichtigen Kapsel eingeschlossen und durch die sogenannten Strahlenfasern an die Aderhaut befestigt ist. Sie ist vorne flächer als hinten, zeigt sich in der Jugend erhaben, bei zunehmendem Alter aber flächer und von gelblicherer Farbe, und besitzt an ihrer stärksten Stelle eine Dicke von ungefähr $\frac{1}{6}$ Zoll. Die ganze hintere Kammer des A ist endlich mit der sogenannten Glasfeuchtigkeit, einer gallertartigen durchsichtigen Materie ausgefüllt, welche wiederum von einem dünnen Häutchen begrenzt ist.

Anmerkung. Die in diesem §. erwähnten Häute und Feuchtigkeiten zeigen sich in der Wirklichkeit, wenn man ein frisches Auge (etwa das eines Ochsen u. s. w.) gefrieren läßt, und es alsdann durchschneidet. Auch wird die Lage der Häute u. s. w. an einem künstlichen (sogenannten optischen) Auge von Elfenbein versinnlicht.

§. 932.

A liegt in einer aus 7 Knochen gebildeten Höhle, welche die Augenhöhle heißt. Sie ist (wie alle Knochen) mit Beinhaut überzogen und mit weichem Fette (welches die Bewegung des A erleichtert und schädliche Erschütterungen verhindert) um A herum ausgefüttert. Die durch 6 Muskeln nach allen Richtungen hervorgebrachten Bewegungen des A werden durch die aus mehreren Drüsen sich absondernden Feuchtigkeiten viel leichter gemacht. Zum Schutze des A vor zu starkem L und einfallenden fremden Körpern dienen die durchscheinenden Augenlieder und die Augenwimpern; auch sind hier die Augenbraunen nicht ohne Nutzen. Die Hornhaut und der vordere Theil der weißen Haut ist von der Bindehaut des A, welche eine Fortsetzung der allgemeinen Bedeckung ist, überzogen.

Diese Bindehaut ist sehr dünn, empfindlich und durchsichtig; und die Hornhaut aus mehreren zarten Lamellen zusammengesetzt. Die Adernhaut ist mit der weißen Haut durch Zellengewebe, Blutgefäße und Nervenzweige verbunden; sie geht mit der weißen Haut nicht ganz bis zur Hornhaut sondern zieht sich gegen die Glasfeuchtigkeit nach Innen zu, legt sich an den Rand der Krystalllinse, faltet sich hier, und bringt den sogenannten Ciliarkörper hervor.

Die Regenbogenhaut ist entweder grau, blau, braun, grünlich, gelblich u. s. w. und dabei dünn und weich. Sie besteht aus Blutgefäßen und Nerven, welche durch ein feines Zellengewebe mit einander in Verbindung stehen, und hat mit der Aderhaut nur die Gefäße und Nerven gemein.

Die mittlere Brechkraft der wässerigen Feuchtigkeit, Krystalllinse und Glasfeuchtigkeit verhält sich (nach Jurin und Rochon) zu derjenigen der Luft beziehlich wie 1, 29 : 1, 1, 46 : 1, und 1, 33 : 1; auch hat Jurin bei der Krystalllinse den Halbmesser der vordern Krümmung = 3, 3081 und den der hintern = 2, 3081 englische Decimallinien ermittelt.

Anmerkung. Die wässerige Feuchtigkeit besteht aus reinem Wasser mit etwas salzsaurer Soda-Gallerte und Eiweißstoff, wovon aber letzterer kaum 8 Procent beträgt, vermischt. Die Krystalllinse enthält eine größere Menge von Eiweißstoff und Gallerte als die übrigen Feuchtigkeiten des A; und die Glasfeuchtigkeit ist weder im specifischen Gewichte noch in ihrer chemischen Zusammensetzung merklich von der wässerigen Feuchtigkeit verschieden.

§. 933.

A ist bei verschiedenen Menschen ebenfalls sehr verschieden. So zeigt sich z. B. das A des Europäers anders als das des Mohren, des Albino u. s. w. — Bei den rothblütigen Thieren ist im Allgemeinen der nämliche Plan im Baue des A befolgt wie bei den Menschen; doch finden hier mehr oder minder bedeutende Modificationen statt. So hat z. B. bei vielen Säugethieren, z. B. bei den Ochsen, Pferden, Katzen u. s. w. die Pupille die Gestalt einer länglichen Spalte, welche sich während der Nacht erweitert, dabei kreisförmig wird, und hierdurch eine größere Oeffnung als früher erhält. Auch sehen diese Thiere, da sie verhältnißmäßig mehr Lichtstrahlen zu concentriren vermögen, im Dunkeln weit besser als die Menschen. Das Nämliche gilt auch von denjenigen Vögeln z. B. von den Kauzen, Eulen u. s. w. welche des Nachts ihre Beute suchen.

Bei den Vögeln nimmt A überhaupt einen großen Theil von dem Volumen des Kopfes ein, und bietet überdies noch andere Modificationen dar. So ist z. B. ihre fast gallertartige Krystalllinse weit abgeplatteter und ihre Hornhaut viel converer und verhältnißmäßig kleiner als bei den Menschen. Bei den Fischen enthält A keine wässerige Feuchtigkeit (weil sie in einem Mittel leben, dessen brechende Kraft ohngefähr der wässerigen Feuchtigkeit des menschlichen A gleichkommt), dafür aber eine klebrige Flüssigkeit, die ein größeres Brechungsvermögen als das reine Wasser besitzt und nur in einer sehr geringen Menge vorhanden ist. Hierdurch kommt aber die Pupille der Hornhaut sehr nahe zu liegen; auch ist sie keiner Erweiterung fähig; und die Regenbogenhaut besitzt gewöhnlich auswendig die lebhafteste Färbung, obwohl sie an ihrer hintern Fläche ebenfalls geschwärzt sich zeigt. Die fast unmittelbar an die Hornhaut grenzende Krystalllinse ist genau kugelförmig und aus concentrischen Schichten zusammengesetzt.

Man kennt Thiere, welche mehr als zwei Augen haben, und unter diesen solche, deren Augen (wie die der Insekten) aus einer einzigen durchsichtigen und linsenförmigen Hornhaut bestehen, hinter welcher die Nervenfäden sich ausbreiten. Manchmal sind die Augen glatt und einzeln stehend, und manchmal wie mit Facetten durchschnitten. Im letztern Falle ist aber jede Facette ein wirkliches Auge, welches seine besondere Hornhaut und seinen besondern, von einem gemeinschaftlichen Stamme herkommenden Nervenfaden besitzt. Die letztere Art von Augen hat man dieserhalb zusammengesetzte oder vielfache, und die erstere einfache genannt; auch nimmt man an den Augen dieser Thiere gar keine Bewegungen wahr. Bei den kopflosen Mollusken, den Zoophyten und Würmern hat man endlich kein eigenes Lichtorgan bemerkt.

§. 934.

Die (in Fig. 143) von dem leuchtenden oder beleuchteten Punkte p auf die convexe Hornhaut cd fallenden Lichtstrahlen erleiden in A eine mehrfache Brechung (nämlich in der Hornhaut, in der wässerigen Feuchtigkeit, in der Krystalllinse und in der Glasfeuchtigkeit), wodurch sie nach der Axe zu gebrochen werden, im Punkte π zusammentreffen und daselbst das Bild von p hervorbringen. Wie aber nun hieraus mit Hülfe des Sehnervens der Eindruck in das Gehirn gebracht und in der Seele die Vorstellung des abgebildeten Punktes erzeugt werde, läßt sich nicht weiter verfolgen. Der Punkt π ist entweder auf der Netzhaut N oder hinter oder vor derselben befindlich. Im erstern Falle wird p am Deutlichsten gesehen, indem im zweiten die in π zusammentreffenden Strahlen sich wieder zerstreuen, also divergirend auf N fallen, und dort in einen größern Raum sich verbreiten. Das letztere findet auch statt, wenn π hinter N sich befindet, und es folgt hieraus, daß im 2ten und 3ten Falle p nicht wirklich als Punkt sondern als eine kleine Fläche, d. h. undeutlich wahrgenommen wird.

Anmerkung. Nach Mariotte's Angabe ist die Stelle, wo der Sehnerve in A tritt, gegen L unempfindlich.

§. 935.

Das Sehen eines ausgedehnten Objektes wird eben so wie das eines strahlenden Punktes erklärt, weil aus jedem Punkte desselben divergirende Strahlen (Strahlenkegel) auf A fallen, durch seine Feuchtigkeit u. s. w. sich brechen, und auf N*) zusammentreffen. So vereinigen sich z. B. (in Fig. 144) die aus d und b kommenden Strahlen beziehlich in δ und β, und die zwischen d und b ausgehenden zwischen δ und β. Hieraus folgt aber, daß das Bild von db auf N als $\delta\beta$ erscheint, und daß es in Bezug auf db (weil dδ und bβ sich durchkreuzen) in umgekehrter Lage sich zeigt.

Anmerkung. Das so eben Gesagte bestätigt sich auch in der Erfahrung, wenn man von einem frischen Ochsenauge u. s. w. die dickern Häute wegnimmt und es alsdann gegen einen gut leuchtenden oder beleuchteten Gegenstand (etwa gegen eine Lichtflamme) richtet.

§. 936.

Man sieht (in Fig. 144) den Gegenstand db in seiner wahren Stellung, obgleich sein in A entstandenes Bild $\delta\beta$ in umgekehrter Lage sich zeigt, weil der Lichteindruck von uns immer auf die gerade Linie bezogen wird, nach welcher er geschieht. Findet z. B. ein Eindruck in der Richtung dδ statt, so muß man in der Richtung δd dasjenige suchen was ihn bewirkt; und eben so muß man den in der Richtung bβ stattfindenden Eindruck auf Linie βb beziehen u. s. w.

Ueberhaupt hat $\delta\beta$ in A, als Bild, mit dem Sehen des db gar nichts zu thun; indem wir uns dieses Bildes nicht einmal bewußt sind und nur den Eindruck von $\beta\delta$ empfinden, der von oben

---

*) Manchmal aber auch vor und hinter demselben. (Vergl. v. §.)

kommend nothwendig eine tiefere und von unten herrührend eine höhere Stelle am Hintergrunde des A treffen muß.

§. 937.

Aus dem in v. §§. Gegebenen wird es deutlicher, was in der 3ten und 4ten Abtheilung von der scheinbaren Größe, Gestalt, Ruhe und Bewegung der Körper gesagt worden ist.

Je größer nämlich (in Fig. 144) der Sehewinkel dcb sich zeigt, desto größer muß $\angle \beta c \delta$ und also auch $\beta\delta$ sein. Nun wird aber der Eindruck in δ nach der Richtung δd und der in β nach derjenigen βb bezogen u. s. w.

Von den Sehewinkeln, unter welchen alle Grenzen einer erscheinenden Fläche gesehen werden, hängt (nach §. 796) die scheinbare Gestalt derselben ab, welcher — wie augenblicklich erhellt — das ganze auf der Netzhaut N sich malende Bild entspricht.

Bewegt sich ferner das auf N entstandene Bild, so übertragen wir diese Bewegung auf den Gegenstand G, worauf wir diese Eindrücke nach geraden Linien beziehen. Geht z. B. (in Fig. 144) G von d nach b, so bewegt sich sein Bild von δ nach β, u. s. w.

Bleibt (in Fig. 145) G ruhig in m, bewegt sich aber A von d bis f, so wird G in der entgegengesetzten Richtung fortzugehen scheinen. Denn wäre G nach und nach in d, e, f, so befände sich sein Bild beziehlich in β, γ, μ, so daß es auf N den Weg $\beta\gamma\mu$ beschriebe. Letztern hätte es aber auch durchlaufen, wenn A ruhig in d geblieben wäre, und G den Weg bcm zurückgelegt hätte, u. s. w.

Hieraus erklären sich aber die verschiedenen Täuschungen, welche entstehen, wenn der Zuseher seiner Bewegung unbewußt, dieselbe auf äußere Gegenstände überträgt.

§. 938.

Man richtet von Kindheit an beide Augenaxen nach dem zu betrachtenden Punkte (etwa nach p in Fig. 146) hin; und wenn sie darin zusammentreffen, so stellt p an einem und demselben Orte und also nur einfach sich dar. Das Nämliche findet auch bei allen Punkten eines ausgedehnten Objektes statt, und so kommt es, daß wir, bei Gleichheit der Bilder in den Augen, dasselbe nur einfach erblicken, wenn unsre Augenaxen darin zusammen treffen.

Verdreht man aber die Augen, oder drückt das eine A mit dem Finger seitwärts, oder richtet die Augenaxen nach einem entferntern Gegenstande, indem wir einen andern näher vor A und A' bringen, oder umgekehrt, so sieht man wirklich doppelt. Personen, welche nicht beide Augenaxen nach dem zu betrachtenden Gegenstande richten, werden Schielende genannt.

Anmerkung. Sind (in Fig. 146) die beiden Augenaxen cp und dp auf p gerichtet; und denkt man sich durch p eine auf cpd senkrechte Ebene errichtet, so wird dieselbe der Horopter genannt. Man sagt aber in diesem Falle, dasjenige, was im Horopter liegt, erscheint einfach, während dasjenige, was außer demselben sich befindet (nach den in diesem §. angegebenen Gründen) doppelt sich zeigt.

§. 939.

Da das Bild eines weit entfernten Gegenstandes näher hinter der Krystallinse K als das eines nah gelegenen sich befindet, so kann A einen nahen und entfernten Gegenstand nicht mit gleicher Deutlichkeit erblicken. Fällt z. B. das Bild des letztern deutlich auf die Netzhaut N, so muß das des erstern zwischen K und N fallen, und also (nach §. 934) auf letzterer nicht deutlich erscheinen. Fällt ferner das Bild eines entfernten Objektes auf N, so muß das eines nahen über N hinaus zu liegen kommen, u. s. w. Da aber dessen ungeachtet, selbst bei großen Entfernungen, in Rücksicht auf die Deutlichkeit ein geringerer Unterschied als man erwarten sollte sich zeigt, so folgt, daß A beim Sehen naher und entfernter Objekte eine Veränderung erfährt, welche die Brechung der Strahlen entweder vergrößert oder vermindert. Diese Veränderung, welche das Anpassen des A zum deutlichen Sehen heißt, kann entweder darin bestehen, daß A, um entfernte Gegenstände deutlich zu sehen, sich verkürzt, oder, daß K oder die Hornhaut eine Abnahme ihrer Convexität erfährt. Auch haben die Versuche von Home*) und Ramsden**) gelehrt, daß die Hornhaut ihre Convexität zu verändern vermag.

Anmerkung 1. Unter den Thieren besitzen besonders die Raubvögel die Fähigkeit, ihre Augen sehr verschiedenen Entfernungen anzupassen. Ein solcher Vogel sieht nämlich seinen Raub von einer ungeheuren Höhe,

*) Ausgesprochen: Hohm.

**) Ausgesprochen: Rämmsd'n; geb. 1730 zu Halifax in Yorkshire; gest. 1800 zu London.

nähert sich demselben zuerst allmählig, indem er weite Kreise beschreibt, und schießt endlich in gerader Linie mit sehr bedeutender Geschwindigkeit darauf los.

Anmerkung 2. Nach der Theorie von Munke kann das menschliche A nicht unter Wasser sehen. Da es aber noch nicht ausgemacht ist, wie weit die Fähigkeit des A sich umzustalten gehe, und da hierauf Uebung und Gewohnheit einigen Einfluß ausüben können, so ist es möglich, daß manche Individuen hierin eine Ausnahme machen, wie dies aus den Reisebeschreibungen der Seefahrer unleugbar sich ergiebt.

§. 940.

Man hat gefunden, daß die Entfernung in der ein gutes A einen Gegenstand G deutlich sieht, und also kleine Theile desselben von einander unterscheidet, 8 — 10 Zoll beträgt. Manche Augen erfordern indeß eine beträchtlich kleinere und manche eine merklich größere Entfernung um G deutlich zu sehen.

Ist z. B. die Hornhaut A zu sehr erhaben, die Krystalllinse K zu convex, oder ihr Abstand von der Netzhaut N zu groß, so treffen die in dem Strahlenkegel enthaltenen Strahlen von Gegenständen, welche 8 — 10 Zoll und darüber entfernt sind, nach der Brechung zu früh zusammen, ihr Vereinigungspunkt liegt also vor N; und so kommt es, daß A den G nur undeutlich erblickt. Die mit diesem Fehler behafteten Personen, d. h. die Kurzsichtigen, pflegen ihn gewöhnlich durch Hohlgläser zu vermindern, indem letztere die Divergenz divergirender Strahlen vermehren *). Ist A so beschaffen, daß H und K zu flach sind, oder daß K der N zu nahe liegt, so treffen die Strahlen von nahen Gegenständen zu spät zusammen, und das Bild kommt hinter N zu stehen. A kann aber in diesem Falle nur entfernte Gegenstände deutlich wahrnehmen; und Personen, welche diesen Fehler besitzen, werden Weitsichtige genannt. Der so eben erwähnte Fehler entsteht gewöhnlich im Alter, und wird dadurch vermindert, daß man erhabene Gläser **), welche die Divergenz divergirender Strahlen vermindern, in Anwendung bringt.

Anmerkung 1. Wollaston hat zu Brillen für Kurzsichtige convex-concave und zu Brillen für Weitsichtige concav-convexe Linsen vorgeschlagen, und diese Brillen die periskopischen genannt. Die Lorgnette hat für Kurzsichtige und das Leseglas für Weitsichtige denselben Zweck wie die Brillen, wird aber nur als einzelnes Glas vor A gebracht.

---

*) Vergl. § 884 Anm.

**) Lese §. 878.

Siebentes Kapitel.

Von dem Stoße*), welchen die festen Körper auf einander äußern.

§. 277. Erklärung.

Ein Stoß heißt central, wenn die Linie, worin sich der Schwerpunkt **) des anstoßenden Körpers bewegt, durch den des angestoßenen geht. Ein Stoß, wobei das eben Gesagte nicht stattfindet, wird ein uncentraler genannt.

Man nennt einen Stoß gerade, wenn die Linie, worin der Schwerpunkt des anstoßenden Körpers fortgeht, auf der Berührungsebene beider Körper senkrecht steht. Ein Stoß, wobei das hier Gesagte nicht statt hat, wird ein schiefer genannt. Stößt z. B. (in Fig. 129) die gleichmäßige Kugel K ***) auf die gleich große und gleichmäßige Kugel k, und ist ihr Stoß ein gerader, so muß er auch ein centraler sein, weil (nach §. 245) die Schwerpunkte beider Kugeln in ihren Mittelpunkten c und d liegen, also die Linie cg, worin sich der Schwerpunkt c der Kugel K bewegt, auf der Berührungsebene ef senkrecht steht, und deshalb — einem geometrischen Satze zufolge — auch durch den Schwerpunkt d der

*) Man lese §. 30.

**) Man vergleiche §. 217.

***) Man lese §. 107.

Kugel k geht. — Stößt ferner (in Fig. 130) die gleichmäßige Kugel K auf die gleich große aber ungleichmäßige Kugel k *), und ist ihr Stoß ein gerader, so ist er dennoch kein centraler, weil bei k der Schwerpunkt h außerhalb d liegt, und also die Linie cg, worin sich der Schwerpunkt c der Kugel K bewegt, nicht den Schwerpunkt h der Kugel k betrifft.

Stößt (in Fig. 131) die gleichmäßige Kugel K schief auf die ungleichmäßige Kugel k (steht also nicht cg ⊥ ef) und liegt der Schwerpunkt der letztern Kugel in h, so folgt, daß der Stoß des Körpers K zwar ein schiefer, aber dennoch ein centraler ist.

Stößt endlich (in Fig. 132) die gleichmäßige Kugel K schief auf die ebenfalls gleichmäßige Kugel k, so liegen die Schwerpunkte beider Kugeln in c und d, und es ergiebt sich, daß der schiefe Stoß des Körpers K als ein uncentraler sich zeigt.

§. 278. Erklärung.

Stößt (in Fig. 133) ein Körper K auf die unbewegliche Ebene MN schief und zwar in der Richtung ab und construirt man aus b auf MN die Senkrechte bg; so heißt ∠ abg der Einfallswinkel, die durch diesen Winkel bestimmte und **) auf MN senkrecht stehende Ebene die Reflexionsebene, der Punkt b der Einfallspunkt, und die senkrechte Linie bg das Einfallsloth. Prallt ferner der Körper K von der Ebene MN in der Richtung bd wieder ab, so wird ∠ dbg der Zurückwerfungswinkel genannt.

§. 279. Erklärung.

Wenn ein Körper auf einer genau horizontalen Ebene sich befindet, oder wenn er an einem Faden aufgehangen ist, so wird

*) zum Beispiel auf eine hölzerne Kugel, welche an irgend einer Stelle außer ihrem Mittelpunkte mit Blei ausgegossen ist.

**) nach einem stereometrischen Satze.

gleichzeitig in A kommen läßt, so wird von diesen Farben nur derjenige Theil (hier der grüne, d. h. gelb und blaue) für A unwirksam, für den sich seine Reizbarkeit durch die vorherige Betrachtung abgestumpft hat, so daß von sämmtlichen Farbenstrahlen, die zusammen Weiß geben, bloß die Ergänzungsfarben der vorher betrachteten (und also hier die rothen) wahrgenommen werden.

2) Mit dem in Nr. 1 erwähnten Gesetze, wonach die Ergänzungsfarben sich successiv auf der Netzhaut N hervorrufen, läuft ein anderes parallel, vermöge dessen, wenn auf dem einen Theile der N ein Bild B sich malt, der übrige Theil sofort die Eigenschaft erhält gleichzeitig die Ergänzungsfarben von B zu sehen. So gewinnt z. B. das Weiß des B an Weiße auf einer schwarzen Fläche, und umgekehrt das Schwarze an Schwärze auf einer weißen Fläche u. s. w.

Betrachtet man ein grünes Papier durch gestreiften oder geblümten Mousselin, so erscheinen die Streifen oder Blumen röthlich; sieht man ferner durch eine Oeffnung rother oder grüner Vorhänge, so stellen sich die außerhalb befindlichen Gegenstände mit den Ergänzungsfarben dar. Die am bewegten Meere erscheinende Purpurfarbe hält man ebenfalls für eine auf solche Art entstandene subjektive Ergänzungsfarbe der eigenthümlichen grünen Färbung des Meeres. Auch ist es höchst wahrscheinlich, daß das Phänomen der farbigen Schatten eine hierher gehörige subjektive Erscheinung ist. So giebt uns z. B. der von der Sonne auf eine weiße Fläche geworfene Schatten keine Empfindung von Farbe, so lange die Sonne in ihrer vollen Kraft wirkt (er erscheint uns nämlich schwarz, oder wenn ein Gegenlicht zudringen kann, schwächer, halb erleuchtet, d. h. grau).

Zu den farbigen Schatten gehören nämlich zwei Bedingungen:

1) daß das wirksame L kein rein weißes sei, sondern auf irgend eine Art die weiße Fläche färbe; und
2) daß das Gegenlicht den geworfenen Schatten S auf einen gewissen Grad erleuchte.

Die Färbung der weißen Fläche giebt hier die objektive Farbe ab, und das den S erleuchtende Gegenlicht liefert die Strahlen zur subjektiven Ergänzungsfarbe, welche in diesem Falle der Schatten darbietet. Setzt man z. B. bei der Dämmerung auf ein weißes Papier eine brennende Kerze K, stellt zwischen sie und das abnehmende Tageslicht einen Stift aufrecht und zwar so, daß der von K herrührende Schatten von L erhellt aber nicht aufgehoben wird, so erscheint S vom schönsten blau, während das weiße Papier, vermöge der durch K stattfindenden Beleuchtung, als eine röthlich gelbe Fläche sich darstellt, welche das Blau als Ergänzungsfarbe fordert.

Stellt man ferner in ein dunkles Zimmer zwei brennende Kerzen K und k ohngefähr in gleichen Entfernungen von dem Beobachter und etwa $1\frac{1}{2}$ Fuß von einander entfernt, auf den Tisch T, legt hierauf einen weißen Papierbogen B zwischen sich und die Kerzen auf T, und stellt ein dünnes Stäbchen ohngefähr senkrecht auf die Mitte des B, so erhält man von denselben zwei Schattenbilder, die nicht schwarz sondern grau sind, weil das durch K verursachte Schattenbild durch k erleuchtet wird. — Hält man aber jetzt vor die Flamme der K ein etwas großes farbiges Glas (etwa ein grünes), so daß die Farbe des B etwas grünlich wird, so erscheint der von diesem L erleuchtete Schatten in derselben Farbe und nur dunkler, während der andere in der entgegengesetzten Farbe (hier in roth) sich zeigt.

Ist die Glasscheibe roth, blau u. s. w., so erscheint der zweite Schatten beziehlich grün, orange u. s. w.

Denn ist im ersten Falle B grün beleuchtet, so wird dadurch die Sehkraft für grün aber nicht für die ergänzende Farbe roth geschwächt. Betrachtet nun A den zweiten Schatten, welcher offenbar geschwächtes weiß in dasselbe sendet, so erhält es in diesem L alle drei Grundfarben, aber die Empfindung für grün (d. h. für blau und gelb) ist geschwächt, und so muß die des Rothen vorwalten und S in dieser Farbe erscheinen. Befindet man sich endlich in der Taucherglocke unter dem Wasser, so ist (nach §. 895) die durch die Sonne bewirkte Erleuchtung purpurfarben, während der von einem Körper geworfene S von grüner Farbe sich zeigt.

3) Der Eindruck, welchen ein Sinnesorgan empfängt, ist nicht von augenblicklicher Wirkung, sondern hält eine Zeit lang an, so daß eine Lichterscheinung noch subjektiv im A zurückbleibt, nachdem auch das ob-

jektive Bild, wodurch sie erregt wurde, schon verschwunden oder an einen andern Ort übergegangen ist. Je heftiger aber L seine Wirkungen äußert desto stärker und dauernder ist der Eindruck, den es zurückläßt. Hieraus erklärt sich nun der zusammenhängende feurige Kreis, welchen man beim schnellen Umschwunge einer feurigen Kohle zu sehen glaubt, obgleich letztere nur allmählig die verschiedenen Stellen des Kreises einnimmt*). So wie aber der Lichteindrnck eine gewisse Zeit dauert, so erfordert derselbe auch eine gewisse kleine Zeit um A merklich zu erregen. Ist daher die Bewegung zu schnell, so verwischt sich zuerst die Form des Körpers immer mehr und mehr; und endlich verschwindet letzterer selbst, wenn er dunkel ist, oder hinterläßt den Eindruck seiner Bahn, wenn er als ein leuchtender sich zeigt. Das Verwischen der Formen wird beim schnellen Herumdrehen des Beobachters und das Verschwinden der Körper bei abgeschossenen Kugeln u. s. w. bemerkt.

4) Die in Nr. 1 — 3 betrachteten subjektiven Erscheinungen beruhen auf einem veränderten oder eigenthümlich angeordneten Verhältnisse wirklicher objektiver Bilder in A, und zwar so, daß sie auf ungewöhnliche Art sich zeigen. Eine sehr ausgedehnte Klasse subjektiv-optischer Erscheinungen kann aber auch ohne Mitwirkung äußerer Gegenstände dadurch entstehen, daß das Gesichtsorgan krankhaft afficirt ist, oder künstlich in gewisse abnorme Verhältnisse gesetzt wird. So geht z. B. manchen Personen das Unterscheidungsvermögen für gewisse Farben gänzlich ab, oder erscheint auf eine merkwürdige Weise modificirt; und nach Göthe konnten zwei Personen durchaus nicht rosenfarben, blau und violett, und eben so wenig grün, dunkelorange und rothbraun von einander unterscheiden.

Anmerkung. Wenn man durch eine schmale 0, 2 Zoll weite Oeffnung O ein helles Feld, etwa den stark erhellten Himmel oder eine Lichtflamme betrachtet, so sieht man darin eine Menge schwarzer Linien, die mit O parallel laufen und stellenweise abgebrochen sind. Man kann dies auf mehrfache Art abändern, indem man z. B. einen Kamm nimmt

*) Da bei einem gesunden Auge der Eindruck des L (nach den darüber angestellten Beobachtungen) nicht unter $\frac{1}{10}$ und nicht über $\frac{3}{10}$ Sekunde dauert, so kann ein Lichttheilchen von dem andern über 4000 Meilen entfernt sein, ohne daß darum der Lichtstrahl uns als eine gerade Linie zu erscheinen aufhört.

und zwischen seinen Zähnen durchsieht; oder zwei Kämme in ungleicher Richtung über einander legt. Die dabei entstehenden falschen Bilder rühren — nach Brewster — von den durch L hervorgebrachten Undulationen in der Netzhaut her, die eine Art Interferenz-Phänomen erzeugen, ebenso wie die, woraus L selber besteht.

Achtzehnte Abtheilung.

Von dem Sehen mittelst der optischen Werkzeuge.

§. 944.

Die optischen Werkzeuge, wodurch wir entweder einer fehlerhaften Beschaffenheit oder der natürlichen Beschränktheit unseres Gesichtsorgans abhelfen, dienen entweder zum Sehen sehr kleiner naher Körper durch die Vergrößerung ihrer Bilder, oder stellen entfernte Gegenstände deutlich und vergrößert dar. Die erstern heißen Mikroskope oder Vergrößerungsgläser und die letztern Fernröhre oder Teleskope. Auch giebt es noch eine dritte Klasse optischer Werkzeuge, welche theils überraschende, ergötzliche oder sonst weiter benutzbare Erscheinungen bewirken, und ihren verschiedenen Zwecken und Einrichtungen gemäß verschiedene Benennungen erhalten.

Alle diese Werkzeuge werden in gegenwärtiger Abtheilung folgendermaßen beschrieben.

§. 945.

Jede sehr kleine convexe Glaslinse von äußerst unbedeutender Brennweite W heißt ein einfaches Mikroskop M. Je kleiner aber W ist, desto stärker ist die Vergrößerung des M (weil die Strahlen im Verhältnisse mehr divergiren) und desto näher kommt der zu betrachtende Gegenstand G an den Brennpunkt der Linse zu stehen. Die Wirkung des M besteht aber nun darin: daß der Sehewinkel eine beträchtliche Vergrößerung erfährt. Er würde zwar auch vergrößert, wenn man G dem Auge A sehr nahe brächte, doch würden in diesem Falle die aus allen einzelnen Punkten von G auf A fallenden Strahlen zu sehr divergiren, wodurch das Bild jedes Punktes zu weit hinter die Krystallinse fallen und so ein undeutliches Bild hervorbringen müßte. Da aber nun (nach §. 885) M die Divergenz der Strahlen vermindert, so fallen die allen einzelnen Punkten von G entsprechenden Bilder auf die Netzhaut und bringen daselbst, in Gemeinschaft mit einander, ein deutliches Bild von G hervor.

Anmerkung. Ist die Brennweite einer convexen Glaslinse größer als die eines einfachen M, und beträgt dieselbe namentlich 3 bis $\frac{1}{2}$ Zoll, so pflegt man diese Linse eine Loupe zu nennen. Letztere wird auch aus zwei dicht hinter einander stehenden Sammelgläsern construirt.

§. 946.

Der beim einfachen Mikroskope stattfindende Gang der Strahlen ergiebt sich (in Fig. 147), wenn bc den zu betrachtenden Gegenstand, m die Convexlinse, f ihren Brennpunkt und $\beta\gamma$ das Bild des bc bezeichnet. bc muß aber dem m näher liegen als f, damit die aus demselben Punkte auf m kommenden Strahlen nach der Brechung noch divergirend bleiben. Stände bc in f, so würden diese Strahlen einander parallel und brächten gar kein Bild hervor.

Anmerkung 1. Ist Jemand kurzsichtig, so muß er bc in einer kleinern und im entgegengesetzten Falle in einer größern Entfernung von m anbringen, weil sein Auge im erstern Falle eine stärkere und im zweiten eine schwächere Divergenz der Strahlen eines und desselben Lichtkegels erfordert, um deutlich zu sehen.

Anmerkung 2. Wenn man statt der convexen Glaslinse einen Wassertropfen nimmt, welcher mit einer Nadel in das kleine Loch einer dünnen Metallplatte gebracht worden ist, so ergiebt sich das von Stephan Gräy *) erfundene Wassermikroskop, zu dessen Gebrauch aber viel Geschicklichkeit und Uebung gehört.

§. 947.

Ein einfaches Mikroskop M vergrößert so vielmal als seine Brennweite in der zum deutlichen Sehen nöthigen Entfernung, d. h. in 8 — 10 Zollen enthalten ist. Man hat Linsen von $\frac{1}{290}$ Zoll Durchmesser construirt und hierdurch den Durchmesser des gesehenen Gegenstandes G ohngefähr 2320 Mal und seine Fläche 5382400 Mal vergrößert. Doch wird bei diesen mehr kugel- als linsenförmigen Gläsern das Gesichtsfeld, d. h. der auf einmal zu übersehende Raum äußerst

*) Ausgesprochen Greh.

klein; auch müssen sie G sehr nahe gebracht werden und verhindern dadurch seine gehörige Beleuchtung. Zum gewöhnlichen Gebrauche wählt man dieserhalb Linsen von mittlerer Brennweite, bedeckt ihren Rand vermittelst einer Fassung oder Blendung *), und beleuchtet G dadurch, daß man die Sonnenstrahlen entweder unmittelbar darauf fallen läßt oder dieselben vermöge eines Spiegels darauf wirft, oder sie mittelst convexer Gläser darauf verdichtet. Vermöge der Blendung wird nur den nahe an der Axe einfallenden Strahlen, d. h. denjenigen, welche genau im Brennpunkte zusammentreffen, der Durchgang gestattet, und hierdurch das Gesichtsfeld noch stärker beschränkt. Um aber diese Unvollkommenheiten soviel als möglich zu beseitigen hat man zusammengesetzte Mikroskope erdacht, wovon in den nächsten §§. dieser Abtheilung die Rede sein wird.

§. 948.

Die Vorrichtung, vermittelst welcher das Auge A nicht den Gegenstand selber, sondern das durch eine andere Linse hervorgebrachte Bild desselben betrachtet, heißt ein zusammengesetztes Mikroskop. Es besteht in seiner einfachsten Einrichtung aus zwei Convexlinsen, wovon die dem G zugewandte das Objektivglas und die an A gebrachte das Ocularglas heißt. Die erstere ist eine mikroskopische Linse von sehr kleiner (nicht über ½ Zoll großer) und die letztere eine Convexlinse von bedeutend größerer Brennweite; auch ist G etwas weiter als der Brennpunkt des Objektivglases von letzterm entfernt.

Anmerkung. Das zusammengesetzte Mikroskop wurde bald nach der Erfindung der Fernröhre bekannt. Sein Erfinder ist sehr ungewiß, obgleich Einige Jansen aus Middelburg und andere den Neapolitaner Franz Fontana (1618) dafür halten. Indeß waren die Mikroskope schon 1621 in Deutschland im Gebrauch.

§. 949.

Der beim zusammengesetzten Mikroskope M stattfindende Gang der Strahlen ist (in Fig. 148) abgebildet. Stände der Gegenstand bc im Brennpunkte f des Objektivglases o, so würden die Strahlen eines jeden Lichtkegels mit einander parallel, und es ent-

*) Vergl. §. 876 Anm.

stände gar kein Bild. Da aber bc etwas weiter als f von o absteht, so ergiebt sich das Bild $\beta\gamma$; und weil letzteres näher an O als der Brennpunkt dieses Glases sich befindet, so bleiben die Strahlen eines jeden Lichtkegels nach ihrer Brechung in O noch divergirend, nur wird ihre Divergenz verringert, und die Lichtkegel selber (deren Richtungen ihre Axen angeben) werden convergirend (indem sie weniger divergiren als wenn sie aus dem Brennpunkte von O herkämen). Das Auge A sieht also das Bild $\beta\gamma$ des Gegenstandes bc unter dem Sehewinkel $\beta'\ \gamma'$ u. s. w.

Anmerkung 1. M wird verbessert, wenn man zwischen o und O ein Glas g anbringt, welches die von o kommenden Strahlen noch vor ihrer Vereinigung auffängt. Hierdurch übersieht man aber ein größeres Feld, nennt g dieserhalb ein Feldglas und bemerkt, daß es überdies eine achromatische Wirksamkeit besitzt.

Anmerkung 2. Die in Fig. 149 u. 150 angegebenen Mikroskope wurden zuerst von Campani und Ramsden construirt. Man bringt nicht mehr als drei Gläser dabei an, weil sonst L zu sehr geschwächt und selbst die Deutlichkeit vermindert wird.

Anmerkung 3. In Bezug auf die Einrichtung des M bemerke man noch Folgendes. Die Gläser müssen richtig centrirt sein, d. h. ihre Axen — und also auch ihre Brennpunkte — in eine gerade Linie fallen, welche die Axe des M heißt. Auch ist es nöthig die Brennweiten genau zu bestimmen und (um die Randstrahlen abzuhalten) zwischen die Gläser, überall wo sich die Strahlen kreuzen, Blendungen anzubringen. Die innern Wände der Röhren, worin die Gläser sich befinden, werden mit einer schwarzen Farbe überzogen; und ihre Verschiebungen (welche zur gehörigen Stellung der Gläser in Bezug auf die Entfernungen der Gegenstände und in Rücksicht auf Kurzsichtigkeit oder Weitsichtigkeit nöthig sind) durch zweckmäßige Mechanismen so bequem und genau als möglich gemacht. Auch werden die ganzen Apparate durch gehörig eingerichtete Gestelle in die jedesmal nothwendigen Lagen versetzt und unverrückt darin erhalten *).

Anmerkung 4. Es ist sehr schwierig die Objektivlinse des M achromatisch zu machen, weil ihre Brennweite sehr unbedeutend sein muß. Doch ist bei diesen Instrumenten die Achromasie weit weniger nöthig als bei den Fernröhren, weil man ihnen, bei starken Vergrößerungen, nicht so unbequeme Längen wie den letztern zu geben nöthig hat.

Anmerkung 5. Peter Hill aus Edinburg schliff zwei Linsen, die eine von Rubin und die andere von Granat, welche sowohl als einfache, wie auch als Objektive an zusammengesetzten Mikroskopen ge-

*) Ein zusammengesetztes Mikroskop mit vollständigem Apparate, 5 achromatischen Objektiven, 3 verschiedenen Ocularen zum gewöhnlichen Gebrauche u. s. w., bringt mit dem schwächsten Ocular und Objektiv eine 12malige Linear- oder 144malige Flächenvergrößerung, mit dem stärksten Ocular und combinirten Objektiven eine 1000malige Linear- oder eine 1000000malige Flächenvergrößerung hervor, und kommt in dem Institute von Utzschneider und Frauenhofer zu München 330 Fl. zu stehen.

braucht werden konnten. Pritchard schliff 1824 verschiedene Linsen aus Diamant, welche wegen ihres starken Refractionsvermögens — bei verhältnißmäßig schwachen Krümmungen — eine bedeutende Vergrößerungskraft besaßen, und vermöge ihres geringen Zerstreuungsvermögens beinah achromatisch wirkten. Rubin= und Saphirlinsen sind wegen ihres geringen Refractionsvermögens nicht so vortheilhaft als die zuletzt erwähnten, obgleich ihnen ein geringeres Zerstreuungsvermögen zukommt.

§. 950.

Um bei einem Mikroskope M die Vergrößerung anzugeben und auch wohl die Größe des kleinen Gegenstandes G zu bestimmen, gebraucht man Vorrichtungen, welche Mikrometer heißen. Ein sehr gebräuchliches Mikrometer R besteht in einem Gitter von sehr feinen gleichweit entfernten parallelen Linien, welche mit einem Diamanten in ebenes Glas geschnitten sind. Es wird mit R auf folgende Weise in Verbindung gesetzt: Man bringe die hinter dem Ocularglase befindliche Blendung K genau an die Stelle, wo das durch das Objektivglas o bewirkte Bild hinfallen soll, indem man zusieht, ob die durch O betrachteten Grenzen von K deutlich erscheinen. Nun stelle man K auf den für G bestimmten Träger, und nähere ihm M so lange, bis das Bild B der parallelen Linien oder Gitterfelder deutlich erscheint. Da aber jetzt B an der Stelle von K sich befindet, so zähle man wie viele parallele Linien oder Felder in der Oeffnung der letztern gesehen werden können; und so vielmal der Durchmesser des gesehenen Theiles von R in demjenigen der Oeffnung von K enthalten ist, so vielmalig ist die durch o hervorgebrachte Vergrößerung. Nun erleidet aber B (nach §. 947) auch durch O eine Vergrößerung; und beträgt letztere $= \beta$ und erstere $= \alpha$, so ist die ganze Vergrößerung des $M = \alpha\beta$.

Anmerkung 1. Die Vergrößerung des M wird auch noch auf folgende Weise geschätzt.

Man ermittle genau die Größe des G, lege denselben unter M, sehe mit dem einen Auge in's Instrument und mit dem andern nach den Spitzen eines Zirkels, welchen man in der Weite des deutlichen Sehens vor dasselbe hält, und entferne diese Spitzen so weit von einander bis sie um den durch M gesehenen Durchmesser des G von einander entfernt zu sein scheinen. Diese Weite mißt man auf einem verjüngten Maßstabe und dividirt dieselbe durch den nach eben dem Maßstabe gemessenen wahren Durchmesser des G, u. s. w.

Anmerkung 2. Rochon hat vermöge der doppelten Strahlenbrechung Mikrometer mit Doppelbildern construirt.

§. 951.

Ist die Stärke der durch M bewirkten Vergrößerung bekannt, so ergiebt sich auch die wahre Größe des kleinen Gegenstandes G auf folgende Weise:

Man befestige das Mikrometer R an K, und zähle die parallelen Linien oder Felder, welche daran durch O übersehbar sind. Nun stelle man G vor o, sehe in M, und zähle wie viel Felder von R der Durchmesser des zu G gehörigen Bildes einnimmt. Ist die Zahl dieser Felder $= \alpha$, und erleidet der Durchmesser des G durch das Objektivglas o eine n malige Vergrößerung, so ist sein wahrer Durchmesser $= \frac{\alpha}{n}$ solcher Felder.

Anmerkung. Aus v. §§. geht hervor, daß man bei einer Vergrößerung gewöhnlich die des Durchmessers zu ermitteln pflegt, und daß hieraus die der gesehenen Oberfläche (nach §. 947) sich ergiebt. Manchmal wird auch (jedoch uneigentlich) von der Vergrößerung des körperlichen Inhalts und zwar so gesprochen, daß derselbe $= \alpha^3$ beträgt, wenn der Durchmesser des G eine α fache Vergrößerung erfährt.

§. 952.

Die Fernröhre*) sind entweder aus lauter Gläsern oder aus Spiegeln und Gläsern zusammengesetzt. Die erstern heißen die dioptrischen oder schlechthin die Fernröhre, und die letztern die katoptrischen Fernröhre oder die Reflectoren. Das Glas oder der Spiegel, welcher das L unmittelbar vom Objekte empfängt, heißt (wie bei den Mikroskopen) das Objektivglas oder der Objektivspiegel; die übrigen werden Ocular- oder Augengläser genannt und von der Seite des Objektivglases gegen das Auge zu als 1stes, 2tes u. s. w. Ocular gezählt. Das Gesichtsfeld und die Blendung haben auch hier die früher angegebene Bedeutung; und der Durchmesser der Oeffnung des Objektivglases wird die Apertur oder die Oeffnung dieses Glases genannt. Hat das Objektivglas einen zu großen Durchmesser, so wird es mit einer aus Holz, Blech oder Pappe verfertigten Blendung belegt, damit die vom Rande kommenden und das Bild undeutlich machenden Strahlen abgehalten werden. — Die Axe des Fernrohrs entspricht der des Mikroskopes, so daß auch hier

*) Vergl. §. 944.

bei richtigem Centriren die Brennpunkte in derselben geraden Linie sich befinden.

Das im letzten Ocular öfters angebrachte Fadenkreuz ist gewöhnlich aus Spinnweb- oder feinen Metallfäden verfertigt, und giebt den genauen Mittelpunkt des Fernrohrs und zwei senkrecht auf einander stehende Durchmesser des Gesichtsfeldes an.

Die Stärke des L womit man die Gegenstände sieht, wird die Helligkeit, und die Schärfe, mit der jeder sichtbare Punkt sich zeigt, die Deutlichkeit des Fernrohrs genannt.

§. 953.

Das einfachste Fernrohr F ist das astronomische, welches aus einem Objektivglase o von großer, und einem Ocularglase O von kleiner Brennweite besteht. Ersteres macht in seinem Brennpunkte ein umgekehrtes physisches Bild des entfernten Gegenstandes G, welches durch O deutlich und unter einem größern Sehewinkel als G mit bloßen Augen sich zeigt. — O und o sind convexe Linsen, welche um die Summe ihrer Brennweiten von einander abstehen, und wobei also der Brennpunkt der einen in dem der andern befindlich sein muß. Die bei F stattfindende Vergrößerung ist so oftmalig als die Brennweite des O in der des o enthalten ist; auch erscheinen alle durch F betrachteten Gegenstände umgekehrt, was bei astronomischen Beobachtungen ziemlich gleichgültig ist.

§. 954.

Der bei einem astronomischen F (oder Sternrohre) stattfindende Gang der Strahlen ergiebt sich (in Fig. 151), wenn o das Objektivglas, O das Ocularglas, und bc den in einer sehr großen Entfernung befindlichen Gegenstand G bezeichnet, welcher lauter parallele Strahlen auf o sendet, die nach der Brechung in γ und β sich schneiden, daselbst das physische Bild $\beta\gamma$ des bc bewirken, hierauf wieder divergirend auf O kommen, und nach der Brechung das Auge A so treffen, daß es $\beta\gamma$ unter dem Sehewinkel β' A γ' erblickt.

Anmerkung. Man bemerke, daß der Kurzsichtige O näher an A bringen muß als der Weitsichtige; und daß selbst ein und dasselbe A beim Beobachten entfernter Gegenstände einen geringern Abstand von O und o als beim Betrachten näherer Objekte (indem das Bild des letztern etwas über den Brennpunkt hinausfällt) verlangt. Aus diesem

Grunde ist es nöthig O mit einer eigenen Fassung oder mit einem Rohre zu versehen, welches in der Röhre, worin o sich befindet, hin und her verschoben werden kann. Auch erhält man eine größere Helligkeit und Deutlichkeit, wenn man die Lichtstrahlen, ehe sie ein Bild vor O erzeugen mit einem etwas breiten Collectiv- oder Sammlungsglase auffängt; und endlich ergiebt sich, daß F von einem zusammengesetzten Mikroskope sich nur dadurch unterscheidet, daß es ein weit größeres Objektivglas als letzteres besitzt.

§. 955.

Da bei der Betrachtung irdischer Gegenstände die Umkehrung der Objekte sehr unbequem ist, so hat man eine Einrichtung erdacht, wodurch das umgekehrte Bild nochmals umgekehrt wird und so die wirkliche Lage des Objektes sich ergiebt. Dies geschieht dadurch, daß man bei einem Sternrohre vor O noch zwei andere convexe Augengläser anbringt, welche um die Summe ihrer Brennweiten von einander abstehen. Ein solches aus 3 Oculargläsern von kleiner und einem Objektivglase von großer Brennweite construirtes Fernrohr*) wird ein Erdfernrohr genannt. Der dabei stattfindende Gang der Strahlen ist (in Fig. 152) versinnlicht, und die Vergrößerung dieses Fernrohrs beträgt nur so viel, als die eines Sternrohrs, welches die Länge oO besitzt. Auch zeigt das Erdfernrohr bei gleicher Vergrößerung den Gegenstand nicht so hell als das astronomische, weil das L bei seinem Durchgange durch jedes einzelne Glas, eine stärkere oder geringere Schwächung erfährt.

Anmerkung. Man verfertigt jetzt Erdfernröhre, welche 5 und mehr Oculargläser besitzen; und macht entweder blos das letzte Ocular beweglich oder schließt sämmtliche Oculare in ein Röhre ein um ihre Entfernung vom Objektivglase dem Bedürfnisse des Auges gemäß stellen zu können.

§. 956.

Das Holländische oder Galliläische Fernrohr F hat zum Objektivglase o eine Convexlinse und zum Ocularglase O eine Concavlinse; auch ist die negative Brennweite des O bedeutend kleiner als die Brennweite des o, und beide Gläser stehen ohngefähr um den Unterschied ihrer Brennweiten von einander ab, so daß der negative Brennpunkt des O mit dem Brennpunkte des o auf der Seite des Auges A beinah zusammenfällt. Die bei F stattfindende

*) Gleichsam ein doppeltes Sternrohr.

Vergrößerung ist so oftmalig als die negative Brennweite des O in der des o enthalten ist; oder in andern Worten ausgedrückt: So oft die negative Brennweite des O in der Brennweite des o enthalten ist, so oft ist der Durchmesser des durch F gesehenen Bildes größer als der ohne Glas dem A erscheinende Durchmesser des Objektes.

§. 957.

Der beim holländischen Fernrohre F stattfindende Gang der Strahlen ergiebt sich (in Fig. 153), wenn o das Objektivglas, O das Ocularglas und bc den in einer sehr großen Entfernung befindlichen Gegenstand bezeichnet. — Die von bc auf o kommenden parallelen Strahlen würden nach ihrer Brechung im Brennpunkt dieses Glases das Bild $\beta\gamma$ erzeugen, wenn sie nicht vor ihrem Zusammentreffen von O aufgefangen und so gebrochen würden, daß die Strahlen jedes Lichtkegels in parallelen Richtungen fortgingen, und die von b und c herrührenden Lichtkegel ie und hd divergirend auseinander führen. Das hinter O befindliche A nimmt aber aus diesem Grunde bc unter einem vergrößerten Sehewinkel wahr.

Anmerkung 1. Man bemerke, daß der Kurzsichtige, welcher O näher an o als der Weitsichtige bringen muß, durch F eine schwächere Vergrößerung als der letztere erhält. Auch muß A dicht hinter O sich befinden, weil sonst die aus b und c kommenden und nach den Richtungen hd und ie auseinander fahrenden Strahlen das A nicht mehr treffen würden. Aus diesem Grunde ist bei F das Gesichtsfeld nur klein und zwar desto kleiner je stärker die Vergrößerung sich zeigt. Auch wird F gegenwärtig nur noch als kleines Taschenperspektiv gebraucht.

Anmerkung 2. In Bezug auf die bis jetzt erwähnten Fernröhre bemerke man noch Folgendes:

Das Fernrohr F ist möglichst vollkommen, wenn jedes Glas richtig centrirt ist, wenn die Axen aller Gläser in eine einzige gerade Linie fallen, wenn jedes Glas eine genau bestimmte Brennweite und besonders eine richtig proportionirte Oeffnung hat. Auch ist weder die Stellung noch der Durchmesser einer Blendung, und weder die Entfernung der Gläser noch die Stelle der Augen willkührlich.

Anmerkung 3. Die Fernröhre waren den Alten völlig unbekannt, so daß die Jahre 1608 und 1609 als die wahre Zeit ihrer Erfindung betrachtet werden können. Das erste (in gegenw. §. erwähnte) Fernrohr F erfand am wahrscheinlichsten Zacharias Jansen, Glasschleifer aus Middelburg. Galiläi, Professor zu Padua, hat es durch eigenes Nachdenken 1609 nach erfunden; so daß F, nach dem Lande des ersten Erfinders, das Holländische, und nach dem Namen des zweiten das Galiläische Fernrohr heißt. Das Astronomische= und Erd=fernrohr entstanden später; und das erstere (in §. 954 erwähnte) wurde von Kepler*) erfunden und zuerst von Scheiner (1617) gebraucht, während das letztere (in §. 955 angegebene) den Jesuiten Pater Anton de Rheita 1665 zu seinem Erfinder hat.

§. 958.

Da die Farbenzerstreuung bei den in v. §§. erwähnten Fernröhren eine große Undeutlichkeit bewirkt, so werden die in der Anmerkung des §. 902 erwähnten achromatischen Linsen zu Objektivgläsern gebraucht, und die so verfertigten Fernröhre die achromatischen oder die Dollond'schen Fernröhre oder die Dollonds genannt.

Die ungemein wichtigen Vorzüge, welche diese Fernröhre vor den übrigen besitzen, sind:

1) Das von einem achromatischen Objektivglase von 1 Paar Fuß Brennweite bewirkte Bild verträgt eine stärkere Vergrößerung als das eines einfachen Objektivglases, welches 20, 30 und mehr Fuß Brennweite enthält.

2) Ein gutes achromatisches F verträgt eine so starke Apertur, daß seine Helligkeit beinah der natürlichen gleich kommt.

3) Durch gehörige Anordnung der Oculare wird im achromatischen F ein weit größeres Gesichtsfeld als bei den gemeinen Fernröhren erzeugt.

4) Die Verfertigung des achromatischen F, sowie die Zubereitung des Flintglases ist nicht ohne Schwierigkeit. Anfänglich zeichneten sich die achromatischen Fernröhre von Dollond (Vater und Sohn) und von Ramsden vor allen übrigen aus; jetzt aber übertreffen die Instrumente aus der Frauenhofer'schen Anstalt in München alles, was bisher in England und Frankreich geleistet worden ist. So ist z. B. das von Frauenhofer**) selbst gearbeitete und in Dorpat befindliche Fernrohr 13 Fuß 7 Zoll lang; sein Objektivglas besitzt eine Brennweite von 160 Zoll und eine

*) Geb. 1571 zu Weil im Würtemberg'schen und gestorb. 1630 in Regensburg; ein großer Mathematiker und Astronom, dem die Astronomie einen großen Theil ihrer jetzigen Ausbildung verdankt.

**) Geb. 1787 zu Straubing in Baiern, gest. 1826 in München.

Oeffnung *) von 9 Zoll **). Seine 4 Vergrößerungen sind 140, 210, 320, 480 mal, wobei die Gesichtsfelder beziehlich 13, 2 Fuß, 8, 0 Fuß, 5, 7 Fuß und 4, 2 Fuß betragen. Struve glaubt, daß es an Schärfe der Bilder alle Spiegelteleskope übertreffe; auch wird dieses F durch ein Uhrwerk so in Bewegung gesetzt, daß ein Himmelskörper, während der Beobachtung, nicht aus seinem Gesichtsfelde kommt ***).

Anmerkung. Da jedes sehr stark vergrößernde F ein sehr kleines Gesichtsfeld besitzt, so ist es schwierig einen bestimmten Gegenstand G am Himmel dadurch aufzufinden; und man bringt dieserhalb an F ein kleines Fernrohr an, welches bei mäßiger Vergrößerung ein großes Gesichtsfeld und eine hinreichende Lichtstärke besitzt, und der Sucher genannt zu werden pflegt.

§. 959.

Um bei einem F den scheinbaren Durchmesser des gesehenen Gegenstandes (etwa des Sternes) G vermittelst des Mikrometers R zu bestimmen, verfahre man folgendermaßen. Man bringe R an die Stelle, wo das vom Objektivglase o verursachte Bild des G hinfällt, und beobachte nun durch wie viel parallele Streifen der Durchmesser des G reiche. Weiß man aber nun wie viel Raum nach Graden jedes zwischen zwei Parallelen liegende Feld einnimmt, so ist auch der Durchmesser des G in Graden bekannt. Zur Bestimmung dieses Feldes in Graden wird aber die schon anders woher bekannte scheinbare Entfernung zweier Fixsterne gebraucht. Ist z. B. diese Entfernung = m Grade, so ermittle man wie viel Felder von R die durch F gesehenen Sterne von einander abstehen, u. s. w.

Anmerkung. Die durch F bewirkte Vergrößerung läßt sich einigermaßen schätzen, wenn man mit dem einen Auge durch F und mit dem andern unmittelbar nach G sieht, und die sichtbaren Größen beider Bilder nach dem Augenmaße mit einander vergleicht. Das so eben Gesagte ergiebt sich indeß genauer, durch ein von Ramsden erfundenes kleines Instrument, welches Dynamometer oder Vergrößerungsmesser

*) Lese §. 952.

**) In der neuesten Zeit wurden in der Frauenhofer'schen Fabrik Objektivgläser von noch größern Oeffnungen zu Stande gebracht.

***) Ein großer astronomischer Refractor, von 21 Fuß Brennweite, 14 Zoll Oeffnung, mit einem achromatischen Sucher von 42 Zoll Brennweite, 34 Linien Oeffnung, 6 gewöhnlichen astronomischen Ocularen von 140, 226, 336, 504, 756 und 1200maliger Vergrößerung u. s. w., kommt in dem Institute von Utzschneider und Frauenhofer in München 42000 Fl zu stehen.

heißt. Richtet man nämlich F (welches jedoch kein Galileisches Fernrohr sein darf) gegen den freien Himmel, befestigt dasselbe, hält alsdann ein Blatt dünnes Papier P hinter das letzte Ocular an die Stelle, wo beim Gebrauche das Auge steht, so sieht man, wenn P seine rechte Stelle hat, einen hellen scharf begrenzten Lichtkreis K. Nun messe man den Durchmesser desselben, und auch (mit dem nämlichen Gemäße) die Oeffnung des Objektivglases o, und dividire mit dem erstern in letztern. Der hierdurch erhaltene Quotient ist die Vergrößerung des F. Nach Ramsdens Angabe nimmt man für P eine dünne Scheibe S von Horn, zeichnet darauf eine sehr feine Eintheilung, die sich auf den Maßstab für o bezieht, und befestigt S in einer Röhre, die man an F stecken kann, um durch ein vergrößerndes Ocular den Durchmesser von K so bequem als genau messen zu können. K ist aber nun das Bild von o, welches gerade einen so vielmal kleinern Durchmesser enthält, als F die entfernten Gegenstände vergrößert. Man kann daher, und zwar mit Vortheil, für Licht und Deutlichkeit o herausnehmen, und statt desselben bloß eine scharf begrenzte Blendung bei dem Versuche einsetzen, u. s. w.

Das Gesichtsfeld des F läßt sich schätzen, wenn man seinen Durchmesser mit dem anderweitig bekannten sichtbaren Durchmesser eines durch ein Rohr betrachteten G vergleicht. Der Durchmesser der Sonne oder des Mondes schickt sich besonders gut dazu, indem derselbe in beiden Fällen ohngefähr $\frac{1}{2}$ Grad oder 30 Minuten beträgt. Das Gesichtsfeld ergiebt sich genau, wenn man auf einer Sterncharte einen kenntlichen Fixstern aufsucht, der im Aequator oder ziemlich nahe dabei steht, hierauf F gegen denselben richtet, ihn mitten über das Gesichtsfeld gehen läßt und genau bemerkt, wie viel Zeit-Sekunden während dieses Durchgangs verstreichen. Da aber nun 4 Zeit-Sekunden einen Minutenwinkel für das Gesichtsfeld betragen, so ergiebt sich die Größe desselben sehr leicht und genau.

§. 960.

Ehe die achromatischen Fernröhre erfunden waren suchte man die aus der Farbenzerstreuung herrührende Undeutlichkeit dadurch zu beseitigen, daß man statt des Objektivglases einen Hohlspiegel gebrauchte, weil letzterer die physischen Bilder eben so wie eine Convexlinse, jedoch ohne alle Farben erzeugt.

Die mit einem Objektivspiegel versehenen katoptrischen Fernröhre (Spiegel-Teleskope oder Reflectoren) sind sehr verschiedenartig construirt. Die bekanntesten darunter sind:

1) das Newton'sche, 2) das Gregorysche, 3) das Cassegrain'sche und 4) das Herschelsche.

Anmerkung. Die so eben erwähnten 4 Spiegelteleskope werden in den nächsten §§. gegenwärtiger Abtheilung folgendermaßen erörtert.

§. 961.

Der wesentlichste Theil des Newton'schen Spiegelteleskopes S (Fig. 154) ist der metallene Sammelspiegel de, welcher die Stelle des Objektivglases vertritt und an dem Boden pq der Röhre npqr so befestigt ist, daß er seine polirte Fläche einwärts gegen die Oeffnung von npqr kehrt.

Wird nun die gemeinschaftliche Axe uv von npqr und de gegen einen entfernten Gegenstand gerichtet, so entstünde ein kleines verkehrtes Bild desselben im Brennpunkte f, wenn es nicht in einer Entfernung von f, die ohngefähr dem Halbmesser der Röhre gleich ist, mit dem kleinen ebenen Metallspiegel hi aufgefangen würde. Letzterer ist mitten in uv an dem dünnen Arm t befestigt, bringt mit uv einen Winkel von 45° hervor, reflectirt also das von de kommende L gegen die Seitenwand qr, so daß das von de bewirkte Bild hier zur Wirklichkeit kommt. An dieser Stelle ist aber nun qr durchbrochen, und man betrachtet das Bild $\beta\gamma$ durch das kleine mikroskopische Linsenglas m, wodurch es als $\beta'\gamma'$ sich zeigt.

Anmerkung. Um die zu betrachtenden Gegenstände leichter auffinden zu können ist an S der Sucher w angebracht; auch sieht man durch S jedes Objekt verkehrt und so viel mal vergrößert, als die Brennweite des m in der des de enthalten ist. Da ferner bei der Zurückstrahlung von de keine Farbenzerstreuung stattfindet und selbst die Abweichung wegen der Kugelgestalt nur unbedeutend ist, so ist das durch de bewirkte Bild viel deutlicher als das, welches ein einfaches Objektivglas erzeugt. Und da man endlich von der Seite in S sieht, so ist es zu astronomischen Zwecken sehr bequem, weil das Auge in einerlei Lage bleiben kann, wenn S auch gerade in die Höhe gerichtet wird.

§. 962.

Gregory brachte in seinem Spiegelteleskope S (Fig. 155) statt des schief stehenden Planspiegels einen kleinen Sammelspiegel z so an, daß seine polirte Fläche der des Objektivspiegels zugekehrt war, und daß sein Brennpunkt noch ein wenig außer der Brennweite von de lag. Betrachtet man nun das durch de hervorgebrachte verkehrte Bild als einen Gegenstand, welcher sein L dem z zusendet, so folgt, daß letzterer ein zweites aufrechtes und etwas größeres Bild B in der Nähe von de hervorbringen wird. Auch kann z so gestellt werden, daß B noch hinter den großen Spiegel fallen würde, wenn das L durch diesen hindurchgehen könnte. Um nun die Entstehung des B möglich zu machen, hat de in der Mitte ein rundes Loch, welches ohngefähr die Größe des z besitzt, und wodurch das von z reflectirte L gehen kann.

Es würde also B hinter de entstehen, wenn man L nicht mit dem Sammlungsglase v auffinge ehe B sich gebildet hat. Hierdurch sammelt man aber die Strahlen in ein kleineres Bild, welches durch die mikroskopische Linse w, deren Brennpunkt mit dem des v zusammenfällt, betrachtet wird.

Anmerkung. Das hier angegebene Instrument hat vor dem Newton'schen hauptsächlich den Vorzug, daß man die Gegenstände in ihrer wahren Stellung und aufrecht erblickt, und daß hier kein Sucher erforderlich ist. Es ist für irdische Gegenstände sehr bequem, hat aber den großen Nachtheil, daß die Durchbohrung hi die beste Stelle des de unbrauchbar macht.

§. 963.

Cassegrain gab dem Spiegelteleskope noch eine andere Einrichtung, indem er (Fig. 156) in npqr statt des Hohlspiegels z einen kleinen Convexspiegel x anbrachte, welcher die von de kommenden Strahlen auffing, ehe sie noch ein Bild entworfen hatten. Das Bild selber entstand in der Nähe des Ocularglases O. Cassegrain wollte durch diese Einrichtung die aus der Kugelgestalt des de herrührende Undeutlichkeit mittelst des x beseitigen; doch trifft de auch hier das, was in voriger Anmerkung beim Gregory'schen Teleskope gerügt worden ist.

§. 964.

Um möglichst starke Vergrößerungen und starkes L zu erhalten ist Herschel wieder zu dem Newton'schen Teleskope, jedoch mit folgenden Abänderungen zurückgekehrt. Er ließ (in Fig. 157) den kleinen Spiegel gänzlich weg, und richtete nprq so gegen bc, daß letzterer nicht in der Axe sondern über derselben stand. War aber nun die Länge des Rohres der Brennweite von de gleich, so stand nahe am untern Rande der Oeffnung das Bild $\beta\gamma$ von bc. Letzteres wurde durch die Linse m betrachtet und stellte sich unter dem Sehewinkel $\gamma' o \beta'$ als $\beta'\gamma'$ dar u. s. w.

Anmerkung 1. Beim Newton'schen Teleskope treffen die Brennpunkte von m und de in einem Punkte zusammen. Auch müssen die parabolischen Spiegel außerordentlich genau gearbeitet sein, damit die von ihrer Gestalt herrührende Undeutlichkeit wegfällt. Die Platinaspiegel eignen sich am Besten hierzu; auch laufen sie nicht so leicht als die andern Metallspiegel an. Die Glasspiegel welche doppelte Bilder erzeugen, sind gar nicht zu gebrauchen; und die gehörige Stellung und Centrirung der Spiegel ist einer vorzüglichen Berücksichtigung werth.

Anmerkung 2. Werden die Spiegelteleskope mit den achromatischen Fernröhren verglichen, so ergiebt sich, daß letztere bei gleicher Länge die erstern an Vergrößerung und Helligkeit übertreffen.

Anmerkung 3. Newton brachte das erste Spiegelteleskop 1672 zu Stande, wozu schon Mersenne und Gregory *) die Idee gegeben hatten. Cassegrain verfertigte das seinige ebenfalls zuerst 1672; und Hook **) brachte 1674 eines nach der Idee des Gregory zu Stande. In den neuern Zeiten hat Wilhelm Herschel ***) Teleskope (oder Reflectoren) verfertigt, welche alle bisher vorhandenen weit übertreffen. Sein größtes (sogenanntes Riesenteleskop), welches 46 Fuß Länge und 5 Fuß Durchmesser besitzt, kann durch mehrere Maschinen, die sich um eine vertikale Axe drehen, nach allen Richtungen bewegt werden, und wiegt gegen 4000 Pfund. In Deutschland hat Schröter in Lilienthal bei Bremen †) die vorzüglichsten Spiegelteleskope (worunter ein 13 und 25 Füßiges ganz besondere Wirksamkeit besitzen) zu Stande gebracht.

Anmerkung 4. Herschel hat in der frühesten Zeit seiner Beobachtungen nur immer starke, und selbst über das Sechstausendfache hinausgehende Vergrößerungen anzuwenden versucht. Seine spätern Untersuchungen zeigen aber deutlich, daß er die mit solchen Vergrößerungen erhaltenen Bestimmungen keineswegs für sicher hielt, und deshalb in der Folge selbst Vergrößerungen, welche bis auf das 1000fache gingen, selten angewendet hat.

§. 965.

Die optische und die dioptrische dunkle Kammer wurden bereits in §. 783 erklärt; und die katoptrische ist, in Fig. 158 dargestellt. Hier fallen nämlich die vom Gegenstande bc kommenden Strahlen auf den geneigten Planspiegel lm, und werden von ihm in den dunkeln Kasten K zurückgeworfen. Da aber die von einem Planspiegel reflectirten Strahlen dieselbe gegenseitige Lage besitzen, welche sie vor der Zurückwerfung hatten, so werden sie auf dem Boden pq das Bild des bc so abzeichnen, als ob bc über lm sich befände. Die Glaslinse r dient zur Verdeutlichung des Bildes ei, weil durch dieselbe die zu jedem Lichtkegel gehörigen Strahlen in dem nämlichen Punkte vereinigt werden. Wird hier ei auf einem Blatte Papier aufgefangen, so kann dasselbe auch abgezeichnet werden. So pflegt man z. B. ganze Gegenden dadurch aufzunehmen, daß man ihre Umrisse leicht abzeichnet, u. s. w.

---

*) Geb. 1636, gest. 1675.

**) Ausgesprochen: Huhk, (geb. 1638, gest. 1703).

***) Geb. 1738 den 15. Novbr., gest. 1822 den 25. August.

†) Geb. 1745, gest. 1816.

Anmerkung 1. Nach Wollaston ist r ein Meniscus, dessen concave Seite gegen bc und dessen convexe gegen pq gerichtet ist. Auch wird in der gewöhnlichen katoptrischen dunkeln Kammer (Fig. 159) das Bild von bc mit dem unter einem Winkel von 45° geneigten Planspiegel lm aufgefangen, und alsdann auf die mattgeschliffene Glastafel ns geworfen. Um aber dieses Bild, d. h. ei, gehörig betrachten zu können, ist der Deckel ts angebracht, welcher zur Abhaltung alles fremdem von Außen kommenden L dient.

Anmerkung 2. Derjenige Apparat, wo man das in der Camera obscura gebildete Bild statt mit dem Glase ne aufzufangen, durch eine Convexlinse betrachtet, wird die Camera clara genannt.

§. 966.

Die Camera lucida oder die helle Kammer, welche eben sowie die Camera obscura zur Abzeichnung der Bilder wohlbeleuchteter Gegenstände dient, wurde 1809 zuerst von Wollaston angegeben, und wird aus der Zurückwerfung des L von ebenen Spiegeln erklärt. Sie besteht hauptsächlich aus dem gläsernen Prisma P (Fig. 160), welches so geschliffen ist, daß $\angle$ c = 90°, $\angle$ b = $67\frac{1}{2}$° und $\angle$ e = 135° beträgt. Fällt aber nun der Lichtstrahl mh horizontal auf P, so geht er ungebrochen bis de und wird alsdann zuerst in der Richtung hi und hierauf in derjenigen ik, worin das Auge A des Zuschauers sich befindet, reflectirt. Legt man jetzt unter P eine weiße Fläche, etwa ein Stück Papier, nebst einer Bleifeder, und befindet sich A ganz nahe an der Kante des P, so sieht es zuerst das Bild des Punktes m und auch die Bilder verschiedener in der Gegend von m vorhandener Gegenstände, und zugleich bemerkt es das unter P liegende Papier und die Bleifeder, welche bestimmt ist, die erscheinenden Bilder der äußern Objekte auf das Papier zu zeichnen. Der ganze Apparat ist (in Fig. 161) dargestellt, worin v ein kleines Gestelle, t eine messingene 6 Zoll lange Stange und P das eben erwähnte Prisma bezeichnet, worüber eine mit einer kleinen Oeffnung versehene bewegliche Platte angebracht ist.

§. 967.

Das im Jahre 1739 vom Dr. Lieberkühn erfundene Sonnenmikroskop (Fig. 162) ist eine Vorrichtung, wodurch das durch die Sonnenstrahlen erleuchtete Bild eines kleinen Gegenstandes sehr vergrößert auf die weiße Wand eines finstern Zimmers Z geworfen wird um daselbst betrachtet zu werden.

Die hauptsächlichsten Theile desselben sind:

1) Der Planspiegel bc, 2) das Sammlungsglas d und 3) die kleine Glaslinse e, welche mit d in einer etliche Zoll langen und 1 bis $1\frac{1}{8}$ Zoll dicken Röhre sich befindet, die in einem Fensterladen F des Z eingesetzt ist.

bc dient dazu die Sonnenstrahlen aufzufangen und wird außerhalb F so befestigt, daß er mittelst einer zweckmäßigen Vorrichtung unter einem willkührlichen Winkel geneigt, und zugleich nach einer beliebigen Gegend gewendet werden kann. Die von bc dem d zugehenden Sonnenstrahlen werden nun im Brennpunkte des letztern, worin auch der kleine durchscheinende und sehr stark erleuchtete Gegenstand G befindlich ist, vereinigt. Das aus jedem Punkte von G kommende L fällt nun auf e, welche von G etwas mehr als um die Brennweite absteht; und es wird hierdurch ein verkehrtes sehr vergrößertes Bild B von G entworfen, welches an der weißen Wand oder Tafel W sich abzeichnet. Die Deutlichkeit des B hängt von der gehörigen Entfernung des G und W von e ab; auch muß W desto näher an e gebracht werden je weiter G von e entfernt ist, und umgekehrt.

Anmerkung 1. Das Sonnenmikroskop hat die Unbequemlichkeit, daß G von Hinten zu erleuchtet wird, daß es also nur für durchsichtige Gegenstände brauchbar ist, und nicht nur die Oberfläche sondern auch die innern Theile des B darstellt. Aus diesem Grunde haben Euler, Aepinus und andere diesem Instrumente eine solche Einrichtung zu geben versucht, daß das Sonnenlicht die vordere Seite des G durch Zurückwerfung erleuchte, u. s. w.

Anmerkung 2. Das vom Engländer Cary *) erfundene Hydro-Oxygen-Gas-Mikroskop ist von dem hier angegebenen Apparate hauptsächlich dadurch unterschieden, daß die zu vergrößernden Gegenstände durch das blendendste Gaslicht erhellt gegen eine weiße Wand als Schattenbild abgespiegelt werden. Die Flamme, erzeugt durch eine Vereinigung von Wasserstoffgas und Sauerstoffgas, die Beide wieder auf Kalk ausströmen, ist so hell, daß die Flamme eines gewöhnlichen Lichtes noch einen Schatten erzeugt.

§. 968.

Die von Kircher um 1646 erfundene Laterna magica oder Zauberlaterne (Fig. 163) besitzt eine große Aehnlichkeit mit dem im v. §. erwähnten Sonnenmikroskope, und wird

*) Ausgesprochen: Kärri.

durch die Flamme der Lampe z erleuchtet. Das Licht des z kommt vermöge des Hohlspiegels bc oder eines starken converen Glases zusammen, und erleuchtet mit großer Stärke das auf einer Glastafel mit durchscheinenden Farben bemalte Bild de, hinter welchem die beiden ziemlich großen und beweglichen converen Linsen m und n sich befinden. Die von jedem Punkte des de ausgehenden Strahlen werden durch m und n convergirend, vereinigen sich in irgend einer Entfernung, und bringen dort das Bild dieses Punktes hervor.

Da das eben Gesagte auch von allen übrigen Punkten des de gilt, so erscheint letzteres auf einer in gehöriger Entfernung befindlichen Tafel oder Wand vergrößert, und umgekehrt abgemalt. Damit es aufrecht erscheine muß de umgekehrt eingesetzt werden; auch kommen bc und z in einen blechernen Kasten, worin die mit m und n versehene Röhre befindlich ist.

Anmerkung. Wenn man das in diesem §. hervorgebrachte Bild statt auf der Wand mit einem durchscheinenden Vorhange V auffängt, hinter welchem die Zuseher sich befinden, so gehen die Erscheinungen der sogenannten Fantasmagorie hervor. Die Zauberlaterne Y ist hier auf einem kleinen Wagen angebracht, dessen Räder, um alles Geräusch zu vermeiden, an ihrem Umfange mit Tuch überzogen sind, und wodurch also Y dem Vorhange still genähert oder von ihm entfernt werden kann. Durch eine kleine Kurbel wird in jedweder Entfernung die gehörige Stellung der Linse allmählich bewirkt; auch muß das Glas, worauf die Gemälde sich befinden, ganz schwarz sein, damit nur letztere das L durchlassen. Durch die Annäherung und Entfernung der Y von V wird das gesehene Bild kleiner oder größer sich zeigen, so daß im erstern Falle das Objekt von dem Zuseher sich zu entfernen und im letztern sich ihm zu nähern scheint. Die Fantasmagorie hat in Rücksicht auf vollkommene Täuschung noch den Fehler, daß das größer werdende und also sich zu nähern scheinende Objekt statt stärker beleuchtet zu erscheinen eine schwächere Beleuchtung als früher erfährt.

§. 969.

Der optische Spiegel und der Guckkasten bestehen aus einem um 45° geneigten Spiegel S, mit einem senkrecht davor angebrachten Converglase, wodurch die unter S gelegten gemalten Bilder als Ansichten von Städten u. s. w. vergrößert erscheinen. Die gemalten Ansichten lassen sich auch durch bloße Convergläser betrachten, und die hierzu eigends eingerichteten Zimmer, wo die Zuschauer im Dunkeln, die Gemälde aber auf's Vortheilhafteste beleuchtet sind, werden die dioptrischen Panoramen oder die Dioramen genannt. Das Wort Panorama paßt indeß eigentlich nur für die vom Engländer Barker *) zuerst ausgeführten großen Rundgemälde, welche höchst angenehme optische Täuschungen gewähren. — Vergl. §. 802.

§. 970.

Das von Adams **) erfundene und von seinem jüngern Bruder ohngefähr um 1787 verbesserte Lampenmikroskop X (Fig. 164) ist auf eine ähnliche Art wie das Sonnenmikroskop eingerichtet, nur daß statt des Sonnenlichtes hier eine Lampe zur Erleuchtung des Objektes dient.

Die vorzüglichsten Theile des X sind:

1) Die Argand'sche Lampe w; 2) das convexe Glas ghk; 3) der Hohlspiegel ef, und 4) die beiden mehrere Zoll breiten Convexlinsen n und o, welche nahe beisammen stehen und vereinigt als ein einziges convexes Glas wirken. w befindet sich im Brennpunkte f von ghk; und es werden dieserhalb die aus f kommenden Strahlen parallel und fallen auf ef, welcher eine solche Neigung besitzt, daß die von ihm reflectirten Strahlen auf dem Objekte cd vereinigt werden. Hierdurch entsteht aber eine starke Beleuchtung auf cd; und da letzteres das darauf gefallene L von jedem Punkte, und also auch von c und d, in divergirenden Strahlen auf die um ihre Brennweite von cd abstehende Linse m zurückwirft, so werden die Strahlen des Lichtkegels eines jeden Punktes einander parallel, obgleich die Axen der Lichtkegel sich schneiden. Das aus c kommende L trifft die Stelle c' und das aus d strahlende die d' an den größern Sammelgläsern, wovon jedes eine Brennweite von etwa 15 — 16 Zollen besitzt. Da n und o als ein einziges Glas wirken, so werden die in c' und d' auffallenden Strahlen nach der Brechung in der Entfernung von etwa 8 Zollen zusammenkommen; und weil die Axen der Strahlenkegel ebenfalls convergiren, so entsteht das Bild $\gamma\delta$ von bc, welches von dem in p befindlichen Auge gesehen wird. Zur Bequemlichkeit pflegt man in p eine auf einem Gestelle befestigte Blendung anzubringen, an deren Oeffnung das Auge sich anlegt, u. s. w.

Anmerkung. cd erscheint desto größer je kleiner die Brennweite der Objektivlinse sich zeigt.

*) Ausgesprochen: Bahrk'r.

**) Ausgesprochen: Äd'dämms.

Neunzehnte Abtheilung.

Von einigen nicht optischen Wirkungen und von dem Wesen des Lichtes.

§. 971.

L bringt außer den in §. 775 — 970 erwähnten optischen Erscheinungen noch mehrere andere hervor, welche, nebst den dabei stattfindenden Wirkungen, in den nächsten §§. gegenwärtiger Abtheilung auf folgende Weise erörtert werden sollen.

§. 972.

Das Sonnenlicht erleuchtet und erwärmt alle Körper und bewirkt eine bedeutende Hitze, wenn man es durch große convexe Gläser (d. h. durch Brenngläser), oder durch große Hohlspiegel (d. h. durch Brennspiegel) verdichtet.

Die durch ein Brennglas B hervorgebrachte Hitze ist sehr beträchtlich, obgleich auch hier nicht alle auf B fallende Strahlen durch dasselbe gehen, sondern theils an den beiden Oberflächen des Glases zurückgeworfen und theils im Innern geschwächt und unfühlbar gemacht werden.

Die Eigenschaft: durch B eine große Hitze zu erregen war in den mittlern und wie es scheint schon in den ältern Zeiten bekannt; und in den neuern Zeiten hat besonders Tschirnhausen *) 1687 sehr bedeutende Brenngläser zu Stande gebracht. Der Durchmesser eines solchen massiven Glases betrug 33 Zoll, seine Brennweite 12 Fuß und sein Gewicht 160 Pfund. Im Brennpunkte des B brach ein noch so hartes (ja selbst mit Wasser befeuchtetes Holz) augenblicklich in Flammen aus, das in einem kleinen Gefäße befindliche Wasser fing darin zu sieden an, die Metalle schmolzen sehr leicht und das unter Wasser befindliche Holz ward im Innern verkohlt, u. s. w. —

Alle diese Wirkungen wurden aber bedeutender, wenn man eine etwas harte Kohle aushöhlte und jene Materien, worauf L

*) Geb. 1651, gest. 1708.

wirken sollte, in ihre Höhlungen brachte. Auf diese Weise schmolz z. B. eine Münze sehr schnell, u. s. w.

Den größten Hitzgrad bewirkt B, wenn man es aus zwei Hohlgläsern oder vielmehr aus zwei hohlen sphärischen Segmenten, die an ihren Rändern mit einander verbunden sind und deren Höhlungen Wasser oder Terpentinöl enthalten, verfertigt. Ein solches in Frankreich zusammengesetztes Brennglas, welches 4 Fuß im Durchmesser, in der Mitte eine Dicke von $7\frac{1}{2}$ Zoll und eine Brennweite von 11 Fuß besaß, wirkte so stark, daß in seinem Brennpunkte selbst beim Eisen ein brennender Rauch entstand, welcher am untern Theile eine wirkliche Flamme war und sich in eine schwarze verglaste Schlacke verwandelte.

Anmerkung. Die Wirkung des B wird verstärkt, wenn man parallel mit ihm ein kleineres aufstellt, weil letzteres die durch das erstere gesammelten Sonnenstrahlen noch in einen kleinern Raum zusammenbringt *). Auch ergiebt sich, daß unter denselben Umständen die Stärke des B nicht nur von der Größe seiner Oberfläche, sondern auch von der Genauigkeit abhängt, womit B die Strahlen in seinem Brennpunkte vereinigt. Daß hierzu außer der schicklichen Gestalt noch die Reinheit des Glases viel beiträgt, und daß ein zu großer Durchmesser des B — wegen der Abweichung der Strahlen — keinen erheblichen Nutzen gewährt, ist ohne weitere Auseinandersetzung klar.

§. 973.

Der Brennspiegel S wirkt bei gleicher Breite und bei einer Stellung, wodurch die Sonnenstrahlen parallel mit der Axe einfallen, stärker als B, obgleich er ebenfalls nicht alle auffallende Lichttheilchen reflectirt. Doch gewährt S weniger Bequemlichkeit als B, weil der Brennpunkt zwischen ihm und der Sonne sich befindet. Die von Tschirnhausen **) angefertigten großen Brennspiegel bestehen aus Kupfer und ihr Durchmesser ist 3 Ellen groß, doch wird S auch aus einem planconvexen Glase gemacht, das auf seiner hintern convexen Fläche mit dem gewöhnlichen Amalgame belegt zu werden pflegt.

Soll S blos Hitze erregen, so kann man ihn aus gut vergoldetem Holze anfertigen; auch werden zu diesem Zwecke hölzerne und mit Stroh belegte Spiegel gebraucht. Die großen aus messingenen Platten verfertigten Brennspiegel pflegt man bei Versuchen über

*) Vergl. §. 876.

**) Geb. 1651 in der Oberlausitz; gest. 1708.

die Zurückwerfung des Schalles, der strahlenden Wärme u. s. w. anzuwenden. Auch entsteht eine bedeutende Hitze, wenn man mehrere (belegte) Planspiegel so verbindet, daß sie das darauf fallende L an einen und denselben Ort zurückwerfen. So verfertigte z. B. Graf Büffon*) (1747) eine Maschine, welche aus 168 (belegten) Planspiegeln 6 Zoll hoch und 8 Zoll breit bestand, und deren jeder für sich allein beweglich war. Beim ersten Versuche zündete er mit 40 solcher Spiegeln in einer Entfernung von 66 Fuß ein getheertes büchenes Brett an; bei einem andern ward ein getheertes tannenes Brett in einer Entfernung von 150 Fuß mittelst 128 Spiegeln fast augenblicklich entzündet. Mit 45 Spiegeln ward in einer Entfernung von 20 Fuß eine große zinnerne Flasche und mit 117 Spiegeln ein kleines Stück Gold geschmolzen, und eine Platte Eisenblech glühend gemacht.

Auch hat er mit diesen Spiegeln Holz auf 200 Fuß angezündet, Zinn auf 150 Fuß, Blei auf 130 Fuß und Silber auf 60 Fuß zum Schmelzen gebracht.

Anmerkung 1. Man bemerke, daß auch der Diamant mittelst des S angezündet werden kann, und daß derselbe nach dem Verbrennen keine Asche hinterläßt.

Anmerkung 2. Aus §. 840 geht hervor, daß S die auf ihn fallenden Sonnenstrahlen nicht in einem Punkte sondern in einem engen kreisförmigen Raume vereinigt. Auch ergiebt sich, daß die Stärke des S nicht nur von der Größe seiner Oberfläche sondern auch von der Genauigkeit abhängt, womit er die Strahlen im Brennpunkte zusammen bringt. Daß hierzu außer der schicklichen Gestalt auch die Güte der Politur einen großen Einfluß ausübt, ist ohne weitere Auseinandersetzung klar.

Anmerkung 3. Archimedes**) soll die Flotte des Marcellus bei der Belagerung von Syracus mit Brennspiegeln in Brand gesteckt haben. Doch wird diese Erzählung, welche aus einem Mißverständnisse entstanden zu sein scheint, von Einigen für eine bloße Fabel gehalten.

§. 974.

Das Sonnenlicht erwärmt desto stärker, je mehr es seiner Strahlung, seiner Kraft zu leuchten beraubt, von den Oberflächen der Körper eingesogen wird. So setzen z. B. die Sonnenstrahlen in der Luft A nur wenig Wärme W ab, weil A der beste bekannte Lichtleiter ist. Das Glas und

---

*) Geb. 1707 zu Montbur in Bourgogne; gest. 1788 zu Paris.

**) Geb. 287 v. Chr., ermordet 212 v. Chr.

selbst das reinste ist ein geringerer Leiter als A, zersetzt deshalb schon einen kleinen Theil der Strahlen und wird dadurch erwärmt. — Aus diesem Grunde findet in der höhern Atmosphäre eine beständige Kälte statt, weil die Sonnenstrahlen dort keinen Körper treffen, welcher ihre W ausscheiden könnte. Auch ist die Wärme auf hohen Bergen so gering, weil die Sonnenstrahlen dort auf so unbedeutende Körper treffen, daß die von ihnen entwickelte W von der umgebenden A immer wieder fortgeführt wird, und dabei die Sonnenstrahlen in der wärmsten Zeit auf die Abhänge der Berge in schräger Richtung fallen, u. s. w. — Die Spiegel werden desto weniger erwärmt, je vollkommener sie sind; auch erleiden die weißen Körper unter denselben Umständen eine schwächere Erwärmung als die gefärbten, und unter diesen jene mehr, deren Farben sich dem Schwarzen nähern, so daß die schwarzen Körper die stärkste Erwärmung erfahren *). So steigt z. B. in einem Thermometer, dessen Kugel mit einer dunkeln Farbe angestrichen ist, das Quecksilber Q schnell zu einer größern Höhe als in einem andern, dessen Kugel rein bleibt, wenn auch beide gleichzeitig den Sonnenstrahlen ausgesetzt werden; und am meisten steigt Q in einer Kugel von geschwärzter Farbe empor. Auch fand Franklin **), daß schwarze Tuchstücke auf Schnee gelegt, beim Sonnenscheine tiefer als helle einsanken, und daß also unter den erstern mehr Schnee als unter den letztern geschmolzen war, u. s. w. Die undurchsichtigen Körper werden endlich mehr als die durchsichtigen erwärmt, so daß, dem bereits Gesagten gemäß, L nur in sofern wärmend sich zeigt, in wiefern es als L zu erscheinen aufhört.

§. 975.

Das Photometer (oder der Lichtmesser), ein Werkzeug wodurch man die Lichtstärke leuchtender Körper zu ermitteln pflegt, beruht auf der Verschluckung, welche die Lichttheilchen (nach v. §.) bei verschieden gefärbten Körpern erleiden. Ein sehr gebräuchliches, von Leslie angegebenes Photometer P (Fig. 165) besteht aus zwei senkrechten gläsernen Röhren, welche oben die Kugeln a und

*) Vergl. §. 680.

**) Ausgesprochen: Frängk-linn, geb. 1706 zu Boston in Nordamerika, gest. 1790.

bn = da, bs = kb, so ergiebt sich aus dem so eben Gesagten augenblicklich, daß auf M gleichzeitig die Kräfte ar und ap, und auf N die Kräfte bu und bs wirken; und bildet man nun die Rechtecke arqp und buts, so geht nach dem Stoße der Körper M mit der Kraft aq und N mit der Kraft bt fort. Hieraus folgt aber (nach §. 50), daß M nach dem Stoße in der Richtung aq und N in der Richtung bt sich bewegt.

§. 309. Zusatz.

Ruht im vor. §. die Kugel N vor dem Stoße, so fallen die Kräfte gb und kb, oder ar und bs weg. Die Kugel M verliert aber deßhalb die Kraft ar, die Kugel N die Kraft bs, und es wird deßhalb nach dem Stoße M nur von der Kraft ap, und N von der Kraft bu getrieben.

Da aber nach dem Stoße die Kugel M in der Richtung ap und N in der Richtung bu fortgeht, so bilden die Bewegungsrichtungen der beiden Kugeln einen rechten Winkel mit einander.

Anmerkung. Man wird leicht einsehen, daß der sogenannte Schnitt auf dem Billard eine Anwendung der in diesem §. gegebenen Aufgabe ist. Indeß wird, wegen der nicht in Betracht gezogenen wälzenden Bewegung der Bälle und wegen der am Tuchüberzug stattfindenden Reibung, das in diesem §. gefundene Resultat noch besonders modificirt.

§. 310. Lehrsatz.

Stößt (in Fig. 136.) ein unelastischer Körper K mit der Kraft ab schief auf die unbewegliche und unelastische Ebene MN, so geht K nach dem Stoße nur mit einem Theile der Kraft ab auf MN fort.

Beweis. Fällt man aus a auf die Ebene MN die Senkrechte ac, und construirt alsdann das Rechteck acbd, so ist die Kraft ab in die beiden Kräfte ac und cb zerlegt, und es ergiebt sich hieraus: „daß der Körper K nach dem Stoße mit der Kraft ac auf MN drückt, und mit der Kraft cb auf dieser Ebene sich bewegt.“ Da aber nun im rechtwinklichen Dreieck acb die Cathete cb kleiner, als die Hypotenue ab ist, so folgt: „daß K nur mit einem Theile der Kraft ab in der Richtung ab auf MN fortgeht."

§. 311. Lehrsatz.

Wenn (in Fig. 133) ein Körper K auf die unbewegliche Ebene MN schief und zwar mit der Kraft ab stößt, wenn entweder der Körper oder die Ebene oder beide vollkommen elastisch sind, so wird K mit der Kraft des Anstoßes in der Reflexionsebene und zwar so zurückgeworfen, daß der Einfallswinkel abg gleich dem Zurückwerfungswinkel dbg ist.

Beweis. Fällt man aus a auf die Ebene MN die Senkrechte ae und construirt alsdann das Rechteck aebg, so wird die Kraft ab in die Kräfte gb und eb zerlegt. Stößt aber nun K mit den Kräften gb und eb auf die Ebene, so wird nach dem Stoße die Kraft gb in die entgegengesetzte bg *) verwandelt, und also K gleichzeitig von den Kräften bg und bf getrieben, wenn nämlich bf = eb ist.

Bildet man aber nun das Rechteck dfbg und zieht die Diagonale bd, so folgt, daß der Körper nach dem Stoße mit der Kraft bd sich bewegt. Da aber ae = df, eb = bf und $\angle$ aeb = $\angle$ dfb ist; so folgt $\triangle$ abe $\cong$ $\triangle$ dbf und hieraus ab = bd, x = y; und also auch $\angle$ abg = $\angle$ dbg.

Und weil endlich gb $\perp$ ae und bf die Verlängerung von eb ist, so liegen gb und bf in der Reflexionsebene und es muß deßhalb auch bd in dieser Ebene sich befinden.

Anmerkung. Ist in diesem §. statt der Ebene MN die krumme Fläche fbg (Fig. 137) vorhanden, so bilde man die Berührungsebene MN und das Einfallsloth eb; und es ergiebt sich alsdann, daß $\angle$ abM = $\angle$ dbN, und also auch $\angle$ abe = $\angle$ dbe ist.

§. 312. Zusatz.

Man wird leicht einsehen, daß das sogenannte Dubliren auf dem Billard eine Anwendung der im vor. §. gegebenen Aufgabe ist. Befindet sich z. B. 1) ein Ball im Punkte a (Fig. 138) und soll derselbe durch Dubliren (d. h. durch einfa-

*) nach §. 297—299.

Reflexion) nach d kommen, so fälle man aus a auf die Bande mn die senkrechte Linie ae, verlängere ae über e hinaus, mache ef = ae, und ziehe fd. Verbindet man nun die Punkte a und b durch eine gerade Linie, so muß der Ball in der Richtung ab auf die Bande stoßen, wenn er durch Reflexion nach d kommen soll.

Denn bezeichnet man $\angle$ abe durch x, $\angle$ dbn durch y, und Winkel ebf durch v, so ergiebt sich ae = fe, be = be, $\angle$ aeb = $\angle$ feb, also $\triangle$ aeb $\cong$ $\triangle$ feb, und deshalb x = v. Nun ist aber v = y, und daher x = y, und also auch der Einfallswinkel dem Zurückwerfungswinkel gleich.

Steht ferner 2) ein Ball im Punkte a (Fig. 139) und soll derselbe durch doppeltes Dubliren (d. h. durch doppelte Reflexion) nach m kommen, so fälle man aus a auf die Bande hp die Senkrechte ae, verlängere ae um sich selbst bis f, ziehe fk $\parallel$ hp, verlängere nh über h hinaus bis q, mache qk = qf und ziehe km. Construirt man aber nun fl, und verbindet die Punkte a und g durch eine gerade Linie, so giebt die gebrochene Linie aglm den Weg an, auf welchem der Körper K durch doppelte Reflexion von a bis m sich bewegt. Denn bezeichnet man $\angle$ age durch x, $\angle$ lgh durch y, $\angle$ hlg durch v, $\angle$ mln durch w, $\angle$ egf durch α nnd $\angle$ klq durch β, so ist, wie in No. 1 dieses §.: $\triangle$ aeg $\cong$ $\triangle$ feg, also x = α. Nun ist aber auch α = y, und daher x = y. Eben so ist $\triangle$ flq $\cong$ $\triangle$ klq, und also v = β. Nun ist aber auch β = w, und deshalb v = w, u. s. w.

Anmerkung 1. Beim rechtwinklichen Billard noph (Fig. 139) ist ag $\parallel$ lm; denn es ist y + v = R und also auch α + v = R. Nun ist aber auch x + v = R und deshalb α + x + 2v = 2R. Eben so ist $\angle$ mlg + v + w = 2R, oder $\angle$ mlg + 2v = 2R. Aus α + x + 2v = $\angle$ mlg + 2v oder α + x = $\angle$ mlg folgt aber ag $\parallel$ ml. Daß aber die hier gewonnenen Resultate wegen der unvollkommenen Elasticität, der nicht in Betracht gezogenen Drehung und Reibung der Bälle u. s. w. in der Wirklichkeit sich etwas ändern, ist ohne weitere Auseinandersetzung klar.

Anmerkung 2. Beim Stoße ist die Gestalt der Körper von großem Einflusse; denn von der Gestalt der sich stoßenden Körper hängt es ab, ob der Stoß ein gerader oder ein centraler ist, u. s. w. Eine gleichmäßige und vollkommen glatte Kugel wird (ohne Reibung) durch einen geraden Stoß niemals in eine drehende Bewegung versetzt, indem bei der gleichmäßigen Kugel jeder gerade Stoß zugleich auch ein centraler ist, und also seine Richtung durch den Mittelpunkt der Kugel geht. Wenn aber die Richtung einer Kraft den Mittelpunkt der gleichmäßigen Kugel trifft, so kann dieselbe nach dem Stoße sich nicht drehen, weil die Bewegung allen obern Theilen der Kugel sich eben so schnell wie allen untern mittheilt.

Auch wird eine gleichmäßige und vollkommen glatte Kugel (ohne Reibung) selbst durch einen schiefen Stoß niemals in eine drehende Bewegung gebracht. Denn wirkt z. B. (in Fig. 140) auf die Kugel K eine Kraft ab, so zerlege man ab in die beiden Kräfte ad und af, wovon ad gehörig verlängert den Mittelpunkt e der Kugel trifft und af ⊥ ad steht. Da aber nun die Kraft af nicht auf die Kugel wirkt, so wird dieselbe nur von der Kraft ad getrieben, und wird — dem eben Gesagten zufolge — in der Richtungslinie dieser Kraft, jedoch ohne sich zu drehen, fortgehen. Daß aber dessenungeachtet die auf dem Billard fortgehende Kugel sich dreht, hat in der bei der Bewegung dieser Kugel stattfindenden Reibung seinen Grund, indem durch dieselbe der jedesmalige Berührungspunkt langsamer als der Mittelpunkt der Kugel sich bewegt, und also letzterer dem erstern etwas voreilen kann, u. s. w.

die Strahlen des Kaminfeuers erreichen, obgleich das Zimmer selbst noch so kalt ist, daß zwischen dem Fenster und der Feuerstätte das Wasser im Schatten gefriert. Auch werden die Strahlen des Feuerlichts eben so wie die Sonnenstrahlen gebrochen, verdichtet und zerlegt; doch enthalten die letztern (dem bereits Gesagten zufolge) eine weit geringere Quantität von Wärmestoff und lassen denselben auch viel leichter als die erstern fahren. Hieraus folgt aber: daß die Sonnenstrahlen ihren Ursprung einer Quelle von weit höherer Temperatur als die irdischen Lichtstrahlen verdanken. Auch hat Pouillet die Temperatur der Sonne = 1400° vermittelst der Annahme bestimmt, daß eine mitten in einer Eissphäre befindliche und vollkommen isolirte Thermometerkugel, welche die Sonnenstrahlen durch eine kreisrunde Oeffnung o so empfangen kann, daß alle von K nach der Sonne ziehbaren geraden Linien durch o gehen, sich eben so erhitzt, als wenn man annähme, daß ein Theil der Sonnenoberfläche (oder eines Körpers von derselben Temperatur) genau die in der Eishülle befindliche Oeffnung o ausfüllte, u. s. w.

Anmerkung 5. Hessler machte die Beobachtung, daß auch bei den chemischen Strahlen des Farbenbildes, die Lage des Maximums der Einwirkung und auch die Zeit zur Hervorbringung einer sichtbaren Wirkung nach der Substanz des Prisma sich verändert.

§. 979.

Die leuchtende Kraft verschieden gefärbter Strahlen ist ebenfalls verschieden. So haben z. B. Herschel und Frauenhofer diese ungleich großen Kräfte näher bestimmt; und der erstere zu seinen Untersuchungen ein Mikroskop gebraucht, womit er verschiedene Gegenstände, die bald durch die eine und bald durch die andere Art von Farbenstrahlen erleuchtet waren, betrachtete. Die feinen Punkte, worauf er seine Aufmerksamkeit richtete, waren am stärksten erleuchtet, wenn sie sich in den gelben Lichtstrahlen befanden, und am besten dann, wenn sie in die Gegend des Farbenbildes kamen, wo das vollkommene gelb in grün überzugehen anfing. Entfernte er sich von dieser Gegend nach einer oder der andern Seite, so wurde die Erleuchtung immer schwächer. — So zeigte sich dieselbe im orange schwächer als im grün und im roth schwächer als im orange. Im grün war sie nicht ganz so stark als in jenem Uebergange von gelb und grün; im blauen L wurde dieselbe immer schwächer, je mehr man sich von der Mitte des Farbenbildes entfernte, bis sie im violett am schwächsten sich zeigte.

§. 980.

L verändert nicht nur die Eigenschaften mancher Körper sondern bringt auch neue Materien hervor.

So wird z. B. I. das salzsaure und salpetersaure Silber*) schwarz, wenn man es dem Sonnenlichte S aussetzt, und zwar ist die Schwärzung in den violetten Strahlen am bedeutendsten**). Ebenso bekommt die weiße Salpetersäure durch die Wirkung des S eine gelbe Farbe und sogleich findet eine Entbindung des Sauerstoffgases statt.

Wenn man ein gleichförmig gespanntes und geglättetes weißes Fell mit einer Auflösung des salpetersauren Silbers im Wasser überstreicht und alsdann mit einem reinen Glase, worauf ein Gemälde mit dunkeln Farben sich befindet, bedeckt, und so dem S aussetzt, so wird jede gut erleuchtete Stelle nach kurzer Zeit anfangs violett und alsdann schwarz, während jene Stellen, die durch den Schatten der Gemälde verdunkelt werden, blaß sich zeigen. — Auf diese Weise kann man Abbildungen erhalten, welche durch die Einwirkung des S nach und nach schwarz gefärbt erscheinen. Ein auffallendes Beispiel der Veränderung durch S findet bei dem Eisenäther (d. h. bei der Auflösung des salzsauren Eisens im Schwefeläther) statt, indem diese Tinctur im S eine weiße und im Schatten eine gelbe Farbe erhält.

II. Die abgestorbenen organischen Körper werden durch S mehr oder weniger verändert. — So verliert z. B. die grüne (durch Uebergießung des Weingeistes über die Blätter verschiedener Pflanzen, etwa über die Kirschen-, Feigen- und Hollunderblätter) bereitete Tinctur im S sehr bald ihre grüne Farbe; und die benetzte Leinewand, die Seide, die Knochen u. s. w. werden dadurch gebleicht.

Die meisten Hölzer verdunkeln sich in S; einige hingegen,

---

*) Die Salzsäure ist eine mineralische Säure, welche durch die Zersetzung des Kochsalzes mittelst Vitriolöls erhalten wird, im reinen Zustande wasserklar ist, stechende Nebel ausstößt und unangenehm riecht, u. s. w. Die Salpetersäure ist diejenige Säure, welche durch ihre Verbindung mit Kali den Salpeter bildet, und aus diesem gewöhnlich durch einen Aufguß von Schwefelsäure ausgeschieden wird. Wenn Silber und Salzsäure sich mit einander (chemisch) verbinden, so entsteht ein weißes Salz, welches das Chlorsilber oder das Hornsilber heißt.

**) Berard fand: daß die eine Hälfte der Strahlen des F vom rothen Ende an gerechnet, wenn man sie nämlich in einem doppelt convexen Glase auffing, sich in einem äußerst stark leuchtenden Brennpunkte sammeln ließ, welches auf das Chlorsilber nicht die mindeste Wirkung ausübte, während der weniger leuchtende Brennpunkt der andern Hälfte des F das Chlorsilber in wenigen Minuten vollkommen schwärzte.

z. B. Guajac-Eichen und Cedernholz werden heller. Auch hat man bemerkt, daß die faserigten Theile ihre Farbe mehr als die harzigen verändern, und daß bei einigen Holzarten diese Farbenänderung nach wenigen Minuten, und bei andern erst nach mehreren Stunden erfolgt. Die gefärbten Zeuge verlieren im S ihre Farbe; und diese Farbenänderung wird von L *) und Sauerstoff gemeinschaftlich bewirkt, indem dieselbe nicht mehr erfolgt, wenn eine dieser Materien ihre Wirkungen zu äußern aufhört.

III. Die Veränderungen, welche die organischen Körper durch S erleiden, werden am besten durch folgende Beispiele versinnlicht.

a) Man empfindet beim Erwachen eine Neigung die Glieder zu dehnen, vorzüglich dann, wenn in das vorher dunkle Schlafzimmer das S eindringt.

b) Man empfindet eine Neigung zum Niesen, sobald man gegen helles L z. B. gegen S sieht, und wenn man einen Reiz dazu empfindet, ohne daß das Niesen erfolgen will, so wird dasselbe dadurch herbeigeführt, daß man das Gesicht der Sonne zukehrt.

c) Bei den Pflanzen nimmt man dreierlei Bewegungen wahr, welche größtentheils vom S abzuhängen scheinen. So beobachten z. B. 1) die jungen Zweige und Blätter der Bäume einen gewissen Parallelismus mit dem Boden, worauf sie wachsen; 2) drehen sich gewisse Pflanzen, (z. B. die im Zimmer gezogenen und an den Fenstern in Töpfen stehenden Feigenbäume u. s. w.) stets nach der Sonne und alle richten sich nach dem L; und 3) öffnen sich gewisse Blumen nur den Tag hindurch und schließen sich des Nachts. Man will bemerkt haben, daß vorzüglich das violette L dies Zuwenden bewirke, und daß sich die Pflanzen vom rothen L gleichsam abwenden. Auch hat man gefunden, daß letzteres den meisten lebenden Wesen nachtheilig, und das weiße, grüne, blaue u. s. w. ihnen sehr vortheilhaft ist. Selbst die Thiere pflegen der Sonne nachzugehen; so liebt z. B. der Krebs das lichthelle Ufer des Flusses, der Vogel die beschienene Seite des Hügels, und die in Gläsern mit

*) Hauptsächlich aber von der erwärmenden Kraft der Strahlen.

Wasser aufbewahrten Polypen, setzen sich immer an der dem L zugekehrten Seite des Glases an.

d) Im Wasser erzeugt sich durch die Einwirkung des S eine grüne organische Materie (die sogenannte Priestley'sche) welche zu den Conserven gehört.

e) Von der Einwirkung der Sonnenstrahlen hängen die grünen Farben der Pflanzen und die glänzenden der Blumen ab. So bleibt z. B. das Herz des Lattichs und der Kohlarten, bei denen die mittlern Blätter sich zusammenziehen und also vom Zutritte des L geschützt sind, weiß und wässerig, wenn auch ihre äußern Blätter frisch und grün aussehen. Eben so besitzen die in einer Kohlengrube gewachsenen Gänserichblumen weder Farbe noch Geruch; auch hat man in der Ausschließung des L ein Mittel, den Sellery zu bleichen und süßer zu machen.

Die so eben genannte Erscheinung wird aber auf folgende Weise erklärt:

Die natürlichen Farben der Körper werden der Erfahrung zufolge durch Ueberfluß und Mangel an Sauerstoff bedingt, und das Entweichen und Zutreten dieses Stoffes bringt die Farbenänderungen hervor*); auch bewirkt das Anhäufen des Sauerstoffs bei Vegetabilien weiße, bei animalischen Theilen gelbe und bei Mineralien mannichfaltige Farben u. s. w. Da aber nun bei jeder Pflanze P Ein- und Aushauchen, Wasserzersetzung und Gasbildung vorgeht**) und S hierbei als die thätigste Kraft sich zeigt, so folgt, daß das Entstehen der grünen Farbe im Pflanzenreiche unmittelbar als Wirkung des S erscheint, in sofern es nämlich der P den Sauerstoff entreißt. Aus diesem Grunde wird letztere im Dunkeln mit der Gelbsucht befallen, weil gewöhnlich Nichts da ist, was in ihr die Entbindung des Sauerstoffes befördert. Könnte man nun statt S etwas anderes setzen, welches diese Functionen verrichtete, so würde P auch im Dunkeln noch grünen. Dies andere kann

---

*) Es scheint nämlich ausgemacht zu sein, daß das Wachsthum der Pflanze P eine Zersetzung der Kohlensäure bewirke, wobei der Kohlenstoff in P zurückbleibt, um zur Bildung von Oelen, Harzen u. s. w. verwendet zu werden, während der Sauerstoff durch den Einfluß des L als Sauerstoffgas von P wieder ausgeathmet wird.

**) Vergl. § 767.

Wasserstoffgas und Stickgas sein; und auf diese Weise ist v. Humbold's Angabe, daß er auch in tiefen Schichten Pflanzen mit grünen Farben bemerkt hätte, erklärbar.

f) Es ist bekannt, daß die Früchte, welche sich an der von der Sonne beschienenen Seite befinden, eine auffallend stärkere Färbung als im entgegengesetzten Falle besitzen.

g) Die Farbe der menschlichen Haut wird im S braun und schwärzlich; auch übt L einen bedeutenden Einfluß auf das Wohlbefinden des Menschen aus, indem es in der Luft Veränderungen hervorbringt, welche sie für unser Befinden geeigneter machen, und auf unser Auge (indem es leuchtend darauf wirkt) einen wohlthätigen Reiz ausübt u. s. w. *). Indeß bringt S auch schädliche Einwirkungen, wie den Sonnenstich u. s. w. hervor.

IV. Im folgenden Kapitel ergiebt sich endlich, daß S auf den electrischen Zustand der Materien ebenfalls seine Wirkungen äußert.

Anmerkung 1. Man bemerke, daß die chemischen Wirkungen des L — der in der funfzehnten Abtheilung erwähnten Theorie der Interferenz gemäß — sich da nicht zeigen, wo Wellentheile entgegengesetzter Art zusammentreffen. Denn läßt man z. B. interferirende Strahlen auf frisch bereitetes Chlorsilber fallen, welches durch die gewöhnliche Lichteinwirkung eine Schwärzung erfährt, so wird dasselbe nur dann geschwärzt, wenn ein wirkliches Zusammentreffen der Lichtstrahlen statt hat, bleibt aber unverändert, wenn die Lichteinwirkung durch die eingetretenen Interferenzen aufgehoben wird.

Anmerkung 2. Daguerre in Paris machte erst kürzlich die wichtige Entdeckung: daß in der Camera obscura die Bilder, der außerhalb derselben befindlichen Gegenstände auf gehörig präparirten Metallplatten, durch die Einwirkung der Lichtstrahlen, mit höchster Genauigkeit erzeugt werden können, u. s. w.

§. 981.

Aus v. §§. geht hervor, daß das L die Wärme W erzeugt, wenn es eine hinlängliche Intensität besitzt, und zwar in desto höherm Grade je mehr es verdichtet und je mehr es seiner Strahlung beraubt wird.

Auch geht aus den Versuchen von Wegdwood u. s. w. hervor, daß alle Körper zu leuchten beginnen, wenn ihre Erwärmung auf einen gewissen Grad zugenommen hat (wie dies beim Häm-

*) Ganz entgegengesetzt verhält es sich mit den Saamen und Embryonen, die während ihrer Entwickelung von undurchsichtigen Körpern umgeben sein müssen.

mern der Metalle unleugbar sich ergiebt); und eben so folgt aus §. 677, 681 und §. 682 Anm. 2, daß die strahlende W den Gesetzen des L folgt. **Aus diesem Grunde sind die Erscheinungen von W und L einer und derselben Ursache zuzuschreiben, indem man letzteres als die freigewordene W und erstere als das durch die Einwirkung der Körper darauf, mehr oder weniger gebundene, also seiner schnellen Bewegung beraubte L sich denkt.**

Daß die Erscheinungen der W öfters ohne die des L erfolgen, rührt (gegenwärtiger Ansicht zufolge) daher, daß W nicht strahlend (d. h. nicht geschwind) genug ist, um auf unser Auge als L zu wirken; und daß die Erscheinungen des L manchmal ohne die der W wie beim Mondlichte *), beobachtet werden, scheint von der geringen Intensität des L herzurühren **) indem nie eine Lichterscheinung wahrgenommen wurde, ohne daß der leuchtende Körper, während des Leuchtens eine höhere Temperatur hatte, als er früher besaß, oder daß sein Leuchten mit irgend einem Prozesse zusammenhing, welcher (wie die Erfahrung lehrte) mit einem Freiwerden von W verbunden zu sein pflegte. Auch haben die Erfahrungen mehrerer Naturforscher (z. B. Rumfords u. s. w.) Wirkungen nachgewiesen, welche sowohl durch L als auch durch W entstehen; und wenn man endlich bedenkt, daß 1) alle leuchtende Thiere ***) mit W

*) Howard (ausgesprochen: Haurrd oder Hoürrd) wollte zwar auch bei den mittelst einer Linse concentrirten Mondsstrahlen, durch ein dem Leslin'schen ähnliches Diferenzialthermometer, worin er sich aber der Alcoholdämpfe statt eines permanenten Gases bediente, die W wahrgenommen haben; doch hat sich seine Angabe nicht bestätigt. Daß man aber den Mondstrahlen einen erkältenden Einfluß beizumessen pflegt, rührt nur von dem beim Mondscheine stattfindenden heitern Himmel her.

**) Indem die vom Monde zurückgeworfenen Sonnenstrahlen einen großen Theil ihres L und ihrer W auf der verschluckenden Oberfläche des erstern zurücklassen, u. s. w.

***) Es wird nicht unnöthig sein, von den in §. 776 erwähnten Lichtträgern oder Phosphoren noch Folgendes zu bemerken: Man unterscheidet hauptsächlich die natürlichen Phosphorn von den Lichtsaugern oder Lichtmagneten, d. h. von denjenigen Körpern, welche die Eigenschaft erhalten im Dunkeln auf eine kurze Zeit zu leuchten, wenn sie vorher dem Tageslichte ausgesetzt worden sind.

1. Zu den natürlichen Phosphoren gehören

a) manche abgestorbene Pflanzen, b) mehrere todte thierische Theile, c) mehrere lebende Pflanzen, und d) mehrere lebende Thiere.

In Bezug auf a bemerke man:

Die Eigenschaft des Holzes h zu phosphoresciren scheint weder auf eine bestimmte Holzart noch auf einen einzelnen Theil eingeschränkt zu sein. Von unsern Holzern

leuchten, indem der Lebensprozeß mehr oder weniger mit Wärmeentwickelung verbunden ist; daß 2) leuchtende faulende Körper ver-

---

sind Erlen und Weiden, Tannen und Fichten für diese Erscheinung geeignet; auch ist zur Phosphorescenz des h keine bestimmte Temperatur und keine eigentliche Fäulniß erforderlich, indem das Leuchten viel früher als die letztere eintritt; dagegen muß h aber abgestorben sein und eine mäßige Feuchtigkeit besitzen.

In Bezug auf b) ergiebt sich, daß die Phosphorescenz todter Theile, im Thierreiche häufiger als im Pflanzenreiche vorkommt. Am leichtesten und häufigsten wird diese Erscheinung an den Seefischen beobachtet; bei den Fischen des süßen Wassers bemerkt man dieselbe nur selten und noch seltener bei den Leichnamen vierfüßiger und anderer Thiere. Die lebendigen Fische leuchten nie im Wasser, sondern nur vermöge anhängender Seegewürme. Auch leuchten die Fische niemals am ersten Abend, wenn sie eben aus der See kommen und frisch abgethan werden. Am zweiten Abende fängt der Kopf und vorzüglich das Auge zu leuchten an, worauf Bauch und Schwanz folgen. Gekochte und eingesalzene Fische leuchten nicht, doch scheint das Besprengen mit Wasser ihren Glanz zu erhöhen.

Zu den in c) erwähnten lebenden phosphorescirenden Pflanzen gehören z. B. die Schwämme; auch die unterirdischen Rhizomorphen (d. h. diejenigen kryptogamischen Gewächse, die sich an buchenen oder eichenen, nicht ganz faulen Theilen von Grubenverzimmerungen erzeugen) phosphorescirен sehr schön.

Zu den in d) angegebenen lebenden Thieren, welche phosphoresciren, gehören z. B. der Johanniskäfer oder das Johanniswürmchen in unsern Gegenden, der Laternenträger, der Cucujo und andere Insekten in den heißen Erdstrichen von Asien und Amerika, die Poladen und eine Menge Seegewürme, die leuchtende Seefeder, die Meernessel u. s. w., woraus hervorgeht, daß das Leuchten des Meeres mehr als einer Ursache zugeschrieben werden muß.

Beim Johanniswürmchen J leuchtet sowohl das geflügte Männchen als auch das ungeflügte Weibchen (letzteres jedoch stärker als ersteres), an einigen Stellen unten an den letzten Bauchringen; auch bemerkt man am J, daß die Phosphorescenz von seiner Willkühr abhängt. Das Mittel, wodurch J sein L verdunkelt, scheint ein rein nervöses zu sein, wenigstens liegt es nicht im Ueberziehen einer Haut u. s. w. Zum Leuchten trägt bei J sehr viel die Bewegung bei; daher sich auch das Leuchten des Männchens im Fluge und das des Weibchens im Kriechen am schönsten ausnimmt. Erhöht man die Temperatur, worin J sich befindet, bis zu einem gewissen Grade, so zeigt sich die Phosphorescenz gleich und dauert so lange, als die W auf demjenigen Grade erhalten wird, sowohl unter Wasser als in der Luft. Einen ähnlichen verstärkenden Einfluß äußert die Erwärmung nach dem Tode; auch hat man bemerkt, daß das Leuchten des J im Sauerstoffgase lebhafter als in gemeiner Luft vor sich geht; daß der Laternenträger an seiner Stirne eine hornartige Blase, welche beinah dem ganzen übrigen Körper an Größe gleich ist und wodurch er einen hellen Schein um sich verbreitet; und der Cucujo gegen die Seiten des Brustschildes zwei gelbe runde und im Finstern hellleuchtende Flecke besitzt u. s. w.; und daß eine Zersetzung der Feuchtigkeit als Grund der bei J stattfindenden Lichterscheinung annehmbar ist. Man glaubt, daß die Augen der Katzen und Nachtvögel sich selber leuchten, indem diese Thiere äußere Gegenstände auch noch dort unterscheiden, wo kein Strahl von L existirt. Es sind natürliche Phosphore, die bei Tag eng zusammen gezogen, des Nachts aber weit geöffnet, soviel L um sich verbreiten, daß äußere nahe Objekte hinreichend davon erleuchtet und erkenntlich werden. Das L welches aus der wässerigen Feuchtigkeit des Katzenauges strahlt und schwach auf die benachbarten Körper fällt, kann entweder ein bei Tage eingesogenes oder ein aus der Flüssigkeit des Auges selbst entwickeltes sein, u. s. w.

möge der Gährung W entbinden; daß 3) die durch Reibung leuchtenden Materien die W erzeugen; daß 4) bei den durch Erwärmung phosporescirenden Körpern offenbar W entsteht; daß 5) die Lichtmagnete ihr Leuchten der Sonne und andern brennenden Körpern, deren L offenbar erwärmend ist, verdanken, daß der englische Phosphor nur in sofern leuchtet, als er oxydirt, d. h. verbrennt; daß 6) die Fixsterne (außer der Sonne) höchst wahrscheinlich erwärmend leuchten, indem sie der Sonne ähnliche Körper sind u. s. w., so ergiebt sich, **daß das in diesem §. von dem Wesen des L und der W Gesagte auf einem haltbaren Grunde beruht.**

Anmerkung 1. Die Meinungen der Naturforscher, welche L und W als materielle Ausflüsse leuchtender und wärmender Körper ansehen, werden hauptsächlich auf folgende **drei** zurückgeführt.

1) L und W sind verschiedene, der Sonne entströmende Materien, deren leuchtende und wärmende Strahlen mit einander verbunden, jedoch unter einander verschieden sind. (Vergl. §. 977).

2) Der Wärmestoff ist ein einfacher, das L dagegen eine aus dem Wärme- und Lichtstoff zusammengesetzte Materie. Die verschiedenen Mischungsverhältnisse welche diese Stoffe mit einander bilden, sind die Ursachen des verschiedenfarbigen L. Fällt L auf einen Körper K, so wird es theils unzersetzt zurückgeworfen, theils mehr oder weniger zerlegt, indem der Lichtstoff sich mit K verbindet, der Wärmestoff dagegen frei wird, den K ausdehnt, schmilzt u. s. w., und also die Wirkun-

II. Zu den merkwürdigsten Lichtsaugern oder Lichtmagneten gehören: der Diamant (doch nicht jeder), der Schwefelbaryt (bononische Leuchtstein), der Balduinische Phosphor, (aus Kreide und Salpetersäure), der Homberg'sche Phosphor (aus Kalkerde und Salzsäure), die kalcinirten Austerschalen u. s. w., und (nach Beccarias Versuchen) fast alle thierische und vegetabilische Substanzen, wenn sie recht trocken sind, unter andern auch weißes Papier. Die Farbe des ausgestrahlten L ist bei verschiedenen Lichtmagneten ebenfalls verschieden, und hängt bei denselben nicht von der Farbe des L ab, dem sie ausgesetzt gewesen sind. Auch das electrische L bringt manche Lichtsauger zum Leuchten; und eben so werden viele Körper (nach **Wedgewoods** Versuchen) durch Reiben, Stoßen und Erwärmen phosphorisch. Hierher gehören unter andern: der Diamant, wenn man ihn durch Wolle reibt; der Zucker wenn man ihn mit einer spitzen Feder kratzt; verschiedene harte Steine, wenn man sie an einander reibt; manche tropfbare Flüssigkeiten, sobald man sie in einer Röhre schnell zusammendrückt, u. s. w.

III. **Boyle***) ermittelte, daß bei Verdünnung der Luft, der Lichtschein von phosphorescirenden Hölzern und Fischen abnahm, und daß derselbe bei völliger Luftleere gänzlich verschwand. **Dessaignes** bemerkte überdies, daß in dem Act der Phosphorescenz organischer Körper Kohlensäure gebildet wurde und daß diese Körper nur in denjenigen Mitteln leuchtend wurden wo die Bildung dieser Säure möglich war; und **Becquerel** schloß, daß die organischen Körper sehr wahrscheinlich dadurch leuchtend würden, daß sie die durch langsame Einwirkung ihrer Bestandtheile auf die äußern Agentien entwickelten Elektricitäten wieder vereinigten.

*) Ausgesprochen: **Beul.**

gen der W verursacht. Die Mischungsverhältnisse der Bestandtheile in dem zurückgeworfenen L bestimmen die Farbe des K, auch kann sich der mit K verbundene Lichtstoff wieder mit dem Wärmestoffe verbinden und L erzeugen. Dies geschieht hauptsächlich bei brennbaren Körpern, wenn sie verbrennen. Die Verbrennung des K findet durch doppelte Wahlverwandtschaft *) statt, indem der Sauerstoff des Sauerstoffgases sich mit der oxydirbaren Grundlage des K, der Wärmestoff zum Theil mit dem Lichtstoffe dieses Körpers verbindet, und theils L bildet und theils durch sein Freiwerden die W erzeugt.

L geht endlich durch die durchsichtigen Materien unzersetzt; auch wird das unzersetzte mit K durch Adhäsion verbundene L die elektrische Materie genannt.

3) L ist ein einfacher Stoff, der Wärmestoff aber aus L und dem Feuerstoffe (der an sich nicht ausdehnsam ist, jedoch in Verbindung mit L eine ausdehnsame Flüssigkeit bildet) zusammengesetzt. L verliert aber durch diese Verbindung das Vermögen zu leuchten, und bringt so die Erscheinungen der W hervor.

Anmerkung 2. Die in (2) angegebene Vorstellungsweise wurde hauptsächlich von Gren **), und die in (3) bemerkte von Deluc vertheidigt.

*) Vergl. §. 44 Anmerk. 1.

**) Vergl. dessen Naturlehre. Herausgegeben von Kastner. Halle, 1820.

Dreizehntes Kapitel.

Von der Elektricität.

Erste Abtheilung.

Von der Elektricität im Allgemeinen, und von der Elektrisirmaschine.

§. 982.

Manche Körper erhalten durch Reibung (und auch noch auf andere Arten) das Vermögen: leichte Körper anzuziehen und abzustoßen, im Finstern zu leuchten, bisweilen ein funkenähnliches mit Knistern begleitetes Licht von sich zu geben und auf den Geruchssinn zu wirken. Wird z. B. eine Siegellackstange, ein Stück Bernstein u. s. w. leicht und rasch mit einem wollenen Lappen, einem trockenen Katzenfelle u. s. w. gerieben, und alsdann Papierschnitzeln, Korkkügelchen u. s. w. genähert, so werden dieselben von ihr zuerst angezogen, hierauf abgestoßen, und nachdem sie nun von einem andern Körper (etwa von der Hand u. s. w.) berührt worden sind, auf's neue wieder angezogen, bis diese Anziehungen und Abstoßungen durch mehrere Wiederholungen schwach und unmerklich werden. Nimmt man eine gläserne Röhre R, deren Durchmesser etwa 2 Zoll und deren Länge 2 — 3 Fuß beträgt, und reibt sie mit Tuch oder Leder, das zuvor mit einem aus Quecksilber und Zink verfertigten Amalgam bestrichen worden ist*), so zieht R leichte Körper zuerst an und stößt sie

*) Man bemerke vorläufig, daß man Schwefel, harzige Körper und Seide am Besten mit Thierfellen, und Glas mit einem metallischen Amalgame reibt.

alsdann wieder ab; giebt ein funkenähnliches mit Knistern begleitetes L von sich, wenn sie im Finstern gewissen Körpern genähert wird; erzeugt an dem in ihre Nähe gebrachten Gesichte das Gefühl, als ob ein Spinngewebe dasselbe berührte; und bringt, der Nase genähert, eine Empfindung von Geruch hervor.

Alle diese Erscheinungen nennt man elektrische, und den Zustand der Körper, wobei man diese Erscheinungen an ihnen wahrnimmt, Elektricität.

Ein Körper heißt elektrisch, wenn er des eben erwähnten Zustandes fähig, und elektrisirt, sobald er in denselben versetzt worden ist.

Anmerkung. Der Name Elektricität rührt daher, weil die durch Reibung hervorgebrachten Erscheinungen, und besonders das Anziehen und Abstoßen, zuerst am Bernstein*) (griechisch Elektron) bemerkt worden sind. Schon Thales soll diese Erscheinung 600 Jahre v. Christo gekannt haben; doch wird derselben erst bestimmt von Theophrast**) von Eresus (einer Seestadt der Insel Lesbos) gedacht. Im 17ten Jahrhundert wurde indeß die Elektricitätslehre, durch die Erfindung der Elektrisirmaschine u. s. w. erst gegründet.

§. 983.

Diejenige Elektricität E***) welche in einem Körper durch Reibung†) entsteht, heißt die ursprünliche, während die welche ihm irgend ein elektrisirter Körper verleiht, die mitgetheilte heißt. —

So nennt man z. B. im v. §. die E der R die ursprüngliche; auch sind die von R zuerst angezogenen und alsdann abgestoßenen Körper ebenfalls, jedoch durch Mittheilung elektrisirt.

§. 984.

E wird hauptsächlich in den Körpern 1) durch Reibung u. s. w., 2) durch Druck, 3) durch Aenderung des Aggregatszustandes, 4) durch Erwärmung, 5) durch ei=

---

*) Göppert hat verschiedene Beobachtungen mitgetheilt, welche die schon lange gehegte Vermuthung bestätigen, daß der Bernstein das veränderte Harz der Pinusarten sei, woraus die Braunkohlen (in denen der Bernstein angetroffen wird) entstanden sind.

**) Geb. 371 v. Ch., gest. 85 und nach Andern 106 Jahre alt.

***) Man bemerke ein= für allemal: daß in diesem Kapitel die Elektricität durch den Buchstaben E bezeichnet wird.

†) Und noch durch andere später vorkommende Verfahrungsarten.

nen eigenen organischen Prozeß, 6) durch einen nicht hinlänglich bekannten Prozeß in den Wolken, 7) durch bloße Berührung heterogener Körper, 8) durch mehrere chemische Verbindungen, und 9) durch Magnetismus erzeugt.

Zur Hervorbringung der vorzüglichsten elektrischen Erscheinungen und ihrer Gesetze, wird aber E vorläufig blos durch die Reibung erregt.

Anmerkung. Wenn pulverisirte Körper durch Siebe oder durch Gewebe gehen, so wird in ihnen die E erzeugt. Auch entwickelt sich E wenn tropfbare Flüssigkeiten an festen Körpern sich reiben. So bemerkt man z. B. in §. 433 Nr. 12, daß der die ganz trockenen Wände des Glascylinders treffende Silberregen elektrisirt ist; und eben so nimmt man in der Toricellischen Leere mancher Barometer elektrische Lichterscheinungen wahr. Selbst die luftförmigen Körper erregen E durch eine Art von Reibung an festen Körpern, indem die mit einem Blasebalg gegen eine Glasplatte wiederholt bewegte Luft diese Platte elektrisirt, und die in der Luft hin und her bewegte Seide ebenfalls E erhält, u. s. w.

§. 985.

Die meisten Physiker betrachten als letzte Ursache aller elektrischen Erscheinungen eine höchst feine elektrische Flüssigkeit, welche durch's Reiben u. s. w. sich entwickelt, und die Körper, so lange sie im elektrischen Zustande sich befinden, umgiebt. Diese Flüssigkeit wird die elektrische Materie oder der Elektricitätsstoff genannt. In ihrer nähern Bestimmung stimmen nicht alle Naturforscher mit einander überein, indem einige nur Eine elektrische Materie annehmen, und andere die elektrischen Erscheinungen durch Annahme zweier Materien, deren Eigenschaften sich einigermaßen entgegen stehen, zu erklären versuchen. In der 5ten Abtheilung wird das eben Gesagte ausführlicher auseinander gesetzt.

§. 986.

Die Körper, welche der Fortleitung der E nur einen unbedeutenden Widerstand entgegensetzen, nennt man Leiter, während die, welche dieser Fortleitung mit großer Kraft widerstehen, Nichtleiter oder Isolatoren heißen. Wenn ein Körper der Fortleitung der E gar nicht widersteht, so wird er ein vollkommener Leiter, und im umgekehrten Falle ein vollkommener

Nichtleiter oder ein vollkommener Isolator genannt. Da aber in der Wirklichkeit weder vollkommene Leiter noch vollkommene Nichtleiter existiren, so werden dieselben auch nicht weiter erwähnt. Die Körper, welche in der Mitte zwischen den Leitern und Nichtleitern stehen, und also gleichsam einen Uebergang von den einen zu den andern auszumachen, werden Halbleiter genannt.

Anmerkung 1. Die in diesem §. stattgefundene Abgrenzung zwischen Leitern, Halbleitern und Nichtleitern ist nur eine willkührliche, indem die Leiter durch eine Menge von Stufen in Nichtleiter übergehen, und letztere unter sich selbst eine Menge von Graden des Isolirungsvermögens begreifen.

Anmerkung 2. Um den in diesem §. erwähnten Unterschied zwischen Leitern und Nichtleitern noch näher kennen zu lernen, bemerke man Folgendes:

Wenn man einen Punkt der Oberfläche O des Leiters l mit einem elektrisirten Körper berührt, so wird O ganz elektrisirt; und eben so verliert l seine ganze E, wenn nur ein Punkt der O einen mit der Erde verbundenen Leiter berührt. Wenn man aber einen Nichtleiter n mit einem elektrisirten Körper berührt, so erscheint er nur an der Berührungsstelle elektrisirt; und wenn der elektrisirte n von dem mit der Erde verbundenen l berühret wird, so verliert er nur an diesem Punkte seine E.

Anmerkung 3. Da n die durch's Reiben R erregte E nicht gleich wieder verliert, so nimmt man sie noch geraume Zeit nach R an demselben wahr; und da ferner l die durch R erregte E fast im Augenblicke des Entstehens wieder einbüßt, sobald er nämlich mit andern Leitern in Verbindung steht, so glaubte man früherhin, daß zwar n aber nicht l durch R elektrisirt werden könnte, und hat aus diesem Grunde den erstern einen elektrischen (ursprünglich elektrischen, auch idioelektrischen) und den letztern einen anelektrischen (nur durch Mittheilung elektrischen, symperielektrischen) Körper genannt. Doch ist diese Benennung offenbar unrichtig, indem auch l durch R elektrisirt werden kann, sobald man ihn durch Nichtleiter von den mit ihm in Verbindung stehenden Leitern trennt.

Anmerkung 4. Man bemerke, daß die verschiedene Fähigkeit der Körper die E an sich zu halten und fortzuleiten von Gray entdeckt worden ist.

§. 987.

Die Leiter, Nichtleiter und Halbleiter werden (meist nach den Angaben von Singer) beinah in der Ordnung des Grades ihrer Vollkommenheit — obgleich diese nicht völlig ausgemacht ist — folgendermaßen zusammengestellt:

I. Leiter.

Alle bekannte Metalle; gut ausgebrannte Kohle; Reißblei; concentrirte Säuren; Kohlenpulver; verdünnte Säuren und salzige Flüssigkeiten; Erze; thierische Flüssigkeiten; See-, Quell-, Flußwasser, Eis und Schnee; lebende Vegetabilien; Flamme, Rauch und Dampf; die meisten Salze; die verdünnte Luft, der Alcohol- und Aetherdunst; die meisten Erden und Steine.

II. Nichtleiter.

(Gummilack) Siegellack, Bernstein; Harze; Schwefel, Phosphor, Chlor, Jod, Brom *); Wachs, Glas, alle Verglasungen; der Diamant und alle durchsichtige Edelsteine; rohe, gebleichte und gefärbte Seide; Wolle, Haare, Federn; Papier, Pergament, Leder, im Zustande der Trockenheit; trockene Luft und alle derartige Gasarten; gedörrtes Holz, trockene vegetabilische Substanzen; Porcellan, trockener Marmor; einige kiesel- und thonartige Steine; Kampher, elastisches Gummi; Bärlappsamen; natürlicher kohlensaurer Baryt **); trockene Kreide, Kalk, Phosphor; Eis bei einer Temperatur von weniger als — 13° R; mehrere durchsichtige Krystalle, wenn sie vollkommen trocken sind; die Aschen von thierischen und vegetabilischen Substanzen; Oele, worunter die schwersten als die besten erscheinen; trockene Metalloxyde, u. s. w.

III. Halbleiter.

Hierher gehören:

Elfenbein; Schildpatt; Knochen; Horn; Leder, Papier, Pergament, Holz im Zustande gewöhnlicher Trockenheit; mehrere nicht zu dichte und harte Steinarten, wie die Marmor- und Alabasterarten in ihrem gewöhnlichen Zustande, u. s. w.

Anmerkung 1. Viele Nichtleiter gehen durch Feuchtigkeit oder Veränderung ihres Aggregatszustandes in Halbleiter oder Leiter über.

---

*) Das Brom findet sich im Meerwasser an Magnesium gebunden, und daher auch in der Mutterlauge des Seesalzes, in der Varecsoda und in vielen Salzsolen u. s. w. Es ist bei der mittlern Temperatur der Luft eine schwärzlich rothe Flüssigkeit, riecht sehr widrig, färbt organische Körper vorübergehend stark gelb und zerstört die Haut, u. s. w.

**) Der Baryt kommt nie rein, sondern an Kohlen-, Schwefel- und Kieselsäure gebunden, vor. Er ist grau-weiß, leicht zerreiblich, schmilzt in der Hitze des Brennspiegels, schmeckt ätzend urinös, und wirkt auf thierische Theile zerstörend ein, u. s. w.

So sind z. B. a) alle lebende Thiere und Pflanzen der enthaltenden Feuchtigkeit wegen Leiter *), während sie durchs Austrocknen ihr Leitungsvermögen (besonders für schwache Elektricitäten) verlieren.

So sind b) Glas und Harz und alle übrige Nichtleiter im glühenden oder geschmolzenen Zustande Leiter;

so wird c) das leitende Wasser durch's Gefrieren, bei der Temperatur von weniger als — 13° R, und die sonst leitende Kohle im krystallisirten Zustande, d. h. im Diamanten, zum Nichtleiter;

so ist d) die trockne Luft ein desto besserer Nichtleiter je trockner sie ist, und je weniger fremdartige leitende Theilchen (Wasserdämpfe, Staub u. s. w.) darin vorkommen;

und so leitet endlich e) die dünnre Luft besser als die dichtere, und das heiße Wasser besser als das kalte, u. s. w.

Anmerkung 2. Setzt man das Leitungsvermögen des Wassers = 1, so ist (nach Cavendish **) das der Metalle ohngefähr 400 Millionen mal größer. Die Ordnung der letztern, in Rücksicht auf ihre Leitungsfähigkeit, haben mehrere Physiker auf verschiedene Weisen ermittelt. So ist z. B. dieselbe nach Ritter Folgende:

Blei, Zinn, Eisen, Kupfer,
(Messing, Silber, Gold)

Auch fand Ritter in der Ordnung der Metalle zugleich einen merkwürdigen Zusammenhang mit ihrer Oxydirbarkeit, und stellte demgemäß das Gesetz auf, daß das Leitungsvermögen der Metalle im geraden Verhältnisse mit ihrer Oxydirbarkeit stehe.

Nach Children ist die Ordnung der Metalle in Bezug auf ihr Leitungsvermögen:

Silber, Zink, Gold, Kupfer, Eisen, Platin.

Davy fand dieselbe durch folgende Zahlen:

Silber 7, 5; Kupfer 6, 7; Gold 5; Blei 4, 6; Platin 1, 2; Palladium ***) 1, 1; Eisen 1; und

Becquerel durch die Ausdrücke:

Kupfer 100; Gold 93, 60; Silber 73, 60; Zink 28, 50; Zinn 25, 50; Platin 16, 40; Eisen 15, 80; Blei 8, 30; Quecksilber 3, 40; Kalium 1, 33 dargestellt, u. s. w.

§. 988.

Ein mit Nichtleitern umgebener Körper heißt isolirt. Es giebt isolirende Gestelle, welche an die Körper gehangen, gelegt, gestellt oder befestigt werden können, und die aus Glas, Siegellack, Seide, gedörrtem Holze, Schellack u. s. w. verfertigt sind.

Diejenigen Schemel, deren Füße entweder aus massiven Glascylindern oder aus starken, mit Colophonium ausgegossenen und außen mit feinem Siegellack überzogenen Glasröhren oder andern

*) Auch scheinen, von den festweichen thierischen Theilen, die Nerven alle übrigen Theile an Leitungsfähigkeit zu übertreffen.

**) Zweiter Sohn des Herzogs von Devonshire, geb. 1731 zu London, gest. 1810.

***) Das in der rohen Platina enthaltene Palladium ist fast silberweiß, stark glänzend, läßt sich sehr gut strecken, und besitzt einen faserigen Bruch u. s. w.

isolirenden Substanzen bestehen, werden **Isolirschemel** oder **isolirende Stative** genannt.

§. 989.

Ruht ein elektrisirter Körper K auf isolirenden Grundlagen, so nimmt die E*) — der Erfahrung gemäß — allmählig in ihm ab, so daß er dieselbe in ziemlich kurzer Zeit gänzlich verliert. Die so eben genannte Erscheinung beruht aber darauf: daß man 1) **keine vollkommen isolirende Grundlagen kennt**; und daß 2) **die den K umgebende Luft kein vollkommener Nichtleiter ist.**

Durch mehrere Versuche fand indeß **Coulomb****)

a) daß bei nicht sehr starker E, ein kleiner Cylinder von Gummilack (dessen Durchmesser $\frac{1}{2}$ Linie und dessen Länge 18 — 20 Linien betrug) fast immer hinreichte ein Hollundermarkkügelchen von 5 — 6 Linien im Durchmesser eben so gut als die umgebende Luft zu isoliren;

b) daß bei trockner Luft ein ganz feiner, durch siedendes Siegellack gezogener Seidenfaden, der mit dem so erhaltenen Ueberzuge einen kleinen Cylinder von 5 — 6 Zoll Länge und höchstens $\frac{1}{4}$ Linie im Durchmesser darstellte, zur Isolirung hinreichte;

c) daß der an einer Lampe ausgezogene Glasfaden von 5 — 6 Zoll Länge, die Kugel nur an sehr trocknen Tagen und für schwache Elektricitäten isolirte;

d) daß das Nämliche auch bei einem Haare oder Seidenfaden, wenigstens wenn sie mit Siegellack, oder besser noch, mit reinem Gummilack überzogen waren, stattfand;

und e) daß bei demselben Zustande der Luft ein Träger, dessen Länge 4a betrug, eine 2mal so große Quantität von E, als ein anderer, dessen Länge = a war, zu isoliren vermochte.

§. 990.

Diejenige Vorrichtung, wodurch ein elektrischer Körper anhaltend gerieben und die in ihm erregte E

*) d. h. die Elektricität E.

**) Geb. 1736 zu Angoulême, gest. 1806.

andern Körpern mitgetheilt werden kann (was durch eine blos mit der Hand geriebene Röhre oder Scheibe, ohne weitere mechanische Vorrichtungen nicht wohl möglich ist) wird eine Elektrisirmaschine genannt.

Die hauptsächlichsten Theile derselben sind:

1) Ein Nichtleiter n, welcher so bewegt wird, daß er an einem Leiter l sich reibt, und aus diesem Grunde auch der Reiber heißt.

2) Ein als Reibzeug dienender l, der an den beweglichen n auf irgend eine Weise gedrückt wird; und

3) ein isolirter l, welcher vorzugsweise der erste Leiter oder der Conductor heißt, und die an der Oberfläche des n erregte E aufnimmt.

§. 991.

Bei den meisten jetzt gebräuchlichen Elektrisirmaschinen ist n *) eine runde Scheibe S von geschliffenem Spiegelglase, durch deren Mitte eine metallene oder gläserne Axe geht, die in einem hölzernen Gestelle so befestigt ist, das sie nebst S vermittelst einer Kurbel, gedreht werden kann. Die gewöhnlichste Größe des Durchmessers der S ist 2 Fuß; doch werden — um die elektrischen Wirkungen zu verstärken — auch Scheiben von größern Durchmessern construirt. Da die Wirkung der Maschine zum großen Theile von der Beschaffenheit des zu S genommenen Glases abhängt, so folgt: daß auf die Wahl des letztern die größte Sorgfalt verwendet werden muß.

Anmerkung 1. Außer Glas hat man noch mehre andere Körper zu S gebraucht und zum Theile günstige Wirkungen damit erhalten. So erhielt z. B. Volta sehr schöne große Funken mit einer aus getrockneter Pappe verfertigten S; und Ingenhouß aus Scheiben von Pappe mit Copal- oder Bernsteinfirniß getränkt, die sich an den mit Flanell oder Hasenbalg überzogenen Bretern rieben. Im Backofen wohl ausgedörrtes und alsdann mit Firniß überzogenes Holz, das sich an einem Pelzwerke rieb, wurde öfters zu S verwandt; und Lichtenberg **) wandte eine mit glattem wollenen Zeuge oder mit Seide übersponnene und an einem Katzenfelle sich reibende Trommel dazu an.

*) Vergl. v. §.

**) Geb. 1742, gest. 1799.

Anmerkung 2. Statt der gläsernen S werden auch hohle gläserne Cylinder, deren Reibezeuge concav sein müssen, gebraucht. Auch wurden anfangs Kugeln zu den Elektrisirmaschinen genommen, und jede Kugel (sowie jeder Cylinder) an irgend einem Orte mit einer kleinen Oeffnung versehen, damit die durch die Reibung erwärmte und ausgedehnte innere Luft, durch dieselbe heraustreten konnte. Zur Verhütung des Anhängens der Feuchtigkeit überzieht man die innere Glasfläche mit einem harzigen Ueberzuge; auch darf (wegen des Bindens der E) die eiserne Axe nicht durch die Kugel, oder durch den Cylinder, gehen.

§. 992.

Das Reibzeug besteht jetzt gewöhnlich aus 2 oder 4 flachen und länglichen Kissen, welche genau an die Oberfläche der S sich anlegen und sie an sehr vielen Punkten drücken müssen. Diesem Zwecke entsprechen am Besten die aus Haaren verfertigten, mit einem Ueberzuge von feinem Leder versehenen, und durch eine Feder an die Oberfläche des Glases gedrückten Kissen. Das Leder wird mit einem aus Quecksilber, Zinn und Zink verfertigten Amalgam A überzogen (so daß eigentlich das letztere als der geriebene Körper sich zeigt); und es empfehlen zu demselben:

a) Singer:

2 Gewichtstheile Zinn, 4 Gewichtstheile Zink und 7 Gewichtstheile Quecksilber *);

b) Kienmeyer:

2 Theile Quecksilber, 1 Theil Zink und 1 Theil engl. Zinn;

c) Mayer:

für manche Glasarten 3—4 Theile Quecksilber, 1 Theil Zink, 1 Theil Zinn.

Auf der Seite, nach welcher S sich dreht, wird ein Stück (nicht klebrigter) Wachstaffet an die Kissen genäht, damit dies beim Umdrehen der S an letztere sich lege und bewirke, daß die beim Reiben erregte E, nachdem sie das Reibzeug verlassen, nicht wieder in dieses zurücktritt noch sonst sich zerstreut.

Die Träger der Kissen sind Glassäulen, welche mit einem gu-

---

*) Das Singer'sche A wird auf folgende Weise verfertigt. Man erhitze das Quecksilber allein etwas über 80° R, schütte es in eine hölzerne Büchse und setze nun die angegebenen Quantitäten der beiden zuvor in Fluß gebrachten Substanzen hinzu. Nun verschließe man die Büchse, schüttele sie schnell, um eine recht innige Mischung zu bewirken, lasse A abkühlen, zerstoße es alsdann in einem Mörser zu ganz feinem Staube, und gebe dem letztern vermittelst einer hinreichenden Quantität Schwefel die Form eines Teiges, u. s w.

ten Firniß (von Schellack oder Siegellack) überzogen sind; auch müssen die Kissen durch metallische Drähte oder Ketten in eine metallische Verbindung mit dem Hauptgestelle der Maschine oder mit dem Erdboden gesetzt werden können. Letzteres wird bei den gewöhnlichen Versuchen mit der Elektrisirmaschine fast immer in Anwendung gebracht.

§. 993.

Der Conductor oder der erste Leiter C, welcher entweder ganz aus Metall oder aus einem metallischen Ueberzuge besteht, hat gewöhnlich die Gestalt eines an beiden Enden abgerundeten Cylinders oder einer Kugel *); und steht mit S gewöhnlich durch ein paar runde metallene Arme in Verbindung, welche ihr an den Stellen, wo die erregte E unter dem Wachstaffent hervorströmt, einige Spitzen, ohngefähr in einem Abstande von ½ Zoll zukehren. Im Uebrigen sind an C alle Spitzen und vorspringende Ecken zu vermeiden; und man läßt sogar die vorher erwähnten Spitzen bei manchen neuern Maschinen weg, weil sie nach van Marum die E leichter ausströmen lassen als empfangen. Die auf gläsernen Füßen stehenden Arme, welche mit dem übrigen Gestelle der Maschine in keiner weitern Verbindung stehen, werden so eingerichtet, daß man sie abnehmen und mit andern vertauschen kann, wodurch C nicht mit S sondern mit dem Reibzeuge communicirt.

§. 994.

Ist der Reiber einer Elektrisirmaschine M eine Scheibe oder ein Cylinder, so heißt M beziehlich eine Scheiben- oder eine Cylindermaschine; und ist überdieß die Scheibe oder der Cylinder von Glas, so wird M beziehlich eine Glasscheiben- oder eine Glascylindermaschine genannt. Erstere ist (in Fig. 166) dargestellt.

Es bezeichnet nämlich darin S die Glasscheibe; B und D das Reibzeug; F den Würtel oder die Axe von S; G das Rad mit der Kurbel; C den Conductor; H den Zuleiter

*) Und im erstern Falle, für 2 Fuß im Durchmesser haltende Scheiben, eine Länge von 3 Fuß und einen Durchmesser von 5–6 Zoll.

(welcher nach der S zugekehrten Seite mit oder — nach v. Marum — ohne Spitzen versehen ist); und O und L die den C isolirenden gläsernen Füße.

Ist eine solche M nur von mäßiger Größe (wobei etwa S einen Durchmesser von 1 Fuß besitzt), so wird dieselbe gewöhnlich durch einige Schrauben an einem Tische befestigt, u. s. w.

Anmerkung. Otto von Guericke kann als Erfinder der M betrachtet werden, indem er zuerst, um 1672, eine Schwefelkugel mittelst einer Kurbel drehte und mit der Hand rieb.

Hawsbee *) und Hausen bedienten sich um 1743 der Glaskugel und eines Rades mit einer Schnur, um die Umdrehung schneller zu machen.

Winkler gebrauchte Kissen zum Reibzeuge.

Priestley, Cavallo und Andere verbesserten M; und Sigaud de le Fond, Planta und Ingenhouß **) gaben beziehlich um 1756, 1760 und 1764 die Scheibenmaschinen an.

Die vorzüglichsten Maschinen wurden indeß von Ramsden und Cuthberson ***) verfertigt. So construirte z. B. der letztere für das Teyler'sche Museum in Harlem eine M, welche aus zwei Glasscheiben bestand, wovon eine jede 65 englische Zolle im Durchmesser enthielt. Sie standen 7½ Zoll weit auseinander und wurden von acht Kissen gerieben, von denen jedes eine Länge von 15¼ Zoll besaß. Zum längern Reiben dieser Maschine wurden gewöhnlich 4 Menschen gebraucht.

Lichtenberg construirte eine Cylindermaschine mit wollenem Zeuge; und Walkiers St. Amand erfand eine M, wo gefirnißter Tafft über zwei Cylinder gespannt und durch deren Umdrehung an andern mit Katzenfell überzogenen Cylindern gerieben wurde, u. s. w.

§. 995.

Die in §. 982 erwähnten Erscheinungen werden aber nun weit bequemer und auffallender durch M bewirkt.

So ergiebt sich z. B.

1) Die Anziehung zwischen elektrisirten und nicht elektrisirten Körpern, und die Abstoßung der Materien, welche denselben Elektricitätszustand besitzen.

Denn wird das an einem trockenen Seidenfaden aufgehangene Korkkügelchen K dem elektrisirten C genähert, so zieht er es zuerst an, und stößt alsdann K (nachdem es nämlich durch Mittheilung elektrisirt worden ist) wieder ab. In diesem letztern Zustande wird

---

*) Ausgesprochen: Hahsb'r.

**) Ausgesprochen: Ing(ch)enhauß, ein Holländischer Arzt.

***) Ausgesprochen: Köds'bers'n.

es aber von andern nicht elektrisirten Körpern wieder angezogen, u. s. w. Auch oscillirt der zwischen einer elektrisirten und nicht elektrisirten Materie befindliche leichte Körper so lange, bis er der erstern die E ganz genommen und dieselbe der letztern mitgetheilt hat. In der Folge wird es aber deutlich, daß ein nicht elektrisirter Körper in der bloßen Nähe eines elektrisirten ebenfalls elektrisiret wird, und demnach diese letztere Eigenschaft nur scheinbar nicht besitzt.

2) Das elektrische Licht, welches an jeder Spitze erscheint, die entweder am elektrisirten C sich befindet oder demselben genähert wird *).

3) Der elektrische Wind (oder die elektrische Strömung), welcher entsteht, wenn man dem an den Spitzen erscheinenden Lichte einen unbedeckten Theil des menschlichen Körpers nahe bringt.

4) Der elektrische Funken (oder das funkenähnliche Licht) F welcher erscheint, so oft dem elektrisirten C ein leitender Körper mit rundlicher Oberfläche, (z. B. der Knöchel eines Fingers, eine Metallkugel u. s. w.) genähert wird. Dieser Funken, welcher der einfache heißt, ist stechend, und kann leicht entzündliche Körper, wie Knallluft, Hydrogengas, Schwefeläther, Weingeist (und namentlich erwärmten) entzünden. Zieht man ihn aus dem C einer großen M so ist er oft mehrere Zoll lang **) und macht einen gezackten Weg, während die von einem kleinen Funken beschriebene Bahn als gerade sich zeigt. Wird der S ein Knöchel genähert, so ergiebt sich ebenfalls ein F, welcher jedoch viel kleiner und weniger knisternd und stechend als der aus C gezogene erscheint.

5) Eine Wirkung auf mehrere Sinne, indem F nicht bloß dem Auge als Licht erscheint, sondern seinen Durchgang durch die Luft auch vermöge eines Geräusches verkündet; und, wenn er von irgend einem Theile des menschlichen Körpers aufgefangen wird,

---

*) Wird die an M befindliche S im Finstern gedreht, so strahlt aus dem Amalgam des Kissens elektrisches Licht, und die an C vorhandenen Sauger leuchten sehr lebhaft. Reibt man ferner im Finstern eine Glasröhre, so wird durch das Glas der reibende Körper leuchtend gesehen, u. s. w.

**) So zeigten sich z. B. bei günstiger Witterung die Funken an der großen Elektrisirmaschine im Teyler'schen Museum 22—24 Zoll lang und von der Dicke eines Federkiels.

eine gewisse Empfindung verursacht. Auch wird die dem geriebenen Glase allmählig genäherte Hand so afficirt, als ob ein Sinngewebe sie ergriffe; und man verspürt in der Nähe der in Thätigkeit gesetzten Glasscheiben- oder Glascylindermaschine einen phosphorähnlichen Geruch.

6) Bei einem auf dem Isolirschemel befindlichen und mit dem elektrisirten C in Verbindung stehenden Menschen ergeben sich die nämlichen Erscheinungen wie bei C. So werden z. B. leichte Körper von ihm angezogen und abgestoßen, Funken aus ihm gezogen, an den etwa in seinen Händen oder anderswo befindlichen Spitzen Lichterscheinungen bemerkt, und leicht entzündliche Flüssigkeiten von ihm entzündet. Ein solcher Mensch, welcher — wie man zu sagen pflegt — im elektrischen Bade sich befindet, hat keine besondere Empfindung, außer wenn man ihm einen Leiter nähert; und er erscheint im Finstern mit einem Strahlenkranze umleuchtet, wenn man seinen Kopf mit metallenen Spitzen umgiebt.

Anmerkung 1. Es giebt mehrere Versuche, welche auf den elektrischen Anziehungen und Abstoßungen beruhen.

Hierher gehören z. B.

a) die tanzenden Kügelchen von Hollundermark, wenn man dieselben (wie in Fig. 167) unter einen gläsernen Becher legt, dessen innere Fläche mittelst einer mit C verbundenen Kette elektrisirt worden ist.

b) Das Wegschleudern der kleinen Papierschnitzelchen oder Sägespäne in einer metallenen Schale, welche auf dem elektrisirten C befindlich ist.

c) Das elektrische Glockenspiel (Fig. 168), wobei, neben der mit C verbundenen Glocke A, eine andere an einem seidenen Faden hängende B sich befindet, welche mittelst der Kette D mit dem Erdboden in leitender Verbindung steht. Zwischen A und B hängt an einem seidenen Faden die kleine metallene Kugel P, welche beim Elektrisiren zwischen ihnen oscillirt und sie zum Klingen bringt.

d) Der elektrische Puppentanz, welcher stattfindet, wenn man zwischen zwei metallenen Scheiben, wovon die obere mit C und die untere mit dem Erdboden verbunden ist, eine leichte (etwa aus Hollundermark verfertigte) Puppe bringt, und C alsdann elektrisirt.

e) Der goldene Regen, welcher auf die in Nr. d angegebene Weise entsteht, wenn man statt der Puppe kleine vergoldete Körner (etwa aus Hollundermark u. s. w.) gebraucht.

f) Das Emporsträuben der Haare, indem man die Hand oder eine Metallplatte über den Kopf der isolirten Person hält, u. s. w.

Anmerkung 2. In Bezug auf Nr. 4 bemerke man Folgendes:

Die Temperatur eines Körpers scheint ohne Einfluß auf den aus ihm gezogenen elektrischen F zu sein. So ist z. B. der aus dem Eise hervortretende nicht kalt, und der aus dem rothglühenden Eisen kommende nicht warm, u. s. w. Kommt F aus dem Nichtleiter n, so ist er nur klein, weil n bloß von einer Stelle die E abgiebt *). Zieht man dagegen F aus einem Leiter l, so giebt derselbe seine ganze E an den andern Körper (wenn dieser sie nämlich fassen kann) ab. F pflegt ferner desto größer zu sein, je länger C sich zeigt, und erscheint immer, wo eine Unterbrechung des l durch n sich befindet. Werden z. B. auf Glas mehre Staniol- oder andere Metallblättchen dergestalt angebracht**) daß zwischen jedem einzelnen Blättchen Unterbrechungen entstehen, und alsdann auf das Glas elektrische Funken geleitet, so erscheint an jeder unterbrochenen Stelle elektrisches Licht, und die Lagen der einzelnen Funken bringen leuchtende Figuren hervor.

Anmerkung 3. Die Erregung der E wird durch Trockenheit und Wärme begünstigt; und es sind deshalb die Wirkungen der Elektrisirmaschine in trockner warmer Luft im Allgemeinen beträchtlich größer als in feuchter und kalter. Auch folgt hieraus: daß beim Elektrisiren die Nähe eines geheizten Ofens von Nutzen sein kann; und daß Alles, was Entwickelungen von Dämpfen veranlaßt, (wie das Tabakrauchen im Zimmer, die Gegenwart vieler ausdünstender Personen, u. s. w.) dabei möglichst vermieden werden muß.

Zweite Abtheilung.

Von den entgegengesetzten Elektricitäten; von dem Elektroskope und Elektrometer; und von der elektrischen Wage.

§. 996.

Es giebt Erscheinungen, welche auf zwei Zustände der E hindeuten, die in mancher Hinsicht einander entgegengesetzt sind, und entgegengesetzte Elektricitäten genannt zu werden pflegen.

Sie werden auf folgende Weise bemerkbar gemacht:

1) Man elektrisire eine gläserne Röhre R und einen harzigen Körper (z. B. eine Siegellackstange) H durch Reibung mit einem wollenen Lappen; und nähere nun der R ein an einem seidenen Fa-

*) Vergleiche §. 986 Anmerk. 2.

**) Man bemerke, daß Staniol auch Zinnfolie genannt zu werden pflegt.

den hängendes Kügelchen K von Hollundermark. Letzteres wird aber alsdann von R zuerst angezogen; und, nachdem es mit ihr in Berührung gekommen, wieder abgestoßen; hierauf von dem genäherten H zuerst angezogen, alsdann abgestoßen; und jetzt von R wieder angezogen u. s. w.; so daß K in dem nämlichen Zustande von R abgestoßen und von H angezogen, oder umgekehrt, von R angezogen und von H abgestoßen wird.

2) Werden zwei an seidenen Fäden hängende Kügelchen von Hollundermark entweder durch die geriebene R oder durch H elektrisirt, und alsdann einander genähert, so fliehen sie sich, während sie einander näher kommen, wenn man die eine durch R und die andere durch H elektrisirt. Sind in diesem letztern Falle die beiden Kügelchen gleich stark elektrisirt und ihre Oberflächen von gleicher Größe, so zeigen sie nach der Berührung gar keine E.

Anmerkung 1. Wenn man die Scheibe S und das Reibzeug Z einer Elektrisirmaschine isolirt, und sie so mit C verbindet, daß beide ihm E zuführen, so findet man C gar nicht elektrisirt; und es folgt aus dem in Nr. 2 Gesagten: daß sich hier beide Elektricitäten vernichten, und also in S und Z in gleicher Stärke erregt sein müssen.

Anmerkung 2. Wenn man R und H durch einen wollenen Lappen elektrisirt und ein leichtes Federchen zwischen sie bringt, so wird dasselbe hin und her geworfen, und in dieser Beziehung der elektrische Ball genannt.

§. 997.

Der im v. §. an R stattfindende Zustand hieß bei den frühern Physikern die Glaselektricität, während der an H sich zeigende, die Harzelektricität genannt worden ist. Diese Benennungen wurden indeß bald wieder verworfen, weil R und H beide Elektricitäten anzunehmen fähig waren. Denn wurde z. B. R mit einem Katzenfelle gerieben, so bekam es den Zustand der E, welcher so eben Harzelektricität hieß; und wurde H mit einem metallischen Amalgam gerieben, so bekam es den Zustand der E, welcher oben Glaselektricität genannt worden ist.

Anmerkung. Aus vielen Versuchen hat sich ergeben: daß, von zwei aneinander geriebenen heterogenen Körpern, der eine die entgegengesetzte E des andern bekommt, daß aber beide Elektricitäten in den meisten Fällen äußerst schwach und nur durch die feinsten Vorrichtungen bemerkbar sind.

§. 998.

Die Elektricität des mittelst der Wolle geriebenen Glases heißt die positive, und die des auf dieselbe Weise geriebenen Harzes die negative. Diese Benennungen bezeichnen indeß nur die Gegensätze der beiden elektrischen Zustände; und die positive Elektricität wird (der Kürze wegen) durch + E, die negative durch — E, und der natürliche Zustand der Körper durch ± E oder 0 E ausgedrückt.

Sind zwei Körper entweder positiv= oder negativ=, oder ist der eine positiv= und der andere negativ=elektrisirt, so heißen sie im erstern Falle gleichnamig und im andern ungleichnamig elektrisirt. Auch werden + E und + E oder — E und — E gleichnamige, und + E und — E ungleichnamige Elektricitäten genannt.

Anmerkung. Man bemerke: daß Du=Fay die Benennungen der Glas= und Harzelektricität, Franklin die der positiven= und negativen= oder der plus- und minus=Elektricität, und Lichtenberg die bequemern Bezeichnungen + E und — E eingeführt hat.

§. 999.

Man kennt bis jetzt noch keine allgemeine Regel, wonach im Voraus angegeben werden könnte, ob irgend ein Körper durchs Reiben + E oder — E empfängt.

So folgerte z. B. 1) Coulomb aus seinen Versuchen, daß die beim Aneinanderreiben am Meisten sich ausdehnenden Substanzen — E, und die dabei am Wenigsten sich ausdehnenden + E erhalten.

Nach Wilsons *) Versuchen bekommt 2) von den an einander geriebenen Isolatoren der härteste + E und der minder harte — E; nach Ritter erhält 3) von zwei sich reibenden Leitern der brennbarere + E und der minder brennbare — E; und nach Biot bekommt 4) jeder der Körper: Katzenfell, polirtes Glas, Wollenzeug, Federn, Hölzer, Papier, Seide, Gummilack, mattgeschliffenes Glas

+ E wenn er mit einem Folgenden und — E wenn er mit einem Vorhergehenden gerieben wird.

---

*) Ausgesprochen: Uilf'n.

§. 1000.

In Bezug auf die Art der E, welche verschiedene Körper erhalten, wenn sie mit andern gerieben werden, haben die sorgfältigsten Versuche Folgendes gelehrt:

1) Der Rücken einer Katze bekommt + E durch Reibung mit jeder bisher versuchten Substanz.

2) Glattes Glas erhält + E durch's Reiben mit jeder bisher versuchten Substanz, den Rücken einer lebendigen Katze ausgenommen.

3) Mattes Glas bekommt + E durch Reibung mit Wachstaffet, Schwefel, Metallen; und — E durch's Reiben mit Wollenzeug, Federkiel, Holz, Papier, Siegellack, weißem Wachse, der Hand.

4) Turmalin erhält + E durch Reibung mit Bernstein und den Windstoß eines Blasebalgs; und — E durch's Reiben mit einem Diamanten und der Hand.

5) Hasenfell erhält + E durch Reibung mit Metallen, Seide, Magnet, Leder, der Hand, Papier und getrocknetem Holze; und — E durch's Reiben mit andern feinern Fellen.

6) Schwefel bekommt + E durch's Reiben mit Metallen; und — E durch Reibung mit Harz, Wolle, Papier, Holz und der Hand.

7) Weiße Seide erhält + E durch Reibung mit schwarzer Seide, Metallen, schwarzem Tuche; und — E durch's Reiben mit Papier, der Hand, den Haaren und dem Wieselfell.

8) Schwarze Seide bekommt + E durch Reibung mit Siegellack; und — E durch's Reiben mit Hasen-, Wiesel-, Frett-Fellen, Magnet, Messing, Silber, Eisen, der Hand, und weißer Seide.

9) Siegellack erhält + E durch Reibung mit einigen Metallen, und — E durch's Reiben mit Hasen-, Wiesel-, Frett-Fellen, Hand, Leder, wollenem Tuche, Papier, Eisen, Stahl, Blei, Wismuth, Graphit.

10) Getrocknetes Holz bekommt + E durch Reibung mit Seide; und — E durch's Reiben mit Flanell, u. s. w.

Anmerkung. Zu den hier angegebenen Erscheinungen existiren viele Modificationen, deren Ursachen in der Größe der reibenden und geriebenen Oberfläche, in den verschiedenen Graden der Glätte der Oberfläche, in der Temperatur und im größern oder kleinern Drucke liegen. So bekommt z. B., von zwei an einander geriebenen Körpern, derjenige, welcher eine größere Reibung erleidet — E und der andere + E, und also (unter übrigens gleichen Umständen) der rauhere — E und der glättere + E. So erzeugt ferner (nach Wilke) das in einem Federkiel befindliche Quecksilber verschiedene Elektricitäten, je nachdem man es nach dem einen oder nach dem andern Ende bewegt; und eben so erhält von den beiden (in Fig. 169) kreuzweis über einander geriebenen weiß seidenen Bändern von demselben Stück, das der Länge nach geriebene ab + E, und das der Quere nach geriebene cd — E; wird aber ab vor der Reibung stark erhitzt, und letztere nur so kurze Zeit bewerkstelligt, daß der Temperaturunterschied zwischen ihm und cd in beträchtlichem Grade sich erhält, so pflegt dieser Umstand den Einfluß der Reibungsart zu überwiegen, und ab erhält — E, während cd + E annimmt, u. s. w.

§. 1001.

Der zwischen + E und — E stattfindende Unterschied ergiebt sich recht auffallend durch eine Elektrisirmaschine, deren Reibzeug isolirt werden kann und das seinen eigenen Conductor B besitzt.

Elektrisirt man nämlich den Conductor C der Glasscheibe (durch Drehung der letztern) so erhält derselbe + E, während der isolirte B — E bekommt.

Nun ergiebt sich aber:

1) Ein leichter isolirter Körper (etwa ein an einem seidenen Faden hängendes Korkkügelchen) wird von C erst angezogen, dann abgestoßen; hierauf von B erst angezogen, dann abgestoßen; und nun von C wieder angezogen und abgestoßen, u. s. w.

2) Wenn man die harzige Oberfläche O mit einem durch C elektrisirten Körper berührt und die Berührungsstelle s mit Bärlappsamen bestreut, so erscheint an derselben (wie in Fig. 170) eine Figur, aus deren Mittelpunkt Strahlen zu gehen scheinen. Berührt man dagegen O durch B, so erscheint an s eine Figur ohne Strahlen und von rundlicher Gestalt.

3) Wird ein mit B verbundener leitender Körper in eine solche Nähe von C gebracht, daß Funken entstehen, so haben dieselben eine bedeutend größere Intensität *) als jene, die entweder aus C oder B auf früher nicht elektrisirte Körper überspringen. (Hier wird aber ein isolirtes Reibzeug vorausgesetzt).

*) d. h. innere Stärke oder Kraft.

4) Nähert man dem C die Metallspitze m, so zeigt sich im Finstern schon in beträchtlicher Entfernung ein Lichtstern oder Lichtpunkt an derselben, welcher desto lebhafter wird, je näher man C kommt. Befestigt man aber m an C und nähert sich ihr dann mit der Hand (oder einem andern leitenden Körper) so geht an m nicht ein Stern, sondern ein divergirender Strahlenbüschel hervor. Nimmt man endlich, statt C den elektrisirten B, so kehren sich die beiden hier angegebenen Erscheinungen um.

Anmerkung 1. Die in Nr. 2 erwähnten Figuren werden (nach ihrem Entdecker) die Lichtenberg'schen genannt, obgleich sie schon früher von Cavallo bemerkt worden sind. Sie ergeben sich auch noch dadurch, daß man ein metallenes Glöckchen auf eine sehr glatte Harzfläche setzt, es mit einer geriebenen Glasstange (oder sonst) positiv, und mit einer geriebenen Siegelstange (oder sonst) negativ elektrisirt, und die Stelle wo es stand, mit fein pulverisirtem Colophonium, Schwefel u. s. w. bestäubt.

Anmerkung 2. Wenn man einer harzigen Oberfläche O an einigen Stellen + E und an andern — E ertheilt, und alsdann O mit einem aus zwei gemengten Materien (Schwefelblumen und rothem Quecksilberoxyde) bestehenden Pulver bestreut, so werden die durch + E und — E bewirkten Figuren auf eine sehr auffallende Weise erzeugt.

Anmerkung 3. Der aus C gezogene elektrische Funken ist größer als der aus B unter den nämlichen Umständen erhaltene. Auch findet die Richtung der Strahlen von + E gegen — E hin statt. Ob aber der ganze Funken von + E nach — E fahre, oder umgekehrt; oder ob vielleicht zwei Funken sich gegen einander bewegen und vereinigen, ist wegen der äußerst großen Schnelligkeit derselben nicht wohl zu unterscheiden.

Anmerkung 4. Man bemerke, daß die in Nr. 3 dieses §. erwähnte elektrische Strömung aus der positiv-elektrisirten Spitze einen säuerlichen- und aus der negativ-elektrisirten einen alkalischen Geschmack erzeugt.

§. 1002.

Aus §. 996—1002 gehen folgende Gesetze hervor:

I. Gleichnamig elektrisirte Körper streben sich von einander zu entfernen, oder + E stößt + E, und — E stößt — E ab.

II. Ungleichnamig elektrisirte Körper ziehen sich wechselseitig an, oder + E zieht — E, und — E zieht + E an.

§. 1003.

In Bezug auf Nr. II. v. §. bemerke man Folgendes:

Sind zwei Körper K und k von gleichen Oberflächen, wovon der eine + E und der andere — E besitzt, gleich stark elektrisirt, so ziehen sie sich (wie bereits in §. 996 erwähnt worden ist) einander an, und besitzen nach der Berührung gar keine E.

Sind aber K und k ungleich stark elektrisirt, so kann die + E des einen die — E des andern, oder die — E des einen die + E des andern, nicht vollkommen vernichten; sie bleiben also elektrisirt und zwar so, daß beide die E des ursprünglich auf einen höhern Grad elektrisirten Körpers besitzen. Aus diesem Grunde stoßen sie sich (nach Nr. I.) einander ab, u. s. w. Auch zwei Körper, welche beide + E oder — E haben, können einander anziehen, wenn die Stärken ihrer Elektricitäten sehr merklich von einander verschieden sind. Doch ist diese Ausnahme von dem in Nr. I. gegebenen Gesetze nur scheinbar, wie aus der folgenden Abtheilung zur Genüge sich ergiebt.

Anmerkung 1. Aus den gewöhnlichsten Versuchen geht hervor: daß die elektrische Anziehung und Abstoßung nicht allein durch die Luft sondern auch durch andere Nichtleiter, z. B. durch Glas, Siegellack u. s. w. sich äußert. Auch erfolgt diese Wirkung durch alle Leiter; doch wird sie hier durch eine andere Erscheinung versteckt.

Anmerkung 2. Das Abstoßen gleichnamig elektrisirter Körper beweist nicht nur, daß in E ein beständiges Bestreben liegt sich auszubreiten, sondern daß sie dasselbe auch der wahrnehmbaren Materie mittheilt, zwischen deren Theilen sie thätig ist. Aus diesem Grunde wird die Cohäsion der festen und flüssigen Theile durch E vermindert; und es ergiebt sich in der Folge: daß durch die verstärkte E, Glas und andere feste Körper zersprengt oder durchlöchert werden können. Giebt man einem trichterförmigen Gefäße G unten eine so kleine Oeffnung, daß das hineingegossene Wasser W nur in einzelnen großen Tropfen herausfließt, hängt G an C so auf, daß W in leitender Verbindung mit letzterm steht, und dreht alsdann die Scheibe, so vertheilt sich W in viele kleine Tröpfchen und fließt mit vermehrter Geschwindigkeit aus G.

Anmerkung 3. Aus dem Gesetze der Anziehung und Abstoßung kann man finden, ob ein elektrisirter Körper K + E oder — E besitzt. Man elektrisirt nämlich ein an einem Seidenfaden hängendes Korkkügelchen durch geriebenes Glas, oder ertheilt ihm auf eine andere Weise die + E, nähert ihm nun K, und sieht zu, ob es von ihm angezogen oder abgestoßen wird. Im erstern Falle ist das Korkkügelchen negativ und im letztern positiv elektrisirt. Ist die Elektricität des K nur schwach, so muß das Kügelchen sehr klein, der Faden (wie der von einem Seidenwurme gesponnene) sehr fein sein, und eine Länge von wenigstens einem Fuße besitzen, u. s. w.

§. 1004.

Auf dem in §. 1002 Nr. I. angegebenen Gesetze beruhen diejenigen Vorrichtungen, welche man Elektroskope (Elektricitätszeiger) oder Elektrometer (Elektricitätsmesser) nennt. Sie dienen dazu auszumitteln:

1) ob ein Körper K elektrisiret sei,

2) ob seine E einen höhern Grad als die eines andern Körpers besitze.

Unter den verschiedenen Elektroskopen oder Elektrometern besteht das einfachste aus einer an einem langen und trocknen seidenen Faden hängenden Kugel von Kork- oder Hollundermark, welche auf die früher erwähnte Weise die E des K angiebt.

Nicht weniger einfach ist das Cantonsche*) Faden-Elektroskop, welches aus zwei an einem Seidenfaden parallel neben einander hängenden leinenen Fäden besteht, die an ihren Enden Hollundermarkkügelchen tragen. Haben diese Fäden, welche auch elektroskopische oder elektrometrische Pendel heißen, denselben Zustand der E, so divergiren sie desto mehr, je stärker sie elektrisiret sind.

Das sehr empfindliche Bennet'sche Elektrometer (Fig. 171) enthält als elektrometrische oder elektroskopische Substanz die beiden dünnen Goldblättchen c und d, welche ohngefähr 2 Zoll lang, an das keilförmige Metallstück b durch Eiweis angeklebt und parallel mit einander sind. Um c und d vor Luftströmungen zu bewahren, schließt man sie (wie in Fig. 172) in ein kleines gläsernes Gefäß G, welches unten dem metallenen Boden mf und oben einen in der Mitte durchbohrten metallenen oder gläsernen Deckel enthält.

An zwei entgegengesetzten Seiten des G sind die Staniolstreifen oh und ik angebracht, damit sie die E von c und d ableiten, wenn letztere die Wände des G treffen. Auch ist, um die Divergenz von c und d zu beobachten, noch der Kreisbogen pq an G befindlich, u. s. w.

Anmerkung 1. Da (in Fig. 172) c und d parallel neben einander hängen ohne sich zu berühren, so muß jedes seine eigene Auf-

*) Canton wurde 1718 zu Strout in Gloucestershire geboren; und starb 1772 zu London.

hängung haben, worin es sich möglichst frei und zwar in der durch die Axen von c und d gelegten Ebene bewegen kann. Auch werden c und d kleiner oder größer gemacht, je nachdem das Instrument mehr oder weniger empfindlich sein soll; und von der Größe von c und d hängen wiederum die Dimensionen des G ab, indem die untern Enden der c und d von dem Boden und den Seidenwänden mindestens ½ Zoll, und bei größern Pendeln noch mehr abstehen müssen. Ebenso ist das Elektrometer desto empfindlicher in seinen Anzeigen, je leichter c und d sind, je mehr Freiheit in der Bewegung ihnen die Art ihres Aufhängens verstattet und in je geringerm Verhältnisse der blos zur Mittheilung der E an c und d dienende Stiel auf seiner Oberfläche die E zurückbehält. Aus diesem Grunde werden l und b dünn und der Knopf a sehr klein construirt. Die Streifen oh und ik sind endlich an G so angebracht, daß sie mit mf in leitender Verbindung stehen und oben nur ein wenig bis über die Stelle reichen, wo c und d die Wände des G treffen.

Anmerkung 2. Die von Volta und Saussüre angegebenen Elektrometer sind auf dieselbe Weise wie das Bennet'sche eingerichtet, nur daß c und d bei dem erstern zwei neben einander hängende feine Stroh- oder Grashalme, und bei dem letztern zwei sehr feine Silberfäden sind, in deren Enden zwei kleine Hollundermarkkügelchen sich befinden.

§. 1005.

Der in Fig. 173 angegebene Apparat wird das Henly'sche Quadranten-Elektrometer genannt. Es bezeichnet nämlich darin ab einen nicht gedörrten hölzernen oder metallenen Stab, der sich oben in eine Kugel endigt, und woran der elfenbeinerne oder gläserne in Grade getheilte Halbkreis idf (oder statt dessen ein Quadrant) befindlich ist. Am Mittelpunkte m ist das sehr dünne, leichte und mit einem Kügelchen von Hollundermark versehene hölzerne Stäbchen mg *) so angebracht, daß es sich um m frei bewegen kann; auch wird der ganze Apparat mit dem Conductor C einer Elektrisirmaschine so verbunden, daß h in eine dazu bestimmte Oeffnung des letztern kommt. Elektrisirt man aber nun C, so erhebt sich mg, weil mg und ab gleichnamige Elektricitäten erhalten und also ersteres von letzterm abgestoßen wird. Je stärker aber E ist, desto höher steigt mg; und die Grade der E, d. h. das Expansivvermögen derselben, wird die Spannung der elektrischen Materie oder die elektrische Spannung genannt.

Anmerkung. Um das Elektrometer von C trennen zu können wird dasselbe mit einem Fuße auf die in Fig. 174 angegebene Weise versehen. Auch sind ab und mg gewöhnlich aus Buchsbaumholz und die in m befindliche Axe aus Messing gefertigt.

---

*) Welches auch ein Faden von Fischbein sein kann.

§. 1006.

Coulomb erfand ein Werkzeug, welches die elektrische Wage W heißt, und dessen nächster Zweck es ist, die Gesetze zu ermitteln, wonach die elektrischen Anziehungen und Abstoßungen mit den Entfernungen sich vermindern. Auch wird W als ein sehr empfindliches Elektrometer gebraucht, und ihre Construction in den nächsten §§. folgendermaßen auseinander gesetzt.

§. 1007.

Wenn man einen etwas langen und zarten Faden (etwa einen sehr feinen Silberfaden oder einen einfachen Seidenfaden) am obern Ende befestigt und am untern mit einem dünnen und leichten Zeiger oder Hebel H dergestalt versieht, daß H in seinem Schwerpunkte aufgehangen ist und in horizontaler Richtung schwebt, so folgt:

a) daß H durch die allerschwächste Kraft in horizontaler Richtung um seinen Schwerpunkt gedreht werden kann;

b) daß H, wenn man ihn um einen gewissen Winkel aus seiner ersten Lage bringt und alsdann frei läßt, nach einigen pendelartigen Schwingungen in dieselbe wieder zurückkehrt.

Coulomb hat eine Menge feiner und sorgfältiger Untersuchungen angestellt, um das Verhältniß zu ermitteln, worin eine angewandte Kraft K mit dem Winkel steht, um welchen sie H dreht, und dadurch gezeigt,

I. daß K in gleichem Verhältnisse mit diesem Winkel sich befindet, und daß also

II. die von H beschriebenen Winkel als Maße der auf ihn wirkenden Kräfte erscheinen.

Die hier angegebene Vorrichtung, welche die allgemeine Drehwage heißt, wurde von Coulomb zu äußerst feinen Untersuchungen über elektrische und magnetische Kräfte benutzt, in dieser Beziehung auf die im folgenden §. angegebene Weise construirt und so die elektrische Wage genannt.

§. 1008.

Es bezeichne (in Fig 175) abcd (im senkrechten Durchschnitte) ein cylindrisches, nur wenige Zoll hohes, aber 6—8 Zoll weites Gefäß, welches an seiner äußern cylindrischen Fläche, ohngefähr in der Mitte der Höhe, einen, in der Figur nicht vorgestellten und in 360° getheilten Kreis enthält. Das Gefäß ist oben mit der aufgekitteten Glasplatte ab geschlossen, in deren Mitte ein rundes 1 bis 1½ Zoll weites kreisförmiges Loch rs sich befindet, worin eine 16—18 Zoll hohe Glasröhre befestigt ist. Letztere ist aber wieder mit der kreisförmigen Platte il so bedeckt, daß dieselbe in der Röhre sanft (doch nicht allzu leicht) herumgedreht werden kann. Der Rand von il ist ringsherum in 360° getheilt; auch besteht il gewöhnlich aus Messing, und enthält in ihrer Mitte f eine kleine Oeffnung, worin eine kurze oben und unten hervorragende Axe fm sich drehen läßt, ohne il selber zu drehen. Am obern Ende von fm befindet sich der Zeiger fg, und am untern der sehr feine Silberdraht mn, welcher ohngefähr bis in die Mitte von abcd reicht, und hier den horizontalen und aus einer feinen Nadel von Schellack (Gummilack) u. s. w. bestehenden Hebel op enthält. Spannt aber nun op den mn noch nicht hinreichend, so wird bei n ein kleines Bleigewichtchen angehängt; auch muß op eigentlich in gleicher Höhe mit dem am äußern Umfange von abcd gezeichneten Kreise sich befinden, weil derselbe die Stellung des op angeben soll. An dem einen Ende p des letztern ist ein kleiner Kreis von Goldpapier in lothrechter Lage so angeklebt, daß der metallische Ueberzug desselben abwärts von op gekehrt ist; auch muß das Ende p gerade auf den Nullpunkt des äußern Kreises zeigen (welches stets durch Umdrehung von il bewirkt werden kann); und eben so befindet sich in ab, gerade über p eine kleine kreisförmige 0,2 bis 0,4 Zoll weite Oeffnung q, um dem kleinen Kreise von Goldpapier eine schwache E mittheilen zu können. Man befestigt demgemäß eine kleine messingene Kugel an einen Faden von Gummilack, und bringt dieselbe so in abcd, daß sie im unelektrisirten Zustande nur den Metallüberzug des kleinen Kreises berührt. In dieser Stellung muß sie in q einigermaßen und zwar so befestigt sein, daß man sie leicht herausnehmen und wieder in derselben Stellung hineinbringen kann. Was die Zählung der Grade an den beiden eingetheilten Kreisen betrifft, so muß sie am untern nach der Seite, wohin p durch elektrische Abstoßung getrieben wird, und am obern in entgegengesetzter Richtung geschehen.

§. 1009.

Um das für die elektrischen Abstoßungskräfte gültige Gesetz zu bestimmen wird die (in Fig. 175) angegebene elektrische Wage auf folgende Weise gebraucht.

Man bringe fg auf den Nullpunkt des obern und po (durch gehörige Drehung von il) auf den Nullpunkt des untern Kreises. Nun nehme man die in q befindliche Kugel heraus, theile ihr eine schwache E mit, und bringe sie wieder, möglichst genau, in ihre vorige Lage, d. h. an p. Sobald sie aber jetzt das an p befindliche Goldblättchen berührt, wird dasselbe in gleichem Grade elektrisirt, und deßhalb von der Kugel abgestoßen. Nimmt man nun an, daß po etwa um 18° vom Nullpunkte abgetrieben wird, und alsdann stille steht, so hält die elektrische Abstoßung mit 18° Drehungskraft das Gleichgewicht. Wird aber jetzt die kleinste entgegengesetzte Drehungskraft angewandt, so muß po der Kugel sich wieder nähern. Aus diesem Grunde drehe man mn durch fg (aber nicht durch il) nach der entgegengesetzten Seite langsam, und zwar so lange fort, bis po genau die Hälfte seines vorigen Weges zurückgelegt hat, und zähle alsdann, um wieviel Grade fg gedreht worden ist. Nimmt man hier 63° an, so wird po, indem er noch 9° vom Nullpunkte absteht, durch eine Drehungskraft von 63° + 9° oder 72° im Gleichgewichte erhalten; und es folgt hieraus: daß die Abstoßungskraft bei einem Abstande von 9° = 72, bei einer Entfernung von 18° = 18 ist, daß sich also diese beiden Kräfte wie 72 : 18 oder wie 4 : 1, und die ihnen entsprechenden Entfernungen wie 9 : 18 oder wie 1 : 2 verhalten.

Aus vielen Versuchen dieser Art erwies aber nun Coulomb: daß die abstoßenden und anziehenden Kräfte der E im umgekehrten Verhältnisse mit den Quadraten der Entfernungen stehen; oder was dasselbe ist, daß die elektrischen Abstoßungen und Anziehungen im umgekehrten

Verhältnisse mit den Quadraten der Entfernungen abnehmen. Doch ist dies Gesetz nur für physische Punkte gültig, welche elektrische Abstoßungen und Anziehungen auf einander äußern, und auf größern Volumen nur anwendbar, wenn sie solche Größen und Lagen besitzen, daß alle zwischen ihnen denkbaren geraden Linien nur wenig vom Parallelismus abweichen.

Anmerkung 1. Da genaue Winkelmessungen bei den vorerwähnten Versuchen unmöglich sind, so wird jede einzelne Messung auf's Sorgfältigste wiederholt. Auch folgt, daß bei der Anwendung stärkerer Elektricitäten, wodurch po um größere Winkel aus seiner Lage kommt, nicht die Bogen selbst sondern ihre Sehnen als Maße der Entfernungen betrachtet werden müssen.

Anmerkung 2. Die elektrische Wage wird vielfach angewandt und besonders auch als ein sehr empfindliches Elektrometer gebraucht. Bei diesen Versuchen muß man aber eigentlich sowohl die Kugel als auch den Kreis von Goldpapier als physischen Punkt betrachten, weil nicht zu erwarten ist, bei großen elektrisirten Flächen dasselbe Gesetz des Abstoßens und Anziehens, besonders in der Nähe, wie bei physischen Punkten zu finden, indem im erstern Falle die Stärke der elektrischen Kraft nicht von einer einzigen Entfernung, sondern von dem Abstande aller Punkte des elektrisirten Körpers von allen Punkten des abgestoßenen oder angezogenen abhängt, und diese Bestimmung in vielen Fällen sehr schwierig und verwickelt werden kann.

Dritte Abtheilung.

Von dem elektrischen Wirkungskreise, und von der Schlagweite.

§. 1010.

Wenn man ein Elektrometer A in einiger Entfernung von der Elektrisirmaschine M aufstellt, und die Scheibe S alsdann dreht, so gehen die Pendel des A auseinander, und zwar in desto größerer Entfernung von M, je stärker die E und je empfindlicher das A ist. Die auf diese Weise erregte E nimmt beim Stillstehen der S in demselben Verhältnisse ab, worin die E des C*) sich zerstreut; und der ganze Raum, worin bemerkbare elektrische Wirkungen er-

*) d. h. des Conductors.

folgen, wird der elektrische Wirkungskreis W oder die elektrische Atmosphäre genannt.

§. 1011.

Die erste im W stattfindende Erscheinung ist die Mittheilung der E an den leitenden Körper l, welche am vollständigsten nur unsichtbar bei der Berührung, und sichtbar mittelst eines überspringenden Funkens in einiger Entfernung erfolgt, welche die Schlagweite heißt. Ist l gut isolirt, so behält er die ihm mitgetheilte E selbst nach seiner Entfernung von C; ist er aber nicht isolirt, so erfolgt ebenfalls der Uebergang, doch strömt die E jetzt unbemerkt durch die Ableitung fort.

Anmerkung. Die Schlagweite richtet sich nach der Stärke der E, nach dem mehr oder minder leitenden Zustande der Luft und nach der Beschaffenheit und Gestalt des l u. s. w. Auch wird die Güte der M nach der größten Schlagweite geschätzt, in der sie einer etwas großen metallenen Kugel oder den Knöcheln der Hand Funken ertheilt; und man sagt in diesem Falle: M gebe n zöllige Funken, wenn ihre größte Schlagweite ohngefähr n Zoll beträgt. (Vergl. §. 995 Nr. 4.)

§. 1012.

Da nach §. 996 der unelektrische Zustand dadurch entsteht, daß gleiche Grade entgegengesetzter Elektricitäten in demselben Raume zusammen kommen, so folgt: daß die ±E keine Anziehung und Abstoßung und überhaupt keine elektrische Erscheinungen bewirkt, wie gehäuft sie auch vorhanden sein mag.

Wird aber der eine Bestandtheil der ±E über den Punkt der Gleichheit in demselben Raume vermehrt, so wirkt dieser Ueberschuß als freie E; und dies findet bei der Mittheilung statt. Es giebt indeß noch eine andere Art von Wirksamkeit und zwar in dem Falle, wo die ±E in der Nähe einer gehäuften E derselben Art (etwa der +E) unter Umständen sich befindet, welche eine Mittheilung wo nicht hindern, doch erschweren. Denn die anziehende Kraft beider Elektricitäts-Arten kann alsdann zwar keine wirkliche Vereinigung der gehäuften +E mit der benachbarten —E bewirken, aber doch die Kraft schwächen, womit diese —E an ihre +E gebunden ist, und deßhalb die letztere in eben dem Maße befreien. Dies findet nun in der Wirklichkeit unter mehreren Umständen statt; und man kann zeigen: daß um jeden Körper, welcher eine gehäufte E besitzt, in der umgebenden Luft die gleichnamige E mit stetig abnehmender Stärke und bis zu einer unbestimmten Entfernung in Freiheit kommt.

Dies ist der Ursprung des W*), dessen elektrische Thätigkeit man Elektricität durch Vertheilung nennt, um sie von der durch Mittheilung entstandenen zu unterscheiden.

Anmerkung. Die mitgetheilte E ist in gut isolirten Körpern bleibend, während die Erscheinungen der vertheilten mit der Wegnahme des W gleichfalls verschwinden. Die Gesetze der Vertheilung wurden von Wilke und Aepinus um 1757 entdeckt.

§. 1013.

Enthält (in Fig. 176) der kugelförmige oder anders gestaltete Körper K einen Ueberschuß von $\pm$E, die umgebende Luft A aber die natürliche $\pm$E; und ist A völlig wasserfrei, so erscheint sie als Nichtleiter; und es geschieht dieserhalb keine Mittheilung von der gehäuften +E an A. Theilt man aber jetzt A in unendlich dünne concentrische Schichten, so ist die +E des K in Berührung mit der $\pm$E der ersten sie unmittelbar berührenden Luftschichte; und ohngeachtet der starken Anziehung jener +E gegen die —E dieser Schichte, kann sie unter der gemachten Voraussetzung sich nicht wirklich mit derselben verbinden, und ihre Anziehung nur darauf beschränken, diese —E festzuhalten, und die Kraft, womit sie an ihre +E gebunden war, wo nicht ganz, doch größtentheils aufzuheben; und also diese +E in eben dem Maße zu befreien. Was aber K auf die erste Luftschichte wirkt, das wirkt die erste auf die zweite, die zweite auf die dritte u. s. w., d. h. jede vorhergehende auf die nächst folgende; und es folgt hieraus: daß diese Wirkung von Schichte zu Schichte abnehmen muß.

Anmerkung. Aus gegenw. §. folgt, daß A — unter den hier gemachten Voraussetzungen — nichts als ihre natürliche $\pm$E enthält, daß aber dennoch derjenige Bestandtheil, welcher der E des K gleichartig ist, bis zu einer unbestimmten Entfernung und mit abnehmender Stärke in Freiheit sich befindet, u. s. w.

---

*) Vergl. §. 1010.

§. 1014.

Der elektrische Wirkungskreis W, worin keine andere als die vertheilte E stattfände, könnte nur entstehen, wenn zwischen dem elektrisirten Körper und der A gar keine Mittheilung stattfände. Dies findet in der Wirklichkeit aber niemals statt, weil A immer mehr oder weniger leitenden Wasserdunst enthält; und es existirt deshalb im W stets einige mitgetheilte E, welche bisweilen auf die Erscheinungen der dem W ausgesetzten Körper von bedeutendem Einflusse ist.

Aus diesem Grunde muß bei Beurtheilung der Versuche das Vorhandensein einiger mitgetheilten E beachtet und ihre Menge auf das Möglichste dadurch vermindert werden, daß man

1) die Versuche nur bei trockener und reiner A anstellt, und

2) nur schwache Elektricitäten dabei in Anwendung bringt.

§. 1015.

Der elektrisirte Körper, dessen W beobachtet werden soll, ist am bequemsten der Knopf K (Fig. 177) einer mäßig starken Verstärkungsflasche*), weil derselbe beliebige Grade der Stärke zu bekommen, die E am festesten zu halten und der ableitenden Kraft des A den wenigsten Einfluß zu gestatten vermag. Der in W kommende Leiter ist (bei den meisten Versuchen) ein gerader, dünner, an beiden Enden abgerundeter 12 oder mehrere Zoll langer cylindrischer Stab op (Fig. 177), welcher auf einem gut isolirenden Gestelle befestigt ist und nicht verrückt werden darf, während K hin und her geschoben werden kann.

Auch ist K in der verlängerten Axe des op um mehr als seine Schlagweite vom letztern entfernt.

§. 1016.

Um den elektrischen Zustand des Leiters op (Fig. 177) in jedem einzelnen Punkte zu beobachten, werden in den Endpunkten o und p, und eben so in den Zwischenpunkten c, s, d u. s. w. kleine

*) Wovon in der 6ten Abtheilung die Rede sein wird.

Faden-Elektrometer befestigt, ihre Divergenzen beobachtet, und die Arten ihrer Elektricitäten durch elektrisirte Hollundermarkkügelchen oder geriebene Siegellackstangen, welche aber dem op von oben her genähert werden müssen, geprüft. Auch kann man statt der in o, c, s, d, p u. s. w. befindlichen Faden-Elektrometer, ein einziges empfindliches Elektrometer gebrauchen, u. s. w.

§. 1017.

Wenn ein etwas langer isolirter Leiter op (Fig. 177) seine Axe dem elektrisirten Körper K zukehrt, so zeigt er an dem nahen Ende die ungleichnamige, an dem entfernten die gleichnamige E des W, und zwischen beiden Enden eine Stelle, welche keine E besitzt und aus diesem Grunde der Indifferenzpunkt genannt zu werden pflegt.

Beweis. Enthält K, und also auch W, + E, so ist op überall mit freier + E in Berührung; und da dieselbe bei o viel stärker als bei p sich zeigt, so wird von der in o enthaltenen natürlichen ± E die — E stärker nach o als nach p gezogen. Aus diesem Grunde häuft sich die — E bei o die + E bei p an, und es existirt zwischen o und p eine Stelle, wo gleichviel + E und — E oder wo der Indifferenzpunkt sich befindet. Enthielten K und W nicht + E sondern — E, so würde bei o die + E und bei p die — E sich anhäufen, u. s. w.

Anmerkung 1. Die in diesem §. aufgestellte Behauptung wird auch noch auf folgende Weise bestätigt.

1) Ist (in Fig. 177) K positiv elektrisirt, so gehen die Fäden beinah sämmtlich auseinander, d. h. op ist fast an allen Stellen elektrisirt.

2) Das Auseinandergehen der Fäden nimmt gegen die Mitte des op ab, so daß letzterer an den der Mitte nähern Stellen im Allgemeinen schwächer als in den entferntern elektrisirt sich zeigt.

3) An irgend einer Stelle s (die aber nicht immer in der Mitte von op sich befindet) gehen die Fäden gar nicht auseinander; und es folgt hieraus: daß s im unelektrisirten Zustande sich befinden oder der Indifferenzpunkt sein muß. Die Lage der s ist jedoch von der größern oder kleinern Annäherung des K abhängig u. s. w.

4) Nähert man ein an einem seidenen Faden hängendes Hollundermarkkügelchen h, welches früher + E erhalten hat, nach und nach den verschiedenen Stellen des op, so wird h an dem Ende p abgestoßen und an o angezogen; und es folgt hieraus, daß p + E und o — E besitzt.

5) Bringt man den elektrisirten K aus der Nähe des op, ohne früher o oder p berührt zu haben, so verschwinden alle elektrischen Erscheinungen an op; und es folgt hieraus: daß op keine E durch Mittheilung erhalten hat.

Anmerkung 2. Der in diesem §. angegebene Erfolg ist nicht blos vom W sondern auch von der Gestalt, Größe und Lage des op abhängig. Wäre z. B. op sehr kurz, oder hätte er eine solche Gestalt und Lage, daß alle seine Theile ohngefähr gleichweit von K abständen, so würde seine ± E sich nicht wirklich scheiden können, sondern blos der eine Bestandtheil derselben in einem gewissen Grade gebunden sein.

Anmerkung 3. Aus gegenw. §. geht hervor, daß ein stark elektrisirter Körper K in einem gleichnamigen aber schwach elektrisirten k eine Vertheilung der E bewirken kann, daß hierdurch k an dem genäherten Ende den ungleichnamigen elektrischen Zustand erhält, also von K angezogen wird, und sich hieraus die scheinbare Ausnahme von dem in §. 1002 aufgestellten Gesetze erklärt.

§. 1018.

Bringt man den elektrisirten Körper K immer näher an op, so wird die bei o angehäufte E einem stetig zunehmenden Zuge ihres Gegensatzes ausgesetzt, und dieser Zug in einer gewissen Nähe so stark, daß eine wirkliche Vereinigung beider Elektricitäten, vermittelst eines Funkens erfolgt. In diesem Augenblicke verbreitet sich aber die in Bewegung gesetzte E gleichförmig durch K und op, wodurch der letztere einen Ueberfluß von der dem K zukommenden E erhält.

§. 1019.

Wenn op (in §. 1017) außer der vertheilten Elektricität noch eine kleine Quantität + E oder — E durch Mittheilung erhält, so wird dadurch in op die gleichnamige E verstärkt und die ungleichnamige geschwächt. Besitzt z. B. op bei o vertheilte — E, bei p aber + E, und theilt man ihm jetzt eine anderweitige kleine Quantität — E mit, so wird dadurch die — E bei o verstärkt, die + E bei p geschwächt, und also s näher nach p gerückt.

Das Umgekehrte findet statt, wenn man dem op eine kleine Quantität + E mittheilt. Giebt man ihm aber eine bedeutende Menge + E oder — E, so folgt, daß hierdurch der Einfluß des W fast ganz vernichtet werden kann, und daß aus diesem Grunde die E des K nur schwach sein darf.

§. 1020.

Enthält (in Fig. 177) op in p die Ableitung l; und ist K positiv elektrisirt, so bekommt o (wie in §. 1017) — E, und p ± E, weil die + E, welche hier entstehen sollte durch l entweicht. Wird aber jetzt zuerst l und alsdann K entfernt, so hört die Bindung der — E auf, und op wird negativ elektrisirt.

Anmerkung. Werden in gegenw. §. die Zeichen (+) und (—) mit einander verwechselt, so ergiebt sich der Erfolg, welcher stattfindet, wenn K und W freie — E besitzen, u. s. w.

§. 1021.

Ist (in Fig. 177) op ein Nichtleiter, so bekommt derselbe an der genäherten Stelle ebenfalls die ungleichnamige E des K; und es findet also auch hier eine, jedoch nicht weit sich erstreckende, Vertheilung statt; wird aber K einem länglichen Nichtleiter genähert oder, noch besser, letzterer mit K in Berührung gebracht, so entstehen abwechselnde Zonen von + E und — E und zwar dergestalt, daß die nächste kleine Zone die ungleichnamige, die darauf folgende die gleichnamige E des K erhält.

§. 1022.

Aus dem in §. 1017, 1020 und 1021 aufgestellten Gesetze der elektrischen Vertheilung ergiebt sich, daß ein elektrisirter Körper K einen nicht elektrisirten k anzieht, weil letzterer nur scheinbar nicht elektrisiret ist, in der That aber an seiner genäherten Seite die mit der E des K ungleichnamige durch Vertheilung besitzt, und dieserhalb von K (nach dem in §. 1002 Nr. II. angegebenen Gesetze) angezogen werden muß.

Anmerkung. Man bemerke, daß vor der Mittheilung der E eine elektrische Vertheilung stattfindet, weil k, bevor er in die Schlagweite des K kommt, im elektrischen Wirkungskreise des Letztern sich befindet, und also an der genäherteu Seite — E erhält, wenn K freie + E besitzt. Auch ergiebt sich, daß von zwei sich reibenden Körpern der eine + E und der andere — E erhalten muß, weil + E und — E als entgegengesetzte Wirksamkeiten sich zeigen, wovon die eine nothwendig die andere voraussetzt. Und endlich ist es klar, daß K diejenige E, welche mit der seinigen (hier mit + E) ungleichnamig ist, in jedem nahen Körper schwächen muß, weil + E die mit ihm im Gegensatze stehende Wirksamkeit beschäftigt oder bindet.

§. 1023.

Die Erscheinungen des Benet'schen, Volta'schen und Saussüre'schen Elektrometers, werden aus der Theorie des Wirkungskreises W auf folgende Weise erklärt.

Der Knopf a (Fig. 171 und 172), nebst den Cylindern und

---

*) Vergl. §. 1004.

Pendeln, ist ein kleiner isolirter Leiter, der vor dem Gebrauche die natürliche ± E besitzt. Nähert man aber demselben eine geriebene Siegellackstange S, so bringt man ihn in einen —E enthaltenden Wirkungskreis, welcher die +E nach a zieht, die —E in die Pendel treibt, und es also bewirkt, daß dieselben durch eine dem W gleichnamige E auseinander gehen. Hieraus folgt aber, daß die elektrischen Pendel c und d blos durch vertheilte E bewegt werden, und daß dieselben desto stärker divergiren, je näher S ihnen kommt. Berührt man a mit einem Körper K, dessen elektrischer Zustand untersucht werden soll, so bleiben c und d in Ruhe, wenn K keine bemerkbare E besitzt. Ist er aber elektrisirt, so theilt man dem Instrumente diese E mit; und c und d divergiren durch mitgetheilte Elektricität und bleiben auseinander, wenn man den elektrisirten K auch entfernt. Bringt man nun a durch die Annäherung der S in einen —E enthaltenden Wirkungskreis, so wird m, wenn sie —E ist, verstärkt, und c und d divergiren stärker; ist m aber +E, so wird sie geschwächt, und c und d gehen zusammen.

Ist m so stark, daß c und d anschlagen, so bleiben sie gewöhnlich an den Staniolstreifen hängen; und man muß dieserhalb a ableitend berühren, auch wohl eine kleine Erschütterung zu Hülfe nehmen, um sie los zu machen und m wieder wegzunehmen.

Der Fehler vieler Elektrometer, die m nicht festzuhalten, ist beim Volta'schen kleiner als beim Bennet'schen und Saussure'schen, weil das Metall die m weniger als ein trockener Stroh- oder Grashalm festzuhalten vermag.

Vierte Abtheilung.

Von der Verbreitungsweise der Elektricität.

§. 1024.

Die Erfahrung hat gelehrt:

I. daß beide Elektricitätsarten, d. h. die +E und —E bei ihrer Verbreitung dieselben Gesetze befolgen;

II. daß sie nur an den Oberflächen der elektrisirten Körper sich befinden;

III. daß sowohl bei ihrer Verbreitung als auch bei ihrem Uebergange die Gestalt der Körper nicht ohne Einfluß sei.

Um aber darzuthun, daß E sich wirklich nur an den Oberflächen der elektrisirten Körper verbreite, wurden folgende Versuche angestellt:

1) Man brachte eine hohle elektrisirte Kugel H von beliebiger Materie mit einer gleich großen massiven und unelektrisirten in Berührung; und bestimmte (durch Coulombs elektrische Wage) vor und nach derselben die Stärke der H zukommenden E. Es ergab sich aber alsdann: daß H im erstern Falle eine doppelt so starke E als im zweiten besaß; oder, daß H nach der Berührung nur die Hälfte ihrer E verlor.

2) Man bohrte in eine Kugel K (oder in einen andern beliebig gestalteten Körper) ein conisches Loch, versah einen mit Gummilack überzogenen Seidenfaden an dem einen Ende mit einer kleinen Kreisfläche F von Goldpapier, elektrisirte K, brachte alsdann F bis an's untere Ende der Oeffnung dergestalt, daß sie nicht den Rand derselben berührte, zog F jetzt heraus und prüfte ihren elektrischen Zustand mit dem empfindlichsten Elektrometer. F zeigte aber alsdann kein Zeichen der K zukommenden und nur manchmal die ungleichnamige E, wenn nämlich die elektrisirte Oberfläche der K, in der ihr genäherten F, die E durch Vertheilung erzeugte.

3) Wenn man zuerst eine metallene hohle und alsdann eine gleichartige massive Kugel von derselben Größe durch gleiche Quantitäten der elektrischen Materie elektrisirte, so erhielten beide die nämlichen Stärken der E. Auch ward bei verschiedenen Körpern von gleichen Oberflächen nicht der geringste Unterschied in dieser Hinsicht bemerkt.

Anmerkung 1. Bezeichnet man die Stärken der in zwei verschiedenen Körpern vorhandenen Elektricitäten durch S und s, die Quantitäten der elektrischen Materie durch Q und q, und die Oberflächen der Körper durch O und o, so ergiebt sich aus dem in diesem §. Gesagten:

$$\left\{\begin{array}{l} S : s = Q : q, \text{ wenn } O = o \\ S : s = o : O, \text{ wenn } Q = q \end{array}\right\} \text{ ist};$$

$$\text{und hieraus } S : s = \frac{Q}{O} : \frac{q}{o}, \text{ u. s. w.}$$

Anmerkung 2. Da in den hier aufgestellten Versuchen die nicht leitende Luft als ein Hinderniß der fernern Verbreitung und Schwächung der elektrischen Wirksamkeit sich zeigt, so folgt, daß ein im luftverdünnten Raume befindlicher elektrisirter Körper seinen elektrischen Zustand verliert.

Anmerkung 3. Die elektrische Wirksamkeit läßt sich durch die Vorstellung einer ausdehnsamen Flüssigkeit versinnlichen, worin nur die Repulsivkraft sich wirksam erweist, (also die Attractivkraft unendlich klein ist), und für deren Verbreitung in's Unbestimmte nur Nichtleiter als Hindernisse sich zeigen. Aus dieser Vorstellung folgt aber nun, daß jede massive Kugel in Bezug auf die elektrische Materie M als eine Hohle erscheint, daß M nothwendig auf O sich begeben, und dort, weil die Luft als Nichtleiter die weitere Verbreitung hindert, in mehr oder weniger verdichtetem Zustande als eine äußerst dünne Schichte befindlich sein muß.

§. 1025.

Man hat gefunden: 1) daß E an der Oberfläche O einer elektrisirten Kugel gleichmäßig verbreitet, daß also jeder Punkt derselben gleich stark elektrisirt, oder, daß E als äußerst dünne aber gleiche Schichte an O befindlich ist*). Auch hat sich ergeben: 2) daß ein elektrisirter länglicher Körper (z. B. eine Ellipsoide u. s. w.) an beiden Enden eine stärkere Intensität J als an den der Mitte nähern Punkten enthält, und daß also die um O verbreitete Schichte an diesen Enden die größte Dicke besitzt.

Und ferner wurde ermittelt: 3) daß ein mit Ecken und Kanten versehener Körper (z. B. ein Tetraeder) an den Kanten eine stärkere E als in der Mitte seiner Flächen, und eine noch stärkere an den Spitzen enthält; 4) daß eine Scheibe an ihrem Umfange eine größere J als an den der Mitte nähern Stellen besitzt; und 5) **daß der Druck, welchen E auf die äußere Luft an jeder Stelle der O ausübt, dem Quadrate der Dicke der elektrischen Schichte an dieser Stelle proportioniret ist.**

Anmerkung. Coulomb hat um die J der an O stattfindenden E zu erforschen, sich der in §. 1024 erwähnten kleinen Kreisfläche bedient, dieselbe zuerst mit mehreren Punkten von O in Berührung, hierauf an die Drehwage gebracht, und Folgendes ermittelt:

a) Von zwei mit einander verbundenen ungleich großen Kugeln zeigte die kleinere die stärkere J.

---

*) Weil alle in O vorhandenen Punkte vom Mittelpunkte (aus dem — nach v. Anmerk. — die Repulsivkraft wirkend gedacht werden muß) gleichweit abstehen, u. s. w.

b) In einer Reihe von 24 kleinen einander gleichen Kugeln besaßen die äußersten die größte J; auch nahm letztere gegen die Mitte zu immer mehr ab, und war in der Mitte selber = Null. In gleichen Entfernungen von beiden Enden war J auf beiden Seiten gleich; auch wurde die Abnahme gegen die Mitte zu immer schwächer befunden, u. s. w.

Mit dieser Reihe von Kugeln zeigte ein Cylinder einige Aehnlichkeit, indem auch bei ihm die J mit der Entfernung von seinen beiden Enden sich verkleinerte.

c) In einer Reihe kleiner aber gleicher Kugeln, wovon die letztere mit einer Kugel von 4 mal größerm Durchmesser in Berührung stand, zeigte sich die von der größten entfernteste am stärksten elektrisirt.

§. 1026.

Man hat gefunden: daß die Gestalt sowohl des elektrisirten als auch des ihm genäherten Körpers einen bedeutenden Einfluß auf die Mittheilung M der E ausübt. Werden z. B. Körper mit breiten und glatten Flächen in parallelen Lagen einander genähert, so theilen sie sich die E nicht leicht mit, mögen diese Flächen entweder beide eben sein, oder die eine als concave und die andere als convexe sich zeigen.

Die länglichen und auch die andern mit Hervorragungen versehenen Körper theilen sich die E schon in einiger Entfernung mit Leichtigkeit mit. Am leichtesten und in bedeutender Entfernung geschieht aber M durch längliche zugespitzte Hervorragungen; indem die kugelichten nur als Mittel zwischen Spitzen und parallelen Flächen erscheinen, und bei ihnen die M erst in einer bedeutend größern Nähe und stufenweise durch Ueberspringung des elektrischen Funkens erfolgt.

Auch geschieht bei den Spitzen die M *) stetig, weil man an ihnen im Finstern, bei gehörigem Elektrisiren, das elektrische Licht fortwährend erblickt. (Vergl. §. 995 Nr. 2.)

Anmerkung 1. In Bezug auf die Wirkung der Spitze S bemerke man noch Folgendes:

Die metallene S leitet die E von einem elektrisirten Körper eben so schnell ab, als sie dieselbe einem andern Körper zuführt; oder, die elektrische Materie strömt eben so leicht durch sie hinaus, als sie von ihr aufgenommen oder gleichsam eingesogen wird. Denn da die Luft die S fast von allen Seiten umgiebt, so nimmt sie nicht nur die E derselben leicht auf, sondern setzt auch dem Durchgange der elektrischen Materie um so weniger Hinderniß entgegen, je feiner S ist. Hierzu

*) Scheinbar wenigstens.

kommt noch, daß, sobald die zunächst an S grenzende Luftschichte elektrisiret ist, sie von ersterer zurückflieht, und neue Luft an ihre Stelle tritt, welche ihrerseits der S einige E entzieht und dann ebenfalls zurückgestoßen wird. Auf diese Weise entsteht der in §. 995 Nr. 3 angegebene elektrische Wind, welcher stark genug ist, das leicht bewegliche sogenannte elektrische Rädchen zu drehen. Letzteres ist ein in der Form eines lateinischen S oder Z gebogener Draht (Fig. 178), der in seinem Schwerpunkte ein Hütchen hat, um ihn auf eine am Conductor angebrachte senkrechte Spitze horizontal zu legen.

Wird die Scheibe der Elektrisirmaschine gedreht, so findet eine der Richtung der Spitzen entgegengesetzte Drehung des Rades, wie bei der Segner'schen Maschine*) statt, und im Finstern erscheint zugleich ein leuchtender Kreis. Ist die elektrisirte Oberfläche nicht spitz sondern abgerundet, so wirkt E gleichförmig auf eine größere Luftquantität; und da diese in allen Punkten sich zugleich entfernen sollte, so wird ihre Bewegung erschwert.

Anmerkung 2. Wenn man eine messingene Kugel K von einigen Zollen im Durchmesser dem elektrisirten Conductor C der Maschine nähert, so springen Funken mit knisterndem Geräusche und zwar desto häufiger über, je näher K dem C gebracht worden ist. Merkt man sich nun die größte Entfernung, wobei noch Funken erscheinen, befestigt alsdann eine Kugel von einem Zoll Durchmesser mittelst eines 3 — 4 Zoll langen Drahtes an C, und läßt jetzt auf K wieder Funken überschlagen, so sind dieselben größer als aus C aber weniger glänzend und von zackiger Gestalt. Je kleiner aber die an C befindliche Kugel ist, desto länger sind die erscheinenden Funken; und befestigt man statt der Kugel iene Spitze an C, so findet die Mittheilung der E ohne Funken auf noch größere Entfernungen statt. Läßt man z. B. aus C auf K Funken überschlagen, und hält alsdann dem C zugleich eine S in zweifacher Entfernung entgegen, so springen keine Funken mehr über und alle E wird durch S fortgeführt.

Anmerkung 3. Man bemerke, daß eine einzige S die Mittheilung der E besser als zwei oder mehrere bewirkt. Denn werden z. B. in Fig. 179 die beiden Spitzen A und B der mit + E elektrisirten Kugel K genähert, so erhalten sie (nach dem Gesetze der Vertheilung) — E; und da A und B einander nahe stehen, so wirken sie auch wechselsweise auf einander, d. h. die — E der einen sucht eine + E der andern zu erregen, schwächt also die — E der andern, und vermindert dieserhalb den Gegensatz zur + E des K. Je mehr Spitzen aber gegen K stehen, desto näher müssen sie an C gebracht werden, um durch ihre — E die + E derselben aufzuheben; und werden endlich unendlich viele an einander hängende Spitzen gegen C gewandt, so entsteht eine ebene oder krumme Fläche ohne Hervorragung, welche bekanntlich der K sehr nahe gebracht werden muß, um durch Mittheilung elektrisirt zu werden.

Anmerkung 4. Auf der Mittheilung der E beruht eine kleine Geräthschaft, welche der elektrische Ueberträger heißt, und sehr oft beim Gebrauche empfindlicher Elektrometer, die nur sehr geringe Grade von E erhalten dürfen, unentbehrlich ist. Sie besteht aus einer dünnen 5 — 6 Zoll langen Glasröhre, deren unteres Ende zugeschmolzen und woran oben eine lange Stecknadel oder ein kurzer Draht D

*) Vergl. §. 334 Nr. 3.

quer herüber und zwar so befestigt ist, daß er gegen die Glasröhre die Gestalt eines T annimmt. Hält man aber nun das spitze Ende des D an den elektrisirten C oder an einen andern elektrisirten Körper, so nimmt er nach Verhältniß seiner Größe eine größere oder kleinere Quantität von E an, die wegen ihrer Isolirung nur sehr langsam ausströmen kann. Bringt man aber jetzt D an einen leitenden Körper, z. B. an den Knopf eines Elektrometers, so geht E größtentheils in diesen über und bringt die Fäden der Strohhalme u. s. w. auseinander.

Anmerkung 5. Aus dem in diesem §. Gesagten geht hervor, daß C soviel als möglich abgerundet sein muß. Auch ergiebt sich, daß aus einer am elektrisirten C angebrachten Spitze (bei fortwährender Drehung der Scheibe) in kurzer Zeit (etwa in ¼ Stunde) die Luft des Zimmers desto bedeutender elektrisiret ist, je kleiner das letztere sich zeigt, und daß dieser elektrische Zustand durch Elektrometer beobachtet werden kann.

Anmerkung 6. Da (nach §. 117) die bewegende Kraft dem aus dem Maße der Masse und Geschwindigkeit gebildeten Produkte entspricht, und die Masse der ausströmenden E so gering ist, daß sie durchaus keine Schätzung zuläßt, weil selbst die empfindlichsten Wagen keine merkliche Gewichtszunahme an den am stärksten elektrisirten Körpern angeben, so muß die Geschwindigkeit der E von einer außerordentlichen Größe sich zeigen.

§. 1027.

Da die elektrische Anziehung und Abstoßung blos zwischen den Theilchen der elektrischen Flüssigkeit stattfindet, ohne, daß die materielle Substanz der Körper (durch eine besondere Verwandtschaft) den geringsten Theil daran nimmt, so ist es nöthig anzugeben: **wie die Wirkungen dieser Kräfte auf die Körpertheilchen übergehen und ihnen die Bewegungen einpflanzen, welche man an denselben zu beobachten pflegt.**

Hängt man demgemäß 1) (in Fig. 180) die kleine Hollundermarkkugel b an dem seidenen Faden ab auf, und ertheilt ihr + E, so wird letztere, so lange sie nämlich jedem fremdem Einflusse entzogen ist, an der Oberfläche o der b eine äußerst dünne kugelförmige Schichte S von gleicher Dicke bilden *), und überall einen gleichen Druck auf die äußere Luft A ausüben, weil er an jedem Punkte dem Quadrate der Dicke der S proportional sich zeigt. Aus diesem Grunde wird b einen kleinern Druck von A erfahren als wenn keine freie E auf o vorhanden wäre; doch wird dieser Druck auf ihre Theile gleichmäßig sein und also o nicht in Bewegung versetzen.

*) Vergl. §. 1031.

Nähert man aber nun b auf eine gewisse Weite dem negativ-elektrisirten Stabe S von Gummilack oder Siegellack, so wird sogleich ein Theil der in b enthaltenen natürlichen Elektricitäten zersetzt, und zwar so, daß der negative Antheil den S flieht und der positive sich gegen ihn bewegt. Da aber die ursprünglich an o befindliche +E dieser letztern Richtung ebenfalls folgt, und der auf A stattfindende Druck stets dem Quadrate der Dicke der S proportionirt ist, so muß derselbe auf der dem S zugekehrten Seite von o stärker werden, und also der atmosphärische Druck, (welcher ursprünglich auf o von gleicher Größe war) auf der entgegengesetzten Seite verhältnißmäßig das Uebergewicht erhalten, und dieserhalb b nach S hintreiben. Aus diesem Grunde wird ab (wie in Fig. 180) aus der vertikalen Richtung sich entfernen, und die Lage ab′ annehmen. Doch ist dieser Entfernung eine Grenze und zwar deshalb gesetzt, weil das Gewicht von b, welches bei der ursprünglichen Lage derselben durch den Aufhangspunkt a getragen wurde, es nur zum Theile bei der schiefen Richtung ab′ wird, u. s. w.

Wären 2) b und S gleichnamig elektrisirt, so würden dieselben sich abstoßen, weil der an o stattfindende Druck der E gegen A an der von S entferntesten Stelle das Uebergewicht erhalten und also in b ein Bestreben erzeugen würde sich von S zu entfernen.

Werden 3) zwei gleichnamig elektrisirte Körper, wovon der eine im Verhältnisse zum Andern sehr klein und schwach elektrisiret ist, einander genähert, so zeigt sich ihre Abstoßung immer schwächer; ja wenn man fortfährt sie einander noch näher zu bringen, so geht dieselbe in eine Anziehung über. Denn nähert man eine dicke Stange S negativ elektrisirten Siegellacks der gleichnamig elektrisirten Hollundermarkkugel k des elektrischen Pendels, so folgt, daß S in dem Maße, als sie bei ihrer Annäherung an k die dieser ursprünglich ertheilte —E zurückstößt, eine beträchtliche Quantität von der gebundenen E derselben zersetzt, den negativen Theil davon zurückstößt (der sich mit der schon vorher darin vorhandenen —E verbindet), und den positiven Theil anzieht, welcher sich nach ihr begiebt. Wären aber nun die beiden zersetzten Elektricitäten allein auf K befindlich, so würde letztere nach

S gezogen, und zwar um so stärker, je näher ihr diese käme und je sie stärker elektrisirt sich zeigte. Dies findet aber nicht bei der Abstoßung statt, welche von der der K ursprünglich ertheilten — E herrührt; und nur durch Verminderung des Abstandes abnehmen kann. Wird dieselbe bei einem gewissen Abstande geringer als die Anziehung, welche von der fortschreitenden Entwickelung der natürlichen Elektricitäten auf K herrührt, so erhält die letztere Kraft das Uebergewicht und k nähert sich der S.

Anmerkung. Man bemerke, daß nach Davy's Versuchen die elektrischen Anziehungen und Abstoßungen im luftleeren Raume eben so wie in A erfolgen, und daß also hier statt A die möglicherweise vorhandenen Quecksilberdämpfe oder die Dämpfe der andern gebrauchten Stoffe, oder die innern Wände der Glasröhren gesetzt werden müssen.

Fünfte Abtheilung.

Von den gebräuchlichsten Ansichten über das Wesen der Elektricität.

§. 1028.

Der letzte Grund der elektrischen Thätigkeiten ist unbekannt; doch denken sich die Physiker als Versinnlichungsmittel der hierbei wirkenden Kräfte gewisse eigenartige Stoffe, welche mit den Materien der Körper sich verbinden, und durch ihren Uebergang, Anhäufung, Freiwerdung oder Bindung die elektrischen Erscheinungen bewirken. Es giebt in dieser Beziehung hauptsächlich zwei Ansichten oder Hypothesen, wovon die erste und älteste die elektrischen Erscheinungen aus der Annahme einer einzigen elektrischen Materie, und die andere durch zwei elektrische Materien zu erklären versucht. — Die erstere wird die Hypothese der Unitarier, und die zweite die der Dualisten genannt. — Die Hypothese der Unitarier wurde von Franklin, und die der Dualisten von Robert Symmer angegeben, welcher durch seine im Jahre 1759 gemachten Versuche auf die Vermuthung zweier elektrischen Materien kam. Aus diesem Grunde wird die erstere auch die

Franklin'sche, und die zweite die Symmersche Hypothese genannt.

§. 1029.

Die Hypothese der Unitarier oder die Franklinsche besteht hauptsächlich aus folgenden Sätzen:

I. Es giebt nur Eine elektrische Materie M.

II. Sie ist äußerst (eigentlich unendlich) fein, sehr ausdehnsam *) und unwägbar **).

III. Sie wird von allen Körpern angezogen, vereinigt sich mit denselben, wird hierdurch ihrer Ausdehnsamkeit beraubt und ist an allen Körpern befindlich.

IV. Jeder Körper K vermag nur eine gewisse Quantität von M (welche seiner Capacität für sie verhältnißmäßig ist) an sich zu halten ***). Hat aber K diese bestimmte Quantität von M mit sich vereinigt (oder ist er mit derselben gleichsam gesättigt), so zeigt er keine elektrische Erscheinungen, und ist alsdann im Zustande der elektrischen Indifferenz oder im natürlichen Zustande befindlich. Wenn aber K eine größere oder kleinere Quantität von M besitzt, als zu seinem natürlichen Zustande gehört, so zeigen sich elektrische Erscheinungen an ihm, und K heißt im erstern Falle positiv oder durch Ueberfluß, und im zweiten negativ oder durch Mangel elektrisirt.

V. Der Körper K wird elektrisirt, wenn er im natürlichen Zustande, entweder noch einen Theil von M erhält, oder wenn ihm irgend ein Theil der M entzogen, oder wenn bewirkt wird, daß die in K gleichmäßig vertheilte M gegen die eine Seite sich anhäuft, so daß an dem einen Theile des K-Ueberfluß und an dem andern Mangel entsteht.

Anmerkung. Man bemerke, daß diejenige E, welche an dem durch Wolle oder durch ein Metallamalgam geriebenen Glase erscheint, bei den

*) Indem nämlich ihre Theile mit bedeutender Stärke sich abstoßen, d. h. sehr große Repulsivkräfte auf einander äußern.

**) Vergl. §. 1026 Anmerk. 6.

***) Wie z. B. eine gewisse Quantität Wasser nur eine bestimmte Quantität Salz aufzulösen vermag.

Unitariern durch Ueberfluß; und diejenige, welche an dem durch Wolle geriebenen Harze sich zeigt, durch Mangel entsteht. Der Grund dieser Annahme besteht aber darin, daß in §. 1001 Nr. 4 an jeder Spitze des C ein Lichtbüschel entsteht, welcher auf ein Ausströmen deutet, während an jeder Spitze des B nur ein leuchtender Punkt sich zeigt.

§. 1030.

Die Erscheinungen der Elektrisirmaschine werden, nach der Franklin'schen Hypothese, auf folgende Weise erklärt. Die gläserne Scheibe (oder der gläserne Cylinder) S und das Reibzeug R sind vor der Reibung im Zustande der Indifferenz, d. h. sie besitzen weder positive noch negative E. Durch die Reibung wird aber die elektrische Materie M den Kissen entzogen, in S angehäuft, und also letztere durch Ueberfluß, d. h. positiv, und R — wenn es isolirt ist — durch Mangel, d. h. negativ elektrisirt. Ist dagegen R nicht isolirt, so bleibt es im natürlichen Zustande, d. h. unelektrisirt, weil es seine M zum Theil zwar verliert, aber immer fort durch eine neue (der verlorenen gleiche) Quantität aus den mit ihm in Verbindung stehenden Körpern ersetzt. Der Conductor C *) erhält aber nur die M aus der nahen S, und zeigt sich aus diesem Grunde — weil er isolirt ist — ebenfalls durch Ueberfluß, d. h. positiv, elektrisirt.

Auch ist es klar, daß in C eine intensivere + E entsteht, wenn R nicht isolirt, oder was dasselbe ist, wenn sein Conduktor B mittelst eines Leiters mit der Erde verbunden wird, als wenn das Gegentheil geschieht; und eben so ergiebt sich unmittelbar, daß die an B erscheinende — E intensiver wird, wenn C mit der Erde in Verbindung steht und also den von S erhaltenen Ueberfluß stets in dieselbe absetzen kann.

§. 1031.

Die in §. 1002, 1017 u. s. w. aufgestellten Gesetze werden nach der Franklin'schen Hypothese folgendermaßen erklärt:

1) Die Abstoßung gleichnamig elektrisirter Körper folgt aus dem Bestreben der M nach gleichmäßiger Verbreitung. So fliehen sich z. B. zwei durch Ueberfluß

---

*) Vergl. §. 994.

elektrisirte und neben einander hängende Kügelchen, weil sie sich Körpern zu nähern suchen, welche in Bezug auf sie Mangel haben, um letztern zu ersetzen. Sind aber solche Körper nicht vorhanden, so bestreben sich die elektrisirten Körper der Luft selbst (und den darin schwebenden Theilchen) ihren Ueberfluß mitzutheilen, und gehen deshalb auseinander, weil der zwischen ihnen befindliche Raum letztern nicht ganz aufzunehmen vermag.

Sind ferner die beiden Kügelchen durch Mangel elektrisirt, so suchen sie denselben aus der Luft und den darin schwebenden Theilchen zu ersetzen, und fliehen einander, weil der zwischen ihnen vorhandene Raum dies nicht bewerkstelligen kann.

2) Die Anziehung ungleichnamig elektrisirter Körper entsteht aus dem Bestreben der M, aus dem Körper K, worin sie angehäuft ist, in denjenigen überzugehen, welcher Mangel daran hat, und zwar so lange, bis das elektrische Gleichgewicht wieder hergestellt ist.

3) Die Vertheilung der E folgt daraus, weil a) die in K angehäufte M, vermöge ihrer Repulsivkraft, jede andere M abstößt; und deshalb in der Nähe des K, einen negativ-elektrischen Zustand, oder einen Mangel erzeugt. Ist aber b) K negativ, d. h. durch Mangel elektrisirt, so sucht er aus jedem nahen Körper diesen Mangel zu ersetzen; und bewirkt also, daß M aus letzterm in ihn übergehe, oder, wenn dies nicht möglich ist, doch wenigstens in seiner Nähe sich anhäufe, und hier einen positiv elektrischen Zustand erzeuge, u. s. w.

§. 1032.

Die Dualistische oder Symmersche Hypothese besteht aus folgenden Sätzen:

I. Die elektrische Materie ist in allen Körpern befindlich.

II. Sie ist in zwei Stoffe zersetzbar, welche einander einigermaßen entgegengesetzt sind; und wovon der eine die positiv- und die andere die negativ-elektrische Materie heißt.

III. Beide Materien sind, abgesondert von einander, ausdehnsam (d. h. die eigenen Theile einer Jeden stoßen einander ab), sehr fein und unwägbar.

IV. Sie ziehen sich gegenseitig an, verbinden sich, wenn kein Hinderniß obwaltet; und verlieren, wenn sie vereint sind, ihre Ausdehnsamkeit.

V. Sind in einem Körper K beide elektrische Materien vereint, so finden keine elektrische Erscheinungen statt, und K ist im natürlichen Zustande befindlich. Wenn aber auf irgend eine Weise entweder die eine oder die andere Materie abgesondert sich zeigt (indem nämlich der zusammengesetzte Elektricitätsstoff zersetzt wird), so treten sogleich die elektrischen Erscheinungen hervor, und zwar so, daß entweder der positive= oder der negative Stoff sich wirksam erweist. Im erstern Falle heißt aber K positiv und im zweiten negativ elektrisirt.

VI. K wird positiv elektrisirt, wenn ihm der freie positive Bestandtheil des Elektricitätsstoffs mitgetheilt, oder wenn sein natürlicher Elektricitätsstoff zersetzt und der negative Bestandtheil ihm entzogen wird.

K wird ferner negativ elektrisirt, wenn ihm entweder freie negativ=elektrische Materie mitgetheilt, oder wenn sein Elektricitätsstoff zersetzt und der positive Bestandtheil ihm entzogen wird. Auch wird K ebenfalls elektrisirt, wenn durch irgend eine Wirkung in dem einen Theile desselben die positive= und in dem andern die negativ=elektrische Materie sich anhäuft.

§. 1033.

Die Erscheinungen der Elektrisirmaschine werden nach der Dualistischen Hypothese folgendermaßen erklärt.

Die gläserne Scheibe (oder der gläserne Cylinder) S und das Reibzeug R sind vor der Reibung im Zustande der Indifferenz, d. h. sie besitzen den unzersetzten Elektricitätsstoff oder die positiv= und negativ=elektrische Materie im Zustande der Vereinigung. Durch die Reibung wird aber dieser Elektricitätsstoff zum Theil in seine Bestandtheile zerlegt, der frei gewordene positive Theil an S, der negative an R angehäuft, und S also positiv und R negativ (wenn es nämlich isolirt ist) elektrisirt. Durch die Einwirkung des an S haftenden freien positiven Bestandtheils erfolgt aber nun an C die Zersetzung des zusammengesetzten Elektricitätsstoffs dergestalt, daß der negative Bestandtheil desselben sich mit dem an S befindlichen freien positiven verbindet, und C, wenn er nämlich isolirt ist, freie positiv-elektrische Materie behält, d. h. positiv elektrisirt sich zeigt. Auch ergiebt sich, daß in C eine intensivere +E erscheint, wenn R nicht isolirt, oder was dasselbe ist, wenn B mittelst eines Leiters mit dem Boden in Verbindung steht, als wenn das Gegentheil geschieht, weil das mit dem Erdboden verbundene R immer neue positive elektrische Materie bekommt (oder die frei gewordene E in den Boden übergeht, oder vielmehr beides geschieht); und aus diesem Grunde stets eine größere Quantität positiver Materie in S und C wirksam werden kann. Und eben so folgt: daß im isolirten B eine intensivere negative E entsteht, wenn C mit dem Boden verbunden ist, als im entgegengesetzten Falle, weil C nun immerfort die von S empfangene freie positiv-elektrische Materie an den Erdboden verlieren, oder sich mit negativer Materie aus demselben sättigen kann*).

§. 1034.

Die in §. 1002, 1017 u. s. w. aufgestellten Gesetze werden von den Dualisten auf folgende Weise erklärt:

1) Das Abstoßen gleichnamig elektrisirter Körper geht aus der Repulsivkraft unter den Theilen eines und desselben freien Bestandtheiles des Elektricitätsstoffs hervor. (Vergl. §. 1032 Nr. III.)

2) Die Anziehung zweier ungleichnamig-elektrisirter Körper folgt aus der Anziehung, welche die beiden elektrischen Materien auf einander äußern. (Vergl. §. 1032 Nr. IV.)

3) Die Vertheilung der E folgt daraus: daß a) in der Nähe einer freien positiven E der zusammengesetzte Elektricitäts-

---

*) Statt zu sagen: die freie positiv-elektrische Materie geht aus dem elektrisirten Körper K in den genäherten k über, kann man mit demselben Rechte annehmen: daß die durch Zersetzung in k frei gewordene negativ-elektrische Materie (um das Gleichgewicht herzustellen) in K übergehe, oder vielmehr daß Beides geschehe, weil die Wirkung nothwendig gegenseitig ist. Auch folgt, daß das von dem positiv-elektrisirten Körper Gesagte, von dem negativ-elektrisirten ebenfalls gültig sein muß.

stoff in seine beiden Theile zersetzt, der positive Bestandtheil abgestoßen, der negative angezogen, und, wenn er nicht übergehen kann, wenigstens in der Nähe angehäuft wird.

Eben so ergiebt sich, daß b) in der Nähe eines negativ-elektrisirten Körpers ebenfalls der natürliche Elektricitätsstoff zersetzt, der positive angezogen, der negative abgestoßen, und, wenn er nicht übergehen kann, wenigstens in der Nähe angehäuft wird.

§. 1035.

Die in dieser Abtheilung enthaltenen zwei Hypothesen können recht gut als Versinnlichungsmittel der elektrischen Thätigkeiten dienen, weil aus ihnen die elektrischen Erscheinungen zur Genüge erklärt werden können. Die Dualistische Ansicht dürfte in sofern einen Vorzug vor der Franklinschen verdienen, als für jede der an den elektrisirten Körpern hervortretenden zwei Thätigkeiten ein in Wirksamkeit gesetzter Stoff (nämlich der positive und negative Bestandtheil des Elektricitätsstoffs) angenommen wird, und diese Annahme für jeden einzelnen Fall ein bequemes Bild abgiebt.

Anmerkung 1. Das Blasen an den positiv- und negativ elektrisirten Spitzen; das (nach der Ansicht der Dualisten leichter erklärbare) gegenseitige Abstoßen zweier negativ-elektrisirten Körper; der doppelt erhobene Rand an dem Loche eines Kartenblattes, welches durch den in der folgenden Abtheilung vorkommenden verstärkten elektrischen Funken durchbohrt worden ist u. s. w., ist der Ansicht der Unitarier nicht günstig. Letztere führen dagegen zu ihren Gunsten die größere Einfachheit, die Lichtbüschel an den positiv-elektrisirten Spitzen, und die an den großen zackigen Funken leuchtende Aeste u. s. w. an.

Anmerkung 2. Die in §. 998 erklärten Zeichen + E und — E drücken nach der Franklin'schen Hypothese beziehlich Ueberfluß und Mangel und nach der Symmerschen freie positiv- und freie negativ-elektrische Materie aus.

§. 1036.

Außer der Franklin'schen und Symmerschen Hypothese existiren noch andere, wovon die Deluc'sche insbesondere bemerkt zu werden verdient. Deluc nahm nämlich nur Eine elektrische Materie an, betrachtete sie aber als eine zusammengesetzte, welche in den elektrischen Erscheinungen sich einerseits zersetzen und andrerseits wieder aus ihren Bestandtheilen zusammensetzen ließ. Auch sah er diese Materie als eine zur Klasse der Dämpfe oder Dünste gehörige an, wobei sich also alle diejenigen Bestimmungen nachweisen lassen mußten, welche für die Dämpfe im Allgemeinen ermittelt worden waren.

Anmerkung. Aus gegenw. §. geht hervor, daß die Deluc'sche Ansicht gleichsam in der Mitte zwischen der Franklin'schen und Dualistischen Hypothese steht.

Sechste Abtheilung.

Von der Verstärkungsflasche, u. s. w.

§. 1037.

Die Elektricität +E heißt gebunden, wenn sie durch die Anziehung der —E an irgend einer Stelle festgehalten wird, und umgekehrt auch diese wieder festhält.

Eben so nennt man die —E gebunden, wenn sie durch die Anziehung der +E festgehalten wird, u. s. w.

Zu den Instrumenten, welche auf dem Binden der E beruhen, gehören hauptsächlich: die Verstärkungsflasche, die elektrische Batterie, der Condensator, und der Elektrophor. Auch dienen diese Vorrichtungen dazu, die bereits angeführten Gesetze der E zu bestätigen und sehr merkwürdige Wirkungen derselben auf andere Körper zu erforschen. Sie werden in der 6ten, 7ten, 8ten und 9ten Abtheilung dieses Kapitels folgendermaßen auseinander gesetzt.

§. 1038.

Ein cylindrisches Glas G, dessen beide Oberflächen (nämlich die innere und die äußere) mit einer leitenden Materie (z. B. mit Metallblättchen) so belegt sind, daß am obern Rande des G ein gewisser Raum unbedeckt bleibt, wird eine Verstärkungsflasche oder eine elektrische Verstärkung genannt. Der an ihrer innern Oberfläche befindliche leitende Körper heißt die innere Belegung J, und der an ihrer äußern vorhandene, die äußere Belegung A. Um J und A mit Leichtigkeit leitend zu verbinden, ragt ein mit J zusammenhängendes Stängelchen, das sich in einen Haken krümmen oder in eine Kugel endigen kann, aus dem innern Theile des G hervor.

Die eben erwähnte Kugel wird aber der Knopf der Verstärkungsflasche, und die an letzterer sich zeigende E die verstärkte Elektricität genannt.

§. 1039.

Die (in Fig. 181 und 182) angegebene Verstärkungsflasche wird am Einfachsten auf folgende Weise construirt.

Man nehme einen Becher B von dünnem Glase (etwa ein Berliner Quart-Glas) und überklebe ihn in- und auswendig, (vermittelst der Hausenblase oder des Gummiwassers) so mit Staniol, daß sein oberer Rand 1 bis 1½ Zoll breit davon unbedeckt bleibt. Nun überziehe man letztern (um J vollkommen zu isoliren und jede leitende Verbindung mit A abzuschneiden) mit Firniß oder Siegellack; und stelle, in die Mitte des B, einen runden Metallstab, welcher mit J in leitender Verbindung steht, durch die mit Kork verschlossene und mit Siegellack überzogene Oeffnung des B geht, ein paar Zolle über dieselbe hinausreicht, und oben entweder mit einer Kugel oder mit einem Haken versehen ist, u. s. w.

Anmerkung 1. Man bemerke, daß jede Flasche F zu einer elektrischen Verstärkung eingerichtet werden kann, und daß eine solche sich schon ergiebt, wenn man F bis zu einer gewissen Höhe mit Wasser füllt und durch ihren Hals einen Metalldraht so in dasselbe taucht, daß das eine seiner Enden etwas über die Oeffnung hinausragt. Das Wasser vertritt hier die Stelle der J; und die Hand, womit F beim Elektrisiren gehalten wird, ersetzt einigermaßen die A. Wenn man ferner F bis zu einer gewissen Höhe mit Eisenfeile füllt, seine äußere Fläche bis zu derselben Höhe mit Staniol überklebt, und alsdann auf die eben angegebene Weise verfährt, so geht ebenfalls eine ziemlich gute Verstärkungsflasche hervor.

Anmerkung 2. Es verdient bemerkt zu werden, daß die Gestalt eines Gefäßes zur elektrischen Verstärkung nicht nothwendig ist, und daß eine auf beiden Seiten (außer dem Raum am Rande) mit Metallblättern (etwa mit Staniol) belegte ebene Glastafel ebenfalls als elektrische Verstärkung sich zeigt. Eine solche Tafel wird aber die Franklin'sche genannt.

Anmerkung 3. Die elektrische Verstärkung wurde 1745 gleichzeitig von Muschenbröck*) in Leyden, und vom Domherrn von Kleist in Camin zufällig entdeckt. Der erste wollte nämlich Wasser

*) Ausgesprochen: Mössenbrak; geb. 1682 zu Leyden, gestorben daselbst 1761.

in einem großen Zuckerglase, welches er in seinem Arme hielt, elektrisiren, ließ die Funken durch einen hinein gelegten Metallstab gehen, und bekam, bei zufälliger Berührung des letztern, einen sehr empfindlichen Schlag. Der andere wollte Eisenfeile in einem Glasbecher elektrisiren, und erhielt einen Schlag als er zufällig mit der einen Hand den Becher umfaßte und mit der andern den Stab berührte, wodurch die E hinein geleitet wurde. Diese Versuche wurden vielfältig wiederholt, und bald die Bedingungen gefunden, unter denen die ebenerwähnten Erscheinungen erfolgten. Die hierzu angefertigten Flaschen hießen früher die Leyden'schen oder Kleist'schen, werden aber jetzt allgemein die Verstärkungsflaschen genannt. (Vergl. §. 1038).

§. 1040.

Eine Verstärkungsflasche V wird geladen, wenn man ihre J*), mittelst des hervorragenden Metallstabes, mit dem Conductor C einer im Gange befindlichen Elektrisirmaschine verbindet, und ihre A**) mit dem Erdboden in leitende Verbindung setzt***). Bringt man aber V in die Nähe des C, und läßt (während die Scheibe gedreht wird) auf ihren Knopf Funken überschlagen, so sind dieselben desto kleiner und folgen desto schneller auf einander, je mehr V dem C sich nähert. Fangen aber in einer gewissen Entfernung die Funken an langsamer und weniger lebhaft überzugehen, so ist es Zeit V wegzunehmen, weil dieselbe durch eine noch größere Ladung zersprengt werden könnte.

Anmerkung. Man bemerke, daß die mit einem Sprunge versehene V zu fernerm Gebrauche untauglich ist, aber durch Cavallo's Methode wieder brauchbar gemacht werden kann.

Ebenso merke man sich, daß die gewöhnliche V, wegen der in der Luft befindlichen leitenden Theilchen (z. B. der wässerigen Dünste, des Staubes u. s w.) ihre Ladung nur kurze Zeit behält, während dieselbe über 6 Wochen lang in der von Cavallo angegebenen Sperrflasche verbleibt.

§. 1041.

V wird entladen, wenn man ihre A, mittelst eines oder mehrerer leitenden Körper, mit J in Verbindung setzt. Jeder zur Entladung angewandte Körper wird die Entladungskette oder, aus später anzuführenden Gründen, der Erschütterungskreis genannt.

---

*) d. h. ihre innere Belegung.

**) Nämlich ihre äußere Belegung.

***) Indem dies, wie späterhin erhellt, eine wesentliche Bedingung beim Laden ist.

§. 1042.

Man hat gefunden: daß A die —E erhält, wenn J durch Mittheilung die +E bekommt, und umgekehrt. Denn ladet man V (auf die in §. 1040 angegebene Weise) mit einem positiv-elektrisirten Conductor, ergreift alsdann A, berührt einige Punkte einer glatten Harzfläche H mit dem Knopfe K oder macht beliebige Züge mit demselben darauf, und bestreut hierauf die berührten Stellen mit Bärlappsamen, so entstehen sogleich die Figuren, welche (nach §. 1001 Nr. 2) die positive E andeuten. Stellt man aber nun V auf einen Isolirschemel, faßt sie bei K, schreibt mit dem Rande der A auf K, und streut, wie vorher, Bärlappsamen auf die beschriebenen Stellen, so gehen die (in §. 1001) die —E anzeigenden Figuren hervor.

Anmerkung. Derjenige, welcher das Reibzeug seiner Elektrisirmaschine nicht isoliren kann, bringt auf die in diesem §. angegebene Weise Figuren für +E und —E hervor.

§. 1043.

Wenn man den K der V anfaßt und alsdann Funken mit A aus dem positiv-elektrisirten Conductor zieht, so erhält V an A die +E und an J die —E. Um aber hier mit K zu schreiben, muß man V zuerst auf einen Isolirschemel setzen (weil sonst die Flasche sich etwas entladet), und alsdann A anfassen, u. s. w. Bei einer kleinern Flasche wird das eben Gesagte auch noch dadurch erreicht, daß man V aus der einen Hand, worin K sich befindet, durch die Luft fallen läßt und sie im Fallen mit der andern Hand auffängt, weil die Luft hier als Isolator sich wirksam erweist.

§. 1044.

Die beim Laden zunächst stattfindenden Erscheinungen sind:

1) Setzt man, während des Ladens, ein Henly'sches Quadranten-Elektrometer auf C*), so steigt dasselbe nie so hoch, als wenn man C allein elektrisirt, obgleich V eine ungemein große Quantität von E aufnimmt.

2) Stellt man V auf einen Tisch, wodurch A eine Ableitung

*) d. h. auf den Conductor.

behält, so zeigt sich A ganz unelektrisirt, und übt dieserhalb keine Wirkung auf die sie umfassende Hand u. s. w. aus.

3) Auch dem Knopfe K der J kann man sich unbedenklich mit dem Knöchel nähern, wenn man nicht gleichzeitig A anfaßt. Doch erhält man in diesem Falle aus K kleine stechende Funken, und J wird nicht, wie C durch einen einzigen Funken, sondern langsam und durch mehrere entladen. Selbst wenn kein Funke mehr erscheint und man K ungestraft anfassen kann, enthält J noch so viele E, daß man sie durch einen Ueberträger in ein Elektrometer bringen und untersuchen kann. Man findet sie aber alsdann stets mit derjenigen gleichnamig, welche der J mitgetheilt worden ist.

4) Werden J und A in leitende Verbindung gebracht, so entladet sich die E der V augenblicklich mit einem Knalle. Um diese Entladung durch den eigenen Körper zu bewirken, wird A mit der einen Hand umfaßt und ein Knöchel der andern Hand dem K genähert. Man erhält aber dabei, mit einem stärkern oder schwächern Funken und Knalle, einen elektrischen Schlag (oder eine elektrische Erschütterung), welche bei starker Ladung höchst empfindlich und selbst gefährlich werden kann.

5) Als wesentliche Bedingung des Erfolges wurde in §. 1040 erwähnt, daß A während des Ladens nicht isolirt sein durfte. Isolirt man sie aber, indem man z. B. V auf eine etwas große recht trockene Glasplatte oder auf einen Harzkuchen setzt, so ladet sie sich nur schwach, und A zeigt in diesem Falle nur freie E, welche stets gleichnamig mit der an J befindlichen sich zeigt.

Anmerkung 1. Aus dem in diesem §§. Gesagten geht hervor, daß V am schnellsten geladen wird, wenn man A mit dem isolirten Reibzeuge und J mit dem elektrisirten C in Verbindung setzt.

Anmerkung 2. Die an V stattfindenden Erscheinungen werden durch zwei Metallplatten und eine etwas größere Glastafel noch auf folgende Weise bewirkt. Man bringe (in Fig. 183) die eine Metallplatte M auf das isolirende Gestelle F, lege auf M die Glastafel T und auf diese die mit dem isolirenden Handgriffe H versehene Metallplatte m. Elektrisirt man aber nun m positiv, so hat M ebenfalls + E so lange sie isoliret ist.

Wird aber M mit dem Erdboden in leitende Verbindung gesetzt, und alsdann der m die + E mitgetheilt, so bekommt M die — E, und bringt man jetzt m und M in leitende Verbindung, so entsteht der elektrische Schlag, wovon in Nr. 4 dieses §. gesprochen worden ist.

Anmerkung 3. Um durch eine gewöhnliche Elektrisirmaschine

eine größere Luftschichte so zu laden, daß die bei der Entladung stattfindende Erschütterung sehr merklich wird, verfahre man auf folgende Weise.

Man nehme zwei große mit Staniol belegte, und an dem Umkreise aller Schärfe beraubte Scheiben, wovon die eine s isolirt und mit C verbunden, die andere S aber etwa $1\frac{1}{2}$ Zoll von s entfernt, mit ihr parallel gestellt, und mit dem Erdboden in leitende Verbindung gesetzt worden ist. Um dies zu bewerkstelligen kann man s allenfalls an seidenen Schnüren aufhängen, mittelst einer Metallkette mit C verbinden, und S auf einen Tisch legen, u. s. w. Wird aber jetzt die Elektrisirmaschine in Wirksamkeit gesetzt, so erhält die zwischen S und s befindliche Luftschichte ihre Ladung; und berührt man zuerst S und alsdann s, so ergiebt sich die in Nr. 4 erwähnte Erschütterung.

§. 1045.

Die Ladung und Entladung werden aus dem Gesetze der Vertheilung auf folgende Weise erklärt:

Der in §. 1012 erwähnte elektrische Wirkungskreis W entsteht jederzeit, wenn eine gehäufte +E oder —E mit nicht leitender Materie in Berührung steht; und es muß dieserhalb selbst im Glase G der V ein W*) entstehen, sobald +E oder —E auf J angehäuft wird.

Theilt man aber der J die +E mit, so bildet sich in G sogleich ein W, der bald die ±E der A erreicht, und die —E derselben bindet, so daß ihre +E, wenn V nicht isolirt ist, abströmen muß. Statt dieser tritt aber nun neue ±E durch die Leitung hinzu; und wenn man fortfährt +E in J einströmen zu lassen, so wird auch die der A von Neuem zugeführte —E gebunden, und die +E abströmen. Dies dauert aber stetig fort, so lange man der J die +E mittheilt; und V kann deshalb eine große Quantität von E aufnehmen, weil die innere +E und die äußere —E sich gegenseitig binden oder festhalten. Doch kann man die Ladung nur bis zu einem gewissen Grade fortsetzen, weil, eben so wie die innere E einen Wirkungskreis hat, dieselbe auch eine Schlagweite besitzt, und letztere desto größer wird, je mehr E an J sich anhäuft. Setzt man also die Ladung zu lange fort, so entsteht eine Selbstentladung durch G, wodurch V an dieser Stelle zertrümmert oder unbrauchbar wird**). Zuweilen geht indeß die Selbstentladung nicht

---

*) Vielleicht aber ein kleinerer als in der Luft.

**) Da (nach §. 1025 Nr. 5) die auf der Oberfläche der Leiter verbreitete E gegen die atmosphärische Luft einen Druck ausübt, welcher wie das Quadrat der Dicke der elektri-

durch G, sondern aus J durch den unbelegten Rand nach A, wozu vielleicht unsichtbare Feuchtigkeit am Rande, oder leitender Staub auf demselben Veranlassung giebt.

Ist V beim Laden isolirt, so bindet zwar auch die der J mitgetheilte +E die —E der A, doch kann die +E der letztern nicht abströmen; sie wirkt daher als freie E; und da die Quantität der an A befindlichen —E nicht groß genug ist, und keine neue ±E zuströmen kann, so wird die innere —E nur schwach gebunden, und dieserhalb in V nur eine schwache Ladung erzeugt.

Werden endlich die Zeichen +E und —E mit einander vertauscht, so ergiebt sich die Erklärung für den Fall, daß J die —E durch Mittheilung erhält, u. s. w

Anmerkung. Man bemerke, daß die in diesem §. gegebene Erklärung sowohl der Franklin'schen als auch der Symmer'schen Hypothese entspricht, und daß nur in beiden +E und —E verschiedene Bedeutungen besitzen.

So wird z. B. nach Franklin's Hypothese auf J die elektrische Materie angehäuft, welche durch ihre Repulsivkraft jede nahe, also auch die auf A befindliche zurückstößt, und weshalb auf J Ueberfluß und auf A Mangel entsteht. Ersterer sucht sich aber mit Heftigkeit in letztere zu ergießen, und strömt dieserhalb von J nach A, wenn ihm ein Weg dazu durch einen Leiter geöffnet wird, u. s. w.

Nach Symmer's Hypothese sind die beiden Bestandtheile des natürlichen Elektricitätsstoffs vor der Ladung in beiden Oberflächen vereint; und wenn nun J mit dem positiv-elektrisirten C in Verbindung tritt, so kommt entweder freie positiv-elektrische Materie aus C nach J, oder (wie andere meinen) es fließt *) negative Materie aus J nach C, oder es geschieht vielmehr beides. Da aber nun J freie positiv-elektrische Materie erhält, und die ungleichnamigen Elektricitäten sich anziehen und die gleichnamigen sich abstoßen, so wird in der Nähe des J, nämlich in A, die negativ-elektrische Materie angezogen, die positive abgestoßen; und dieserhalb in A freie —E erzeugt. Werden aber nun J und A durch einen Leiter mit einander verbunden, so vereinigt sich der positive Bestandtheil des Elektricitätsstoffs sehr heftig mit dem negativen **) und das elektrische Gleichgewicht stellt sich hierdurch in J und A wieder her.

---

schen Schichte wächst, so folgt, daß derselbe stark genug werden kann den Widerstand der Luft zu besiegen, und daß alsdann E durch einen Entladungsschlag, indem sie die Lufttheilchen auseinander treibt, entweicht. Hieraus folgt aber, daß E bei noch stärkern Graden der Anhäufung fähig werden kann sich durch weit dichtere Substanzen als die Luft ist, zu entladen, und selbst den Zusammenhang ihrer Theile zu trennen u. s. w.

*) Wegen der zwischen +E und —E stattfindenden Anziehung.

**) Oder wie andere meinen: so erfahren die natürlichen Elektricitäten des Leiters eine plötzliche Zersetzung, und jede derselben strömt nach derjenigen Fläche der V, wo die ihr ungleichnamige E befindlich ist.

§. 1046.

Die in V angehäufte E wird die verstärkte, und der beim Entladen zum Vorschein kommende Funken der verstärkte oder Erschütterungsfunken genannt. Letzterer ist viel geeigneter mehrere brennbare Körper (wie Wasserstoffgas, Alcohol, Aether, Terpentinöl, Colophonium, Baumwolle, Schießpulver, Phosphor u. s. w.) als der in §. 995 Nr. 4 erwähnte einfache elektrische Funken zu entzünden. Die verstärkte E ist von der bloßen E des Conductors C theils durch die vermehrte Wirksamkeit, theils durch den Schlag bei der Entladung, und theils dadurch unterschieden, daß die ruhig hingestellte V (wegen der Bindung der +E und —E) ihre E viel länger als C behält.

§. 1047.

Aus v. §§. geht hervor: daß von der in V angehäuften +E die auf J vorhandene E in etwas größerer Stärke vorhanden ist, daß dieser Ueberschuß blos als freie E wirkt, und also das Elektrometer beim Laden der V weniger Grade als sonst angiebt.

Steht V auf einem Tische und nähert sich der Finger blos ihrem Knopfe, so erhält man zuerst, vermittelst eines Funkens, nur die freie E der J; und indem diese entweicht, schwächt man zugleich die Bindung der an A befindlichen E, und es strömt dieserhalb ein Theil derselben durch die Ableitung fort. Hierdurch wird aber auch die Bindung der an J vorhandenen geschwächt, also wiederum ein Funken erhalten; und auf diese Weise die Schwächung langsam aber stetig und zwar so lange fortgesetzt, bis alle E verschwunden ist. Indessen bleibt ein kleiner Ueberrest derselben (und wahrscheinlich anfangs unten am Boden der V) zurück, welcher sich gleichförmig durch J und A verbreitet und nach einiger Zeit eine neue aber nur schwache Entladung möglich macht.

Anmerkung. Aus gegenw. §. geht hervor, daß V allmählig und ohne Schlag entladen werden kann, wenn man der A und J beziehlich eine Spitze entgegenhält.

§. 1048.

Da die Entladung der V durch die geringen Leitungskräfte der mit A verbundenen Umgebung sich verzögert, so folgt, daß man ähnliche Funken, wie die vorhin bemerkten erhält, wenn man irgend einen schlechten Leiter (z. B. eine angefeuchtete seidene Schnur) in die Entladungskette bringt. Diese Funken sind mit einem Zischen begleitet, geben, statt der Erschütterung, eine widrige Empfindung, und heißen **schneidende Funken**. Sie vermögen solche Körper zu entzünden, welche von dem Erschütterungsfunken nicht angezündet werden, (wie der Zunderschwamm u. s. w.); und der Grund ihrer Wirksamkeit scheint in der Verzögerung der Entladung zu liegen.

§. 1049.

Wenn man eine isolirte (etwa an einem seidenen Faden hängende) V dem elektrisirten C nur so weit nähert, daß sie Funken erhalten kann, und einen nicht isolirten leitenden Körper K (etwa eine Metallkugel) in gleicher Entfernung ihrer äußern Belegung A nahe bringt, so gehen so viele Funken aus A in K über als von C in den Knopf der V überspringen. Hieraus folgt aber: **daß mittelst der mit C verbundenen und isolirten V eine zweite nicht isolirte Verstärkungsflasche geladen werden kann; und daß dies auch für eine dritte u. s. w. gilt, wenn die zweite u. s. w. ebenfalls isoliret ist.** Die Erfahrung lehrt jedoch: daß die auf diese Weise verbundenen Flaschen nicht auf denselben Grad geladen werden, und daß die E der letztern desto schwächer ist, je größer die Anzahl der Flaschen sich zeigt. Dies rührt aber daher, weil (nach §. 1047) jede elektrische Verstärkung an der mit C verbundenen Fläche eine größere Intensität als an der entgegengesetzten besitzt.

Anmerkung. Man bemerke, daß die elektrisirte und in der Luft aufgehangene (oder sonst hinreichend isolirte) V ihre + E und — E sehr lange behält, besonders wenn V aus dünnem Glase besteht, und die unmittelbare Gemeinschaft ihrer beiden Flächen durch einen Ueberzug des Randes mit gutem Gummilack verwahret wird. (Vergl. 1040 Anm.)

§. 1050.

Die Stärke der Ladung hängt — unter übrigens gleichen Umständen — von der Größe der Belegungen ab. Die Dicken der letztern tragen zur Stärke der Ladung nichts bei; doch ändern zufällige Umstände dieselbe sehr.

Zu den letztern rechnet man aber hauptsächlich:

1) die mehr oder weniger isolirende Eigenschaft des Glases, (welche von seiner größern oder kleinern Dicke, von seiner Reinlichkeit und auch von seiner Brennweite abhängt);

2) die mehr oder mindere Trockenheit der Luft;

3) die Continuität der Belegungen;

4) ihre verschieden glatten Oberflächen.

Anmerkung. Aus den Versuchen von Wilke geht hervor, daß das weiße Glas G bei gleicher Dicke und sonst gleichen Umständen nicht so stark als das grüne geladen werden kann. Auch hat man gefunden: daß bei der Ladung die Dicke des G sehr in Betrachtung kommt, indem das dünne G bei gleicher Oberfläche leichter und stärker als das dicke geladen aber auch eher als das letztere zersprengt werden kann.

Der Glimmer, welcher in den dünnsten Blättchen und selbst bei der stärksten Ladung dem Durchbruche der E widersteht, gewährt (wegen der Dünnheit und davon abhängigen großen Capacität) den Vortheil, mehrere Fläschen in einen sehr großen Raum aufstellen zu können, ist aber in unversehrten Platten nicht leicht zu erhalten, und wird überdies beim gewöhnlichen Gebrauche zu kostbar befunden.

§. 1051.

In V befinden sich +E und —E eben so gut an der Fläche des Glases G selbst wie an den Belegungen, und letztere dienen vorzüglich dazu, die der V vermöge der Ladung zugeführte E, gleichmäßig über alle Punkte der Glasfläche zu verbreiten, und die E bei der Entladung, von allen Punkten dieser Fläche auf einmal abzuleiten. Denn sind die Belegungen der V beweglich, und werden sie nach der Ladung von G entfernt, so hört letzteres nicht auf elektrisirt zu sein, und kann sogar bei neu erhaltenden Belegungen noch entladen werden. Um aber die Belegungen der V beweglich zu machen, verfahren wir auf folgende Weise.

Man nehme zwei aus Pappe verfertigte und mit Staniol überzogene Becher, wovon der eine a und der andere b in einen Glascylinder lose paßt; befestige in der Mitte des b — um ihn isolirt anfassen zu können — eine hinlänglich lange Glasröhre; und lasse entweder durch diese Röhre den Leitungsdraht mit dem Knopfe gehen, oder versehe b mit einem gläsernen Handgriffe, u. s. w.

§. 1052.

Ist V entladen, so haben ihre beide Flächen noch einige E*), und können dieserhalb ein zweites, und öfters ein drittes u. s. w.

*) Vergl. §. 1047.

Mal mit immer abnehmender Stärke entladen werden. Die dabei jedes Mal zurückbleibende Ladung wird aber der Rückstand genannt.

§. 1053.

Aus den mit V angestellten Versuchen hat sich ergeben: daß die E, bei Herstellung des elektrischen Gleichgewichts, in der Regel den besten Leiter wählt, ihn aber manchmal verläßt, wenn er die ganze Fülle der Thätigkeit (entweder der Kleinheit der Oberfläche oder anderer Umstände wegen) nicht zu fassen vermag, und daß der Funke in diesem Falle wohl auch durch die Luft überspringt; oder: daß die E bei der elektrischen Entladung den kürzesten Weg oder den Weg des mindesten Widerstandes wählt, und daß die Entladung oft durch mehrere Wege geschieht.

§. 1054.

Wenn ein Mensch M den Metalldraht D mit beiden Händen hält, und mit dem einen Ende desselben und der einen Hand die äußere Belegung und mit dem andern und der andern Hand den Knopf der V berührt, so geschieht (nach v. §.) die Entladung X durch D, weil er als der bessere Leiter sich zeigt. Bei einer stark geladenen V kann aber M ebenfalls einen Erschütterungsschlag S erhalten; und es findet alsdann X durch zwei Wege statt.

Nimmt man statt des D ein Stück trockenes Holz zur Entladung der V, so erhält M den S, weil er als der bessere Leiter erscheint. Spannt M die in seinen Händen befindliche Metallplatte stark an, so erhält er nicht leicht den S; bekommt denselben aber, wenn die Kette schlaff hängt und also ihre Glieder sich nicht innig berühren.

Wird der mehrere Fuß lange Draht abcdef auf die in Fig. 184 angegebene Weise gebogen, beträgt die Entfernung der Krümmungen b und d, und c und e nicht über ½ Zoll und wird a mit der äußern und f mit der innern Belegung von V verbunden, so nimmt man zwischen b und d und c und e elektrische Funken wahr;

und es folgt hieraus: daß X den kürzern Weg durch die Luft dem längern durch D vorgezogen hat.

§. 1055.

Um die elektrischen Erschütterungen zu vermeiden, d. h. um die Entladung starker Elektricitäten ohne Nachtheil zu bewerkstelligen, hat man einen Apparat erdacht, welcher der elektrische Auslader Y heißt.

Er besteht in seiner einfachsten Einrichtung blos aus einem bogenförmigen Drahte von solcher Länge, daß das eine Ende an einen Punkt der äußern Belegung, und das andere an den Knopf k der V gelegt werden kann.

Weil aber M *) durch eine solche Vorrichtung vor Erschütterungen nicht ganz sicher ist, so wird Y auf die in Fig. 185 und 186 angegebenen Weisen so construirt, daß g und h gläserne Handhaben, e und f nach Art eines Zirkels sich öffnende metallene Schenkel, und c und d Metallkügelchen (oder c, c Metallkügelchen und d, d metallene Ringe) bezeichnen. Faßt man nun einen solchen Y entweder an g (wie in Fig. 185) oder an g und h (wie in Fig. 186), setzt c an die äußere Belegung, und nähert d dem k, so entladet sich V durch einen einzigen starken Funken, und zwar (bei starker E), noch ehe man k selbst berührt, ohne daß M das Geringste dabei empfindet.

Anmerkung. Die nach diesem §. entladene V giebt unmittelbar keine Funken mehr, wenn man eine zweite Entladung versucht, oder den k berührt. Läßt man sie aber eine Zeit lang stehen, so giebt sie von Neuem schwache Funken, und bisweilen noch einen schwachen aber bemerklichen Schlag, wenn man sie mittelst der Hände entladet. (Vergl. §. 1052.)

§. 1056.

Der allgemeine Auslader von Henly, welcher in manchen Fällen eine bedeutende Bequemlichkeit gewährt, ist (in Fig. 187) dargestellt. Auf dem Fußbrettchen ln, welches etwa 12 Zoll lang und 6—8 Zoll breit ist, stehen nämlich die beiden isolirenden 8—10 Zoll hohen Säulen ef und gh, wovon ef den Draht ab, und gh den cd trägt. ab und cd sind aber in a und c ringförmig umge-

---

*) Man lese v. §.

bogen, in b und d mit Kugeln versehen, oder (wenn man diese abschraubt) in Spitzen ausgehend; und auf ef und gh vermöge einer Vorrichtung von Messing so befestigt, daß jede derselben dreierlei Bewegungen machen, nämlich in einer Hülse hin und her geschoben, oder horizontal oder vertikal gedreht werden kann. Zwischen ef und gh steht das aus gedörrtem Holze bestehende Tischchen m, welches hoch und niedrig gestellt oder ganz weggenommen werden kann; und über m liegt noch eine Platte von gleicher Größe, welche sich durch zwei Schrauben nach Art einer Presse an die Tischplatte schrauben läßt. Beim Gebrauche befestige man aber das eine Ende einer Drahtkette an a, das andere an die äußere Belegung der V, lege alsdann den der Wirkung des Schlages auszusetzenden Körper K auf m, oder presse ihn zwischen die beiden Platten, worauf b und d die schicklichste Lage und Entfernung gegen ihn erhalten müssen, hänge den Ring eines gewöhnlichen Ausladers an c, und berühre mit der Kugel oder dem Knopfe desselben die innere Belegung der V. Der elektrische Funken ist aber nun gezwungen den zwischen b und d befindlichen K zu durchströmen, u. s. w.

§. 1057.

Wird (in Fig. 188) an der äußern Fläche der V der mit der Kugel a versehene Draht mn so gekrümmt, daß a von dem Knopfe k noch etwas absteht; wird ferner V elektrisirt und das Korkkügelchen b zwischen k und a an einem seidenen Faden aufgehangen, so oscillirt es zwischen denselben, weil k und a entgegengesetzte Elektricitäten besitzen. Dieser Versuch heißt die elektrische Spinne, weil man durch b Fäden ziehen, und es also bewirken kann, daß es einer arbeitenden Spinne einigermaßen ähnlich sieht.

§. 1058.

Die elektrische Intensität wird gewöhnlich durch das Henly'sche Quadranten-Elektrometer*) bestimmt; doch gewährt Lane's Auslade-Elektrometer ebenfalls viel Bequemlichkeit, indem man durch dasselbe immer gleich starke Ladungen erhält. Es ist in Fig. 189 dargestellt; und es bezeichnet darin V eine gewöhnliche

*) Vergl. §. 1005.

Verstärkungsflasche, ab eine gläserne mit V verbundene Röhre, cd ein mit der Kugel c und dem Haken d versehener und so beweglicher Metallstab, daß er dem k genähert und von ihm entfernt werden kann; und df und gh Metallketten, welche, mit einander verbunden, es bewirken, daß die beiden Belegungen der V nur durch den zwischen k und c befindlichen Raum geschieden sind. Ist V vollständig geladen, so nähert man c dem k so lange, bis der elektrische Funken überspringt; ladet nun V auf's Neue und bemerkt, daß sie sich von selbst entladet und der Intensitätsgrad der Ladung der Nämliche ist. Soll derselbe etwas schwächer sein, so bringt man c und k noch näher aneinander; und faßt Jemand die Kette df mit der einen und die gh mit der andern Hand an, so erhält er einen elektrischen Schlag und zwar, so oft die Entladung wiederholt wird, immer eine gleich starke Erschütterung.

§. 1059.

Ein anderes Instrument, welches bei genauen Versuchen über die elektrischen Entladungen ebenfalls sehr große Vortheile gewährt, ist unter dem Namen des Cuthberson'schen Elektrometers bekannt, und in Fig. 190 dargestellt.

Es bezeichnet darin b ein ohngefähr 18 Zoll langes und 6 Zoll breites hölzernes Brett, woran die gläsernen Säulen a und c befestigt sind, welche die drei Metallkugeln d, e und f tragen. An der Messingkugel f befindet sich unten ein langer Metallhaken, der mittelst s mit der äußern Belegung von V verbunden ist; auch wird der Körper, worauf der Schlag wirken soll, zwischen diese Verbindung gebracht. e ist mit d durch eine messingene Röhre verbunden, und besteht aus zwei auf einander gefügten Halbkugeln dergestalt, daß die obere Hälfte sammt dem daran befindlichen Quadranten-Elektrometer h abgenommen werden kann. Mittelst zweier auf der Seite angebrachten Einschnitte geht durch e die Messingstange ik, welche vermöge zweier scharfen Zapfen auf einer dazu eingerichteten Pfanne dergestalt ruht, daß sie sich aus ihrer horizontalen Lage begeben, und ihre Kugel k gegen f bewegen kann. ik ist also ein zweiarmiger Hebel, welcher durch i und k in's Gleichgewicht kommt, und dessen Schwerpunkt etwas oberhalb seines Ruhepunktes liegt. Bei horizontaler Lage des ik berühren sich i und m, und k ist 4 Zoll von f entfernt; und durch Senkung des Armes ek kommt k mit f in Berührung. ie enthält eine Gradeintheilung und ein verschiebbares Gewicht G, welches nach seiner größern oder kleinern Entfernung vom Ruhepunkte, die i mit verschiedener meßbarer Kraft gegen m drückt. Sind nun i und m auf einen gewissen Grad mit gleichnamigen Elektricitäten geladen, so stoßen sie sich wechselseitig ab, so daß, wenn die Abstoßung das Gewicht, welches sie an einander drückt, überwiegt, der Arm ie sich erheben, dabei das sehr bewegliche G nach e treiben, den Arm ek herunter und k mit f in Berührung (und also auch die äußere Belegung mit der innern in Verbindung) bringen wird.

Indem aber nun G stets auf derselben oder auf verschiedenen Stellen des ie sich befindet, gehen immer Entladungen von gleicher oder verschiedener aber vergleichbarer Stärke hervor.

§. 1060.

Bei der Entladung X der B wurde Folgendes bemerkt:

I. Wenn der die beiden Belegungen verbindende leitende Körper, bei der X, durch einen kleinen Zwischenraum unterbrochen ist, so erscheint im letztern ein mit einem Knalle begleiteter elektrischer Funke F. Geschieht X durch eine metallische Kette, so zeigt sich die letztere im Dunkeln leuchtend, weil zwischen ihren einzelnen Gliedern kleine Räume sich befinden, welche F durchbrechen muß *).

II. Durch F werden brennbare Körper (z. B. aufgelockerte mit Harzstaub bestreute Baumwolle u. s. w.) angezündet **).

III. Wenn der elektrische Schlag durch schlecht leitende Körper gehen muß, so werden dieselben durchlöchert, auch wohl zersprengt und zwar so, daß der Rand des Loches an beiden Seiten erhoben sich zeigt.

IV. Wenn durch zwei oder mehrere mit einander in Verbindung stehende Menschen die X erfolgt, so fühlt Jeder in der Hand, im Arm und bisweilen in der Brust eine elektrische Erschütterung. Soll aber X durch mehrere Menschen geschehen, so müssen dieselben

*) Vergl. §. 1054.

**) Man lese §. 1046.

sich gegenseitig bei den Händen halten, und der erste mit seiner freien Hand die äußere Belegung berühren; und der letzte seine freie Hand dem Knopfe nähern, u. s. w. Wenn mehrere den Erschütterungskreis bildende Personen auf einem feuchten Boden stehen, so fühlen oft nur die an den Enden des Kreises befindlichen die Erschütterung, weil die X hier wahrscheinlich durch den feuchten Boden entweicht.

Anmerkung 1. In Bezug auf den in Nr. I. und II. erwähnten verstärkten F bemerke man noch Folgendes:

Der aus dem blosen Conduktor C gezogene Funken ist länger als F weil die auf der äußern und innern Oberfläche der V vorhandenen Elektricitäten sich gegenseitig binden, und also ihr Wirkungskreis nicht so groß als der des C sein kann. Doch findet man, daß F viel dichter, heftiger und knallender als der Funke des C sich zeigt. Auch wird ein isolirter leitender Körper nicht elektrisirt, wenn F durch denselben geht, weil die in ihm zusammentreffenden +E und —E von V herrühren und er von seiner E nichts hergiebt.

Anmerkung 2. In Bezug auf Nr. 3 und 4 merke man sich:

a) Der elektrische Schlag S wird durch die Länge des durchlaufenden Weges, in allen bis jetzt beobachteten Weiten, nicht merklich geschwächt, und braucht dazu keine merkliche Zeit. Wenn z. B. mehrere Personen in dem Erschütterungskreise sich befinden, und der erstere die äußere Belegung und der andere den Knopf der V berührt, so empfinden alle in demselben Augenblicke die Erschütterung; und es folgt hieraus: daß die Geschwindigkeit der Fortpflanzung wenigstens sehr groß sein muß. *).

b) Man bemerkt: daß S von jeder Person an den Stellen des Körpers am stärksten empfunden wird, wo die E zu beiden Seiten ein- und austritt; daß sich derselbe nach den Zwischenstellen nur nach Maßgabe seiner Stärke mehr oder weniger weit verbreitet; und daß — hiervon abgesehen — die äußersten Personen den S jedesmal stärker als die mittlern empfinden.

c) Wird der Erschütterungskreis durch unvollkommene Leiter, z. B. durch feuchtes Glas u. s. w. unterbrochen, so entstehen nicht erschütternde sondern schneidende Fnnken **). Wird aber die Verbindung durch vollkommene Nichtleiter unterbrochen, so findet X gar nicht mehr statt.

*) Wheatstone (ausgesprochen: Uietstohn) schloß aus vielen Versuchen:

1) Die Geschwindigkeit der E durch einen Kupferdraht übertrifft die des Lichtes durch den planetarischen Raum.

2) Die Störung des elektrischen Gleichgewichts in einem Drahte, der an seinen Enden mit den beiden Belegungen der V verbunden ist, schreitet mit gleicher Schnelligkeit von den beiden Enden fort, und trifft zuletzt in der Mitte des Bogens ein.

3) Das Licht der E von großer Intensität hat noch nicht die Dauer von $\frac{1}{1000000}$ einer Sekunde.

**) Vergl. §. 1048.

Siebente Abtheilung.

Von der elektrischen Batterie, und von einigen wichtigen elektrischen Versuchen.

§. 1061.

Verbindet man sowohl die äußern als auch die innern Belegungen zweier oder mehrerer Verstärkungsflaschen leitend mit einander, so laden oder entladen sich alle, wenn man eine derselben ladet oder entladet; auch bewirken sie dasselbe wie V, wenn die Summe ihrer geladenen Oberflächen der der V entspricht. Da nun die Wirkung der V desto größer ist, je größer ihre geladene Oberfläche sich zeigt*), so folgt, daß auch die Wirkung mehrerer mit einander verbundener Verstärkungen mit der Größe ihrer geladenen Oberflächen wächst. Eine solche Sammlung von Verstärkungsflachen heißt aber **eine elektrische Batterie**, welche — aus leicht einzusehenden Gründen — eine größere Bequemlichkeit als eine mit gleich großen Oberflächen versehene und also verhältnißmäßig sehr große V gewährt.

§. 1062.

Die (in Fig. 191) dargestellte elektrische Batterie B steht auf einem mit Staniol bekleideten Untersatze, welcher mit der Erde durch einen metallischen Leiter verbunden ist und nach Belieben weggenommen und angefügt werden kann. Ihre innern Oberflächen sind so mit einander verbunden, daß man einen Metalldraht durch die durchbohrten Knöpfe derjenigen Flaschen zieht, die in derselben Reihe sich befinden; und die einzelnen Reihen wieder durch die in die Quere gelegten Metallstänglein mit einander in Verbindung setzt. Je größer aber die belegte Glasoberfläche der B ist, desto mehr E von gleicher Repulsivkraft vermag sie anzuhäufen, und desto mehr Zeit wird erfordert sie durch eine gegebene Maschine zu laden. Ist B sehr groß, so ist es gut sie in mehrere Abtheilungen zu sondern, um die Quantität der anzuhäufenden E den bezweckten Wirkungen anzupassen; auch wird hierdurch eine schnellere Ladung

*) Vergl. §. 1060.

durch dieselbe Maschine bewirkt. Zur Entladung der B dient der (in Fig. 185 und 186 angegebene) zweiarmige Auslader, dessen einer Knopf an die äußere und dessen anderer an die innere Belegung einer Verstärkungsflasche kommt. Bei einer großen B ist es überhaupt sehr gefährlich sich dem Entladungsschlage auszusetzen, weil derselbe die schrecklichsten Zufälle, ja selbst den Tod, nach sich ziehen kann.

Anmerkung. Da nach gegenw. §. die Wirkung der B nach der Größe der innern und äußern Belegungen sich richtet, so bemerke man daß, im Falle B die Größe eines gewöhnlichen Berliner Quartglases besitzt, ohngefähr ein Quadratfuß äußere oder innere Belegung gerechnet, und bei ganz genauen Versuchen auf 9 oder 10 Flaschen noch ein Quadratfuß abgezogen werden kann.

§. 1063.

B wird geladen, wenn man einen Theil ihrer innern Belegungen durch einen Draht oder Kette mit dem Conductor C der Elektrisirmaschine verbindet und die Scheibe S alsdann dreht.

Beim Laden der B merke man sich aber Folgendes:

1) Man zählt bei jedem Versuche die Umdrehungen der S, um aus dem Erfolge des ersten Versuches eine Regel für die folgenden zu ziehen.

2) Man stellt das Quadranten-Elektrometer auf C, und bemerkt alsdann: daß es bei der Ladung der B langsamer als beim Elektrisiren des bloßen C oder beim Laden einer einzelnen Flasche sich erhebt, daß man aus seinem Stande beim ersten Versuche eine Regel für die Folgenden ziehen, und selbst beim ersten Versuche das Fortrücken der Ladung einigermaßen wahrnehmen kann.

3) Man legt vor dem Versuche über die Drähte, welche die innern Belegungen der Flaschen verbinden, ein Metallstäbchen, das an beiden Seiten mit einem runden Knopfe von ohngefähr ¼ Zoll im Durchmesser versehen ist, und ein paar Zolle über B hervorragt. Nähert man aber nun einer dieser Kugeln von Zeit zu Zeit den Knopf eines isolirten Ausladers, so wird ein knisterndes Fünkchen in einer gewissen Entfernung gegen denselben springen, woraus auf die Stärke der Ladung geschlossen werden kann.

4) Man merkt genau auf B; und hört man irgendwo ein Knistern zwischen den Gläsern, (welches entweder das Zeichen einer

schadhaften Flasche oder einer Selbstentladung ist), so entladet man B, u. s. w.

§. 1064.

Aus den mit B angestellten Versuchen hat sich ergeben:

I. Durch den Schlag der B werden Vögel und andere kleine Thiere augenblicklich getödtet.

II. Der Funke F von B dringt durch dünne Glasscheiben mit verstärktem Schalle ohne sie zu zerbrechen.

III. F schlägt durch vielfache Pappe, durch ein Spiel Karten, durch Staniol- oder Bleiblätter u. s. w. ein Loch, welches einen auf beiden Seiten aufgeworfenen Rand besitzt. Auch werden noch mehrere andere Körper von F durchbohrt, zerrissen oder zersplittert *), und zwar desto mehr, je weniger leitend sie sind; und eben so erleiden die tropfbaren und ausdehnsamen Flüssigkeiten durch F eine bedeutende Ausdehnung.

IV. F macht feine Metallfäden glühend, schmilzt und oxydirt oder verbrennt sie. Dies geschieht aber sehr leicht durch eine kleine B, wenn man ein kurzes Ende von der feinsten stählernen Claviersaite dabei anwendet.

V. Wenn man ächtes Blattgold oder Blattsilber zwischen Glasscheiben preßt, so wird dasselbe durch F in die letztern eingeschmolzen; wird dagegen unächtes Blattgold oder Blattsilber zum Versuche genommen, so verliert dasselbe durch anfangende Oxydation seine Farbe.

VI. F entzündet die in §. 1046 erwähnten Substanzen desto leichter, je mehr Verstärkungsflaschen zum Versuche genommen worden sind.

VII. Ist F sehr stark, so durchlöchert er den Zündschwamm ohne ihn zu entzünden.

VIII. F bewirkt chemische Zersetzungen und leitet auch chemische Zusammensetzungen ein.

IX. Manche Körper werden phosphorescirend **) wenn F durch sie geleitet wird.

---

*) Vergl. Note * zu §. 1045.

) Vergl. §. 981 Note * Nr. II.

X. Das Eisen und der Stahl werden durch den Entladungsschlag der B magnetisirt.

XI. Wenn man die beiden Knöpfe des Henly'schen Ausladers*) nahe über eine Wasseroberfläche bringt, so können sie weiter als in der Luft auseinander stehen; und es erfolgt dennoch die Ausladung mit sehr verstärktem Schalle. Hält man aber, während derselben, einen Finger in's Wasser W, so fühlt man einige Erschütterung. Hieraus folgt aber: daß der über W liegende leitende Wasserdunst die Ausladung befördert.

XII. Bringt man die Knöpfe des Ausladers in einer geringen Entfernung von einander unter W, so zeigt sich F in W zwischen den Knöpfen, und W wird dabei in eine merkliche Bewegung versetzt.

§. 1065.

Das im v. §. im Allgemeinen Angeführte, wird in diesem und in den folgenden §§. gegenwärtiger Abtheilung folgendermaßen verdeutlicht.

Die elektrischen Schläge einer starken B tödten auch große Thiere**); und die Hauptwirkung der E auf den thierischen Körper betrifft vornehmlich das Nervensystem, indem heftige elektrische Schläge die Reizbarkeit der Nerven gänzlich zerstören.

§. 1066.

In Bezug auf §. 1064 Nr. III. bemerke man Folgendes:

1) Wird (in Fig. 192) das cylindrische $\frac{1}{2}$ Zoll lange und $\frac{1}{4}$ Zoll dicke Holzstück h nach der Richtung der Fasern angebohrt, in jedes der Löcher ein Draht des allgemeinen Ausladers und zwar so gesteckt, daß die eine Spitze von der andern etwa $\frac{1}{4}$ Zoll absteht; und alsdann ein starker Schlag durch mn geführt, so geht h mit Heftigkeit entzwei.

2) Füllt man (in Fig. 193) die gläserne Röhre abcd mit Wasser, verschließt sie an ab und cd mit Korkstöpseln, führt die Drähte ef und mn so durch letztere, daß sie ein wenig (etwa $\frac{1}{2}$ Zoll) in abcd von einander abstehen und vermittelst e und m mit den beiden Belegungen der B verbunden werden können, so ist schon

*) Lese §. 1056.

**) Vergl. Nr. I. v. §.

eine schwache Entladung hinreichend die abcd durch Ausdehnung des Wassers zu sprengen und letzteres herum zu streuen. Auch wird abcd zersprengt, wenn man sie mit einer andern Flüssigkeit, etwa mit Oel u. s. w. füllt. Alle diese Versuche erfordern indeß die größte Vorsicht, weil bei denselben die Zersprengungen mit großer Heftigkeit vor sich gehen.

3) Die Ausdehnung, welche die Luft durch F erfährt, wird durch das Luftthermometer von **Kinnersley***) auf folgende Weise bemerklich gemacht. Es bezeichne (in Fig. 194) abcd einen unten und oben luftdicht verschlossenen Glascylinder, eg und mn zwei Drähte, deren Knöpfe g und n etwas von einander abstehen, und op eine luftdicht durch ab gehende weite Glasröhre, welche, nebst abcd, mit gefärbtem Wasser angefüllt ist. Wird aber nun m mit der äußern Belegung einer Batterie verbunden und zwischen der innern Belegung derselben und e, mittelst des Ausladers eine Verbindung hergestellt, so geschieht die Entladung zwischen g und n mittelst eines Funkens, und die in op befindliche Flüssigkeit steigt gleichzeitig auf einen Augenblick in die Höhe. Hieraus folgt aber: **daß die in abcd vorhandene Luft eine augenblickliche Ausdehnung durch F erfuhr.**

4) Legt man zwischen zwei Glasplatten zwei Staniolstreifen, deren innere Enden etwas von einander abstehen, und deren äußere hervorragen, preßt die Glasplatten (etwa durch Umwindung eines Fadens) ein wenig zusammen, und leitet, mittelst des allgemeinen Ausladens die Entladung hindurch, so werden die Platten (durch plötzliche Ausdehnung der Luft) in viele Stücke zerbrochen. Auch sind die meisten durch F bewirkten Zersprengungen zum Theil als Folgen der Ausdehnung der innern Luft anzusehen.

Anmerkung. Aus gegenw. §. geht hervor, daß die E, indem sie durch eine tropfbare Flüssigkeit mit Gewalt zu gehen strebt, die Theilchen derselben mit solcher Kraft auseinander treibt, daß selbst der Widerstand starker Gefäße überwältigt wird, und daß diese auseinandertreibende Wirkung der E auch bei den ausdehnsamen Flüssigkeiten wiederkehrt. Auch ist leicht einzusehen, daß bei dem in §. 1064 Nr. III. erwähnten Kartenspiele u. s. w. der Rand des Loches nach beiden Seiten aufgeworfen oder erhoben ist**), weil das Kartenspiel u. s. w. dem

*) Ausgesprochen: Kinnersli.

**) Man lese auch §. 1060 Nr. III.

elektrischen Strome ein Hinderniß entgegensetzt, wodurch eine Explosion nach allen Seiten erfolgt.

§. 1067.

In Rücksicht auf §. 1064 Nr. IV. bemerke man Folgendes:

1) Ein feiner Metalldraht D, welcher beim Durchgange des F schlaff ist, wird in die Dicke ausgedehnt und dabei verkürzt. So verkürzte z. B. van Marum einen Eisendraht von 18 Zoll Länge und $\frac{1}{35}$ Zoll Dicke und mehr als $\frac{1}{4}$ Zoll, indem er nur einen einzigen elektrischen Schlag S hindurchleitete.

2) Ist D durch Gewichte angespannt, so findet man, daß S ihn verlängert.

3) D erfährt, während S ihn durchläuft, zugleich eine Temperaturerhöhung, welche um so größer ist, je stärker die Ladung der B*), je kürzer und dünner D, und je kleiner der Widerstand ist, den E überhaupt in den übrigen Theilen der Entladungskette erfährt. Leitet man demnach S ein oder ein paar Mal durch den dünnen und nicht zu langen D, so erfährt letzterer alle Wirkungen, welche ein sehr hoher Hitzgrad auf ihn ausüben würde; er kommt also in sichtbares Glühen, und nach der Beschaffenheit seiner Materie und Dünne in's Schmelzen zu kleinen Kügelchen **), und zerstiebt sogar in Rauch und verbrennt wirklich, wenn er in atmosphärischer Luft oder im Sauerstoffgase sich befindet und aus einem in der Hitze oxydirbaren Metalle M besteht. Zur Oxydation des M gehört im Allgemeinen die Kraft einer großen B; und um sie vollständig zu bewirken, muß B größer sein als zur blosen Schmelzung des M gehört, auch ist bei jedem Metalle eine verschiedene Elektricitätsmenge dazu erforderlich ***).

Brook †) und Cuthberson haben aus ihren zahlreichen Versuchen gefolgert: daß die schmelzende, und wie es scheint, auch die oxydirende Wirkung auf Metalldrähte wie

*) d. h. der Batterie.

**) So wird z. B. mittelst einer stark geladenen B von 12 □ Fuß Oberfläche ein etwa 5 Zoll langer Eisendraht von Nr. 12 geschmolzen, u. s. w.

***) Um M durch B zu oxydiren, werden dünne und schmale Blättchen desselben auf ein Blatt Papier oder zwischen zwei Glasstreifen gelegt, letztere durch Umwindung eines Fadens an einander befestigt, und mittelst des allgemeinen Ausladers die Entladungsschläge durch M geführt.

†) Ausgesprochen: Bruck.

das Quadrat der Elektricitätsmenge wächst, welche sich auf einmal durch ihn entladet.

Nach Singer bestätigt sich dies quadratische Verhältniß bei Versuchen mit mäßigen Drahtlängen; doch nimmt die schmelzende Wirkung in einem kleinern Verhältnisse zu, wenn D über einen gewissen Grad hinaus verlängert wird. Auch erscheinen die verschiedenen durch B geschmolzenen Drahtlängen als Mittel die Stärke der darin vorhandenen Gesammtelektricität zu messen.

Anmerkung. Aus gegenw. §. geht hervor, daß M nicht blos durch die Hitze sondern auch durch S oxydirt werden kann. Auch können Oxyde, welche durch die Hitze ganz oder zum Theile ihren Sauerstoff verlieren, durch den Schlag der B ebenfalls desoxydirt werden; und endlich sollen Oxyde, (wie das Zinnoxyd) welche man bisher durch große Hitze nicht zu desoxydiren vermochte, durch S wirklich desoxydirt worden sein.

§. 1068.

In Bezug auf §. 1064 Nr. IV. bemerke man:

1) Auf der Entzündung des Wasserstoffgases beruht die elektrische Zündmaschine; auch wird die von Volta angegebene sogenannte elektrische Pistole zur Entzündung des Knallgases gebraucht. Es bezeichnet nämlich (in Fig. 195) G ein blechernes Gefäß, und ac einen durch eine Glasröhre gehenden und an beiden Enden mit Knöpfen versehenen Draht. Wird aber nun mit a ein Funken aus dem Conductor einer Elektrisirmaschine gezogen, so muß er zwischen c und d überspringen; und ist außerdem G mit Knallgas gefüllt, so wird dasselbe durch diesen Funken mit einem Knalle entflammt. Letzterer ist aber viel stärker, wenn die Mündung der Pistole mit einem Korkpfropfen verschlossen wird.

2) Das trockene Schießpulver wird entflammt, wenn man es zwischen zwei von einander abstehenden Drähten ausstreut, den einen Draht mit der äußern Belegung mittelst einer Leitung, welche durch ein Stück einer nassen Schnur unterbrochen ist, und den andern mit der innern Belegung verbindet; und B alsdann entladet. Ohne jene Unterbrechung der Leitung wird das Pulver blos zerstreut.

3) Ein längliches und dünnes Stück Kohle entzündet sich nicht durch die Entladung der B, erhitzt sich aber merklich; und zwar am meisten, wenn man die Entladung allmählig entstehen

und sie also nicht durch eine Kugel sondern durch eine Spitze stattfinden läßt.

§. 1069.

In Bezug auf §. 1064 Nr. VIII. bemerke man Folgendes:

1) Die Gasarten werden durch F nicht allein ausgedehnt*) sondern auch zu chemischen Einwirkungen befähigt, und zwar so, daß zusammengesetzte Gasarten durch F zersetzt, und Gemenge aus einfachen Gasarten zu chemischen Verbindungen bestimmt werden.

So entzündet z. B. F schon bei einer einzigen Verstärkungsflasche das Wasserstoffgas und Sauerstoffgas, wenn diese Gasarten im Verhältnisse von 11,096 Theilen Wasserstoff und 88,904 Theilen Sauerstoff gemengt sind; und man erhält tropfbar flüssiges Wasser oder Wasserdunst als Produkt.

Doch werden nicht Wasserstoffgas und Sauerstoffgas allein, sondern auch noch andere Gasarten durch F zu chemischen Verbindungen befähigt. Denn geht z. B. F durch eine eingeschlossene Quantität atmosphärischer Luft, so vermindert sich ihr Volumen und hineingebrachte Pflanzenpigmente werden geröthet, zum Zeichen einer Säure, welche hier die Salpetersäure ist. Wenn man ferner durch ein Gemenge von Wasserstoffgas und atmosphärischer Luft den F gehen läßt, so bildet sich, außer Wasser und etwas Salpetersäure, noch etwas Ammoniak auf Kosten des Wasserstoffs und Sauerstoffs, u. s. w. Eine nicht minder kräftige Wirksamkeit äußert F im Zersetzen zusammengesetzter Gasarten. So wird z. B. die Salzsäure hierdurch in Wasserstoffgas und Chlor, die Kohlensäure in Kohlenstoffoxydgas und Sauerstoff, das Ammoniak in Wasserstoffgas und Stickgas zersetzt; und wenn man Schwefelwasserstoffgas oder Kohlenwasserstoffgas dem Versuche unterwirft, so wird Wasserstoff frei, und es erfolgt eine Niederschlagung von Schwefel oder Kohle in fester und fein zertheilter Gestalt.

2) Selbst die tropfbaren Flüssigkeiten werden beim Hindurchgehen der Funken durch sie zersetzt.

So fanden z. B. Troostwyk und Deiman zuerst am Wasser W, daß bei jedem durch dasselbe gehenden F Gasblasen von

*) Vergl. §. 1064 Nr. III.

den Spitzen der in W reichenden Drähte emporstiegen, die sich als Gemenge von Sauerstoffgas und Wasserstoffgas auswiesen. Nach Ritters Bemerkung erhebt sich hierbei das erstere blos von dem mit der positiven Belegung verbundenen Drahte P, und das letztere von dem negativen Drahte N, wenn P und N edle Metalle sind, widrigenfalls sich nur von N das Gas erhebt, und P das Sauerstoffgas, statt es zu entbinden, mit seiner Substanz vereinigt, d. h. oxydirt. Umstände, welche in genauer Analogie mit den später beim Galvanismus vorkommenden Erscheinungen der Wasserzersetzung stehen.

Wollaston entdeckte ein Verfahren W sogar durch eine sehr schwache E und ohne Anwendung von verstärkten Funken zu zersetzen. Er steckte nämlich einen sehr feinen und möglichst zugespitzten Golddraht D in ein gläsernes Haarröhrchen, erhitzte dieses so, daß es sich rings umher an die Spitze legte und sie überall bedeckte, und schob alsdann D so wenig herab, daß er durch eine Lupe nur eben außerhalb des Glases zu entdecken war. Als Wollaston aus so verwahrten Spitzen Elektricität, die aus dem elektrisirten Conductor C in Funkengestalt auf D schlug, in W leitete, wurde dies durch Funken, die in einem Abstande von $\frac{1}{8}$ Zoll (des D von C) überschlugen, und bei Spitzen von nicht mehr als $\frac{1}{700}$ Zoll Durchmesser zersetzt.

Selbst bei unmittelbarer Berührung des D mit dem positiv- oder negativ-elektrisirten C zersetzte Wollaston das W, wenn er das Ende des D so viel als möglich verkleinerte; auch brachte er zwei Gasströme hervor, indem er die Elektricitäten beider Conductoren durch zwei feine einander zugewandte Spitzen in W strömen ließ; und erhielt von jedem Drahte zugleich Sauerstoffgas und Wasserstoffgas; wogegen Davy, bei der sorgfältigsten Vermeidung von Funken, auch nach dem Wollaston'schen Verfahren, die beiden Bestandtheile des W abgesondert erhalten zu haben versichert. Wurde F durch Alcohol, Aether und Oele geleitet, so erhielt man Kohlenwasserstoffgas; aus Säuren aber Sauerstoffgas und mehr oder weniger freie Basen von Säuren.

Die Lacmustinctur wurde durch die +E geröthet, durch die —E wieder hergestellt; und aus einer gesättigten Silberauflösung wurde durch die — E ein Niederschlag erhalten, und dieser vermittelst der + E wieder aufgelöst, u. s. w.

§. 1070.

In Rücksicht auf §. 1064 Nr. IX. bemerke man noch:

1) Steckt man die Draht-Enden des allgemeinen Ausladers in einen Apfel oder in eine Citrone, und läßt F durchgehen, so leuchtet die Frucht. Dasselbe findet auch bei einigen Eiern statt, wenn ein kleiner F sie durchströmt. Stellt man die Enden zweier Drähte etwa $\frac{1}{2}$ Zoll von einander, und legt ein Stück Bimsstein oder Pfeifenthon zwischen sie, so wird dasselbe während des Uebergangs der Ladung leuchten, wenn der Versuch in einem verfinsterten Zimmer geschieht.

2) Pearsall*) hat viele Untersuchungen über das durch F bewirkte Phosphoresciren der Körper angestellt, und dabei die zu untersuchenden Substanzen auf ein Stück Elfenbein in eine Vertiefung zwischen zwei Drähte, wodurch eine Verstärkungsflasche von 2 □ Fuß Belegung entladen wurde, gelegt. Nach dem Elektrisiren wurden sie gewöhnlich (um das phosphorische Licht in seiner ganzen Stärke zu zeigen) erwärmt.

So gab Bildhauermarmor, der in seinem natürlichen Zustande nicht phosphorescirte, nachdem er 12 elektrische Schläge erhalten, und dann auf Platinblech erhitzt worden, ein schmutzig orangen-farbiges Licht; eben so zeigte die Kreide, im natürlichen Zustande erwärmt, ein etwas mattes orangefarbenes Licht; wurde sie aber geglüht und nach dem Erkalten 12 Mal elektrisirt, so leuchtete sie bei der Erhitzung hell orange roth, u. s. w.

Aus diesen und vielen andern Versuchen hat sich aber ergeben:

a) daß alle nicht leitende feste Körper durch stärkere oder schwächere Schläge zum Phosphoresciren kommen, nicht aber Metalle oder überhaupt gute Leiter und Flüssigkeiten;

b) daß diejenigen Körper, welche durch das Sonnenlicht am leichtesten phosphoresciren, auch für die Phosphorescenz durch den elektrischen Funken die größte Disposition besitzen;

---

*) Ausgesprochen: Pehrsahl.

c) daß die Dauer, Intensität und Farbe des phosphorescirenden Lichtes sehr verschieden ausfalle;

d) daß die durch E hinzugefügte Phosphorescenz in der Farbe von der natürlichen abzuweichen, und in niederer Temperatur als letztere entwickelt zu werden schien;

e) daß diejenigen Körper, welche im natürlichen Zustande phosphoresciren, durch künstliche Mittel noch auf einen höhern Grad von Leuchtkraft gebracht werden können;

f) daß dies Leuchten nicht von einem Antheile der am Nichtleiter zurückgebliebenen E abhänge;

g) daß weder Erwärmung noch Reibung die Ursache dieser Erscheinungen sein könne.

§. 1071.

In Bezug auf §. 1064 Nr. X. bemerke man Folgendes:

Wenn man 1) einen Stahldraht D in der Richtung von Norden nach Süden legt, und den Funken der B durch denselben führt, so wird D magnetisirt und zwar so, daß sein gegen Norden gekehrtes Ende den Nordpol*) erhält. Dieser Versuch gelingt am Besten mit einer Nadel von etwa 3 Zoll Länge und $\frac{1}{50}$ Zoll Dicke, die in ihrer Mitte eine Vertiefung hat, um sie auf eine freie Spitze zu stellen.

Wird 2) ein magnetisirter Draht mit seinem Nordpole gegen Süden gestellt, so kann der durchgeführte F, je nachdem er schwächer oder stärker ist, den Magnetismus dieses Stabes schwächen oder zerstören, oder gar seine frühern Pole umkehren.

Wenn man endlich 3) durch den lothrecht gestellten D eine starke Ladung führt, so erhält das untere Ende den Nordpol und das obere den Südpol, u. s. w.

§. 1072.

Durch die Verstärkungsflasche und elektrische Batterie suchte

*) Vorläufig wird bemerkt, daß man einen dünnen, eisernen oder stählernen magnetisirten Stab, welcher auf einer senkrechten Spitze so aufgesetzt oder an einem feinen Faden so aufgehangen ist, daß er eine horizontale Lage bekommen nnd sich zugleich nach allen Weltgegenden frei bewegen kann, eine Magnetnadel nennt, daß seine beiden Enden die Pole heißen, und daß der eine Pol gegen Norden und der ändere gegen Süden sich kehrt, weshalb der erstere auch der Nordpol und der andere der Südpol genannt zu werden pflegt.

man die Richtung der elektrischen Thätigkeit bei der Entladung Y nachzuweisen, ihre Geschwindigkeit in den Leitern zu bestimmen *), und das Leitungsvermögen verschiedener Körper zu erforschen, indem man die letztern nach einander in die Entladungskette brachte und beobachtete, ob Y durch sie geschehe oder nicht. Um aber das Leitungsvermögen zweier Körper zu vergleichen, gab man ihnen gleiche Längen und Oberflächen, brachte sie nach einander in die Entladungskette, und bemerkte, daß derjenige, wodurch Y vollständiger geschah (oder der nach geschehener Y den kleinern Rückstand behielt) der bessere Leiter war.

Die Größen der Rückstände wurden durch das (in Fig. 189) angegebene Auslade-Elektrometer so verglichen, daß man (nach geschehener Y durch den in Rede stehenden Körper) d mit der äußern Belegung verband; und nun durch Umdrehung von cd die Kugel c dem Knopfe k immer näher brachte. Je näher aber c an k zu stehen kam, um den Funken des Rückstandes zu erhalten, desto vollkommener fand die erste Y durch den bereits erwähnten Körper statt.

Anmerkung 1. Um Körper von sehr starkem Leitungswiderstande, d. h. sehr gute Isolatoren, mit einander zu vergleichen, kann man gleiche Entladungsschläge auf Scheiben von denselben führen und zusehen, welche Dicken von jeder dieser Substanzen durchbohrt zu werden vermögen. Auch könnte man die bei der Durchbohrung verschiedener gleich dicker Substanzen nöthigen Ladungen mit einander vergleichen, u. s. w.

Anmerkung 2. Um das Leitungsvermögen sehr guter Leiter (z. B. der Metalle) mit einander zu vergleichen kann die gemachte Beobachtung dienen: daß die Metalldrähte um so mehr erhitzt werden, je schwieriger sie die E durch sich hindurch lassen, u. s. w.

Anmerkung 3. Man bemerke a) daß das Leitungsvermögen der Körper durch's Pulvern eine Schwächung erfährt, ja daß diese Körper durch dasselbe sogar in Nichtleiter — wegen des oft unterbrochenen Zusammenhangs — übergehen können. Dies fand Delaval beim Portlandischen Stein, arabischen Gummi und Alaun bestätigt.

Auch ergiebt sich b) daß ein Metalldraht von der größten Länge, den eine bestimmte Ladung der B schmelzen kann, wenn er aus einem einzigen Stücke besteht, durch die nämliche Ladung nicht geschmolzen wird, sobald er aus zwei oder mehreren mit einander verbundenen Stücken zusammengesetzt ist.

Und endlich findet man c) daß ein elektrischer Schlag über die Wasseroberfläche verhältnißmäßig ziemlich weit fortgeleitet werden kann, weil die Flüssigkeiten viel besser leiten, wenn die E an ihren mit der Luft in Berührung stehenden Oberflächen sich bewegt, als wenn sie durch ihr Inneres gehen muß.

*) Vergl. §. 1045 Anm. und §. 1060.

Achte Abtheilung.

Von dem Condensator.

§. 1073.

Wenn man den isolirten Leiter l mit einem elektrisirten Körper K, oder einer dauernden Quelle von E, in Verbindung bringt, so wird l bis zu einem gewissen Grade elektrisirt.

Wenn man aber dem l, während er mit K verbunden ist, einen nicht isolirten Leiter B nähert, so bekommt l einen viel höhern Grad von E als im ersten Falle; oder was dasselbe ist: seine Capacität für E wird durch die Nähe des B vermehrt.

Denn die E, womit l sich anfänglich bedeckt hatte, wirkt, bei Annäherung des B, vertheilend auf dessen verbundene Elektricitäten, treibt die gleichnamige in den Boden zurück, zieht die ungleichnamige an, hält sie fest, und bindet sie an der l zunächst liegenden Oberfläche von B. Vermöge dieser Anziehung strömt aber eine neue Quantität freier E nach l, die eine neue Zersetzung von E auf B bewirkt, und zwar so lange, bis die auf l gehäufte E im Gleichgewichte zwischen der Abstoßungskraft, die sie auf sich selbst ausübt, und der Anziehungskraft, mit der die an B befindliche E sie zurückzuhalten strebt, sich befindet.

§. 1074.

Das im v. §. Gesagte wird auch durch folgende Versuche bestätigt.

Man theile 1) (in Fig. 196) dem Conductor A der Elektrisirmaschine eine so schwache E mit, daß eine dünne Luftschichte sie noch zu isoliren vermag, und bringe die mit dem gläsernen Handgriffe h versehene Metallplatte l, vermittelst des Drahtes e mit A in Berührung. l bekommt aber alsdann ebenfalls eine schwache E, und bringt dieserhalb, in dem ihr nahe gebrachten Strohhalm-Elektrometer R, eine Divergenz der elektrometrischen Pendelchen hervor.

Verbindet man 2) (in Fig. 197) l nochmals mit dem schwach elektrisirten A, nähert ihr aber eine andere nicht isolirte Metallplatte B, entfernt nach einiger Zeit l und B (indem man sie noch immer parallel mit einander hält) von A, trennt sie nun, und läßt jetzt l auf R einwirken, so geht eine stärkere Divergenz der elektrometrischen Pendelchen als in Nr. 1 hervor.

Wird 3) der in Nr. 2 angegebene Versuch noch einigemal jedoch mit dem Unterschiede wiederholt, daß man das eine Mal die B der l näher und das andere Mal weniger nahe bringt, so ergiebt sich, nach der Entfernung beider Platten von A und nach der Trennung derselben, mittelst des R, daß die in l entstandene E desto stärker ist, je näher l und B einander lagen, als l mit A in Berührung war. Denn je näher B an l liegt, desto mehr kann l auf B einwirken, desto stärker wird also die — E in B (wenn nämlich l positiv elektrisirt ist), desto mehr wird demnach von dieser stärkern — E die + E der l gebunden, und desto mehr + E kann l von A erhalten. Am stärksten würde diese + E sein, wenn die Entfernung beider Platten unendlich klein, d. h. Null werden könnte; dann würde aber statt der Vertheilung der E ein Uebergang derselben vor sich gehen.

Anmerkung. Man bemerke, daß die in l vorhandene + E oder — E in der Nähe der nicht isolirten B auf das Elektrometer nicht einwirken kann, weil sie durch die in B beziehlich vorhandene — E oder + E gebunden wird; und daß die + E oder — E der l sich äußert, sobald l von B entfernt worden ist.

§. 1075.

Die Vorrichtung, woran sich aus irgend einer Quelle von schwacher Elektricität eine + E oder — E, wegen des in der Nähe entstandenen entgegengesetzten elektrischen Zustandes so anhäufen läßt, daß sie endlich wahrnehmbar wird, heißt ein Condensator der E oder kurzweg ein Condensator c. Man wählt dazu (in Fig. 198) die mit der gläsernen Handhebe h versehene und 2—3 Zoll im Durchmesser haltende Metallplatte D, welche auf die glatte Fläche B so gestellt wird, daß zwischen beiden Flächen die dünne Schichte eines Nichtleiters sich befindet. D heißt aber der Deckel, die Sammlungsplatte oder der Collector, und B die Unterlage oder die Basis. D wird am zweckmäßigsten aus Metall gemacht und seine untere Fläche abgeschliffen und polirt; auch kann sie mit einer dünnen Firnißlage überzogen sein.

B ist eine Scheibe, die entweder aus einer schlecht- oder gut leitenden Materie mit einem dünnen Ueberzuge besteht. Am bequemsten eignet sich hierzu eine abgeschliffene Metallplatte, die mit einer dünnen Lage von Firniß überzogen ist; doch wird öfters eine recht trockne und erwärmte Marmorplatte, eine Scheibe von trockenem Holze, die ebenfalls mit einer dünnen Firnißlage überzogen werden kann, u. s. w. zu B gebraucht. Da endlich die Luft selbst ein nichtleitender oder schlechtleitender Körper ist, so darf man nur drei Glasstückchen von der Größe eines Hirschkorns auf einen Tisch legen, und D darauf setzen. Es vertritt aber alsdann der Tisch und die zwischen ihm und D liegende Luftschichte die Stelle der B, u. s. w.

Anmerkung 1. Man übersehe ja nicht, daß B weder ganz leitend noch ganz isolirend sein darf, weil es, im erstern Falle, nicht bei der Vertheilung bleiben, sondern ein wirklicher Uebergang erfolgen, und also I seine E verlieren würde; und im zweiten keine Vertheilung (außer in dem Falle, daß D nur sehr dünn wäre) stattfinden könnte.

Anmerkung 2. Der Erfinder des c ist Volta um 1783; und die Angabe der drei Glasstückchen rührt von Lichtenberg her. Letztere Art hat den Vorzug, daß B nicht selbst elektrisirt wird, weil die in diesem Zwischenraume befindliche Luft beständig wechselt. Der von Cavallo angegebene Elektricitätssammler stimmt im Wesentlichen mit Lichtenbergs Condensator überin.

§. 1076.

Ueber den Gebrauch des c bemerke man Folgendes:

Vermuthet man, daß der Körper K durch irgend eine Behandlung elektrisiret ist, obgleich er (wegen seiner allzu schwachen E) an das Strohhalm-Elektrometer R gebracht, keine merkliche Divergenz der elektrometrischen Pendel bewirkt, so ergiebt sich die Wahrheit der Vermuthung durch c, wenn man K an D*) bringt, ihn nochmals jener Behandlung unterwirft, ihn wiederum an D bringt, u. s. w. hierauf D erhebt, und letztern mit R in Verbindung setzt. War K elektrisirt, so wird man eine Divergenz der elektrometrischen Pendel gewahr.

Anmerkung. Durch c wurde ermittelt, daß ein Metall elektrisirt wird, wenn es mit einem andern in Berührung kommt**); auch

*) d. h. an den Deckel des c.

**) Vergl. die 16te Abtheilung dieses Kapitels.

erfährt man durch c, ob ein Naturproceß mit einer Elektricitätserregung verbunden sei oder nicht. Denn stellt man z. B. ein kleines Metallgefäß mit einigen klimmenden Kohlen auf D (Fig. 198), bringt nur einige Wassertropfen auf die Kohlen, läßt dieselben verdünsten und verbindet alsdann D mit R, so wird man ein Auseinandergehen der Strohhalme gewahr.

§. 1077.

Eine Vorrichtung, welche dazu dient, die durch c vervielfältige E noch ein oder mehre Male zu vervielfältigen wird ein Duplicator genannt. Der Erfinder desselben ist Bennet, dessen Apparat aus den 3 Messingscheiben m, n, o besteht, wovon eine jede ohngefähr 3—4 Zoll im Durchmesser hat.

Die erste m wird als eine Art von Deckel auf das Blattgold-Elektrometer geschraubt, kann aber auch sonst in horizontaler Stellung von einem isolirenden Gestelle getragen werden, und ist nur an ihrer obern Seite überfirnißt.

Die zweite n ist auf beiden Seiten mit Lackfirniß überzogen und mit einem isolirenden Handgriffe versehen, der lothrecht auf ihrer Oberfläche steht, u. s. w.

Anmerkung. Bohnenberger verfertigte den Bennet'schen Duplicator aus Pappe, welche mit Staniol überzogen worden war; auch haben Darwie und Nicholson an ihren Duplicatoren sehr zweckmäßige Mechanismen angebracht.

§. 1078.

Volta setzte einen kleinen c mit dem Strohhalm-Elektrometer R auf folgende Weise in Verbindung.

Er construirte c aus zwei Metallplatten von gleichem Durchmesser, von denen die eine P so eingerichtet war, daß sie auf den Knopf des R geschraubt werden konnte, und die andere p (welche an ihrer obern Seite einen isolirenden Handgriff besaß) auf P befindlich war. Die beiden innern sich berührenden Seiten von P und p zeigten sich recht eben und mit einem dünnen Firniß von Gummilack überzogen. Da hier P und p isoliret waren, so konnte man, beliebig welche man wollte, zur Basis machen, indem man ihr eine Ableitung gab, während man der andern die zu untersuchende E mitzutheilen suchte. Nur war der Erfolg in beiden Fällen entgegengesetzt. Denn machte man p zur Basis, so divergirten die elektroskopischen Pendel durch die der P mitgetheilten E; und machte man P zur Grundlage, so gingen sie durch die entgegengesetzte E auseinander.

§. 1079.

Das im v. §. Gesagte wird auf folgende Weise verdeutlicht:

Giebt man 1) p eine Ableitung und berührt P mit einem Körper, welcher +E enthält, so wird die —E der p gebunden, und die +E derselben in Freiheit gesetzt und fortgeleitet. Nimmt man nun die Ableitung der p und die Mittheilung an P weg, und hebt p auf, so wird die der P mitgetheilte +E frei und treibt die Pendel auseinander.

Versieht man dagegen 2) P mit einer Ableitung und theilt der p die +E mit, so bindet diese die —E der untern und die +E derselben entweicht. Nimmt man aber nun p und die Ableitung von P weg, so erhält in letzterer die —E ihre Freiheit und treibt die elektrometrischen Pendel auseinander.

§. 1080.

Die Theorie des c stellt sich auf folgende Weise dar:

Da zwischen der Basis B und dem Deckel D (Fig. 198) keine Mittheilung stattfindet (wenn nicht etwa dem D eine zu starke E mitgetheilt worden ist), so bildet die dem D mitgetheilte E einen Wirkungskreis; und giebt man z. B. dem D die +E, so bindet diese die in der natürlichen ±E enthaltene —E der B in einem gewissen Grade, wird aber dadurch selbst in gleichem Grade gebunden; und D also fähig gemacht mehr E anzunehmen, oder alle E aus dem ihr dargebotenen Körper auszusaugen. Diese E ist aber, so lange D auf B sich befindet, ganz oder größtentheils gebunden*); bringt man jedoch D aus dem Wirkungskreise der B, so wird seine E frei, und wirkt und äußert sich auf die gewöhnliche Art.

Anmerkung. Aus dem eben Gesagten geht hervor, daß die Verstärkungsflasche als ein Condensator für stärkere Grade der E betrachtet werden kann.

---

*) Vergl. §. 1074 Anm.

§. 1081.

Betrachtet man die Wirkungsweise des c, so ergiebt sich das Verhältniß der an D und B vorhandenen Elektricitäten auf folgende Weise.

Man bezeichne das Elektricitäts-Quantum des mit einer Quelle von E verbundenen D durch α; nehme an: D sei positiv elektrisirt; und setze die auf der nicht isolirten B entstandene negative E $= \beta$. Es wird aber alsdann β von α, aber die ganze α nicht von β gebunden, weil D so lange E erhält, bis sie diejenige freie E hat, welche sie haben würde, wenn sie mit der ihr mittheilenden Quelle von E allein in Verbindung und übrigens vollkommen isoliret wäre.

Setzt man nun den von β gebundenen Theil der $\alpha = \alpha'$, so ist die freie E des D $= \alpha - \alpha'$, wo β (um ein Beispiel zu haben) $= \frac{99}{100}\,\alpha$ sein kann.

So wie aber nun α ein β neutralisirt, welches kleiner als α ist, so wird das von β neutralisirte α' auch kleiner als β, und in dem angenommenen Beispiele $= \frac{99}{100}\,\beta$ sein müssen.

Da aber nun $\alpha' = \frac{99}{100}\,\beta$, und $\beta = \frac{99}{100}\,\alpha$ ist, so folgt $\alpha' = \frac{99}{100} \cdot \frac{99}{100}\,\alpha = \frac{9801}{10000}\,\alpha$; und es ist demnach der freie Antheil der an D befindlichen E, d. h. $\alpha - \alpha' = \alpha - \frac{9801}{10000}\,\alpha =$ $= \frac{199}{10000}\,\alpha$, und also ohngefähr $= \frac{1}{50}\,\alpha$. Aus diesem Grunde fährt D fort die E so lange zu erhalten, bis der 50ste Theil ihres Quantums derjenigen Menge gleich ist, welche sie von der mit ihr verbundenen Quelle erhalten würde, wenn B nicht vorhanden wäre; und es hat dieserhalb D 50mal mehr E erhalten, als er ohne den Einfluß der B bekommen haben würde.

Denkt man sich nun D und B isolirt und D berührt, so wird sie ihren von β nicht gebundenen freien Antheil, nämlich $\alpha - \alpha'$ verlieren und noch α' übrig behalten, welcher von β gebunden wird und kleiner als β ist. Denkt man sich aber jetzt B berührt, so verliert sie ihren von α' nicht gebundenen freien Antheil, und es bleibt ihr nur noch β', der aus demselben Grunde kleiner als α' sein wird, u. s. w. Werden endlich D und B zugleich berührt, d. h. beide Platten in leitende Verbindung mit einander gesetzt, so hört der zwischen ihnen stattfindende Gegensatz gänzlich auf.

Anmerkung. Man bemerke, daß nach §. 1074 Nr. 3 das zwischen α und β stattfindende Verhältniß von der größern oder kleinern Entfernung beider Platten abhängt; und daß der Unterschied von α gegen β desto größer ist, je bedeutender diese Entfernung sich zeigt. Auch übersehe man ja nicht, daß aus diesem §. die allmählige Entladung einer Verstärkungsflasche durch wiederholte abwechselnde Berührungen, und die allmählig abnehmende Stärke der Ladung bei einer Reihe von Verstärkungen auf's Neue sich ergiebt.

Neunte Abtheilung.

Von dem Elektrophor.

§. 1082.

Der in Fig. 199 angegebene Apparat heißt ein Elektrophor Z. Seine Hauptheile sind: I.) die Form F; II.) der Kuchen K, und III.) der Deckel oder die Trommel D.

F ist entweder eine metallene Schüssel oder eine hölzerne mit Staniol belegte Scheibe, die mit einem etwa $\frac{1}{2}$ Zoll hohen Rande versehen ist, und deren Durchmesser selten 2 Fuß übersteigt.

K ist eine harzige Substanz, womit F angefüllt ist, und welche ohne Risse und recht eben construirt sein muß. Er wird entweder 1) aus 10 Theilen Siegellack und 1 Theile venetianischem Terpentin; oder 2) aus 6 Theilen Colophonium, 4 Theilen Schellack und 1 Theile venetianischem Terpentinöl; oder 3) aus reinem Harz und Colophonium zu gleichen Theilen mit etwas Terpentinöl vermischt; oder 4) aus 5 Theilen Schellack, 3 Theilen Mastix und 2 Theilen Terpentin; oder 5) aus 10 Theilen Schellack, 3 Theilen Harz, 2 Theilen venetianischem Terpentin, 2 Theilen Wachs und $\frac{1}{2}$ Theil Pech zusammengesetzt. Auch kann K eine Glastafel sein, welche man, um sie zu elektrisiren, mit einem Metallamalgam reibt, während zur Reibung des Harzes Pelzwerke (und am meisten Fuchsschwänze oder Katzenfelle) in Anwendung kommen.

D ist eine leitende, recht ebene, und keine scharfe Kanten enthaltende Scheibe, deren Durchmesser um den

8ten Theil kleiner als der der F ist, und mittelst einer in ihrer Mitte angebrachten gläsernen Handhabe, oder mittelst seidener Schnüre isolirt gehalten, und so auf K gelegt oder von ihm abgehoben werden kann. Besteht D aus Blech, so muß er einen umgebogenen Rand besitzen. Da es aber schwerer ist den D in diesem Falle recht eben zu erhalten, so wird er besser aus mehrfach übereinandergelegter Pappe verfertigt und mit Staniol überklebt. Auch kann D hohl sein, weil nicht die Größe seiner Masse sondern nur die seiner Oberfläche in Betrachtung kommt.

Anmerkung 1. K und F werden zusammen die Basis oder die Unterlage des Z genannt.

Anmerkung 2. Z erscheint als eine auf beiden Seiten mit Metallbelegungen versehene Harzschichte, deren eine Belegung fest und deren andere beweglich ist. Z läßt sich indeß auch mit zwei trennbaren Belegungen anfertigen, wenn man nämlich den mit einem messingenen Ringe umgebenen K auf eine metallene Platte stellt, wovon er mit Leichtigkeit abgehoben werden kann. Ein solcher Z wird aber — nach Weber — ein Dopppelelektrophor genannt.

Anmerkung 3. Setzt man D auf den elektrisirten K ohne ihn zu berühren, so erhält sich die E in ihm viele Tage ja oft Monate lang, wenn man Z vor Feuchtigkeit, Staub, Rissen, hervorragenden Theilen u. s. w. verwahrt. Aus diesem Grunde wird aber Z ein Elektrophor oder ein Elektricitätsträger genannt.

Anmerkung 4. Der Erfinder des Z in seiner jetzigen Gestalt ist Volta um 1775, obgleich Wilke schon 1762 einen ähnlichen Apparat zu Versuchen über entgegengesetzte Elektricitäten angewendet hat. Weber spannte Glanzleinwand oder ähnliches Zeug auf einen Rahmen, so, daß es blos von der Luft berührt wurde; und nannte diese Vorrichtung ein Luftelektrophor.

§. 1083.

Die an Z*) stattfindenden Erscheinungen sind:

1) Ehe D auf K kommt zieht die auf der obern Seite des letztern durch Reibung erregte —E die in ihrem Wirkungskreis befindliche +E des K und der F an; und stößt deren —E ab, welche, wenn F isoliret ist, frei wird, sonst aber in anliegende Leiter übergeht.

2) Hat man D auf K gesetzt, so zieht die —E des K die +E des D an, und stößt seine —E ab, welche, wenn D isolirt ist, hierdurch in Freiheit kommt. Die +E des K wird nun nicht

*) d. h. die am Elektrophor Z.

mehr von dessen —E angezogen, zieht also ihrerseits die —E der F an, und stößt deren +E ab, welche, wenn F isolirt ist, frei wird, sonst aber in anliegende Leiter entweicht.

3) **Wird D, während er auf K liegt, allein berührt**, so geht seine durch Vertheilung frei gewordene —E in den Finger über, oder sättigt sich mit +E aus demselben, und D zeigt oE so lange er auf K sich befindet. Werden aber F und D zugleich berührt, so ist der Uebergang stärker, weil die abgestoßene +E der F und die abgestoßene —E des D sich heftiger anziehen und mit einander sättigen. Man fühlt, wenn man F und D mit den Fingern berührt, einen erschütternden Schlag und nicht blos einen stechenden Funken, wie wenn man D allein berührt.

4) **Wird D isolirt von K abgenommen**, so daß er außer dessen Wirkungskreis kommt, so ergiebt sich:

a) War D, während er auf K lag, nicht berührt worden, so bindet sich seine durch Vertheilung frei gewordene —E wieder mit dem vorhin von K gebundenen +E; und es entsteht oE.

b) War D allein berührt, so hatte sich seine freie —E mit +E aus dem Finger gesättigt; und seine von K gebundene +E wird daher frei, sobald D den Wirkungskreis des K verläßt. Legt man aber D, ohne ihn in der Höhe berührt zu haben, wieder auf K, so bindet die —E des letzteren die +E der ersteren; und es verschwinden dieserhalb alle Spuren der E.

c) Waren D und F zugleich berührt, so hatte D noch mehr +E bekommen; und es wird daher auch eine stärkere +E frei, wenn man ihn außer den Wirkungskreis des K versetzt. Hieraus folgt aber: **daß im Falle a) kein Funke, und in c) ein stärkerer als in b) entsteht, wenn der Knöchel dem isolirt abgehobenen D genähert wird**, u. s. w.

Anmerkung. Wenn D auf K sich befindet, so binden sich nach Nr. 1 die +E des D und die —E des K wechselseitig, so daß keine ein Streben zu entweichen zeigt. Sie können also nicht durch die Berührung der Luft weggenommen werden, die überdies Schwierigkeiten findet zwischen die Oberflächen zu treten, an denen sie sich binden. Aus diesem Grunde muß ein so geladener Apparat beide Elektricitäten sehr lange behalten *) wenn es sich nicht an einem feuchten Orte u. s. w. befindet. Doch wird das fortwährende Anziehen beider entgegengesetzten

*) Vergl. §. 1082 Anm. 3.

Elektricitäten allmählig den Widerstand überwinden, den das Harz dem Ausströmen der — E, welche es besitzt, und der Aufnahme der + E des D entgegensetzt; und dies ist wahrscheinlich die einzige Ursache, daß man Z nach längerer oder kürzerer Zeit im natürlichen Zustande wieder findet.

§. 1084.

Z vertritt in vielen Fällen die Stelle einer Elektrisirmaschine, und wird auch zur Ladung einer Verstärkungsflasche V gebraucht. Denn stellt man (im letztern Falle) V neben Z, verbindet ihre äußere Belegung mit F, zieht mit dem Knopfe der V Funken aus D wenn er auf K steht, und wiederholt dies einigemal, so wird der innern Belegung der V eine stärkere oder schwächere negative E mitgetheilt. Zieht man aber mit der ungeladenen*) V Funken aus D, wenn er zuerst berührt und alsdann aufgehoben worden ist, so wird die innere Belegung der V positiv elektrisirt.

Anmerkung. Die in den Verstärkungsflaschen entstandenen Ladungen sind nur schwach, wenn nicht Z eine bedeutende Größe besitzt. Auch wird K zur Bildung der Lichtenberg'schen Figuren gebraucht.

§. 1085.

K wird nicht blos durch Reibung sondern auch durch Mittheilung elektrisirt, wenn man die positiv geladene V auf K setzt, den Knopf derselben ergreift, und V so lange anf K bewegt, bis ihre äußere Belegung mit allen Punkten der Harzfläche in Berührung war. Auf diese Weise erhält die obere Fläche des K — E, weil die + E der innern Belegung in die Hand des Experimentators übergeht.

Anmerkung 1. Aus gegenw. §. geht hervor, daß Z durch sich selbst immer stärker und stärker geladen wird, wenn man die V mit Z ladet, und durch V die E des Z wieder verstärkt.

Anmerkung 2. Man wird leicht einsehen, daß K mittelst einer negativ=elektrisirten V + E erhalten, und ein hinlänglich großer K an einem Theile positiv= und an dem andern negativ=elektrisirt werden kann. Der von Lichtenberg zuerst angewandte Doppel=Elektrophor ist von dem in §. 1082 Anmerkung 1 angegebenen Weber'schen Doppel=Elektrophor sehr wohl zu unterscheiden.

Anmerkung 3. Z wird bei der sogenannten elektrischen Zündmaschine (welche man ehemals die elektrische Lampe nannte) angewandt. Doch wird bei den neuesten Apparaten dieser Art statt des Z eine kleine Elektrisirmaschine nebst dem Füllungsapparate in ein viereckiges etwa 10 Zoll hohes Kästchen gesetzt.

*) Und mit der äußern Belegung nicht.

Anmerkung 4. Man findet eine gewisse Aehnlichkeit zwischen Z und V. Ehe man nämlich F und D berührt ist Z in dem Zustande wie V, bevor sie entladen wird. Wenn man aber F und D berührt, so geschieht dasjenige, was bei V stattfindet, wenn man ihre äußern und innern Belegungen mit einander verbindet.

Zehnte Abtheilung.

Von den Erscheinungen der Elektricität in verdünnter Luft.

§. 1086.

Da (nach §. 987 und §. 1024 Anm. 2) die trockene atmosphärische Luft A ein guter Nichtleiter, und die stark verdünnte ein guter Leiter ist, so verdünnt man in dem an beiden Enden durch Metall luftdicht verschlossenen gläsernen Gefäße G *) die E, und findet alsdann: daß E im Finstern in Gestalt eines matten mit verschiedenen Farben spiegelnden Lichtes durch die verdünnte A strömt, wenn das eine Ende des G mit dem Conductor und das andere durch eine Ableitung mit dem Erdboden in leitender Verbindung steht. Diese Erscheinung, welche das elektrische Nordlicht heißt, dauert so lange fort als die Scheibe gedreht wird, und ist für beide Elektricitäten wenig oder gar nicht verschieden.

§. 1087.

Ist im v. §. G eine gläserne Röhre (Fig. 200); und befestigt man an ihren beiden Enden die einwärts gehenden Spitzen a und b so strömt das elektrische Licht X von der einen divergirend aus in die andere convergirend ein. Ist G eine Glocke, und befestigt man inwendig am obern Deckel ein Metallstäbchen, dessen Ende einen horizontalen Stern mit Spitzen trägt, so strömt X aus jeder Spitze nach dem Teller herab und giebt den Anblick einer Feuer-Fontaine; schraubt man aber statt des Sternes Ringe oder anders gestaltete Körper an das Ende des Stäbchens, so gehen allerlei Abänderungen

*) Und am Einfachsten in einer Glasröhre oder Glocke, die oben mit Metall geschlossen ist und unten auf einem Teller steht, der sich mittelst eines unter ihm befindlichen Hahnes an- und abschrauben läßt.

in der Gestalt des X hervor. Nähert man der G, worin X sich bewegt, einen Leiter, so entsteht an der Stelle, wo er sich nähert, eine eigene Bewegung des X; und kommt er nahe heran, so geht ein Funke von veränderlicher Stärke hervor. Hieraus folgt aber auf's Neue, daß E auch durch Glas und andere nicht leitende Körper wirkt.

§. 1088.

Wenn die Toricellische Leere T*) eines Barometers B durch das Kochen des Quecksilbers Q etwas vollkommner geworden ist, als sie es gewöhnlich zu sein pflegt, so erscheint T leuchtend, sobald durch das Steigen des B einige Bewegung im Q hervorgebracht wird. Das eben erwähnte Licht ist aber elektrisches, weil die obern leuchtenden Theile des B leichte Körperchen z. B. Goldblättchen u. s. w. anziehen. Auf diese Weise leuchten auch andere, gläserne, zum Theile mit Q gefüllte Röhren, wenn die Luft in denselben, bevor sie geschlossen wurden, bedeutend verdünnt worden ist.

Anmerkung 1. Da die verdünnte Luft die E so gut fortleitet, so hat man versucht, die Guerik'sche Leere**) bei einer Verstärkungsflasche statt der innern Belegung zu gebrauchen, und sie in diesem Falle auch die Leydner Leere genannt.

Anmerkung 2. Ueber die Erregung der E in der Guerik'schen Leere haben schon Nollet und Boyle Versuche angestellt.

Elfte Abtheilung.

Von dem elektrischen Lichte.

§. 1089.

Aus dem bereits Gesagten geht hervor: daß das elektrische Licht X nicht erscheint, wenn E über einen zusammenhängenden Leiter l sich frei bewegt. Läßt man aber E über den an einer Stelle durch einen Nichtleiter so weit unterbrochenen l strömen, daß die Anziehung, welche die bis zur Unterbrechung u gelangte E auf die am andern Ende der u entstandene

*) Vergl. §. 446 Anmerk.

**) Man lese §. 430 Anmerk. 3.

entgegengesetzte E äußert, stark genug wird den Widerstand des zwischenliegenden Nichtleiters zu überwältigen, so erfolgt die Vereinigung dieser beiden Elektricitäten im Zwischenraume im Allgemeinen unter der Erscheinung des X. Die dadurch an der gegenüberliegenden Seite frei gewordene, und der ursprünglich herbeigeeilten gleichartige E geht aber über den andern Theil des l, so daß der nämliche Erfolg stattfindet, als wenn die letztere E unmittelbar von einem Theile des l zum gegenüberliegenden durch den nicht leitenden Zwischenraum übergesprungen wäre.

Anmerkung 1. Nach Biot's Angabe ist der elektrische Funken F eine Wirkung der durch den elektrischen Entladungsschlag hervorgebrachten schnellen Zusammendrückung der Luft A oder anderer Medien, deren Widerstand beim Uebergange der E überwunden werden muß, und also ähnlich der Lichtentwickelung, welche im pneumatischen Feuerzeuge*) entsteht. Zu den andern Medien rechnet aber Biot die verdünnte Luft, die Dämpfe verschiedener Materien, z. B. die Quecksilberdünste in der Toricellischen Leere, u. s. w. —

Es giebt indeß noch eine andere Ansicht, wonach F von feinen, bei dem Entladungsschlage von l losgerissenen und durch die erhitzende Kraft der E glühend gewordenen Theilchen herrührt, indem Einige wirklich Spuren solcher Theilchen auf den entgegengesetzten Metallflächen, zwischen denen F übersprang, bemerkten. Auch wäre hieraus der Geruch des F erklärbar, u. s. w. Doch scheint das Losreißen der Metalltheilchen mehr ein begleitendes Phänomen zu sein, das schwerlich ungezwungen z. B. auf den Blitz angewendet werden kann.

Anmerkung 2. Jeder Ausbruch eines elektrischen Funkens oder Schlages giebt einen Laut, weil die Luft, durch welche er bricht, mit Gewalt getrennt, und, wie man sich gewöhnlich ausdrückt, erschüttert wird. Auch ist dieser Laut oder Knall desto stärker, je größer oder dichter der Funken oder Schlag ist, und je mehr Widerstand er auf dem Wege findet, durch den er gehen muß, d. h. je häufiger und stärker die Explosionen sind, welche er während seines Ueberganges zum Ziele zu machen genöthigt wird.

§. 1090.

Die Beschaffenheit des X) ändert sich theils der Gestalt, Farbe, Intensität und Weite nach auf welche es von einem Leiter l zum andern übergeht, nach der Gestalt und Materie der Leiter von denen es ausgeht, der Nichtleiter, welche es durchströmt, und der Art der E wodurch es entsteht.**

So hat z. B. der mit Messingkugeln und unter gewöhnlichem

*) Man lese die Anmerkung zu §. 635.

**) d. h. des elektrischen Lichtes.

Drucke in A*) erhaltene F**) ein intensives Licht und eine blaue Farbe, und (wenn die übergehende E nicht groß ist) oft schwache oder dunkle Stellen in seinem Laufe. Im Stickgas ist F sehr schön, im Allgemeinen von gleichem Ansehen wie in A, doch entschieden von mehr blauer und purpurrother Farbe. Im Sauerstoffgas ist F weißer als in A oder im Stickgas; und im Wasserstoffgase stellt er sich in feiner carmoisin Farbe dar.

Wenn die Intensität J des X so weit herabkommt, daß es bei etwas kleinerer J für unser Auge im Dunkeln verschwinden würde, so bekommt X stets verschiedene Farben, deren Beschaffenheit sich nach der noch vorhandenen J zu richten scheint. Wenn aber die J des X sich vergrößert, so nimmt auch die Weiße des letztern zu, u. s. w.

Anmerkung 1. Man glaubt bemerkt zu haben, daß F auch nach den verschiedenen Körpern, womit er aufgefangen wird, verschiedene Farben annimmt. So soll er in's Weiße fallen, wenn man ihn mit Blei, Zinn, Quecksilber oder Silber auffängt; röthlich werden, wenn dies mit Eisen, Antimon oder Gold geschieht; und grünlich erscheinen, wenn man ihn mit Kupfer, Messing oder Zink auffängt.

Anmerkung 2. Die Erfahrungen scheinen anzudeuten, daß die dem X zukommende J durch eine doppelte und scheinbar entgegengesetzte Ursache verkleinert oder zum Verschwinden gebracht werden kann; einmal, wenn die E mit zu großer Leichtigkeit von I aus entweicht; und das andere Mal, wenn die umgebenden Nichtleiter ihrem Durchgange zu große Schwierigkeiten entgegenstellen.

Anmerkung 3. Man bemerke, daß F nicht blos in A u. s. w. sondern auch im Terpentinöl, Harz, Glas u. s. w., und auch im Wallrath, Wasser u. s. w. erhalten werden kann.

§. 1091.

Manche Erfahrungen scheinen zu beweisen, daß die atmosphärische Luft A die +E besser als die —E leite; auch giebt es wirklich Substanzen, welche der +E oder —E den Durchgang (oder Uebergang zu andern Substanzen) besser als der —E oder +E gestatten, u. s. w.

Anmerkung. Man könnte in gegenw. §. auch annehmen: daß die +E blos einen leichtern Uebergang von dem Metalle zu A erfahre als die —E, ohne daß die Schwierigkeit ihres Durchgangs durch A eine verschiedene zu sein brauchte, u. s. w.

§. 1092.

Wenn (nach v. §.) die +E leichter als die —E durch A sich bewegt, so folgt: daß eine mit +E geladene Spitze dieselbe leicht

*) Nämlich in der atmosphärischen Luft. **) d. h. der Funke.

rings um sich her ausströmen kann, während, wenn sie mit —E geladen ist, die Entladung durch allmählige Berührung der Lufttheilchen geschieht, die zu den äußersten Punkten der Spitze, um die E zu rauben, sich begeben. (Vergl. §. 1001 Nr. 4).

Anmerkung 1. In Bezug auf den Strahlenbüschel B und den Lichtstern S*) bemerke man Folgendes:

a) Unter dem gewöhnlichen Drucke der A besitzt B eine purpurne Farbe.

b) In der verdünnten A sind die Verzweigungen des B sehr lang, und das sehr starke Licht stellt sich in schöner Purpurfarbe mit einem Stich in's Rosenrothe dar.

c) Im Sauerstoffgase und unter gewöhnlichem Drucke ist B sehr dicht und zusammengedrückt, von matt weißlicher Farbe.

d) Im verdünnten Sauerstoffgase sind Gestalt und Ansehen besser; auch ist die Farbe etwas purpurn jedoch viel schwächer als in A.

e) Im Stickgas ist B in Gestalt, Licht und Farbe fast immer schön, und im verdünnten Stickgase sogar herrlich.

f) Im Wasserstoffgase und unter gewöhnlichem Drucke entsteht ein besserer B als im Sauerstoff- und ein schlechterer als im Stickgase, und seine Farbe ist grünlich.

g) Im verdünnten Wasserstoffgase sind die Verzweigungen in Rücksicht auf Gestalt und Deutlichkeit sehr schön, aber blaß von Farbe und mit einem weichen sammtartigen Ansehen. Beim höchst verdünnten Zustande des Wasserstoffgases stellt sich aber B in blasser grau-grüner Farbe dar.

Anmerkung 2. Man hat gefunden:

α) daß B in A den S überwiegt;

β) daß B im Stickgas eben so groß und selbst größer als in A ist;

γ) daß B im Wasserstoffgase etwas von seiner Ueberlegenheit verliert (indem er nicht so gut als in Stickgas und Luft ist) während S nicht beeinträchtigt erscheint.

§. 1093.

Die Schlagweite des elektrischen Funkens F ist im Allgemeinen desto größer, je größer die Quantität und Intensität J der E ist, welche sich auf einmal zu entladen strebt; und je kleiner der Widerstand sich zeigt, welchen ihr theils der Leiter, worauf sie sich befindet, theils der Nichtleiter, wodurch sie sich von ihm aus zu bewegen hat, bei ihrem Entweichen entgegensetzt.

Die cylindrischen Conductoren geben stets den längsten F an ihren Enden, den kürzesten in der Mitte, weil die J der E an den Enden solcher Körper größer als in der Mitte sich zeigt.

Im Allgemeinen wird aber die Länge des F noch dadurch sehr

---

*) Vergl. §. 1001 Nr. 4.

vergrößert, daß man die Kugel, woraus F gezogen werden soll, nicht unmittelbar an den Conductor, sondern an einen dünnen Draht befestigt, der sich an letzterm hinein und hinausschrauben läßt und gleichsam zu seiner Verlängerung dient. (Vergl. §. 1026 Anm. 2).

§. 1094.

Die zwischen dem elektrischen- und gewöhnlichen Lichte stattfindenden Beziehungen werden auf folgende Weise zusammengefaßt:

1) Das elektrische Licht X hat jedenfalls eine sehr große Geschwindigkeit*). Doch ist es möglich, daß dieselbe unter verschiedenen Umständen ebenfalls verschieden sei, und daß X bei einem gewissen Grade seiner Geschwindigkeit nicht mehr leuchtend erscheine und bei Näherung an diesen Grad verschiedene Farben annehme.

2) X besitzt die Eigenschaft zu wärmen, wie das gewöhnliche Licht; d. h. es führt Wärmestoff mit sich. Theils die Entzündung brennbarer Substanzen durch F, theils die Beobachtungen van Marum's, vermöge deren ein in die elektrische Lichtströmung gebrachter Thermometer beträchtlich höher steigt, mag nun das Licht durch atmosphärische Luft, oder reines Sauerstoffgas oder reines Stickgas, oder Luft, die bis zu $\frac{1}{80}$ des gewöhnlichen Druckes verdünnt ist, gehen; und endlich die bedeutende Erhitzung, welche durch den Funkenstrom galvanischer Batterien (wovon in der Folge die Rede sein wird) entsteht, liefern hinlängliche Beweise hierfür.

3) X bringt die Erscheinungen der Phosphorescenz ebenso und unter denselben Bedingungen als das Sonnenlicht an den dazu geeigneten Körpern hervor. (Vergl. §. 1070).

4) Das weiße X zeigt, durch's Prisma betrachtet, alle Farben des prismatischen Farbenbildes; auch scheinen die einzelnen Farben des X ebenso unzerlegbar als die einzelnen farbigen Strahlen des Sonnenlichtes zu sein.

5) Die eigenthümlichen Streifen im Farbenbilde des X verhalten sich zwar anders als die im Farbenbilde des Sonnenlichtes**); doch ist in dieser Beziehung das Sternen- und Lampenlicht vom Sonnenlichte gleichfalls verschieden.

*) Vergl. §. 1060.

**) Man lese §. 896.

Zwölfte Abtheilung.

Von den verschiedenen Erregungsarten der Elektricität.

§. 1095.

Die Elektricitätserregung durch Reibung wurde bereits in der 1sten Abtheilung dieses Kapitels erörtert; und von den übrigen Erregungsarten der E wird in gegenwärtiger Abtheilung auf folgende Weise gehandelt.

§. 1096.

Einige Mineralkörper werden durch den schwächsten Druck elektrisirt, und halten ihre E alsdann hartnäckig fest. So bekommt z. B. der rhomboidale Kalkspath durch einen Druck zwischen trockenen Fingern eine +E, welche er weder durch einen mit ihm und dem Boden verbundenen Leiter noch durch's Eintauchen in's Wasser verliert.

Andere Mineralkörper zeigen diese Eigenschaft entweder in geringerm Grade oder gar nicht; doch ist (nach Becquerel) diese Ausnahme nur scheinbar, weil die in Rede stehenden Körper ihre erlangte E nicht gehörig festzuhalten vermögen, so daß sie, um E bemerklich zu machen, während der Berührung isolirt sein müssen.

Anmerkung 1. Taucht man eine Glas- oder Siegellackstange in Quecksilber, so wird dieselbe (nach Dessaignes Versuchen) gewöhnlich elektrisirt herausgezogen, mag sie übrigens ganz eingetaucht oder blos auf die Oberfläche dieser Flüssigkeit gelegt oder stark gegen ihre Oberfläche gestoßen worden sein.

Anmerkung 2. Die Wärme W ist der Elektricitätserregung durch Reibung sehr günstig. So erhält z. B. (nach §. 995 Anm. 3) die unter gewöhnlichen Umständen schwach wirkende Elektrisirmaschine eine erhöhte Wirksamkeit, wenn man sie an einem warmen Ofen in Bewegung setzt, u. s. w. Auch ist W der Elektricitätserregung durch Druck sehr günstig. Man weiß aber noch nicht, wie viel von dieser günstigen Wirkung der trocknenden Eigenschaft der W und wie viel ihrer Eigenthümlichkeit selbst zugeschrieben werden muß.

§. 1097.

Aus vielen Versuchen geht hervor: daß eine Elektricitätsentwickelung nicht nur in vielen Fällen mechanischer Trennung stattfindet, sondern auch entsteht, wenn eine Flüssigkeit in Dampfgestalt von andern Substanzen, die sie entweder in Auflösungen enthielt oder womit sie in Berührung stand, sich losreißt. — Die Dämpfe nehmen E nur dann an, wenn sie entweder aus Auflösungen von Substanzen, zu denen sie chemische Verwandtschaft haben, oder aus Gefäßen, worauf sie chemisch einzuwirken vermögen, sich entbinden.

§. 1098.

Es giebt viele Erscheinungen, welche eine Erregung der E beim Schmelzen und Gefrieren andeuten; auch haben Pouillet's Versuche gelehrt, daß selbst die chemische Verbindung des Sauerstoff's mit andern Körpern, worauf die Erscheinung des Verbrennens beruht, mit einem Freiwerden von E begleitet ist.

§. 1099.

Das in §. 1097 und 1098 Gesagte wird durch folgende Beispiele verdeutlicht:

1) Nach Pouillet's Versuchen verdampfen destillirtes Wasser, reine krystallisirbare Essigsäure, sehr reine und höchst krystallisirbare Schwefel- und Salpetersäure aus einem rothglühenden Platinspiegel P ohne alle Spuren von E.

2) Wird das Wasser N als Lösung von Kalk, Baryt, Strontian, Natron oder Kali in P gethan, so erhält es bei seiner Verdampfung — E.

3) Kommt noch Ammoniakflüssigkeit in Anwendung, so findet sich, daß die mit N zugleich sich verflüchtigenden Ammoniakdämpfe einen Ueberschuß von + E besitzen.

4) Wird dem destillirten N $\frac{1}{100}$ oder noch weniger Schwefelsäure zugesetzt, so zeigen die Dämpfe + E; und dasselbe ergiebt sich bei Zusetzung anderer Säuren, sowie auch, wenn N lösliche Salze verschiedener Art, z. B. kohlensaure, salpetersaure, schwefelsaure, essigsaure u. s. w. zugemischt enthält.

5) Verdampft das reine N aus einem glühenden Eisen- oder Kupfertiegel, so zeigen die Dämpfe ebenfalls + E.

6) Die Flamme brennender Körper ist fast jederzeit negativelektrisirt.

7) Bei der Krystallisation der Salze bemerkt man oft Lichterscheinungen, welche bald von diesem und bald von jenem Punkte der Krystalle ausgehen.

8) Beim Schmelzen und Abkühlen zeigen Wachs, Schwefel, Siegellack, Chokolade elektrische Erscheinungen, welche jedoch (nach v. Marum's Versuchen) mehr durch die Reibung der Theile als durch das Schmelzen und Abkühlen selbst erregt zu sein scheinen.

9) Wenn N in einer nicht isolirten Verstärkungsflasche V bei einer sehr niedrigen Temperatur (— 24° R) schnell gefriert, so wird ihre innere Belegung mit + E und ihre äußere mit — E geladen.

10) Beim schnellen Aufthauen des N in hoher Temperatur ist die Ladung der V entgegengesetzt.

Anmerkung 1. In Bezug auf Nr. 8 bemerke man Folgendes: Wird der geschmolzene Schwefel in ein Gefäß von gedörrtem Holze gegossen, so bekommt er — E und das Gefäß + E. Wenn man aber diesen Schwefel in eine metallene Schale gießt, so zeigt er + E und die Schale — E. Geschmolzenes Wachs, in Glas oder Holz gegossen, bekommt — E, das Glas oder Holz aber + E. Siegellack auf Schwefel gegossen, erhält + E, und läßt dem Schwefel — E. Auch zeigte sich die geschmolzene und in zinnernen Pfannen abgekühlte Chokolade stark elektrisirt.

Anmerkung 2. Aus gegenw. §. und aus mehreren andern Versuchen, haben einige Naturforscher gefolgert, daß — dem Anscheine nach — bei jedem chemischen Processe in dem elektrischen Zustande der Körper ebenfalls Veränderungen vor sich gehen.

§. 1100.

Die krystallisirten Körper, und unter diesen hauptsächlich diejenigen, welche keine Symmetrie in der Zahl der Flächen ihrer Enden zeigen, wie der Turmalin T, werden durch bloße gleichmäßige Erwärmung elektrisirt. T ist aber ein halbdurchsichtiger, röthlichbrauner Stein, der eine Art Schörl ist, und in Ostindien gefunden wird. Er enthält, außer der Thonerde, noch Kieselerde, etwas Kalkerde und Eisenoxyd, und krystallisirt in neunseitigen Säulen mit zwei Endspitzen von einer ungleichen Flächenanzahl. Das Auszeichnende des T besteht darin, daß er an den beiden Endspitzen welche, der Länge des ganzen Steines nach, einander entgegengesetzt sind, sowohl durch schnelle Erwärmung als Abkühlung entgegengesetzte Elektricitäten erhält. Die Spitzen heißen aus diesem Grunde die Pole des T; und es ergiebt sich: daß derjenige Pol, welcher durch

Erwärmung + E bekommt, durch Abkühlung —E erhält und umgekehrt. Wird T durch Reibung elektrisirt, so ist seine E überall dieselbe, und verhält sich wie bei einem andern durch Reibung elektrisirten, glasartigen Körper.

§. 1101.

Wenn man T auf glühende Kohlen legt, so zieht er die Asche zuerst an, stößt sie alsdann wieder ab; und wird aus diesem Grunde der Aschenzieher oder der Aschendrecker genannt.

§. 1102.

Um die E des T zu beobachten wird er einige Minuten lang in siedendes Wasser getaucht, und alsdann mittelst einer kleinen isolirenden Zange, einem empfindlichen Elektrometer genähert. Wird T in mehrere Theile getheilt, so hat jeder Theil seinen positiven und negativen Pol; und zwar so, daß die Lage der Pole in den Theilen, der Lage derselben im ganzen T entspricht.

Anmerkung. Canton hat an T, zur Zeit der Erwärmung, ein lebhaftes Licht bemerkt.

§. 1103.

Die Temperatur, wobei T elektrisirt wird, fällt zwischen +30° und + 50° R. Wird T weit über den Siedepunkt des Wassers erhitzt, so verliert er seine elektrischen Pole; wird die Erhitzung noch weiter getrieben, so kehren sich dieselben um; und wird T endlich der Schmelzhitze ausgesetzt, so verliert er seine lamellenartige Structur und für immer das Vermögen, die E durch Erwärmung zu erhalten. Erwärmt man T blos an der einen Spitze, während man die andere kühl zu halten sucht, so erhält T an beiden Polen denselben elektrischen Zustand. Werden endlich zwei durch Erwärmung elektrisirte Turmaline einander genähert, so ziehen sie sich mit den ungleichnamigen Polen an und stoßen sich mit den gleichnamigen ab.

Anmerkung. In der Folge erhellt, daß die Erscheinungen des T denen einer thermoelektrischen Säule *) auffallend ähnlich, und daß aus diesem Grunde die in §. 1100 erwähnten Krystalle die thermoelektrischen genannt worden sind.

---

*) Vergl. Abtheil. XXV.

§. 1104.

Außer T werden noch mehrere andere Mineralien durch Erwärmung elektrisirt *). Hierher gehören: der Topas aus Brasilien und Sibirien, der Smaragd aus Brasilien, u. s. w. Am Auffallendsten zeigt sich aber diese Eigenschaft am Boracit **), einem an allen Kanten abgestumpften Würfel, dessen Enden außerdem noch Facetten besitzen; und der an allen 8 Ecken die E dergestalt zeigt, daß +E und —E sich an den entgegengesetzten Ecken befinden, und also 4 Axen oder 4 Turmaline an einem solchen Würfel entstehen.

§. 1105.

Pouillet hat durch mehrere Versuche gezeigt: daß der Vegetationsproceß eine Entwickelung der E bewirkt, die auf der Bildung der chemischen Verbindungen und Zersetzungen zu beruhen scheint, welche die Pflanzen dabei mit der atmosphärischen Luft eingehen.

So gaben z. B. gläserne mit Erde gefüllte Schaalen, deren Ränder 1—2 Zoll breit mit Lackfirniß überzogen waren, und worin Pflanzen wuchsen, wenn die Erde darin einige Tage und bei fortgeschrittener Vegetation und trockenem Wetter selbst nur einige Stunden lang mit einem Condensator in Verbindung blieb, diesem stets Zeichen der —E, so daß also die von den Pflanzen entwickelten Gase wahrscheinlich +E angenommen hatten.

Anmerkung. In der 16ten Abtheilung dieses Kapitels wird von der Elektricitätserregung durch Berührung gehandelt.

Dreizehnte Abtheilung.

Von der organischen Elektricität.

§. 1106.

Manche Fische geben elektrische Erschütterungen, wenn man sie entweder unmittelbar mit der Hand oder mittelbar mit einem leitenden Körper, z. B. mit einem Metallstabe u. s. w., berührt.

---

*) Lese §. 1100.

**) Boraxsaurer Bittererde.

Bringt man sie aber mit einem Nichtleiter, etwa mit einer Stange Siegellack u. s. w. in Berührung, so nimmt man in den Händen u. s. w. keine Erschütterungen wahr.

Diese Fische, welche elektrische heißen, sind zur Hervorbringung der eben erwähnten Wirkungen mit eigenen, zellichten (viele Blutgefäße und starke Nerven enthaltenden und sich längs ihrem Körper erstreckenden) Werkzeugen versehen. Reißt man dieselben aus, so leben zwar die Fische noch fort, haben aber ihre elektrische Kräfte dabei eingebüßt.

Anmerkung. Man bemerke: 1) daß die elektrische Kraft der elektrischen Fische mit ihrer Nervenkraft im Verhältnisse steht;

2) daß auf die elektrische Wirkung unmittelbar eine Schwächung folgt;

3) daß die elektrische Kraft sich wieder einstellt, wenn die Fische einige Zeit geruht; und

4) daß diese Kraft durch den Einfluß der Wärme noch befördert werden kann.

§. 1107.

Die bekanntesten elektrischen Fische sind:

1) Der surinamische Zitteraal Z in vielen Gewässern von Südamerika;

2) der Zitterrochen oder Krampffisch R im mittelländischen und Nordmeere;

3) der Zitterwels im Nil und andern afrikanischen Gewässern;

4) der Stachelbauch in den indischen und afrikanischen Meeren in der Gegend von Madagaskar;

5) der indische Aal in den indischen Meeren.

§. 1108.

Unter den elektrischen Fischen giebt Z den bedeutendsten Schlag, indem er nicht nur die unter dem Wasser mit ihm in Verbindung kommenden kleinen Thiere tödtet, sondern sogar ein Pferd gänzlich betäubt. Doch bringt weder Z noch R eine Wirkung auf das Elektrometer hervor.

Anmerkung 1. Man bemerke, daß schon Walsh *) das elektrische Licht am Z bemerkt, und daß nach Todd's Beobachtungen der öftere Gebrauch der elektrischen Kraft dem Leben des R gefährlich wird.

*) Ausgesprochen: Uahlsch.

Auch verliert R das elektrische Vermögen, scheint aber desto lebhafter und lebt länger, wenn die Nerven seiner elektrischen Organe durchschnitten worden sind.

Anmerkung 2. Die Entstehung der E in den elektrischen Fischen haben Einige durch Ladung und Entladung eines Systems von Verstärkungsflaschen, welche eigene Organe dieser Thiere bilden, und andere (mit Volta) durch die galvanische Säule erklärt.

§. 1109.

Wenn man bei trockenem Wetter mit der Hand über den Rücken einer lebendigen Katze (aufwärts) streicht, so sträuben sich ihre Haare, werden von der Hand angezogen, und erhalten öfters die Eigenschaft dem genäherten Knöchel u. s. w. knisternde Funken zu geben. Auch aus den Haaren mancher Menschen gehen beim Kämmen Funken hervor. Hierzu werden aber hauptsächlich die feinen und weichen Haare (wie gewöhnlich die blonden), wenn sie nicht fettig sind, gezählt.

Vierzehnte Abtheilung.

Von der atmosphärischen- oder Luft-Elektricität.

§. 1110.

Man hat gefunden: daß in der Atmosphäre A sowohl bei heiterm als auch bei bewölktem Himmel elektrische Zustände stattfinden, und daß bei mehreren Lufterscheinungen, wozu vorzüglich das Gewitter gehört, die E unter die Hauptursachen gerechnet werden muß. Alle diese Lufterscheinungen kommen aber erst im 16ten Kapitel dieses Lehrbuches vor; und in gegenwärtiger Abtheilung wird nur gelehrt:

1) wie der elektrische Zustand der A zu erforschen, und 2) wie er in der Regel beschaffen ist.

§. 1111.

Um den elektrischen Zustand der A zu erfahren, pflegt man entweder 1) ein mit einem längern zugespitzten Metalldrahte verbundenes Elektrometer zu gebrauchen; oder 2) eine zugespitzte metallene Stange auf einem etwas hohen Gebäude zu errichten, sie von allen ableitenden Körpern zu trennen, und an ihrem untern Ende ein elektrisches Glockenspiel anzubringen, welches durch sein Klingen den Beobachter auf einen bedeutenden Zustand der E aufmerksam macht, u. s. w.

Wird aber an einem solchen Apparate eine bedeutende Zunahme der E bemerkt, so muß man die Versuche mit der größten Vorsicht vollziehen, und das eine Ende der isolirten Stange mit einer zweiten verbinden, welche mit der Erde in leitender Verbindung steht.

Anmerkung. Zur Erforschung der atmosphärischen- oder Luft-Elektricität e hat man sich öfters eines papiernen Drachens D bedient, ihn mit einem spitzigen Metalldrahte bewaffnet, und zur Fortleitung der e eine mit einem Metalldrahte durchflochtene seidene Schnur gebraucht. Um D isolirt halten zu können und sich vor den Wirkungen unerwarteter Entladungen zu sichern, wird an dem Ende der Schnur ein trockenes seidenes Band befestigt und dasselbe in der Hand gehalten. Man hat auch, zur Erforschung der e, statt des D einen kleinen Luftball in Anwendung gebracht.

§. 1113.

Die sorgfältigsten Versuche haben gelehrt: **daß bei heiterer Witterung die Luft- oder atmosphärische Elektricität e immer die positive sei.** Auch hat sich ergeben: **daß bei normalem heiterm Zustande der Atmosphäre ihre +e innerhalb 24 Stunden 2 Maxima und 2 Minima habe, und daß die Zeit ihrer größten Stärke einige Stunden nach Aufgang und nach Niedergang der Sonne; und ihrer größten Schwäche vor dem Auf- und Niedergange derselben sich zeige.**

Dies Periodische der +e wird jedoch nur an heitern Tagen so regelmäßig bemerkt; denn bilden sich Wolken oder fällt gar Regen, so zeigen sich viele Abwechselungen; und man bemerkt alsdann, daß die +e sogar in die —e übergeht, u. s. w. Doch wurde auch bei bewölktem Himmel öfters noch etwas von den vorhin erwähnten Perioden bemerkt.

Anmerkung. Die in dem regelmäßigen Zustande der Atmosphäre stattfindende +e wird aus §. 1099 und §. 1105, ziemlich genügend erklärt.

§. 1114.

Die verschiedenen Jahreszeiten äußern zunächst ihren Einfluß auf die Zeit des Eintritts der täglichen Maxima und Minima, indem diese sich (nach v. §.) vorzüglich nach dem verschiedenen Auf- und Untergange der Sonne richtet. So ist der Eintritt des ersten Maximums M am früheſten in den längsten Sommertagen, am spätesten in den kürzesten Wintertagen, wo es sich mehr der Mittagsstunde nähert; hingegen ist der Eintritt des zweiten M am spätesten in den längsten Sommertagen, am früheſten in den kurzen Wintertagen, wovon die nothwendige Folge ist, daß die Entfernung des ersten M vom zweiten am größten ist in den langen Sommertagen, am kleinsten in den kurzen Wintertagen, wo beide M gleichsam in eins zusammenzufließen scheinen, oder wenigstens einander sehr nahe kommen.

Die Zeiten der M sind übrigens auch zu derselben Jahreszeit nicht immer einander gleich; und der Einfluß der Jahreszeiten äußert sich noch besonders in einer regelmäßigen jährlichen Periode dergestalt, daß die e*) im Winter stärker als im Sommer ist.

Aus dem zuletzt Gesagten folgt aber: daß die tägliche Periode der e im Sommer weniger regelmäßig und ausgezeichnet als im Winter sein kann. Denn da im erstern die eigentliche Quantität der e nur sehr klein ist, so verursachen Nebenumstände Verschiedenheiten, die Schuld sein können, daß die Maxima und Minima auf Zeitpunkte fallen, die ihren natürlichen sogar entgegengesetzt sind.

§. 1115.

Man hat gefunden:

1) daß e im Allgemeinen bei heiterm Himmel am stärksten, bei bewölktem schwach, und an warmen Tagen weniger stark als an kalten bei gleicher Heiterkeit der Luft sich zeigt;

2) daß in den höhern Luftschichten eine bedeutendere e als in den niedrigern existirt;

---

*) Vergl. §. 1113.

3) daß (nach Saussüre's Beobachtungen) sehr starke Winde die e und zwar deshalb schwächen, weil sie alle Luftschichten unter einander mischen, dieselben nach einander gegen die Erde treiben, und also die elektrische Flüssigkeit ziemlich gleichförmig durch die Erde und die Luft zerstreuen. Doch hat Saussüre auch bei einem starken Nordostwinde eine starke e bemerkt.

§. 1116.

Der Nebel besitzt +E; und gewöhnlich eine um so stärkere, je dicker er ist.

Die Wolken sind gewöhnlich positiv elektrisirt, und haben dieselbe Intensität der E wie der dichtere Nebel in den tiefen Thälern.

Nach Schübler besitzen die Wolken nur dann —E, wenn zugleich Regen aus ihnen herabfällt; auch scheinen sie die E durch Vertheilung zu erzeugen.

Jedes fallende meteorische Wasser ist (nach Schübler) bald mehr und bald weniger elektrisirt; und die Stärke seiner E ist gewöhnlich bedeutend größer als die der ruhigen atmosphärischen Luft. Nur selten findet sich ein Regen ohne E, und gewöhnlich geschieht dies nur in dem Falle, wenn ein positiv = elektrisirter Regen mit einem negativ = elektrisirten schnell wechselt.

Die Stärke der dem fallenden meteorischen Wasser zukommenden E ist am Größten im Sommer, am Kleinsten im Winter; und die einzelnen Regen zeigen sich gewöhnlich desto stärker elektrisirt, je dichter sie sind, oder überhaupt, je schneller und je mehr Wasser in derselben Zeit aus Dunstblasen in den tropfbar = flüssigen Zustand übergeht.

§. 1117.

Der Gang des Luftelektrometers ist bei Annäherung eines Gewitters außerordentlich veränderlich. So bemerkte z. B. Saussüre: daß bei einem Gewitter die E bald lebhafter ward, bald aufhörte, dann wieder zum Vorschein kam, bald positiv war, um einen Augenblick nachher wieder negativ zu werden, ohne daß es ihm eigent=

lich möglich war bestimmte Ursachen von diesen Veränderungen anzugeben.

§. 1118.

Saussüre hat zuerst eine Theorie der in diesen Abtheilungen enthaltenen Erscheinungen aufgestellt, und die Franklin'sche Hypothese dabei zum Grunde gelegt.

Er glaubte nämlich, daß die Luftelektricität e unwirksam gemacht durch die Einhüllung in die Dämpfe, mit diesen emporsteige, nachher aber ihre Kraft entwickle, wenn die Dämpfe ihre Gestalt verändert hätten, und durch ihre durchdringende und ausdehnende Kraft wieder belebt herabkomme, auch von den Gipfeln der Bäume, den Spitzen der Blätter, den Bärten der Aehren eingesogen werde, u. s. w. Becquerel hat die Erscheinungen der e aus den Gesetzen der in der 25sten Abtheilung vorkommenden Thermoelektricität auf folgende Weise abzuleiten versucht.

Denkt man sich einen Theil der Atmosphäre einen Augenblick in Ruhe und überall von gleicher Temperatur, so wird das Gleichgewicht seiner e nicht gestört. Wenn aber durch irgend einen Umstand ein kälterer Luftstrom in diesen Theil dringt, so wird derselbe abgekühlt und negativ elektrisirt, während jener + e bekommt. Da vermöge der Geschwindigkeit des Stromes die Berührung oder der Contact der Theilchen nur von kurzer Dauer ist, so wird jedes von ihnen etwas von derjenigen e behalten, welche sich während der Temperaturveränderung entwickelt. Sind Wasserdämpfe in den erkalteten Portionen befindlich, so verdichten sich diese, bemächtigen sich der e, und bilden eine mit negativer Elektricität geladene Wolke, wenn aber die kalte Luft ebenfalls Dämpfe enthält, so entsteht eine Wolke mit positiver Elektricität. Die der Luft bei heiterm und kaltem Wetter zukommende + e entsteht dadurch, daß die mit der Erde in Berührung stehende kalte Luft, nachdem sie sich auf deren Kosten erwärmt hat, vermöge des kleinern specifischen Gewichtes in die Höhe steigt, und die + e mit hinwegnimmt, welche sie während ihrer Erwärmung angenommen hat, u. s. w.

Funfzehnte Abtheilung.

Von den physiologischen Wirkungen der gewöhnlichen Electricität.

§. 1119.

In den frühern Abtheilungen dieses Kapitels wurde von dem Erschütterungsschlage gesprochen, welcher im geringern Grade durch den einfachen Funken eines Conductors, und im stärkern durch die Entladung einer Verstärkungsflasche entsteht. In den folgenden §§. dieser Abtheilung, werden aber die Wirkungen der E auf den thierischen und pflanzlichen Organismus, sowie diejenigen Erscheinungen, welche an lebenden Körpern selbst beobachtet worden sind, auf folgende Weise auseinander gesetzt.

§. 1120.

Die E wirkt als Reiz für Nerven und Muskeln *); und zwar anders, wenn sie in Form von Entladungsschlägen, anders wenn sie in Form von Spitzenausströmung, und noch anders, wenn sie durch bloße unmittelbare Ueberleitung auf den Organismus sich thätig erweißt. Es giebt keine Erfahrung, wonach eine Entwickelung freier E in lebenden Geschöpfen nach Außen, durch die in ihnen stattfindenden organischen Processe angenommen werden könnte, wenn man hiervon einige wenige Thiere ausnimmt. Denn wenn gleich elektrische Erscheinungen an lebenden Geschöpfen sich zeigen, so lassen sich diese, theils durch das Ein- und Ausströmen der atmosphärischen E, oder durch's Reiben der trockenen Haut oder Haare an den Kleidungsstücken oder an andern Körpern erklären.

Anmerkung. Nach einigen Beobachtungen besitzen die in der Luft frisch gezogenen Spinnfäden — E, und es wird hieraus ihr Aufsteigen in die Luft, und ihr Bleiben in vertikaler Lage während der Bildung des Spinngewebes erklärt.

§. 1121.

Schon der Zustand der Luftelektricität e äußert vielleicht auf die lebenden Geschöpfe einen Einfluß, obgleich derselbe, wegen des gleichzeitigen Mitwirkens anderer Umstände, schwerlich rein bestimmt

*) Vergl. §. 1065.

werden kann. Auch ist es eine ziemlich allgemein angenommene Meinung, daß die e einen besondern Einfluß auf das Wachsthum der Pflanzen ausübt.

§. 1122.

Unter medicinischer Elektricität versteht man die Anwendung der E auf die Heilung verschiedener Krankheiten, worin man sie nützlich befunden haben will, z. B. bei rheumatischen Zufällen, Augenkrankheiten, Gehörfehlern, Lähmungen u. s. w. Die Art der Anwendung bleibt der Beurtheilung des Arztes überlassen. Er kann die E dabei in verschiedenen Graden anwenden, welche, nach der besondern Form in welcher sie wirkt, auf 5 Hauptabstufungen zurückgebracht werden können:

1) Das elektrische Bad; 2) das unmerkliche elektrische Durchströmen; 3) der elektrische Hauch oder das elektrische Ausströmen; 4) die elektrischen Funken; und 5) die elektrischen Schläge oder die verstärkte Elektricität. In Bezug auf die medicinische Wirkung hat man bis jetzt keinen Unterschied zwischen der +E und —E bemerkt, obgleich mehrere Erscheinungen die Vermuthung erzeugen, daß ein solcher dennoch besteht. Auch ist der Einfluß des elektrischen Bades auf den thierischen und pflanzlichen Organismus nicht bedeutend, und die Wirkungen, welche man davon wahrgenommen zu haben glaubt, sind: eine vermehrte Ausdünstung, eine Beschleunigung des Pulses bei Menschen und Thieren, eine Beförderung der Ausdünstung und des Wachsthums bei Pflanzen, u. s. w.

§. 1123.

Man hat gefunden, daß der elektrische Funken (nach der Quantität und Intensität der sich entladenden E und nach andern Umständen) verschiedene Wirkungen erzeugt, wenn er von einem Leiter auf den menschlichen Körper durch einen Nichtleiter, wie die Luft, überspringt; daß ein zuerst angefaßter und alsdann elektrisirter Conductor C nicht die geringste Empfindung verursacht; und daß dieser letztere Umstand daher rührt, weil die E, wegen der freien Communication des C mit dem Körper, nie eine beträchtliche Intensität erlangen kann, bevor sie auf denselben übergeht. Die Stärke des elektrischen Schlages kann dadurch, daß man eine große Quantität der E durch den Körper auf einmal sich entladen läßt, einen so hohen Grad erreichen, daß Menschen und Thiere dadurch getödtet werden*). Man hat bemerkt, daß die Muskeln der durch die elektrischen Entladungsschläge getödteten Thiere nicht nur weit eher ihre Reizbarkeit verlieren, sondern daß auch die ganzen Körper weit schneller faulen, als wenn der Tod auf andern gewaltsamen Wegen erfolgt. Auch hat sich ergeben, daß die elektrischen Schläge selbst auf die Pflanzen Wirkungen äußern, welche die Reizbarkeit ihrer Theile zerstören; und daß manche Personen gegen elektrische Schläge besonders empfindlich sind, während andere eine große Unempfindlichkeit dagegen besitzen.

Sechzehnte Abtheilung.

Von der durch Berührung erregten- oder von der Contact-Elektricität.

§. 1124.

Kommen zwei verschiedene Metalle (oder auch zwei andere verschiedene Leiter der E) in gegenseitige Berührung, so entstehen, der Erfahrung gemäß, verschiedene merkwürdige Erscheinungen, welche die galvanischen oder auch die Phänomene des Galvanismus heißen, weil Aloys Galvani**), ein berühmter Arzt zu Bologna, durch einige Versuche zur Entdeckung derselben geleitet worden ist.

§. 1125.

Im Jahre 1791 entdeckte Galvani zufällig, daß der abgeschnittne und von der Haut entblößte Schenkel eines Frosches sogleich Zuckungen bekam, wenn er zwei verschiedene Metalle, wo-

*) Vergl. §. 1065.

**) Geb. 1737 zu Bologna, gest. 1798.

von das eine einen Nerv *) und das andere einen Muskel **) berührte, in Berührung mit einander brachte, daß aber die dazu erforderliche Reizbarkeit der Muskeln nur einige Zeit nach dem Tode fortdauerte u. s. w.

Auch haben Galvani und Andere noch folgendes entdeckt:

1) Die eben erwähnte Erscheinung kann durch jede 2 Metalle, und selbst durch einige andere Körper, als Kohle, Graphit ***), schwarzes krystallisirtes Braunsteinerz u. s. w. entstehen; doch wird sie am Besten durch Zink in Verbindung mit Silber oder Gold oder Kupfer erzeugt.

2) Es ist nicht nothwendig das eine Metall an den Nerv und das andere an den Muskel zu bringen; und beide können an einem Nerv oder an den mit Nerven in Verbindung stehenden Muskelfasern sich befinden.

3) Die Gegenwart des Wassers scheint eine nothwendige Bedingung der Erregung zu sein; indem die Wirkungen entweder schwach oder gar nicht erfolgen, wenn die berührten Stellen des thierischen Körpers trocken sind.

4) Der Versuch gelingt bei allen Thieren und selbst bei abgenommenen Gliedern des menschlichen Körpers; doch dauert die Erregbarkeit bei kaltblütigen Thieren weit länger nach dem Tode als bei warmblütigen fort.

---

*) Die Nerven sind weisliche markige Fäden in dem thierischen Körper, welche in Bündeln gleichlaufend neben einander liegen, so daß mehrere solcher Bündel einen Nerven ausmachen. Sie sind im ganzen thierischen Körper verbreitet, und stehen durch mannichfaltige Verbindung mit einander in Gemeinschaft. Nur das Oberhäutchen, die Haare und Nägel haben keine Nerven. Die Nerven sind von verschiedener Stärke, und durchkreuzen sich so, daß ihre Verbindung ohne gewaltsame Trennung nicht aufgehoben werden kann. Die letzten Enden der Nerven sind besonders bei den Sinneswerkzeugen sehr verschieden. So verliert sich z. B. der Gehörnerv in eine breiartige mit Feuchtigkeit umgebene Materie, so endigt sich der Sehnerv in eine markige Haut, der Geschmacksnerv in kleine Wärzchen u. s. w. Alle Nerven zusammen genommen werden das Nervensystem genannt.

**) Die Muskeln sind eigentlich dasjenige, was wir Fleisch nennen, und worauf die Bewegung beruht. Sie bestehen aus walzenförmigen parallel neben einander liegenden feuchten, weichen, nur wenig elastischen halbdurchsichtigen Fäden von röthlicher Farbe; und sind durch Zellstoff in einander gewebt. Durch sie laufen in mannichfaltigen Richtungen die Puls-, Blut- und Saugadern und die Nerven hin, u. s. w.

***) Oder Reißblei, d. h. Kohlenstoff mit eisenoxydhaltigem Gestein gemengt.

5) Auch in dem lebenden Körper gehen durch die Berührung zweier Metalle folgende merkwürdige Erscheinungen hervor:

a) Auf einer oder zwei wunden Stellen verspürt man einen sehr empfindlichen stechenden Schmerz, in dem Augenblicke, wo man zwei Metalle, welche diese Stellen treffen, unter sich zur Berührung bringt.

b) Legt man unter die nasse Spitze der Zunge ein Stück Zink, über dieselbe ein Stück Silber, und bringt beide Metalle zur Berührung, so empfindet man einen sauern Geschmack. Kehrt man aber die Ordnung der Metalle um, so ist der Geschmack brennend oder stechend (oder wie einige wollen) alkalisch*). Bei diesen Versuchen kann man sich sehr bequem, statt des silbernen oder zinkenen Stückes, eines silbernen oder zinnernen Löffels oder Drahtes bedienen.

c) Füllt man einen zinnernen Becher mit dem reinen Wasser W, stellt ihn auf eine silberne Unterlage (etwa auf eine große Silbermünze) und berührt alsdann W mit der Zungenspitze, so ist es ohne Geschmack. Wird aber zugleich die silberne Unterlage mit wohlbefeuchteten Händen berührt, so verspürt man einen säuerlichen Geschmack.

d) Stemmt man ein Metall gegen den innern benetzten Augenwinkel, und ein anderes zwischen die untere Lippe und Kinnlade, so sieht man im Augenblicke, wo sich die Metalle berühren, einen Lichtschein vor den Augen, fast wie den Wiederschein eines entfernten Blitzes. Auch in dieser Erscheinung soll eine feine Verschiedenheit stattfinden, wenn die Ordnung der Metalle verändert wird.

e) Wenn man eine Metallplatte an das Zahnfleisch auf der rechten =, und eine andere an das auf der linken Seite des Mundes drückt, und alsdann die aus dem Munde hervorragenden Enden zur Berührung bringt, so wird im Auge eine blitzähnliche Lichterscheinung bemerkt.

Anmerkung 1. Selbst die homogenen Metalle bewirken in einem sehr reizbaren Individuum Zuckungen, wenn irgend eine Ungleich=

*) Die Alkalien (oder die Laugensalze der ältern Chemiker) schmecken laugenhaft, urinös, ätzend, färben die gelben Pflanzenfarben braun, den Veilchensaft grün, und bringen mit den Oelen und Fetten auflösliche Seifen hervor.

artigkeit (etwa durch verschiedene Politur, Temperatur u. s. w.) in ihnen sich zeigt.

Anmerkung 2. In Bezug auf Nr. 5 bemerke man, daß eigentlich Sulzer die erste hierher gehörige Beobachtung anführte, indem er sagte:

Wenn man zwei Stücke Metall, ein bleiernes und ein silbernes, so mit einander vereinigt, daß ihre Ränder eine Fläche ausmachen, und alsdann beide Stücke an die Zunge bringt, so wird man einen gewissen Geschmack daran merken, der demjenigen des Eisenvitriols ziemlich nahe kommt, da doch jedes Stück besonders nicht die geringste Spur von Geschmack besitzt.

Anmerkung 3. Obschon Galvani die Veranlassung zu den in diesem §. angegebenen und vielen andern ähnlichen Untersuchungen gab, so wurden dennoch, wie in der Folge erhellen wird, die wichtigsten Entdeckungen durch Volta gemacht.

§. 1126.

Die im v. §. erwähnten Erscheinungen sind Wirkungen der E, was Galvani nicht erkannt, aber Volta zuerst auf's Unzweideutigste bestätigt hat.

Denn werden zwei heterogene und isolirte Leiter mit einander in Berührung gebracht, und alsdann wieder getrennt, so geht in dem einen ein freies +E und in dem andern ein freies —E hervor.

Volta hat dies (um 1794) durch folgende Versuche außer Zweifel gesetzt.

1) Bezeichnet (in Fig. 201) Z eine mit der gläsernen Handhabe m versehene Platte von Zink, und K eine mit der gläsernen Handhabe n versehene Platte von Kupfer, so, daß Z und K mittelst der m und n isolirt in den Händen gehalten werden können, so findet man, bei der Berührung, die Z mit +E und die K mit —E elektrisirt.

Denn nähert man Z (nachdem Z und K von einander getrennt worden sind und K durch andere Leiter in den Zustand der Indifferenz zurückgekehrt ist) der Sammlungsplatte S des Condensators, wiederholt dies einigemal so, daß in S die geringe Quantität der E sich anhäuft, welche das Zink durch jede Berührung mit dem Kupfer erhält, so **findet man Z positiv elektrisirt.**

Wenn man aber auf dieselbe Weise mit K verfährt, so ergiebt sich, **daß ihre E als negativ sich zeigt.**

2) Nimmt man (in Fig. 202) das aus zwei an den Endseiten zusammengelötheten Platten (nämlich aus der Zinkplatte Z und der Kupferplatte K) bestehende Metallstück, dergestalt, daß Z in der Hand sich befindet und K mit S, die hier aus Kupfer verfertigt angenommen wird, in Berührung kommt, so wird S, nach Wegnahme der K, negativ elektrisiret sein. Hier ist nämlich S ein bloßer Leiter, und erhält die —E der K, welche frei wird, weil Z ihre +E weiter abgeben kann. Nimmt man nun (wie in Fig. 203) K in die Hand und berührt S mit Z, so hat S o E, weil sie (d. h. Kupfer) mit Zink in Berührung kam, also als Erreger zurückwirkte und nicht als bloßer Leiter sich verhielt. Bedeckt man aber S früher mit nassem Papier, so wird sie nach der Berührung und Trennung +E zeigen, weil jetzt der nasse Leiter blos leitend wirkt.

§. 1127.

Aus verschiedenen Versuchen hat sich ergeben, daß die E auf den sich berührenden Platten Z und K nicht gleichmäßig verbreitet sei, und daß, wenn eine solche gleichmäßige Verbreitung über die ganze übrige Oberfläche auch angenommen werden könnte, doch an den sich berührenden Stellen der Z und K die E stärker als auf der übrigen Oberfläche sich zeige. Diese Zunahme der Intensität J kann aus einer Condensation der E durch Anziehung der entgegengesetzten Elektricitäten herrühren, indem man annimmt, daß Z und K, während sie die E durch ihre Berührung erregen, gleichzeitig als Condensatorplatten für einander wirken, u. s. w. Man kann sich dieserhalb die Vertheilung der E in den sich berührenden Platten Z und K gerade so, wie in zwei durch eine ganz dünne Schichte getrennten, mit entgegengesetzten Elektricitäten gleich stark geladenen Condensatorplatten vorstellen, indem auch in letztern die E an den zugekehrten Theilen der Oberflächen bedeutend stärker als an den übrigen Theilen sich zeigt, so daß die J der letztern als ein Bruchtheil der erstern betrachtet werden kann.

§. 1128.

Obgleich (nach v. §.) die an der Berührungsoberfläche condensirte E eine verhältnißmäßig bedeutend stärkere J als die an der übrigen Oberfläche gleichförmig verbreitete besitzt, so kommt sie doch bei den später zu betrachtenden galvanischen Erscheinungen bei weitem weniger*) als die gleichförmig verbreitete in Betracht, weil die erstere nur durch Trennung der Berührungsflächen bemerklich wird und bei allen Versuchen, wo eine bleibende Berührung der Platten Z und K stattfindet, nicht in's Spiel der Erscheinungen einzugehen scheint; während die gleichförmig verbreitete E, ohne Trennung der Z und K, sich über alle die leitenden Oberflächen verbreitet, welche etwa an Z und K befindlich sind, u. s. w.

§. 1129.

Volta verglich auf die im §. 1126 angegebene Weise viele Metalle und andere Körper; und fand, daß man zwei Arten von Leitern unterscheiden müsse.

1) Erreger (Commotoren oder Excitatoren) die der E zwar einen Durchgang gestatten, aber zugleich bei der Berührung auf die bereits erwähnte Weise +E und —E anders unter sich vertheilen;

2) bloße Leiter, die der E nur einen Durchgang gestatten, ohne in ihrem Gleichgewichte eine Veränderung zu machen.

Nach Volta existirt vielleicht kein Leiter der zweiten Art, aber bei vielen ist die erregende Kraft so schwach und besonders bei den feuchten Leitern (z. B. beim Wasser u. s. w.), daß sie sich der Beobachtung entzieht. Aus diesem Grunde ist der feuchte Leiter, in Verbindung mit zwei festen, nur als Leiter anzusehen, während jene als Erreger erscheinen; und eben so stellen sich bei der Verbindung eines festen Leiters mit zwei feuchten, nur zwei Körper als Erreger und der dritte als bloßer Leiter dar, u. s. w.

Eine Verbindung zweier sich berührenden Erreger mit einem bloßen Leiter wird eine einfache Galvanische oder Voltaische Kette oder Säule, oder ein einfacher Elektromotor genannt.

Man erhält aber eine solche Kette, wenn man z. B.

---

*) Und in den meisten Fällen wohl gar nicht.

a) zwischen eine Zink- und Kupferplatte ein feuchtes Stück Papier so einschiebt, daß sich die Platten noch an ihrem Rande berühren; oder

b) wenn man einen Zink- oder Kupferdraht (oder eine Zink- und Kupferplatte) in eine Flüssigkeit taucht, während ihre außerhalb der letztern befindlichen Theile sich berühren; oder

c) wenn man eine Zink- und Kupferplatte an die Enden eines aus beliebigem Metalle bestehenden Drahtes befestigt, und erstere in ein mit leitender Flüssigkeit gefülltes gläsernes oder irdenes Gefäß dergestalt taucht, daß sie im letztern nur durch die Flüssigkeit in Verbindung stehen. Der verbindende Draht wird hier der **Verbindungs- oder Schließungsdraht oder Schließungsbogen oder Schließungskreis** genannt.

Anmerkung. Die in diesem §. gebrauchte Benennung **Elektromotor** rührt daher, weil man einen Strom des Elektricitätsstoffes als das Wirksame darin sich denkt.

§. 1130.

Die Metalle sind unter allen Körpern die vorzüglichsten Erreger. Werden aber **Silber, Kupfer, Eisen, Zinn, Blei, Zink** in die hier beobachtete Ordnung gebracht, so findet man, **daß jedes dieser Metalle in Berührung mit einem Vorhergehenden +E, und mit einem Nachfolgenden —E erhält.**

Die eben erwähnte Reihe wird aber die **galvanische Spannungsreihe** genannt.

§. 1131.

Nicht alle Erreger erregen, wenn sie in gegenseitige Berührung kommen, einen gleichen Elektricitätsgrad; und unter den Metallen äußern die größte Wirkung: **das Silber oder das Gold in Verbindung mit dem Zink**; eine nicht viel kleinere, das Kupfer mit dem Zink*); eine sehr geringe, Silber und Kupfer, Gold und Silber, Blei und Zink, u. s. w. Auch **werden Kupfer und Zink gewöhnlich zur einfachen galvanischen Kette gebraucht.**

---

* Vergl. §. 1125 Nr. 1.

Anmerkung. Man bemerke, daß die Metalle überhaupt eine desto größere Wirkung äußern, je verschiedenartiger sie sind, und daß diese Verschiedenheit, von einigen Physikern in der verschiedenen Verwandtschaft zum Sauerstoffe gesucht worden ist.

§. 1132.

Eine einfache galvanische Kette heißt geschlossen, wenn man ihre beiden Enden in leitende Verbindung setzt. In diesem Falle wird aber das durch die Berührung gestörte Gleichgewicht hergestellt, und zugleich wieder aufgehoben; so daß die Erreger beständig entladen werden und sich wieder laden. Diese circulirende Thätigkeit führt mancherlei Erscheinungen herbei; auch stellen sich die in §. 1125 nur historisch erwähnten Phänomen als Folgen der Schließung einer Kette dar.

Siebenzehnte Abtheilung.

Von dem zusammengesetzten Elektromotor; oder von der zusammengesetzten Voltaischen oder Galvanischen Säule.

§. 1133.

Volta entdeckte ein Mittel die durch Berührung entstandene E bedeutend zu verstärken, indem er Platten von Silber und Zink, oder von Kupfer und Zink abwechselnd über einander schichtete, jedes Paar von dem Folgenden durch eine mit Wasser oder Salzauflösung befeuchtete Platte von Tuch oder Pappe trennte, und die ganze Schichtung in gleicher (nämlich in der Fig. 204 angegebenen) Ordnung, verrichtete, so daß die beiden äußersten Enden mit dem einen Metalle anfingen und dem andern sich endigten. Die so eben beschriebene Vorrichtung wird aber ein zusammengesetzter Elektromotor, eine zusammengesetzte Voltaische oder Galvanische Säule, eine Voltaische oder Galvanische Batterie, oder eine Kettenkette*); ihre beiden Enden (d. h. die End=

*) Weil sie aus einer Anzahl einfacher Ketten besteht.

platten oder die Enden der an die Endplatten gefügten Drähte) beziehlich das Zink- und Kupferende, oder der Zink- und Kupferpol; die Drähte selber die Polardrähte, und die einzelnen Plattenpaare die Elemente genannt.

Sind die Pole eines zusammengesetzten Elektromotors (oder einer zusammengesetzten Säule) durch einen Leiter mit einander verbunden, so wird derselbe ein zusammengesetzter geschlossener Elektromotor oder eine zusammengesetzte geschlossene Säule genannt.

Anmerkung 1. Wenn man die zusammengesetzte geschlossene Säule S kreisförmig und zwar so gebogen denkt, daß sich ihre Pole einander fast berühren, und zwischen denselben eine feuchte Scheibe zur Verbindung gebraucht, so entsteht der einfachste Fall der zusammengesetzten geschlossenen S. Da aber diese Anordnung in der Wirklichkeit nicht leicht herstellbar ist, so hat man noch andere, das Nämliche leistende, Vorrichtungen erdacht. Denn läßt man z. B. den Zinkpol in einen Zinkdraht und den Kupferpol in einen Kupferdraht ausgehen, und diese Drähte in ein mit Flüssigkeit gefülltes Gefäß dergestalt tauchen, daß sie sich innerhalb desselben nicht berühren, so wirken die Drähte als Fortsetzungen der Platten woran sie sich befinden, und die im Gefäße vorhandene Flüssigkeit bringt die nämliche Wirkung wie die Flüssigkeitsschichten in den feuchten Scheiben der übrigen Säule hervor. Es wird also auf diese Weise sehr leicht eine geschlossene Voltaische S erzeugt.

Anmerkung 2. Volta gelangte um 1799 zur Entdeckung der zusammengesetzten S, indem vor diesem Zeitraume nur eine sehr unvollkommene Annäherung zur Erfindung derselben durch Robinson geschehen war.

§. 1134.

In Bezug auf die Construction der Voltaischen S bemerke man Folgendes:

Die aus Zink und Kupfer bestehenden runden oder viereckigen Platten haben gewöhnlich die Größe eines Speciesthalers, und werden entweder blos über einander gelegt, oder zweckmäßiger zusammen gelöthet, weil die aus der feuchten Scheibe gedrückte Flüssigkeit F sonst leicht zwischen Kupfer und Zink dringt und durch Bewirkung theilweiser Schließungen ihre Wirksamkeit vermindert. Die Papp- oder Tuchscheiben werden, wie bereits erwähnt worden ist, vorher mit einer gutleitenden F, etwa mit einer Auflösung von Kochsalz in Essig, mit Salmiakauflösung oder mit einer sauren Auflösung von solcher Stärke, daß Zink mäßig darin angegriffen wird, durchdrängt und so weit ausgedrückt, daß der Druck der obern Scheiben auf die untern keine F aus ihnen zum Aus- und Herabfließen bringt. Um also eine S von 100 Paaren, wie man sie gewöhnlich gebraucht, in Anwendung zu bringen, muß man dieselbe nicht zu einer einzigen Säule aufrichten (weil sonst das Herausdrücken der F aus den untersten feuchten Scheiben unvermeidlich sein würde), sondern sie wenigstens in zwei kleinere neben einander stehende Säulen theilen, die man mit ihren ungleichnamigen Polen, d. h. mit dem Kupfer- und Zinkpole, auf die in Fig. 205 angegebene Weise in metallische Verbindung bringt, und wodurch die eine nur als eine Fortsetzung der andern sich zeigt. Um der S Halt zu verleihen und sie am Umfallen oder Verschieben der Platten zu hindern, bedient man sich (in Fig. 206) eines Gestelles, welches aus drei überfirnißten Glasstäben besteht, die in einem Untersatze eingekittet sind, und zwischen denen S aufgeschichtet wird. Die Isolirung des Apparates ist bei allen Wirkungen der geschlossenen S (und also auch bei der geschlossenen einfachen Säule) unnöthig, wenn nur zwischen den einzelnen Säulen keine andere als die ihnen nothwendige Verbindung besteht. Die beiden Endplatten der S werden mit Metalldrähten*) versehen, die Leitungsdrähte selber, um sie isolirt halten zu können, durch Glasröhren gezogen, und der Zinkpol gewöhnlich oben und der Kupferpol unten hingebracht.

Anmerkung. Für die Wirksamkeit der S ist die lothrechte Lage nicht nothwendig. Bei der horizontalen S werden aber die Scheiben auf horizontal liegende Glasröhren gebracht.

§. 1135.

Da (nach v. §.) die Stellung und Gestalt der S verschieden sein kann, so hat man, theils um mehr Bequemlichkeit und theils um anhaltendere Wirkungen zu erhalten, hauptsächlich folgende drei Vorrichtungen construirt:

1) den säulenförmigen Apparat;

2) den Trogapparat; und

3) den Becherapparat oder den Voltaischen Becherkreis.

---

*) Entweder mit Gold- oder Platinadrähten, oder in deren Ermangelung mit andern Metalldrähten, welche jedoch leichter verkalken.

Der säulenförmige Apparat wurde bereits im v. §. beschrieben und in Fig. 206 dargestellt.

Der Trogapparat (Fig. 207) ist ein ein länglicher Trog T, dessen innere Wände mit einer nicht leitenden Materie bedeckt sind, und worin doppelte Platten (deren jede aus einer Zink- und darauf gelötheten Kupferplatte besteht) in geringer Entfernung von einander senkrecht und zwar so sich befinden, daß sie mit den kleinen Wänden des T und also auch mit einander parallele Lagen besitzen und den T in einzelne Zellen abtheilen. Man pflegt letztere entweder mit Wasser, oder einer Salzauflösung, oder einer verdünnten Säure anzufüllen und darauf zu sehen, daß keine Flüssigkeit aus der einen Zelle in die andere übergeht*).

Der Becherapparat (Fig. 208) besteht aus einer Reihe von Bechern, welche mit Wasser oder einer Salzauflösung gefüllt und durch die mit Haken versehenen Zink- und Kupferplatten verbunden sind.

Anmerkung 1. Es giebt mehrere sehr bedeutende galvanische Batterien. So construirte z. B. Children **) 1812 eine aus 20 Platten bestehende Batterie, wovon jede Platte eine Länge von 6 Fuß und eine Breite von 2 Fuß 8 Zoll besaß. Davy gebrauchte 1810 eine Batterie von 1000 Paaren, und jede seiner Platten war 6 Zoll lang und breit. Der große Trogapparat der Royal-Institution in London hat 2000 Plattenpaare, wovon jede Platte eine Oberfläche von 36 □ Zoll besitzt; und die im polytechnischen Institute zu Paris befindliche Säule enthält 600 Paare von 1 □ Fuß Oberfläche.

Anmerkung 2. Die galvanischen Säulen wurden in der neuern Zeit von Faraday***), Young u. s. w. vielfach abgeändert und verbessert. So hat man z. B. die Oberflächen der Kupferplatten gegen die der Zinkplatten mit sehr gutem Erfolge verdoppelt, u. s. w.

Anmerkung 3. W. Grove aus Wandsworth hat vor Kurzem eine sehr starke Voltaische Säule construirt, indem er ihre Elemente aus Platin und amalgamirtem Zink zusammensetzte, das erstere Metall in gewöhnliche, in einer porösen Thonzelle enthaltene Salpetersäure tauchte, und das letztere mit verdünnter Schwefelsäure oder Salzsäure, welche das Thongefäß umgab, in Berührung brachte, u. s. w.

Anmerkung 4. Martyn J. Roberts machte die Entdeckung, daß Zink, combinirt mit Eisen, in verdünnter Schwefelsäure einen viel kräftigern Strom als eine Combination von Zink und Kupfer, unter

*) Die Construction des Trogapparats wurde in der neuern Zeit abgeändert und verbessert. (Vergl. §. 1149.)

**) Ausgesprochen: Tschildern.

***) Ausgesp.: Fär-rädeh, Direktor des Laboratoriums der Royal-Institution zu London.

gleichen Umständen erzeugte. Auch fand Poggendorf, daß in der Schwefelsäure, Salpetersäure und Kochsalzauflösung der Strom von Zink-Eisen bedeutend stärker als der von Zink, combinirt mit Kupfer, Silber oder Platin sich zeigte; und daß also in den gewöhnlichen Batterien das Kupfer mit großem Vortheile durch Eisen ersetzt werden könnte.

§. 1136.

Die meisten Wirkungen erzeugt die gewöhnliche S, wobei die mit einer Flüssigkeit getränkten Scheiben zwischen die Metallpaare kommen. Nachdem aber die Wirksamkeit der S aufgehört hat, oder die Versuche damit beendigt sind, muß man sie auseinander nehmen, um die Metallplatten durch's Scheuren von der Oxydhaut und andern chemischen Ansätzen zu reinigen, welche während der Versuche auf ihren Oberflächen entstanden sind und gewöhnlich ziemlich fest an dem Metalle haften. Man nimmt dies Scheuren am Einfachsten mit einem Lappen von nassem Sande vor, indem man die Platten auf ein hölzernes Brettchen bringt, worin Höhlungen von der Größe der Platten befindlich sind. Auch hat man zum Reinigen der Kupferplatten Branntweinspüligt in Anwendung gebracht. Die dauerndsten Wirkungen giebt der Trogapparat T, welcher dadurch gereinigt wird, daß man, nach beendigtem Versuche, die Flüssigkeit ausgießt und die Zellen mit Wasser ausspült. Bei dem Becherapparate B hebt man nach beendigtem Versuche die Platten heraus, und spült sie ab. Doch wirkt B, bei gleicher Größe und Anzahl der Scheiben gewöhnlich schwächer als S, weil es schwer ist, die Platten in einer genau parallelen Lage zu erhalten.

Anmerkung. T besitzt bei manchen Vortheilen, folgende wichtige Uebelstände:

1) Er erfordert ansehnliche Quantitäten von Flüssigkeiten, was bei der Anwendung von Säuren ziemlich kostbar ist.

2) Durch den zwischen den Plattenpaaren stattfindenden großen Abstand wird die Wirkung des T viel schwächer, als wenn man dieselben Platten auf die in Fig. 206 angegebene Weise zu einer Säule aufrichtet, und die Pappscheiben mit der im Troge befindlichen Flüssigkeit benetzt.

3) Da man zur Verstärkung der Wirkung den Trog gewöhnlich mit einer Auflösung von Alaun mit Schwefelsäure versetzt anfüllt, so wird, während der Wirksamkeit des T die Entwickelung des zinnhaltenden Wasserstoffgases so bedeutend und für das Athmen so beschwerlich, daß sie schon bei 50 Plattenpaaren dem Operateur höchst lästig fällt. Aus diesem Grunde befindet sich der große Londoner Trogapparat außer dem Zimmer, worin operirt wird; und die isolirten Leitungsdrähte gehen blos in dasselbe.

§. 1138.

In Bezug auf die Wirksamkeit der S bemerke man Folgendes:

I. Die Menge der erregten elektrischen Materie hängt von der Flächengröße der Platten ab. Je größer nämlich die letztern sind, desto bedeutender ist das Vermögen der S Flüssigkeiten zu zersetzen, Metalle zu oxydiren und die Phänomene des Lichts und des Verbrennens zu erzeugen.

II. Die Stärke, Spannung und Intensität der elektrischen Materie (und also auch die Ladung der S) hängt, bei dem nämlichen feuchten Zwischenleiter, von der Anzahl der Plattenpaare ab. Je mehr Plattenpaare nämlich S enthält, desto stärker ist der Schlag, den sie giebt, und eine desto größere Wirkung übt sie auf das Elektrometer aus.

III. Es liegt viel daran, die ganze dem Wasser ausgesetzte Oberfläche feucht zu erhalten; auch darf die Einwirkung der Flüssigkeit auf die Platten durch keine daran haftende Unreinigkeiten oder dadurch gehindert werden, daß die Platten oxydiret sind. Von keinem großen Belang scheint indeß die Größe der Berührungsflächen zwischen den Metallplatten zu sein.

IV. Wird das reine Wasser W als Flüssigkeit gebraucht, so sind die meisten Wirkungen der S nur gering, weil W als schlechter Elektricitätsleiter sich zeigt. Eine bei Weitem größere Wirkung ergiebt sich aber, wenn man, statt W, eine verdünnte Salzauflösung u. s. w.*) nimmt; und am Wirksamsten haben sich die Mischungen von Säuren mit Wasser (z. B. verdünnte Salpetersäure, Schwefelsäure u. s. w.) gezeigt. Je leichter der mit W gemischte Stoff zersetzt wird, desto größer sind die meisten Wirkungen, desto geringer ist ihre Dauer, weil die Säure die Platten sehr angreift, u. s. w.

Anmerkung. In Bezug auf Nr. II. bemerke man Folgendes: Werden Säulen aus gleich viel Plattenpaaren aber mit verschiedenen leitenden Flüssigkeiten (z. B. mit Wasser, mit Auflösungen von Kochsalz, Salmiak, Alaun, Eisenvitriol u. s. w.) construirt, so kommen (nach Biot's Angabe) die Ladungen sehr nahe in ihrer Wirksamkeit überein; und es folgt hieraus, daß die endliche Ladung der Pole unabhängig von dem verschiedenen Leitungsvermögen der Flüssigkeit zu sein scheint, und nur durch die Zeit, worin sie zu Stande kommt, modificiret wird. Manche Flüssigkeiten (z. B. Natron- und Alaunauflösung u. s. w.)

*) Vergl. §. 1134.

zeigen aber (nach Biot) in Bezug auf die Ladung sehr bedeutende Verschiedenheiten; und man kann hier mit gutem Grunde annehmen, daß diese Flüssigkeiten so schnell verändernd auf die Metalle, womit sie geschichtet werden, einwirken, daß das elektrische Verhältniß der letztern dadurch verändert wird, was denn auch die Intensität der davon abhängigen Ladung verändert.

§. 1139.

S ist entweder isolirt, oder einer ihrer Pole mit dem Erdboden in leitende Verbindung gebracht. Im erstern Falle ist aber der elektrische Zustand der Pole so, daß beide mit einander im Gegensatze stehen, so daß der eine +E und der andere —E besitzt. Werden die beiden Pole der S leitend mit einander verbunden, so hebt sich der Gegensatz jedoch nicht für die Dauer auf, und es entsteht eine Kreiswirkung dergestalt, daß S stets entladen und wieder geladen wird*). Auch erleiden die zur Schließung der S angewandten Körper verschiedene Wirkungen, wovon in den folgenden Abtheilungen die Rede sein wird.

§. 1140.

Die vorzüglichsten Wirkungen der S sind:

I. Galvanische Anziehungen und Abstoßungen, und Ladung einer Verstärkungsflasche.

II. Entbindung von Licht und Wärme.

III. Verschiedene chemische Processe und Ueberführung von Stoffen durch andere ihnen chemisch verwandte ohne sich mit ihnen zu verbinden.

IV. Elektrische Schläge und andere Einwirkungen auf verschiedene Sinnesorgane, u. s. w.

V. Verschiedene Wirkungen auf die außerhalb des Schließungsdrahtes befindlichen Magnetnadeln oder des Magnetismus fähige Körper, u. s. w.

Die in Nr. I—IV. angegebenen Erscheinungen werden in den nächsten Abtheilungen gegenwärtigen Kapitels; und die in Nr. V. erwähnte Wirkung in der 24sten Abtheilung dieses und in der 5ten Abtheilung des folgenden Kapitels auseinandergesetzt.

*) Vergl. §. 1132.

Achtzehnte Abtheilung.

Von den galvanischen Anziehungen und Abstoßungen, und von dem Laden einer Verstärkungsflasche.

§. 1141.

Wenn man an dem einen Polardrahte der S einen sehr feinen Metalldraht anbringt, und ihn dem andern Pole nähert, so zieht letzterer ihn an, bleibt mit ihm vereint, und bildet die geschlossene S. Werden aber zwei feine Metalldrähte an demselben Polardrahte aufgehangen, so gehen sie auseinander. Wenn man den einen Polardraht der S mit einem sehr empfindlichen Elektrometer R*) verbindet, den andern Pol aber ableitend berührt, so zeigt R einige Divergenz, und man hat auf diese Weise ermittelt, daß am Zinkpole stets +E und am Kupferpole —E ausströmt. Aus diesem Grunde wird aber der Zinkpol auch der positive oder plus Pol, und der Kupferpol der negative oder der minus Pol genannt.

§. 1142.

Man hat gefunden, daß durch S Verstärkungsflaschen und Condensatoren geladen, Lichtenberg'sche Figuren gezeichnet und überhaupt alle Wirkungen der gewöhnlichen E hervorgebracht werden können. Denn bringt man z. B. den einen Polardraht mit der innern, und den andern mit der äußern Belegung der Verstärkungsflasche V in Verbindung, so wird an der mit dem Zinkpole verbundenen Belegung +E, und an der mit dem Kupferpole verbundenen —E erzeugt.

Auch ist die Intensität der in V entstandenen Ladung gleich derjenigen Intensität, welche an S bemerkt und durch ein Elektrometer bestimmt werden kann; und eben so bringt die durch eine starke S geladene V die Lichtenberg'schen Figuren mit den ursprünglichen galvanischen Elektricitäten auf die in §. 1001 angegebene Weise hervor.

*) Oder bei einer schwachen S mit der Sammlungsplatte des Condensators und die Platte nachher mit R.

Anmerkung 1. Da bei einer isolirten S die E äußerst schwach ist, so wird um die Thätigkeit des einen Pols zu erhöhen, der andere p mit der Erde in leitende Verbindung gesetzt. Ist aber p der Kupferpol, so ist seine E = Null, während die in S stattfindende + E mit jedem Plattenpaare gegen den Zinkpol wächst; ist dagegen p der Zinkpol, so nimmt auf dieselbe Weise die — E gegen den Kupferpol hin zu.

Anmerkung 2. Man bemerke, daß S (nach Dessaignes Beobachtung) ihre Wirksamkeit verliert, wenn sie in ein Mittel kommt, dessen Temperatur entweder + 80° R oder — 15° R ist; und daß ihre Stärke auf das 4fache sich erhöht, wenn man die eine Hälfte der S in das heiße oder kalte Mittel taucht, während die andere in der freien Luft sich befindet.

Neunzehnte Abtheilung.

Von den Entbindungen des Lichtes und der Wärme, vermittelst der galvanischen Säule.

§. 1143.

Die Vereinigung der entgegengesetzten Elektricitäten in dem Schließungskreise der S, wenn sie durch unvollkommene Leiter geschieht, erfolgt eben so unter Erzeugung von Wärme und nach Beschaffenheit der Umstände auch von Licht, als dies bei Vereinigung der Elektricitäten im Entladungskreise der Verstärkungsflasche geschah; ja durch gehörige Verstärkung der Apparate hat man die durch S hervorgebrachte Hitze zu einem Grade gesteigert, welcher kaum durch die stärksten Brennspiegel und Gasgebläse hervorgebracht worden ist. Die Wirkungen, welche S auf diese Weise erzeugt, bestehen aber hauptsächlich: in Erzeugung von Funken, im Glühen, Schmelzen und Verbrennen von Metallblättern und Metalldrähten, und (bei starken Apparaten) selbst in Schmelzung und Verflüchtigung von Körpern, die sonst einer starken Hitze widerstehen.

§. 1144.

Um Funken zu erhalten wird S entweder aus 30 Plattenpaaren von einem Quadratfuß Oberfläche, oder aus 100 Plattenpaaren von 3—4 Quadratzoll Oberfläche construirt, wenn sie mit einer kräftig angreifenden Flüssigkeit, z. B. mit Salmiakauflösung oder einer starken Säure geschichtet ist. Verbindet man aber die entgegengesetzten Pole einer solchen S durch einen Draht D, so zeigt sich, mag nun vom positiven nach dem negativen Pol oder umgekehrt geschlossen werden, im Augenblicke der Berührung ein deutlicher mit Geräusch begleiteter Funken, welcher jedesmal entsteht, wenn man die Berührung aufhebt oder wieder herstellt. Hat man ein feines Metallblättchen an dem Ende des D befestigt, so ergiebt sich, daß dasselbe bei der Berührung des Poles mit einer schönen Lichterscheinung verbrennt.

§. 1145.

Der galvanische Funken F ist seiner Größe, Farbe und den ihn begleitenden anderweitigen Erscheinungen nach sehr verschieden, nach den Verschiedenheiten der S, und der Form und Beschaffenheit der Metalle u. s. w.; und ist stets am Auffallendsten, wenn D *) fein und zugespitzt sich zeigt. Auch ist F vorzüglich schön, wenn man mit einem feinen Eisendrahte, der von dem einen Pole einer starken S ausgeht, die Oberfläche einer kleinen Quantität Quecksilber, in welchem der andere Polardraht sich befindet, berührt. Die Kohle und besonders die Lindenkohle, wenn sie gut ausgebrannt ist, wirkt sehr günstig auf die Erzeugung des F; und man bedeckt demgemäß den einen Pol mit einer Kohlenscheibe, und schließt vom andern aus mit einem Metalldrahte oder Metallblättchen die S; oder man befestigt Kohlenspitzen an die entgegengesetzten Polardrähte und bringt sie hierauf in Berührung.

Anmerkung. Das Quecksilber Q, woraus auf die hier angegebene Weise Funken gezogen werden, oxydirt und die oxydirte Stelle hat entweder die Gestalt eines Sternchens oder eines Kreises, wenn der Verbindungsdraht beziehlich vom Kupfer oder vom Zinkpole dem Q genähert worden ist.

§. 1146.

Die Metallblättchen werden durch S auf die bequemste Weise verbrannt, wenn man sie an einem gebogenen Drahte des einen Poles aufhängt, und damit eine mit dem andern Pole in Verbin-

*) Vergl. v. §.

dung stehende Quecksilber- oder andere Metallfläche berührt. Die verschiedenen Metallblätter zeigen hier ein verschieden gefärbtes Licht. So verbrennen (nach einigen Versuchen) Goldblätter mit einem lebhaft weißen, blau nüancirten oder gelblich weißen Lichte mit Hinterlassung eines rothbraunen Staubes; Silberblätter mit smaragdgrüner Farbe mit rothgelben Rändern und Zurücklassung eines dunkelgrünen Pulvers; Kupfer mit bläulich weißem, von rothen Funken begleiteten Licht, u. s. w.

§. 1147.

Die Schlagweite des F*) ist äußerst gering. So erschien z. B. F bei einer Säule von 1250 Plattenpaaren nicht eher, als bis die Spitzen nur um $\frac{1}{50}$ Zoll von einander abstanden; und eben so mußten bei dem großen Trogapparate zu London**) die an die Leitungsdrähte gebrachten Kohlenspitzen bis auf $\frac{1}{30}$ oder $\frac{1}{40}$ Zoll einander genähert werden, ehe sie irgend ein Licht zeigten; glühten sie aber intensiv, so fing ein anhaltender Lichtstrom zwischen ihnen zu spielen fort, wenn man sie auch nach und nach selbst bis zu einer Weite von 4 Zollen von einander entfernte. Der Lichtstrom zeigte sich in Gestalt eines Bogens, in der Mitte breit und gegen die Kohlenspitzen schmal zulaufend; er übertraf jede andere Flamme an Glanz, und war von einer so großen Hitze begleitet, daß selbst die sonst schwerflüssigsten Körper darin schmolzen. So verschwanden z. B. in demselben Diamantstücke und Reißbleispitzen und schienen zu verdunsten; auch zerschmolzen dicke Platindrähte schnell in große Kügelchen; und Sapphir, Quarz, Kalk u. s. w. kamen in offenbaren Fluß. Durch sehr großplattige Apparate erfuhren Kohle und Graphit eine theilweise Schmelzung (die selbst diamantähnliche Produkte lieferte), und Verflüchtigung in Gestalt eines weißen Rauches. Auch zeigte sich, daß der am Zinkpole befestigte Graphit oder die Holzkohle stets eine kegelförmige Höhlung, und das am Kupferpole angebrachte Stück eine mehr oder weniger beträchtliche Verlängerung darbot, so daß also vom Zink- zum Kupferpole eine Fortführung der Kohlentheilchen stattgefunden hatte.

---

*) Vergl. §. 1145.

**) Man lese §. 1135 Anm. 1.

Mittelst der Kohlenspitzen wurden sogar Funken unter Wasser, Alcohol, Aether, Oelen und concentrirten Säuren, wenn gleich mit verminderter Stärke, erzeugt; auch hat man nicht nur Metalle sondern auch andere brennbare Körper, wie Phosphor, Schwefel, Naphtha, Schießpulver, Knallluft u. s. w. mittelst des F entzündet.

§. 1148.

Ein Metalldraht D wird zum Glühen und Schmelzen gebracht, wenn er die Pole einer wirksamen S verbindet. So wird z. B. ein feiner Eisendraht hierdurch glühend und in Kügelchen geschmolzen, und ein Platinadraht lange glühend erhalten, u. s. w. Wenn man die Polardrähte der S in ein kleines Quantum Flüssigkeit taucht, so wird dieselbe bis zum Kochen erhitzt.

§. 1149.

Um das Schmelzen und Erglühen in S stattfinden zu lassen kann man sich auch noch sehr zweckmäßig der sogenannten Wollaston'schen Platte bedienen, welche eine einfache von beiden Seiten mit einer Kupferplatte umgebene Zinkplatte ist. Auch lassen sich sehr leicht mehrere Wollaston'schen Platten zu einer zusammengesetzten Säule verbinden. Der von dem amerikanischen Naturforscher Hare*) angegebene Apparat ist zu derleichen Versuchen ebenfalls sehr zweckmäßig. Er besteht nämlich aus einem spiralförmig zusammengerollten Zinkblatte, welches von beiden Seiten mit einem spiralförmig zusammengerollten Kupferblatte umgeben, und durch isolirende Leisten davon getrennt ist, so daß die ganze Vorrichtung einen Cylinder darstellt. Man kann mehrere solcher Cylinder zu einem Trogapparate verbinden, indem man sie an einem gemeinschaftlichen Balken aufhängt, das Kupfer jedes Cylinders durch Metallstreifen mit dem Zink des nächsten in Verbindung setzt, und dann gemeinschaftlich in untergesetzte Gefäße eintauchen läßt. Alle dergleichen zusammengesetzte Trogapparate, welche zu sehr starken Hitzwirkungen dienen, werden aber Calorimotoren oder Dephlagratoren genannt.

---

*) Ausgesprochen: Hehr.

§. 1150.

Man hat gefunden, daß nicht allein die festen, sondern auch die flüssigen Leiter im Kreise der wirksamen S eine Zersetzung erfahren. Auch hat sich ergeben, daß die Kraft, womit ein Draht oder sonstiger Theil der S in's Glühen kommt, der Intensität der ihn durchlaufenden E proportionirt ist, daß diese Kraft zugleich von der Materie der Drähte abhängt; und zwar, wie es scheint, ihrem Leitungsvermögen umgekehrt proportional sich zeigt.

Anmerkung 1. Man bemerke, daß nach der Angabe von Rieß die Temperaturerhöhung des im Schließungsbogen der S befindlichen Drahtes D, dierect proportional dem Quadrate der angehäuften E, umgekehrt proportional dem Biquadrate seines Halbmessers multiplicirt in die Größe der Oberfläche der angewandten S*) ist; und daß gegenwärtiger Satz in aller Strenge nur gilt, wenn die Einschaltung der verschieden dicken Drähte die Zeit der elektrischen Entladung, durch welche die Erwärmung entsteht, nicht verändert.

Anmerkung 2. Das in v. Anmerk. angegebene Gesetz wird ganz allgemein auf folgende Weise ausgedrückt:

Wenn man nach 1) die Länge des untersuchten D, 2) die Länge des ganzen Schließungsbogens, 3) die Dicke desselben, und 4) die Unterbrechungen in ihm berücksichtigt, so ist die Temperaturerhöhung in dem Querschnitte des homogenen D, umgekehrt proportional dem Biquadrate seines Halbmessers, direct proportional der angehäuften Electricitätsmenge, dividirt durch die Zeit in der dieselbe entladen wird.

Anmerkung 3. Da die Leiter erhitzt und glühend werden, wenn sie gezwungen sind eine für ihre Ausdehnung zu große Menge von E auf einmal zu leiten, so folgt, daß diese Wirkung, von S, worin die Elektricitätsmenge immer sehr groß ist, in einem höhern Grade als von den elektrischen Reibungsapparaten erzeugt werden muß.

---

*) Man wird leicht einsehen, in welchem Sinne das hier angegebene Potenziren und Multipliciren ausgeführt werden muß.

Zwanzigste Abtheilung.

Von einigen chemischen Wirkungen der geschlossenen S u. s. w., und von der Ueberführung von Stoffen durch andere ihnen chemisch verwandte Materien ohne sich mit ihnen zu verbinden.

§. 1151.

Wenn zwei ungleichartige Körper, z. B. Kupfer und Zink in eine Nähe kommen, welche für unsere Sinne als wirkliche Berührung erscheint, so werden sie (nach §. 1126) entgegengesetzt elektrisirt. Der Grund dieser Erscheinung liegt aber darin; daß entweder 1) von den neutralisirten Elektricitäten des Kupfers k ein Antheil +E auf das Zink Z, von denen des Z ein Antheil —E auf k übergeht, und so den respectiven Ueberschuß dieser Elektricitäten auf den Metallen bewirkt; oder, daß 2) ein Theil der (in den natürlichen Elektricitäten enthaltenen) +E des k und ein Theil der —E des Z sich vermöge der unbekannten, durch die Berührungsnähe entwickelten elektromotorischen Kraft, im Uebergange zwischen beiden Platten neutralisiren und also letztere beziehlich mit den ihnen entgegengesetzten Elektricitäten geladen zurücklassen.

Anmerkung. Die letztere Vorstellung erklärt die Beziehungen zwischen den chemischen und elektrischen Erscheinungen besser als die erstere, und wird, aus diesem Grunde, in den folgenden §§. gegenw. Abtheilung hauptsächlich berücksichtigt.

§. 1152.

Das Allgemeine der chemischen Wirkungen wird (von vielen Physikern) auf folgende Weise dargestellt:

Jedes integrirende*) Theilchen eines zusammengesetzten Körpers ist als ein galvanisches Plattenpaar anzusehen. So werden z. B. ein Sauerstofftheilchen T und ein Wasserstofftheilchen W, wenn sie in Berührung kommen, vermöge des erwähnten Einflusses dieser Nähe, entgegengesetzt elektrisirt, indem ein Theil der —E des W und ein Theil der +E des T. sich zwischen beiden neutralisiren, und diese Neutralisation der Elek-

*) d. h. jedes zusammengesetzte.

tricitäten sich gerade so als Licht und Wärme zu erkennen giebt, wie wenn entgegengesetzte Elektricitäten von zwei Kugeln überspringen. Aus dieser Ansicht folgt aber, daß das bei chemischen Verbindungen (z. B. bei der Verbrennung, oder der Verbindung des Schwefels oder Chlors mit Metallen) sich entwickelnde Licht von dem elektrischen nicht wesentlich verschieden sei, und daß nur das gewöhnliche elektrische Licht zwischen den Oberflächen zweier ganzen Körper oder Atomensysteme, das chemische aber zwischen den Oberflächen der einzelnen Atome selbst überspringe, so daß dieselben ganz zu glühen scheinen, u. s. w.

Anmerkung. In Bezug auf das in diesem §. Gesagte, bemerkt Berzelius *):

Das elektrische Verhalten und die chemische Verwandtschaft stehen in merkwürdigem Zusammenhange. So entwickeln z. B. zwei Körper, welche im Begriff sind sich chemisch mit einander zu verbinden, entgegengesetzte Elektricitäten, welche anwachsen, wenn der Augenblick ihrer Vereinigung sich nähert, sich, sobald er eintritt, in's Gleichgewicht setzen, und dabei nach Verschiedenheit der Intensität der chemischen Wirkungen Wärme und selbst lebhaftes Feuer erzeugen.

§. 1153.

Da nach v. §. der elektrische Gegensatz der Körper ihre Verbindung bedingt, so müssen (nach Beschaffenheit der Umstände) chemische Verbindungen verhindert oder befördert werden können, wenn man Metalle künstlich in einen dauernden elektrischen Zustand versetzt.

So wird z. B. der negative Polardraht einer hinlänglich wirksamen S im Wasserzersetzungsapparate **) nicht oxydirt, wenn er gleich aus einem leicht oxydirbaren Metalle, z. B. Eisen oder Zink besteht; wogegen der positive um so leichter oxydirt, selbst wenn er aus einem der negativern Metalle, wie Kupfer, bereitet ist.

Das Eisen F oxydirt an der Luft, weil es gegen den Sauerstoff derselben positiv elektrisiret wird; und F wird anderseits negativ elektrisch gegen Zink. Um also F vor der Oxydation der Luft zu bewahren, setzt man es mit einem Zinkstabe in Berührung; und es wird hierdurch die $+$E, welche es mit dem Sauerstoff annimmt,

*) Geb. 1779 zu Linköping in Ostgothland, jetzt Professor der Chemie zu Stockholm.

**) Wovon in §. 1158 die Rede sein wird.

durch die — E, welche es mit dem Zink bekommt, mehr oder weniger neutralisirt, so daß die Neigung des F, sich mit dem Sauerstoffe zu verbinden, geschwächt oder aufgehoben werden muß.

Anmerkung. Man bemerke, daß (nach gegenw. §.) sehr zarte Schneideinstrumente scharf erhalten werden können, wenn man ihre Handgriffe oder Futterale von Zinkbeschlag anfertigt; und daß, allem Anscheine nach, auch die messingenen Instrumente, das Blei der Bleidächer u. s. w. durch Eisen oder Zink geschützt werden können.

Auch gegen die angreifende Wirkung des im Wasser enthaltenen Sauerstoffs werden solchergestalt die Metalle geschützt. So findet man z. B. ein mit einem Zinkblech unter Wasser liegendes Eisenblech oder Eisenstäbchen nach einigen Tagen noch blank, während ein anderes ohne diese Verbindung sich während dieser Zeit mit Rost überzieht.

§. 1154.

Die chemischen Wirkungen der einfachen und zusammengesetzten S hängen von folgender Thatsache ab:

Wenn man die Schließung der S durch den zusammengesetzten Körper K bewirkt, so wird derselbe dergestalt zerlegt, daß der eine seiner Bestandtheile sich nach dem negativen, der andere nach dem positiven Pole der S bewegt, und mit der Substanz dieses Poles entweder in chemische Verbindung tritt, oder darum angesammelt bleibt, oder von ihm aus sich gasförmig erhebt.

Derjenige Bestandtheil, welcher sich zum positiven Pole bewegt, heißt der elektronegative, während der, welcher zum negativen Pole geht, der elektropositive Bestandtheil genannt zu werden pflegt.

§. 1155.

Zu den (nach v. §.) in den Kreis der S kommenden zusammengesetzten Körpern werden hauptsächlich die wässerigen Flüssigkeiten (oder die Auflösungen verschiedener Materien im Wasser) gezählt. Leitet man aber die Polardrähte der S in ein Gefäß, welches z. B. mit einer Auflösung des Kochsalzes im Wasser gefüllet ist, so wird, nebst dem letztern, auch das Salz in seine Bestandtheile (Salzsäure und Natron) zerlegt, wovon der erstere an den positiven und der letztere an den negativen Polardraht die S sich begiebt. Zu den elektropositiven Bestandtheilen werden Wasserstoff, andere oxydirbare Stoffe, die Oxyde, Alkalien und Erden; und zu den elektronegativen der Sauerstoff und die Säuren gezählt.

Anmerkung. Man wird leicht einsehen, daß wenn (nach §. 1152) in jedem chemisch zusammengesetzten Stoffe positiv-elektrisirte Theilchen mit negativ-elektrisirten verbunden sind, und diese Verbindungen zwischen die Pole der hinlänglich starken S kommen, die negativen Bestandtheile der Verbindungen nach dem positiven und die positiven Bestandtheile nach dem negativen Pole der S sich begeben müssen.

§. 1156.

Die chemische Zersetzung findet unter folgenden Grundbedingungen statt:

1) Die E der S muß stark genug sein, den elektrischen Gegensatz, wodurch die Bestandtheile des zu zersetzenden Körpers einander fest halten, in merklichem Grade zu überwiegen.

2) Sie muß stark genug sein, die Cohäsionskraft dieser Bestandtheile zu überwinden; und muß

3) ein hinlängliches Leitungsvermögen besitzen, um nicht etwa den Durchgang der E durch S zu unterbrechen.

Anmerkung. Die zwischen den Polardrähten der S sich ergebende chemische Wirkung findet in derselben Art und durch die ganze S zwischen je zwei Elementen derselben statt, und wird blos durch die Beschaffenheit der dort befindlichen Flüssigkeit modificirt. Auch absorbirt S das Sauerstoffgas der sie umgebenden Luft. Denn stellt man die senkrechte S über eine mit Wasser gefüllte Schüssel; und stürzt eine Glasglocke darüber, so steigt, nach kurzer Zeit, das Wasser darin in die Höhe; und es folgt hieraus, daß die darin befindliche Luft vermindert worden ist. Hört aber das Absorbiren auf, so ergiebt sich, daß die zurückgebliebene Luft keinen Sauerstoff mehr besitzt.

§. 1157.

Wenn man auf den Boden des Glasgefäßes G eine Platin- oder Goldplatte X*) legt, eine Lage Salzsäure**) darüber gießt, und ein Zinkstäbchen oder einen Streifen Zinkblech Z in dieselbe taucht, daß der Zink mit X nicht in Berührung kommt, so nimmt man keine auffallende Erscheinungen wahr. Wird jedoch Z so weit eingetaucht, daß es die X trifft, so entstehen auf X eine Menge Gasblasen und steigen in Strömen darin auf. Der Erfolg dieser Versuche wird aber auf folgende Weise erklärt:

*) In deren Ermangelung aber eine Silbermünze oder eine Schichte reinen, auf dem Boden des G ausgebreiteten Quecksilbers.

**) Welche so weit verdünnt ist, daß der Zink nur wenig davon angegriffen wird.

So lange Z blos in die Salzsäure reicht, findet nur die schwache chemische Wirkung zwischen beiden statt, welche der Verdünnungsgrad dieser Säure zuläßt. In dem Augenblicke aber, wo Z die X berührt, ist auch die Bildung einer einfachen Kette gegeben; und X, indem es den elektropositiven Bestandtheil der Säure, nämlich den Wasserstoff, und Z den Sauerstoff mit verstärkter Kraft anzieht, unterstützen sie sich wechselseitig im Zersetzen der Säure. Es erheben sich also Wasserstoffblasen von X, während Z sich oxydirt und auflöst, und X keine sichtliche Veränderung erfährt.

§. 1158.

Durch die säulenförmigen Apparate werden sehr mannichfaltige und in's Große gehende chemische Erscheinungen bewirkt.

Der einfachste und wichtigste Fall dieser chemischen Wirkungen ist aber die Zersetzung des Wassers A, welche von dem englischen Physiker Carlisle*) zuerst beobachtet worden ist. Wird nämlich A in den Kreis der S gebracht, so erfolgt an beiden Polen eine Zersetzung desselben, und zwar so, daß der Sauerstoff am positiven Pole P bleibt und selbst vom negativen N nach demselben geführet wird, und der Wasserstoff sich an N sammelt, weshalb auch P der Sauerstoff- oder Oxygenpol, und N der Wasserstoff- oder Hydrogenpol heißt. Beide Gasarten entbinden sich von ihren Polen aus, wenn die Metalle, welche diese Pole vorstellen, keiner Verbindung mit ihnen fähig sind, wogegen sie im andern Falle Oxyde und Wasserstoffmetalle bilden, u. s. w.

§. 1159.

Das im v. §. Gesagte wird auf folgende Weise verdeutlicht:

Wenn man die beiden aus Platin oder Gold bestehenden Polardrähte der S in A dergestalt führt, daß sie darin etwas von einander abstehen, so steigen sogleich Luftblasen von beiden Polen, und zwar vom positiven- oder Zinkpole P Sauerstoffgas und vom negativen- oder Kupferpole N Wasserstoffgas auf. Bestehen die Verbindungsdrähte aus einem leicht oxydirbaren Metalle, z. B. aus Kupfer oder Eisen, so entbindet sich am Drahte des P kein

*) Ausgesprochen: Karl'eil.

Sauerstoffgas, sondern der Pol dieses Drahtes wird oxydirt; und an dem Drahte des N kommen die Bläschen des Wasserstoffgases zum Vorschein, u. s. w.

Anmerkung 1. Man bemerke, daß in demjenigen Falle, wo der an N befindliche Draht D nicht aus Gold und Platin, sondern aus einem andern Metalle, z. B. aus Kupfer oder Eisen besteht, beim Schließen von S, der D entweder braunrothes Kupfer= oder schwarzes Eisenoxyd enthält; und daß also in diesem Falle der Sauerstoff, welcher mit dem Wasserstoff zusammen A gebildet hat, mit dem Metalle des D zu diesem Körper chemisch verbunden worden ist.

Anmerkung 2. Aus gegenw. §. geht hervor, daß die galvanische E nicht blos zerlegend und zerstörend, sondern auch zusammensetzend zu wirken vermag.

§. 1160.

Um A durch S in seine beiden Bestandtheile zu zerlegen verfahre man auf folgende Weise:

1) Man fülle (in Fig. 209) das trichterförmige Gefäß G, dessen untere Mündung mit einem schon früher mit Siegellack überzogenen Korkstöpsel verschlossen ist, mit A; lasse die beiden aus Platin bestehenden Polardrähte D und d in einem Abstande von 4—5 Linien durch den Pfropfen gehen; und stürze die ebenfalls mit A gefüllten Glasglocken R und V über sie. Wird nun D mit P, und d mit N in leitende Verbindung gesetzt, so steigen an beiden Drähten Gasbläschen auf, sammeln sich an den obern Theilen von R und V, und stellen sich daselbst bezichlich als Sauerstoffgas und Wasserstoffgas dar. Hat der Apparat eine Zeit lang gewirkt, und unterbricht man alsdann diese Wirkung, so lassen sich auch die Volumen der in R und V befindlichen Gasarten ermitteln. Um aber diese Räume mit einander vergleichen zu können, müssen R und V gleiche Weiten besitzen; auch muß die zwischen D und d und den Polen stattfindende Verbindung vollkommen sein, damit man Nichts von der Wirkung der S verliert. Dies geschieht am Besten dadurch, daß man sowohl D als d in ein mit Quecksilber gefülltes Glasgefäß bringt, in jedes Gefäß einen dicken Eisendraht taucht, und den einen Eisendraht an P und den andern an N löthet.

2) Stellt man (in Fig. 210) die beiden gleichweiten und etwa 3—4 Zoll langen Glasröhren R und V in

das mit A gefüllte Glas G, kittet in R und V die Platindrähte D und d, füllt R und W mit A, stürzt sie in G, und bringt D mit P, und d mit N in Verbindung, so steigt in R Sauerstoffgas und in V Wasserstoffgas empor.

3) Läßt man die beiden Drähte D und d in denselben Recipienten gehen, so wird das schon früher erwähnte Knallgas erzeugt. Man führt demgemäß (in Fig. 211) durch den mit A gefüllten Becher G den Platindraht D, stellt ihn senkrecht auf, stürzt über D den kleinen Recipienten R, durch dessen Wölbung ebenfalls der Platinadraht d luftdicht gekittet ist und etwa $\frac{1}{2}$ Zoll tief in R reicht.

Wenn aber nun die Spitzen von D und d um $\frac{1}{20}$ Zoll von einander abstehen, und D und d mit den entgegengesetzten Polen der S in Verbindung kommen, so entbinden sich die beiden Gasarten so lange, bis A unter die Spitze des d gedrückt ist; und läßt man jetzt durch eine kleine Verstärkungsflasche einen elektrischen Funken überspringen, so entzündet sich das Gas, verschwindet ganz, und A steigt in die Höhe.

4) Wenn man zwei gläserne Gefäße mit A anfüllt, die beiden Wasseroberflächen (etwa durch einen Streifen genäßter Baumwolle u. s. w.) verbindet; und in dem einen Gefäße den positiven und in dem andern den negativen (aus Platina bestehenden) Polardraht anbringt, so wird ebenfalls Oxygengas und Hydrogengas erzeugt.

Anmerkung 1. Man bemerke:

a) daß in diesem §. die Wirksamkeit der S (unter übrigens gleichen Umständen) mit der Größe der Platten sich vermehrt *);

b) daß auch die Plattenanzahl diese chemische Wirksamkeit vergrößert;

c) daß letztere in dem Verhältnisse der Cubikwurzel der Plattenanzahl wächst;

d) daß (unter denselben Umständen) die mit Säuren oder mit Säuren und Salzen zugleich getränkten Zwischenscheiben die größten Wirkungen erzeugen;

e) daß diese Wirkungen desto größer werden, je dünner die Schichten der feuchten Leiter sind.

Anmerkung 2. Aus gegenw. §. und aus §. 1069 Nr. 2 geht hervor, daß der Galvanismus das A viel leichter und lebhafter als die gewöhnliche E zersetzt. Auch merke man sich, daß man die Zersetzung des A, vermöge der E, durch den Galvanismus erst kennen gelernt hat;

*) Vergl. §. 1138 Nr. I.

und eben so ergiebt sich (einigen Beobachtungen zufolge), daß zur Zersetzung des A eine Säule von wenigstens 5 Plattenpaaren gehört.

§. 1161.

Durch S wurden höchst wichtige Entdeckungen in der Chemie gemacht. So entdeckte z. B. Davy, daß die Alkalien*) und reinen Erden**) nicht einfache Stoffe, sondern aus einem metallähnlichen Bestandtheile (Metalloid***) und aus Oxygen zusammengesetzt sind, u. s. w.

Verbindet man den negativen Pol N der S mit einem silbernen Löffel, legt auf letzteren ein Stück Kali, und bringt dies mit einem vom positiven Pole P herkommenden Silberdrahte in Berührung, so entstehen ohngefähr nach einer Minute, nach der negativen Fläche zu, Metallkügelchen; und das Kali, welches aus einer metallenen Basis (Kalium) und Sauerstoff besteht, wird durch die große Gewalt der S gezwungen seinen Sauerstoff an P abzugeben. Leitet man ferner die beiden Leitungsdrähte der S, die nun aus Platina bestehen mögen, in ein mit Schwefelsäure gefülltes Gefäß, so sammelt sich an P das Sauerstoffgas, und an N zeigen sich gelbe Flöckchen, welche man sehr leicht für Schwefel erkennt. Da aber nun die Schwefelsäure nach und nach verschwindet, so sind Sauerstoff und Schwefel die Bestandtheile dieses zusammengesetzten Körpers.

---

*) Das Alkali oder Kali kommt in der Natur theils als Bestandtheil von Mineralien und theils in den organischen Körpern vor. Es wird auf die gewöhnlichste Art aus der Pflanzenasche, und zwar aus derjenigen bereitet, welche in unsern Feuerstätten verbrennt; und wo es unter dem Namen der Pottasche in den Handel kommt. Das Kali ist schwer rein zu erhalten, und meist mit Wasser verbunden. Es zieht die Feuchtigkeit aus der Luft an sich, und zerfließt sehr schnell, selbst bei einer Temperatur von — 12°, u. s. w.

**) Die Erden werden 1) in alkalische Erden (welche den Alkalien in mehreren Punkten gleich kommen); und 2) in eigentliche Erden eingetheilt. Zu den erstern gehören: Baryt, Strontian, Kalk und Magnesia. Sie lösen sich im Wasser schwerer als die Alkalien auf, haben Geschmack (mit Ausnahme der Magnesia), geben mit Fetten und Oelen unauflösliche Seifen, und haben eine größere Verwandtschaft zu den Säuren als die Alkalien. Zu den letztern gehören: Thonerde u. s. w. Sie sind im Wasser ganz auflöslich, verlieren durch's Glühen mehr oder weniger ihre Auflöslichkeit in den Säuren, bilden keine Seifen, und stehen den Alkalien in der Verwandtschaft zu den Säuren nach. Auch haben beiderlei Erden die gemeinschaftliche Eigenschaft, feuerbeständig zu sein, und meistens schwer auflösliche Salze zu geben.

***) Man bemerke, daß das Metalloid eine dem Quecksilber einigermaßen ähnliche Materie ist.

§. 1162.

Hält man die Polardrähte der S in eine gewöhnliche Lichtflamme, und zwar so, daß der positive Pol in der Nähe des Dochtes und der negative einige Linien darüber sich befindet, so werden allmählig am erstern mehrere Linien hohe Rußdendriten erzeugt. Am schönsten und größten sind aber diese Dendriten *), wenn man die Flamme des Kamphers dazu braucht; und sie erreichen alsdann eine Höhe von 1 — 2 Zoll und bilden eine förmliche baumartige Gestalt. Auch am blos geschmolzenen Kampher u. s. w. werden auf diese Weise kleinere Dendriten erzeugt.

§. 1163.

Da, der Erfahrung gemäß, das an P befindliche Metall sich mit den elektronegativen, und das an N vorhandene sich mit den elektropositiven Bestandtheilen der zwischen ihnen befindlichen Flüssigkeit F zu vereinigen strebt; und da alle (oder fast alle) durch S zersetzbaren Flüssigkeiten das Wasser A oder dessen Bestandtheile in sich enthalten, so pflegt an P vorzugsweise die Bildung von Oxyden und an N diejenige von Wasserstoffmetallen zu erfolgen. Sind Salze in A aufgelöst, so werden im Allgemeinen zugleich die Drähte an P durch die Säure angegriffen und aufgelöst, während die Drähte an N durch Absatz der Basen, oder reducirten oder mit Wasserstoff verbundenen Metalle, an ihnen eine Modification ihrer Oberfläche erfahren können. Die Verbindung der Drähte mit den Bestandtheilen der zersetzten F erfolgt nicht in allen Fällen. Denn wenn z. B. das Metall an P selbst zu elektronegativ vermöge seiner Beschaffenheit ist, so kann es hierdurch der Verbindung mit dem negativen Bestandtheile der zersetzten F widerstreben, oder wenigstens keine Vereinigung damit zulassen, u. s. w.

§. 1164.

Läßt man den einen Pol der S in eine feine metallische Spitze ausgehen, während der andere eine metallische Platte darstellt, welche ihr in F bis auf eine sehr kleine Entfernung genähert wird, so sieht

*) Man bemerke, daß man unter Dendriten im Allgemeinen baum- und strauchförmige Zeichnungen mancher Mineralien versteht.

man auf der Platte den Absatz der elektropositiven, oder elektronegativen Substanzen in concentrischen, gewöhnlich gefärbten, Ringen erfolgen. Diese Erscheinungen werden aber die Nobilschen elektro-chemischen Figuren genannt.

§. 1165.

Man hat an Flüssigkeiten eigenartige Bewegungen bemerkt, und sie die elektro-chemischen genannt. Die allgemeinen Bedingungen, worunter die letztern sich zeigen, bestehen aber darin, daß man das in passenden Gefäßen*) befindliche Quecksilber Q mit einer sauren, alkalischen oder salzigen Flüssigkeit F übergießt, und alsdann P und N entweder 1) blos in F, ohne sie mit Q selbst in Berührung zu bringen, taucht**); oder 2) Q mit dem einen Drahte, welchen man durch F in dasselbe reichen läßt, verbindet, während der andere blos in F taucht***); oder 3) P und N bis in Q reichen läßt †).

Steht Q mit N in Berührung, während P ihm blos gegenüber in F taucht; und ist die letztere etwa eine Auflösung von Kali oder kohlensaurem Kali, so tritt im Augenblicke, wo S auf die obengenannte Weise geschlossen wird, eine auffallende Abplattung, eine Ausbreitung des Q ein, dessen Durchmesser bei einer stärkern S sich fast um ⅓ vergrößert, und dessen Höhe in demselben Verhältnisse abnimmt; und mit dieser Abplattung, wobei Q seinen Glanz unverändert behält, entsteht zugleich in F ein lebhafter Strom von P zu N, der in gerader Richtung über Q weggeht, auf beiden Seiten in einer gekrümmten (der Krümmung des Glases entsprechenden) Richtung zurückkehrt, und in einer gewissen Hinsicht einen doppelten Strudel darstellt. Diese Abplattung ist in einzelnen Fällen, besonders bei Anwendung einer stärkern S, mit einer Art von Wälzung der Quecksilberkugel, wie um einen Mittelpunkt verbunden, wobei der Rand des Q gleichsam undulirt und sich faltet. Wird N aus Q genommen, aber in der Lauge gelassen, so dauert dieser

*) Etwa in Uhrgläsern, in Schalen von Porcellan u. s. w.

**) Wo dann Q als Zwischenplatte wirkt, die demgemäß ihre beiden Pole erhalten muß.

***) Wo Q als Verlängerung des mit ihm in Verbindung gesetzten Poles wirkt.

†) Wo Q keinen Pol hat, indem sich die E frei hindurch zwischen P und N fortpflanzt.

Strom noch fort, nimmt sogar an Schnelligkeit zu, und wird nun besonders durch die Gasblasen, die sich reichlich an N entwickeln und in den Strom hineingezogen werden, auffallender. Doch hört der Strom nach einiger Zeit wieder auf, wobei Q im Augenblicke des Aufhörens, sich auf's Neue wieder zusammenzieht.

§. 1166.

Sehr merkwürdig ist die durch die Thätigkeit der S bewirkte Ueberführung von Stoffen durch andere ihnen chemisch verwandte ohne sich mit ihnen zu verbinden. Denn enthält z. B. ein Gefäß die im Wasser aufgelöste Mischung der Stoffe M und O, ein zweites die zu O eine starke Verwandtschaft zeigende Materie Q; und ein drittes Wasser; und verbindet man nun die drei Gefäße mittelst nasser Baumwolle mit einander, und taucht in das erste den einen und in das dritte den andern O anziehenden Polardraht der S, so geht O durch die ihr verwandte Q hindurch ohne sich mit ihr zu verbinden, indem hier die Wirkung der freien E die der chemischen Verwandtschaft überwiegt.

Anmerkung 1. Das in diesem §. Gesagte wird durch folgendes Beispiel versinnlicht:

Man nehme drei Becher, fülle den ersten mit schwefelsaurem Kali, den zweiten mit Ammoniumauflösung, den dritten mit Wasser; verbinde diese Becher mittelst nasser Baumwolle, und setze den ersten mit N und den letzten mit P in Verbindung. Die Schwefelsäure wird aber alsdann getrennt, geht durch das Ammonium (ohngeachtet der starken Verwandtschaft zwischen diesem und der Säure), und sammelt sich in dem dritten mit Wasser gefüllten Becher. Füllt man den mittlern Becher mit einer Säure, den mit P verbundenen mit schwefelsaurem Kali, und den mit N in Verbindung stehenden mit Wasser, so bemerkt man, daß das Kali durch den mittlern Becher in den mit N verbundenen übergeht.

Anmerkung 2. Aus verschiedenen Versuchen hat sich ergeben, daß die Bestandtheile zersetzter Salze durch thierische Körper auch im lebenden Zustande geführt werden können.

Einundzwanzigste Abtheilung.

Von den galvanischen Schlägen; und von einigen andern galvanischen Einwirkungen auf verschiedene Sinnesorgane.

§. 1167.

Die bequemste Art den galvanischen Schlag Z zu erhalten, besteht darin, daß man von den Polen einer aus etwa 100 Platten gebauten, und mit einer Kochsalzauflösung oder einer andern leitenden Flüssigkeit geschichteten Säule, Drähte in zwei besondere mit Salzwasser gefüllte Gefäße leitet und in jedes derselben eine Hand taucht, oder, daß man die beiden Pole der S mit den mit Salzwasser befeuchteten Händen berührt. Im Augenblicke der Schließung der S erhält man die Empfindung eines Z und im Augenblicke der Trennung einen neuen Z, wogegen während des Geschlossenseins der S keine sehr auffallende Empfindung sich zeigt.

Z wird bedeutend verstärkt, wenn man den Händen, mittelst feuchter Leiter, eine große Berührungsfläche mit den metallischen Polen der S verleiht, z. B. mit den befeuchteten Händen eiserne Kugeln oder Metallbleche umfaßt und mit diesen die Pole berührt.

Anmerkung. Ritter bemerkte, daß Z stärker ausfällt, wenn man den Sauerstoffpol mit einer mit Zink versehenen feuchten Hand, und den entgegengesetzten Pol mit einer mit Silber oder Platin armirten feuchten Hand schließt, als wenn das Gegentheil geschieht. Auch zeigt sich (diesem Beobachter gemäß) beim Schließen der S ein relativer Gegensatz, sowohl hinsichtlich des Gefühls als auch des im Ohre entstehenden Geräusches, wenn man mit dem einen oder dem andern Pole schließt.

§. 1168.

Hat man an dem mit dem einen Pole in Berührung stehenden Theile eine Hautwunde, so verspürt man, während des Geschlossenseins der S eine schmerzhafte Empfindung. Werden mehrere Personen, wie in §. 1060 Nr. IV., in eine Reihe gestellt; und bringt die erste ihre benetzte Hand mit dem einen und die andere ihre feuchte Hand mit dem entgegengesetzten Pole der S in Verbindung, so verspüren alle den Z in einer Stärke, welche bei der Verbindung weniger Personen sich fast gleich bleibt, bei mehreren aber im Verhältnisse der Zahl der Personen (wegen der Verlängerung der feuchten Zwischenleitung) abnimmt.

§. 1169.

Läßt man Z durch die Ohren gehen, so empfindet man ein Brausen*); doch ist dieser Versuch bei einer starken S sehr gefährlich. Wenn man aber den einen Pol mit der Hand und den andern mit dem Ohre verbindet, so ist die Empfindung nicht so unangenehm. Man hat diese Wirkung auf das Gehörorgan bei harthörigen und selbst bei taubstummen Personen theils mit und theils ohne Erfolg angewandt.

§. 1170.

Man empfindet einen Geschmack, wenn die eine Hand den Verbindungsdraht des einen Poles hält, während die Zungenspitze den andern Pol berührt. Auch ergiebt sich dieselbe Empfindung, wenn man den einen Pol mit einem beliebigen Theile des Kopfes verbindet, und den andern mit der Hand berührt. Die Zunge erleidet am Zinkpole (abgesehen von dem zugleich empfundenen Schlage) einen sauren Geschmack, welcher, während der Schließung der S anhält, mit der Trennung aber in einen bittern alkalischen übergeht. Der Kupferpol giebt bei und während der Schließung den alkalischen und erst bei der Trennung den sauren Geschmack. Bei sehr starker Wirkung wurde auch hier schon während der Schließung ein Uebergang in den Gegensatz bemerkt. Am positiven Pole hat man das Gefühl der Wärme, am negativen das der Kälte; und man bemerkt bei der Trennung, daß die Wärme in Kälte und umgekehrt übergeht. Auch soll bei einer sehr stark wirkenden S diese Umkehrung schon während des Geschlossenseins der Kette erfolgen.

Anmerkung. Für die Geschmackserregung ist die Wirkung einer großen S zu heftig. Auch wird die Geschmacksempfindung viel merklicher, wenn der Zink die Zunge an einem kleinen Theile, das Kupfer oder Silber aber an einem großen Theile ihrer Oberfläche berührt, als wenn das Gegentheil geschieht.

---

*) Vergl. §. 1167 Anmerk.

§. 1171.

Wenn man den Leitungsdraht des einen Pols mit der befeuchteten Hand und den des andern mit einer benetzten Stelle des Gesichtes berührt, so stellt sich eine blitzähnliche Lichterscheinung dar. Letztere ist aber nur subjectiv, d. h. wird nur von dem Menschen, welcher die S schließt, bemerkt. Auch ergiebt sich dieselbe, wenn man den einen Pol mit der feuchten Hand verbindet und mit dem Leitungsdrahte des andern die Stirne berührt; und die Empfindung ist (bei großer Schmerzhaftigkeit) am Stärksten, wenn ein Stück Metall (etwa eine silberne Münze) mit den Zähnen gehalten und S damit geschlossen wird.

Wenn man einen mit dem Kupferpole verbundenen eisernen Draht in das Nasenloch so tief als möglich steckt, und S alsdann schließt, so wird eine schmerzhafte Empfindung in der Nase und ein Reiz zum Niesen verspürt.

§. 1172.

Befeuchtete muskulöse Theile ziehen sich augenblicklich zusammen, wenn man die Pole der S durch sie verbindet. Auch ist jeder mittelst der S erhaltene Schlag mit einer Zuckung verbunden, welche stärker als die in §. 1125 erwähnte sich zeigt.

Wenn man z. B. eine frische Ochsenzunge mittelst eines eisernen Nagels auf dem Tische befestigt, und alsdann S mit derselben schließt, so zieht sie sich so gewaltsam zusammen, daß der Nagel aus dem Tische gerissen wird.

Anmerkung. Nach Erman's *) Angabe ist nicht allein die Schließungs- sondern auch die Trennungszuckung mit einer Volumverminderung des Muskels begleitet, während letzterer beim Geschlossensein der S das nämliche Volumen wie im ungereizten Zustande besitzt.

---

*) Paul Erman, geb. 1764, Professor der Physik zu Berlin.

Zweiundzwanzigste Abtheilung.

Von der trockenen Säule und den daran stattfindenden Erscheinungen.

§. 1173.

Da bei der Volta'schen S die mit den feuchten Leitern in Verbindung stehenden Metallflächen schnell und stark oxydiren, hierdurch die Wirksamkeit der S bald vernichtet und auch die Reinigung der Platten äußerst mühsam wird, so hat man Säulen aus bloßen trockenen Stoffen zusammengesetzt, und dieselben trockene oder Zambonische Säulen, oder elektrische Säulen im engern Sinne genannt. Bei der trockenen Säule T werden meist zwei verschiedenartige trockene Leiter (z. B. zwei Metalle) zu Erregern gebraucht, zwischen den einzelnen Paaren derselben trockene Halbleiter (auch wohl Nichtleiter) angebracht, und die Schichten der letztern so dünn als möglich gemacht. So erhält man z. B. T aus übereinander geschichteten Doppelscheiben von zusammengeleimtem unächtem Gold- und Silberpapier (d. h. von Kupfer- und Zinkpapier); auch entsteht T dadurch, daß man Scheiben aus unächtem Gold- und Silberpapier schneidet, sie so übereinander schichtet, daß stets eine Silberfläche einer Goldfläche gegenüber liegt, und dann die Scheiben durch einen Druck *) in einige Berührung mit einander bringt. Oft ist es zweckmäßig sie in eine luftdicht zu verkittende Glasröhre einzuschließen, welche an ihren Enden mit metallenen Kappen verschlossen wird, die mit den Polarplatten der T in Verbindung stehen, und von welchen Drähte oder Platten ausgehen, worauf die E der Pole übergehn und so nach Außen thätig sein kann. Um recht merkliche Wirkungen zu erhalten, muß man wenigstens 800 — 1000 Scheibenpaare zu T verwenden, die übrigens nicht zu groß (und gewöhnlich 2 — 3 Zoll im Durchmesser) genommen werden dürfen. Auch ist es vortheilhaft, die Scheiben vor dem Aufbaue in der Ofenwärme zu trocknen, u. s. w.

Anmerkung 1. Man bemerke, daß eine nach v. §. construirte und aus 800 — 1000 Scheiben bestehende T selbst am Tage kleine sichtbare Funken erzeugt. Auch merke man sich:

*) Indem man sie etwa mittelst überfirnißter Seidenfäden zusammenschnürt.

1) daß T die Zambonische Säule heißt, weil der Professor Zamboni zu Verona einen solchen Apparat im Jahre 1814 verfertigt hat, (obgleich ähnliche Einrichtungen schon früher von Marechaux, Behrens, Deluc*) u. s. w. versucht worden waren);

2) daß man T die elektrische Säule im engern Sinne nennt, weil sie die elektrischen Erscheinungen besonders deutlich und die chemischen nur in unmerklichem Grade erzeugt; und daß

3) T von verschiedenen Physikern auf verschiedene Weise construirt worden ist. So verfertigte z. B. Jäger die T aus Glasscheiben, deren entgegengesetzte Seiten mit Kupfer und Zink beleget waren. Bohnenberger verfertigte T aus Scheiben von gewalztem Zink und Kupfer, und nahm zum Zwischenkörper sogenanntes Seidenpapier das mit Leinöl getränkt und in der Hitze getrocknet wurde. Biot machte endlich T aus Kupfer und Zink mit dazwischen gelegten Scheiben von geschmolzenem Salpeter, u. s. w.

Anmerkung 2. Der Vollständigkeit wegen bemerke man noch: daß, außer den Volta'schen und Zambonischen, auch Säulen a) aus zwei feuchten und einem trockenen, oder b) aus einem feuchten und einem trockenen Leiter construirt worden sind**). Eben so fand Becquerel: daß c) aus der Verbindung zweier Flüssigkeiten (nämlich des Kali mit der Salpetersäure) ein schwacher galvanischer Strom sich erzeugt.

---

*) Deluc construirte nämlich schon 1804 eine trockene Säule aus Silberpapier und Zink.

**) In Bezug auf Nr. a) ergiebt sich. Bringt man z. B. das Kupfer K mit zwei Flüssigkeiten, nämlich mit einer concentrirten Säure C und einem concentrirten Alkali A, auf folgende Weise in Verbindung,

⋮
A
C
K
A
C
K

so wird K, in Berührung mit C positiv und mit A negativ elektrisirt, und es geht hierdurch eine fortdauernde Entladung, sowohl zwischen dem K und den beiden Flüssigkeiten, als zwischen diesen selber hervor. Doch findet sich, daß eine solche Vorrichtung durch Vermischung von C und A, sehr bald ihre Wirksamkeit verliert.

In Bezug auf Nr. b) bemerke man, daß ein von Zamboni angegebner kleiner Trogapparat, aus dem Wasser W und einem einzigen Metalle besteht, und eine sehr merkliche elektrische Wirksamkeit besitzt. Man stellt z. B. 50 Stück Uhrgläser neben einander, legt auf den Boden eines jeden eine runde Staniolscheibe, wovon ein schmales Staniolstreifchen ausgeht, welches in das nächste Glas übergebogen werden kann, gießt destillirtes W in die Gläser, und ordnet diese so, daß die Staniolstreifen nach einer Richtung gekehrt sind, und die Gläser unter einander verbinden. Das letzte Glas zeigt mit Hülfe des Condensators sehr deutliche Spuren von elektrischer Ladung, und zwar so, daß die breitere Staniolscheibe dem positiven, und der schmälere Streifen dem negativen Metalle entspricht. Zamboni fand, daß wenn man etwas Kochsalz in dem dazu gebrauchten W auflöst, die entladene E schneller wieder hergestellt wird, aber schwächer ist; und daß endlich bei Anwendung starker Auflösungen gar keine E entsteht.

§. 1174.

Aus den mit T angestellten Versuchen hat sich ergeben:

1) Die beiden Pole der T zeigen entgegengesetzte Elektricitäten von gleich großer Intensität J. Ist aber der eine Pol leitend mit dem Erdboden verbunden, so wird die E des andern auf's Doppelte erhöht.

2) Die J der E ist der Anzahl der Plattenpaare proportional.

3) Die Größe der Platten ist bei der Ladung X ohne Einfluß; obgleich eine mit größern Scheiben versehene T dem Elektrometer in kürzerer Zeit ihre J mittheilt und auch schneller eine Verstärkungsflasche ladet.

4) T ladet überhaupt sich und die mit ihr verbundene elektrische Verstärkung nach und nach; und braucht dazu manchmal eine bedeutende Zeit.

5) T bringt (nach §. 1173 Anmerk. 1) die chemischen Wirkungen nicht leicht hervor, weil die nassen Leiter womit (um dergleichen Wirkungen zu erhalten) T geschlossen wird, die E geschwinder abführen, als durch T wieder eine neue X entsteht; so daß T schneller entladen als wieder geladen wird.

Anmerkung. Man bemerke, daß die Wirkung der hinlänglich verwahrten T Monate, ja sogar Jahre lang dauern kann. Auch übersehe man nicht, daß bei der Volta'schen S kein Unterschied in der Zeit der X je nach der Größe der angewandten Plattenpaare sich zeigt; und daß derselbe wahrscheinlich deshalb nicht beobachtbar ist, weil hier X sowohl beim Elektrometer als bei der Verstärkungsflasche so schnell geschieht, daß sie uns als im Augenblicke vollendet erscheint.

§. 1175.

Man hat gefunden, daß, außer der Größe der Platten, auch die Leitungsgüte des Zwischenleiters einen Einfluß auf die Zeit der X ausübt. Denn sind die Erreger der T durch Papier von einander getrennt, welches mit thierischem Leim bestrichen oder damit getränkt worden ist, so vermindert sich die Geschwindigkeit der X durch das Austrocknen in der Wärme, und vergrößert sich durch die Feuchtigkeit F. Besteht der Zwischenkörper aus einer harzigen Substanz; so ladet sich T desto geschwinder, je mehr sie erwärmt wird; und wenigstens findet dies bei den Wärmegraden unter dem Siedepunkte des Wassers statt. Auch ergiebt sich, daß F durch anhaltende Erhitzung möglichst entfernt, und der Hinzutritt neuer F durch einen harzigen Ueberzug verhindert werden kann.

Anmerkung. Bohnenberger hat sehr schätzbare Versuche über T angestellt.

§. 1176.

Man hat T zur Erfindung eines höchst sichern und empfindlichen Elektrometers auf folgende Weise benutzt. Von dem metallenen Deckel D eines cylindrischen Glases hängt in der Mitte ein schmaler etliche Zoll langer Streifen von geschlagenem Blattgolde; und zu seinen beiden Seiten sind an D zwei kleine in Glasröhren eingeschlossene trockene Säulen von derselben Länge befestigt, wovon die eine den Zinkpol und die andere den Kupferpol am untern Ende hat. Theilt man aber nun dem D entweder +E oder —E mit, so wird das Goldblättchen im erstern Falle vom Kupferpol und im andern vom Zinkpol angezogen. Auch behält das Instrument Jahrelang seine Wirksamkeit, wenn die Säulen sorgfältig gearbeitet sind.

§. 1177.

Wenn man zwei elektrische Säulen einige Zoll weit auseinander stellt und zwar so, daß die eine ihren positiven und die andere ihren negativen Pol am obern Ende besitzt, so muß ein leicht bewegliches isolirtes leitendes Körperchen zwischen beiden Polen oscilliren, weil es von ihnen abwechselnd angezogen, elektrisirt, und dann wieder abgestoßen wird.

Zamboni hat hierauf die in Fig. 212 angegebene Vorrichtung gegründet. Es bezeichnen nämlich darin R und V Glasröhren, wovon die erstere eine trockene Säule T und die andere eine trockene Säule U von 1000 — 2000 Scheiben enthält. Der messingene Knopf M ist mit dem positiven Pole der T und der andere N mit dem negativen Pole der U leitend verbunden; und sw bezeichnet eine leichte, isolirte, sehr bewegliche messingene Nadel, deren Drehungspunkt nur etwas über dem Schwerpunkte der Axe sich befindet. Sie schwingt zwischen M und N und zwar am Besten, wenn der Ring s isoliret ist, und also allein die E der Pole bekommt. Läßt man (Fig. 213) die freien Pole in Glöckchen auslaufen und bringt ein leichtes an einem Faden von roher Seide hängendes Kügelchen zwischen dieselben, so wird eine Art Glockenspiel erzeugt. Die freien Pole der T und U sind hier nach unten gekehrt, und die obern mittelst eines Metalldrahtes verbunden, so daß das Ganze nur eine und dieselbe Säule darstellt.

§. 1178.

Zamboni fand, daß auch aus zwei Elementen eine wirksame Säule errichtet werden kann. Er schichtete nämlich bloßes Silberpapier mit den Metallflächen nach einerlei Richtung übereinander; und erhielt eine elektrische Säule, die sich auf ähnliche Weise wie die gewöhnliche aus drei Elementen verhielt. Noch besser zeigten sich aber die elektrischen Erscheinungen an dem Becherapparate, in welchem die Gefäße durch Streifen von bloßem Zinn oder Zink verbunden waren. — Doch mußten letztere an dem einen Ende beträchtlich breiter als an dem andern sein, so daß eben dieser Unterschied in der Größe der Berührungsflächen den elektrischen Zustand hervorbrachte, u. s. w. — Die hier erwähnte Säule wird aber die zweigliedrige trockene Säule genannt.

Anmerkung 1. Zamboni setzte eine aus 20 kleinen Vierecken bestehende zweigliedrige Säule Z aus bloßem Silberpapier zusammen, so daß die Metallflächen alle nach unten gekehret waren; und berührte das obere Ende der Z mit der Collectorplatte eines guten Condensators, während das untere Ende mit dem Erdboden in Verbindung stand. Nach etwa $\frac{1}{2}$ Minute entstand am Elektrometer eine Divergenz (durch + E) von etwa $\frac{1}{2}$ Zoll; und diese wurde desto bedeutender, je mehr Scheiben hinzugefügt waren. Zamboni fand das elektrische Verhältniß der Z sehr abwechselnd. So zeigte sich z. B.

1) Z am Morgen kräftig und am Abend unkräftig;

so schien 2) feuchte oder trockene Luft die eine Säule zu beleben, und die andere zu ertödten;

so kehrte 3) in mancher Z die elektrische Polarität sich dergestalt um, daß die Papiersäule — E erhielt, u. s. w.

Nach Zamboni's Angabe fällt die positive Seite der Z stets nach dem Punkte hin, wo das Metall in einer größern Anzahl von Punkten von Feuchtigkeit berühret wird, so daß, je nachdem sich mehr Feuchtigkeit an der belegten oder unbelegten Fläche des Papiers befand, der positive Pol nach der einen oder der andern Seite fiel.

Anmerkung 2. Nach Erman's Versuchen ist die Intensität der Wirksamkeit nicht der absoluten Größe der Oberflächen proportional, während die Dauer der Wirkung nach derselben sich zu richten scheint.

§. 1179.

Man weiß, daß ein unvollkommener Leiter (der übrigens beide Elektricitäten leiten kann) z. B. ein angefeuchteter Papierstreifen, wenn durch ihn die Säule geschlossen wird, am Plus-Pole +E und am Minus-Pole —E erhält. Nimmt man aber nun den Streifen mittelst eines Glasstabes weg, so stellt sich das elektrische Gleichgewicht nicht sogleich wieder her, und er behält eine Zeit lang diese +E und —E. Hierauf beruht aber die Erscheinung der sogenannten secundären oder Ladungssäule von Ritter, welche aus Kupferplatten mit dazwischen gelegten nassen Papierscheiben besteht. Sie ist an und für sich unwirksam; wird aber das eine Ende derselben mit dem Plus-Pole und das andere mit dem Minus-Pole der Volta'schen S leitend verbunden, so zeigt sie, nachdem man diese Verbindung wieder aufgehoben hat, auch zwei differente Pole mit +E und —E, d. h. sie ist geladen. Diese Säule wirkt, bei gehöriger Menge von Schichtungen auf das Elektrometer, zersetzt das Wasser, und bringt Geschmacksempfindungen und Erschütterungen hervor. Werden ihre Pole durch einen vollkommenen Leiter verbunden, so wird sie nach und nach durch wiederholte Berührungen entladen.

Dreiundzwanzigste Abtheilung.

Von der Theorie der Volta'schen Säule, u. s. w.

§. 1180.

Nachdem die Wirkungen der S angegeben worden sind, ist es wichtig zu erfahren, wie der elektrische Zustand in S entsteht, und weshalb die Größe mancher Wirkungen von der Anzahl der Plattenpaare u. s. w. abhängig ist?

Unter den vielen hierher gehörigen Theorien ist die Volta'sche am Allgemeinsten angenommen; und sie wird dieserhalb in §. 1182 bis 1185 folgendermaßen auseinander gesetzt.

§. 1181.

Manche Physiker betrachten den zwischen den festen und flüssigen Erregern stattfindenden chemischen Proceß als die eigentliche

Quelle der in S wirksamen E; andere leiten zwar die Erregung der E von der bloßen Berührung der Körper und insbesondere der Metalle unter einander ab, halten aber die Fortdauer dieser Erregung als wesentlich geknüpft an den chemischen Proceß; und noch andere setzen das Wesen des Galvanismus in die Combination eines ganz eigenthümlichen chemischen Processes mit der elektromotorischen Wirkung der Körper und insbesondere der Metalle auf einander. Als Repräsentant der ersten Ansicht ist Ritter, als derjenige der zweiten Davy, und als der der dritten Dr. Jäger anzusehen.

Anmerkung 1. In Bezug auf das in diesem §. Gesagte bemerkt Faraday:

Die E der S ist sowohl ihrem Ursprunge als ihrer Fortdauer nach nicht abhängig von der gegenseitigen Berührung der Metalle; sondern kommt gänzlich von chemischer Wirkung her; und ist in ihrer Intensität proportional den zu ihrer Erzeugung beitragenden Verwandtschaften, sowie ihrer Menge nach, der Menge von Substanz, welche während ihrer Entwickelung sich chemisch thätig erweist. Wie aber nun die Erzeugung der Volta'schen E ein Fall von chemischer Thätigkeit ist, so ist auch die Zersetzung durch dieselbe ein bloßer Fall von dem Uebergewichte, welches eine Gruppe von kräftigern chemischen Verwandtschaften über eine andere Gruppe von schwächern besitzt.

Alle diese Thatsachen zeigen aber nun: daß die Kraft, welche man gewöhnlich chemische Verwandtschaft nennt, durch Metalle und gewisse Kohlenarten in der Entfernung mitgetheilt werden kann; daß der elektrische Strom nur eine andere Form der chemischen Verwandtschaftskräfte ist; daß seine Kraft der ihn erzeugenden chemischen Verwandtschaft proportional sich zeigt; daß, wenn er Mangel an Kraft leidet, ihm durch chemische Kraft aufzuhelfen ist; daß der Mangel der erstern durch eine gewisse Quantität der letztern ersetzt werden kann; und daß also überhaupt chemische Verwandtschaft und Elektricität Eins und Dasselbe bedeuten.

Anmerkung 2. Man bemerke, daß Volta die in S hervortretende E für die Grundursache der galvanischen Erscheinungen hielt.

§. 1182.

Aus §. 1126 geht hervor, daß zwei mit einander in Berührung gebrachte Platten von verschiedenen Erregern (z. B. von zwei Metallen) entgegengesetzt elektrisirt werden, d. h. daß die eine +E und die andere —E erhält. Bei jedem Plattenpaare von zwei bestimmten Erregern (z. B. von Zink und Kupfer) besitzen aber diese Elektricitäten dieselben Intensitäten, weil die wirksamen Kräfte in jedem Falle die nämlichen sind. Die eben erwähnten Intensitäten lassen sich aber durch $+1$ und -1 bezeichnen, weil jede Größe (um eine größere oder kleinere damit zu vergleichen) als Einheit genommen werden kann. Man kann also sagen, wenn eine Kupfer- und Zinkplatte sich berühren, so wirken sie so aufeinander, daß die Differenz ihrer Elektricitäten $= 2$ ist, mögen die letztern von der einen oder der andern im v. §. erwähnten Ursachen herrühren. Will man aber (was gewöhnlich geschieht) die Differenz der Elektricitäten nicht durch 2 sondern durch 1 bezeichnen, so wird die E der Zinkplatte $= + \frac{1}{2}$ und die der Kupferplatte $= - \frac{1}{2}$ gesetzt.

Anmerkung 1. Um die Betrachtungen nicht durch Nebenrücksichten zu erschweren, wird der zwischen die Erregerpaare gebrachte feuchte Körper F als vollkommen leitend, und nicht als erregend angenommen, obgleich er in der Wirklichkeit diese Eigenschaftrn nicht besitzt. Doch ist (nach §. 1138 Anmerkung) ein schlechteres oder besseres Leitungsvermögen des F auf den endlichen Zustand, den die Glieder der S annehmen, ohne Einfluß; und modificirt blos die Zeit, worin dieser Zustand erfolgt, indem er die Bewegung der E mehr oder weniger verzögert.

Anmerkung 2. Wird S aus Eisen und Kupfer mit gewöhnlichen Salz- oder Säureauflösungen (wie früherhin) geschichtet, so folgt aus dem elektromotorischen Verhältnisse des Eisens zum Kupfer, daß ersteres den positiven und letzteres den negativen Pol der S ausmacht. Schichtet man aber S, statt mit einer der erwähnten Auflösungen, mit concentrirter Schwefelauflösung, so wird der Plus-Pol auf die Seite des Kupfers und der Minus-Pol auf die des Eisens treten. Auch entsteht dasselbe, wenn man statt Kupfer Silber, und statt Eisen Wismuth *) nimmt. Bei diesen Versuchen werden jedoch die Oberflächen der Metalle verändert; und es ergiebt sich: daß die Flüssigkeiten die Pole der S nur in so ferne umzukehren vermögen, als sie die Metalle derselben dergestalt verändern, daß diese Umkehrung von dem hierdurch zugleich veränderten elektromotorischen Verhältnisse der Metalle gegen einander abhängig gemacht werden kann. Hieraus folgt aber, daß man in den nächsten §§. keine elektromotorische Wirkung der Flüssigkeiten auf die Metalle anzunehmen braucht.

Anmerkung 3. Volta hat die an S stattfindenden Erscheinungen durch die Franklin'sche Hypothese erklärt, und dabei angenommen, daß 1) der Kupferpol, 2) der Zinkpol, und 3) kein Pol mit der Erde verbunden ist.

---

*) Das Wismuth oder Aschblei ist in der Natur nicht sehr häufig, theils mit Schwefel u. s. w. verbunden, und auch als Oxyd enthalten. Es ist weißröthlich, krystallisirt in Würfeln und Oktaedern, hat ein blätteriges Gefüge, ist spröde, läßt sich pülvern, ist mäßig glänzend und hart, wenig klingend, hat ein specifisches Gewicht von 9,822, und verflüchtigt sich in der Weißglühhitze, u. s. w.

§. 1183.

Ist I. der Kupferpol k mit der Erde verbunden und der Zinkpol z isolirt, so nehme man (in Fig. 214) zuerst das Plattenpaar k' z', dessen Kupferplatte (nach v. §.) die Elektricität — $\frac{1}{2}$, dessen Zinkplatte die + $\frac{1}{2}$ besitzt, und wobei die Kupferseite mit dem Erdboden B in leitender Verbindung steht. Nun wird aber, durch die Einwirkung des B, jene — $\frac{1}{2}$ zu o E; und z' muß, damit die elektrische Differenz 1 stattfinde, die Elektricität + 1 erhalten. Legt man jetzt auf z' den feuchten Leiter f, und auf diesen die Kupferplatte k'', so bekommt k'' (da f als bloser Leiter wirkt) ebenfalls + 1 aus B, weil z' dasjenige, was sie dem f und der k'' mittheilt, aus B durch k' erhält. Wird nun z'' auf k'' gebracht, so muß zwischen diesen Platten die elektrische Differenz 1 stattfinden; und da k'' schon + 1 hat, so wird z'' = + 2, aus B durch k' z' fk'' erhalten, so daß der in k' z' f k' stattfindende Zustand unverändert bleibt. Bringt man ferner auf z'' den f' und darauf das Plattenpaar k''' z''', so wird an k''' dieselbe E wie an z'', nämlich + 2 stattfinden; und da die Differenz der zwischen k''' und z''' thätigen Elektricitäten = 1 sein muß, so wird in z''' die Elektricität + 3 entstehen, u. s. w. u. s. w.

Ist II. der Zinkpol z mit der Erde verbunden und der Kupferpol k isolirt, so verwandle man in Nr. I. die Zeichen + in — u. s. w.; und es wird alsdann die in Fig. 215 angegebene Säule erzeugt.

Sind III. z und k isolirt, so nehme man (in Fig. 216) zwei neben einander stehende nicht isolirte Säulen an, stelle jede derselben auf einen nicht leitenden Träger dergestalt, daß die eine den K, die andere den z unten hat; und setze K und z mittelst der Metallketten L und l mit B in Verbindung. Nun haben aber K und z = o E; und in der einen Säule nimmt die + E gegen Z, und in der andern die — E gegen k hin zu. Verbindet man jetzt K und z durch den feuchten Leiter F, so bleibt der elektrische Zustand der Säule unverändert, weil die o E in der einen Säule die in der andern stattfindende nicht aufheben kann. Denkt man sich aber nun die zu B führenden Ketten in demselben Augenblicke weggenommen, so sind beide Säulen isolirt und stellen nur eine einzige (in Fig.

217 angegebene) Säule dar, welche in der Mitte o E enthält, und worin von letzterer aus die + E gegen den einen, und die — E gegen den andern Pol hin wächst, u. s. w.

Anmerkung 1. In Nr. III. müssen die elektrischen Capacitäten (oder Ableitungsgrößen) beider Pole gleich sein, und zugleich die in S vorhandenen Plattenpaare gleiche Größen oder vielmehr gleiche elektrische Capacitäten besitzen. —

Anmerkung 2. Soll S aus einer ungeraden Anzahl, etwa aus 3 Plattenpaaren bestehen, so füge man dem isolirten $k'' z''$ (dessen elektrischer Zustand $+\frac{1}{2}$ und $-\frac{1}{2}$ ist) unten und oben zugleich ein isolirtes gleiches, also mit denselben Elektricitäten versehenes Plattenpaar, mittelst feuchter Leiter an; und es muß, damit in jedem Paare die Differenz der Elektricitäten = 1 sei, folgender Zustand in S entstehen:

$$\begin{array}{l} \vdots \\ z''' = +\frac{3}{2} \\ k''' = +\frac{1}{2} \\ f \\ z'' = +\frac{1}{2} \\ k'' = -\frac{1}{2} \\ f \\ z' = -\frac{1}{2} \\ k' = -\frac{3}{2} \\ \vdots \end{array}$$

Auf dieselbe Weise wird aber der elektrische Zustand einer beliebigen größern, aus einer ungeraden Anzahl Plattenpaaren bestehenden, S bestimmt; doch ist hier, wie bei jeder isolirten S, die Summe aller Elektricitäten = Null.

Anmerkung 3. Aus gegenw. §. geht hervor, daß eine ohne feuchten Zwischenleiter construirte S keine größere Wirkung als ein einzelnes Plattenpaar erzeugt.

Anmerkung 4. Die Ladung der S haben Mehrere nicht aus einer Mittheilung (d. h. aus einer Strömung der elektrischen Materie) sondern aus einer Vertheilung der elektrischen Zustände erklärt; und **Jäger** hielt S für ein System von Condensatoren, wovon ein Jeder aus zwei sich ladenden Platten besteht.

§. 1184.

Aus v. §. geht hervor:

1) **Die nicht isolirte S hat in ihrer ganzen Länge nur eine und dieselbe Art von E, welche von dem abgeleiteten Pole an, wo sie = Null ist, bis zum andern Pole wächst.**

2) **Die an beiden Polen isolirte S hat beiderlei Arten von E, die in der Mitte = Null sind, und nach beiden Polen hin in gleichem Grade zunehmen.**

3) Die Intensität der E an jedem Pole der isolirten S, ist halb so groß, als die an dem isolirten Pole einer Säule, deren anderer Pol mit dem Erdboden in leitender Verbindung steht.

4) Die Intensität der E am positiven Pole ist gleich der am negativen, wenn nur die beiden Pole der S gleich gut isoliret sind.

§. 1185.

Aus v. §§. (und aus den früher angeführten Versuchen) geht hervor: daß die Intensität J der in S stattfindenden E mit der Anzahl der Plattenpaare wächst; und daß bei einer bestimmten J ein desto größeres Quantum elektrischer Thätigkeit sich zeigt, je größer die Fläche der Plattenpaare ist.

Hieraus folgt aber, daß diejenigen Wirkungen der S, welche mehr von J abhängen, mit der Anzahl der Plattenpaare zunehmen, und die, wobei es mehr auf das Quantum des Wirksamen als auf J ankommt, jene Zunahme mehr von der Vergrößerung der Plattenpaare bestimmt werden muß.

Anmerkung. Der Unterschied zwischen der Intensität J und der Quantität Q irgend einer Thätigkeit wird auf folgende Weise versinnlicht. Ist in zwei verschlossenen ungleich großen hohlen Kugeln zusammengedrückte Luft von gleicher Dichtigkeit, und also auch von gleicher Expansivkraft befindlich, so ist zwar die J des Wirksamen in beiden Kugeln gleich, nicht aber die Q, weil die Gesammtwirkung der in der größern Kugel Y vorhandenen Luft größer als in der kleinern y sich zeigt. Q könnte aber auch dann größer sein, wenn die in Y eingeschlossene Luft weniger zusammengedrückt, und also weniger dicht, als die in y befindliche wäre. Auf dieselbe Weise geht aber hervor, daß die Dichtigkeit der an der Oberfläche der Y haftenden freien elektrischen Materie M die Elektricitätsintensität der Y bestimmt. Haben also Y und y an ihren Oberflächen freie M von gleicher Dichtigkeit, so ist die J des elektrischen Zustandes bei beiden gleich; und die Q der M ist bei Y α mal so groß als bei y, wenn die Oberfläche der erstern α mal so groß als die der letztern sich zeigt.

§. 1186.

Manche Erscheinungen werden durch die bei der Berührung verschiedenartiger Stoffe entstandenen Elektricitäten erklärt.

So haben z. B. 1) Wein, Bier, u. s. w. einen andern Geschmack, wenn sie aus Metallgefäßen getrunken werden, als wenn man sich reiner gläserner Gefäße bedient.

2) In dem Innern der Erde befinden sich Schichten von verschiedenartigen Materien; und es können dieserhalb mannichfaltige Processe die Folge der dadurch erregten Elektricitäten sein.

3) In der Erde wird das elektrische Gleichgewicht unaufhörlich gestört, hergestellt und wieder gestört; auch sind vulkanische Ausbrüche, Erdbeben u. s. w. sehr häufig von elektrischen Erscheinungen begleitet. Könnten diese Naturbegebenheiten nicht die Folgen eines durch die (in Nr. 2 erwähnten) Schichtungen heterogener Stoffe mittelst des Hinzutrittes von Wasser herbeigeführten elektrischen Processes sein; und sollten, außer diesen auffallenden Erscheinungen, nicht auch andere ruhiger und stetig im Innern der Erde vorgehenden Veränderungen eine ähnliche Ursache besitzen?

Vierundzwanzigste Abtheilung.

Von der geschlossenen Kette oder Säule, von ihren einfachen elektromagnetischen Wirkungen; und von dem elektromagnetischen Multiplikator rc.

§. 1187.

Es ist bekannt, daß in der geschlossenen Kette oder Säule S, durch die Berührung heterogener Metalle und der dadurch entwickelten elektromotorischen Kraft, die E eben so gut, wie in der offenen Kette entsteht. Da aber die + E von der einen und die — E von der andern Seite durch den verbindenden feuchten Leiter F in einander überströmen, so würden sie sich ausgleichen und S im natürlichen Zustande zurücklassen, wenn nicht die fortwirkende elektromotorische Kraft, in dem Maße, als sich + E und — E neutralisiren, einen neuen Ersatz derselben hervorriefe. Diese neuen Elektricitäten strömen abermals nach entgegengesetzten Richtungen durch F in einander über, so daß, vermöge der stets sich erneuerten

Entwickelung eine beständige Strömung entgegengesetzter Elektricitäten von der Berührungsfläche aus durch S geschieht*). Die Grenze, wo die +E und —E in S sich ausgleichen, ist nicht bestimmt anzugeben; und man pflegt gewöhnlich zu sagen: daß sowohl die +E als auch die —E, von der Berührungsstelle aus, einen Kreis in entgegengesetzten Richtungen durchliefen, oder, daß die Ausgleichung an jeder Stelle der S erfolgte.

Um die Richtungen der entgegengesetzten Strömungen in der Kürze zu bezeichnen deutet man blos die der +E an; so daß man, wenn von der Richtung des Stromes in S schlechthin die Rede ist, stets die Richtung der +E versteht, wo natürlich —E die S in entgegengesetzter Richtung durchläuft.

Anmerkung 1. Um die Erscheinungen der geschlossenen S auf eine möglichst einfache Weise darzustellen, nimmt man die in S eingehenden Flüssigkeiten als vollkommene Elektricitätsleiter von einem Plattenpaare zum andern an; und bemerkt dabei, daß diese Ansicht späterhin einige Modificationen oder wenigstens Erläuterungen erfahren muß, um die Gesammtwirkung der Erscheinungen zu umfassen.

Anmerkung 2. Um rasch abwechselnde galvanische Schließungen und Trennungen zu bewirken, hat Neef einen Apparat erdacht und denselben das Blitzrad genannt.

§. 1188.

Für die einfache geschlossene S ergiebt sich:

1) Die Quantität der E, welche sich gleichförmig von der Berührungsoberfläche zweier Metalle aus verbreitet, bleibt unverändert, mögen letztere in viel oder wenig Punkten sich berühren **).

2) Ist S blos aus verschiedenen Metallen zusammengesetzt, so verhält sich die freie E ihrer Endglieder eben so, als wenn sie sich unmittelbar berührten; oder, als wenn die Zwischenglieder nicht vorhanden wären.

3) Da die entgegengesetzten Elektricitäten, bei ihrem Ausgleichungsbestreben, dem kürzesten und besten Leiter folgen, so ist es für die Wirkung der S im Allgemeinen ohne merklichen Einfluß, wenn man eins ihrer metallischen Glieder mit dem Finger berührt.

*) Vergl. §. 1132.

**) Vergl. §. 1138 Nr. III.

Hieraus folgt aber, daß für die Isolirung der S nicht ängstlich gesorgt werden darf*).

Anmerkung. Aus gegenw. §. geht hervor, daß (in §. 1129 Nr. c) für einen beliebigen Schließungsdraht stets dieselbe Richtung der Strömung sich ergiebt, als wenn Zink und Kupfer in unmittelbarer Berührung mit einander ständen.

§. 1189.

Die geschlossene zusammengesetzte S erzeugt eine Vervielfältigung des Stromes X, indem für jedes Element, die Gesammtheit der übrigen als schließender Leiter wirkt; also jedes für sich einen X nach derselben Richtung erzeugt, und diese, den nämlichen Kreis durchlaufenden Ströme zu einem einzigen sich zusammensetzen, der nach der Zahl der S bildenden Plattenpaare, eine 2=, 3=, 4= u. s. w. fache Stärke erhält. Man darf jedoch nicht als ausgemacht ansehen, daß die Stärke des X in geradem Verhältnisse mit der Zahl der Plattenpaare wächst, indem der verlängerte Weg, welchen der jedem einzelnen Plattenpaare entsprechende X durch die andern Paare in S durchläuft, die Intensität des X etwas schwächt. In der 27sten Abtheilung gegenw. Kapitels wird von diesen Umständen etwas ausführlicher gesprochen.

§. 1190.

Unter den Wirkungen, welche die durch die geschlossene S strömende E ausübt, ist noch Eine sehr bemerkenswerth, welche zwar im folgenden Kapitel nochmals vorkommt, aber jetzt schon erwähnt werden muß, weil sie zu einem Instrumente leitet, wodurch man nicht nur die empfindlichsten Anzeigen für die Gegenwart in Strömung versetzter E, sondern auch Aufschlüsse über eine Menge bei der einfachen und zusammengesetzten S in Betrachtung kommender Punkte erhält. Um aber das eben erwähnte Instrument zu erklären, ist (außer dem in §. 1071 Nr. (*) Gesagten) noch die vorläufige Bemerkung nöthig, daß die auf einem Stifte schwebende oder an einem feinen Faden hängende Magnetnadel Y, sobald man sie sich selbst überläßt, eine bestimmte Richtung annimmt, welche die Richtung des magnetischen Meridianes heißt; und

*) Vergl. §. 1134.

daß die Kraft, welche Y in dieser Richtung zu erhalten strebt, die magnetische Erdkraft oder der Erdmagnetismus genannt zu werden pflegt.

§. 1191.

Spannt man über oder unter der Magnetnadel Y, welche, vermöge der magnetischen Erdkraft, die Richtung des magnetischen Meridianes m angenommen hat, mit Y parallel den Verbindungsdraht oder einen sonstigen Theil der einfachen oder zusammengesetzten hinlänglich wirksamen geschlossenen S, so verläßt Y sofort ihre Richtung, und bildet nach einigen Schwingungen einen gewissen Winkel mit m.

Stellt nämlich (in Fig. 218) k einen Kupfer= und z einen daran gelötheten Zinkstreifen dar, deren beide nach abwärts gebogene Enden in Spiralen ausgehen, die in einander greifen, jedoch durch dazwischen gelegtes Holz oder Siegellack an metallischer Verbindung gehindert werden; sind ferner über k und z Spitzen befindlich, worauf Magnetnadeln schwebend angebracht werden können, ist auch ein Häkchen am obern Streifen befestigt, um unter demselben die Y an einem Coconfaden schwebend zu erhalten; und setzt man endlich die ganze Vorrichtung so auf eine Unterlage, daß die spiralförmige Endigung zur Seite herabreicht, und läßt diese Endigung in ein Gefäß mit verdünnter Säure tauchen, so erhält man eine geschlossene S, indem die von b ausgehenden Elektricitäten durch die Säure nach entgegengesetzten Richtungen den Kreis durchlaufen und der Strom die durch die Pfeile angedeutete Richtung erhält.

Die spiralförmige Endigung dient dazu, in einem kleinern Raume eine möglichst große Berührungsfläche der Metalle mit dem feuchten Leiter hervorzubringen, indem, wie die Erfahrung lehrt, hierdurch die Wirksamkeit der S sich erhöht. Auch wendet man hier eine verdünnte Säure an, weil sie ein viel besseres Leitungsvermögen als das Wasser besitzt.

§. 1192.

In Bezug auf v. §. bemerke man, daß der in Fig. 219 von Gilbert angegebene Apparat ebenfalls recht zweckmäßig eingerichtet ist.

Es bezeichnet nämlich darin 1) D einen (etwa 3 Zoll langen, ½ Zoll breiten und 4 Zoll hohen) kupfernen Kasten, dessen ebener Boden ringsum *) über die Seitenwände herausragt; und 2) AOC einen 3mal rechtwinklich gebogenen Zinkstreifen, welcher mit D so verbunden ist, daß man letztern auf ein Ende des horizontalen Theiles von AOC setzt, das andere vertikal abwärts gehende Ende des AOC in D selbst eintauchen läßt; und darauf sieht, daß AOC nicht irgendwo die Innenwand des D berührt, damit der Kreis blos durch die in D vorhandene Flüssigkeit geschlossen ist. Bei f und h befinden sich 3) Magnetnadeln, deren einzelne Längen schmäler als die Breite des AOC sein müssen, damit sie auch bei den größten Abweichungen noch ganz über AOC verbleiben.

§. 1193.

Setzt man den in Fig. 218 oder in Fig. 219 angegebenen Apparat in die Richtung des magnetischen Meridianes m, und zwar so, daß die Streifen, worauf die Nadeln sich befinden, mit der Richtung der letztern parallel laufen, so wird im Augenblicke der Schließung des Kreises eine mehr oder minder starke Ablenkung der Magnetnadel Y bemerkt. Diese Ablenkung wird aber durch eine, vom Schließungsbogen B ausgehende Kraft bewirkt, welche die Y senkrecht auf die Richtung des B oder des ihn durchlaufenden Stromes zu drehen strebt, und ihn genau in dieser Richtung drehen würde, wenn nicht die magnetische Erdkraft (indem sie Y im m zu erhalten strebt) ihr entgegenwirkte, so daß Y, durch diese beiden Kräfte zugleich getrieben, unter einem Winkel stehen bleibt, der zwischen m**) und der darauf senkrechten Richtung fällt, und sich letzterer um so mehr nähert, je größer die Wirksamkeit des elektrischen Stromes, im Verhältnisse zur magnetischen Erdkraft sich zeigt.

Anmerkung. Die in diesem §. gemachte Annahme einer von B ausgehenden und senkrecht auf ihn wirkenden Kraft, wird auf folgende Weise gerechtfertigt.

Stellt man den in Fig. 218 oder in Fig. 219 angegebenen Apparat dergestalt, daß seine Längenrichtung gleich anfangs auf m oder auf den darauf befindlichen Nadeln senkrecht steht, und daß die Pole der letztern nach der Seite des B liegen, wonach sie der Strom selbst zu drehen stre-

---

*) Ohngefähr ¼ Zoll weit.

**) Worin man den Strom laufend annimmt.

den würde, so übt letzterer keine ablenkende Wirkung darauf aus, welches nur unter der Bedingung möglich ist, daß diese Nadeln schon in der Richtung der wirkenden Kraft befindlich sind.

§. 1194.

Man bemerke, daß die im v. §. angegebene Einwirkung der Berührungselektricität auf Y der Elektromagnetismus heißt; und daß letzterer 1819 vom Professor Oerstedt in Koppenhagen entdeckt worden ist.

Auch hat die Erfahrung, in Bezug auf die im v. §. erwähnte Ablenkung der Y Folgendes gelehrt:

Wenn man sich einen Beobachter in der Richtung des Stromes X und zwar so liegend denkt, daß der positive Strom zu seinen Füßen ein- und zu seinem Kopfe austritt, und daß sein Gesicht der Y zugekehrt ist, so wird der Nordpol der Y jedesmal nach seiner linken Hand abgelenkt.

Bringt man aber diese Regel auf Fig. 219 in Anwendung, so folgt, daß die von X in entgegengesetzten Richtungen durchlaufenen Theile C und A des AOC, die über C und A bei f befindliche Y nach entgegengesetzten Richtungen und zwar so abzulenken streben, daß C, wegen der größern Nähe, das Uebergewicht behält; daß aber C und A sich in ihren Wirkungen auf die in h angebrachte Y unterstützen, indem sie dieselbe nach der nämlichen Richtung abzulenken streben.

§. 1195.

Aus v. §. ergiebt sich nun ein Mittel, die Wirkung eines und desselben Stromes X auf Y fast in's Unbestimmte zu vervielfachen, indem man nämlich, statt den Schließungsbogen blos einmal um Y im Kreise herumzuführen (wie in Fig. 219) diese Windungen öfters wiederholt, und darauf sieht, daß zwischen denselben (wie in Fig. 220) keine leitende Gemeinschaft besteht; daß man ferner in der Mitte dieser Windungen Y schwebend anbringt; an das Ende a des Schließungsdrahtes d die Kupferplatte k, an das Ende b desselben die Zinkplatte z befestigt, und k und z durch ein Gefäß mit leitendem Wasser oder durch eine feuchte Scheibe verbindet.

Da aber, nach §. 1188, (von welcher Materie auch d sein mag) die von k und z kommenden Elektricitäten dieselbe Beschaffenheit besitzen, als wenn k und z sich unmittelbar berührten, so hat man nur, nach ihrer Beschaffenheit, die Richtung des X zu bestimmen, der mithin, nach dem in §. 1187 Gesagten, von z aus durch die Flüssigkeit nach k geht, und von da den Windungen des d folgt, um den Kreis zu vollenden. X geht also an Y so oft vorbei, als d Windungen besitzt und seine Wirkung auf Y wird hierdurch im entsprechenden Maße vervielfältigt.

Anmerkung. Es ist leicht einzusehen, daß man d auch zur Verbindung der Pole einer zusammengesetzten S anwenden kann.

§. 1196.

Die im v. §. angegebene Vorrichtung wird auch als Galvanoskop oder als Galvanometer, d. h. als ein Mittel gebraucht, zu erfahren, ob zwei gegebene Substanzen durch ihre Berührung die E erzeugen oder nicht. Man hat demgemäß diese Substanzen durch d, innerhalb dessen Y aufgehangen ist, an einer Stelle in Verbindung gesetzt, und an einer andern durch einen feuchten Leiter zwischen ihnen geschlossen. Bringen sie durch ihre Berührung wirklich die E hervor, so wird dieselbe den geschlossenen Kreis durchlaufen, und auf Y (im Vorbeigehen) ihre ablenkende Wirkung äußern, selbst wenn sie nur von geringer Stärke ist. Aus der Richtung, wonach der Nordpol der Y abgelenkt wird, findet man (nach §. 1194) von welcher der beiden Substanzen die +E, und von welcher die —E ausströmt.

Anmerkung. Nach gegenw. §. wird die strömende E bei solchen Graden der Schwäche wahrnehmbar, wobei sie nur durch sehr empfindliche Froschpräparate entdeckt werden kann. Doch hat das Galvanoskop vor den letztern sehr große Vorzüge, indem es immer leicht vorräthig zu haben, und nicht von der veränderlichen Reizbarkeit eines organischen Individuums abhängig ist.

§. 1197.

Da Schweigger*) zuerst die in Fig. 220 erwähnte Vorrichtung kennen lehrte, so wird dieselbe der Schweigger'sche Multiplikator oder Galvanometer R genannt.

*) Johann Salomo Christoph Schweigger, geb. d. 8. April 1779 zu Halle.

In Bezug auf seine zweckmäßigste Einrichtung bemerke man Folgendes:

1) Die Windungen des d müssen von einander isoliret werden*), damit die E nicht von einer zur andern der Quere nach übergehen kann, weil dies ein wiederholtes Vorbeigehen bei Y verhindern würde.

2) Die Vervielfältigung der Windungen ist im Allgemeinen von Nutzen; doch hat dieselbe ihre Gränzen; weil a) bei sehr vielen Windungen die letzten zu weit von Y abstehen, um noch merkliche Wirkungen zu äußern; und b) jeder Leiter dem Strome einen um so größern Widerstand entgegensetzt, je länger und dünner er ist. Für die gewöhnlichsten Anwendungen ist es am Angemessensten den d 60 — 80 Mal um Y herum zu führen.

3) Es ist vortheilhaft die Windungen nicht alle in einer Vertikal-Ebene über und unter Y aufzuwickeln, sondern sie in einer gewissen Breite Rechts und Links von derselben zu vertheilen.

4) Um die Ausweichungen der Y zu messen, bringt man an R eine hierzu geeignete Kreiseintheilung an.

5) Es ist im Allgemeinen vortheilhaft, dem R beim Beobachten der durch ihn bewirkten Ablenkungen, die Stellung zu geben, wobei seine Windungen mit der Richtung der frei schwebenden Y parallel fortgehen, weil nur in dieser Lage die von d ausgehende und auf ihm senkrecht stehende Kraft in senkrechter Richtung auf Y wirken kann. Stellt man R anders, so wird sie nur mit dem Theile ihrer Intensität darauf wirken, welcher durch Zerlegung nach der auf Y senkrechten Richtung entsteht.

6) Da Y bei jedesmaliger Schließung erst über den Punkt ihres nachherigen Gleichgewichts (durch das Beharrungsvermögen) hinaus getrieben wird, so ergiebt sich ein Mittel, ihre Abweichungen (wenn sie nicht sehr merklich sind) zu vergrößern.

---

*) Etwa durch Umwickelung des d mit Seide, u. s. w.

Man hat nämlich die Kette in gehörigen, den Schwingungen der Y entsprechenden, Abwechselungen zu öffnen und zu schließen, indem man das eine Ende des d abwechselnd von der Platte trennt und wieder damit verbindet, oder, daß man die Platten, an den Drahtenden befestigt, in eine gemeinschaftliche Flüssigkeit taucht, und die eine abwechselnd herauszieht und wieder einsenkt. In diesem Falle wird der bei jeder neuen Schließung erhaltene Impuls sich zur Kraft der frühern Impulse addiren, und so die Ausweichungen der Y immer mehr vergrößern, ohne jedoch auf den endlichen Zustand des Gleichgewichts, wenn man die Kette zuletzt geschlossen läßt, einen Einfluß zu äußern.

Anmerkung. In Bezug auf R bemerke man noch Folgendes: Man bedeckt R mit einer Glasglocke G, um Y vor den Bewegungen der Luft zu schützen, läßt blos die beiden Enden des Verbindungsdrahtes unter G hervortreten, und dieselben in kleine mit dem Quecksilber Q gefüllte und auf dem Tische befestigte Glasgefäße tauchen. Um aber nun den durch irgend einen elektromotorischen Apparat entwickelten Strom durch R zu leiten, ist blos eine Verbindung zwischen den Polen dieses Apparates und Q einzuleiten.

§. 1198.

Da der in d befindliche Strom X die Y aus dem magnetischen Meridian abzulenken strebt, während die magnetische Erdkraft F sie dahin zurück zu führen sucht, so werden stärkere Ablenkungen durch R erhalten, wenn man die Wirkung der F so viel als möglich vermehrt. Dies geschieht aber dadurch, daß man (in Fig. 221) zwei Magnetnadeln sn und sn einander parallel an dem nämlichen Stifte und zwar so befestigt, daß der Südpol der einen unter dem Nordpole der andern sich befindet.

Sind aber nun sn und sn 1) gleich stark magnetisirt, so wird dies System, wenn es frei aufgehangen ist, so gut als gar keine Wirkung von F erfahren, weil letztere den Südpol der sn stets nach der entgegengesetzten Richtung als den Nordpol der sn zu drehen strebt, und diese Wirkungen sich wechselseitig aufheben; weil sn ohne sn nicht bewegt werden kann.

Sind 2) sn und sn nicht gleich stark magnetisirt, so wird die Wirkung der F auf die stärker magnetisirte überwiegend sein, aber auf das Gesammtsystem der sn und sn sich nur mit der Differenz der Stärke äußern, in der sie auf jede Nadel für sich gewirkt haben würde. Man kann dagegen sn und 𝔰𝔫, in Bezug auf die Windungen des R leicht so anordnen, daß die Wirkungen dieser Windungen auf sn und 𝔰𝔫 sich gegenseitig unterstützen, und also sn und 𝔰𝔫 innerhalb der Windungen anbringen, u. s. w.

Anmerkung 1. Bringt man auf sn und 𝔰𝔫 die in §. 1194 angegebene Regel in Anwendung, so findet man, daß X beide Nadeln nach gleicher Richtung ablenkt.

Anmerkung 2. Man bemerke, daß der in diesem §. erwähnte äußerst empfindliche Apparat zuerst von Nobili angegeben worden ist; und daß von Becquerel, Gauß, Hachette und Andern Verbesserungen an den Multiplikatoren versucht worden sind.

§. 1199.

Professor Erman in Berlin hat an gewissen Körpern eine Eigenschaft entdeckt, wonach der Uebergang von den metallischen Polen der Säule zu diesen Körpern, für die eine Art der E erschwerter als für die andere erscheint, so daß sie unter gewissen Umständen für +E isolirend wirken, während sie die —E abzuleiten vermögen, und umgekehrt. Nach den Eigenschaften, vorzugsweise die +E oder —E abzuleiten, hat Erman diese Art Leiter in positiv-Unipolarleiter und negativ-Unipolarleiter eingetheilt. Zu den erstern werden die Flammen aller wasserstoffreichen Körper, z. B. des Alcohols, der fetten und ätherischen Oele, des Wachses, Kamphers, der Harze u. s. w., und des Wasserstoffgases selber; und zu den letztern der ganz trockene Eiweißstoff, die ganz trockene alkalische Seife, und die Flamme des Phosphors gezählt. Es ist möglich, daß der ungleiche Uebergangswiderstand mit dem elektromotorischen Verhältnisse dieser Körper zu den Metallen in Beziehung steht, indem die elektromotorische Kraft selbst, die vorzugsweise die eine E auf den einen, und die andere auf den andern Körper überzutragen und darauf festzuhalten strebt, von einer andern Seite als Widerstand betrachtet werden kann, welcher in Wirkung tritt, wenn Elektricitäten nach einer, dieser Kraft entgegengesetzten Richtung zwischen den Körpern überzugehen sich bestreben.

Fünfundzwanzigste Abtheilung.

Von der thermoelektrischen Kette oder Säule.

§. 1200.

Bei den früher erwähnten Ketten oder Säulen war die Zwischenwirkung der Flüssigkeit F eine wesentliche Bedingung zur Erzeugung eines anhaltenden Stromes, indem bei einem aus zwei heterogenen Metallen, ohne Zwischenwirkung der F, gebildeten Bogen, der von einer Berührungsstelle B. herströmenden E auf jedem Metalle, stets eine gleich starke und gleichartige E von der andern B her entgegenströmen, durch ihre wechselseitige Abstoßung die fortgehende Strömung verhindern und einen Zustand des Gleichgewichts herbeiführen würde. Wäre man jedoch im Stande das elektrische Verhältniß der Metalle an der einen B so zu verändern, daß sie hier eine stärkere oder schwächere elektrische Wirkung als an der andern äußerten, so könnte ein solcher Gleichgewichtszustand nicht eintreten, sondern es müßte eine Strömung von derjenigen B aus erfolgen, wo die größere Wirkung sich zeigte.

Nach Seebecks Entdeckung wird aber dieser Erfolg erreicht, wenn man von einer aus zwei Metallen bestehenden geschlossenen Kette die eine B erhitzt, während man die andere erkältet oder auf gewöhnlicher Temperatur läßt; oder umgekehrt, wenn man die eine B im Verhältnisse zur andern erkältet.

Ketten dieser Art heißen **thermoelektrische** (auch **thermomagnetische**), während die andern Ketten, welche bei gleichförmiger Temperatur ihrer Erreger nur durch Zwischenwirkung der F Wirksamkeit erlangen, **hydroelektrische** genannt zu werden pflegen.

§. 1201.

Der **Seebecksche Fundamental-Versuch** wird auf **folgende Weise angestellt.** Man löthe (in Fig. 222) die Wismuthstange ab mit dem aus starkem Kupferbleche bestehenden gebogenen Streifen adcb zusammen; und berühre eine der gelötheten Stellen a oder b mit der Hand oder den Fingerspitzen. Die

Kette adcb erhält aber alsdann eine solche Kraft, daß eine zwischen dc und ab angebrachte Magnetnadel Y eine Abweichung von 10—15° erfährt. Diese Abweichungen steigen bis 50, 60, 70°, wenn man einige Augenblicke lang die Wärme der Flamme einer Spirituslampe auf a oder b wirken läßt; und je nachdem dies bei a oder b geschieht, giebt Y östliche oder westliche Abweichung an. Wird a mit Eis belegt, während b auf gewöhnliche Temperatur bleibt, und umgekehrt, so entsteht ebenfalls eine Abweichung der Y, auch ist dieselbe am Größten, wenn man die eine Löthstelle erhitzt, und die andere erkältet, u. s. w.

Anmerkung 1. Man bemerke, daß in allen vorgenannten Fällen die Ablenkung der Y nach der Richtung geschieht, als wenn die Erregung der E am kältern Berührungspunkte überwöge, oder von hier aus die Entwickelung der E vor sich ginge. Doch findet dies Resultat nicht bei allen andern Metallen statt, indem bei mehreren, wenn sie combinirt werden, die Strömung von der erwähnten Stelle aus geschieht.

Anmerkung 2. Wird die durch die Erwärmung der a entstandene Ablenkung der Y beobachtet, und nun auch b erwärmt, so vermindert sich dieselbe und kommt bei gleichmäßiger Erwärmung auf Null herab; zeigt sich aber wieder nach entgegengesetzter Richtung wenn b die Temperatur der a zu übersteigen beginnt. Hieraus folgt aber, daß nicht die Wärme an sich, sondern nur die Temperaturdifferenz der a und b als die Ursache der Strömung sich zeigt.

Anmerkung 3. Man bemerke, daß auch der Multiplikator die Wirkung des thermoelektrischen Stromes auf Y nachweist, wenn man ihn in die thermoelektrische Kette bringt, d. h. seine beiden Enden mit einem Wismuth- und Kupferstabe in Berührung setzt, und die eine Berührungsstelle mit der Weingeistflamme erhitzt, u. s. w. Auch hat Becquerel mit Hülfe des Multiplikators ermittelt, daß eine Ablenkung der Y selbst bei einem Bogen von einem einzigen Metalle erfolgt, wenn man denselben entweder an einem oder mehreren Punkten auf nicht symmetrische Weise erhitzt.

Anmerkung 4. Peletier fand, daß an der Löthstelle einer Wismuth- und Antimonstange *), durch den hindurchgehenden Strom, Kälte entstand, wenn er vom Wismuth zum Antimon ging; und Wärme erzeugt wurde, wenn seine Richtung die umgekehrte war.

*) Der Spießglanz- oder Spießglas-Metall oder Antimonium X kommt in der Natur nicht selten gediegen, mit Silber, Arsenik u. s. w. legirt, meist als Schwefelspießglanz mit anderen Schwefelmetallen verbunden vor; und wird gewöhnlich dadurch erhalten, daß man 1 Theil Eisenfeilspäne erhitzt, 2 Theile Schwefelspießglanz dazu setzt, die Mischung in einen bedeckten Tiegel fließen läßt, darauf $\frac{1}{3}$ Salpeter zufügt, noch einige Zeit lang ein heftiges Feuer unterhält, und alsdann X von den Schlacken absondert, u. s. w. X erscheint zinnweiß, sehr glänzend und spröde, läßt sich leicht pülvern, theilt nach dem Reiben den Fingern einen eigenen Geruch mit, hat ein blätteriges Gefüge, zeigt auf der Oberfläche sternförmig-strahlige Krystallisation und besitzt das specifische Gewicht 6,62—6,82.

§. 1202.

Zur Entstehung des thermoelektrischen Stromes X wird ein ununterbrochener Zusammenhang des Bogens erfordert, indem z. B. ein zwischen die Metalle am kalten Berührungspunkte geschobenes Blatt Papier, Goldschlägerhäutchen, oder eine mit Wasser benetzte Pappscheibe, alle Wirkungen vernichtet, und letztere, bei den durch Schmelzung mit einander verbundenen Metallen stärker als bei ihrer blosen äußerlichen Berührung sind. Die Gegenwart der Luft ist ohne Einfluß auf die Erregung des X; auch bleibt die Wirkung gleichgeartet, wenn, durch die Hitze der Berührungsstelle, eines der sich berührenden Metalle in Fluß geräth.

Man findet in der Regel, daß die Größe des X mit der Temperaturdifferenz zwischen a und b sich vermehrt. Doch steigt sie nicht gleichförmig mit der Temperatur, nimmt sogar bei manchen Metallen mit höherer Temperaturdifferenz wieder ab, wird endlich Null, um bei noch höherer Differenz in die entgegengesetzte Strömung überzugehen.

§. 1203.

Werden Wismuth= und Kupferstäbe in abwechselnder Folge erhitzt und erkältet, so gehen wirksame vielgliedrige thermoelektrische Ketten oder Säulen nach Art der Voltaschen Säule hervor. Eine zweckmäßige Einrichtung solcher zusammengesetzten Ketten (die man sich jedoch, um auf die Magnetnadel zu wirken, in sich zurücklaufend oder durch einen metallischen Leiter geschlossen denken muß) ist in Fig. 223 und in Fig. 224 dargestellt. Die in Fig. 223 angegebene Vorrichtung besteht aus kleinen abwechselnden Stäben von Wismuth und Antimon, wovon die erstern an ihren Enden mit Anhängen versehen sind, mittelst deren sie in Eis tauchen können, während die andern Verbindungsstellen durch das Lampenlicht Erhitzungen erfahren.

Die in Fig. 224 dargestellte Kette gewährt den Vortheil sich leicht zusammenbiegen zu lassen, und wenn sie gehörig gebogen ist, eine gemeinschaftliche Erhitzung aller abwechselnden Verbindungsstellen durch eine heiße Stange zuzulassen.

Anmerkung. Munke hat (in den neuesten Zeiten) sehr zweckmäßig construirte thermoelektrische Säulen (in Poggendorf's Annalen. Band XXXXVII. Stück 3. 1839. Nr. 7) angegeben.

§. 1204.

In Bezug auf die thermoelektrische Kette K bemerke man noch Folgendes:

1) **Die Wirksamkeit der K nimmt, bei derselben Länge, mit der Zahl ihrer Elemente zu.**

2) **Wenn jedes Element die nämliche Länge behält, mithin die Länge der K in demselben Grade zunimmt als die Zahl ihrer Elemente wächst, so bringt eine aus 2, 3, 4 oder n Elementen bestehende K, dieselbe Wirksamkeit wie eine eingliedrige Kette hervor.**

Anmerkung 1. Man bemerke, daß K, außer der magnetischen Wirkung, die andern in viel schwächerm Grade als die hydroelektrische Säule S erzeugt, und daß der Grund dieser geringern Wirksamkeit der K, unter Umständen, wo S sich sehr wirksam erweist, darin besteht, daß K den Verhältnissen ihrer Construktion zufolge durch Einbringung flüssiger Leiter oder dünner Drähte, die ihre Wirkung erfahren sollen, eine bedeutend größere Schwächung als S erfährt.

Anmerkung 2. Botto zu Turin bewirkte eine Zersetzung des Wassers, der Säuren und Salzanflösungen durch thermoelektrische Ströme, indem er K aus vielen Platin- und Eisendrähten zusammensetzte. Auch erzeugte Antinori in Florenz, mit Hülfe der K, einen glänzenden Funken, der selbst bei hellem Tageslichte noch sichtbar war.

Anmerkung 3. Der von Nobili und Melloni erfundene und verbesserte Thermo-Multiplikator ist eine Art Thermoskop, welcher zur Auffindung der schwächsten Wärmespuren dient, und schon in einer Entfernung von 25—30 Fuß durch die Wärme eines Menschen ergriffen wird. Er enthält hauptsächlich

1) eine thermoelektrische Säule; und

2) ein für thermoelektrische Ströme besonders eingerichteter Galvanometer mit 2 Nadeln.

Der erste dieser Apparate macht eigentlich den thermoskopischen Körper aus, während der zweite als bloßer Anzeiger dient. Durch die Wärme werden nämlich in jeder Säule Ströme erregt, die den Draht des Galvanometers durchlaufen, auf die Magnetnadel wirken, und sie, je nach der Stärke der Wärmequelle mehr oder weniger aus ihrem natürlichen Gleichgewichte ablenken.

Anmerkung 4. Durch den in v. Anm. erwähnten Thermomultiplikator wurde der von Davy ausgesprochene Satz: daß die Insekten eine eigenthümliche Wärme besäßen, außer Zweifel gesetzt. Auch wurde ein sehr kleines Stück Phosphor unter den Thermomultiplikator gebracht, und eine Ablenkung der Magnetnadel von 50° Grad bemerkt, obgleich das mit einem sehr empfindlichen Thermometer in Berührung stehende Phosphorstückchen nicht die geringste Wärme anzeigt.

Sechsundzwanzigste Abtheilung.

Von der Stärke des elektrischen Stromes.

§. 1205.

Unter der Stärke des elektrischen Stromes X versteht man diejenige Kraft, welche X in Bezug auf diese oder jene Wirkungen äußert und durch letztere gemessen werden kann. Zur Messung der Stärke des X wird die Magnetnadel Y auf verschiedene Weisen angewandt, indem man nämlich:

1) Die Ablenkungen beobachtet, welche X bei der sehr beweglichen Y erzeugt; oder

2) den Drehungsbogen berücksichtigt, um welchen die an einem Drahte aufgehangene Y nach der Einwirkung des X zurückgedreht werden muß, um wieder auf denselben Stand zu kommen; oder

3) die Zahl der Oscillationen bemerkt, welche dieselbe Y unter der Einwirkung des X vollbringt.

§. 1206.

Obgleich nicht bestimmt angegeben werden kann, auf welchen Verhältnissen der strömenden E, in der geschlossenen Kette oder Säule S, ihre Wirksamkeit beruht, aber ohne alle Grundvorstellung hierüber die Abhängigkeit mancher Erscheinungen von den einzelnen Umständen des X nicht in Betracht kommen könnte, so ist es nöthig anzunehmen, daß Y eine gleiche Wirkung von X erfährt, wenn in der nämlichen Zeit gleich viele E (in derselben Entfernung) an ihr vorübergeht; und eben so, daß die in S gebrachten Leiter einen gleichen Einfluß erfahren, wenn durch einen gleichen Durchschnitt derselben in der nämlichen Zeit gleich viele E geht, oder was dasselbe ist, wenn die E stets mit einer gleichen Quantität Bewegung auf eine gleiche Masse der Leiter wirkt.

Anmerkung Man bemerke, daß nach gegenw. §. die Wirksamkeit der S überhaupt im zusammengesetzten Verhältnisse der Menge und Geschwindigkeit der durch jeden Durchschnitt der S strömenden E sich befindet. Auch merke man sich, daß gegenwärtige Ansicht (welche auf keine directe Weise durch die Erfahrung bewährt werden kann) nur da in Gebrauch kommt, wo es nicht gut möglich ist, anders als in Bezug auf eine physische Vorstellung von der Natur des X seine Wirkungen abzuhandeln.

§. 1207.

In Bezug auf die Stärkung und Schwächung des X haben Theorie und Erfahrung zu einigen sehr allgemeinen Gesetzen geführt, welche in den neuesten Zeiten durch Ohm's*) Bemühungen zu unserer Kenntniß gebracht worden sind.

Diese Gesetze sind:

I. Wenn die Wirkung irgend eines Theiles der S sich dadurch vermehrt oder vermindert, daß man die elektromotorische Kraft oder das Leitungsvermögen V an irgend einer Stelle der S größer oder kleiner macht, so nimmt die Wirksamkeit aller übrigen Theile der S im entsprechenden Grade zu oder ab.

II. Die Gesammtquantität von E, welche jeden auf der Richtung des X senkrecht stehenden Querschnitt Q in derselben Zeit durchläuft, ist in der ganzen Länge der S gleich groß, und unabhängig von der besondern relativen Beschaffenheit oder Größe jedes Q, so daß die Intensitäten des X in jedem Theile der S, umgekehrt wie die auf der Richtung des X senkrecht stehenden Querschnitte dieser Theile sich verhalten.

Anmerkung. In Bezug auf Nr. I. bemerke man:

Wenn man in S, wobei an einer Stelle ein Wasserzersetzungsapparat sich befindet und die an einer andern auf eine Magnetnadel wirkt, das Leitungsvermögen irgend eines festen oder flüssigen Theiles erhöht oder vermindert, so wird sowohl die zersetzende Wirkung an der einen als die elektromagnetische an der andern Stelle zugleich sich vermehren oder vermindern, wenn gleich die Veränderung in V an ganz andern Stellen vorgenommen worden ist.

---

*) G. Ohm, Professor der Physik zu Nürnberg.

In Rücksicht auf Nr. II. merke man sich:

a) Wenn man die Pole der S oder ihre Verlängerungen mit befeuchteten Händen faßt, so erhält man bekanntlich in jeder Hand das Gefühl eines Schlages. Vergrößert man aber die Berührungsfläche auf der einen Seite gegen die auf der andern, so nimmt in demselben Maße die Stärke des Schlages auf dieser Seite ab und auf der andern zu.

b) S vermag nur dann einen Draht in's Glühen zu bringen, wenn derselbe eine gehörige Dünne besitzt, ungeachtet die allgemeine Wirksamkeit der S durch die Dünne der schließenden Drähte stets eine Schwächung erfährt.

§. 1208.

Da die Größe des X bei Anwendung derselben erregenden Metalle zu S, nach der verschiedenen Beschaffenheit der schließenden Leiter sehr verschieden ausfällt, so muß man annehmen, daß außer der elektromotorischen Kraft (welche um so mehr E in gleicher Zeit zur Strömung hergeben wird, je stärker sie ist) auch die Beschaffenheit der Leitung in S, die Kraft des X modificirt. Da nun eine Verlängerung in der Strecke der von X zu durchlaufenden flüssigen oder festen Leiter, oder die Einschiebung eines solchen Leiters in S, nie eine Verstärkung, sondern immer nur eine Schwächung in der Kraft des X erzeugt, so folgt, daß die Leiter nicht sowohl ein positives Vermögen besitzen den X fortzuführen, sondern demselben einen größern oder kleinern Widerstand entgegensetzen, welcher seine Kraft verringert. Hieraus ergiebt sich aber, daß ein Körper von besserm Leitungsvermögen für uns ein solcher ist, der dem X einen geringern Widerstand als ein anderer entgegensetzt*). Auch findet man, daß die elektromotorische Kraft und der Leitungswiderstand der S, gemeinschaftliich ihre Kraft oder die Größe ihres X bestimmen, und daß also die erstere nur als ein Element der in S thätigen Kraft betrachtet werden kann.

Anmerkung. Man bemerke, daß (der Erfahrung gemäß) der Leitungswiderstand, welchen die in S befindlichen Metalle dem X entgegensetzen, mit ihrer Länge und Dünne zunimmt, und zugleich von ihrer Materie und Temperatur abhängt. Auch findet man in Bezug auf den Widerstand der in S befindlichen flüssigen Leiter, daß er theils von den Dimensionen und theils von der Materie und Temperatur derselben abhängig ist.

---

*) Vergl. §. 986.

§. 1209.

Ohm hat noch folgende Sätze aufgestellt:

III. Der Leitungswiderstand W irgend eines Theiles der S verliert um so mehr an Einfluß zur Schwächung der S, je kleiner er im Verhältnisse zum W des übrigen Theiles der S ist, oder, je mehr er im Verhältnisse dagegen verschwindet.

IV. Die Verminderung des W irgend eines Theiles der S, oder die Erhöhung seines Leitungsvermögens, in einem bestimmten Verhältnisse trägt um so mehr zur Kraft der S bei, je größer dieser W im Verhältnisse zum Widerstande der übrigen Theile von S sich zeigt.

§. 1210.

Die im v. §. angegebenen zwei Sätze werden folgendermaßen zusammengefaßt:

Die in S stattfindende Kraft ist der gesammten darin thätigen elektromotorischen Kraft direct, dem W aller ihrer Theile zusammengenommen aber umgekehrt proportional; oder verhält sich wie die in S wirksame elektromotorische Kraft durch den Gesammtleitungswiderstand aller Theile der S dividirt. Der Beweis dieses Gesetzes in der Erfahrung, findet nur durch Bewährung seiner einzelnen Folgerungen statt.

So ergiebt sich z. B. daraus:

1) Wenn man den W irgend eines auch noch so kleinen Theiles der S immer größer macht, oder was dasselbe ist, letztern immer schlechter leitend annimmt, so wird dadurch zuletzt eine Gränze erreicht, wo die Wirkung der S so gut wie Null sich zeigt, weil durch die Vergrößerung des einem beliebigen Theile der S zukommenden W in's Unbestimmte zugleich der Gesammtwiderstand in's Unbestimmte wächst. Doch hat man es in seiner Gewalt selbst einen sehr starken W, wie ihn Körper, welche bei uns für Nichtleiter gelten, zu äußern vermögen, dadurch zu compensiren, daß man zugleich

die in S wirksame gesammte elektromotorische Kraft erhöht, weil auf diese Weise mit dem Divisor zugleich der Dividend der Stromkraft sich vermehrt.

2) Die Vergrößerung derjenigen Oberfläche O der Elektromotorplatten, welche mit der Leitungsflüssigkeit in Berührung ist, und die Verstärkung der Leitungsfähigkeit sind vom augenscheinlichsten Vortheile, wenn der W der übrigen Leiter gegen den der Flüssigkeit F nicht sehr in Betrachtung kommt.

3) Man sieht, daß die Anwendung der einfachen S oder weniger Plattenpaare von großer Oberfläche und mit guter Leitungsflüssigkeit gerade unter den entgegengesetzten Umständen von Vortheil ist, als die Anwendung kleinerer aber vieler Plattenpaare mit mäßig starker Leitungsflüssigkeit; jene, wenn X auf gute, und diese, wenn er auf schlechte Zwischenleiter sich thätig erweist.

4) Obgleich W, bei den flüssigen Leitern bei Weitem größer als bei den metallischen von gleichen Dimensionen ist, so bringt dennoch eine thermoelektrische Kette, ungeachtet sie aus zusammenhängenden metallischen Leitern besteht, im Allgemeinen keine stärkere Wirkung auf die Magnetnadel als eine hydroelektrische hervor, weil in der erstern die den X bedingende elektromotorische Kraft schwächer als in der letztern sich zeigt.

5) Es hat sich ergeben, daß der Gesammtwiderstand der S aus folgenden einzelnen Widerständen besteht:

a) Aus dem W der metallischen Theile, welcher direct proportional der Länge derselben, umgekehrt proportional ihrem auf der Richtung des X senkrechten Querschnitte, und außerdem noch von ihrer Materie und Temperatur abhängig ist.

b) Aus dem eigenthümlichen W des in S befindlichen flüssigen Leiters F, welcher direct proportional ist dem in F stattfindenden Abstande der Erregerplatten von einander, und umgekehrt proportional der O, wenn nämlich O und der Querschnitt von F in gleichen Graden zunehmen.

c) Aus dem W des Ueberganges, welcher unabhängig ist von den Dimensionen der schließenden Leiter, aber im geraden Verhältnisse des chemischen Effects, den die Erregerplatten erfahren, abzunehmen scheint; daher geringer wird durch stärkere Leitungsflüssigkeit, auch schwächer zu Anfang der Schließung (wo die Platten die stärksten Einwirkungen erfahren) als späterhin sich zeigt, geringer für positive Platten (die immer am stärksten von der Flüssigkeit angegriffen werden) als für negative ist; und endlich im geraden Verhältnisse der O abnimmt, in so ferne die Summe der chemischen Einwirkung auf die Platten, im Verhältnisse der O zunimmt.

§. 1211.

Es ist möglich, daß S irgendwo in mehrere nachher wieder zusammenlaufende Zweige sich spaltet, wenn man nämlich die Pole der S gleichzeitig durch mehrere parallele Drähte, welche verschiedene Längen und Dicken besitzen und von verschiedenen Materien sein können, in Verbindung mit einander setzt. In diesem Falle wird aber X zwischen den einzelnen Zweigen sich theilen, und seine Größe darin ihrem Leitungsvermögen beziehlich proportional sich zeigen, so daß z. B. ein Draht, welcher vermöge seiner Kürze, Dicke und Materie doppelt so gut als ein anderer leitet, auch die zweifache Quantität E in gleicher Zeit durch jeden seiner Querschnitte läßt (wenn nämlich beide Drähte neben einander die Schließung der S bewirken), u. s. w.

Anmerkung. Wenn dem Schließungsdrahte einer elektrischen Batterie ein Leiter nahe steht, so findet in letzterm, während der Dauer der Entladung, eine Elektricitätserregung statt, die in einer bestimmten Richtung fortschreitet, und, wenn der Leiter in sich geschlossen ist, im Verfolge dieser Richtung wieder verschwindet. Die Elektricitätsbewegung bildet den Nebenstrom der Batterie; und die Elektricitätsmenge im Hauptstrome wird — nach den Untersuchungen von Peter Rieß — nicht geändert, aber die Entladungsdauer derselben in dem Maße verzögert, als die Leitung im Nebendrahte unvollkommner als im Hauptdrahte sich zeigt.

Siebenundzwanzigste Abtheilung.

Von dem Widerstande der festen Leiter in S; und von dem Leitungswiderstande der Flüssigkeit und des Ueberganges in S.

§. 1212.

Aus §. 1210 Nr. 5 geht hervor, daß der Leitungswiderstand W der metallischen Leiter im geraden Verhältnisse ihrer Länge und im umgekehrten ihres Querschnittes wächst.

Um also das Leitungsvermögen V zweier Metalle auf die directeste Weise mit einander zu vergleichen, gebrauche man nach und nach verschiedene aber gleich dicke Drähte zur Schließung der S, und ermittle die Längen, welche dieselben beziehlich haben müssen, damit die (durch Ablenkung der Magnetnadel oder eine andere Wirkung zu messende) Kraft des Stromes X die Nämliche bleibt. In diesem Falle wird V sich direct wie die Längen der Drähte verhalten; indem z. B. ein doppelt so langer Draht nur dann den X nicht mehr als ein halb so langer (und gleich dicker) schwächt, wenn zugleich das seiner Materie zukommende V doppelt so groß*) als das des andern sich zeigt.

§. 1213.

Durch die im v. §. angegebenen Methoden wurde ermittelt: daß Kupfer und Silber zu den besten; Blei, Eisen, Zinn zu den schlechtesten metallischen Elektricitätsleitern gehören; und daß Platin und Eisen ohngefähr einen gleichen Leitungswerth besitzen, u. s. w.

Das Leitungsvermögen der Metalle ist viel genauer als das der andern Körper bestimmt; und nach Walker verhielten sich bei Unterbrechung der die Pole der S verbindenden Leitungsdrähte des Multiplikators, sowohl in größern Stücken, als in der Dicke einer Linie,

---

*) Oder, wenn sein W nur halb so groß.

1) als Nichtleiter:

Trockenes geleimtes und ungeleimtes Papier, geschmolzenes Chlorsilber, Chlorblei, natürliches Schwefelantimon, künstliches Schwefelblei, Mennig *), Salpeter, krystallisirtes Glaubersalz, Kohle von eichenem Holze, u. s. w.

2) als Leiter:

Lindenkohle, geschmolzenes Chlorantimon, u. s. w.

Anmerkung. Zu den Umständen, welche das V der festen Leiter modificiren, gehört (angegebener Maßen) auch ihre Temperatur; und zwar so, daß es mit derselben beträchtlich sich verkleinert. Das den Metallen zukommende V, scheint genau das Umgekehrte ihrer Fähigkeit sich durch Entladung von selbst zu erhitzen zu sein. Auch ist es bemerkenswerth, daß beim W der Drähte nicht die Größe ihrer Oberfläche sondern blos ihres Querschnittes (gleichviel wie dieser gestaltet sein mag) in Betrachtung kommt; so daß zwei metallische gleichartige Leiter stets den nämlichen W äußern, wenn sie bei gleicher Länge das nämliche Gewicht besitzen.

Und endlich geht noch aus Davy's Versuchen hervor: daß der von einem einfachen Drahte oder von mehreren parallel sich berührenden Drähten herrührende W derselbe ist, wenn letztere bei gleicher Länge und Materie zusammen genommen das Gewicht des einfachen Drahtes besitzen.

§. 1214.

Außer dem eigenthümlichen Widerstande der in S befindlichen Flüssigkeit F existirt noch ein anderer, welcher der Widerstand des Ueberganges heißt, und sich mit der Beschaffenheit der F verändert. Der zusammengesetzte Widerstand der F und des Ueberganges wird der Widerstand in F; und das umgekehrte Verhältniß, das Leitungsvermögen in F genannt.

Letzteres nimmt, der Erfahrung zu Folge, in F ab und zu, mit der Größe der chemischen Einwirkung, welche die heterogenen Metalle oder die homogenen Zwischenplatten der S von ihr erfahren; so daß die nämliche F bald schlechter und bald besser zu leiten scheinen kann als eine andere, wenn sie das Einemal mit Metallen verbunden wird, die weniger, und das Andere mal mit solchen, welche mehr von ihr als von der andern angegriffen werden.

*) Ein gelblich-rothes körniges Pulver, welches durch Erhitzen der fein gepülverten Bleiglätte bis zum dunkel-roth Glühen und durch darauf folgendes langsames Erkalten entsteht.

§. 1215.

Der Leitungswiderstand W in der Flüssigkeit F wächst nicht allein mit der Schwierigkeit, womit F die Metalle ergreift, sondern es scheint auch, daß überhaupt nur in sofern eine Wirksamkeit der S möglich ist, als die darin befindlichen Metalle und Flüssigkeiten wechselseitig auf einander wirken.

Auch hat man bemerkt, daß der in F stattfindende W mit der Zunahme ihrer Temperatur abnimmt, indem z. B. alle Wirkungen der geschlossenen S stärker ausfallen, wenn man ihre Papp= oder Tuchscheiben mit warmer F benetzt, als wenn dies mit kalter geschieht. Und endlich hat man gefunden, daß selbst die äußere Temperatur der Luft in dieser Hinsicht einen Einfluß ausübt.

Anmerkung. Es ist bekannt, daß die Wärme die Elektricitätsleitung der Metalle schwächt, während sie umgekehrt (nach gegenw. §.) diejenige der F erhöht. Dieser Unterschied rührt aber wahrscheinlich davon her, daß in den Metallen, als einfachen Körpern, die Temperatur nur eine physische Wirkung, nämlich ein Auseinandertreten der Theilchen erzeugt, während sie auf die leitenden Flüssigkeiten (als zusammengesetzten Körpern) chemisch wirkt und so den Durchgang des elektrischen Stromes, der bei zersetzbaren Körpern immer mehr oder weniger mit der Zersetzung verknüpft ist, erleichtern hilft.

§. 1216.

Die Erfahrung hat gelehrt, daß die Kraft einer hydroelektrischen Kette oder Säule S zu Anfang ihrer Wirkung am Stärksten ist; und von da durch eine längere Wiedereröffnung auf den ersten oder einen dem ersten nahen Grad der Kraft zurückgeführt werden kann. Diese Veränderlichkeit der Wirksamkeit der S wird das Wogen derselben genannt. Die Ursache der Erscheinungen des in S stattfindenden Wogens hängt von einem durch den Strom bedingten Wechselverhältnisse der Flüssigkeit und Metalle darin ab, indem (nach Ohm) in der thermoelektrischen Kette sich keine Spur dieses Wogens zeigt, dieselbe vielmehr vom Anfange bis zum Ende ihrer Schließung auf einem ganz gleichförmigen Zustande ihrer Wirksamkeit verharrt, so lange die Temperaturdifferenz die Nämliche bleibt.

Anmerkung. Man hat gefunden, daß die Veränderungen in der Beschaffenheit des flüssigen Leiters, bedingt durch seine chemische Einwirkung auf die Erregerplatten, Verzehren von darin enthaltenem Sauerstoffe, Austrocknen der Tuchscheiben, vielleicht selbst eine eigenthümliche Vertheilung der Bestandtheile unter dem Einflusse der S, zur Wirkungsabnahme derselben beitragen können, daß aber allen diesen letztgenannten Umständen nicht der Hauptantheil an dieser Abnahme beigemessen werden kann.

§. 1217.

Es hat sich ergeben, daß die Schnelligkeit der Wirkungsabnahme in S nicht allgemein in einem einfachen Verhältnisse zur Kraft dieser Säule stehe; indem bei ganz gleichen Kräften zweier Ketten, in denen der Leitungswiderstand aber verschieden ist, die Wirkung in der einen ausnehmend schnell und fast plötzlich sinken kann, während sie in der andern sehr langsam abnimmt. Dies erscheint nicht auffallend, wenn man bedenkt, daß die Kraft der S nicht allein von dem Widerstande des Ueberganges, sondern auch von dem der schließenden Leiter abhängt; und daher die Veränderungen im Widerstande des Ueberganges nur um so weniger betragen können, je weniger der letztere vom Gesammtwiderstande der S ausmacht.

Anmerkung. In zwei Ketten oder Säulen, welche (bis auf die Länge des festen oder flüssigen schließenden Leiters) in Allem einander gleich sind, erfolgt die Wirkungsabnahme langsamer in derjenigen, welche durch den längern Leiter geschlossen worden ist.

Achtundzwanzigste Abtheilung.

Von einigen physiologischen Wirkungen des Galvanismus.

§. 1218.

Nachdem in der 15ten Abtheilung die physiologischen Wirkungen der gewöhnlichen E abgehandelt worden sind, werden in gegenwärtiger Abtheilung noch einige physiologische Wirkungen des Galvanismus erörtert.

Legt man z. B. auf eine Zinkscheibe ein Thalerstück, und auf letzteres den Blutigel J, so giebt derselbe, so lange er nur mit dem Silber in Berührung ist, kein Zeichen eines Unwohlseins zu erkennen; kriecht J aber herum und zwar so, daß er über das Silber hinaus mit dem Zink in Berührung kommt, so prallt er wie von einem plötzlichen Schmerze getroffen, zurück.

§. 1219.

Die Wirkungen der galvanischen Reizung sind um so auffallender, je mehr und je wichtigere Nerven in S kommen; und alle Umstände vereinigen sich dahin, zu zeigen, daß die Wirkung des Galvanismus auf die Nerven das primum movens sämmtlicher Erscheinungen sei, und daß die Muskeln und andere Theile nur durch ihre organische Verbindung mit den Nerven in das Spiel derselben kommen. Auch sind die galvanischen Wirkungen theils dem Grade und theils der Art nach verschieden:

1) nach der verschiedenen Art der angewandten Apparate;

2) nach den verschiedenen Polen, welche einwirken;

3) nach den verschiedenen Stellen der Einwirkung;

4) nach der verschiedenen Reizempfänglichkeit der Individuen; und

5) auch darnach, ob man sie im Augenblicke, wo S durch den thierischen Theil geschlossen wird, oder während des Geschlossenseins, oder im Augenblicke der Trennung beobachtet.

§. 1220.

Bei jedem in S befindlichen Nerven u. s. w. wird stets der auffallendste Effect in dem Augenblicke der Schließung bemerkt. In der zwischen der Schließung und Trennung stattfindenden Zeit ist die Wirkung geschwächt; sie gleicht vielmehr einer anhaltenden Empfindung, und wird bei einer schwächern S oft gar nicht bemerkt. Bei der Trennung erfolgt ebenfalls eine verstärkte Wirkung, die jedoch im Allgemeinen kleiner als bei der Schließung und deshalb bei einer schwächern S nicht auffallend bemerkbar ist.

Die Empfindlichkeit für den Reiz des Galvanismus G ist bei verschiedenen Personen ebenfalls verschieden. So sollen z. B. Kinder und schwache Personen, und namentlich solche, welche eine schwache Brust besitzen, besonders empfindlich gegen G sich zeigen. Alte Leute sind weniger empfindlich dagegen; und wenn sie noch überdies mit Schnupfen, Gicht und Rheumatismus behaftet sind, so können sie, ohne Unbequemlichkeit, außerordentlich starkes Galvanisiren vertragen.

§. 1221.

Obgleich man den galvanischen Schlag Z *) stets am stärksten an den Stellen empfindet, womit S geschlossen wird, so kann er sich doch, nach Maßgabe der Wirkungsgröße, mehr oder minder weit durch die zwischen den Schließungsstellen liegenden Theile fortpflanzen. So wird z. B. Z das Eine mal blos bis in die Fingerspitze, das Andere mal bis in die Handwurzeln, Ellenbogen, Achseln und selbst bis quer über die Brust gefühlt. Nach der gewöhnlichen Angabe ist die Empfindung des Z von derjenigen, welche die Entladung einer Leydener Batterie erzeugt, dadurch unterschieden, daß die erstere viel mehr in's Innere einzudringen scheint. Doch hat man gefunden, daß Z sich um so mehr dem elektrischen Schlage nähere, je mehr die Schließung der S mit trocknen Händen, oder je mehr umgekehrt, die Schließung zwischen den Belegungen der Verstärkungsflasche mit befeuchteten Händen geschieht. Hieraus folgt aber, daß der eben erwähnte Unterschied als kein wesentlicher betrachtet werden kann.

§. 1222.

Wenn man einen großen Theil des menschlichen oder thierischen Körpers in den Kreis der hinlänglich starken S bringt, so wird der ganze Organismus dadurch auf sehr auffallende Weise afficirt, besonders, wenn man die elektrische Strömung einige Zeit hindurch wirken läßt. So behauptet z. B. Ritter, daß, wenn der positive

*) Vergl. §. 1167.

Pol mit der obern Gegend des Rückgrades nahe am Kopfe, der negative aber mit der untern, oder auch mit den Fußenden in Verbindung kommen, ein durchgängiges Uebelbefinden entstünde, während die entgegengesetzte Verbindung auch die entgegengesetzte Empfindung erzeuge.

§. 1223.

Bringt man einen von der äußern Hautbedeckung entblößten Muskel oder ganze Muskelparthieen eines noch lebenden oder kurz vorher getödteten Menschen oder Thieres in den Kreis der S, so erfolgen lebhafte Zuckungen dieser Muskeln *), indeß das Ganze, während des Geschlossenseins der S ruhig verbleibt. Auch entstehen solche Zuckungen, wenn man nur einen Theil eines entblößten Nerven in den Kreis der S bringt und die Polardrähte der letztern auf verschiedene Punkte desselben setzt.

Anmerkung. Die in diesem §. erwähnten Zuckungen können zur Unterscheidung des Scheintodes vom wahren Tode dienen, indem sie zwar auch bei wirklich getödteten Thieren einige Zeit nach dem Tode aber nur so lange erfolgen, als noch eine Spur lebendiger Reizbarkeit in den Muskeln sich befindet.

§. 1224.

Der Galvanismus übt einen sehr auffallenden Einfluß auf die Absonderung und Empfindung an verwundeten Stellen aus **). So ließ sich z. B. Alexander v. Humbold ***) zwei Blasenpflaster von der Größe eines Laubthalers in der Gegend der beiden Schulterblätter legen; und als die hierdurch entstandenen zwei Blasen aufgeschnitten waren, quoll (wie gewöhnlich) die lymphatisch-seröse Feuchtigkeit ungefärbt herab, und ließ sich, auf dem Rücken eingetrocknet, ohne Hinterlassung einer Spur abwaschen. Ließ aber v. H. die auf der rechten Seite befindliche Wunde mit einer Silberplatte bedecken, und letztere mit einer Zinkplatte so in Verbindung bringen, daß eine geschlossene Kette entstand, so floß, unter schmerzhaftem Brennen, neue Feuchtigkeit hervor, welche in wenigen Sekunden eine rothe Färbung erhielt, und

*) Man lese §. 1172.

**) Vergl. §. 1168.

***) Geb. am 14. Septbr. 1769 zu Berlin.

den Rücken, wo sie herablief, mit blaurothen Streifen entzündete. Auch aus den mit andern Wunden angestellten Versuchen gingen gleiche Erfolge hervor.

§. 1225.

Die galvanischen Reizversuche wurden nicht nur an Fröschen, sondern auch an Thieren aus allen Klassen, theils im lebenden Zustande, und theils kurz nach dem Tode, auf's Manichfaltigste wiederholt. Im Allgemeinen fand man, daß die Empfänglichkeit für diese Versuche bei Amphibien, Fischen und Insekten bei weitem länger nach dem Tode als bei warmblütigen Thieren fortdauerte *). Auch bei den größten Säugethieren konnten die Zuckungen nicht über eine Stunde erregt werden; und auf kleinere Thiere hatte der Galvanismus (nach Pfaff's Versuchen) oft gleich nach dem Tode keine Wirkung mehr. Doch scheint der Mensch eine etwas längere Reizbarkeit R zu besitzen. Die kürzeste Dauer der R zeigen die Vögel; und die unzerstörbarste von allen Thieren die Frösche und Flußschildkröten. Die Eidechsen zeigen gewöhnlich einen hohen Grad von R, und heftige Zuckungen, wobei aber der Reiz eines Zinksilberpaares sehr bald ihre Reizfähigkeit erschöpft. Bei den Fischen währt R zwar eine kürzere Zeit als bei den Amphibien, aber die Zuckungen sind bei Weitem heftiger und lebhafter. Auch an Regenwürmern, Schnecken u. s. w. werden, durch den galvanischen Reiz, Zusammenziehungen bewirkt.

Gruithuisen **) fand, daß die Infusorien zwischen den Polen der S im Wassertropfen starben, besonders, wenn sie sich dem einen oder dem andern Pole näherten.

Ueber die Wirkung des Galvanismus auf Pflanzen wurden viele widersprechende Resultate hingestellt. Doch scheint (nach Nasse's Versuchen), daß eine Bewegung der Staubfäden von Berberis vulgaris durch die Einwirkung des Galvanismus, bei gehöriger Anstellung des Versuches, nicht wohl geläugnet werden kann.

§. 1226.

Aus der Anordnung unseres Nervensystems, den davon ab-

*) Man lese §. 1125 Nr. 4.

**) Geb. 1774, Professor in München.

hängigen Erscheinungen unseres Organismus, und aus den Umständen, welche die elektrischen Fische betreffen, haben mehrere Physiker gefolgert:

Daß dasjenige, was in den Nerven des lebenden Körpers wirkt, Nichts anderes als das Fluidum der E sein könne; ja, daß das ganze Nervensystem, seinem Wesentlichen nach, einen Erregungs- und Circulations Apparat der E darstelle, die nur deshalb in den meisten Fällen ihre Wirkungen nicht über den Organismus hinaus verbreite, weil sie unter den Umständen eines geschlossenen galvanischen Apparates wirke; so daß nur die in ihrem Kreise befindlichen Theile ihre Wirkungen erfahren können, u. s. w.

Vierzehntes Kapitel.

Von dem Magnetismus.

Erste Abtheilung.

Von dem Magnetismus im Allgemeinen; von der magnetischen Anziehung und Abstoßung; und von der Vertheilung des Magnetismus, u. s. w.

§. 1227.

Unter den schwarzen Eisenerzen, worin das Eisen F *) im Zustande einer schwachen Oxydation enthalten ist, finden sich Stücke, welche die Eigenschaft besitzen:

1) F anzuziehen; und

2) eine bestimmte Lage anzunehmen, im Falle sie frei beweglich sind.

Diese Stücke heißen **natürliche Magnete** um sie von dem metallischen Eisen und Stahle **) zu unterscheiden, welche die mag=

*) Das in der Natur sehr häufig vorkommende F hat eine graulich=weiße Farbe, einen körnigen, durch's Ausrecken faserig werdenden Bruch, und das specifische Gewicht 7,79. Es ist sehr fest und zähe, sehr dehnbar, läßt sich kalt und glühend biegen und strecken, wird in der Rothglühhitze weich, läßt sich in der Weißglühhitze schweißen, und verbindet sich mit dem Sauerstoff und Kohlenstoff, u. s. w.

**) Der Stahl N kann durch Verbindung des F mit dem Kohlenstoff, und auch mit Diamantpulver durch's Zusammenschmelzen mittelst Brennspiegel und Volta'scher Batterien entstehen. Er ist von hellerer Farbe und rostet schwerer als F, nimmt eine sehr schöne Politur an, läßt sich sehr gut dehnen und hämmern, und hat das specifische Gewicht 7,84. Wird N erhitzt und schnell abgekühlt, so erscheint er hart und spröde; erhitzt man aber den gehärteten N bis Regenbogenfarben auf seiner Oberfläche entstehen, so verliert er von seiner vorherigen Sprödigkeit und Härte, und bekommt eine größere Elasticität.

netischen Eigenschaften durch künstliche Behandlung erhalten haben und künstliche Magnete genannt zu werden pflegen. Zu den letztern wird am Besten der Stahl, aus später anzuführenden Gründen, gebraucht.

Die in 1 und 2 erwähnten Erscheinungen nennt man magnetische, und den Zustand der Körper, wobei man diese Erscheinungen an ihnen wahrnimmt, Magnetismus. Ein Körper heißt magnetisch, wenn er des eben erwähnten Zustandes fähig, und magnetisirt, wenn er auf eine künstliche Weise in denselben versetzt worden ist.

Anmerkung 1. Die magnetische Kraft ist nicht blos im F, sondern auch im Nickel*) und Kobalt**) befindlich. Auch nehmen (nach Coulombs Behauptung) sogar alle feste Körper an den magnetischen Erscheinungen aber in einer solchen Schwäche Theil, daß sich ihre Kraft unsern Beobachtungen entzieht und nur in gewissen äußerst feinen Versuchen bemerklich wird.

Anmerkung 2. Der Magnet wird in Deutschland, Norwegen, Schweden, Ungarn, auf der Insel Elba, in Sibirien, Ostindien, Mexico u. s. w. gefunden. Auch sind im Granit und in den andern Steinarten, z. B. auf dem Harze im Ilsenstein, in den Schnachern bei Schierecke, oft magnetische Stellen befindlich.

Anmerkung 3. Man bemerke, daß der Name Magnet von Magnesia, einer Stadt in Kleinasien (bei dem heutigen Smyrna) herkommt, wo die anziehende Kraft desselben zuerst beobachtet worden ist; und daß schon Thales 600 Jahr v. Chr. die Eigenschaft gewisser Eisenerze, metallische Eisenspäne anzuziehen und festzuhalten, bekannt gewesen ist.

§. 1228.

Der Magnet M***) und das Eisen (oder der Stahl) F ziehen einander wechselseitig, und zwar in einer Entfernung an, welche bei einem großen M 10 — 15 Fuß†)

*) Das Nickel ist fast silberweiß, stark glänzend, dehnbar und hart, hat im geschmolzenen Zustande das specifische Gewicht 8,279, im gehämmerten dasjenige 8,66, und tritt mit dem Sauerstoff, u. s. w. in Verbindung.

**) Der Kobalt kommt in der Natur häufig mit Schwefel, Arsenik verbunden, als Oxyd u. s. w. vor; und ist auch in dem meteorischen Eisen befindlich. In seinem reinen Zustande ist er grau-weiß, lebhaft glänzend, mittelmäßig hart, halb dehnbar, verträgt einige Hammerschläge, ist im Bruche feinkörnig, und besitzt das specifische Gewicht 8,71 u. s. w.

***) Man bemerke ein für allemal, daß in diesem Kapitel der Magnet durch den lateinischen Buchstaben M bezeichnet wird.

†) Und nach einigen Versuchen 40 Fuß und darüber.

betragen, und auch bei einem kleinern noch bedeutend sein kann, wenn F im letztern Falle leicht und sehr beweglich ist.

Kommen aber M und F in Berührung mit einander, so hängen sie mit größerer oder kleinerer Stärke zusammen.

So haftet z. B. das metallische Eisen und das schwarze Eisenoxyd (aber nicht das stärker oxydirte) an M mit einer Kraft, welche sich durch das Gewicht des F messen läßt, das M zu tragen bekommt, und die nicht von der Größe des M abhängt, indem oft große Magnete wenig, und kleine viel (wohl mehr als das 10fache ihres eigenen Gewichtes) tragen*).

Anmerkung. Das in diesem §. Gesagte wird durch folgende Beispiele bestätigt:

1) Hängt man ein Stück Eisendraht D an einem Faden auf, und nähert ihn dem M, so bewegt sich D gegen M und bleibt mit ihm zusammenhängend.

2) Ist M frei beweglich, F aber nicht, so findet die in (1) angegebene Erscheinung mit dem Unterschiede statt, daß jetzt M gegen F sich bewegt.

3) Läßt man M und ein Stück F auf Quecksilber schwimmen, so nähern sie sich einander und hängen alsdann zusammen.

4) Nähert man den M einer Menge von Eisenfeilspänen Z, so richten sie sich auf, kehren ihre Längenrichtung nach M, und fallen beim Entfernen des M, sogleich wieder hin. Bringt man M sehr nahe an Z, so fliegen viele zu ihm hin und hängen sich an ihn. Während des Anhängens ist stets die Längenrichtung der Z von M abgekehrt, so daß sie wie Borsten auf dessen Oberfläche stehen. Versenkt man endlich das eine Ende eines Magnetstabes in Z, so bedeckt es sich ganz damit und läßt sich nur mit Schwierigkeit davon trennen.

§. 1229.

Die magnetische Kraft wirkt durch alle Materien, und ihre Wirkung wird nicht einmal durch dazwischenliegende Körper geschwächt**).

Denn legt man z. B. 1) Eisenfeile auf einen zinnernen Teller, auf Papier, auf eine Glastafel u. s. w.; und setzt den M unter diesen Körpern in Bewegung, so werden die Eisentheilchen ebenfalls bewegt.

---

*) Unter den natürlichen Magneten (wenn man blos die absolute Größe der Tragkraft berücksichtigt) behauptet der im Teylerschen Museum vorhandene wohl den ersten Rang, indem er eine Gesammtlast von 200 Pfund zu tragen vermag.

**) Man vergleiche die in der Anmerkung zu diesem §. enthaltene Ausnahme.

Wird 2) ein Stückchen Kork, worauf sich etwas F befindet, auf das in einem Gefäße G befindliche Wasser gebracht, so begiebt es sich schwimmend nach jener Gegend, gegen welche hin, unter G ein hinlänglich starker M sich bewegt.

3) Eine unter dem Recipienten R vorhandene sehr bewegliche eiserne Nadel wird von dem außerhalb R befindlichen M angezogen, wenn auch die Luft in R verdünnt worden ist.

4) Eine mit dem verborgenen F versehene Scheibe von Pappe, Holz u. s. w. wird um ihren Mittelpunkt nach Belieben gedreht, wenn man den unter dem Tische versteckten M gehörig bewegt, u. s. w.

Anmerkung. Man wird leicht einsehen, daß auf dem gehörigen Verbergen des M und F unzählige magnetische Kunststücke beruhen. Auch bemerke man (als Ausnahme von dem in diesem §. Gesagten), daß M durch F selber keine Wirksamkeit äußert, wenn eine eiserne Platte als Scheidewand zwischen M und F und zwar so sich befindet, daß die eine Fläche derselben gegen M und die andere gegen F gekehrt ist. Wird aber ein längliches Eisen seiner Länge nach zwischen M und F gebracht, so wirkt M auch durch dieses Eisen hindurch. Denn nähert man z. B. dem im M hängenden Schlüssel oder eisernen Stabe, eine eiserne Nadel, so hängt sich dieselbe dem Schlüssel oder dem Stabe an; auch kann man an M einen eisernen Ring, und an diesen einen zweiten und oft einen dritten u. s. w. hängen.

§. 1230.

M zieht nicht an allen Stellen seiner Oberfläche das F mit gleicher Stärke, sondern am Stärksten an zwei (und selten an mehr als zwei) entgegengesetzten Punkten an, welche man die Pole des M zu nennen pflegt.

Letztere ergeben sich aber dadurch, daß man entweder:

1) den M ganz in Eisenfeile taucht und die mit den meisten Eisentheilchen versehenen Punkte ermittelt; oder

2) (in Fig. 225) eine über M gelegte Glastafel mit Eisenfeile bestreut, und die von ihnen gebildeten und von dem einen Pole gegen den andern gerichteten krummen Linien bemerkt; oder

3) kleine Theile eines Eisendrahtes oder einer stählernen Nadel verschiedenen Stellen des M bis zum Anhängen nähert; und bemerkt, daß diese Theile an den Polen eine senkrechte, an den zunächst liegenden Stellen eine schiefe Lage erhalten, und sich an denjenigen

Orten, welche ohngefähr gleich weit von beiden Polen abstehen, platt an die Oberfläche des M anlegen, u. s. w.

§. 1231.

Ist M frei beweglich, so nimmt er eine solche Lage an, daß der eine seiner Pole gegen Norden und der andere gegen Süden sich kehrt. Der erstere wird aber aus diesem Grunde der Nordpol N, der andere der Südpol S*), die eben angegebene Lage die Richtung, eine die beiden Pole verbindende gerade Linie die Axe, und die zuerst erwähnte Eigenschaft die Polarität des M genannt.

Damit aber M sich frei bewegen kann, wird er entweder auf eine Spitze gelegt, oder an einem umgedrehten Seidenfaden aufgehangen, oder so auf Quecksilber gebracht, daß er darauf schwimmt; oder auf Pantoffelholz gelegt, welches auf dem Wasser schwimmt.

Anmerkung 1. Im 12ten oder 14ten Jahrhundert wurde die Richtung des M erst beobachtet.

Anmerkung 2. Wird M getheilt, so hat jeder Theil seine Pole, welche in der Richtung der Pole des ganzen M, wie die Pole des getheilten Turmalines **) sich befinden.

Anmerkung 3. Es giebt natürliche Magnete, welche mehr als zwei Pole besitzen und aus diesem Grunde zusammengesetzte oder anomalische Magnete heißen. Sie lassen sich als verschiedene zusammengewachsene Magnete betrachten; denn zerschlägt man einen solchen zusammengesetzten M so in zwei Stücke, daß jedes derselben einen Pol erhält, so entsteht in ihm noch ein zweiter ungleichnamiger Pol, u. s. w.

Anmerkung 4. Die Zahl der Pole des natürlichen M wird vermehrt, wenn man M zwischen die entgegengesetzten Pole zweier künstlichen und hinlänglich starken Magnete dergestalt legt, daß die an den Polen dieser letztern gelegenen Stellen nicht zugleich die Pole des M ausmachen; oder, daß die Axen der beiden Magnete nicht in derselben Linie mit der Axe des M sich befinden.

§. 1232.

Aus v. §. ergiebt sich die Einrichtung der Magnetnadel (Fig. 226), d. h. eines kleinen Magneten von Stahl, welcher auf einer senkrechten Spitze so aufgesetzt, oder an einem Faden so aufgehangen

*) In Frankreich und England hat man den bisher allgemein üblichen Sprachgebrauch dadurch verwirrt, daß (aus einer theoretischen Subtilität) statt Nordpol Südpol, und umgekehrt gesetzt worden ist. (Vergl. vorläufig §. 1235 u. §. 1246.)

**) Vergl. §. 1102.

ist, daß er in horizontaler Lage mit großer Leichtigkeit sich dreht; und der bei den Untersuchungen über den Magnetismus U besser *) als ein stärkerer natürlicher oder künstlicher M sich zeigt, weil letzterer, wie späterhin erhellt, in jedem genäherten Eisen den U erregt, und also bei seiner Anwendung leicht Täuschungen veranlassen kann.

Anmerkung. Coulomb ließ, um seine in §. 1227 Anm. (1) aufgestellte Behauptung zu bestätigen, kleine Nadeln von 7 — 8 Millimeter Länge und ohngefähr 1 Millimeter Dicke aus beliebigen Substanzen anfertigen, und sie an einem Coconfaden zwischen dem Nord- und Südpole zweier starken Magnete aufhängen. Er fand, daß die Nadeln sich stets nach den eben erwähnten Polen kehrten, und daß dieselben, beim Oscilliren um die Richtung ihres Gleichgewichts, ihre Schwingungen in Gegenwart der Magnete rascher als ohne dieselben vollzogen.

§. 1233.

Die Entfernung, bis zu welcher M seine Anziehung auf F äußert, wird sein **magnetischer Wirkungskreis** genannt. Aus den (später anzuführenden) Versuchen von **Coulomb** hat sich aber ergeben:

daß die Anziehung des M im geraden Verhältniße seiner Stärke, und im umgekehrten des Quadrates seiner Entfernung von F sich befindet.

Anmerkung 1. Man bemerke, daß F (unter denselben Umständen) am Stärksten von M angezogen wird, wenn es im vollkommen regulinischen Zustande sich befindet, und daß die Anziehung des M abnimmt, wenn F vererzt, oder in Säuren aufgelöst, oder mit andern Metallen, besonders mit Arsenik verbunden ist.

Anmerkung 2. Es ist nicht schwer, vermittelst einer Wage, woran entweder M oder F befestigt und in's Gleichgewicht gesetzt worden ist, die Größe der anziehenden Kraft für jede Entfernung zu bestimmen. Doch haben Versuche gelehrt, daß das Gesetz der Abnahme, durch die Gestalt, Größe und Lage beider Körper auf so mannichfaltige Art modificiret wird, daß das eigentliche Grundgesetz und der Einfluß der modificirenden Umstände nur mit der größten Schwierigkeit sicher bestimmt werden kann.

§. 1234.

M wirkt der Erfahrung gemäß auf einen andern Magneten m dergestalt, daß die gleichnamigen Pole

---

*) Man bemerke ein für allemal, daß in diesem Kapitel der Magnetismus durch den lateinischen Buchstaben U bezeichnet wird.

sich gegenseitig abstoßen und die ungleichnamigen sich anziehen, oder in andern Worten, daß der Südpol des M den Südpol des m abstößt und den Nordpol desselben anzieht und umgekehrt.

Die gleichnamigen Pole werden aber aus diesem Grunde die feindlichen, und die ungleichnamigen, die freundschaftlichen Pole genannt.

Anmerkung. Aus dem in diesem §. Gesagten geht hervor, daß bei U derselbe Gegensatz wie bei E sich zeigt; und daß also der U des Nordpols N durch + M und der des Südpols S *) durch — M bezeichnet werden kann. Die in gegenwärtigem §. angegebenen Gesetze stellen sich aber alsdann folgendermaßen dar:

1) + M stößt + M, und — M stößt — M ab;
und 2) + M zieht — M, und — M zieht + M an.

§. 1235.

Das im v. §. Gesagte wird durch folgende Versuche bestätigt:

1) Man hänge M horizontal und zwar so auf, daß er sich ungehindert um den Aufhangspunkt bewegen kann, und bringe alsdann die Pole des m nach und nach in die Nähe der Pole des M. Es ergiebt sich aber alsdann, daß der N des m den des M abstößt und den S desselben anzieht, u. s. w.

2) Man hänge M an den Arm einer Wage und zwar so, daß seine Axe eine vertikale Lage erhalte, und setze ihn mit einem am andern Arme aufgehangenen Gewichte in's Gleichgewicht. Nähert man aber nun dem untern Pole des M einen Pol des m, so wird das Gleichgewicht aufgehoben, und zwar so, daß M sich von m entfernt, wenn die einander genäherten Pole gleichnamig sind, und daß das Gegentheil geschieht, wenn diese Pole als ungleichnamige sich zeigen.

3) Die Wirkungen zweier ungleichnamigen Pole auf ein ihnen genähertes F **) zerstören sich, wie + E und — E. Denn hängt man ein Stück F (etwa einen Schlüssel) an den N des M, und bringt oben an dasselbe den S eines andern gleich starken Magneten an, so trennt sich F von M.

*) Man bemerke, daß in diesem Kapitel N oder n den Nordpol, und S oder s den Südpol des M ausdrückt.

**) Man bemerke, daß in diesem Kapitel das Eisen durch F bezeichnet wird.

4) Taucht man die Pole von M und m in Eisenfeile, und nähert diese Pole einander, so strecken die Feilspäne gleichsam die Arme nach einander aus, wenn die genäherten Pole freundschaftliche sind, ziehen sich aber von einander zurück, wenn diese Pole als feindliche sich zeigen, u. s. w.

§. 1236.

Die Erfahrung hat gelehrt, daß **nicht nur das Gesetz der Anziehung und Abstoßung, sondern auch das der Vertheilung bei U eben so wie bei E stattfindet, indem jeder Magnetismus + M oder — M in seiner Umgebung einen entgegengesetzten — M oder + M erzeugt.** Denn nähert man z. B. das unmagnetisirte F (etwa einen eisernen Stab) dem N oder S des M, so wird F ebenfalls ein Magnet; und zwar so, daß seine Pole dieselbe Lage mit den Polen des M besitzen; d. h. daß F im erstern Falle am genäherten Theile den S und am entfernten den N; und im zweiten, am genäherten Theile den N und am entfernten den S erhält. Der auf diese Weise entstandene U des F verschwindet aber bis auf einen kleinen Ueberrest, wenn man F von M wieder entfernt; und man sagt in diesem Falle, F sei **nicht durch Mittheilung, sondern durch Vertheilung der magnetischen Kraft magnetisirt.**

Anmerkung 1. Ist (in Fig. 227) an dem N des hinlänglich starken M der stählerne Stab X aufgehangen, so wird von seinem entfernten Theile b der s eines jeden genäherten zweiten Magneten (etwa einer Magnetnadel) angezogen, der n aber abgestoßen; und es folgt hieraus, daß b den Magnetismus + M erhalten hat. Hängt aber nun X eine längere Zeit an M, so ergiebt sich, daß er auch nach der Trennung, an a — M *) und an b + M **) besitzt, u. s. w.

Anmerkung 2. Sind die beiden Magnetismen + M und — M in den Theilchen eines gehärteten Stahlstücks einmal getrennt, so vereinigen sie sich, der Erfahrung gemäß, nur mit außerordentlicher Langsamkeit wieder; und es muß dieserhalb irgend eine, in diesem Metalle vorhandene, und seiner Substanz eigenthümlich angehörige Ursache ihrer gegenseitigen Anziehung widerstreben. Diese Ursache heißt die **Coercitivkraft**, und man findet eine vollkommene Analogie derselben mit dem Widerstande, welchen die E bei ihrer Bewegung auf der Oberfläche harziger Körper erfährt. Je stärker diese Kraft ist, desto mehr verhindert sie die Ertheilung des U, und um so fester hält sie denselben zu-

*) d. h. den Magnetismus des Nordpols.

**) Nämlich den U des Südpols.

rück. Dies findet bei sehr hartem Stahle Statt. Wäre hingegen dieser Widerstand Null, so würden + M und — M durch die geringste Einwirkung eine Trennung erfahren, sich aber nach Aufhören der veranlassenden Wirkung auch eben so schnell wieder vereinigen. Dies geschieht beim Eisen, Kobalt und Nickel, wenn sie im vollkommen weichen Zustande sind.

Anmerkung 3. Aus dem in dieser Abtheilung bereits Gesagten geht hervor, daß die Verbindung des F mit Sauerstoff oder Kohlenstoff dem F eine solche Coercitivkraft ertheilt, daß es zwar schwerer als im weichen Zustande den U annehmen, denselben aber auch um so fester zurückhalten kann. Wird die Menge des Sauerstoffs oder Kohlenstoffs bedeutend groß, so nimmt die Coercitivkraft in einem solchen Grade zu, daß nur eine sehr schwache und durch gewöhnliche Mittel nicht mehr bemerkbar zu machende Zersetzung der Magnetismen in ihnen möglich wird. Und in der That findet man, daß F weder in seinem höchst oxydirten Zustande noch als Graphit fähig ist wirksame Magnete zu liefern oder von starken Magneten angezogen zu werden, wenn nicht die aus diesen Substanzen verfertigten Nadeln die höchste Beweglichkeit erhalten.

Von ähnlichem Einflusse wie Sauerstoff und Kohlenstoff sind (nach Hatchett's Versuchen) Schwefel und Phosphor; auch hat man bei der Verbindung mehrerer Metalle mit Eisen und Nickel die Fähigkeit, das magnetische Vermögen der letztern herabzustimmen, bemerkt. Ein solches Metall ist aber (nach Seebeck's Versuchen) Antimon in Bezug auf Eisen, und Kupfer in Bezug auf Nickel.

Anmerkung 4. Die in §. 1230 (Fig. 225) angegebene Erscheinung wird jetzt auf folgende Weise erklärt.

Jedes Theilchen der Feilspäne ist magnetisirt und hat dieserhalb seine Pole, wovon die gleichnamigen sich abstoßen und die ungleichnamigen sich anziehen. Die Eisentheilchen hängen aber dieserhalb nicht blos den beiden Polen des M selber an, sondern halten sich auch gegenseitig, bilden auf diese Weise Reihen von einem Pole zum andern hin, oder streben wenigstens welche zu bilden.

Anmerkung 5. Bei der Vertheilung des U erleidet der wirksame M weder an Kraft noch an Stoff irgend einen Verlust.

§. 1237.

Wird M über den Eisenstab ab (Fig. 228) geführt, so geht darin, nach dem Gesetze der Vertheilung, U ebenfalls hervor.

Berührt man z. B. ab an seinem Ende a mit dem N des M, so ergiebt sich aus v. §., daß a = — M und b = + M erhält. Wird aber N von a bis b geführt, und in b stehen gelassen, so sind die Pole des ab verwechselt, indem a jetzt + M und b = — M besitzt. Auch befindet sich in ab eine solche Stelle, daß, wenn N dieselbe berührt, jener — M durch o M in + M übergeht. Ist aber diese Stelle in i, so heißt i der **relative Indifferenzpunkt** in Bezug auf a. Denn befindet sich N vor i, so hat a noch — M und b + M; ist N in i, so hat a = o M, b = + M; und steht N hinter i, so haben a und b = + M.

Rückt auf diese Weise N immer weiter fort, so kommt er auf einen andern Punkt (etwa auf k) welcher als Indifferenzpunkt für b sich zeigt. Bevor aber N von i bis k kommt, nimmt die + M in b immer zu, fällt nachher wieder, wird o M und endlich — M. Jener Punkt (etwa c) wo N sich befinden muß, damit der in b vorhandene + M die größte Intensität besitzt, wird der Culminationspunkt genannt.

Anmerkung. Man bemerke, daß Brugmann den Indifferenzpunkt, und van Schwinden den Culminationspunkt beobachtet hat. Auch hüte man sich den relativen Indifferenzpunkt mit dem absoluten zu verwechseln, welcher in jedem M zwischen seinen beiden Polen existirt; und merke sich, daß die Lage der Indifferenzpunkte und des culminirenden Punktes nach der Länge und Dicke des ab, nach der Härte des F und der Stärke des M ebenfalls verschieden sich zeigt.

§. 1238.

Aus v. §§. geht hervor, daß die magnetische Anziehung nur zwischen den ungleichnamigen Polen existirt, indem F, bevor es der M anzieht, durch Vertheilung magnetisiret wird. Hieraus folgt aber, daß M nie anziehend auf nicht magnetisirtes F (als solches) sondern nur auf einen Magneten wirkt; und daß das weiche F eine stärkere Anziehung von M als der Stahl erfährt, weil es den U leichter als der letztere anzunehmen vermag. Auch erklärt es sich hieraus, daß jeder Pol eines schwachen Magneten von jedem Pole eines beträchtlich stärkeren *) angezogen wird, weil es geschehen kann, daß an dem in der Nähe (oder in der Atmosphäre) des starken M befindlichen schwachen Magneten, die Pole des letztern durch die Wirkung des M umgekehrt werden; so daß auch hier die ungleichnamigen Pole einander anziehen.

§. 1239.

Die bereits erwähnte Aehnlichkeit des U mit der E hat zu zwei Hypothesen über die Ursache des erstern geführt, welche der Franklin'schen und Symmer'schen Hypothese ähnlich sind.

---

*) Und also auch der Nordpol vom Nordpole und der Südpol vom Südpole.

Aepinus nahm nämlich Eine einzige magnetische unwägbare Materie an, deren Theile einander abstoßen, von Eisen und Stahl u. s. w. aber angezogen werden. Sie ist überall gleichmäßig verbreitet und im F gleichmäßig angehäuft; auch ist in jedem M auf der einen Seite (d. h. am Nordpol) ein Ueberfluß (nämlich der positive Magnetismus + M) und auf der andern (d. h. am Südpol) ein Mangel nämlich der negative Magnetismus — M befindlich u. s. w.

Wilke nahm zwei magnetische Materien an, welche sich anziehen und wovon die Theile jeder einzelnen einander abstoßen. Im natürlichen F sind beide gebunden, im M aber getrennt, und jede auf einer Seite angehäuft; auch werden beide Materien Nord- und Süd-Magnetismus genannt, und durch + M und — M bezeichnet, u. s. w.

Anmerkung 1. Man bemerke, daß de Cartes zur Erklärung der magnetischen Anziehungen und Abstoßungen u. s. w. eine eigene, feine, aus lauter kleinen Schräubchen bestehende Materie, in den retractorischen Körpern *) aber Schraubengänge sich vorstellte, und annahm, die Körper würden durch die Bewegung jener Materie in diesen Schraubengängen von einander oder an einander geschraubt.

Euler ließ eine feine flüssige (magnetische) Materie (nämlich die feinsten Theile des Aethers) zu einem Pole des M heraus, um M herum, zum andern Pole wieder hinein strömen; und suchte diese wirbelnde Bewegung (oder magnetische Wirbel), in welche er den nähern Grund der magnetischen Erscheinungen setzte, aus der Elasticität jener Flüssigkeit, aus einer ventilartigen Structur der Theile des magnetischen F, und dem Widerstande des gröbern Aethers an dem Pole, wo der feinere ausströmt, begreiflich zu machen, wobei er dann um unsre Erde selbst einen solchen Wirbel, um die Richtung der Magnetnadel zu erklären, annahm. Andere z. B. Johann und Daniel Bernonilli **) nahmen einen doppelten Wirbel an. Auch haben neuere Beobachtungen, die Idee von Wirbeln, mit gehörigen Modificationen, wieder erneuert.

Anmerkung 2. Eisen, Nickel und Kobalt sind als Nichtleiter, und die übrigen Körper mehr oder weniger als Leiter des U anzusehen.

*) d. h. in denjenigen Körpern, welche von M angezogen werden aber nicht andere ihres Gleichen anziehen.

**) Johann Bernonilli, geb. zu Basel 1667 gest. 1748. — Daniel Bernouilli, geb. zu Gröningen den 9. Febr. 1700 gest. 1782.

Zweite Abtheilung.

Von der genauern Bestimmung der Lage eines frei beweglichen Magneten; und von der Intensität der magnetischen Kraft.

§. 1240.

Ist eine unmagnetisirte Nadel so gearbeitet, daß sie auf einer Spitze oder an einem Seidenfaden vollkommen horizontal schwebt, und wird dieselbe alsdann magnetisirt, so ist das Gleichgewicht meistentheils gestört, und die Nadel neigt in unsern Gegenden ihr nördliches Ende sehr tief gegen die Erde herab.

Aus dieser Erscheinung folgt aber, daß die Kraft, welche die Richtung der Magnetnadel Y bestimmt, in unsern Gegenden nicht horizontal, sondern unter einem sehr beträchtlichen Winkel gegen den Horizont wirkt.

Der von der Axe der Y und der Horizontallinie gebildete Winkel wird die Neigung oder die Inclination J der Y genannt. Die Pole der Y sind ferner nur an wenigen Stellen der Erde vollkommen gegen den Nord- und Südpol der letztern gerichtet, sondern weichen an den meisten Orten etwas von diesen Polen ab. Die Axe der Y bildet also mit dem magnetischen Meridian des Ortes*) einen Winkel, welcher die Abweichung oder Declination D der Y genannt zu werden pflegt. Die Richtung der Y heißt der magnetische Meridian, letzterer ist aber eigentlich derjenige Kreis, welcher in der eben erwähnten Richtung um die Erdkugel geht.

Die zur Bestimmung der D dienende Y wird die Declinationsnadel, und die bei J in Gebrauch kommende die Inclinationsnadel genannt.

Anmerkung 1. Y wird aus Stahl verfertigt, in ihrer Mitte mit Messing, oder besser mit einem harten Steine (z. B. Achat) ver-

*) Man bemerke vorläufig, daß der durch die beiden Pole und den Ort O gehende größte Kreis der Erdkugel, der Meridian oder Mittagskreis des O genannt zu werden pflegt.

sehen, und entweder auf die Mitte eines senkrecht stehenden Stäbchens gelegt oder zu ganz genauen Versuchen an einem einfachen Seidenfaden (wie der vom Cocon abgewickelte) aufgehangen, weil im letztern Falle alle Hindernisse der freien Bewegung fast ganz gehoben und nur der Widerstand der Luft, und eine fast unmerkliche Drehungskraft noch übrig geblieben sind.

Anmerkung 2. Die Declinations- und Inclinationsnadeln werden entweder,

1) in Gestalt von Pfeilen verfertigt; oder

2) als Parallelepipeden, welche an beiden Enden, der genauen Beobachtungen wegen, geschärft sind; oder

3) in Gestalt von Platten, die von der Mitte aus allmählich an Breite abnehmen, construirt.

Anmerkung 3. Der Grad der Härtung des Stahles ist von bedeutendem Einfluß auf die Stärke und Dauer des U der daraus verfertigten Y; und jedenfalls muß der Stahl so stark als möglich gehärtet werden, damit er die Intensität der ihm ertheilten magnetischen Kraft dauernd behält *).

§. 1241.

Um die D der Y **) zu beobachten, wird (in unsern Gegenden) ihr nördliches Ende leichter als ihr südliches, und zwar in einem solchen Verhältnisse, gemacht, daß Y auf dem Stifte oder an dem Seidenfaden in horizontaler Lage schwebt; und alsdann Y in ein messingenes Gehäuse geschlossen und mit einem Kreise umgeben, der entweder in 360° und in die 4 Weltgegenden, oder (für den Schiffer) in 32 Windstriche, oder (für den Bergbau) in 24 Ganze und Achtelstunden eingetheilt ist. Denn sind bei Y blos die 4 Hauptweltgegenden nebst dem magnetischen Meridiane bemerkt, so heißt sie eine Orientirnadel; ist Y zu genauer Untersuchung über die Richtung in physikalischer Hinsicht bestimmt, so nennt man sie ein Declinatorium; ist aber Y für den Gebrauch der Schiffer eingerichtet, so heißt sie ein Schiffs-Compaß. Auch kann Y als ein sehr brauchbarer Winkelmesser dienen, und wird alsdann eine Boussole genannt.

Anmerkung 1. Ist die an einem Orte stattfindende D bekannt, so kann man aus der Richtung der Y die wahren Weltgegenden finden; und es folgt hieraus, daß vermöge des Schiffs-Compasses C, der Weg des Schiffers geleitet werden kann.

*) Vergl. §. 1236 Anm. 2.

**) Man bemerke, daß in diesem Kapitel, die Magnetnadel ein für allemal durch Y bezeichnet wird.

Anmerkung 2. Der Erfinder des C ist unbekannt; ja man weiß nicht einmal genau, welche Nation die Polarität der Y als Mittel benutzte, eine Richtung im Raume genau zu bezeichnen. Die sichersten Beweise von der Kenntniß und dem Gebrauche des C findet man um 1150; auch wurde C, um 1300, von Flavio Gioja, aus Pasitano bei Amalfi im Königreiche Neapel, nachentdeckt oder verbessert, indem Gioja die Y auf eine Spitze setzte und den C nach den Weltgegenden in 8 Striche eintheilte.

§. 1242.

D ist nicht an allen Orten dieselbe; und in Europa weicht der gegen Norden hin weisende Pol der Y gegen Westen ab.

Auch hat man gefunden, daß D in unsern Gegenden ohngefähr 17° beträgt. Wenn man von Europa aus westlich oder östlich geht, so stellt sich auf beiden Wegen, so weit man fortrückt, eine immer kleinere westliche D mit der einzigen Ausnahme dar, daß sie auf der Westseite jetzt zuerst noch ein wenig zunehmen dürfte. Durch Nordamerika geht ein Strich, der ohngefähr in südöstlicher Richtung am Mexikanischen Meerbusen und Brasilien, in's Atlantische Meer herunter geht, wo D = Null ist, und der die Linie ohne Abweichung heißt. Ein eben solcher Strich läuft in ähnlicher Richtung mitten durch Asien und das ganze Südmeer; und jenseits dieser beiden Striche weicht Y östlich ab; und am stärksten ohngefähr in der Mitte zwischen beiden. Geht man nordwärts mit einiger Abweichung gegen Westen, oder südwärts mit östlicher Abweichung, so verändern sich die Declinationen wenig; und es lassen sich auf einer Erdkugel oder auf einem Planiglob Linien ziehen, in welchen überall eine gleiche D vorkommt. Diese Linien haben ziemlich unregelmäßige Gestalten; und werden die Abweichungslinien genannt.

Anmerkung. Halley*) hat zuerst eine mit den Abweichungslinien versehene sogenannte Abweichungscharte construirt.

§. 1243.

Die an einem und demselben Orte stattfindende D verändert sich mit der Zeit.

*) Ausgesprochen: Häl'li, geb. 1656 gest. 1742.

So war z. B. in Paris die D:

1580	11° 30′	östlich
1666	0° 0′	"
1792—1794	21° 54′	westlich
1798	22° 15′	"
1799	22° 0′	"
1800	22° 12′	"
1801	22° 1′	"
1802	21° 45′	"
1803	21° 59′	"
1804	22° 15′	"
1813	22° 28′	"
1814	22° 34′	"
1816	22° 25′	"
1817	22° 17′	"

und eben so zeigte sich in Berlin die D:

1825 October	17° 40′ 15″	Ost-Westlich	
1828 April	17° 34′ 47,5″	"	"
1831 Juli	17° 23′ 57,2″	"	" u. s. w.

Im 17ten Jahrhundert ging demgemäß der durch Amerika gehende Strich, wo D = Null ist, durch Europa; seit dieser Zeit hat er sich mit westlicher Bewegung von uns entfernt; und so scheinen sich alle Abweichungslinien in dem Zeitraume von einigen Jahrhunderten um die Erde herum zu drehen. Man sieht aber leicht ein, was hieraus für Veränderungen des D an jedem Orte erfolgen müssen. Die westliche D nimmt langsam zu, bis sie eine gewisse Gränze (bei uns 18° — 19°) erreicht hat; fängt alsdann an langsam zurückzugehen, wird zu einer gewissen Zeit = Null, geht dann in östliche D bis zu einer gewissen Gränze über, und rückt hierauf wieder zurück, u. s. w.

§. 1244.

Außer den im v. §. erwähnten großen Veränderungen der D finden auch noch kleinere tägliche statt, welche die **Variationen der Y** genannt zu werden pflegen, und nur mit großen und sehr genauen Nadeln beobachtbar sind.

Anmerkung 1. Man bemerke, daß den Instrumenten, zu Untersuchung der stündlichen Veränderung der D, sehr verbesserte Einrichtungen durch Poggendorf, Riese und Gauß *) zur Seite getreten sind, und daß die letztern den Vorzug großer Genauigkeit in den Angaben besitzen, und die Y von den Störungen, die das dem Beobachter beiliegende F etwa

*) Geboren 1777 in Braunschweig, jetzt Professor zu Göttingen.

auf sie ausüben könnte, unabhängig machen. Poggendorf's Instrument wurde 1826 bekannt; und Gauß war der Erste, welcher die Einrichtung eines sehr zweckmäßigen Reflexionsapparates in Ausführung brachte, u. s. w.

§. 1245.

Bei Weitem das Meiste für die nähere Kenntniß des U überhaupt, und namentlich der jährlichen und täglichen Veränderung der D, ist in den neuesten Zeiten, durch A. v. Humbold und Gauß geschehen. Um stündliche Beobachtungen anzustellen wurde eine Stationslinie errichtet, welche, von Berlin ausgehend, sich bis tief in das Innere von Rußland erstreckte.

Die zu gleichzeitigen Beobachtungen an vorher bestimmten Stunden gewählten Orte waren Freiberg, Berlin, Petersburg, Kasan, Nicolajew u. s. w.; und aus einer Zusammenstellung gleichzeitiger Beobachtungen an diesen Orten hat sich ergeben:

1) daß die täglichen Variationen an den entferntesten Orten auf die nämlichen Tagesstunden fallen. Auch bewies die zu Freiberg 35 Lachter oder 70 Meter tief unter der Erdoberfläche befindliche Y:

2) daß die täglichen Veränderungen der D in einer Tiefe, wo die täglichen Temperaturveränderungen aufhören, eben so wie an der Erdoberfläche geschehen. Nach den in Freiberg gemachten Beobachtungen fällt ferner

3) das Maximum der westlichen D auf 1 Uhr 15 Minuten Nachmittags, und das Minimum auf 8 Uhr 15 Minuten Morgens;

4) Y hat (nach Nr. 3) ihren östlichsten Stand Morgens 8 Uhr 15 Minuten, bewegt sich westlich bis 1 Uhr 15 Minuten Nachmittags, dann wieder rückwärts bis 6 Uhr 30 Minuten Abends, wo fast allezeit ein kleiner Stillstand eintritt; geht hierauf wieder östlich, bis um 1 Uhr 15 Minuten Morgens das Minimum ihrer westlichen D genau wieder erreicht wird, u. s. w.

5) die in der Nacht stattfindenden Veränderungen sind geringer als die am Tage sich zeigenden; indem sie

mehr einem Stillstande gleichen und daher oft gar nicht bemerkbar sind;

6) die um 1 Uhr 15 Minuten Nachmittags eintretende Zeit des Maximums der westlichen D hängt nicht von den Jahreszeiten ab.

7) die Zeit des Minimums ist in den verschiedenen Jahreszeiten verschieden, und tritt im Sommer früher als im Winter ein;

8) die Größe der Veränderung ist im Sommer bedeutender als im Winter.

Anmerkung 1. Man bemerke, daß der Akademiker Kupffer aus Petersburg den Erdbeben und vulkanischen Ausbrüchen nicht blos einen vorübergehenden, sondern auch einen bleibenden Einfluß auf die D und J der Y zuschreibt; und daß, nach Fischers Erfahrungen, die Intensität der Y vorüber gehend durch Gewitter, und namentlich durch Donner und Blitz, eine Schwächung erfährt.

Auch übersehe man nicht, daß manche Felsen, vermöge ihres Eisengehaltes, eine bedeutende ablenkende Wirkung auf Y ausüben; und daß besondere Umstände des Ortes und der Zeit, und vornehmlich Gewitter, Sturm, Nord- und Ostwinde, plötzliche Wetterveränderungen, Nordlichter, vulkanische Ausbrüche und Erdbeben, die Y oft in ihrem natürlichen Stande und Gange etwas stören.

Anmerkung 2. Je geringer im Allgemeinen die Breite eines Ortes ist, desto kleiner werden die täglichen Oscillationen der Y befunden.

Anmerkung 3. Cassini hat aus seinem von 1783—1788 gemachten Beobachtungen folgendes Gesetz ableitet. Die westliche D wächst vom Januar bis gegen den April. Gegen Anfang April's wird aber Y rückgängig und die D nimmt bis zur Sommersonnenwende ab. Nun geht Y wieder nach Westen und findet sich gegen den Anfang Octobers ohngefähr da, wo sie im Anfang Mai's war. Nach dem October schreitet Y nach Westen fort, beschreibt aber keine so großen Bogen mehr, und erreicht gewöhnlich in diesen letzten 3 Monaten das Maximum ihrer westlichen D. Hieraus scheint es aber, als übe der Stand der Sonne in der Ekliptik einen Einfluß auf den Gang der Y aus, indem Y zwischen der Frühlings-Nachtgleiche und der Sommer-Sonnenwende zurückgeht, während sie in der übrigen Zeit in der Regel nach Westen fortrückt; und da der Bogen, welchen sie in diesen letzten 9 Monaten durchläuft, viel größer ist als der, um den sie in den 3 ersten zurück weicht, so entsteht daraus eine Zunahme der westlichen D.

Anmerkung 4. Y hat (mehreren Beobachtungen zufolge) in den kältesten Monaten ihren westlichsten Stand, geht bei zunehmender Wärme etwas nach Osten, und kehrt zu dieser Zeit, wo die jährliche Temperatur ihr Maximum erreicht, wieder nach Westen zurück.

§. 1246.

Um die J*) der Y zu beobachten, wird ein auf beiden Seiten zugespitzter Streifen Stahl von einigen Zoll Länge, genau in seinem Schwerpunkte durchbohrt, und in dem Loche eine kurze Axe befestigt, welche sich in zwei äußerst feinen cylindrischen Spitzen endigt, die auf zwei sorgfältig polirten Unterlagen von Stahl sich befinden. Y wird auf einem Gestelle so befestigt, daß sie eine freie lothrechte Bewegung um ihre Axe machen kann; und da sie sich um ihren Schwerpunkt dreht, so muß sie, vor dem Magnetisiren, in jeder Lage stille stehen, weil sie nach demselben ihr nördliches Ende, in unsern Gegenden, sehr tief herabsinken läßt**). Um J zu messen wird ein genau eingetheilter Gradbogen am Gestelle angebracht; doch hat die genaue Ausarbeitung einer solchen Y große Schwierigkeiten, weil die Kraft, wodurch Y in die bestimmte Richtung der magnetischen Anziehung gegen den Horizont gezogen wird, äußerst schwach ist, und daher durch den geringsten Widerstand gestört werden kann. Auch beim Gebrauche eines solchen Instrumentes V hat man nicht allein mit seinen Mängeln selber, sondern mit eigenen Schwierigkeiten der Beobachtung zu kämpfen. So muß z. B. V so gestellt werden, daß die vom Mittelpunkte der Axe ausgehende gerade Linie durch den untersten Theilpunkt des Gradbogens bei allen Lagen, welche man dem V geben mag, genau rechtwinkelig auf dem Horizonte bleibt. Da man Y, und also auch den Radius des Gradbogens, nie sehr lang nehmen, auch keinen Nonius***) an-

*) d. h. die Inclination, oder Neigung.

**) Vergl. §. 1240.

***) Der Nonius oder Vernier (nach dem Erfinder so benannt, für welchen Einige den Franzosen Vernier um 1630, und Andere den Portugiesen Nunnez oder Nanius gest. 1577 ausgeben) ist ein Instrument, welches bei Theilungen den Werth von Bruchstücken angiebt, die zwischen 2 nächsten Theilstrichen liegen. Denn denkt man sich, auf dem Lineal l, 11 Zoll in 12 gleiche Theile getheilt, so ist jeder dieser Theile $= \frac{11}{12}$ Zoll = 11 Linien; und ist nun l längs eines andern, in Zolle getheilten, Lineals verschiebbar, so folgt, daß, wenn sein erster Theilstrich mit einem Zollstriche zusammenfällt, der zweite von einem zweiten Zollstriche um eine Linie, der dritte um zwei Linien u. s. w. absteht, und daß man durch bloße Verschiebung im Stande ist, Linien, welche über die ganzen Zolle herausfallen, anzugeben, ohne nöthig zu haben, letztere mühsame Unterabtheilungen auf dem Maaßstabe selber auszuführen. Auf eine ähnliche Art bringt man diese Einrichtung bei Kreistheilungen, Quadraten u. s. w. an, indem man z. B. 9 Minuten auf einem solchen verschiebbaren Nonius in 10 gleiche Theile theilt, u. s. w.

bringen kann, so hat eine genaue Beobachtung der J. große Schwierigkeit. Auch ist es klar, daß V, während der Beobachtung, von allem F u. s. w. entfernt bleiben muß.

Anmerkung 1. Ist die Inclinationsnadel zu genauer Untersuchung in physikalischer Hinsicht bestimmt, so wird dieselbe ein Inclinatorium genannt. (Vergl. §. 1241)

Anmerkung 2. Man bemerke, daß Scoresby zur Bestimmung der J den sogenannten Magnetimeter angab, und daß Weber eine Methode bekannt machte, die J mit einer in horizontaler Ebene drehbaren Boussole zu messen. Die von Weber vorgeschlagene Vorrichtung wird aber das Inductions-Inclinatorium genannt.

§. 1247.

J ist an verschiedenen Orten der Erde E noch verschiedener als D, und beträgt in Berlin ohngefähr 68°. Entfernt man sich von da nördlich so bemerkt man eine Zunahme der J; und in den gänzlich unbekannten Nordküsten von Amerika eine Stelle wo Y senkrecht steht, und die der magnetische Nordpol genannt zu werden pflegt. Geht man von Berlin östlich oder westlich, so finden sich Oerter, welche dieselbe J besitzen; und verbindet man diese Oerter durch eine Linie, so bildet sich ein nicht sehr regelmäßig um E laufender Gürtel, welcher der magnetische Aequator genannt zu werden pflegt. Er ist kein Kreis, sondern eine unregelmäßige krumme Linie (Fig. 229), welche den geographischen Aequator in 4 Punkten durchschneidet. Jenseits dieses magnetischen Aequators neigt sich die Südspitze der Y gegen den Horizont desto stärker, je weiter man südlich fortgeht; und östlich unter Neu-Seeland ohngefähr in einer Entfernung von 35° bis 40° vom Südpol ist im stillen Meere wieder einer Gegend, wo Y auf der Horizontalebene senkrecht steht, und die der Südpol S heißt. Eine die beiden Pole verbindende gerade Linie wird aber die magnetische Axe genannt *).

Anmerkung 1. Man bemerke, daß die Lage des magnetischen Nordpols von Biot und Humbold in 79° 1′ 4″ nördlicher Breite, und

*) Man bemerke, daß derjenige größte Kreis von E, auf dessen Ebene die magnetische Axe senkrecht steht, eigentlich der magnetische Aequator genannt werden müßte; und daß man vielen Fällen auch wohl diejenige Horizontallinie, welche den magnetischen Meridian an irgend einem Orte rechtwinkelig durchschneidet, mit dem Namen des magnetischen Aequators belegt.

30° 2′ 5″ westlicher Länge von Paris *); von Lalande in 77° nördlicher Breite und 110° westlicher Länge von Paris; von Hansteen (im Jahre 1830) in 69° 30′ nördlicher Breite und 87° 19′ westlicher Länge von Greenwich; von Parry auf seiner dritten Nordpol-Expedition bei 70° nördlicher Breite und 90° westlicher Länge von Greenwich; und vom Capitän Roß (vermöge seiner in den Polargegenden 1829—1833) gemachten Beobachtungen in 70° 5′ 7″ nördlicher Breite und 96° 45′ 18″ westlicher Länge von Greenwich angegeben worden ist.

Anmerkung 2. Man hat Inclinationskarten nach Art der Declinationskarten zu zeichnen versucht, worauf die magnetischen Parallelkreise, etwa von 10 zu 10°, dargestellt sind. Wilke unternahm dies zuerst; doch wurde vom Professor Hansteen in Christiania eine viel genauere Karte construirt.

§. 1248.

Da J und D von der nämlichen Kraft herrühren, D aber mit der Zeit an demselben Orte sich verändert, so ist auch J veränderlich; obgleich die bisherigen Beobachtungen auf eine viel geringere Veränderlichkeit derselben zu deuten scheinen.

So war z. B in Paris die J:

1798	69° 51′
1806	69° 12′
1810	68° 50′
1812	68° 42′. u. s. w.

und eben so zeigte sich in Berlin die J:

1812		69° 15′ 37″
1824	Novbr.	68° 50′ 45″
1826	Novbr.	68° 45′ 45″
1828	April	68° 37′ 53″
1831	Mai	68° 14′ 3″
1832		68° 16′ u. s. w.

Anmerkung. Kupffer gelangte durch seine Messungen zu Petersburg zu folgenden Resultaten:

1) Die J ist um 10 Uhr Morgens größer als um 10 Uhr Abends; und sie erreicht im ersten Momente ihr Maximum und im zweiten ihr Minimum. Die Stunde des Maximums ist beständiger als die des Minimums, welche zuweilen, und besonders im Sommer, schon um 5 Uhr des Nachmittags eintritt.

---

*) Man bemerke vorläufig, daß der Abstand eines Ortes O vom geographischen Aequator seine geographische Breite heißt, und daß man nördliche oder südliche Breite unterscheidet, je nachdem O in der nördlichen oder südlichen Halbkugel liegt. Auch merke man sich, daß man unter der geographischen Länge des O denjenigen sphärischen Winkel versteht, unter welchem der Meridian des O den Meridian eines andern, worauf die Länge bezogen werden soll, durchschneidet; und da nun der zwischen den beiden Meridianen liegende Bogen des Aequators, das Maß des sphärischen Winkels ist, so folgt, daß er auch zur Bestimmung der geographischen Länge gebraucht werden kann.

2) Die tägliche Variation der J ist im Sommer größer als im Winter, wo sie fast verschwindet.

3) Obgleich die J in Petersburg im Allgemeinen abnimmt, so wächst sie doch vom December bis gegen den Mai, so daß sie 4 Monate zu- und acht Monate abnimmt, u. s. w.

§. 1249.

Aus v. Humbold's Versuchen ergiebt sich, daß eine Inclinationsnadel Y in Paris in 10 Minuten 245, und in Peru 211 Schwingungen, während derselben Zeit vollbringt; und daß also die Wirkung der Erde E auf Y am erstern Orte größer als am letztern ist. Bei dem Pendel findet etwas ähnliches statt; nur ist bei ihm die Schwere und bei Y der Erdmagnetismus die bewegende Kraft. Da aber nun die Größen der bewegenden Kräfte sich hier und dort wie die zweiten Potenzen der Schwingungszahlen verhalten, so verhält sich die Intensität Z des Erdmagnetismus zu Paris, zu der zu Peru, wie $211^2 : 245^2$ oder wie 44521 : 50025, und also beinah wie 9 : 10. Aus diesen und ähnlichen Versuchen geht aber hervor: daß die magnetische Kraft der E, oder die Z, vom Aequator nach beiden Polen hin wächst. Das Vorhandensein periodischer Schwankungen der Z ist durch mehrere Beobachtungen ermittelt worden; auch ist schon entschieden, daß dieselbe, eben so wie D und J, tägliche Perioden, wenn gleich mit geringen Differenzen, unterworfen sei. Nach Hansteens Beobachtungen nimmt Z im Allgemeinen ab vom Morgen bis gegen 11 Uhr, wächst darauf bis gegen 4 Uhr Nachmittags im Winter, und 6 — 8 Uhr im Sommer; auch findet ihr absolutes Maximum im Januar und ihr Minimum im Juli statt. Nach Rieß und Moser hat die horizontale Z etwa Morgens zwischen 7 und 9 Uhr ihren kleinsten und 12 Stunden später ihren größten Werth erreicht.

Anmerkung 1. Bei der Vergleichung der Z an verschiedenen Orten der Erde, betrachtet man diejenige Z als Einheit, welche v. Humbold auf dem magnetischen Aequator für Peru fand.

Anmerkung 2. Die Linien gleicher Z heißen isodynamische Linien. Die kleinste Z wurde von Erman = 0, 75 ermittelt, und weicht wahrscheinlich nur wenig vom absoluten Minimum ab. Hansteen glaubt, das kleinste Minimum der Z möge im Meridiane der Capstadt liegen und 0, 8 betragen. Auch macht er auf den Umstand aufmerksam, daß die Z im Ganzen genommen auf der nördlichen Halbkugel größer als auf der südlichen sich zeigt.

Anmerkung 3. Um die horizontalen Schwingungen ein und derselben Nadel zum Vergleich des Erdmagnetismus an verschiedenen Orten zu gebrauchen, darf man die wagrechte Lage nicht durch ein Laufgewicht bewirken, weil dies Verfahren das Moment der bewegten Masse verändert. Biot räth, zu diesem Zwecke einen kleinen papiernen Hut wagerecht an einem Faden aufzuhängen, und auf diesen die Nadel zu legen, u. s. w.

Anmerkung 4. Da die Beobachtungen der Inclinationsnadeln weit größere Schwierigkeiten als die der Declinationsnadeln verursachen, so ist es sehr vortheilhaft zu zeigen, wie aus der Zahl der von einer Declinationsnadel vollbrachten Schwingungen, die Anzahl derer durch Rechnung gefunden werden können, welche dieselbe Nadel als Inclinationsnadel, an diesem Orte vollbringt.

Ist demgemäß (in Fig. 230) ab eine im magnetischen Meridiane aufgehangene horizontale Magnetnadel, deren Nordpol in a sich befindet; bezeichnet aq die Richtung und Größe der Kraft K, womit a gegen E gezogen wird; und zieht man aus a die horizontale ap und die vertikale pq, und construirt das Rechteck apqu, so ist K in die horizontale Kraft ap = H, und in die vertikale au = V zerfällt. Letztere wird durch das etwas größere Gewicht des Armes cb außer Thätigkeit gesetzt, so daß die Schwingungen der ab nur von der Kraft ap = H abhängen. Da ferner ∠ paq = i die als anderweitig bekannt vorausgesetzte Inclination der ab, und ap : aq = H : K = Cos i : 1 ist,

$$\text{so ergiebt sich } \operatorname{Cos} i : 1 = s^2 : S^2,$$

$$\text{oder } S = \frac{s}{\sqrt{\operatorname{Cos} i}},$$

wenn die Zahl, der von ab in einer bestimmten Zeit vollbrachten horizontalen Schwingungen, durch s, und die Zahl derer, welche ab als Inclinationsnadel vermöge der Kraft K machen würde, durch S bezeichnet wird.

Auf der Gleichung ap : au = H : V = 1 : Tg i,
beruht aber eine Methode von Laplace die J durch bloße Schwingungen zu ermitteln. Dann stellt man eine gute Inclinationsnadel Y so, daß die Bewegungsebene den magnetischen Meridian rechtwinklig durchschneidet und Y vertikal steht, so wird sie blos durch die Kraft Y getrieben, und H außer Thätigkeit gesetzt. Zählt man aber nun, wie viel Schwingungen sie in einer bestimmten Zeit macht; setzt diese Anzahl = α; bringt hierauf Y in den magnetischen Meridian, legt ein kleines Gewicht auf den südlichen Arm, so daß sie horizontal schwebt; zählt wieder, wie viel Schwingungen sie in derselben Zeit vollzieht, und setzt diese Anzahl = β, so ist $W^2 : N^2 = 1 : \operatorname{Tg} i$, und also:

$$\operatorname{Tg} i = \left(\frac{\alpha}{\beta}\right)^2.$$

Anmerkung 5. Man wird leicht einsehen, daß von der in v. Anmerk. angegebenen Methode eine genügende Genauigkeit wohl schwerlich erwartet werden darf.

§. 1250.

Biot und Gay-Lussac haben bei einer Luftfahrt die Beobachtung gemacht, daß die magnetische Kraft K, bis zu einer Höhe von 3532 Toisen, dieselbe Stärke wie an der Erdoberfläche besaß.

Kupffer fand aber später bei seinen Untersuchungen im Caucasus, auf der Spitze des 15400 Fuß hohen Elbrus eine merkliche Verminderung der K.

Anmerkung 1. Für die Richtigkeit des durch Kupffer erhaltenen Resultates entscheidet der Umstand, daß die Temperaturen an der Erdoberfläche in den bedeutenden Höhen, wo die Messungen von Biot angestellt wurden, wegen ihrer großen Ungleichheit, einen Unterschied der Schwingungszeiten bewirken mußten; und zwar einen solchen, welcher eine Vermehrung der Intensität angezeigt haben würde. Da dieser aber nicht wahrgenommen wurde, so liegt hierin ein Beweis, daß der Einfluß der Temperatur, durch die Abnahme der Intensität, compensirt worden ist.

Anmerkung 2. Forbes hat durch Berechnung aus seinen größtentheils auf den Alpen angestellten Versuchen zu finden geglaubt, daß mit 3000 Fuß Erhöhung über die mittlere Höhe des Meeres in der Intensität des Erdmagnetismus nur eine Verminderung von $\frac{1}{1000}$ erfolge.

§. 1251.

Es ist bereits erwähnt worden, daß die anziehenden und abstoßenden Kräfte der magnetischen Materie sich wie die magnetischen Intensitäten verhalten, und daß die Wirkungen der Anziehungen eines M eben so abnehmen, wie die zweiten Potenzen der Entfernungen wachsen.

Coulomb hat aber das zuletzt erwähnte Gesetz auf folgende Weise außer Zweifel gesetzt.

Er brachte eine kleine Y von 1 Zoll Länge aus dem magnetischen Meridian, um sie horizontal schwingen zu lassen; und fand, daß sie in 1 Minute 15 Schwingungen machte. Nun ist aber 15^2 oder 225 der Ausdruck für die Wirkung des Erdmagnetismus auf Y.

Nun wiederholte er denselben Versuch mit dem Unterschiede, daß er einen dünnen magnetisirten Draht von 25 Zoll Länge ihr senkrecht und so entgegen hielt, daß dem einen Pole der Y der ungleichnamige Pol des Drahtes zugekehrt war. Das eine Mal war dieser Pol von dem nächsten des Y um 4 Zoll, und das andere Mal um 8 Zoll entfernt; und im ersten Falle machte Y in 1 Minute 41, und im zweiten 24 Schwingungen.

Die wirkenden Kräfte verhielten sich also wie $41^2 : 24^2$ oder wie 1681 : 576; und wurde jetzt von jeder dieser Zahlen 225 abgezogen (welche die Kraft des Erdmagnetismus ausdrückte), so verhielten sich die Anziehungen des Drahtes, wie 1456 : 351, oder beinah wie 4 : 1. Da aber die Entfernungen des anziehenden Poles sich wie 4 : 8 oder wie 1 : 2 verhielten, so ging das oben erwähnte Gesetz mit hinreichender Genauigkeit hervor.

Dritte Abtheilung.

Von einigen Erregungsarten des Magnetismus.

§. 1252.

U wird im Eisen oder Stahle erregt:

1) **mittelst eines natürlichen oder künstlichen M;**

2) **mittelst des gewöhnlichen F;**

3) **durch die bloße Einwirkung der Erde;**

4) **durch gewöhnliche E.**

In der fünften Abtheilung dieses Kapitels ist noch oon einigen andern Erregungsarten des U die Rede; und in den folgenden §§. dieser Abtheilung wird das in 1 — 4 Gesagte folgendermaßen auseinander gesetzt.

§. 1253.

Man weiß, daß U **durch die bloße augenblickliche Berührung des F mit M, oder durch die bloße Nähe des letztern entsteht.** Damit aber F nach seiner Trennung von M den U behält, muß es eine längere Zeit mit M in Berührung bleiben; und um einen stärkern und fortdauernden U in F zu erregen, bedient man sich der Reibung, welche als eine abwechselnde und oft wiederholte Berührung verschiedener Punkte des F mit verschiedenen Punkten des M sich zeigt.

Anmerkung 1. Man bemerke, daß (nach §. 1236 Anmerk. 2) U desto leichter erregt wird, je weicher F ist, daß aber F im letztern Falle den erhaltenen U mit großer Leichtigkeit wieder verliert.

Auch merke man sich, daß M, durch die im F stattfindende Erregung des U, nichts von seiner Kraft verliert, sondern gewinnt, weil der neue Magnet ebenfalls magnetisirend auf M einwirkt.

Anmerkung 2. Ueber die durch Berührung stattfindende Magnetisirung bemerke man Folgendes:

Wird (in Fig. 231) der kurze eiserne Stab ns dem starken Magneten NS genähert, so erhält (nach §. 1236) das dem Pole S genäherte Ende n den ungleichnamigen und das entfernte Ende s den gleichnamigen Pol.

Ist aber n' s' beträchtlich lang, so zeigt sich, hinter einem gewissen Punkte c, der mit S gleichnamige Zustand, in einer noch größern Entfernung der ungleichnamige, u. s. w. Auch besitzt n' s' noch mehrere Pole in seiner Länge; und die Punkte, wo sich diese Abwechselungen zeigen, werden die Folgepunkte genannt. Die Kraft eines solchen Stabes, sich in die einem Magneten entsprechende Lage zu stellen, ist viel schwächer als bei einem andern, dessen eine Hälfte blos + M, und dessen andere — M besitzt; und man muß deshalb, beim Anfertigen der Magnetnadeln, die Folgepunkte vermeiden, d. h. das Auseinandertreten des + M und — M vollkommen bewirken.

Anmerkung 3. Jede Y*) (wie F und der Stahl überhaupt) ist nur eines gewissen Grades des U fähig, der nicht überschritten werden kann, so stark auch M ist, womit man magnetisirt. (Vgl. §. 1236 Anm. 2.)

§. 1254.

Die Magnetisirung durch Reibung besteht darin, daß man entweder:

1) Zur Reibung eines Eisen- oder Stahlstabes nur einen Pol des M in derselben Zeit gebraucht; oder

2) zwei Pole gleichzeitig anwendet; oder

3) mehrere in ein Quadrat gelegte Stäbe zugleich magnetisirt.

Die erste Art zu magnetisiren wird der einfache, die zweite der doppelte, und die dritte der Kreisstrich genannt.

§. 1255.

Der einfache Strich besteht am Zweckmäßigsten in folgendem Verfahren.

Man setze (in Fig. 232) den Magneten NS mit einem Nordpole N auf die Mitte des zu magnetisirenden Eisens ns, ziehe ihn in der Richtung von N nach s auf ns bis zu Ende fort, bringe hierauf NS durch einen Umweg wieder in die erste Lage, und wieder-

*) Vergl. §. 1241 Note (**).

hole das Streichen auf dieselbe Art öfters. Kehrt man aber nun NS um, setzt seinen Südpol S auf die Mitte des ns, und streicht die zweite Hälfte in der entgegengesetzten Richtung von S gegen n eben so oft wie die erste, so wird in ns ein bedeutender U erzeugt.

Anmerkung 1. Nach Biot's Angabe ist die Mittheilung des U durch's Streichen wirksamer, wenn man NS unter einem Neigungswinkel von 10 — 12° gegen ns hält, als wenn man ihn ganz auf dasselbe legt. Auch ist es nicht nöthig NS an ns zu drücken; und bei allen Arten von Mittheilung existirt das (schon bekannte) Gesetz, daß die einander zuletzt berührenden Stellen freundschaftliche, d. h. ungleichnamige, Pole werden.

Aus diesem Grunde geht (in Fig. 232) in n der Nord- und in s der Südpol des neuen M hervor.

Anmerkung 2. Professor Keil aus München hat sehr starke Magnete angefertigt.

§. 1256.

Der Doppelstrich besteht in folgendem Verfahren:

1) Man stelle (in Fig. 233) zwei Magnete in schiefer Richtung auf die Mitte des zu magnetisirenden Stabes sn und zwar so, daß ihre ungleichnamigen Pole neben einander stehen, bewege sie dann in entgegengesetzten Richtungen (von der Mitte bis gegen die Enden), und wiederhole dies öfters.

2) Man stelle (in Fig. 234) die ungleichnamigen Pole zweier starken Magnete, etwas von einander entfernt, auf die Mitte des zu magnetisirenden Stabes ab, bewege sie auf demselben zuerst in der Richtung ab, alsdann in der entgegengesetzten ba jedoch so, daß sie nie aus den Enden des ab kommen, wiederhole dies mehrmals, führe sie beim letzten Striche nur bis in die Mitte des ab und hebe sie von hier weg.

Bei dieser Verfahrungsweise kann man statt zweier Magnete bequem einen künstlichen hufeisenförmigen Magnet anwenden, indem auch hier die beiden ungleichnamigen Pole neben einander liegen. Diese Pole werden aber nun (wie in Fig. 235) auf die Mitte des ab gestellt, und auf die bereits angegebene Weise bewegt.

Anmerkung. Beim Magnetisiren der Magnetnadeln wird folgendes Verfahren angewandt:

Man lege zwei starke Magnetstangen in derselben Richtung, und zwar so hinter einander, daß ihre freundschaftlichen Pole sich berühren, und lege über dieselben die zu magnetisirende Nadel dergestalt, daß die eine Hälfte über das Nordpol=Ende des einen, die andern über das Südpol=Ende des andern Magneten kommt; und ziehe die beiden Stangen nach entgegengesetzten Richtungen auseinander.

§. 1257.

Der Kreisstrich besteht in folgendem Verfahren: Man bringe (in Fig. 236) vier Eisen= oder Stahlstäbe in die Form eines Quadrats, und führe (wie beim Doppelstriche) die zwei ungleichnamigen Pole zweier nahen Magnete von dem einen Stabe zum andern, und so mehrmals herum.

Anmerkung 1. Der im §. 1255—1257 durch das Bestreichen des M in einer Eisen= oder Stahlstange erregte U wird durch ein Bestreichen in entgegengesetzter Richtung wieder zerstört.

Anmerkung 2. Bei dem in §. 1256 angegebenen Verfahren wird auch rückwärts gestrichen, weil dieser Hin= und Hergang das zu magnetisirende F zur Annahme eines stärkern U geeignet macht, und die Magnete zuletzt von der Mitte des Stabes weggenommen werden.

Anmerkung 3. Die in §. 1255—1257 gebrauchten Magnete erleiden (der Erfahrung zufolge) keinen Verlust an ihrer Kraft.

§. 1258.

Die künstlichen Magnete haben verschiedene Gestalten. Sind sie nach Art eines Hufeisens gekrümmt, so kann man ohne Weiteres ein weiches Stück F, ihnen anlegen, das nun durch die beiden Pole die Last tragen wird; sind es parallelepipedische Stäbe, so legt man zwei, in parallelen Richtungen, in einen hölzernen Kasten mit den ungleichnamigen Polen so neben einander, daß sie durch einen hölzernen Stab getrennt sind, und bringt an jedes Plattenpaar einen eisernen Stab, welcher die ungleichnamigen Pole mit einander verbindet. Um Magnete von beträchtlicher Stärke zu erhalten legt man mehrere einfache magnetisirte Stäbe in der Richtung ihrer Pole neben einander, und verbindet sie mit einem eisernen Stabe. Stellt man mehrere Magnetbündel in einer kleinen Entfernung neben einander, und verbindet ihre obern und untern Pole (die immer ungleichnamig sein müssen) mittelst eines Stückes weichen Eisens, so erhält man ein sogenanntes magnetisches Magazin. Knight verfertigte ein solches Magazin aus zwei großen Parallelepipeden, wovon ein jedes aus 240 funfzehn Zoll langen stark magnetisirten Stahlstäben bestand und ein Gewicht von 500 Pfund besaß. Er machte damit jedweden Stahl sogleich zu einem M, und kehrte die Pole aller künstlichen und natürlichen Magnete augenblicklich um.

Anmerkung. Zwei mit ihren ungleichnamigen Polen zusammengebrachte Magnete tragen gemeinschaftlich so viel, als die Summe der Gewichte beträgt, die jeder einzeln getragen haben würde.

§. 1259.

Wenn man den Eisenstab B auf eine harte Unterlage legt, und ihn mehrere Mal in derselben Richtung und auf entgegengesetzten Oberflächen durch irgend ein sehr gewichtiges F bestreicht, so wird B magnetisirt. Eben so wird das weiche F, durch Schlag, Stoß, Hämmern, Bohren, Feilen u. s. w. zum M.

So sind z. B. die stählernen Werkzeuge, womit F gefeilt oder gehämmert wird, bisweilen magnetisirt; und eben so erhält eine eiserne Stange öfters Polarität, wenn sie einigemal vom obern Theile gegen den untern mit einem eisernen Hammer gehämmert wird. Wenn man einen, etwa 15 Zoll langen und 2—3 Linien dicken Draht von weichem F einigemal an dem einen Ende durch Hammerschläge quetscht oder ihn in eine Oeffnung steckt, und ihn so lange biegt oder dreht bis er abbricht, so zieht er Eisenfeile an, u. s. w.

Alle diese Verfahrungsarten, sowie auch das Ablöschen des glühenden F fallen jedoch eigentlich der Wirkung des Erdmagnetismus anheim, indem sie unwirksam sind, wenn man den zu magnetisirenden B in der auf dem magnetischen Meridian senkrechten Richtung einer solchen Behandlung unterwirft; sie sind um so wirksamer, je näher die Lage des B in die Richtung der J und D fällt; und es bildet hierbei das nach unten gehaltene Ende stets den Nordpol und das oben gehaltene den Südpol des B. Jene mechanische Operationen dienen also nur dazu, dem weichen F, welches sonst den durch die Erde in ihm erregten U (sobald es aus seiner Lage kommt) nicht festzuhalten vermag, so viel Coercitivkraft zu ertheilen, daß es auch nach der Entfernung aus seiner Lage, einen bleibenden M darstellt.

§. 1260.

Um in B, ohne Beihülfe des M nur durch eine bestimmte Lage den U zu erregen, legt man B am Besten parallel mit der Axe einer Inclinationsnadel in den magnetischen Meridian.

Man findet aber B nach einigen Sekunden magnetisirt; und zwar so, daß, in unsern Gegenden, sein unteres Ende als N und sein oberes als S sich zeigt. Der hier sich ergebende U, welcher derjenige der Lage heißt, kommt aber dem B, wegen seines Mangels an Coercitivkraft, nicht dauernd zu; es sei denn, daß man dem B, während seiner Lage, eine solche Coercitivkraft ertheilte, daß hierdurch der U der Lage fixirt werden kann. Dies geschieht z. B. dadurch, daß man dem B, so lange er in der vorhin erwähnten Lage gehalten wird, mit einem Hammer an seinem obern Ende einige Schläge versetzt, oder ihn auf einen harten Körper fallen läßt, u. s. w. — Sollen die Erscheinungen recht bemerkbar werden, so muß B einige Fuß lang sein; und wird ein solcher Stab, welcher an dem einen Ende + M und an dem andern — M erhalten hat, umgekehrt, so werden die Pole, in Bezug auf diese Enden, ebenfalls verwechselt.

Anmerkung 1. Man hat bemerkt, daß eiserne Stangen, welche lange senkrecht oder auch so standen, daß ihr oberes Ende etwa um einen Winkel von 20° nach Süden überhing (z. B. die eisernen Kreuze auf den Kirchthürmen) auf die in diesem §. angegebene Weise magnetisirt sich zeigten; und zwar so, daß ihr unteres Ende den N und ihr oberes den S erhielt. Diese Wirkung wäre aber nur vorübergehend, wenn nicht das F, woraus diese Stangen u. s. w. bestehen, durch das bei der Bearbeitung stattfindende Hämmern, und selbst durch die lange fortgesetzte Einwirkung der Luft, zumal an ihrer Oberfläche, in einen starren Zustand versetzt worden wäre.

Anmerkung 2. Hansteen hat gefunden, daß Y, nahe an der Erdoberfläche auf der nördlichen Seite eines Baumes, Pfahles u. s. w. eine größere Anzahl Schwingungen in einer bestimmten Zeit als auf der südlichen Seite desselben macht, daß Y umgekehrt auf der südlichen Seite des obern Ende des Baumes u. s. w. geschwinder als auf der nördlichen schwingt: und daraus gefolgert:

1) daß in diesen Gegenständen eine schwache magnetische Polarität existirt;

2) daß sie den N unten und den S oben besitzen; und

3) daß jeder Theil des Erdbodens an der allgemeinen Vertheilung des U jedoch in bedeutend schwächerm Grade als das Eisenerz u. s. w. Antheil nimmt.

§. 1261.

In §. 1071 wurde F und der Stahl durch einen elektrischen Schlag magnetisirt; und in gegenw. §. wird eine ähnliche Magnetisirung auf folgende Weise bewerkstelligt.

Man winde (in Fig. 237 und 238), um die beiden 2—3 Zoll langen Stücke abce einer Barometerröhre, den dünnen Draht fg (etwa eine Claviersaite u. s. w.) schraubenförmig, bei der einen Röhre Rechts, bei der andern Links; und zwar so, daß die Enden des fg an beiden einige Zolle überstehen. Nun lege man in jede Röhre ein ohngefähr eben so langes Stück Draht hi von Eisen oder Stahl, und gebe ihm (etwa durch umwickeltes Papier) nur soviel Festigkeit, daß es nicht herausfällt. Hält man aber jetzt das eine Ende g des fg gegen den Conductor einer Elektrisirmaschine, während am andern Ende f eine Ableitung sich befindet, oder entladet man eine Verstärkungsflasche vermittelst des fg, so wird hi in jedem Falle magnetisirt; und zwar so, daß (in Fig. 237) i = — M, und (in Fig. 238) i = + M bekommt, wenn die einströmende E positiv ist; daß aber in den eben erwähnten Figuren i = + M und i = — M erhält, wenn die einströmende E als negativ sich zeigt.

Anmerkung. Der in gegenw. §. angegebene Erfolg ergiebt sich auch durch den Galvanismus, wenn man fg zum Leitungsdrahte zwischen dem Zink- und Kupferpole macht.

§. 1262.

Morichini in Rom fand 1812, daß das violette Licht des prismatischen Farbenbildes in Bezug auf die Erregung des U als wirksam sich zeigte *). Er nahm nämlich 2 Nadeln, ließ die eine 30 und die andere 45 Minuten lang, von ihrer Mitte aus gegen die Spitze hin, mit dem violetten Lichte gleichsam bestreichen, und fand beide in hohem Grade magnetisirt.

Bei Wiederholung der Versuche Morichini's durch andere Physiker wurden jedoch nur wechselnde und negative Resultate erhalten. Nach Lady Sommerville **) gelingen aber diese Versuche, wenn man nicht die ganze Nadel der Wirkung der violetten Lichtstrahlen aussetzt, sondern nur die Hälfte derselben, welche den

*) Vergl. §. 977 Note (*).

**) Ausgesprochen: Söm-merwill.

N erlangen soll, weshalb die andere mit Papier bedeckt werden muß. Bei dieser Vorsicht wird die Nadel in einigen Stunden magnetisirt.

Die blauen und grünen Strahlen des Farbenbildes äußern eine gleiche Wirkung wie die violetten, jedoch in einem mindern Grade; die gelben, orangefarbenen und rothen Strahlen sind aber wirkungslos.

Baumgartner fand, daß eine Stahlnadel von der Dicke einer gewöhnlichen Stricknadel, wovon eine oder mehrere Stellen polirt und die andern oxydirt waren, an jeder polirten Stelle einen N und an jeder oxydirten einen S erhielt, wenn man sie dem directen und weißen Sonnenlichte aussetzte, so daß die Nord- und Südpole in beliebiger Anzahl und an beliebigen Stellen darstellbar waren. Bei der gewöhnlichen Intensität des Sonnenlichtes fordert dieser Versuch mehrere Stunden; bei Verdichtung desselben durch eine Linse reichen aber wenige Minuten dazu hin. Auch hängt diese Methode, wie die vorige, nicht von der Richtung des magnetischen Meridianes ab.

§. 1263.

In gegenw. Abtheilung wurde blos eine Vertheilung des U in Stäben, Nadeln und Drähten vorausgesetzt und Mittel zu ihrer Erzeugung angegeben, wo die beiden magnetischen Pole nach der Längenrichtung dieser Körper auseinander getreten sind. Man kann jedoch, durch gewisse Verfahrungsweisen, auch eine solche Vertheilung hervorbringen, daß die Pole in der Richtung der Quere des Stabes auseinander treten; und ein so magnetisirter Stab wird ein Transversalmagnet genannt.

Schon Beccaria stellte solche Magnete dadurch dar, daß er Nadeln oder Stäbe ihrer Länge nach von Osten nach Westen legte, und den elektrischen Schlag der Quere nach von Norden nach Süden hindurch leitete.

Prechtl wickelte auf eine Glasröhre oder auf einen hölzernen Cylinder feinen oder gröbern (nicht übersponnenen) Stahldraht in Spiralen*) auf, so daß sich diese einander berührten und als zu-

*) Die Spirallinie entsteht dadurch, daß der Mittelpunkt eines Kreises gleichförmig auf dem indeß die Peripherie ebenfalls gleichförmig durchlaufenden Radius r, und zwar so fortrückt, daß er nach Vollendung eines solchen Umlaufs mit dem entsprechenden

sammenhängender Ueberzug die Unterlage bedeckten; setzte alsdann an das eine Ende dieses übersponnenen Cylinders C den S oder N eines M, und führte ihn, nach der Länge des C, jedoch so über ihn hin, daß die Richtung des Striches in einer Ebene mit der Axe des C verblieb. Auf diese Weise wurde C seiner ganzen Länge nach, auf der einen Seite mit + M und auf der andern mit — M magnetisirt.

§. 1264.

Wird in stählernen Scheiben, Kugeln, Ringen oder Cylindern mitten durch sie, längs ihrer Axe ein elektrischer Entladungsschlag geleitet*), so zeigen diese Körper, nach dem Versuche, und selbst bei dem stärksten Entladungsschlage nicht die geringsten Zeichen von freiem U. Schneidet man aber nun die Scheibe von einander, oder schneidet einen Sector aus der Kugel, oder öffnet den Ring an einer beliebigen Stelle, so erscheinen die Schnittflächen immer entgegengesetzt magnetisirt. Setzt man jedoch das ausgeschnittene Stück wieder ein und vereinigt den zerschnittenen Theil, so ist der freie U wieder gänzlich verschwunden.

Vierte Abtheilung.

Von der Erhaltung, Vermehrung und Verminderung der Kraft eines Magneten.

§. 1265.

Die magnetische Kraft wird 1) erhalten, wenn M immer etwas zu tragen hat; und

2) vermehrt, wenn M ein immer größeres Gewicht zu tra-

Umfangspunkte zusammen füllt. Da für den verlängerten r diese Bewegung fortgesetzt gedacht werden kann, so geht diese Spirale aus dem Kreismittelpunkte heraus, indem sie sich von demselben in ununterbrochenen Schraubengängen entfernt.

*) Zu diesem Zwecke wird nämlich die Scheibe, oder der Cylinder u. s. w. in der Mitte durchbohrt, und ein aus beliebigem Metalle versehener und in eine Glasröhre eingeschlossener Draht hindurch gesteckt und der Schlag durch den letztern geführt.

gen bekommt und zugleich in derjenigen Lage, welche ihm die natürlichste ist (d. h. im magnetischen Meridian u. s. w.) sich befindet.

Durch den Erdmagnetismus und auch dadurch, daß M immer etwas zu tragen hat, wird das Auseinandertreten der magnetischen Thätigkeit unterhalten, indem im letztern Falle die den N des M berührende Stelle des F = — M und die an S liegende = + M erhält, und also zwei Magnete entstehen deren wechselsweise auf einander wirkende Thätigkeiten eine Beschäftigung an einander finden.

§. 1266.

Aus v. §. geht hervor, daß M ein Stück F von größerm Gewichte aufheben kann, wenn es auf einem andern F (etwa auf einem Amboß) liegt, als wenn es auf einem hölzernen Tische sich befindet.

Denn besitzt (in Fig. 239) der dem Eisenstücke ab genäherte Pol c freien + M, so wird in a ein — M, und in b ein + M frei. Indessen erhält auch das Stück ef oben — M; und es kann deshalb in b der + M stärker werden, und also einen stärkern — M in a bewirken.

Anmerkung 1. Man bemerke, daß auf der in gegenw. §. beschriebenen Vertheilung die Methode, Maßstäbe aufzubewahren, beruht. Man legt nämlich dieselben so neben einander, daß entweder ihre freundschaftlichen Pole sich berühren, oder wie (in Fig. 240) Stücke von weichem F zwischen ihnen befindlich sind. Ein kleiner M wird am Besten in Eisenfeilen aufbewahrt.

Anmerkung 2. Wird das unmittelbar an M hängende F mit andern Körpern (z. B. mit Blei, Steinen u. s. w.) verbunden, so kann M (aus bereits angegebenen Gründen) keine so große Lasten tragen, als wenn er blos mit F belastet ist.

Anmerkung 3. Hat man die von M getragene Last, während einer längern Zeit, von Tag zu Tage vermehrt; und reißt man endlich das weiche, an M hängende, F gewaltsam ab, so ergiebt sich, daß M dasselbe nicht sogleich wieder zu tragen vermag, und daß er also jenen Ueberschuß von Kraft, den er allmählich durch Einwirkung des F erhalten hatte, augenblicklich wieder verlor.

§. 1267.

Die Kraft des M wird durch die Bewaffnung oder Armirung desselben bedeutend verstärkt.

M heißt aber bewaffnet oder armirt, wenn die Stellen, wo seine Pole sich befinden, abgeschliffen, und an dieselben beiderseits Platten von recht weichem F, welche in dickere Füße ausgehen, gelegt werden.

Diese Platten werden durch messingene Ringe befestigt, die mit Schrauben zusammengefügt sind. Die untern hervorragenden dickern Enden oder Füße sind durch Vertheilung magnetisirt, und heißen die künstlichen Pole des M. Sie werden mit einem horizontalen Eisenstücke (dem sogenannten Anker) versehen, das in seiner Mitte einen Haken besitzt, an welchen man die Gewichte aufzuhängen pflegt.

Der eben beschriebene bewaffnete Magnet ist (in Fig. 241) dargestellt, worin M den Magneten ab und cl die Eisenplatten, v und f die hervorragenden Füße, gh den Anker, k dessen Haken und p das angehängte Gewicht darstellt, u. s. w.

Anmerkung 1. In Bezug auf die durch's Armiren stattfindende Kraftvergrößerung bemerke man Folgendes. Ein M, der unarmirt 3 Gran trug, hob armirt 1032 Gran; ein anderer zog unarmirt 1 Gran, armirt 764 Gran. Der 1 Pfund schwere M hob unarmirt 3 Unzen, armirt aber 60 Pfund, u. s. w.

Anmerkung 2. Die Wirkung des M in die Ferne erhält durch die Bewaffnung keinen Gewinn.

§. 1268.

Man wird leicht einsehen, daß auch bei einem bewaffneten M die Vertheilung des U als hauptsächlichste Ursache seiner Kraftvermehrung sich zeigt. So sieht man z. B. (in Fig. 242) wie jeder + M einen neuen — M hervorruft und umgekehrt; und wie also 4 Magnete eine Kreiswirkung erzeugen, u. s. w.

Doch wird M durch das Anbringen der Armaturen auch noch dadurch verstärkt, daß die magnetischen Kräfte in der vortheilhaftesten Richtung wirken. Auch die künstlichen Magnete werden bewaffnet, wenn man z. B. eine Anzahl neben einander gelegte Stahlstäbe an beiden Polen mit einem Eisenstreifen und Anker auf die in Fig. 243 angegebene Weise versieht*). Bei den in Fig. 244 angegebenen künstlichen M wirken die beiden Pole zugleich auf F; und bringen deshalb eine verstärkte Wirkung hervor.

§. 1269.

Bei einem bewaffneten M ist die Dicke der Plat-

*) Man lese §. 1258.

ten nicht ohne Einfluß. Sie wird durch Versuche auf folgende Weise bestimmt:

Man nimmt beträchtlich dicke Streifen, befestigt sie durch Messingdrähte an M und untersucht, wie viel F der M zu tragen vermag. Nun vermindert man die Dicke der Streifen, und sieht, daß die magnetische Kraft sich vergrößert. Bei fortgesetzter Verminderung der Dicke wird man endlich eine Abnahme dieser Kraft gewahr, und findet hierdurch die Dicke der Streifen, wobei M am Meisten zu tragen vermag.

§. 1270.

Die Kraft des M wird vermindert, wenn man ihm keine Last zu tragen giebt. Auch nimmt dieselbe ab, oder geht wohl gar durch's Glühen, Rosten, Verkalken, Pulverisiren und heftiges Erschüttern verloren.

Die bloße Erwärmung schwächt schon den M, doch nimmt seine Kraft durch Abkühlung wieder zu. Der Blitz und starke elektrische Schläge schwächen M durch die Erschütterung seiner Theile, verändern oft seine Pole und kehren dieselben um.

Anmerkung 1. In Bezug auf das in diesem §. Gesagte bemerke man Folgendes:

Kupffer hat den Einfluß geringerer Temperaturveränderungen auf M untersucht, indem er die Schwingungszahlen verglich, welche die in verschiedenen Graden der Stärke magnetisirten Nadeln allmählich zeigten, wenn sie, oder ein Magnetstab B, unter dessen Einfluß sie schwangen, vom Frostpunkte bis zum Siedepunkte des Wassers, oder selbst bis zu dem in der Flamme eines Wachslichtes stattfindenden Wärmegrade erhitzt worden waren.

Er fand auf diese Weise, daß die Erhitzung stets den dem B zuvor ertheilten U verminderte, und daß diese Verminderung nicht nur während der Erhitzung selbst stattfand, sondern, daß B auch beim Erkalten nie wieder dieselbe Intensität erlangte, die er vor dem Erhitzen besaß. Umgekehrt bewirkte die Erkältung zwar eine gewisse Verstärkung des U; aber nach der Rückkehr auf die frühere Temperatur kehrte B auch wieder zu der frühern Intensität zurück, so daß hierdurch keine bleibende Zunahme magnetischer Kraft sich ergab.

Anmerkung 2. Man bemerke, daß F (nach Pouillet's Angabe) seine magnetische Polarität bei dunkler Glühhitze, Nickel bei + 350° C verliert; und daß der Kobalt sie noch in einer Temperatur behält, welche die völlige Weißglühhitze übersteigt.

Fünfte Abtheilung.

Von dem Elektromagnetismus u. s. w.

§. 1271.

Professor Oerstedt in Koppenhagen entdeckte 1819 am elektrischen Strome X

daß derselbe allen Metallen, welche er durchgeht, momentan die magnetische Kraft verleiht, und sie fähig macht, weiches unmagnetisirtes F anzuziehen *).

Bietet man aber diesen Metallen eine schon magnetisirte Stahlnadel Y dar, so ziehen sie den einen ihrer Pole an, und stoßen den andern ab; aber auf verschiedene Weise, je nachdem man Y dieser oder jener Seite derselben zukehrt.

§. 1272.

Die im v. §. durch X hervorgebrachten magnetischen Erscheinungen haben, im Allgemeinen, nur so lange Statt, als X die Metalle durchläuft. Hemmt man aber den Kreislauf der E, indem man die Kette der Volta'schen S unterbricht; oder vermindert man nur seine Geschwindigkeit sehr bedeutend, indem man die Pole der S durch schlechte Leiter verbindet, so verschwindet das magnetische Vermögen; und die Körper, welche dasselbe durch X erhalten haben, kehren in den Zustand der Indifferenz zurück.

Anmerkung. Es ist bekannt, daß man durch alle bisher angewandte Verfahrungsarten, die Körper zu magnetisiren, nur in drei reinen Metallen, nämlich im Eisen, Nickel und Kobalt und einigen ihrer Legirungen **) den U zu erregen vermochte. X verleiht ihnen aber denselben vorübergehend, so lange er sie durchstreicht; und vertheilt ihn auf eine eigenthümliche Weise, die in Nichts der Vertheilungsart nahe kommt, welche durch das nach unsern gewöhnlichen Verfahrungsarten stattfindende Magnetisiren entsteht.

---

*) Man lese dasjenige, was in der 24sten Abtheilung des 13ten Kapitels vom Elektromagnetismus vorläufig gesagt worden ist.

**) Wie z. B. im Stahl, der nur als eine Legirung von F mit einer kleinen Quantität von Kohle sich zeigt.

§. 1273.

Die in §. 1271 und 1272 erwähnten Erscheinungen ergeben sich auf die einfachste Weise dadurch, daß man (in Fig. 245) die S *) durch den einfachen und sehr biegsamen Metalldraht (oder durch die Metallseite) zOk schließt, alsdann auf den fein zugespitzten Stift b die horizontale recht bewegliche Magnetnadel sn stellt, und, wenn sie in der Richtung zur Ruhe gekommen ist, die sie vermöge der Wirkung des Erdmagnetismus annimmt, parallel mit derselben das Stück O des zOk spannt, und letzteres der sn langsam entweder oberhalb oder unterhalb, links oder rechts näher bringt.

Man findet aber alsdann, daß sn sogleich eine Ablenkung von ihrer Richtung erfährt und daß die Richtung der Ablenkung verschieden ist, je nach der Seite an welcher O der sn dargeboten wird.

Um die nähern Umstände dieser Erscheinungen einzusehen und sie auf bestimmte Ausdrücke zu bringen, nehme man an, daß sich O horizontal von Norden nach Süden in der Richtung des magnetischen Meridianes selbst, worin sn zur Ruhe kommt, erstrecke, daß sein Nordende an dem Kupferpol und sein Südende an dem Zinkpole der S befestigt sei; und stelle sich ferner vor, daß die den Versuch machende Person nach Norden, d. h. nach dem Kupferpole des O hinsieht.

Kommt aber nun 1) O über sn (wie in Fig. 246) so weicht ihr n westwärts ab.

Kommt 2) O unter sn (wie in Fig 247) so geht n nach Osten.

Bringt man 3) O an die rechte oder linke Seite der sn, so wird sie nicht mehr nach der Seite abgelenkt, verliert aber ihre horizontale Richtung; und im erstern Falle erhebt sich n (wie in Fig. 248), während er im zweiten (wie in Fig. 249) sich senkt.

Fährt man aber auf diese Weise den O rings um sn in parallel bleibender Richtung herum, so bietet man ihr nur denselben mit verschiedenen Seiten seines kreisförmigen Umfanges dar, ohne in etwas das eigenthümliche Streben der sn nach den magnetischen

*) Man bemerke, daß auch in diesem Kapitel die Volta'sche Säule durch den deutschen Buchstaben S bezeichnet wird.

Erdpolen zu verändern. Weil aber nun die bei diesen allmähligen Lagen eintretende Abweichung des Armes pn erst von Rechts nach Links geht, wenn O über pn sich befindet; dann von Unten nach Oben, wenn er Rechts ist; von Links nach Rechts, wenn er Unten ist; und endlich von Oben nach Unten, wenn er sich Links in der Richtung der Drehung befindet, welche durch die (in Fig. 250) angegebene Scheibe angedeutet wird, so sieht man sich zum Schlusse genöthigt:

daß O die sn, vermöge einer ihm selbst entströmenden Kraft ablenkt, welche eine quere Richtung auf die Länge des O besitzt, seine Axe umkreist und immer parallel mit dem Theile seines kreisförmigen Umfanges ist, wonach sn hinsieht.

Und dies ist in der That die Folgerung, welche Oerstedt aus seinen ersten Beobachtungen zog.

§. 1274.

Da im v. §. dem O blos die magnetisirte sn sich näherte, so ist es nöthig anzugeben, ob die hier sich äußernde Wirkung dem O eigenthümlich, oder demselben, durch die Gegenwart der sn mitgetheilt worden ist. Da aber die Schließungsdrähte großplattiger Apparate auch unmagnetisirte Eisenfeile anziehen, so folgt, daß die eben erwähnte Wirkung als eine dem O eigenthümliche betrachtet werden muß.

§. 1275.

Schon in §. 1194 wurde in Bezug auf die Ablenkung der sn durch O Folgendes gesagt:

Wenn man sich einen Beobachter B im O selbst liegend denkt, mit den Füßen nach dem Zinkende, mit dem Kopfe nach dem Kupferende und mit dem Gesichte nach sn gekehrt, so wird die von O ausgehende Kraft den n von der rechten nach der linken Seite, und den s von der linken nach der rechten Seite des B, senkrecht auf die kürzesten Abstände dieser Punkte von O ablenken.

§. 1276.

Die Entdeckung Oerstedts rief mehrere andere sehr wichtige Entdeckungen hervor. So fand z. B. Arago:

daß der Leitungsdraht O der S auch ein Eisenstäbchen B u. s. w. magnetisirte, wenn man ihn entweder quer über oder unter B leitete; oder noch besser, wenn man (nach Ampères*) Verfahren) den B oder die Glasröhre worin B sich befindet, in schraubenförmigen Windungen umwickelte.

§. 1277.

Die ersten Elektromagnete, d. h. die ersten unter dem Einflusse der geschlossenen S wirksamen Magnete, hat 1828 Professor Moll in Utrecht construirt, indem er einen runden hufeisenförmig gebogenen Stab von weichem F, 5 Pfund wiegend, 83 Mal mit $\frac{1}{8}$ Zoll dickem Kupferdrahte umwickelte, und darauf mit einer einfachen Zink- und Kupfersäule in Verbindung setzte. Der hierdurch sich ergebende Elektromagnet trug vermittelst des $\frac{3}{4}$ Pfund schweren eisernen Ankers sogleich nach der Schließung 50 Pfund, und einige Zeit darauf 75 Pfund. Späterhin ließ Moll ein Hufeisen von $12\frac{1}{2}$ engl. Zoll Länge und $2\frac{1}{4}$ Zoll Durchmesser verfertigen, das ohne den Anker 26 und mit demselben 30 Pfund wog. Als dies 44 Mal mit $\frac{1}{8}$ Zoll dickem Metalldrahte spiralförmig umwickelt, und darauf mit einem Trogapparate von 11 Quadratfuß Oberfläche umgeben wurde, stieg seine Tragkraft auf 154 Pfund.

Stourgeon**), Marsh, Henry und Ten-Eyck haben späterhin so starke Elektromagnete hervorgebracht, daß ein von den beiden letztern construirter eine Tragkraft von 2063 Pfund besaß.

§. 1278.

Stourgeon und Moll bemerkten an ihren Elektromagneten:

1) daß das weiche F auch nach aufgehobener Schließung einen sehr beträchtlichen Grad von U behielt, vor Allem, wenn der Anker

*) Ampère wurde 1775 in Lyon geboren.

**) Ausgesprochen: Störd'jn.

A daran blieb, woran sich dann noch eine ganz bedeutende Last hängen ließ.

Auch fand Stourgeon ferner:

2) daß dieser Rückstand von U durch oftmalige Umkehrung der Pole der S nicht fortgenommen, daß dieses aber durch das Abziehen des A bewerkstelligt werden könne.

Und endlich ergab sich:

3) daß die nachhaltige Magnetkraft desto kräftiger und andauernder war, je härter das angewandte F sich zeigte; und daß diese Kraft von unbedeutender Stärke war, wenn M eine sehr kleine Länge besaß.

§. 1279.

Ritchie fand, daß das durch längeres Verweilen im Kreise der S zu einem Elektromagneten gewordene weiche F eine beträchtliche Zeit erforderte, um demselben einen U in entgegengesetzter Richtung zu ertheilen; daß sich aber die ursprüngliche Polarität mit Schnelligkeit wieder herstellen ließ.

Auch ergab sich aus mehreren Versuchen, daß der Erfolg von der Länge und Weichheit des eisernen Hufeisenmagneten, und von der Schwäche der S abhing.

Ritchie erklärte diese Erscheinung auf folgende Weise:

Man muß entweder 1) annehmen, daß die E in der Richtung, worin sie zuerst geordnet ist, späterhin viel leichter als in der entgegengesetzten geordnet werden kann;

oder 2) daß man beim Umkehren der Pole nicht ganz den zuerst erregten U zerstört, sondern eine neue Reihe von Atomen in entgegengesetzter Richtung stellt, so daß, wenn M durchaus keine Kraft mehr ausübt, es nur deshalb geschieht, weil in demselben Stücke F zwei Magnete von gleicher Kraft in entgegengesetzter Richtung gebildet worden sind.

§. 1280.

Ampere hat gefunden, daß zwei parallele Leitungsdrähte derselben oder zweier verschiedenen Säulen eine solche Wirkung auf einander äußern, daß sie, wenn einer von ihnen beweglich ist, sich anziehen oder abstoßen, je nachdem sie auf gleiche oder entgegengesetzte Weise mit den Polen der S in Verbindung stehen.

Da man aber die in der geschlossenen S stattfindende Thätigkeit als eine Strömung der E ansieht, so sagt Ampère:

zwei elektrische Ströme, welche nach einerlei Richtung gehen, ziehen einander an, und zwei, welche nach entgegengesetzten Richtungen fließen, stoßen einander ab.

Anmerkung. M. Jacobi und E. Lenz haben durch Versuche das Gesetz bestätigt:

daß die Anziehung zwischen zwei Elektromagneten, oder einem Elektromagneten und dem weichen F, sich wie die Quadrate der Stärke der magnetisirenden Ströme verhält.

§. 1281.

Ampère suchte die Uebereinstimmung der im v. §. erwähnten Anziehungen und Abstoßungen mit den magnetischen auch dadurch zu erweisen, daß der an die Stelle des einen Leitungsdrahtes gebrachte M ähnliche Wirkungen wie dieser Draht ausübt und erleidet. Auch hat man das Verhalten der Y gegen den Leitungsdraht O, sowohl wenn sie, an einem Faden aufgehängt, in lothrechter Stellung gegen den horizontalen O gebracht, oder, wenn dieser in vertikaler Richtung an der horizontalen Y hin und vor derselben vorübergeführt wird, genauer untersucht.

§. 1282.

Faraday entdeckte, daß ein den Metalldraht O durchlaufender Volta'scher Strom X in dem ihm benachbarten isolirten Drahte o einen andern Strom x erzeugte, dessen Richtung der des X entgegengesetzt, und dessen Dauer nur eine augenblickliche war.

Auch fand Faraday, daß bei der Wegnahme des X in o ein Strom auftrat, der dem daselbst zuerst erregten x entgegengesetzt war, und also dieselbe Richtung wie X besaß.

§. 1283.

Ampère construirte eine Vorrichtung, wodurch nicht nur die Wirkung des M auf den Leitungsdraht O augenscheinlicher, sondern selbst der Einfluß des Erdmagnetismus auf denselben offenbar ward.

Diese Vorrichtung besteht aber aus einem schraubenförmig gewundenen O, dessen Enden auf beiden Seiten durch die Höhlung des schraubenförmigen Ganges nach der Mitte geführt, hier zur Seite herausgebogen, und beziehlich mit einem Zink- und Kupferplättchen verbunden sind.

Diese Plättchen werden durch eine Korkscheibe gesteckt, und alsdann das Ganze auf einer säuerlichen Flüssigkeit oder in einem schicklichen Gefäße zum Schwimmen gebracht. Auch umwindet man O, wie beim Multiplikator, mit Seide, und läßt nur die beiden Enden desselben frei.

Bringt man nun den Pol eines kräftigen M gegen den äußersten Theil des Drahtgewindes, so erfolgt sogleich auf der einen Seite Anziehung und auf der andern Abstoßung; und ist der Apparat leicht genug, so stellt er sich von selbst, wie Y, in den magnetischen Meridian.

§. 1284.

Aus den in dieser Abtheilung erwähnten Erscheinungen geht hervor, daß in dem Leitungsdrahte O der geschlossenen S eine magnetische Kraft existirt. Denn er hat dieselben Wirkungen wie M, indem er F anzieht, dem unmagnetisirten F die magnetische Kraft ertheilt, gegen jeden andern M die magnetische Polarität zeigt, und dem Einflusse des Erdmagnetismus unterworfen ist.

Diese magnetische Kraft ist jedoch nicht blos auf O beschränkt, sondern durch die ganze S in gleichem Maße vertheilt. So wurde z. B. S, zu diesen Versuchen auch so eingerichtet, daß gar kein O sondern nur die beiden Metallplatten und die leitende Flüssigkeit dazu erforderlich waren. Eben so wenig ist der Grund in der Natur der metallischen O zu suchen, indem auch andere Stoffe, an die Stelle des O gebracht, magnetisiret werden, aber in desto geringerem Grade, je schlechtere Leiter sie sind.

Anmerkung 1. Man bemerke, daß mittelst gewöhnlicher Maschinenelektricität eine Ablenkung der Y, sowie durch O, nicht bewirkt, daß aber diese E mit desto größerm Erfolge zum Magnetisiren des F und Stahles benutzt worden ist*).

*) Vergl. §. 1071 u. 1261.

Anmerkung 2. Oerstedt erklärte die elektromagnetischen Erscheinungen durch eine in entgegengesetzter Richtung stattfindende schraubenförmige Bewegung der beiden Elektricitäten, indem die + E sich rechts windet und den N der Y abstößt, und die Windungen der — E links gehen und den S der Y zurückstoßen, u. s. w.

§. 1285.

Sehr wichtig ist eine andere durch Arago gemachte Entdeckung im Gebiete des U.

Er beobachtete nämlich, daß, wenn man die horizontal aufgehangene Y über einer Kupferplatte P schwingen ließ, ihre Schwingungen, ohne sich in der Dauer merklich zu ändern, schnell an Weite abnehmen, und die Y dadurch viel eher als ohne dem zur Ruhe kam; und daß also das ruhende Kupfer einen Einfluß auf die in Bewegung gesetzte Y ausübte.

Auch ergab sich, daß, wenn man umgekehrt P, worüber die Y schwebt, in schnelle Drehung versetzte, Y dadurch mehr oder weniger fortgezogen ward, (selbst wenn durch geeignete Vorrichtungen jede Möglichkeit, daß eine etwaige durch Drehung der P eingeleitete Luftströmung mitwirkte, ausgeschlossen ward).

Wurde ein Hufeisenmagnet mit seinen beiden Polen nach oben gerichtet und schnell umgedreht, so fing die an einem ungedrehten Faden darüber hängende Kupferscheibe sich zu drehen an, u s. w.

Bei weiterer Fortsetzung der Versuche ergab sich, daß Kupfer nicht der einzige Körper war, welcher die eben erwähnten Erscheinungen hervorzubringen vermochte, und daß vielmehr alle metallische und selbst einige nicht metallische Körper derselben, jedoch in verschiedenen Graden fähig waren.

Anmerkung 1. Die in diesem §. erwähnten Erscheinungen werden die des Rotations-Magnetismus genannt.

Anmerkung 2. Im Jahre 1825 machte Arago der französischen Akademie seine Entdeckung bekannt; auch fand Faraday, daß wenn eine Metallscheibe unter dem Einfluße des M rotirt, in der Richtung dieser Scheibe elektrische Ströme entstehen.

§. 1286.

Die große Geschwindigkeit, womit die Wirkungen der S sich fortpflanzen, hat zur Erfindung der elektrischen Telegraphen geführt.

Es giebt jetzt vier in etwas beträchtlichem Maßstabe ausgeführte elektrische Telegraphen;

1) den von Gauß in Göttingen,
2) den von Steinheil in München,
3) den von Wheatstone in London,
4) den von Morse in Amerika.

Alle diese Apparate wirken durch die magnetischen Effekte der E, indem sie entweder die Y ablenken, wie die Europäischen, oder das weiche F magnetisiren, wie die Amerikanischen. Gauß und Morse brauchen nur eine einzige Kette oder einen einzigen Doppeldraht, der zwischen den beiden telegraphischen Stationen hin und her geht. Bei Steinheil existirt nur ein einfacher Draht, indem die Erde selbst als Hälfte des Leiters dient *). Wheatstone nimmt 5 Drähte, womit er alle Buchstaben des Alphabets augenblicklich signalisiren und durch zweckmäßige Combination derselben wenigstens 200 verschiedene Zeichen hervorbringen kann. Der letztere Telegraph scheint einen Vorzug vor den übrigen zu haben, wegen der ungemeinen Leichtigkeit und Schnelligkeit, womit die 5 Drähte alle diese Zeichen hervorbringen.

Anmerkung 1. Man bemerke, daß die vorgenannten 4 Telegraphen theils auf den Gesichts- und theils auf den Gehörsinn wirken; und daß die physiologischen Wirkungen der E die Grundlage eines von Vorßelman de Heer angegebenen sogenannten physiologischen Telegraphen bilden, welcher die Ideen nicht durch den Gesichts- oder Gehörsinn, sondern nur durch den Tastsinn forträgt und für große Entfernungen sehr zweckmäßig ist.

Anmerkung 2. In Amerika wurden erst neuerlich große Maschinen durch elektromagnetische Kräfte in Bewegung gesetzt.

*) Der elektrische Telegraph von Steinheil besteht: a) aus einem Apparat, der durch Bewegung von Magneten gegen einen Metallring die galvanische Kraft erzeugt; b) aus einer Leitung von Metall, welche die Kraft nach den Stationspunkten hin- und zurückführt, und c) aus kleinen Metallstäben, die in die Nähe dieser Leitung gebracht, abgelenkt werden, wenn die galvanische Kraft durch die Leitung geht, und also die verlangten telegraphischen Zeichen bewirken.

Sechste Abtheilung.

Von der Magneto-Elektricität.

§. 1287.

Faraday machte die wichtige Entdeckung, die E durch U zu erregen, indem er den Anker A eines starken M mit dem Kupferdrahte O, welcher vorher durch einen Ueberzug von Seide elektrisch isoliret war, in vielen Windungen umwickelte, das eine Ende desselben in das Quecksilber Q tauchte, das andere der Fläche des Q möglichst näherte, und dann A von M schnell trennte oder mit ihm verband, in welchen beiden Fällen zwischen dem freien Ende des O und der Fläche des Q ein kleiner elektrischer Funke entstand. Hierbei erschien es gleichgültig, ob der angewandte M ein gewöhnlicher aus Stahl, oder ein durch galvanische E temporär erzeugter aus weichem F war (weil zwischen beiden hinsichtlich des hierbei wirksamen U kein Unterschied obwaltet); und wirklich gebrauchte Faraday bei seinen ersten Versuchen auch einen temporären M, fand aber sofort, daß ein bleibender etwas starker die nämlichen Wirkungen erzeugte.

Anmerkung. Faraday theilte am 24. Novbr. 1831 die von ihm gemachte Entdeckung in einer ausführlichen Abhandlung der königlichen Societät mit. Nobili und Antinori in Florenz gelangten durch viele Versuche zum Resultate, daß die durch U erzeugte E, d. h. die sogenannte Magneto-Elektricität, in jeder Hinsicht ein gleiches Verhalten wie die durch Reibung oder Berührung hervorgebrachte zeige. Die größten und belehrendsten Versuche wurden aber im Jahre 1832 durch Hachette, Pouillet und Ampere in Paris angestellt, wodurch sowohl elektrische Funken (sogar in einem fortwährenden Strome) als auch physiologische und chemische Wirkungen der durch U erzeugten E erhalten worden sind.

§. 1288.

Faraday's Entdeckung beruht dem Wesen nach auf folgendem Hauptsatze:

Wenn ein elektrischer Strom X durch einen leitenden Körper K fließt, so erregt er in einem andern ihm möglichst genäherten aber elektrisch-isolirten k auf gleiche Weise einen X, als ob dieser ursprünglich durch eine der hierzu tauglichen Ursachen hervorgerufen würde*). Die in K vorhandene E kommt jedoch außerhalb der Oberfläche desselben, also ohne unmittelbare Berührung und bei einer isolirenden Umgebung nicht selbst zum Vorschein, sondern blos vermittelst des durch sie hervorgerufenen U; und es kann dieserhalb außerhalb der Oberfläche des K nur dieser letztere vorhanden sein. Wenn aber nun im genäherten und dabei noch isolirten k elektrische Erscheinungen entstehen, so müssen dieselben durch den in der Nähe des K herrschenden U hervorgerufen worden sein.

Hieraus folgt aber:

daß E und U sich gegenseitig frei machen;

und, wenn durch Oerstedts Entdeckung aufgefunden war, daß die E in der Umgebung des sie fortleitenden Körpers den U erregt, so ergiebt sich aus Faradays Versuchen, daß durch diesen freigewordenen U umgekehrt in einem geeigneten Leiter eine elektrische Strömung hervorgerufen wird.

Anmerkung 1. Man bemerke, daß die Magneto-Elektricität, der Hauptsache nach, eine Umkehrung des Elektromagnetismus ist, daß aber zwischen dem Verhalten beider ein wesentlicher Unterschied besteht. Wenn nämlich X den K durchfließt, so findet eine fortdauernde magnetische Erregung statt; und die in den Windungen des Multiplikators aufgehangene Y erhält eine bleibende Ausweichung. Dagegen ist die Erregung der E durch U (oder durch Induction) nur momentan, und auf den Augenblick der Annaherung und Entfernung der magnetischen Pole beschränkt; das elektrische Gleichgewicht stellt sich alsdann sofort wieder her, so daß es die E unserer Beobachtung entzieht.

Anmerkung 2. Zu den magneto-elektrischen Versuchen wählt man meistens mit Seide übersponnenen Kupferdraht, weil dieses Metall die E vorzüglich leitet und vorzugsweise magnetisch disponiret wird.

§. 1289.

Um die Entdeckungen Faraday's noch näher kennen zu lernen, bemerke man Folgendes:

Wenn man ein Stück weichen Eisens von solchen Dimensionen, daß es als Anker A eines hufeisenförmigen Stahlmagnets M dienen kann, mit Seide übersponnenem Kupferdrahte in gedrängten Lagen schraubenförmig umwickelt und die Enden der so entstandenen Drahtspirale, deren Windungen unter einander und von dem weichen

*) Vergl. §. 1282.

F durch den Seidenüberzug isolirend getrennt sind, mit den Zuleitungsdrähten eines so weit entfernten Galvanometers oder Multiplikators, daß M auf die Nadel Y desselben nicht merklich einzuwirken vermag, in leitende Verbindung bringt, so giebt sich in dem Augenblicke, in welchem A an M gelangt, wie auch in jenem, in welchem A von M sich trennt, jedesmal das Auftreten eines elektrischen Stromes X zu erkennen. Diese Ströme sind aber von kurzer Dauer; denn läßt man A an M unverrückt liegen, so findet man an Y, nach dem bei dem Anlegen des A erfolgten ersten Ausschlage derselben, keine Andeutung der Fortdauer des X, da dieselbe nach Vollbringung der gewöhnlichen Anzahl Schwingungen in ihre ursprüngliche Gleichgewichtslage zurückkehrt. Ein Gleiches zeigt sich auch nach der Trennung des A von M. Allein die Richtung des X, welcher bei der Annäherung des A in der Drahtspirale entsteht, ist, wie man aus der Gegend erkennt, nach welcher Y abgelenkt wird, der Richtung des X, welcher bei der Entfernung des A von M sich einstellt, entgegengesetzt. Der Beschaffenheit nach entsprechen aber diese elektrischen Ströme, welche auch die magneto-elektrischen heißen, denjenigen, welche durch Volta'sche Apparate erhalten worden sind.

Anmerkung 1. In Bezug auf das in diesem §. zuletzt Gesagte bemerke man Folgendes:

Der magneto-elektrische Strom X besitzt alle Eigenschaften des gewöhnlichen elektrischen Stromes, indem er auf Y wirkt, Wärme entwickelt, Metalldrähte zum Glühen bringt, Wasser und andere Körper zersetzt, und merkwürdige physiologische Wirkungen erzeugt. Bei der Zersetzung der Körper werden die Elemente nicht getrennt, wie bei den Volta'schen Strömen, weil jedes Ende des Drahtes, worin X entwickelt wird, abwechselnd als positiver und negativer Pol dient. Durch einen Kunstgriff kann man jedoch den einen der beiden entgegengesetzten Ströme verschwinden machen, so daß nur eine Folge von Strömen in gleicher Richtung entsteht; doch geht hierdurch ein großer Theil ihrer Stärke und einige ihrer merkwürdigsten Eigenschaften verloren.

In Bezug auf die chemischen Zersetzungen fand de la Rive aus seinen Versuchen, daß die Wirkung eines jeden einzelnen X von der Dauer desselben abhing, und daß sie am Größten war, wenn ohngefähr 30—34 Ströme auf die Sekunde kamen. Bei den Wärmewirkungen giebt es keine Gränze, und sie sind desto stärker, je schneller die Ströme auf einander folgen. Die Schnelligkeit der magneto-elektrischen Ströme macht ihren Einfluß auch in den elektro-dynamischen und physiologischen Wirkungen bemerklich. Wenn man sich nämlich zum Leiter dieser Ströme macht, indem man die Enden der Drähte, worin dieselben entwickelt werden, mit den Händen anfaßt, so bekommt man Anfangs in den Fingergelenken, dann bis zum Ellenbogen, und endlich bis zu den Achseln Erschütterungen, die zuletzt um so unerträglicher werden, als man sich, vermöge eines Nervenkrampfes in der Unmöglichkeit befindet, die Drahtenden aus den Händen zu entfernen, und man sich von dieser Pein nicht anders befreien kann, als daß man die Erzeugung der Ströme aufhören läßt. Die Frösche erleiden unter der Einwirkung dieser Ströme heftige und ununterbrochene Zuckungen, und nach wenigen Minuten wird ihr Blut entschieden schwarz gefärbt, u. s. w.

Anmerkung 2. Aus dem bereits Gesagten geht hervor, daß auch der magneto-elektrische Strom X einen bedeutenden Widerstand erfährt, wenn man den ihn leitenden Metalldraht dünner und länger macht; und daß auch die Wärme die Leitungsfähigkeit der Metalle für X bedeutend verringert.

Anmerkung 3. Da die durch U erhaltenen chemischen Processe, Wasserzersetzungen u. s. w. eigentlich nicht als das Werk magnetischer Kräfte, sondern der durch diese hervorgerufenen elektrischen Thätigkeiten sich zeigen, so folgt, daß die chemische Wirkung der U (nach allen vorhandenen Untersuchungen) aus dem Gebiete der physikalischen Erfahrung verwiesen werden muß.

§. 1290.

Zur Bildung der magneto-elektrischen Ströme in der Drahtspirale wirken mehrere Umstände zusammen, deren jeder für sich betrachtet, das Entstehen solcher Ströme zu veranlassen vermag.

Diese Umstände sind:

1) die unmittelbare Einwirkung des M auf das den Anker A umgebende Drahtgewinde.

2) die Einwirkung des U, welchen A (weil er aus weichem F besteht) bei der Annäherung an M erlangt, und bei dem Entfernen von ihm verliert, auf die Drahtspirale; und

3) die Einwirkung des in jeder einzelnen Windung entstehenden Stromtheils auf die übrigen Windungen.

Der Leitungswiderstand, den das Material des Drahtes, dem elektrischen Strome entgegengesetzt, und welcher sich (nach v. §.) um so größer zeigt, je dünner der Draht ist, modificirt offenbar den aus den genannten Quellen entstehenden Totaleffect.

§. 1291.

Die Erzeugung des magneto-elektrischen Stromes in einem Drahtgewinde durch unmittelbare Einwirkung des M auf dasselbe, bei dem Annähern oder Entfernen des einen von dem andern, wird, nach Faraday, dadurch erwiesen, daß man den mit Seide übersponnenen Kupferdraht O um einen hohlen Cylinder C von Holz wickelt, die Enden des O mit dem Galvanometer verbindet, und einen Magnetpol in die Höhlung des C rasch einführt, oder den bereits eingeführten Pol rasch entfernt. Je nachdem ein Nord- oder ein Südpol in die Drahtspirale Z ein- und austritt, entstehen in jeder dieser Beziehungen entgegengesetzte Ströme, so daß also ein in Z eintretender Nordpol dieselbe Wirkung, wie ein aus derselben tretender Südpol erzeugt. Die Einwirkung der in den einzelnen Windungen der Z vorhandenen Stromtheile, bei ihrem Entstehen und Verschwinden, auf die benachbarten Windungen, wird ebenfalls durch directe Versuche bestätigt.

Denn entladet man ein Volta'sches Element durch einen langen Schließungsdraht, so kann man, bei Unterbrechung des Stromes, selbst dann noch einen Funken erhalten, wenn dieses Element durch einen kurzen Draht von derselben Dicke und materiellen Beschaffenheit entladen, keinen Funken zu geben vermag; allein diese Wirkung eines längern Schließungsdrahtes erscheint bedeutend verstärkt, wenn derselbe mit Seide bekleidet und zu einer Z mit dicht an einander liegenden Windungen umgebildet wird. Die Einführung von weichem F in Z steigert den Effect noch mehr.

§. 1292.

Unter den in v. §§. genannten Umständen, welche die Entstehung magneto-elektrischer Ströme in dem Drahtgewinde des A bei seinem Annähern an M, oder bei dessen Entfernen von M bedingen, hat die unmittelbare Einwirkung des M auf die Drahtspirale Z den kleinsten Theil. Sehr wesentlich ist aber das plötzliche Entstehen und Verschwinden des U in A selbst, wie auch die wechselseitige Thätigkeit der einzelnen Windungen der Z. Es ist also zur Hervorbringung einer möglichst intensiven Wirkung, bei gegebener Kraft des M, auf die Weichheit des zu A genommenen F, und auf die zweckmäßigste Wahl des Materials und der damit zusammeenhängenden Länge und Dicke des zu Z in Anwendung kommenden Drahtes zu sehen.

§. 1293.

Professor v. Ettingshausen aus Wien construirte vor einigen Jahren eine magneto-elektrische Maschine, wodurch er magneto-elektrische Ströme von einer bedeutenden Stärke erzeugte. Statt nämlich den mit einer isolirten Kupferdrahtspirale umwickelten hufeisenförmigen Anker A fortwährend an einen Stahlmagnet anzulegen und von demselben wieder abzuziehen, wird A, welcher der Inductor heißt, in der Nähe eines hinreichend starken M in drehende Bewegung gesetzt, so daß seine Schenkel an den Magnetpolen in stetem Wechsel vorübergehen, u. s. w.

§. 1294.

Durch die im v. §. erwähnte Maschine erhielt man

1) stark sprühende Funken, worin die ungemein feinen brennenden Theilchen von dem blauen Kerne leicht unterschieden werden konnten.

Wurde 2) ein dünner und kurzer Platinadraht genommen, so gerieth er in lebhaftes Weißglühen, welches bis zum Schmelzen des Drahtes ging.

Ward 3) ein dünner Eisendraht statt des Platinadrahtes angewandt, so schmolz derselbe augenblicklich, selbst wenn die Leitungsdrähte für den elektrischen Strom eine bedeutende Länge besaßen.

Es wurden 4) Nadeln magnetisirt und noch mehrere andere elektromagnetische Versuche damit angestellt; und

5) sowohl einfache als auch sehr heftige Erschütterungen durch diese Maschine erzeugt, u. s. w.

Anmerkung 1. Professor Keil hat sehr kräftige magneto-elektrische Maschinen construirt.

Anmerkung 2. Saxton erfand eine magneto-elektrische Maschine, welche von Ritchie etwas abgeändert und noch mit einem Apparate verbunden wurde, um ein Gemisch von Wasserstoff- und Sauerstoff durch magneto-elektrische Funken zu verpuffen.

Anmerkung 3. Wheatstone hat über die Beschaffenheit des durch den magneto-elektrischen Funken erhaltenen Farbenbildes Versuche angestellt; und gefunden, daß dasselbe (wie das vom Sonnenlichte erhaltene) die 7 Hauptfarben besitzt, welche aber hier durch dunkle Zwischenräume von einander getrennt sind und wie 7 gefärbte neben einander liegende Linien aussehen.

§. 1295.

Die in dieser Abtheilung mitgetheilten Erscheinungen suchte Nobili gleich anfangs auf den Rotationsmagnetismus zurückzuführen, und eine Bestätigung sowohl, als eine nähere Aufklärung des letztern darin zu finden.

Stourgeon dachte sich unter der magnetischen Materie ein feines ätherisches Fluidum, das aus den Polen des magnetisirten Stahles fortwährend ausströme; und nahm an, daß die Magneto-Elektricität in allen Metallen, und vielleicht auch in sonstigen Körpern durch die Aufhebung des Gleichgewichts entstünde, worin sich die diesen Körpern eigenthümlich zugehörende E befände, u. s. w.

Siebente Abtheilung.

Von dem Erdmagnetismus.

§. 1296.

Um die Erscheinungen und Veränderungen, welche die Abweichung, Neigung und Intensität auf verschiedenen Punkten der Erdoberfläche erfahren, unter einem Gesichtspunkte zu vereinigen, hat Biot angenommen:

> daß im Mittelpunkte der Erde E ein Magnetkern K mit zwei Polen existire, die sich im Verhältnisse zu den Dimensionen der E als unendlich nahe zusammenliegend betrachten ließen.

Auch hat er die Abweichungen, welche sich in den Erscheinungen von dieser Grundansicht darbieten, durch Vertheilung verschiedener secundärer kleiner Magnetkerne an verschiedenen Orten der E zu heben versucht.

Letzteres suchte Mayer auf eine einfachere Weise, ohne Mithülfe solcher Nebenkerne, dadurch zu erreichen, daß er den K nicht in den Mittelpunkt der E sondern excentrisch und zwar so setzte, daß die seine Pole verbindende Linie mit keinem Erddurchmesser zusammen fiel*).

§. 1297.

Nach Hansteens Untersuchungen sind die magnetischen Erscheinungen nicht durch die Annahme einer einzigen Magnetaxe erklärbar; und er nimmt dieserhalb deren zwei an, welche aber nicht durch den Mittelpunkt der E gehen, sondern excentrisch sind, auch nicht mit ihren Enden bis an die Oberfläche der E reichen, und sich zwar kreuzen aber nicht schneiden. Diese Axen haben jedoch nicht gleiche magnetische Intensität; und H. schätzt das Verhältniß ihrer Kraft wie 7 : 4. Die stärkere ist (nach ihm) von Van Diemensland bis zur Hudsonsbay gerichtet, und die schwächere vom Cap Horn bis zum Sibirischen Eismeere. H. sucht dabei zu zeigen, daß man die Magnetaxen als Cylinder von beträchtlichem Durchmesser annehmen müsse; und er leitet, von einer Veränderung in ihrer Lage, die Veränderungen ab, welche sich mit der Zeit an verschiedenen Orten der E in den Elementen des Erdmagnetismus ereignen.

In Bezug auf die physische Beschaffenheit der Magnetaxen bemerkt H, daß der innere Kern der E wahrscheinlich eine Kugel aus einem der 3 des U fähigen Metallen sei, deren Durchmesser 0, 4 bis 0, 5 von dem der E betrage, daß aber dieser Kugel nicht an sich der U inhärire. Er findet es vielmehr wahrscheinlich, daß die gegenseitigen Wechselwirkungen von Sonne, Planeten und Trabanten auf einander, in ihnen allen, in sofern es die Beschaffenheit ihrer Substanzen erlaubt, eine Zersetzung nach gewissen Richtungen (und mithin magnetische Axen) hervorrufen; in der Sonne jeder Planet eine, die aber wegen der geringen Neigung der Planetenbahnen

*) Mayer setzte nämlich den unterirdischen K ohngefähr 120 Meilen vom Mittelpunkte der E und nach dem Theile hin, den das stille Meer bedeckt. Seine Axe läuft nicht mit der Erdaxe parallel; und eine durch den Mittelpunkt der E und des K gezogene gerade Linie schneidet die Erdoberfläche in einer Länge von 201° von der Insel Ferro, und in einer Breite von 17° nördlich. Die Axe des K steht auf dieser Linie senkrecht, macht mit einem durch diese Linie gehenden Meridian bei uns, nach Osten zu, einen Winkel von $11\frac{1}{2}°$ u. s. w. Dieser Winkel nimmt jährlich um 8′ 15″ zu; auch entfernt sich K überdies vom Mittelpunkte der E jährlich um $\frac{1}{1000}$ Erdhalbmesser; und es nimmt hierdurch die Breite jenes Durchschnittspunktes jährlich um 14′ und die Länge desselben um 8′ ab, u. s. w.

gegen einander, in eine einzige zusammenfallen; in der Erde, Sonne und Mond jeder eine, die Sonne die stärkere und der Mond die schwächere Magnetaxe, u. s. w. Aus der konischen Bewegung der Rotationsaxen der Planeten um die Pole der Ekliptik, und der rotirenden Bewegung der Planetenbahnen um die Aequatorfläche der Sonne, ließen sich dann vielleicht die Veränderungen in der Lage dieser Magnetaxen leicht erklären.

Die täglichen Variationen in der Richtung und Intensität der Y ist H. geneigt von elektrischen Strömungen um E abzuleiten, welche von der ungleichen Erwärmung der E durch die Sonne abhängen, und sich dieserhalb je nach der verschiedenen Stellung der letztern gegen den Horizont des Ortes, in der Richtung verändern, u. s. w.

Andere haben noch die Ansicht aufgestellt, daß der ganze Erdmagnetismus von solchen Strömungen abhängig sei, die man dann jedenfalls, um die Richtung der Abweichungsnadel darauf beziehen zu können, der Hauptsache nach in der Richtung des magnetischen Aequators von Ost nach West die E umkreisend denken muß, wie aus den in der Lehre vom Galvanismus gegebenen Erörterungen über die Art, wie U durch elektrische Ströme gerichtet wird, zur Genüge sich ergiebt.

Nach Moser ist die ganze Erdrinde magnetisch; und zwar rührt dieser Erdmagnetismus nicht etwa von Eisentheilchen her, weil sonst die magnetische Kraft F durch eine Temperaturerhöhung verstärkt werden müßte, während alle Phänomene auf eine dadurch bewirkte Schwächung hindeuten. F befindet sich vielmehr ursprünglich in jeder zum Ganzen der E gehörigen Materie; und der einzelne von E getrennte Körper zeigt keine F, weil die beiden Arten von Magnetismen in ihm sich verbinden.

Hieraus erklärt sich aber die Zunahme der magnetischen Intensität Z vom Aequator zu den Polen; es ist dies nämlich die Abnahme der Wärme nach derselben Richtung hin. Außer dieser allgemeinen Vertheilung der Z auf E läßt sich auch die specielle an verschiedenen Orten stattfindende vorhersagen, indem diese mit der Vertheilung der Wärme übereinstimmen muß.

Anmerkung 1. Nach Moser erstreckt sich F nur bis zu einer geringen Tiefe; auch erklärt er die Inclination J und die Declination D des Y auf folgende Weise. Sind A und B zwei Orte, deren Neigung und Kraft bekannt sind; und ist nördlich von beiden die Temperatur gleich, südlich von A aber größer als südlich von B, so zeigt sich in A eine geringere J und Z als in B. Herrscht aber südlich von beiden Orten dieselbe Temperatur, nördlich von A dagegen eine niedrigere als nördlich von B, so wird die J in A geringer, die Kraft aber größer als in B. Ist die Temperatur sowohl nördlich als südlich von A höher als bei B, so wird die J an beiden Orten dieselbe, die Z in A aber geringer als in B sein. Die D wird besonders durch die Temperaturverhältnisse die Aenderungen in der Richtung und Stärke des Erdmagnetismus sowie die säcularen Veränderungen desselben bestimmt.

Moser erklärt die regelmäßige Veränderung der D auf folgende Weise:

Wenn man eine Veränderung in der Richtung der Y sowie in der Dauer einer Oscillation bemerkt, so kann man entweder dem Pole *) eine veränderliche Lage und Stärke geben, oder ihn unverändert lassen und einen seitwärts gelegenen zweiten annehmen und dessen Lage und Kraft zu bestimmen suchen. Wird der erste Pol mit dem zweiten, welcher der veränderliche heißt, combinirt, so ergiebt sich als Resultat die Veränderung, welche überhaupt in dem magnetischen System eines Ortes eingetreten ist, u. s. w.

Anmerkung 2. Wird aus Eisenstaub (oder pulverisirtem natürlichem Magnet) Leinöl und Wachs ein Teig gemacht, derselbe magnetisirt, und in die Form von Kugeln gebracht, so gehen die sogenannten Terellen oder Erdchen hervor, weil sie die magnetische Erdkugel im Kleinen darstellen.

Anmerkung 3. Kreil in Prag hat aus seinen Beobachtungen gefolgert, daß der Mond ein der magnetischen Kraft unterworfener Körper sei, und daß auf seiner, der E zugekehrten Hälfte jener U vorherrsche, welcher den S der Y anziehe und die magnetische Erdkraft verstärke.

Achte Abtheilung.

Von dem Verhältnisse zwischen Elektricität und Magnetismus.

§. 1298.

Aus dem bereits Gesagten geht hervor:

daß zwischen E und M eine eigenthümliche Verbindung besteht, deren Art aber noch nicht hinreichend bestimmt worden ist.

---

*) Man bemerke, daß (nach Moser) der anziehende Mittelpunkt für jeden Ort der E den Magnetpol bestimmt.

Man hat indeß aus den bereits gemachten Entdeckungen das Verhältniß zwischen E und M näher anzugeben versucht, und deshalb verschiedene Hypothesen darüber aufgestellt.

Nach der Meinung Einiger sind E und M von einander verschiedene Kräfte, wovon die eine durch die andere geweckt und zur Wirksamkeit gebracht wird.

Nach Andern entsteht M aus dem Zusammenwirken beider Elektricitäten.

Noch Andere sehen eine durch E bewirkte Aenderung in der Cohäsion der Körper für die Ursache des M an; und

Viele halten endlich E und M für völlig identisch, oder für die Wirkungen derselben Stoffe, u. s. w.

Anmerkung. Man bemerke, daß (dem bereits Gesagten zufolge) zwischen E, M und der Wärme ebenfalls ein sehr merkwürdiger Zusammenhang besteht; und daß alle 3 als modificirte Wirkungen derselben Grundkraft gedacht werden können. Indessen berechtigen uns alle bisherige Beobachtungen noch nicht dazu, das eben Gesagte als vollkommen richtig anzusehen.

Neunte Abtheilung.

Von dem thierischen Magnetismus, u. s. w.

§. 1299.

Der in §. 1227—1298 erwähnte U heißt der mineralische, während der um 1773 durch den Arzt Dr. Mesmer in Wien bekannt gemachte, der thierische oder animalische Magnetismus genannt zu werden pflegt.

Wenn nämlich ein Mensch, von starken Nerven und kräftigem Willen, ein anderes reizbares Subjekt mit den Händen nach gewissen Richtungen, entweder mit sanfter Berührung oder auch ohne diese bestreicht, so soll unter übrigens günstigen Umständen, in dem letztern ein Zustand entstehen, worin die Sinnesorgane ihre gewöhnlichen Geschäfte nicht mehr verrichten (magnetischer Schlaf), dagegen die Fähigkeit hervortreten, durch ein gesteigertes Gemeingefühl nicht nur die Eindrücke aller äußern Sinne zu erhalten, sondern nicht einmal an die bei den letztern nothwendigen Bedingungen gebunden zu sein. So soll z. B. ein Mensch, in diesem Zustande, Gegenstände Meilenweit, oder durch undurchsichtige Körper, oder ohne Licht sehen, schon von den Gedanken anderer mit ihm in Verbindung stehender Menschen afficiret werden, eine fremde sonst gar nicht geläufige Sprache sprechen, u. s. w.

Dieser Zustand, der überdies an und für sich unter die wirksamen Heilmittel gehören und manchmal ohne künstliche Behandlung als eine natürliche heilsame Krisis freiwillig entstehen soll, wird Somnambulismus, und der darin befindliche Mensch, ein Somnambul oder Hellsehender genannt. Man suchte diese Erscheinungen aus der Wirksamkeit einer eigenthümlichen, im ganzen Weltenraume verbreiteten Materie zu erklären, welche der magnetischen darin ähnlich ist, daß sie durch alle Stoffe wirkt, ohne sich jedoch in einem einzigen Sinne zu offenbaren. Die Unmöglichkeit dieser Erscheinungen ist nicht darzuthun, obgleich sehr gewichtige Erfahrungen dagegen sprechen. Auch hat der thierische U außer der Erregung durch Bestreichen, der freien Bewegung durch alle Körper, der Unwahrnehmbarkeit durch alle Sinne, Nichts mit dem mineralischen gemein; und das Interesse für den erstern hat so abgenommen, daß auch bei den Aerzten dieses früher sehr beliebte Heilmittel kaum mehr in Anwendung kommt.

Anmerkung. Man bemerke, daß der mineralische U (wie die E) in mancherlei Uebeln angewendet worden ist, daß man in dieser Absicht entweder Magnete von schicklicher Form auf die leidenden Theile band, oder starke Magnete gegen das kranke Glied hielt, und daß in manchen Fällen die Wirkungen nicht geläugnet werden konnten.

Anhang.

Nr. I.

Von der Ausdehnung einiger festen Körper durch die Wärme (nach Laplace und Lavoisier).

Namen der Körper.	Eine Stange, deren Länge bei 0° = 1 gesetzt wird, dehnt sich bis zum Siedepunkte des Wassers um Folgendes aus
Blei	0,00284836
Eisen, rundes, welches durch den Drahtzug gegangen	0,00123504
Eisen, weiches, geschmiedetes	0,00122045
Flintglas, englisches	0,00081166
Glas, französisches, mit Blei	0,00087199
Glas, ohne Blei in Röhren	0,00087572
Geschiedenes Gold	0,00146606
Gold, Pariser Probegold, nicht ausgeglüht	0,00155155
Gold ausgeglüht	0,00151361
Kupfer	0,00171735
Messing	0,00187821
Platin (nach Borda)	0,00085655
Quecksilber	0,00615915
Silber, feines	0,00190974
Silber, pariser Probe	0,00190868
Stahl, nicht gehärtet	0,00107915
Stahl, gelb angelaufen, angelassen bei 65 Grad	0,00123956
Zinn, ostindisches oder von Malacca	0,00198765

Nr. II.

Von der Ausdehnung einiger tropfbar flüssigen Materien durch die Wärme.

Thermometerstand	Quecksilber nach Deluc	Schwefelsäure nach Thomson*)	Wasser nach Blagden	Leinöl nach Newton	Alcohol nach Gilpin
32° F.	100000	— —	— —	100000	100000
40° =	100081	99752	— —	— —	100539
50° =	100183	100000	100023	— —	101105
60° =	100304	100279	100091	— —	101688
70° =	100406	100568	100197	— —	102281
80° =	100508	100806	100332	— —	102890
90° =	100610	101054	100694	— —	103517
100° =	100712	101317	100908	102760	104162
110° =	100813	101540	— —	— —	— —
120° =	100915	101834	101404	— —	— —
130° =	101017	102097	— —	— —	— —
140° =	101119	102320	— —	— —	— —
150° =	101220	102614	102017	— —	— —
160° =	101322	102893	— —	— —	— —
170° =	101424	103116	— —	— —	— —
180° =	101526	103339	— —	— —	— —
190° =	101628	103587	103617	— —	— —
200° =	101780	103911	— —	— —	— —
212° =	101835	— —	104577	107250	— —

Nr. III.

Von dem Vermögen einiger Körper Wärme auszustrahlen. (Nach den Versuchen von Leslie.)

Strahlendes Vermögen.		Zurückwerfendes Vermögen.	
Lampenschwarz . .	100	Messing . . .	100
Wasser . . .	100	Silber	90
Schreibpapier . .	98	Staniol . . .	80
Crownglas	90	Stahl . . .	70
Tusch	88	Blei	60
Eis	85	Zinn mit Quecksilber amalgamirt . . .	10

*) Ausgesprochen: Tamm'ſ'n.

Strahlendes Vermögen.		Zurückwerfendes Vermögen.	
Quecksiber	20	Glas	10
Glänzendes Blei	19	Glas mit Oel bestrichen	5
Polirtes Eisen	15		
Zinn, Silber, Kupfer, Gold	12		

Nr. IV.

Von dem wärmeleitenden Vermögen einiger Körper.

1) Von dem Leitungsvermögen einiger schlechten Wärmeleiter, verglichen mit dem Leitungsvermögen der Luft. (Nach Rumford.)

	Zeiträume der Abkühlung.	Wärmeleitung.
Luft	576	1,0000
Feines Linnen	1032	0,5581
Baumwolle	1046	0,5506
Schafwolle	1118	0,5152
Rohe Seide	1284	0,4485
Castorfell	1296	0,4444
Eiderdunen	1305	0,4413
Hasenfell	1315	0,4380

2) Von dem Leitungsvermögen einiger Holzarten, verglichen mit demjenigen des Wassers. (Nach Mayer.)

	Wärmeleitung.
Wasser	1,00
Ebenholz	2,17
Weißbuche	3,23
Pflaumenbaum	3,25
Sommereiche	3,26
Birnbaum	3,32
Föhre	3,75
Tanne	3,89

Nr. V.

Von der specifischen Wärme einiger Körper.

1) Von der specifischen Wärme einiger festen und tropfbar flüssigen Körper. (Nach Laplace und Lavoisier).

Namen der Körper.	Specifische Wärme.
Gewöhnliches Wasser	1,00000
Eisenblech	0,11051
Glas ohne Blei	0,19290
Quecksilber	0,02900
Rothes Quecksilberoxyd	0,05011
Blei	0,02819
Rothes Bleioxyd	0,06227
Zinn	0,04754
Schwefel	0,20850
Baumöl	0,30961
Gebrannter Kalk, wie er im Handel vorkommt	0,21689
Eine Mischung aus gebranntem Kalk und Wasser, in dem Verhältnisse wie 9 zu 16	0,43912
Schwefelsäure, vom 1,87058 spec. Gewicht	0,33460
Nicht rauchende salpetrichte Säure vom 1,29895 sp. Gew.	0,66139

2) Von der specifischen Wärme einiger Holzarten, die specifische Wärme des Wassers = 1,00 gesetzt. (Nach Mayer.)

	Specifische Wärme.		Specifische Wärme.
Ebenholz	0,43	Birnbaum	0,50
Weißbuche	0,48	Föhre	0,58
Pflaumenbaum	0,44	Tanne	0,60
Sommereiche	0,45		

3) Von der specifischen Wärme einiger ausdehnsamen Flüssigkeiten, die specifische Wärme des Wassers = 1,0000 gesetzt.

	Specifische Wärme.
Atmosphärische Luft	0,2669
Wasserstoffgas	3,2936

	Specifische Wärme.
Kohlensaures Gas	0,2210
Sauerstoffgas	0,2361
Stickgas	0,2754
Oxydirtes Stickgas	0,2369
Oelmachendes Gas	0,4207
Gasförmiges Kohlenoxyd	0,2884
Wasserdunst	0,8470

Nr. VI.

Von der Schmelzbarkeit einiger Materien.

Es schmilzt.	Bei dem Wärmegrade nach der 80theiligen Scale.
Quecksilber	— 31°
Spermacet	+ 36°
Talg	+ 27°
Wachs	+ 48 8/9°
Rose'sches Metallgemisch	+ 79 1/9°
Schwefel	+ 90°
Zinn	+ 160°
Wismuth	+ 205°
Blei	+ 250°
Zink	+ 296°
Spießglanz	+ 345°
Messing	+ 1647°
Kupfer	+ 1694°
Silber	+ 1726°
Gold	+ 2284°
Schweißhitze des Eisens	+ 5933°
Gußeisen	+ 7960°
Kobalt	+ 7960°
Nickel	+ 9518°
Geschmiedetes Eisen	+ 9681°
Mangan	+ 9697°
Platin	+ 10176°

Nr. VII.

Von einigen Kälte erregenden Mischungen.

Mischungen.	Das 80theilige Thermometer sinkt von	bis
5 Theile Salmiak 5 = Salpeter 16 = Wasser	+ 10°	— 10°
5 Theile Salmiak 5 = Salpeter 8 = Glaubersalz 16 = Wasser	+ 10°	— 12½°
1 Theil salpetersaurer Ammoniak 1 = Wasser	+ 10°	— 12½°
1 Theil salpetersaurer Ammoniak 1 = kohlensaures Natron 1 = Wasser	+ 10°	— 11°
3 Theile Glaubersalz 2 = verdünnte Salpetersäure	+ 10°	— 12°
6 Theile Glaubersalz 4 = Salmiak 2 = Salpeter 4 = verdünnte Salpetersäure	+ 10°	— 10°
6 Theile Glaubersalz 5 = salpetersaurer Ammoniak 4 = verdünnte Salpetersäure	+ 10°	— 8°
9 Theile phosphorsaures Natron 4 = verdünnte Salpetersäure	+ 10°	— 9°
9 Theile phosphorsaures Natron 6 = salpetersaurer Ammoniak 4 = verdünnte Salpetersäure	+ 10°	— 5°
8 Theile Glaubersalz 5 = Salzsäure	+ 10°	— 14°
5 Theile Glaubersalz 4 = verdünnte Schwefelsäure	+ 10°	— 13°
1 Theil Schnee 1 = Kochsalz	0	— 14°
3 Theile salzsaurer Kalk 2 = Schnee	0	— 36°
4 Theile Kali 3 = Schnee	0	— 37°

Mischungen.	Das 80theilige Thermometer sinkt von	bis
1 Theil Schnee . . . 1 = verdünnte Schwefelsäure . .	— 5°	— 41°
2 Theile Schnee oder gestoßenes Eis 1 Theil Kochsalz . . .	— 14°	— 17°
1 Theil verdünnte Salpetersäure 1 = Schnee . . .	— 14°	— 35°
2 Theile salzsaurer Kalk 1 Theil Schnee	— 14°	— 44°
1 Theil Schnee . . . . . 5 Theile Kochsalz . . . . . 5 = salzsaurer Ammoniak u. Salpeter	— 16°	— 22°
2 Theile Schnee . . 1 Theil verdünnte Schwefelsäure . . 1 = Salpetersäure .	— 19°	— 40°
12 Theile Schnee . . 5 = Kochsalz . . 5 = salpetersaurer Ammoniak .	— 22°	— 25°
3 Theile salzsaurer Kalk 1 Theil Schnee	— 32°	— 47°
10 Theile verdünnte Schwefelsäure 8 = Schnee	— 44°	— 55°

Nr. VIII.

Von dem Siedepunkte einiger tropfbar flüssigen Körper.

Es siedet bei der Temperatur von 28 Pariser Zoll.	bei der Temperatur (nach d. 80theilg. Therm.) von
Schwefelalcohol	12°
Blausäure	21°
Aether	30°
Ammoniak	48°
Alcohol	64°
Alaunauflösung	79,6°
Wasser	80°
Kuhmilch	80,5°

Es siedet bei der Temperatur von 28 Pariser Zoll.	bei der Temperatur (nach d. 80theilg. Therm.) von
Meerwasser	83°
Kochsalzauflösung	85°
Salpetersäure	96°
Schwefel	239°
Schwefelsäure	248°
Leinöl	252°
Quecksilber	282°

Nr. IX.

Von der Temperatur bei welcher das reine Wasser siedet.

Wasser siedet

bei der Barometerhöhe		bei der Temperatur	
von	28 Pariser Zoll	von 80°	der 80theiligen Scale
"	26 " "	" 78,44°	" " "
"	25 " "	" 77,61°	" " "
"	10,500 " "	" 60	" " "
"	1,856 " "	" 30	" " "
"	0,309 " "	" 10	" " "
"	0 " "	" 0	" " "

Nr. X.

Von einigen bemerkenswerthen Temperaturen.

	Temperaturgrade nach Reaumur.
Größte Hitze einer Schmiedeesse	7671°
Spiegelglasofen in größter Hitze	7612°
Schweißhitze des Eisens	5933°
Der Diamant verbrennt bei	1242°
Rothglühhitze bei Tage sichtbar	130°
Wasserstoffgas und Kohle verbrennen . .	341° — 430°
Schwefel verbrennt langsam bei	$121\frac{4}{9}$°
Blutwärme	$28\frac{4}{9}$ — $29\frac{1}{3}$°

	Temperaturgrade nach Reaumur.
Milch gefriert bei	$-\frac{1}{9}°$
Weinessig gefriert bei	$-1\frac{7}{9}°$
Starke Weine gefrieren ohngefähr bei . . .	$-5\frac{8}{9}°$
Quecksilber gefriert bei	$-31\frac{5}{9}°$
Größte beobachtete künstliche Kälte	$-54\frac{2}{9}°$

Nr. XI.

Von dem Brechungsvermögen einiger festen und tropfbar flüssigen Körper. (Nach Newton.)

Brechende Materien.	Verhältniß des Einfalls-sinus (sin i) zum Brechungs-sinus (sin r) für dasselbe aus dem leeren Raume tretende Licht.	Brechungsvermögen (absolutes) oder Werth der Größe $\frac{\sin^2 \varepsilon}{\sin^2 \beta} - 1$	Dichtigkeit der brechenden Materien.	Specifisches Brechungsvermögen.
Ein unächter Topas (Schwerspath)	23 : 14	1,699	4,27	3970
Atmosphärische Luft . .	3201 : 3200	0,000625	0,0012	5208
Spießglanzglas . . .	17 : 9	2,568	5,28	4864
Ein Selenit (schwefelsaure Kalkerde	61 : 41	1,213	2,252	5386
Gemeines Glas . . .	31 : 20	1,4025	2,58	5436
Bergkrystall . . .	25 : 16	1,445	2,65	5450
Isländischer Krystall . .	5 : 3	1,778	2,72	6536
Steinsalz (salzsaures Natrum)	17 : 11	1,388	2,143	6477
Alaun	35 : 24	1,1267	1,714	6570
Borax	22 : 15	1,1511	1,714	6716
Salpeter (salpetersaures Kali)	32 : 21	1,345	1,9	7079
Danziger Vitriol (Eisenvitriol)	303 : 200	1,295	1,715	7551
Vitriolöl (Schwefelsäure) .	10 : 7	1,041	1,7	6124
Regenwasser . . .	529 : 396	0,7845	1	7845
Arabisches Gummi . .	31 : 21	1,179	1,375	8574
Wohl rektificirter Weingeist	100 : 73	0,8765	0,866	10121
Kampher	3 : 2	1,25	0,996	12551
Baumöl	22 : 15	1,1511	0,913	12607
Leinöl	40 : 27	1,1948	0,932	12819
Terpentin-Spiritus . .	25 : 17	1,1626	0,874	13222
Bernstein	14 : 9	1,42	1,04	13654
Diamant	100 : 41	4,949	3,4	14556

Nr. XII.

Von dem Brechungsvermögen einiger gasförmigen Stoffe. (Nach den Versuchen von Biot und Arago.)

Brechende Materien.	Dichtigkeit derselben, die der atmosphärischen Luft = 1 gesetzt	Brechungsvermögen	
		absolutes.	specifisches das der atmosphärischen Luft = 1 gesetzt
Atmosphärische Luft	1,00000	0,000589171	1,00000
Sauerstoffgas	1,10359	0,000560204	0,86161
Stickgas	0,96913	0,000590436	1,03408
Wasserstoffgas	0,07321	0,000285315	6,61436
Gasförmiges Ammonium	0,59669	0,000762349	2,16851
Kohlensaures Gas	1,51961	0,000899573	1,00476
Kohlen = Wasserstoffgas	0,57072	0,000703669	2,09270
Kohlen = Wasserstoffgas mit größerm Gehalte an Kohle als das vorhergehende	0,58825	0,000630300	1,81860
Salzsaures Gas	1,24740	0,000879066	1,19625

Druckfehler im ersten Bande.

Seite 11 Zeile 11 von unten statt Körper lies fester Körper.
— 175 — 15 v. u. statt eine lies eine durch die Schwere bewirkte.
— 176 — 4 v. o. statt Gesagten lies Gesagten und aus §. 62, 64 und 65.
— 277 — 4 v. u. statt Theilen lies Gewichtstheilen.
— 360 — 5 u. 6. v. o. statt Theile lies Raumtheile.
— 428 — 12 v. o. nach ruhen lies eine Bewegung wie die obige, welche sehr schnell und auf einen kleinen Raum beschränkt ist, heißt Vibration.
Seite 9, 10, 19, 20, 61, 62, 65, 66, 109, 110, 243, 244, 271, 272, 273 u. 274 sind umgedruckt worden.

Druckfehler im zweiten Bande.

Seite 20 Zeile 1 v. o. muß wegfallen: Zusatz.
— 21 — 4 v. o. = = =
— 21 — 10 v. u. = = =
— 22 — 25 v. o. = = =
— 23 — 4 v. o. = = =
— 80 — 18 v. o. statt kleinen lies kleinern.
— 213 — 5 v. o. statt die Farbe K lies die Farbe des K.

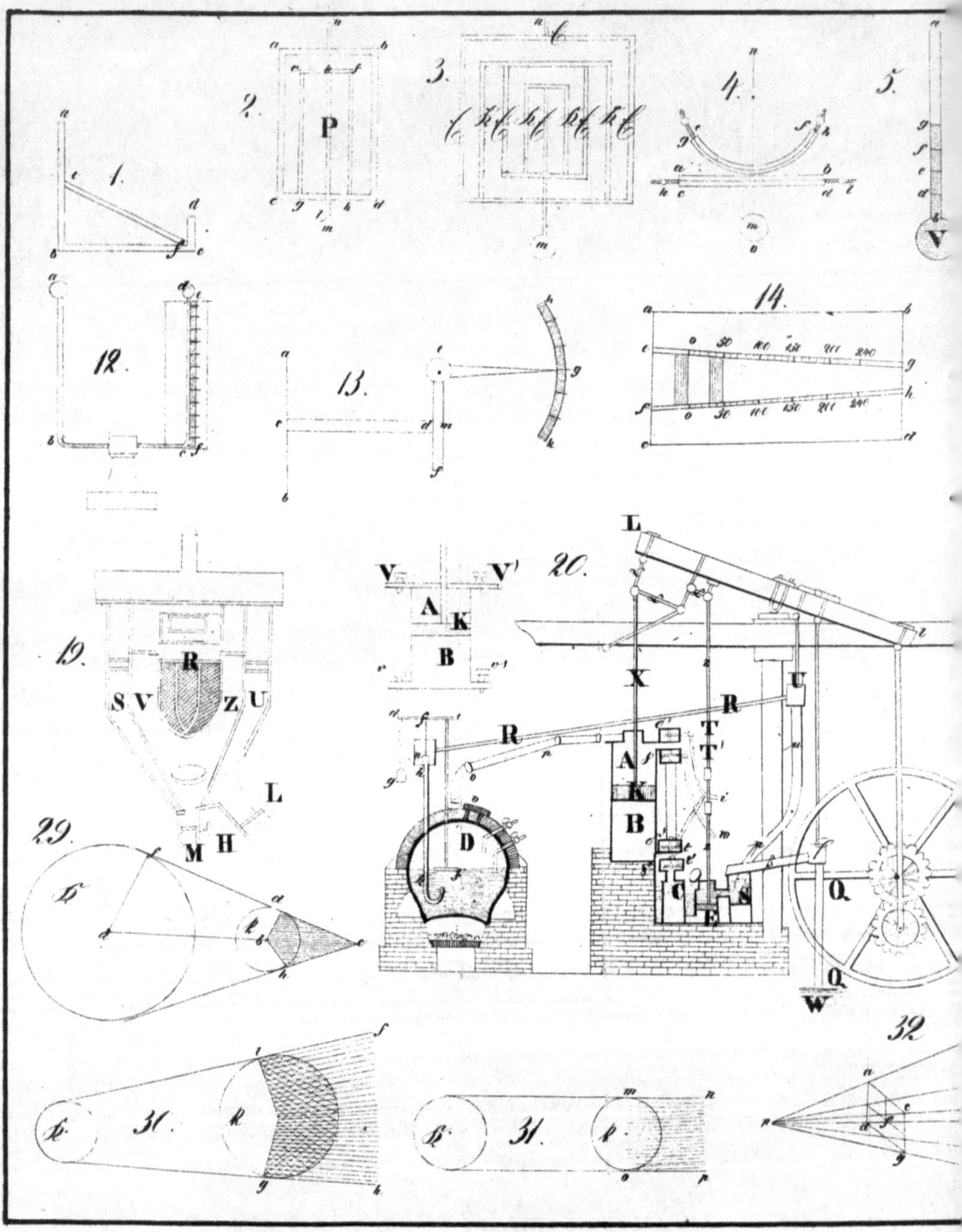

St v. L. Sperou in Dessau.

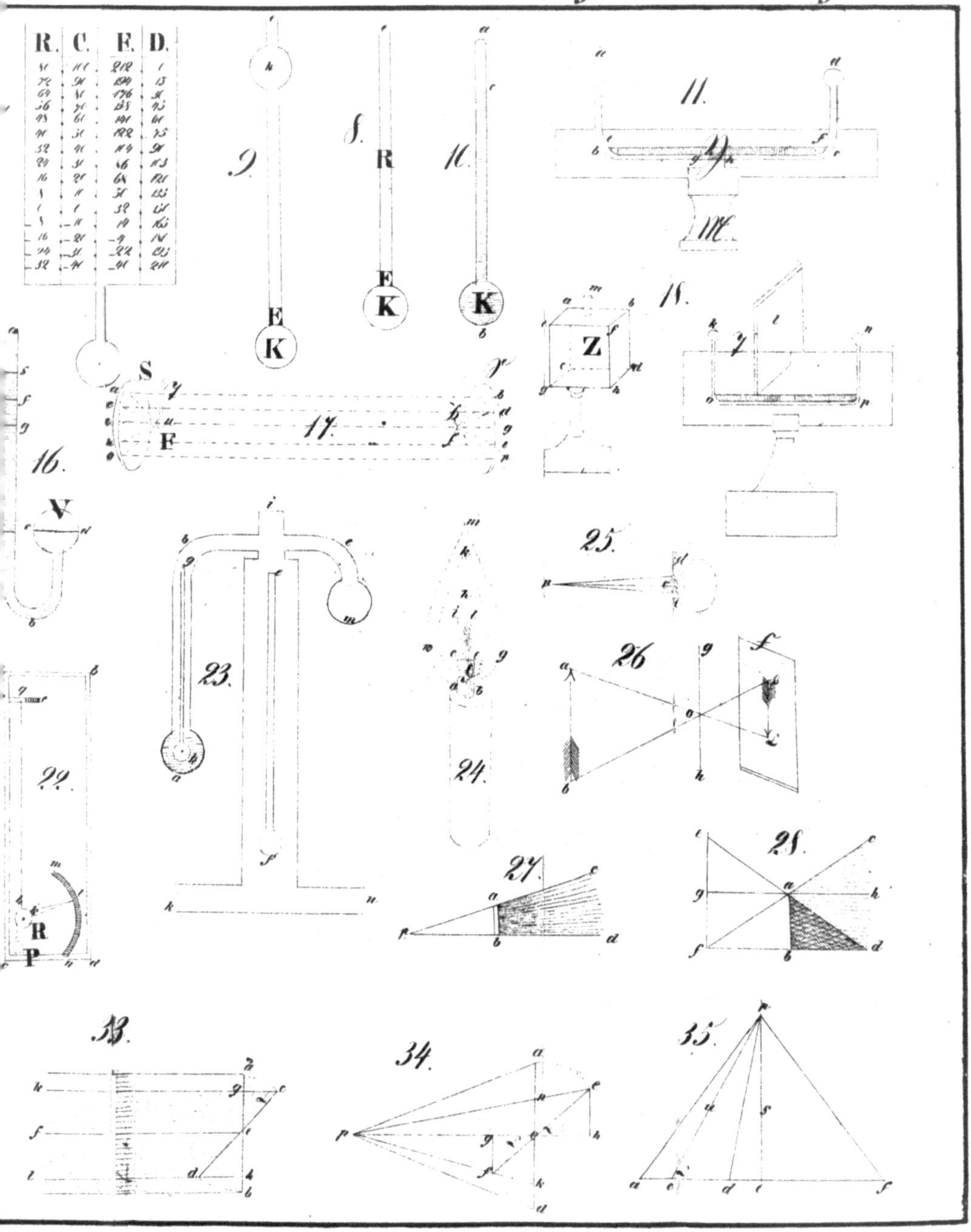
R. C. F. D.
9.
8.
10.
11.
18.
16.
17.
23.
24.
25.
26.
22.
27.
28.
33.
34.
35.

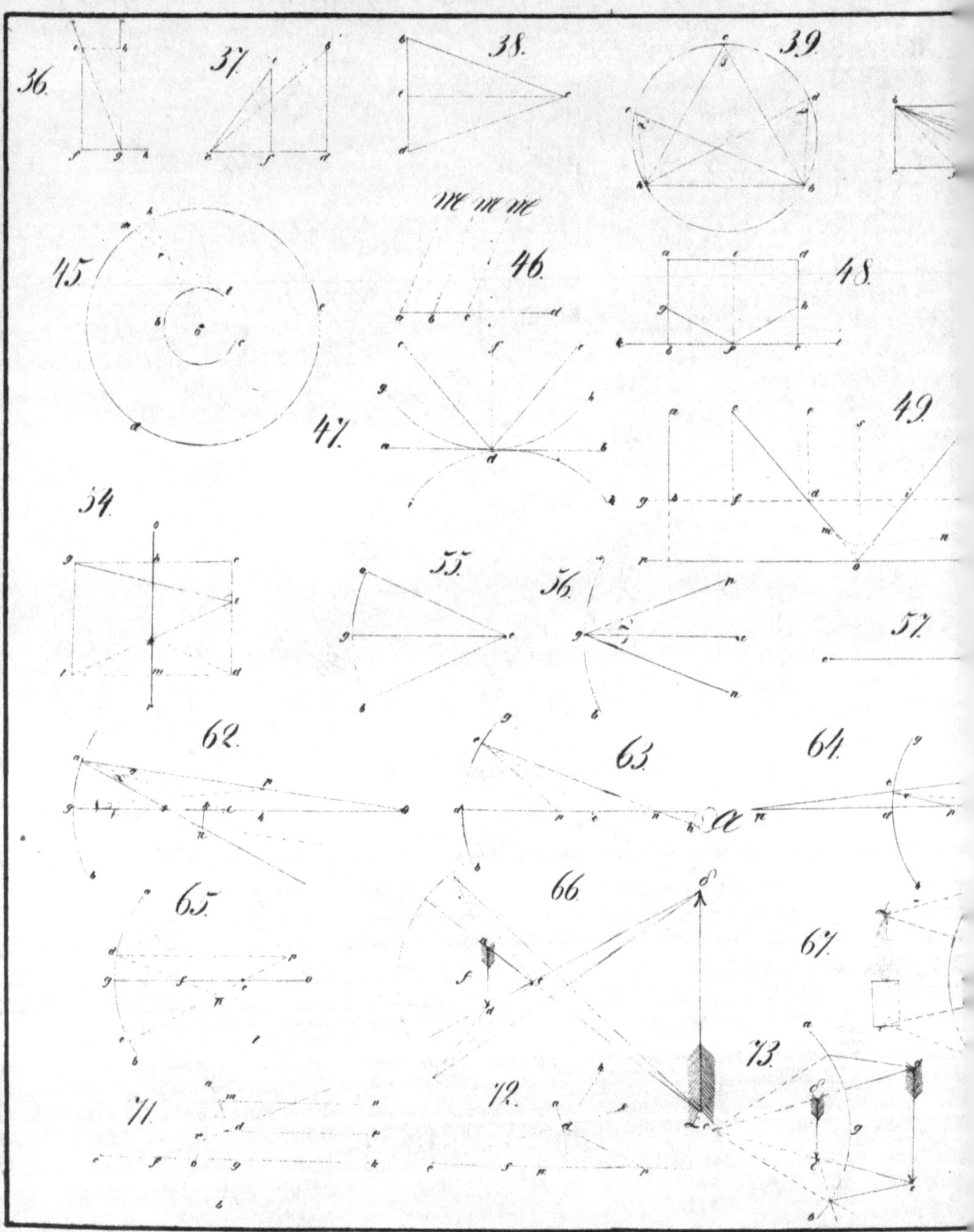

St. v. L. Sporon in Dessau.

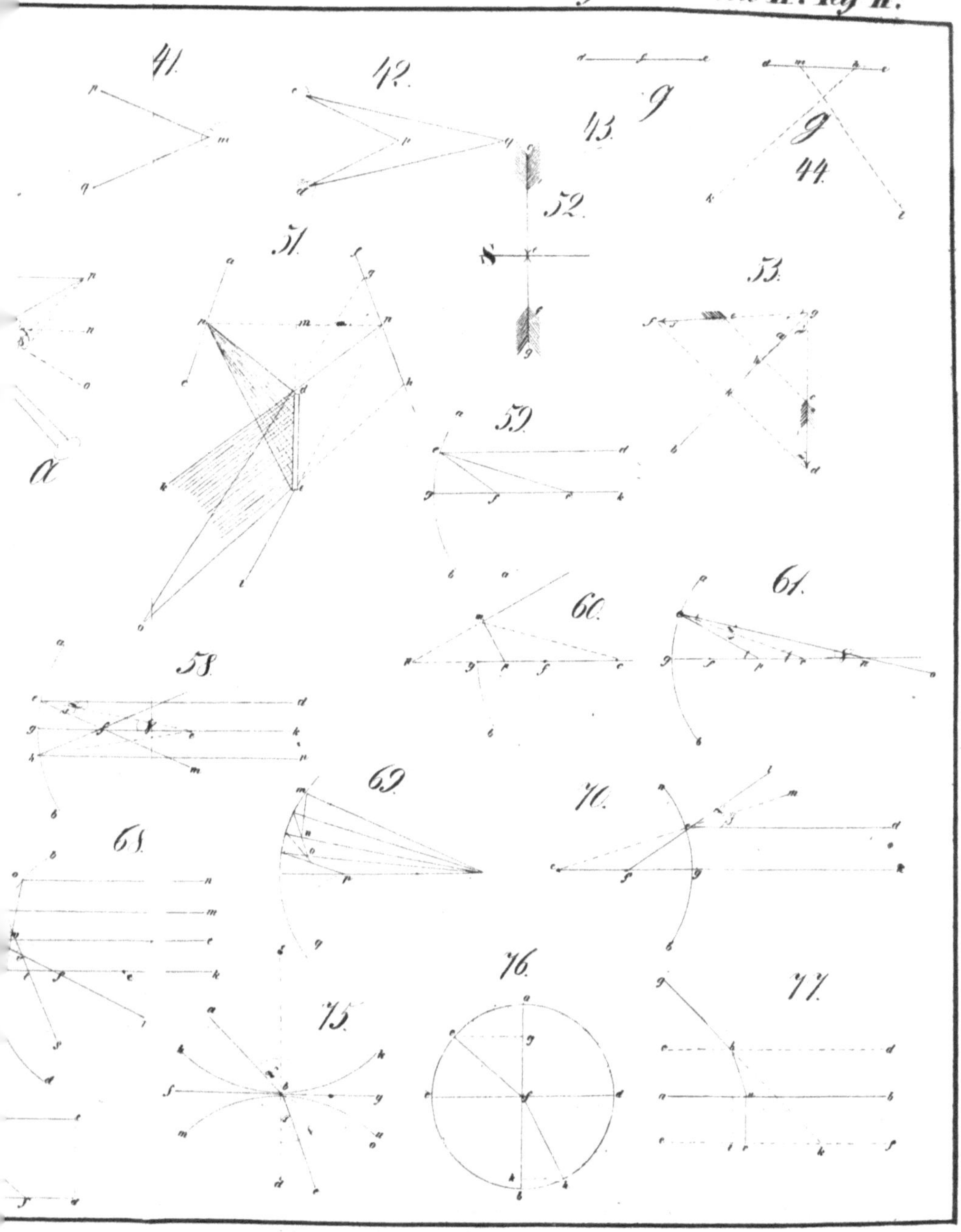
41.
42.
43.
44.
51.
52.
53.
58.
59.
60.
61.
68.
69.
70.
75.
76.
77.

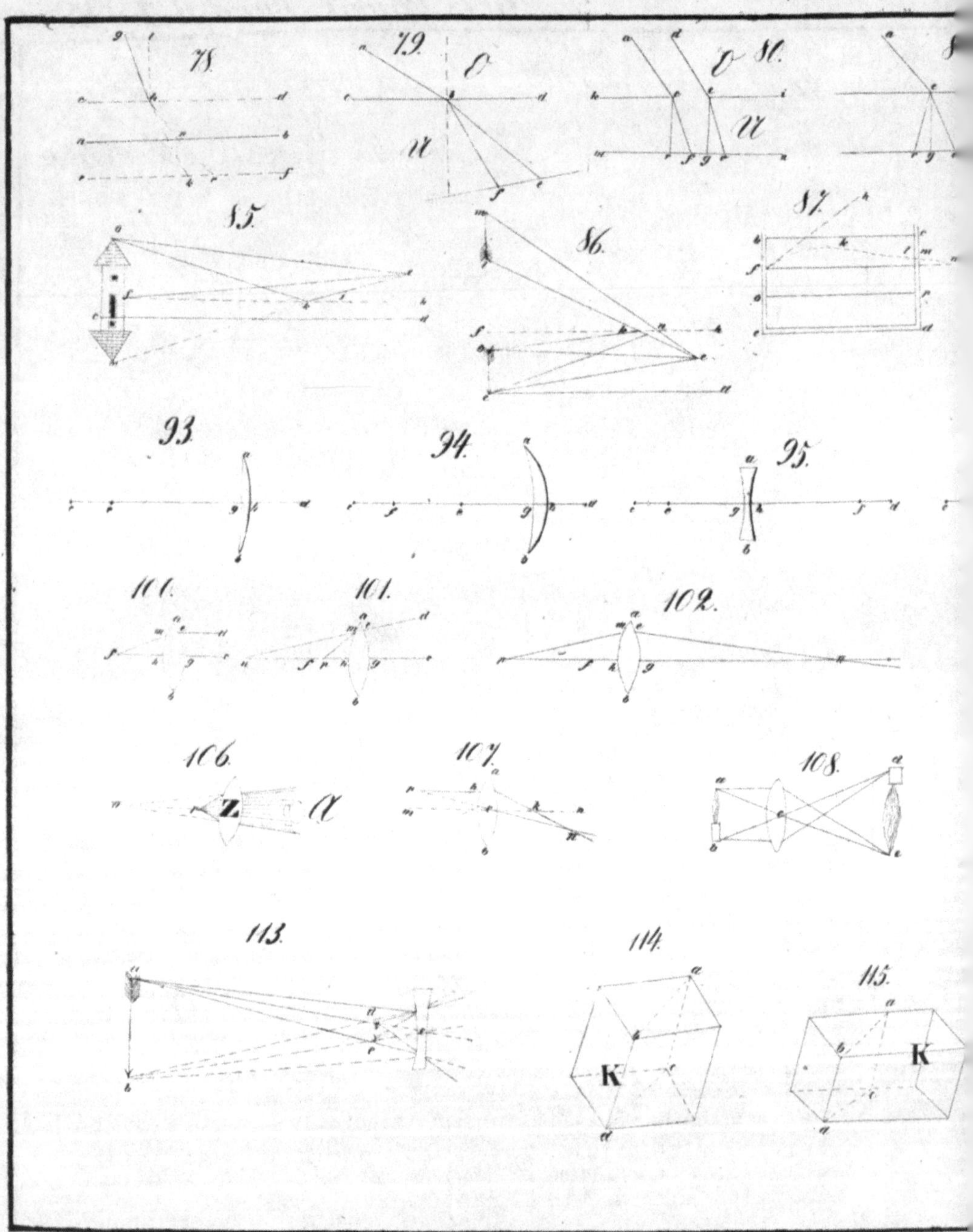

St. v. L. Sparon in Dessau.

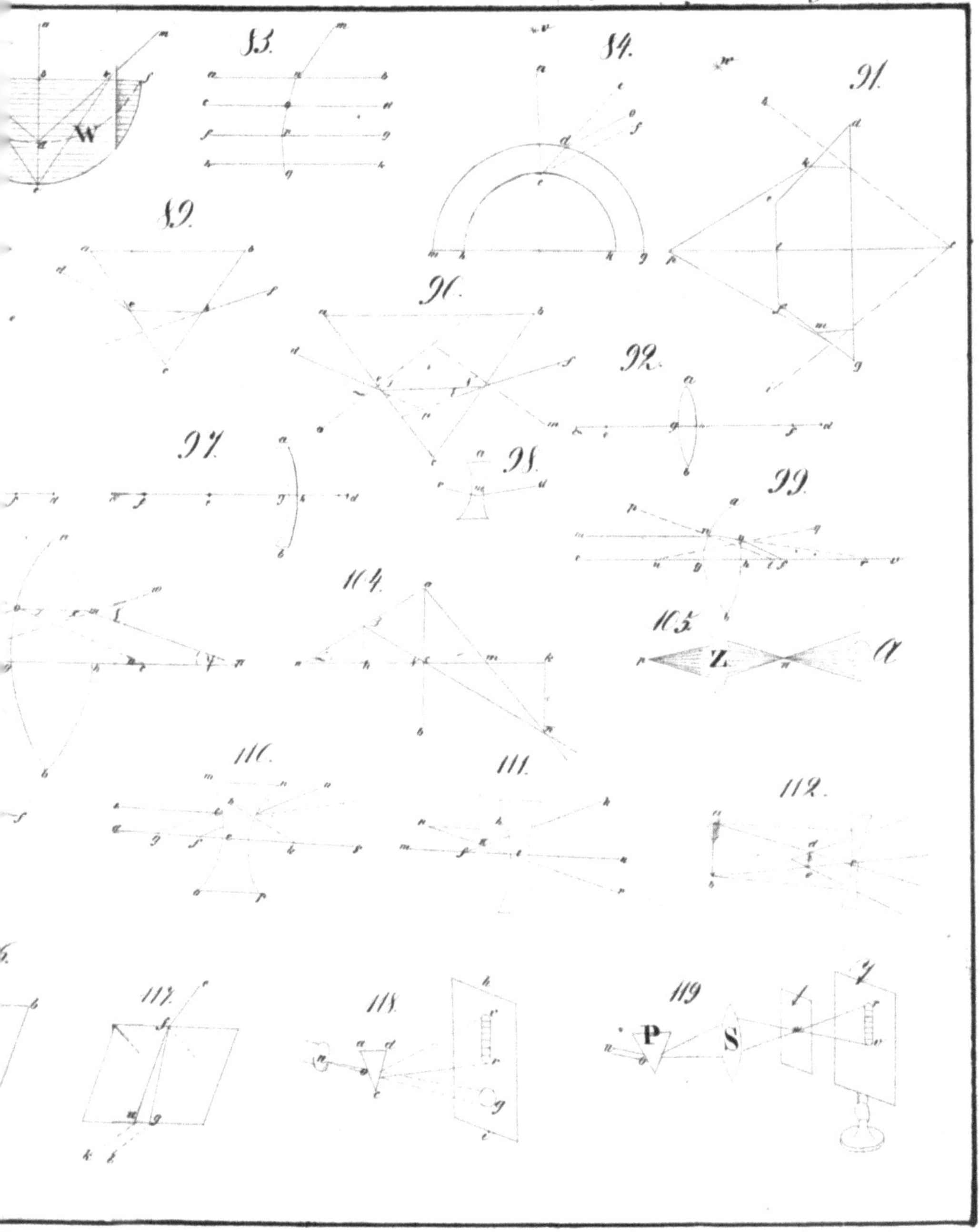
83.
84.
91.
89.
90.
92.
97.
98.
99.
104.
105.
110.
111.
112.
117.
118.
119

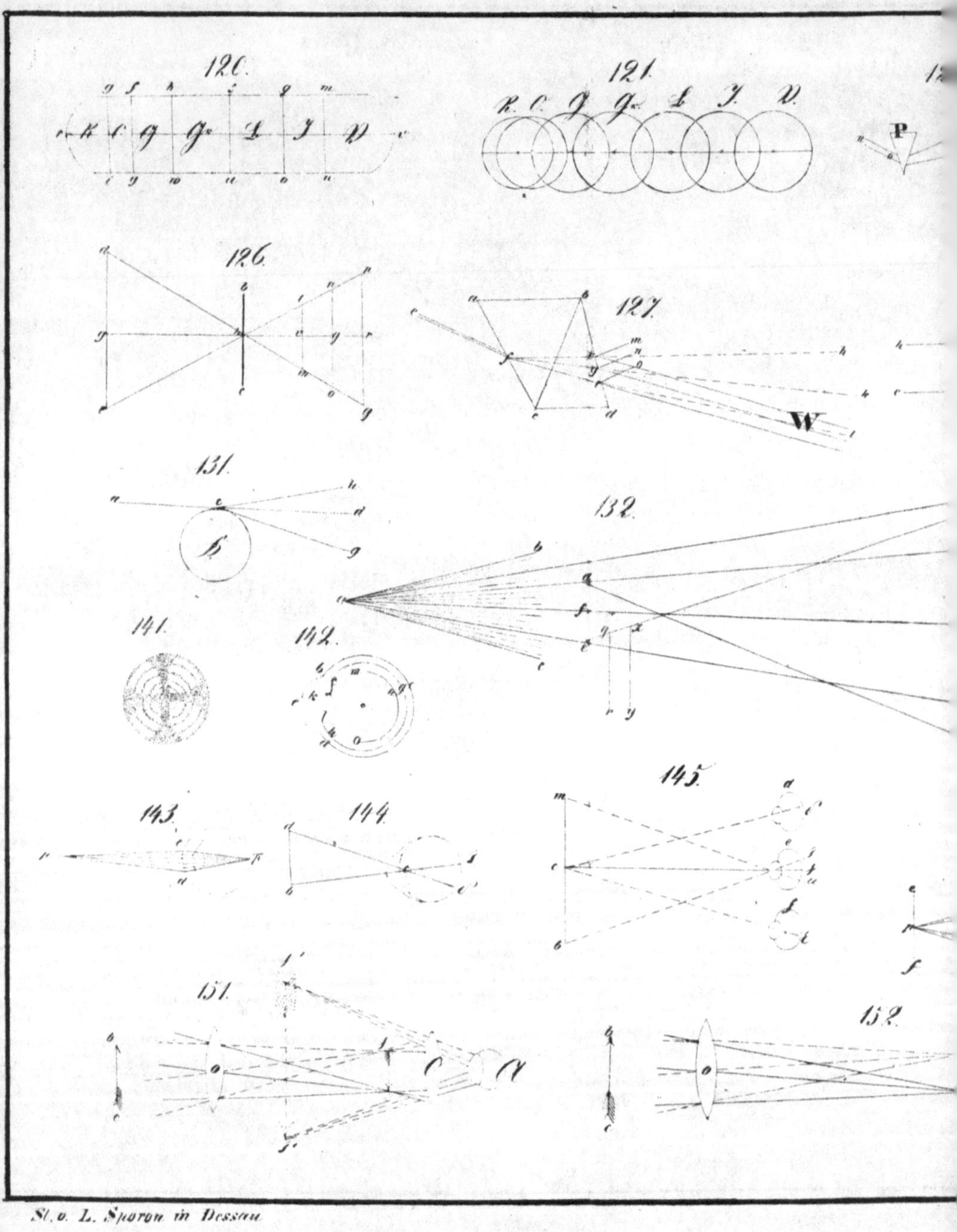

St. v. L. Sporon in Dessau

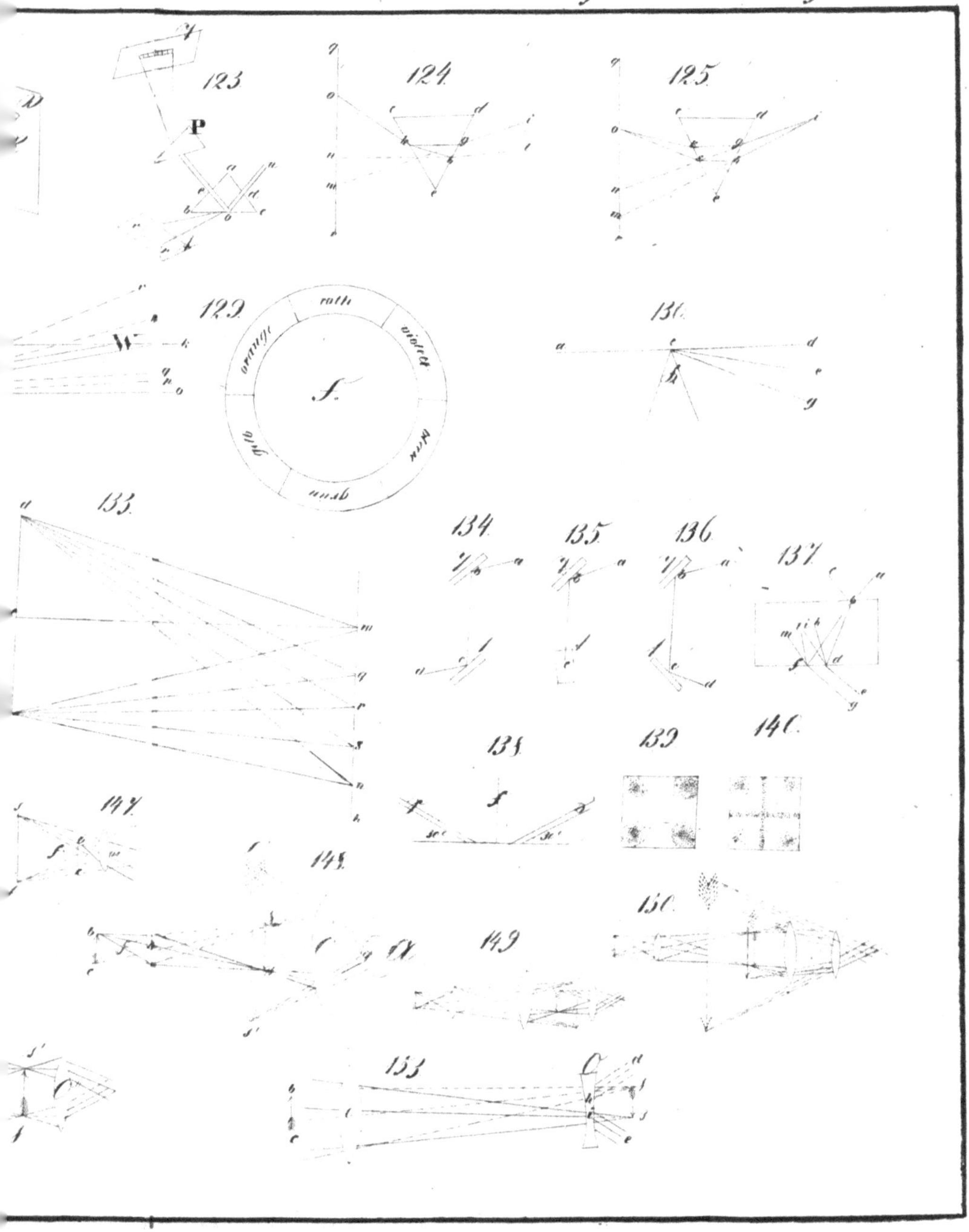
123.
124.
125.
129.
roth
violett
orange
130.
133.
134.
135.
136.
137.
138.
139.
140.
147.
148.
149.
150.
153.

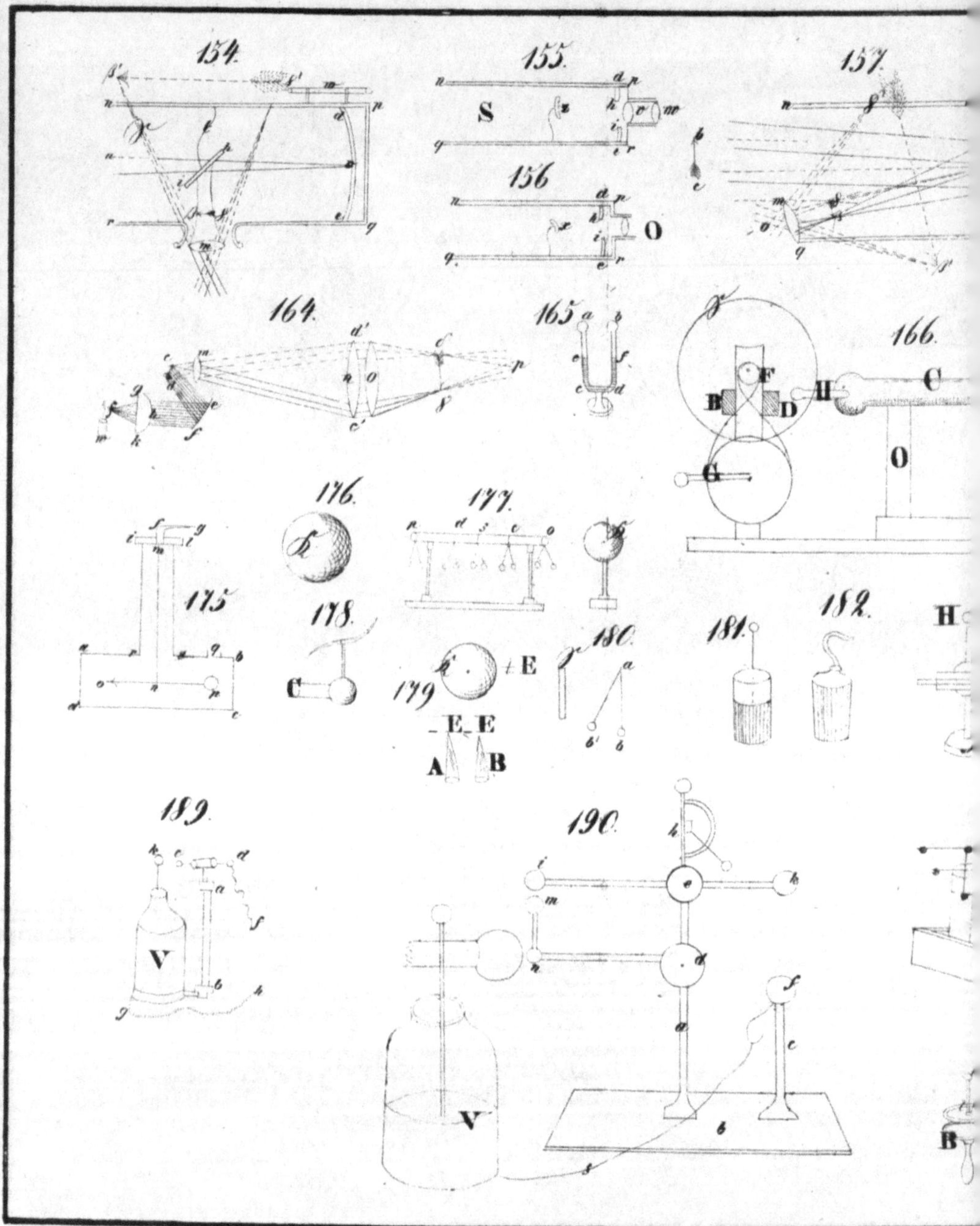

St. v. L. Sporon in Dessau.

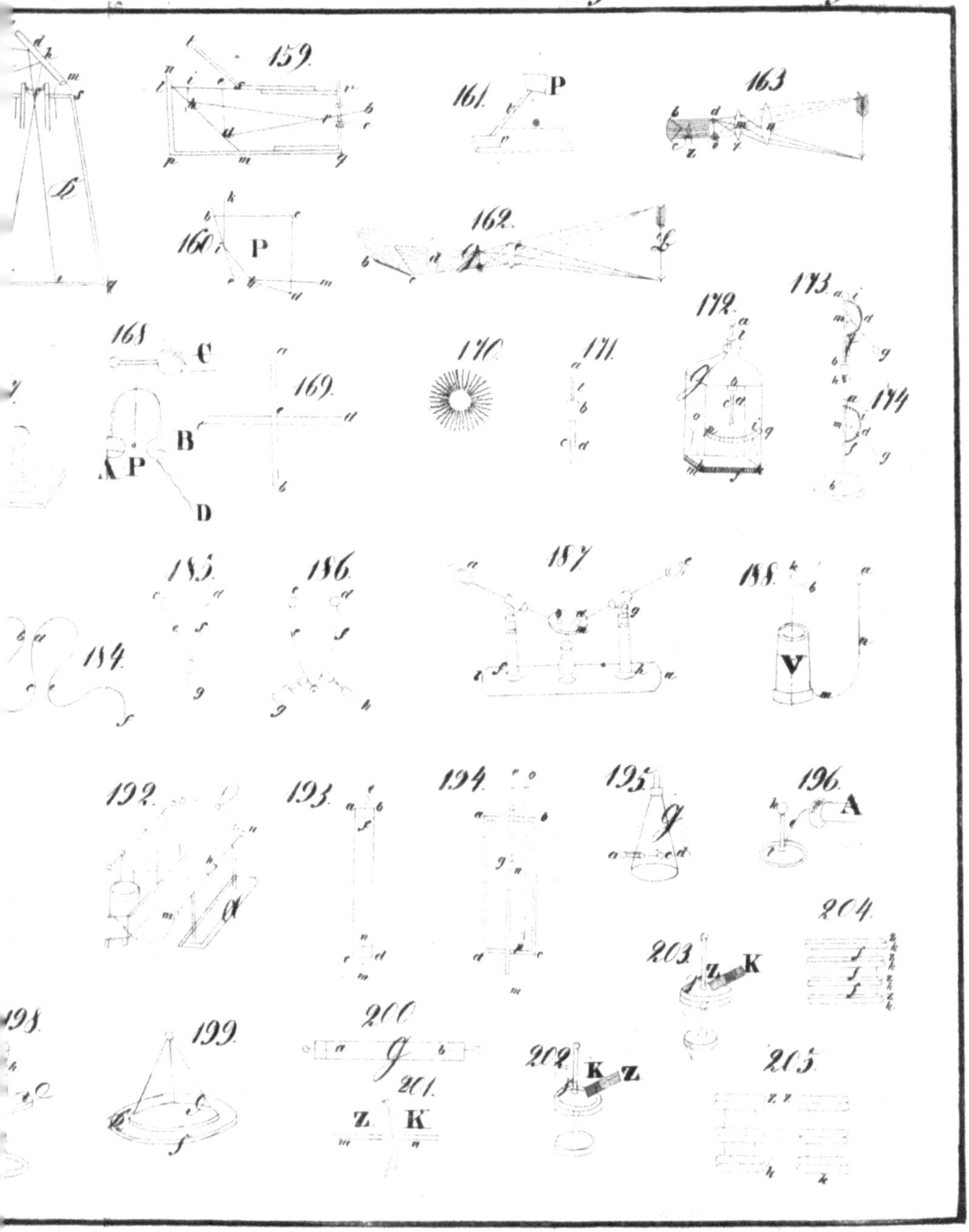
159.
161.
P
163
160.
P
162.
168
169.
170.
171.
172.
173.
174
B
A P
D
185.
186.
187
188.
184.
V
192.
193.
194.
195.
196.
A
204.
203.
Z K
198.
199.
200
201.
Z K
202.
K Z
205.

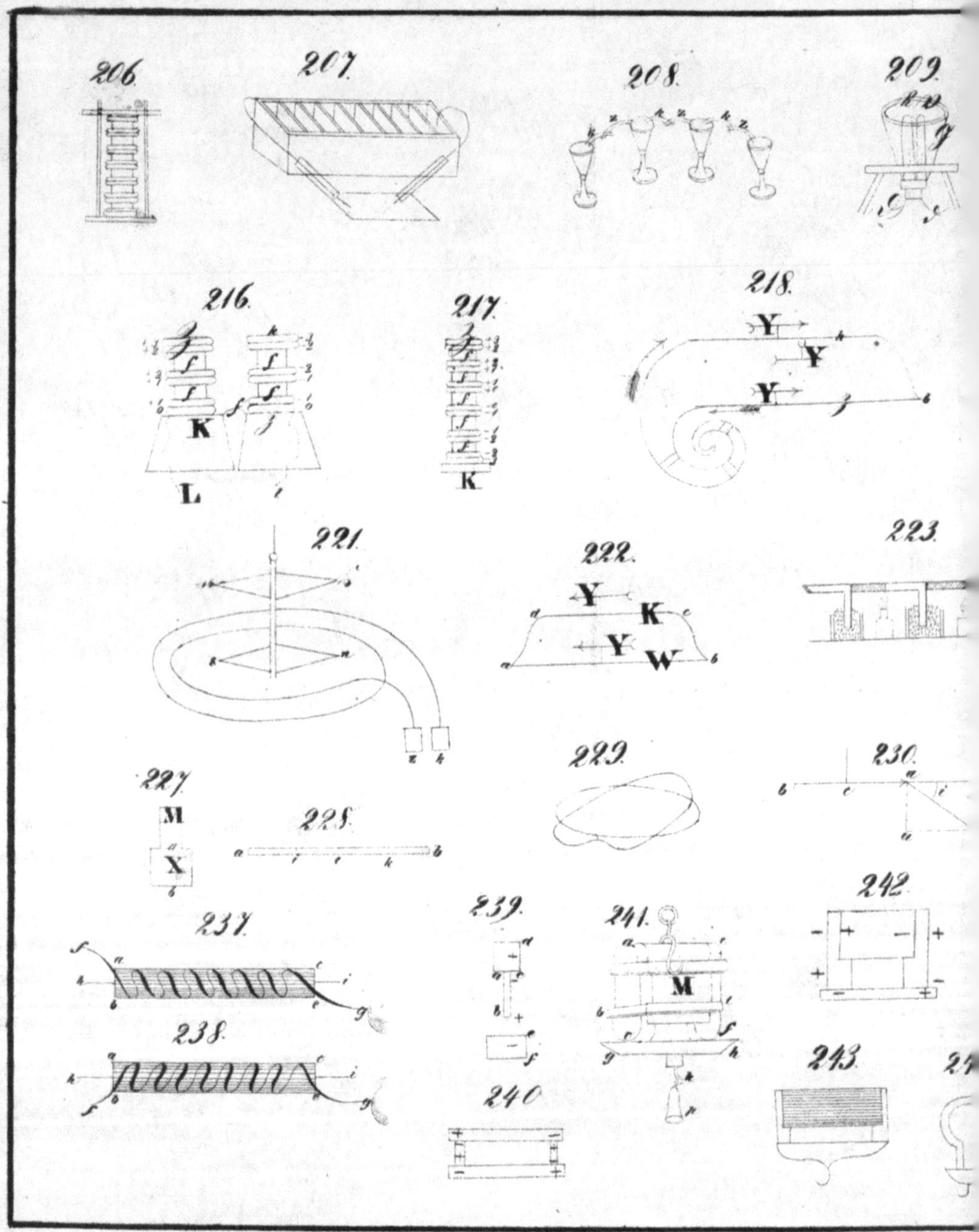

St. v. L. Sporon in Dessau

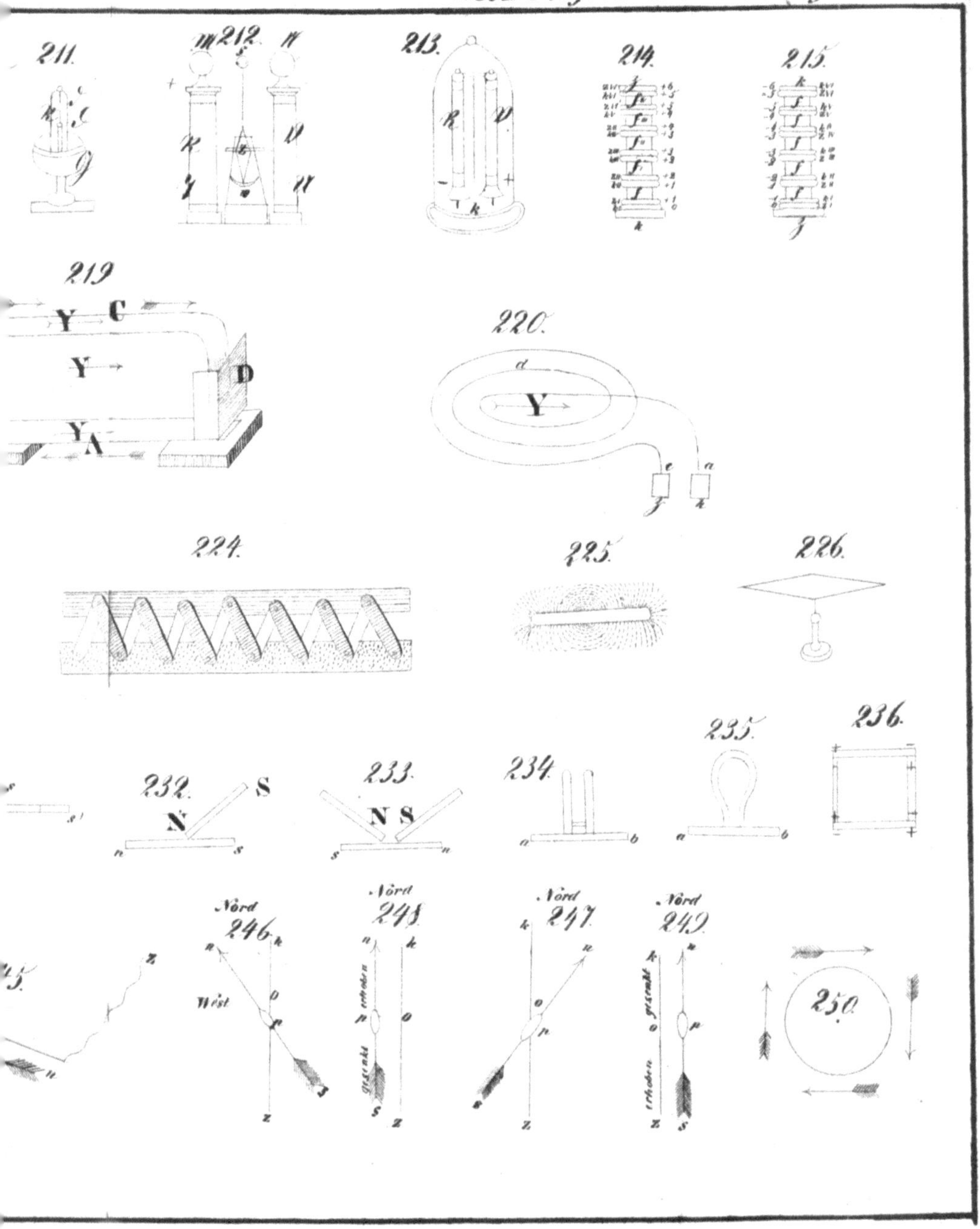
211.
212.
213.
214.
215.
219.
220.
224.
225.
226.
232.
233.
234.
235.
236.
Nord
246.
West
Nord
248.
Nord
247.
Nord
249.
250.

FSC
www.fsc.org
MIX
Papier | Fördert gute Waldnutzung
FSC® C083411

Kolibri 360 GmbH
Ferdinand-Jühlke-Straße 7
99095 Erfurt, Deutschland
produktsicherheit@kolibri360.de